绿色环保领域普通高等教育教学丛书

# 环境工程原理

## （第二版）

任洪强　主编

科学出版社

北京

## 内 容 简 介

本书包括环境工程原理基础、环境污染控制技术原理、环境工程智能化控制原理三部分内容，系统介绍环境污染物控制和生态修复单元过程的基本原理、基本理论、典型设备、典型工艺及其应用。其中，"环境工程原理基础"部分主要包括物理和化学原理、微生物原理、反应器及反应器设计；"环境污染控制技术原理"部分主要包括废水处理工程原理、废气处理工程原理、固体废物处理与处置原理、土壤污染控制原理、物理性污染控制原理；"环境工程智能化控制原理"部分主要包括环境工程监测原理和环境工程智能化概述。本书还配套建设了数字化资源、核心示范课、重点实验实践项目。

本书可作为高等学校环境工程、给水排水工程及相关专业本科生和研究生的教材，也可供相关专业的科研人员、设计人员、工程技术人员等参考。

---

**图书在版编目（CIP）数据**

环境工程原理 / 任洪强主编. -- 2 版. -- 北京：科学出版社，2024.9. -- （绿色环保领域普通高等教育教学丛书）--ISBN 978-7-03-079464-2

Ⅰ．X5

中国国家版本馆 CIP 数据核字第 2024AR6118 号

责任编辑：赵晓霞 / 责任校对：杨 赛
责任印制：张 伟 / 封面设计：有道文化

科学出版社 出版
北京东黄城根北街 16 号
邮政编码：100717
http://www.sciencep.com

北京厚诚则铭印刷科技有限公司印刷
科学出版社发行 各地新华书店经销

\*

2021 年 12 月第 一 版 开本：787×1092 1/16
2024 年 9 月第 二 版 印张：26 3/4
2024 年 9 月第二次印刷 字数：604 000

**定价：89.00 元**

（如有印装质量问题，我社负责调换）

# 第二版前言

本书第一版于 2021 年 12 月出版，列入科学出版社普通高等学校环境科学与工程类专业系列教材，第二版是绿色环保领域普通高等教育教学丛书之一。

与第一版相比，本书结合章节特点，融入环境工程领域新理论及应用成果，进一步提升教材的科学性、时代性。修订的主要内容如下：

(1) 第三章"环境工程微生物原理"：将第一版重点讲述的常量元素从碳、氮、磷 3 种扩充至包含铁、硫元素在内的 5 种，并将微生物分子生物学技术中简略提及的生物组学技术进行了补充，新增第六节"生物组学技术原理"，包括转录组学、蛋白质组学、代谢组学及合成生物学等新兴环境生物技术。

(2) 第七章"固体废物处理与处置原理"：在第六节"固体废物处理处置新技术"中新增"固体废物 $CO_2$ 矿化封存技术"，介绍基本概念、技术原理和技术应用。

(3) 第八章"土壤污染控制原理"：新增"常见污染场地及污染物类型""土壤污染场地修复特种装备及应用""土壤污染修复流程及监测方法""土壤污染物修复技术发展趋势"等内容。

(4) 第十章"环境工程监测原理"：在水质监测项目和分析方法部分增加了"污废水的综合毒性指标"的相关内容。

同时，本书还配套建设了丰富的数字化资源、核心示范课、重点实验实践项目，旨在创新教材呈现形式，提升教材的适切性。

本书各章主要编写人员有：第一章，任洪强、黄辉；第二章，张巍、邵文莉；第三章，吴兵、陈玲；第四章，段二红、张硕；第五章，耿金菊、王瑾丰；第六章，许柯、林原；第七章，张宴；第八章，李梅；第九章，刘苏；第十章，胡海冬；第十一章，叶林、黄辉。配套的数字化资源、核心示范课和重点实验实践项目由任洪强、黄辉统筹设计，本书编写组合作完成。

由于研究范围和水平所限，书中不妥之处在所难免，敬请专家学者、广大师生和科研人员批评指正，不胜感激！

编 者
2024 年 6 月于南京大学仙林校区

# 第一版前言

近三十年来，环境工程学的研究内容和应用领域不断拓展，学科理论体系日趋完善，学科分支日趋扩展，已经成为具有鲜明特色的、独立的学科体系。环境工程原理以环境工程学中污染物控制和生态修复过程为研究对象，研究内容包括过程的原理、基本理论、典型设备、典型工艺及其应用，是我国高等学校环境工程专业的一门重要专业基础课。

当前，生态环境问题呈现多阶段、多领域、多类型交织复合的特征，对环境类人才培养提出了更高要求。2017年2月以来，教育部积极推进新工科建设，发布了《关于开展新工科研究与实践的通知》《关于推荐新工科研究与实践项目的通知》，助力培养实践能力强、创新能力强、具备国际竞争力的高素质复合型新工科人才，为新时期环境工程原理课程的发展指明了方向。将全球科技与工程领域新进展、新成果与环境工程过程的原理、理论、设备、工艺及应用融合发展，是加快环境工程原理课程发展、培养高素质环境工程专业人才、有效支撑生态文明建设和社会经济高质量发展的重要途径。

本书在充分吸收和借鉴世界范围内环境工程领域新成果及国内环境工程原理相关教材的基础上，以"原理基础—污染控制技术原理—智能化控制原理"为主线，系统介绍环境污染物控制和生态修复单元过程的基本原理、基本理论、典型设备、典型工艺及其应用。其中，"环境工程原理基础"部分重点阐述环境工程学的基本原理，"环境污染控制技术原理"部分主要阐述各环境要素的污染控制，"环境工程智能化控制原理"部分主要介绍环境工程监测原理和环境工程智能化概述。

本书内容新颖，系统性、实用性强，是新时期环境工程原理课程发展的最新成果，能满足不同学科背景的环境工程专业学生的需求。各院校可根据自身特点，确定适宜的学时和教学内容重点。

本书各章主要编写人员有：第一章，任洪强、黄辉；第二章，张巍；第三章，张徐祥、吴兵；第四章，段二红、牛建瑞；第五章，任洪强、耿金菊；第六章，许柯、马思佳；第七章，张宴；第八章，李梅；第九章，刘苏；第十章，张徐祥、李侃；第十一章，叶林、黄辉。孙佩石和丁丽丽对本书进行了审阅并提出修改意见，在此一并表示感谢！

在本书编写过程中参考了大量的教材、专著和相关资料，在此对这些著作的作者表示感谢。

由于研究范围和水平所限，书中不妥之处在所难免，敬请专家学者、广大师生和科研人员批评指正，不胜感激！

编　者

2020 年 5 月于南京大学仙林校区

# 目 录

第二版前言
第一版前言
## 第一章　环境工程原理及方法 ·································· 1
 第一节　环境工程学概述 ·································· 1
 第二节　环境工程原理的基本任务与研究方法 ·································· 3
 第三节　环境工程原理的主要内容 ·································· 4
 第四节　环境工程学发展趋势 ·································· 5
 思考题 ·································· 6
 参考文献 ·································· 6
## 第二章　环境工程物理和化学原理 ·································· 7
 第一节　质量、能量和动量衡算 ·································· 7
 第二节　流体内部结构 ·································· 16
 第三节　热量传递 ·································· 18
 第四节　质量传递 ·································· 22
 第五节　化学反应 ·································· 31
 思考题 ·································· 40
 参考文献 ·································· 41
## 第三章　环境工程微生物原理 ·································· 42
 第一节　环境工程微生物分类 ·································· 42
 第二节　微生物营养物质和生理代谢 ·································· 48
 第三节　微生物在常量元素循环中的作用 ·································· 54
 第四节　难降解污染物的微生物降解转化 ·································· 65
 第五节　微生物分子生物学原理 ·································· 74
 第六节　生物组学技术原理 ·································· 79
 思考题 ·································· 86
 参考文献 ·································· 86
## 第四章　反应器及反应器设计 ·································· 87
 第一节　反应器类型及特征 ·································· 87
 第二节　反应动力学 ·································· 97
 第三节　反应器设计原理 ·································· 115
 第四节　反应器放大及应用 ·································· 132

思考题 ……………………………………………………………………………… 138
　　参考文献 …………………………………………………………………………… 139
第五章　废水处理工程原理 ……………………………………………………………… 140
　　第一节　废水中污染物的组分与污染指标 ……………………………………… 140
　　第二节　混凝与沉淀 ……………………………………………………………… 143
　　第三节　过滤 ……………………………………………………………………… 154
　　第四节　吸附 ……………………………………………………………………… 169
　　第五节　氧化 ……………………………………………………………………… 174
　　第六节　水生物处理 ……………………………………………………………… 182
　　思考题 ……………………………………………………………………………… 190
　　参考文献 …………………………………………………………………………… 190
第六章　废气处理工程原理 ……………………………………………………………… 192
　　第一节　废气污染物去除技术概述 ……………………………………………… 192
　　第二节　颗粒物控制技术原理 …………………………………………………… 194
　　第三节　气态污染物控制原理 …………………………………………………… 206
　　思考题 ……………………………………………………………………………… 226
　　参考文献 …………………………………………………………………………… 227
第七章　固体废物处理与处置原理 ……………………………………………………… 228
　　第一节　固体废物的概念、分类和危害 ………………………………………… 228
　　第二节　固体废物的物化处理 …………………………………………………… 229
　　第三节　固体废物的生物处理 …………………………………………………… 240
　　第四节　固体废物的最终处置 …………………………………………………… 242
　　第五节　危险废物处理处置技术 ………………………………………………… 246
　　第六节　固体废物处理处置新技术 ……………………………………………… 249
　　思考题 ……………………………………………………………………………… 254
　　参考文献 …………………………………………………………………………… 254
第八章　土壤污染控制原理 ……………………………………………………………… 256
　　第一节　土壤污染概述 …………………………………………………………… 256
　　第二节　土壤环境污染物的迁移转化 …………………………………………… 260
　　第三节　土壤污染修复技术 ……………………………………………………… 282
　　思考题 ……………………………………………………………………………… 298
　　参考文献 …………………………………………………………………………… 299
第九章　物理性污染控制原理 …………………………………………………………… 300
　　第一节　概述 ……………………………………………………………………… 300
　　第二节　环境噪声污染控制 ……………………………………………………… 303
　　第三节　环境振动污染控制 ……………………………………………………… 314
　　第四节　环境放射性污染控制 …………………………………………………… 326
　　第五节　环境电磁辐射污染控制 ………………………………………………… 333

第六节　环境热污染控制 …………………………………………………… 335
　　第七节　环境光污染控制 …………………………………………………… 341
　　思考题 ………………………………………………………………………… 345
　　参考文献 ……………………………………………………………………… 345
第十章　环境工程监测原理 …………………………………………………… 347
　　第一节　概述 ………………………………………………………………… 347
　　第二节　水污染治理工程监测 ……………………………………………… 349
　　第三节　大气污染治理工程监测 …………………………………………… 361
　　第四节　土壤和固体废物治理工程监测 …………………………………… 376
　　第五节　物理性污染监测 …………………………………………………… 391
　　第六节　环境监测管理和实验室质量保证 ………………………………… 397
　　思考题 ………………………………………………………………………… 400
　　参考文献 ……………………………………………………………………… 401
第十一章　环境工程智能化概述 ……………………………………………… 402
　　第一节　环境质量智能监控和应急处置 …………………………………… 402
　　第二节　水处理系统在线监测与工艺优化 ………………………………… 409
　　第三节　基于物联网的智慧环保 …………………………………………… 413
　　思考题 ………………………………………………………………………… 416
　　参考文献 ……………………………………………………………………… 417

# 第一章

# 环境工程原理及方法

**本章导读**

本章主要介绍环境工程原理的学科定位、基本任务与研究方法，环境工程原理的主要内容以及未来发展趋势。目的是使读者从总体上把握环境工程原理及方法。学习本章应注意从宏观上把握环境工程原理的基本任务及主要内容，培养解决环境工程问题的基本思路和技术方法，并结合相关学科发展了解环境工程原理的发展动态。

## 第一节 环境工程学概述

### 一、环境科学与环境工程学

环境科学是为了解决人类面临的环境问题而产生，随着现代社会经济和科学发展而逐步形成的综合性科学体系，其主要任务是研究在人类活动的影响下环境质量的变化规律和环境变化对人类生存的影响，以及保护和改善环境质量的理论、技术和方法。

环境科学涉及的内容丰富，与自然科学和社会科学中许多重要学科相互渗透、相互交叉，因而形成了许多分支学科(图 1-1)，如环境工程学、环境地学、环境生物学、环境物理学、环境化学、环境管理学、环境经济学、环境法学等。

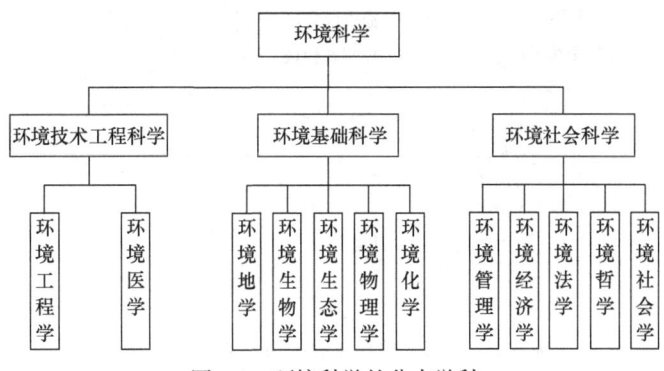

图 1-1 环境科学的分支学科

环境科学是一门正在蓬勃发展的科学，随着环境问题的发展和人类认识的进一步深化，环境科学的研究范围和内涵不断扩展，各分支学科也必将不断地充实与完善。

环境工程学是环境科学的一个分支，又是工程学的一个重要组成部分，它源于早期的土木工程、卫生工程、化学工程等学科，又融入了其他自然科学和社会科学的原理和方法，是一门运用环境科学及工程学、管理学和社会学的基本方法，研究保护和合理利用自然资源，控制和防治环境污染与生态破坏，以改善环境质量，使人们得以健康、舒适地生存与发展的学科。

近三十年来，环境工程学的发展非常迅速，反应工程、应用微生物学、生态学、生物工程、计算机与信息工程及社会学的各个学科都向其渗透，其学科理论体系日趋完善、学科分支日趋扩展，目前已经成为具有鲜明特色的、独立的学科体系。

## 二、环境工程学研究内容和应用新领域

传统认为，环境工程学是研究污染防治技术的原理和方法的学科。近年来，随着环境治理和生态保护力度的加大，以及"创新、协调、绿色、开放、共享"五大发展理念的提出，环境工程学的内涵不断丰富，不仅包括水质净化与水污染控制工程、大气(包括室内空气)污染控制工程、固体废物处理处置与管理工程、土壤污染控制工程、物理性污染(热污染、辐射污染、噪声、振动)控制工程、自然资源的合理利用与保护、环境监测与环境质量评价等传统的内容，还包括生态修复工程、清洁生产、污染预防与全过程污染控制工程，以及环境规划与管理、环境系统工程等。环境工程学的研究内容和应用新领域见图1-2。

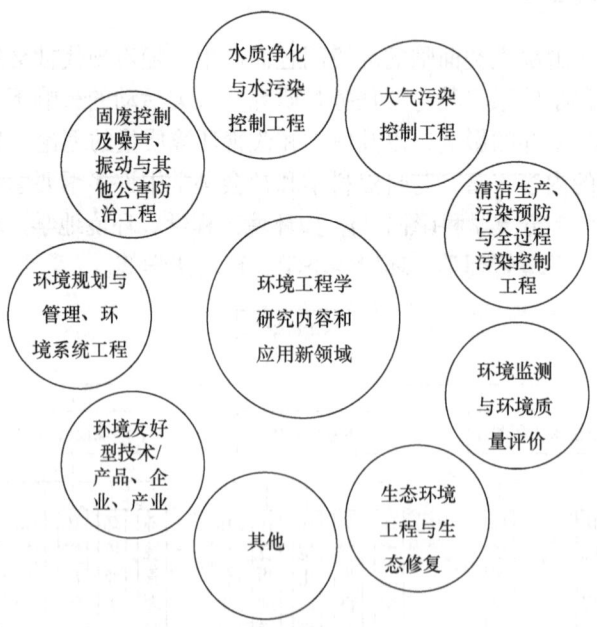

图1-2　环境工程学研究内容和应用新领域

## 第二节　环境工程原理的基本任务与研究方法

环境工程原理是我国高等学校环境工程专业的一门重要专业基础课。该课程于 2003 年在清华大学首先开设，受到积极关注。2004 年 8 月，教育部高等学校环境科学与工程类专业教学指导委员会在四川大学召开的会议上将"环境工程原理"列为高等学校环境工程专业九门核心课程之一。2007 年起，教育部高等学校环境科学与工程类专业教学指导委员会起草制定的《环境工程专业规范》和《环境工程专业认证补充标准》中均明确规定"环境工程原理"为专业课程。

2017 年以来，教育部积极推进新工科建设，明确要培养适应未来新兴产业和新经济需要的实践能力强、创新能力强、具备国际竞争力的高素质复合型人才，为新时期环境工程原理课程的发展指明了方向。

### 一、环境工程原理的基本任务

环境工程原理以环境工程学中污染物控制和生态修复过程为研究对象，研究内容包括过程的原理、基本理论、典型设备、典型工艺及其在环境工程中的应用。该课程教学的基本任务是：

(1) 正确理解污染物控制和生态修复过程的基本原理，了解典型设备的构造、性能和操作方法，经济有效地满足特定处理过程的要求。

(2) 熟悉单元过程及设备的计算方法，能正确使用各种常用的工程计算图表、工具书和资料。

(3) 掌握单元过程的基本规律，初步具备选择适宜操作条件、探索强化过程途径的能力。

(4) 了解环境工程单元过程的新发展、新技术、新工艺及相关学科的新发展。

环境工程原理不仅是环境工程专业的核心课程，也是环境科学、给水排水工程及其他相关专业的重要专业基础课。

### 二、环境工程原理的研究方法

环境工程原理通过总结凝练共性技术原理及工程设计计算基本理论，为环境污染控制及生态修复工程等专业课程的学习提供理论基础。它遵循"宏观现象—微观机理—数学表达"的基本思路，以提高环境污染控制和生态修复效率为根本目标(宏观过程)，通过小试/中试实验研究，分析反应过程物质及能量流动，解析各微观反应过程机理及控制因素，建立简化数学模型，为宏观过程的定量计算(反应器及工程设计)提供理论依据。在环境工程的研究中，常采用两种基本的学习研究方法，即实验研究方法和数学模型方法。

### (一) 实验研究方法

环境工程的过程往往十分复杂，涉及的影响因素很多，各种影响因素不能用迄今已掌握的物理、化学和数学等基本原理定量地分析预测，必须通过实验来解决，具体分析方法包括量纲分析和相似理论方法。对于较复杂的环境工程过程，一般采用逐级放大的方法，即先在小型装置上进行试验，确定各种因素的影响规律和适宜的工艺条件，然后进行较大规模的试验，最后进行大装置的设计，逐级放大的级数或每级的放大倍数根据情况而异，主要依靠理论分析与实践经验确定。

### (二) 数学模型方法

用数学模型方法研究环境工程过程时，首先要在充分认识过程机理的基础上建立简化的物理模型；然后用数学方法来描述此物理模型得到数学模型，再用适当的数学方法求解数学模型，得到反映过程特性的参数(模型参数)；最后通过实验求出模型参数并检验模型的可靠性。该方法属于半理论半经验的方法，近年来，随着计算技术的快速发展，复杂数学模型的求解成为可能，因此该方法已逐步发展成为主要的研究学习方法。

## 第三节 环境工程原理的主要内容

环境工程原理充分吸收和借鉴了流体力学、传递过程原理、化工原理、反应工程原理、生物工程等课程(学科)的比较成熟的理论，但它又是基于环境污染治理系统的特点，建立在环境污染控制工程基础上的一门独立的课程，有其明确的目标和课程任务，其研究对象、理论体系和工程目标等与上述学科有明显的区别。环境工程原理的主要内容包括：环境工程原理基础、环境污染控制技术原理、环境工程智能化控制原理。

### 一、环境工程原理基础

环境工程原理基础重点阐述环境工程学的基本原理，主要内容包括环境工程物理和化学原理、环境工程微生物原理、反应器及反应器设计。

环境工程物理和化学原理主要介绍环境流体的质量衡算、能量衡算、动量衡算、流体内部结构、热量传递、质量传递和化学反应等基本原理，阐述环境工程中分析问题的物理和化学基本理论及其方法。

环境工程微生物原理主要介绍环境工程微生物分类、微生物营养物质和生理代谢、微生物在物质循环中的作用和难降解污染物的微生物降解转化等基本知识和原理及微生物在环境工程中的应用原理，并介绍环境工程微生物应用过程中的分子生物学原理，包括聚合酶链式反应技术、分子杂交技术、宏基因组技术及最新发展的生物组学技术等。

反应器及反应器设计主要介绍化学反应、酶反应及生物反应的计量学、动力学、研究方法和各种均相与非均相反应器，并结合污染控制实例简述反应器的设计依据、原理和放大特征。

## 二、环境污染控制技术原理

环境污染控制技术原理主要以各环境要素的污染控制为核心，重点阐述废水处理工程原理、废气处理工程原理、固体废物处理与处置原理、土壤污染控制原理、物理性污染控制原理。

废水处理工程原理主要介绍废水处理中各个单元操作如混凝、沉淀、过滤、吸附、氧化和生物处理的基本原理。

废气处理工程原理主要介绍工业废气颗粒污染物和气态污染物控制技术的基本原理。

固体废物处理与处置原理主要介绍固体废物处理与处置过程中物化处理、生物处理及最终处置等单元过程的基本原理。

土壤污染控制原理主要介绍污染物在土壤中的迁移转化特征，以及土壤污染修复单元过程的基本原理。

物理性污染控制原理主要介绍物理性污染控制单元过程的基本原理。

## 三、环境工程智能化控制原理

借助物联网、云计算等现代信息技术，现阶段环境保护已转向数字环保、智慧环保阶段。本书介绍的主要内容包括环境工程监测原理和环境工程智能化概述。

环境工程监测原理主要介绍水污染治理工程监测、大气污染治理工程监测、土壤和固体废物治理工程监测及物理性污染监测的基本原理，以及环境监测管理和实验室质量保证要求。

环境工程智能化概述主要介绍环境工程智能化在环境监测和水处理领域的应用以及基于物联网的智慧环保的原理和应用实例，并对环境工程智能化控制的发展趋势进行了展望。

# 第四节 环境工程学发展趋势

伴随世界范围内的科技创新、生态文明建设的战略需求和环境工程领域的新挑战，未来环境工程学的发展将呈现以下趋势：

(1) 在环境工程基础原理方面，趋向于膜、光(太阳光)、电、磁、超导、超声等物理新技术原理以及微生物原位识别、多组学、高通量解析新技术原理的应用。

(2) 在环境污染控制技术原理方面，趋向于以绿色化、资源化和系统化为导向的自然与生态学或水、土、气、生等多介质污染协同控制原理的应用，以及借助生命科学、材料科学、信息科学、工程技术、数理科学的进步开发复合污染环境风险防控原理并推广应用。

(3) 在环境工程智能化控制原理方面，趋向于基于化学自组装、生物芯片、纳米材料等发展出的新一代环境传感技术，以高通量、高内涵、快速准确为核心的立体监测技术，以及以"互联网+"、大数据等支撑的环境信息传输、大数据存储与融合处理技术原理的应用。

## 思 考 题

1. 阐述环境工程学的主要任务及其学科体系。
2. 环境工程原理课程的任务是什么？
3. 环境工程原理的研究方法有哪些？
4. 阐述提高污染物控制工程效率的基本思路和技术路线。

## 参 考 文 献

贺文智, 李光明. 2014. 环境工程原理. 北京: 化学工业出版社.
胡洪营, 张旭, 黄霞, 等. 2015. 环境工程原理. 3版. 北京: 高等教育出版社.
李永峰, 陈红. 2012. 现代环境工程原理. 北京: 机械工业出版社.
威廉 W 纳扎洛夫, 莉萨·阿尔瓦雷斯-科恩. 2006. 环境工程原理. 漆新华, 刘春光, 译. 北京: 化学工业出版社.
张晖, 吴春笃. 2011. 环境工程原理. 武汉: 华中科技大学出版社.
周长丽. 2007. 环境工程原理. 北京: 中国环境科学出版社.
Davis M L, Masten S J. 2007. 环境科学与工程原理. 王建龙, 译. 北京: 清华大学出版社.

# 第二章 环境工程物理和化学原理

**本章导读**

传统化学工业的单元操作所涉及的物理化学原理包括"传质、传热、动量传递和化学反应"(三传一反)。而在环境工程过程中涉及的污染物在水、气、固各个介质中的浓度普遍比较低,所以可以将环境中的污染介质视为污染物的稀释溶液(或气体、固体等),从而利用一些化工原理中的基本分析方法来描述水处理、废气处理和固体废物处置过程所涉及的物理和化学原理。基于此思想,本章将从环境流体的质量衡算、能量衡算、动量衡算、流体内部结构、热量传递、质量传递和化学反应等基本原理出发,阐述环境工程中分析问题的物理和化学基本理论及其方法。

## 第一节 质量、能量和动量衡算

### 一、质量衡算

质量衡算又称物料衡算,其理论基础在于物质既不会凭空产生也不会凭空消失,但是物质的存在形式可以转换(如发生化学和生物反应等)。质量衡算的步骤可以分为以下简单的两步:①确定一个特定区域,即质量衡算的空间范围,称为衡算系统。而此区域的界面则称为边界,边界以外的范围是该衡算系统周围的环境。在环境工程领域中,质量衡算的区域往往是一个实际工程关注的单元,如一个反应器、一个车间、一个工业园区等,而在环境科学领域,该区域可以更为宏观,如一个湖泊、一段河流,甚至整个国家或地区等。②确定了衡算系统的边界后,就可以分析衡算对象通过边界的质量转移及其在衡算系统内的累积。在此过程中需确定衡算对象与衡算基准。质量衡算的对象可以是物料的全部组分,也可以是物料中的关键组分,如废水中的化学需氧量(COD)或某种重金属元素、废气中的某种挥发性有机物(VOCs)等。同时在进行质量衡算时,应根据过程的具体情况,选择对衡算系统有意义的时间间隔作为衡算基准,其可以是单位时间,如 1min、1h 等,也可以是其他基准,如间歇操作中,可取处理一批物料作为基准。

在针对某一对象进行质量衡算时,通常认为其有三种去向:①一部分物质没有发生变化而直接输出系统;②一部分物质在系统内积累;③一部分物质通过化学、生物等反

应转化为其他物质。因此,可以对衡算物质写出质量平衡关系式:

$$\text{输入速率} - \text{输出速率} + \text{转化速率} = \text{积累速率}$$

即

$$q_{m1} - q_{m2} + q_{mr} = \frac{\mathrm{d}m}{\mathrm{d}t} \tag{2-1}$$

式中:$q_{m1}$ 为输入速率;$q_{m2}$ 为输出速率;$\frac{\mathrm{d}m}{\mathrm{d}t}$ 为积累速率;$q_{mr}$ 为单位时间系统内某组分因生物和化学反应或放射性衰变而转化的质量,即转化的质量流量,称为转化速率或反应速率。当该组分为生成物时,$q_{mr}$ 为正值,其质量增加;当该组分为反应物时,$q_{mr}$ 为负值,其质量减少。

对于任何一个系统,根据其任意位置上物理量是否随时间变化,可以将其分为稳态系统和非稳态系统。当系统中流速、压力、密度等物理量只是位置的函数,而不随时间变化,称为稳态系统;当上述物理量不仅随位置变化,而且随时间变化时,则称为非稳态系统。在工程实践中,多数情况下常采用连续稳态操作,只有间歇操作系统或连续操作系统的开始与结束阶段为非稳态过程。稳态系统可以选取稳定状态中的任意时间点进行质量衡算,而非稳态系统也可以选择系统两个时间点的状态,只要能够明确两个状态之间目标对象输入、输出和转化量等,就可以进行质量衡算。

在稳态非反应系统中,内部物质浓度恒定,不随时间变化,即式(2-1)中的积累速率为 0。同时,系统内衡算物质的组分不发生变化,即不发生化学反应、微生物降解或放射性衰变,其反应速率为 0。因此,该系统的质量衡算是最简单的情况。此时,式(2-1)简化为

$$q_{m1} = q_{m2} \tag{2-2}$$

即物质的输入速率等于输出速率。

环境工程中经常遇到稳态非反应系统,该系统可能是一个湖泊、一段河流,或者城市上方的一团空气,可以有多个输入项和输出项。输入项 1 的体积流量为 $q_{v1}$,其中污染物的质量浓度为 $\rho_1$;输入项 2 的体积流量为 $q_{v2}$,其中污染物的质量浓度为 $\rho_2$;输出混合物的体积流量为 $q_{vm}$,污染物的质量浓度为 $\rho_m$。当污染物不发生任何反应且系统处于稳定状态时,污染物的输入速率为

$$q_{m1} = \rho_1 q_{v1} + \rho_2 q_{v2} \tag{2-3}$$

污染物的输出速率为

$$q_{m2} = \rho_m q_{vm} \tag{2-4}$$

式中:

$$q_{vm} = q_{v1} + q_{v2} \tag{2-5}$$

根据式(2-2)~式(2-5),得

$$\rho_1 q_{v1} + \rho_2 q_{v2} - \rho_m q_{vm} = 0$$

$$\rho_m = \frac{\rho_1 q_{v1} + \rho_2 q_{v2}}{q_{v1} + q_{v2}} \tag{2-6}$$

即输出浓度为输入浓度对输入体积流量的加权平均值。

在工程中，经常遇到某系统内发生反应，但在一定的输入条件下维持足够长时间后，各物理量不再随时间变化。此时可假定系统处于稳定状态，即系统内衡算物质的积累速率为0，故有

$$q_{m1} - q_{m2} + q_{mr} = 0 \tag{2-7}$$

环境工程中，很多污染物具有较大的化学、生物反应速率，因此必须将它们视为可降解物质。污染物的生物降解经常被视为一级反应，即污染物的降解速率与其浓度成正比。假设体积$V$中可降解物质的浓度分布均匀，则

$$q_{mr} = -k\rho V \tag{2-8}$$

式中：$k$为反应速率常数，$s^{-1}$；$\rho$为污染物浓度，$kg/m^3$；$V$为系统的体积，$m^3$；负号表示污染物浓度随时间而减小。

将式(2-8)代入式(2-7)，可得稳态条件下含有反应过程的系统的质量衡算方程为

$$q_{m1} - q_{m2} - k\rho V = 0 \tag{2-9}$$

在污染物控制工程中，对于污染物进入湖泊、大气中的情况，通常可以假定其为完全混合系统，因此式(2-9)常常用来分析常见的水体环境问题和空气(或大气)质量问题。

进行质量衡算时，为了分析问题方便，可以绘制质量衡算系统图，即画出系统的概念图或过程的流程图，明确衡算系统的边界，将所有输入项、输出项和积累项在图中标出，然后写出质量衡算方程式，以求解未知的输入项、输出项和积累项；或借助于质量衡算方程式，确定是否所有的组分都已考虑进去。

**示例 2-1** 完全混合式反应器

为了更好地对质量衡算的基本概念进行有效阐述，以环境工程水处理领域常见的完全混合式反应器(如活性污泥处理单元)为例进行介绍(图 2-1)。对于图 2-1 中的完全混合式反应器而言，将整个反应器作为衡算区域，而反应器四周即可视作边界。通过确定的边界，进而可以梳理得到进出衡算区域的所有水体及其成分。

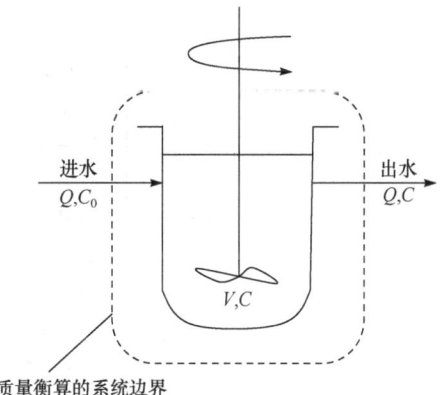

图 2-1 以完全混合式反应器为例的质量衡算

由于完全混合式反应器可以认为是一个稳定反应系统，若选取水中的$COD_{Cr}$作为物料衡算的对象，在稳定状态的某一时间点，则可以发现系统的输入项为流入的未处理进水，其流量为$Q(m^3/s)$，其中的$COD_{Cr}$为$C_0(mg/m^3)$，输出项为同一时间点流出系统的已处理出水，其流量同样为$Q(m^3/s)$，其中的$COD_{Cr}$为$C(mg/m^3)$，则可以参考式(2-9)，得到

$$QC_0 - QC - r_c V = 0 \tag{2-10}$$

式中：$r_c$为该完全混合式反应器中的$COD_{Cr}$降解速率，$mg/(m^3 \cdot s)$；$V$为完全混合式反

应器的体积，$m^3$。进而可以推导得

$$r_c = \frac{Q}{V}(C - C_0) \tag{2-11}$$

由式(2-11)可以方便地从完全混合式反应器进出水的参数，得出其对于 $COD_{Cr}$ 的降解反应速率。当变更目标对象，将 $COD_{Cr}$ 更换为其他目标化合物时，式(2-11)同样适用。

**示例 2-2** 气相顶空法

对环境水体样本进行监测时通常采用顶空法。该方法常用于挥发性有机物或挥发性无机物(VICs)水样测定的预处理阶段，其同样使用了质量衡算的方法。在测定时，先在密闭的顶空瓶中装入待测水样，在容器上方留存一部分空间。再将顶空瓶置于恒温水浴的环境中，经过一定时间，待容器内的气液两相达到平衡后，待测组分在两相中的分配系数 $K$ 和两相体积比 $\beta$ 分别为

$$K = \frac{[X]_L}{[X]_G} \tag{2-12}$$

$$\beta = \frac{V_G}{V_L} \tag{2-13}$$

式中：$[X]_G$、$[X]_L$ 分别为平衡状态下待测物质 X 在气相和液相中的浓度；$V_G$、$V_L$ 分别为气相和液相的体积。

若将顶空瓶作为质量衡算的区域，将刚加入待测水样时的状态称为状态 I，而气液相平衡稳定后的状态称为状态 II (图 2-2)，可以发现该系统虽然不是一个稳态系统，但却是一个封闭的系统，而且也不涉及化学反应。所以可以将待测物质 X 作为对象，根据质量守恒的原理，将状态 I 和状态 II 中 X 的质量分别进行计算，两者应该是相等的。

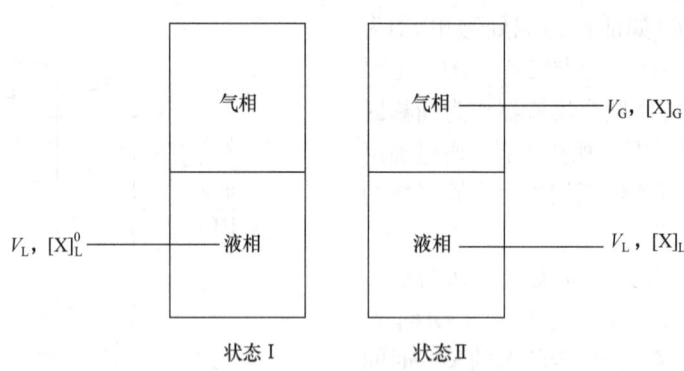

图 2-2 顶空法测定示意图

由此得到

$$[X]_L^0 V_L = [X]_L V_L + [X]_G V_G \tag{2-14}$$

结合式(2-12)和式(2-13)可以推导出待测物质在气相中的平衡浓度 $[X]_G$ 和其在水样中的原始浓度 $[X]_L^0$ 之间的关系式：

$$[X]_G = \frac{[X]_L^0}{\beta + K} \tag{2-15}$$

所以当从顶空瓶中取气样测得$[X]_G$后,就可以通过式(2-15)计算出水中待测物质的原始浓度$[X]_L^0$。

## 二、能量衡算

尽管将质量衡算应用于环境工程中可以解决很多问题,但当遇到涉及能量转化的问题时,仅依靠质量衡算显然无法解决。此时引入能量守恒定律,即认为能量不会凭空消失或凭空产生,由此可以得出能量守恒方程,这样就便于解决各种水热能回收、流体运输机械能转化、设备最佳冷却方案、流体流动过程中各种损耗计算等问题。

### (一) 能量衡算方程

能量衡算的基础是确定衡算的范围,也就是衡算系统。任意一种系统都可以是衡算系统,如水池、水炉、烟气排放管道、局域地区的空气、河流、湖泊、农田等;当研究某一地区的大气质量问题时,系统就是整个地区的大气。能量衡算包括能量输入和能量输出两部分。按在系统中的表现方式又可以分为两种:①物料携带能量进出系统;②系统与外界交换能量。当物质和能量均不限于在该系统内流动时,称为开放系统;当能量流动不局限于一个系统,而物质只能在该系统内流动时,称为封闭系统。

根据热力学第一定律,封闭系统经过某一过程时,其内部能量的变化等于该系统从环境吸收的热量与它对外所做的功之差,即

$$\Delta E = Q - W \tag{2-16}$$

式中:$\Delta E$ 为系统内总能量的变化量,kJ;$Q$ 为系统内物料从外界吸收的热量,kJ;$W$ 为系统内物料对外界所做的功,kJ。

式(2-16)同样适用于稳流开放系统,即除了系统内部产生的能量如动能、位能和内能之外,此系统内流动的物料在内部还具有一定的静压力,当物料进入系统时需要克服其做功,该部分能量称为静压能。综上所述,物料的总能量 $E$ 即为其动能 $E_{动}$、位能 $E_{位}$、内能 $E_{内}$ 和静压能 $E_{静压}$ 的总和。表达式如下:

$$E = E_{内} + E_{动} + E_{位} + E_{静压} \tag{2-17}$$

对于任一衡算系统来说,内部能量的变化就是输出物料的总能量和输入物料的总能量之差加上系统内部的累计能。综上所述,能量衡算方程可以记为

$$E_{出} - E_{入} + E_{累} = Q - W \tag{2-18}$$

式中:$E_{出}$ 为输出系统的物料的总能量,kJ;$E_{入}$ 为输入系统的物料的总能量,kJ;$E_{累}$ 为系统内物料能量的积累,kJ;$Q$ 为系统从外界吸收的热量,kJ;$W$ 为系统对外界所做的功(非体积功),kJ。

### (二) 热量衡算方程

在一些实际过程中并不涉及系统与环境之间的做功过程，而仅涉及物料温度或物态变化，此时能量可以用焓表示。单位时间系统物料总能量的变化可以表示为

$$\Delta E' = \sum H_p - \sum H_F + E_q \tag{2-19}$$

式中：$\sum H_F$ 为单位时间输入系统的物料的焓值总和，即物料带入的能量总和，kJ/s；$\sum H_p$ 为单位时间输出系统的物料的焓值总和，即物料带出的能量总和，kJ/s；$E_q$ 为单位时间系统内部物料能量的积累，kJ/s；$\Delta E'$ 为单位时间系统物料总能量的变化，kJ/s。

若系统不对外做功，即 $W=0$，则能量衡算方程可表示为

$$\sum H_p - \sum H_F + E_q = q \tag{2-20}$$

式中：$q$ 为单位时间环境输入系统的能量，即系统的吸热量(为正值)，kJ/s。式(2-20)也称热量衡算方程。

物料焓的定义为

$$H = e + pV \tag{2-21}$$

式中：$H$ 为单位质量物料的焓，kJ；$e$ 为单位质量物料的内能，kJ；$p$ 为物料所处的压力，Pa；$V$ 为单位质量物料的体积，m³/kg。

在封闭系统和开放系统中，热量衡算方程[式(2-20)]可以进一步分别简化。

### (三) 封闭系统的热量衡算

由于封闭系统与外界环境无物质交换，所以热量衡算方程中的输出和输入物料的焓值为 0，从而得到

$$E_q = q \tag{2-22}$$

封闭系统中外界吸收的能量全部转化为系统内部物料能量的积累，物料温度升高或物态的变化就是内部能量变化的体现。

在封闭系统中，整个系统内全部物料的能量衡算通常使用式(2-23)计算：

$$E_Q = Q \tag{2-23}$$

式中：$E_Q$ 为系统内物料能量的积累，kJ；$Q$ 为系统从外界吸收的热量，kJ。

### (四) 开放系统的热量衡算

除了封闭系统，现实环境中的各种系统，如城市污水井系统、垃圾填埋场、自来水运输管道等，总会伴随着物质和能量在系统和环境中交换，这种系统称为开放系统。对于开放系统的能量衡算，必须考虑物质和能量在系统和环境中交换的这部分能量。

在稳态系统中，由于系统内并没有能量的积累，即 $E_q = 0$。此时能量衡算方程为

$$\sum H_p - \sum H_F = q \tag{2-24}$$

(五) 管道系统的能量衡算

环境工程中常采用管道输送净水、污水、污泥及各种气体等。此时，管道系统的质量衡算和能量衡算方程可以有效解决管路计算、流体输送机械选择及流量测定等实际问题。

1. 流体携带的能量

流体流动过程中所携带的能量包括流体内能、动能、位能及静压能。

(1) 内能：物质内部所具有能量的总和，来自分子与原子的运动以及彼此的相互作用，是温度的函数。单位质量流体的内能以 $e$ 表示，其单位为 kJ/kg。

(2) 动能：流体以一定速度流动时，便具有一定的动能。若流体的质量为 $m$，速率为 $u$，则流体的动能为 $\frac{1}{2}mu^2$，单位质量流体的动能为 $\frac{1}{2}u^2$，其单位为 kJ/kg。

(3) 位能：流体质点受重力场的作用，在不同的高度具有不同的位能。设定某一基准平面，流体与基准平面的距离为 $z$，则质量为 $m$ 的流体具有的位能为 $mgz$，单位质量流体所具有的位能为 $gz$，其单位为 kJ/kg。

(4) 静压能：流体内部任何位置上都具有一定的静压力。流体进入系统需要对抗静压力做功，这部分功便成为流体的静压能输入系统。单位质量流体的静压能(kJ/kg)为 $p/\rho$，其中 $\rho$ 为流体密度，单位为 kg/m³。

2. 与环境交换的能量

衡算系统中，泵等流体输送机械向流体做功，把外界能量输入系统；或流体通过水力机械向外界做功，输出能量。单位质量流体对输送机械所做的功以 $W_e$ 表示，为正值；若 $W_e$ 为负值，则表示输送机械对系统内流体做功。$W_e$ 的单位为 kJ/kg。

同样，流体可以通过热交换器吸收或放出热量。设单位质量流体在通过系统的过程中与环境交换的热量为 $Q_e$，并定义吸热时为正值，放热时为负值。$Q_e$ 的单位为 kJ/kg。

3. 总能量衡算方程

根据式(2-18)，对于衡算系统，以单位质量(1kg)流体为衡算基准，可以列出总能量衡算方程，即

$$\Delta(e + \frac{1}{2}u^2 + gz + p/\rho) = Q_e - W_e \tag{2-25}$$

4. 机械能衡算

式(2-25)中涉及的能量可以分为两大类：①机械能，包括动能、位能和静压能；②内能和热。在流体流动过程中几种机械能可以相互转变，且由于实际流体具有黏性，机械能会转化成内能和热，这就相当于有一部分机械能被损耗。对于连续、均质、不可压缩、处于稳态的理想流体，若无外力功加入，可将式(2-25)简化得到

$$\frac{1}{2}\Delta u_m^2 + g\Delta z + \frac{\Delta p}{\rho} = 0 \tag{2-26}$$

或

$$\frac{1}{2}u_{m1}^2 + gz_1 + \frac{p_1}{\rho} = \frac{1}{2}u_{m2}^2 + gz_2 + \frac{p_2}{\rho} \tag{2-27}$$

式(2-27)为著名的伯努利(Bernoulli)方程，其前后每项分别代表单位质量流体在状态改变前后的动能、位能和静压能。可以看出，当管道中理想流体无阻力消耗，又无外力功加入时，在任一截面上的单位质量流体所具有的机械能之和不变，即

$$\frac{1}{2}u_m^2 + gz + \frac{p}{\rho} = 常数 \tag{2-28}$$

在式(2-26)假设的基础上，若流体还处于静止状态，则可进一步简化为

$$g\Delta z + \frac{\Delta p}{\rho} = 0 \tag{2-29}$$

式(2-29)就是流体静力学基本方程，使用该式可以解决液位测量等许多环境工程中的实际问题。

**示例 2-3**  复式 U 形测压计

某装置为复式 U 形水银测压计，如图 2-3 所示，截面 2、4 间充满水。已知对某基准面而言各点的标高为 $z_0=2.3\text{m}$，$z_1=z_2=1.0\text{m}$，$z_3=z_4=2.1\text{m}$，$z_5=z_6=0.8\text{m}$，$z_7=2.7\text{m}$。

求锅炉内水面上的蒸气压。

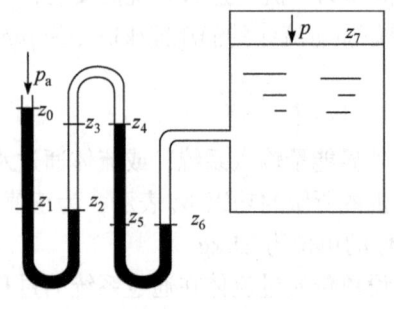

图 2-3  复式 U 形水银测压计示意图

**解**  按静力学原理[式(2-29)]，同一种静止流体的连通器内，同一水平面上的压力相等，故有

$$p_1 = p_2, \quad p_3 = p_4, \quad p_5 = p_6$$

对水平面 1-2，$p_1 = p_2$，即

$$p_2 = p_a + \rho_i g(z_0 - z_1)$$

式中：$\rho_i$ 为水银密度。

对水平面 3-4，有

$$p_4 = p_3 = p_2 - \rho g(z_3 - z_2)$$

式中：$\rho$ 为水密度。

对水平面 5-6，有

$$p_6 = p_5 = p_4 + \rho_i g(z_4 - z_5)$$

锅炉蒸气压为

$$p = p_6 - \rho g(z_7 - z_6)$$

$$p = p_a + \rho_i g(z_0 - z_1) + \rho_i g(z_4 - z_5) - \rho g(z_3 - z_2) - \rho g(z_7 - z_6)$$

则蒸气的表压为

$$p - p_a = \rho_i g(z_0 - z_1 + z_4 - z_5) - \rho g(z_3 - z_2 + z_7 - z_6)$$
$$= 13600 \times 9.81 \times (2.3 - 1.0 + 2.1 - 0.8) - 1000 \times 9.81 \times (2.1 - 1.0 + 2.7 - 0.8)$$
$$= 317(\text{kPa})$$

**示例 2-4**  孔板流量计测定气体流速的原理

在环境工程实际应用中常涉及管道流量的测量，其中对于管道气体的测量可以使用

孔板流量计,当气体通过隔板或毛细管的小孔时,由质量守恒定律可知气体的速度会发生改变。例如,在图 2-4 中截面 2-2 的速度 $u_2$ 大于截面 1-1 的速度 $u_1$,且符合以下公式:

$$u_2 = \frac{A_1}{A_2} u_1$$

而同时截面 1-1 和 2-2 上应用伯努利方程可知:

$$\frac{1}{2}u_1^2 + \frac{p_1}{\rho} = \frac{1}{2}u_2^2 + \frac{p_2}{\rho}$$

$$\Delta p = p_1 - p_2 = \frac{\rho}{2}(u_2^2 - u_1^2)$$

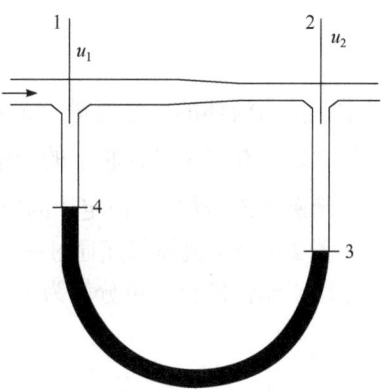

图 2-4　孔板流量计示意图

式中:$\rho$ 为当前状态下待测气体的密度。

同时可知:$p_2 = p_3$,$p_1 = p_4$,由静力学原理,得

$$\Delta p = p_4 - p_3 = p_1 - p_2 = \rho_i g(z_4 - z_3) = \rho_i g \Delta z = \frac{\rho}{2}(u_2^2 - u_1^2)$$

式中:$\rho_i$ 为当前状态下 U 形管中水银的密度。则有

$$u_1 = \sqrt{\frac{2A_2^2 \rho_i g \Delta z}{(A_1^2 - A_2^2)\rho}}$$

由于 $A_1$、$A_2$、$\rho$、$\rho_i$、$g$ 在一定条件下是常量,所以气体的流速 $u_1$ 只与 $\Delta z$ 相关,通过测定 $\Delta z$ 可知当前状态下的气体流速。这就是孔板流量计测定气体流速的原理。

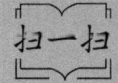 伯努利原理在生活中的应用　　　　　　　　　　　　　　

### 三、动量衡算

物体的质量 $m$ 与运动速度 $u$ 的乘积称为物体的动量,动量和速度一样是向量,其方向和速度的方向相同。

现取管段作为控制体,流动流体的动量守恒定律可表述为
作用于控制体内流体上的外力的合力 = 单位时间内流出控制体的动量 − 单位时间内进入控制体的动量 + 单位时间内控制体中流体动量的累积量

对定态流动,动量累计项为零,并假定管截面上的速度为均匀分布,则上述动量守恒定律可表达为

$$\sum F_x = q_m(u_{2x} - u_{1x}) \tag{2-30}$$

$$\sum F_y = q_m(u_{2y} - u_{1y}) \tag{2-31}$$

$$\sum F_z = q_m(u_{2z} - u_{1z}) \tag{2-32}$$

式中：$q_m$ 为流体的质量流量，kg/s；$\sum F_x$、$\sum F_y$、$\sum F_z$ 分别为作用于控制体内流体上的外力之和在三个坐标轴上的分量。

**示例 2-5** 动量守恒定律的应用

图 2-5 表示流体匀速通过一直径相等的 90°弯管，该管水平放置。设为理想流体，管壁作用于流体的合力可分解为 $F_x$ 和 $F_y$ 两个分力。根据动量守恒方程可得

$$F_x = p_1 A_1 + q_m u_1 \tag{2-33}$$

同理

$$F_y = p_2 A_2 + q_m u_2 \tag{2-34}$$

因 $A_1=A_2=A$，在数值上 $u_1=u_2=u$，$p_1=p_2=p$，则合力 $F$ 为

$$F = \sqrt{F_x^2 + F_y^2} \tag{2-35}$$

进而 $F = \sqrt{2}(pA + q_m u)$。

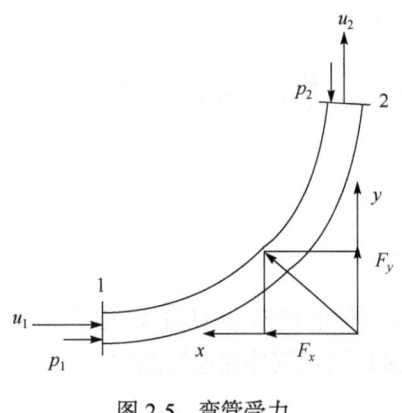

图 2-5 弯管受力

动量守恒定律和能量守恒定律都从牛顿第二定律出发导出，两者反映了流动流体各运动参数变化规律，但在实际应用场合却有所不同。当能量守恒定律应用于实际流体时，由于流体的黏性导致机械能的损耗，因此在机械能衡算式中将出现 $h_f$ 项。但动量守恒定律却不同，它只是将力和动量变化率联系在一起，并未涉及能量损耗的问题。所以当面对实际应用中机械能耗损失无法确定的情况，使用动量守恒定律可以确定各个运动参数之间的关系。前提条件是控制体内流体所受的作用力能够确定，或者主要的外力可以确定而次要的外力可以忽略。

## 第二节 流体内部结构

流体在宏观上的运动状态变化规律可以通过质量守恒、能量守恒、动量守恒原理进行讨论，但是流体内部在微观尺度上的变化并未涉及上述原理。下面将对流体内部结构进行一些简要的介绍。

### 一、流体的状态

层流和湍流为流体流动的两种运动状态。流体在管道内低速流动时，其内部不同径向位置的液体微团各自以确定的速率沿轴向分层运动，各层之间不会互相掺杂，此时的流体流动形态称为层流或者滞流。若加大管道内流体的流动速率，当速率增加至某一水平时，各层流体开始相互掺杂，流体的分层现象消失，液体微团以较高的频率发生各个

方向的脉动，此时流体流动形态称为湍流或紊流。影响流体流动状态的因素除了流速之外，还包括管内径 $d$、流体的密度 $\rho$、黏度 $\mu$ 和管道的尺寸等。通过进一步分析，把这些因素组合成为某一数值，该数值常称为雷诺数，表达式为

$$Re = \frac{\rho u L}{\mu} \tag{2-36}$$

式中：$u$ 为特征速率，m/s；$L$ 为特征尺寸，对于圆管，常采用管内径 $d$，m。

雷诺数为一个无因次数群，既反映各物理量之间的内在关系，又能说明流体流动的本质。流体在圆管内流动，当 $Re<2000$ 时，流动总是出现层流，称为层流区；当 $Re>4000$ 时，一般出现湍流，称为湍流区；当 $2000 \leqslant Re \leqslant 4000$ 时，有时出现层流，有时出现湍流，并与外界条件有关，称为过渡区。

## 二、边界层

当实际流体流经固体壁面时，由于流体具有黏性，在垂直于流体流动方向上便产生了速度梯度。在壁面附近存在着速度梯度较大的流动层称为流动边界层，简称边界层。应用边界层的概念研究实际流体的运动将使问题简化，从而可以用理论的方法来解决复杂的流动问题。

### (一) 边界层理论的概念

由于边界层的形成，可将沿壁面的流动简化为两个区域，即边界层区和主流区。边界层区为紧贴壁面的一层非常薄的区域，此区域内沿壁面法向速度变化很大，且其中流体的黏性力也很大，不可忽视。而主流区位于边界层以外，其中沿壁面法向速度变化小，因此黏性力也小，可以视为理想流体。

在实际应用中，凡是涉及流体流动，减少边界层的厚度均可以减少热量传递和质量传递过程中的能量损失。例如，在流道内壁做矩形槽，或在列管换热器的列管外放置翅片，以此破坏边界层的形成，减少传热和传质阻力。

### (二) 阻力损失

1. 阻力损失产生的原因

流体运动过程中，边界层物质与流体相互作用，施加于流体流动方向相反的作用力称为流动阻力。其中，流经直管时的阻力称为沿程阻力损失，而流经弯管时的阻力称为局部阻力损失。

流体流动阻力产生的原因可以归纳为黏性流体的内摩擦造成的摩擦阻力和物体前后压力差引起的压差阻力。由于压差阻力主要取决于物体的形状，所以也称形体阻力。边界层理论对于分析流体流动阻力，进行阻力计算都是十分重要的。边界层中流体与物体的接触表面上存在的剪切力导致了摩擦阻力的出现，流动状态和边界层的厚度则是其主要影响因素。当流体流过表面是曲面的物体时，物体表面的压力分布沿程发生变化，形成形体阻力。

对于一般的绕流物体,流体在物体后部发生边界层分离,并形成尾流,尾流中充满不规则运动着的旋涡,旋涡的强烈运动将不断消耗流体的机械能,导致尾流区中的压力较低,从而形成较大的形体阻力,形体阻力的大小取决于尾流区域的大小。

2. 阻力损失的影响因素

根据摩擦阻力和形体阻力等不同的阻力来源,便可了解阻力损失的影响因素。这两种阻力的相对大小取决于流体的流动特征和接触物体的表面特征,包括流体的 $Re$、物体的表面形状以及粗糙度等。边界层的流动状态是由 $Re$ 决定的。而在不同的边界层流动状态下,流动阻力中的摩擦阻力和形体阻力大小不同。对于湍流而言,其摩擦阻力较大,但形体阻力会由于尾流区较小而变小。不同形状的物体在流体流动过程中会产生不同的尾流区,当形体曲率变化较大时,则会表现出边界层分离,形成较大的尾流区,从而出现大的形体阻力,增大流体阻力。接触物体的粗糙程度会直接影响摩擦阻力,表面粗糙度越高,则摩擦阻力越大。但表面粗糙度影响边界层从而产生湍流之后,尾流区将变小。此时,尽管摩擦阻力变大,但是形体阻力可能会下降得更多,导致总阻力下降。

## 第三节 热量传递

### 一、热量传递方式

导热、热对流和热辐射是热量传递的三种基本方式。传热过程可以凭借其中任意一种方式进行,也可以同时以两种或三种方式进行。根据传热介质的特征,热量传递的过程可以分为热传导、对流传热和辐射传热。

(一) 导热

导热是指依靠物质的分子、原子和电子的振动、位移和相互碰撞而产生热量传递的方式。在物体各部分之间不发生相对位移的情况下,如固体、静止的液体和气体中以导热方式发生的热量传递过程称为热传导。

气态、液态和固态物质中均可以发生热传导,但热量传递的机理并不相同。在固体中主要以晶格振动和自由电子的迁移完成热传导。晶格振动是指分子或原子在晶体结构平衡附近通过振动完成热量的传递。而自由电子的迁移则是通过电子携带热量从高温区域向低温区域传导。气体的热量传递主要是依靠在分子间的不规则运动碰撞。由于高温区域的气体分子拥有更大的动能,当它们与低温区域的分子碰撞时,便会将热量传导至低温区。液体物质的热传导既可以像固体分子一般通过分子的振动,也可以通过分子间的碰撞完成。实际生活中,使用水壶在煤气灶上烧水时,热量就是通过水壶中金属的热传导将水加热烧沸的。

(二) 热对流

通过流动介质热微粒由空间的一处向另一处传播热能的现象称为热对流。其特点是只能发生在流体(气体和液体)之中,且必然同时伴有流体本身分子运动所产生的导热作用。在工程上，流体流经固体表面时的热量传递过程称为对流传热。热对流具有三种基本形式，即自然对流、强迫对流和湍流，其中湍流的热传递速率最高。

自然对流是由温度不均匀而引起流体内压力或密度不均匀，从而导致循环流动。如使用水壶烧水时，水壶内部下层的水首先被加热，并由于密度改变而上升，从而形成了水壶内部水流上下循环的流动。此时的加热机制就是自然热对流。更大尺度上，地球表面各部分从太阳辐射得到的热度不均匀，导致赤道处暖气团不断上升，流向两极，较冷的空气又不断流向赤道，这种热对流是形成自然风的原因之一。强迫对流是指液体或气体在外力影响下所发生的对流。例如，液体在搅拌器等的作用下以及气体在鼓风机的作用下，都会发生强迫对流。

根据流体与壁面传热过程中流体物态是否发生变化，可将对流传热分为无相变的对流传热和有相变的对流传热。无相变的对流传热指流体在传热过程中不发生相的变化；而有相变的对流传热指流体在传热过程中发生相的变化。

(三) 热辐射

热引起的电磁波辐射称为热辐射。它是由物体内部微观粒子在状态改变时所激发出来的。激发出来的电磁波分为红外光、可见光和紫外光等。一切温度高于绝对零度的物体都能产生热辐射，温度越高，辐射出的总能量就越大，短波成分就越多。

热辐射的过程伴随能量形式的变化，即热能与辐射能的转换，且具有强烈的方向性。此外，热辐射可以在真空中传播，这是其区别于另外两种传热方式的不同之处。还是以使用煤气灶烧水为例，当人站在打开的煤气灶前，即便保持一段距离(没有接触加热的空气)，仍能感到煤气火焰带来的温度提升，这就是煤气火焰本身的热辐射作用。

## 二、热传导

在热传导过程中，物体各部分之间只存在微观运动，热量以导热方式传递，因此热传导基本上可以看作分子传递现象，其热量传递规律可以用傅里叶定律描述。利用该定律可以确定热传导的速率及系统内的温度分布。

(一) 傅里叶定律

设两块平行的大平板，间距为 $y$，板间置有气态、液态或固态的静止导热介质。初始状态下，介质各处的温度均为 $T_0$。当 $t=0$ 时，下板的温度突然略微升至 $T_1$，并始终保持不变。随着时间的推移，介质中的温度分布发生变化，最终得到一线性稳态温度分布。在达到稳态之后，需要一个恒定的热量流量 $Q$ 通过，才能维持温度差 $\Delta T=T_1-T_0$ 不变。对于足够小的 $\Delta T$ 值，存在下列关系：

$$\frac{Q}{A}=-\lambda\frac{\Delta T}{y} \tag{2-37}$$

改写为微分式，得

$$q=\frac{Q}{A}=-\lambda\frac{\mathrm{d}T}{\mathrm{d}y} \tag{2-38}$$

式中：$Q$ 为 $y$ 方向上的热量流量，也称为传热速率，W；$q$ 为 $y$ 方向上的热量通量，即单位时间内通过单位面积传递的热量，又称为热流密度，W/m²；$\lambda$ 为导热系数，W/(m·K)；$\dfrac{dT}{dy}$ 为 $y$ 方向上温度梯度，K/m；$A$ 为垂直于热流方向的面积，m²。

傅里叶定律表明热量通量与温度梯度成正比，负号表示热量通量方向与温度梯度的方向相反，即热量是沿着温度降低的方向传递的。

式(2-38)的物理意义是将热量传递的推动力以热量浓度梯度的形式表示。

### (二) 导热系数

导热系数是指在稳定传热条件下，1m 厚的材料，两侧表面的温差为 1K(℃)，在一定时间内通过 1m² 面积传递的热量，单位为 W/(m·K)，此处 K 可用℃代替，即

$$\lambda = -\dfrac{q}{dT/dy} \tag{2-39}$$

导热系数仅针对导热的传热形式。当存在其他热传递形式时，如辐射、对流等多种传热形式时的复合传热，这种复合传热通常以表观导热系数、显性导热系数或有效导热系数表示。不同介质中导热系数差别很大。

导热系数 $\lambda$ 是物质的物理性质，与物质的种类、温度和压力有关。不同物质的 $\lambda$ 差异较大。对于同一种物质，$\lambda$ 值可能随不同的方向变化，工程上常取导热系数的平均值。若 $\lambda$ 值与方向无关，则称此情况下的导热为各向同性导热。

气体的导热系数随温度升高而增大。在通常的压力范围内，其导热系数随压力变化很小，只有当压力大于 196200kPa 或小于 2.67kPa 时，导热系数才随压力的增加而加大。因此，工程计算中常可忽略压力对气体导热系数的影响。气体的导热系数很小，对导热不利，但对保温有利。

液体分为金属液体和非金属液体两类，前者导热系数较高，后者较低。在非金属液体中，水的导热系数最大，除水和甘油外，绝大多数液体的导热系数随温度升高而略有减小。一般来说，溶液的导热系数低于纯液体的导热系数。

固体的热传导影响因素众多。由于金属中的自由电子运动速度很快，因此一般金属的导热系数大于非金属。多孔性固体的导热系数与孔隙率、孔隙微观尺寸及其中所含流体的性质有关。一般来说，干燥的多孔性固体，如石棉、珍珠岩等导热性很差，所以一般使用多孔固体作为保温材料。

### (三) 通过平壁的稳定热传导

理解平壁间的稳定热传导是后续理解换热器间壁传热过程的基础，此处假设平壁是长和宽的尺寸与厚度相比大得多的无限大平壁。其壁边缘处的散热可以忽略，壁内温度只沿垂直于壁面 $x$ 方向变化，温度场为一维温度场。平壁厚度为 $b$，壁面两侧温度分别为 $T_1$ 和 $T_2$，$T_1 > T_2$。

若 $T_1$ 和 $T_2$ 不随时间变化，则该平壁的热传导为一维稳态热传导，热传导速率为常

数。根据傅里叶定律，有

$$Q = -\lambda A \frac{dT}{dx} \tag{2-40}$$

式中：$A$ 为传热面积，$m^2$。

若材料的导热系数不随温度变化(或取平均导热系数)，边界条件为

$$x=0 \text{ 时}, T=T_1$$
$$x=b \text{ 时}, T=T_2$$

对式(2-40)积分，得

$$Q = \frac{\lambda}{b} A(T_1 - T_2) \tag{2-41}$$

若

$$R = \frac{b}{\lambda A}, \quad r = \frac{b}{\lambda}$$

则式(2-41)可以写为

$$Q = \frac{T_1 - T_2}{R} = \frac{\Delta T}{R} \tag{2-42}$$

或

$$q = \frac{Q}{A} = \frac{\Delta T}{r} \tag{2-43}$$

式中：$b$ 为平壁厚度，m；$\Delta T$ 为平壁两侧表面的温度差，K；$R$ 为导热热阻，按总传热面积计，也称导热速率热阻，K/W；$r$ 为面积导热热阻，按单位传热面积计，也称导热通量热阻，$m^2 \cdot K/W$。

式(2-41)、式(2-42)为单层平壁稳态热传导速率方程。两方程表明，传导距离越大，传热壁面面积和导热系数越小，则导热热阻越大，热传导速率越小。方程中，温差 $\Delta T$ 为传热的推动力。

### 三、换热器的间壁传热过程

按照热量交换的基本原理，可将实际工程中所用的换热器分为间壁式、直接接触式和蓄热式三类。其中间壁式换热器在环境工程领域应用最为广泛，其还可根据间壁式换热器的换热面分为管式换热器(蛇管式换热器、套管式换热器和列管式换热器)和板式换热器(夹套式换热器和平板式换热器)。但不管上述哪种间壁式换热器都涉及冷热流体通过间壁进行热交换的过程。该过程可分为三步：①热量从热流体传给间壁面；②热量从间壁的热侧面传到冷侧面；③热量从间壁面传给冷流体。第二步通过固体壁面的传热为热传导过程，第一步和第三步为流体与固体壁面之间的传热，均为对流传热过程。

令热侧流体温度为 $T_h$，壁温为 $T_{hw}$，面积为 $A_1$，对流传热系数为 $\alpha_1$；冷侧流体温度为 $T_c$，壁温为 $T_{cw}$，面积为 $A_2$，对流传热系数为 $\alpha_2$；间壁的长度与宽度远大于厚度 $b$，间壁导热系数为 $\lambda$，平均表面积为 $A_m$，热流仅沿厚度方向传递。

根据热传导原理，热侧流体对壁面的对流传热速率为

$$Q_1 = \alpha_1 A_1 (T_h - T_{hw}) \tag{2-44}$$

冷侧流体对壁面的对流传热速率为

$$Q_2 = \alpha_2 A_2 (T_{cw} - T_c) \tag{2-45}$$

根据热传导原理，通过间壁的传热速率为

$$Q = \frac{\lambda}{b} A_m (T_{hw} - T_{cw}) \tag{2-46}$$

在稳态情况下，$Q_1=Q_2=Q$，整理得

$$Q = \frac{T_h - T_c}{\dfrac{1}{\alpha_1 A_1} + \dfrac{b}{\lambda A_m} + \dfrac{1}{\alpha_2 A_2}} \tag{2-47}$$

传热过程总推动力为冷、热流体的温度差，即 $\Delta T = T_h - T_c$，传热总热阻为

$$R = \frac{1}{\alpha_1 A_1} + \frac{b}{\lambda A_m} + \frac{1}{\alpha_2 A_2} \tag{2-48}$$

即传热总热阻为各分热阻之和。

在工程上，为了便于计算，定义总传热系数 $K$，其单位为 W/(m² · K)，则式(2-47)可简化为

$$Q = KA\Delta T \tag{2-49}$$

式中：$A$ 为取定的面积，可为 $A_1$、$A_2$、$A_m$。

## 第四节 质量传递

分子扩散发生在静止的流体、层流流动的流体以及某些固体的传质过程中。当流体内部某一组分存在浓度差时，则分子的无规则热运动会使组分从高浓度处向低浓度处转移，直至流体内部达到浓度均匀为止。分子传质是微观分子热运动的宏观结果，其在固体、液体和气体中均能发生；在静止流体内的传质，或是在做层流流动的流体中与其流向垂直方向上的传质均属分子扩散。

当静止流体与相界面接触时，若流体中组分 $A$ 的浓度与相界面处不同，则物质将通过流体主体向相界面扩散。在这一过程中，组分 $A$ 沿扩散方向将具有一定的浓度分布。对于稳态过程，浓度分布不随时间变化，组分的扩散速率也为定值。

### 一、质量传递基本原理

(一) 质量通量的概念

在传质过程中，物质的运动用通量来衡量。质量通量定义为单位时间内流过单位面积的物质的质量：

$$J_A = \frac{m}{At} \tag{2-50}$$

式中：$J_A$ 为溶质 A 在界面上的质量通量，mg/(m² · s)；$m$ 为溶质 A 的量，mg；$A$ 为垂直于流动方向的面积，m²；$t$ 为时间，s。

由于质量通量是按单位面积定义的，所以它是一种强度性质(如浓度或温度)。因此，对于两个质量通量相同的系统，面积越大的系统传质量越大。质量流速是质量通量与面积的乘积：

$$M_A = J_A A \tag{2-51}$$

式中：$M_A$ 为溶质 A 的质量流速，mg/s。

可以看到，增加表面积是增加传质速率的关键方法。

在某些情况下(主要是薄膜分离过程)，物料通过界面以体积单位而不是质量来测量的，相应的通量称为体积通量。体积通量单位的一个例子是 L/(m² · s)。其他情况最好用摩尔单位来描述，其中摩尔通量的单位是 mol/(m² · s)。摩尔通量可以通过乘以摩尔质量转化为质量通量。

### (二) 传质的基础方程

可以驱动物质的力称为驱动力，传质的出现是对驱动力的响应，驱动力包括重力、磁力、电势、压力和其他，物质的通量与驱动力成正比。

在环境工程中，驱动力主要表现为浓度梯度。当相互接触的两个相之间或在一个相的两个位置之间存在浓度梯度时，物质就会在浓度较高的区域和浓度较低的区域间发生传递，其速度与两种浓度的差即浓度梯度的大小成正比，如式(2-52)所示：

$$J_A = k_f(\Delta C_A) \tag{2-52}$$

式中：$J_A$ 为组分 A 的质量通量，mg/(m² · s)；$k_f$ 为传质系数，m/s；$\Delta C_A$ 为组分 A 的浓度梯度，mg/m³。

式(2-52)虽然只有传质系数和浓度梯度两个变量，但许多环境工程中的处理过程都可以用其进行解释。

假设某一空间中充满组分 A 和 B 组成的混合物，混合物处于静止状态或无总体流动。如果组分 A 的物质的量浓度为 $C_A$，$C_A$ 沿 $Z$ 方向分布不均匀，上部浓度 $C_{A2}$ 高于下部浓度 $C_{A1}$。分子热运动的结果将导致组分 A 的分子由浓度高的上部向浓度低的下部发生净扩散流动，即从高浓度区域向低浓度区域发生分子扩散。

在一维稳态情况下，单位时间通过垂直于 $Z$ 方向的单位面积扩散的组分 A 的量为

$$N_{A_z} = -D_{AB}\frac{dC_A}{dZ} \tag{2-53}$$

式中：$N_{A_z}$ 为单位时间在 $Z$ 方向上经单位面积扩散的组分 A 的量，即扩散通量，也称扩散速率，kmol/(m² · s)；$C_A$ 为组分 A 的物质的量浓度，kmol/m³；$D_{AB}$ 为组分 A 在组分 B

中进行扩散的分子扩散系数，$m^2/s$；$\dfrac{dC_A}{dZ}$ 为组分 A 在 Z 方向上的浓度梯度，$kmol/(m^3 \cdot m)$。

式(2-53)称为菲克(Fick)定律，表明扩散通量与浓度梯度成正比，式中的负号表示组分 A 向浓度减小的方向传递。该式是以物质的量浓度表示的菲克定律。

设混合物的物质的量浓度为 $C(kmol/m^3)$，组分 A 的摩尔分数为 $x_A$。当 $C$ 为常数时，由于 $C_A=Cx_A$，则式(2-53)可写成

$$N_{A_Z} = -CD_{AB}\dfrac{dx_A}{dZ} \tag{2-54}$$

对于液体混合物，多用质量分数表示浓度，菲克定律又可写为

$$N_{A_Z} = -\rho D_{AB}\dfrac{dx_{mA}}{dZ} \tag{2-55}$$

式中：$\rho$ 为混合物的密度，$kg/m^3$；$x_{mA}$ 为组分 A 的质量分数；$N_{A_Z}$ 为组分 A 的扩散通量，$kg/(m^2 \cdot s)$。

当混合物的浓度用质量浓度表示时，菲克定律又可写为

$$N_{A_Z} = -D_{AB}\dfrac{d\rho_A}{dZ} \tag{2-56}$$

式中：$\rho_A$ 为组分 A 的质量浓度，$kg/m^3$；$\dfrac{d\rho_A}{dZ}$ 为组分 A 在 Z 方向上的质量浓度梯度，$kg/(m^2 \cdot s)$。

(三) 扩散系数

传质的扩散系数是传质速率计算的重要参数，不同状态的分子扩散系数的数量级如下：液相 $10^{-10} \sim 10^{-9} m^2/s (10^{-6} \sim 10^{-5} cm^2/s)$；气相 $10^{-6} \sim 10^{-5} m^2/s (10^{-2} \sim 10^{-1} cm^2/s)$。其具体数值可以通过文献书籍查阅、实验测定和模型及经验公式拟合等途径得到。表 2-1 是通过实验测定的不同物质在水中的扩散系数。

表 2-1 不同物质在水中的扩散系数测量值(25℃)

| 物质 | $D_l/(m^2/s)$ |
| --- | --- |
| 中性物质 | |
| 乙酸 | $1.29 \times 10^{-9}$ |
| 丙酮 | $1.28 \times 10^{-9}$ |
| 苯(20℃) | $1.02 \times 10^{-9}$ |
| 二氧化碳 | $2.00 \times 10^{-9}$ |
| 乙醇 | $1.24 \times 10^{-9}$ |
| 乙苯(20℃) | $0.81 \times 10^{-9}$ |

续表

| 物质 | $D_l/(\text{m}^2/\text{s})$ |
|---|---|
| 丙三醇 | $1.06 \times 10^{-9}$ |
| 甲烷 | $1.49 \times 10^{-9}$ |
| 苯酚(20℃) | $0.89 \times 10^{-9}$ |
| 丙烯 | $1.44 \times 10^{-9}$ |
| 蔗糖 | $0.52 \times 10^{-9}$ |
| 甲苯(20℃) | $0.85 \times 10^{-9}$ |
| 氯乙烯 | $1.34 \times 10^{-9}$ |
| 强电解质(0.001mol/L) | |
| $BaCl_2$ | $1.32 \times 10^{-9}$ |
| $CaCl_2$ | $1.25 \times 10^{-9}$ |
| $KCl$ | $1.96 \times 10^{-9}$ |
| $KNO_3$ | $1.90 \times 10^{-9}$ |
| $NaCl$ | $1.58 \times 10^{-9}$ |
| $Na_2SO_4$ | $1.18 \times 10^{-9}$ |
| $MgCl_2$ | $1.19 \times 10^{-9}$ |
| $MgSO_4$ | $0.77 \times 10^{-9}$ |
| $SrCl_2$ | $1.27 \times 10^{-9}$ |

## 二、相间传质

在环境工程常见的单元处理中，传质会发生在两相的界面上，如气提、吸附、离子交换、反渗透等。界面是包含溶质或污染物的相(通常是水)与萃取相(如空气或活性炭)之间的边界。理解界面上传质对于理解上述单元处理至关重要。

传质系数、驱动力和可用表面积决定了单位时间内从一个相转移到另一个相的质量。驱动力是由受污染相与不含污染物的萃取相之间的浓度梯度造成的。当在界面上发生传质时，浓度梯度由主体溶液和界面上的浓度决定，表达式如下：

$$J_A = k_f(C_b - C_s) \tag{2-57}$$

式中：$J_A$ 为溶质 A 到界面的质量通量，$\text{mg}/(\text{m}^2 \cdot \text{s})$；$k_f$ 为传质系数，m/s；$C_s$ 为界面溶质 A 的浓度，$\text{mg}/\text{m}^3$；$C_b$ 为主体溶液中溶质 A 的浓度，$\text{mg}/\text{m}^3$。

传质系数取决于扩散系数和传质边界层厚度 $\delta$，如图 2-6 所示。传质通量的方向是由浓度梯度的方向决定的。预测传质系数通常使用薄膜模型、溶质渗透理论模型和边界层模型等，本节将对薄膜模型进行分析。

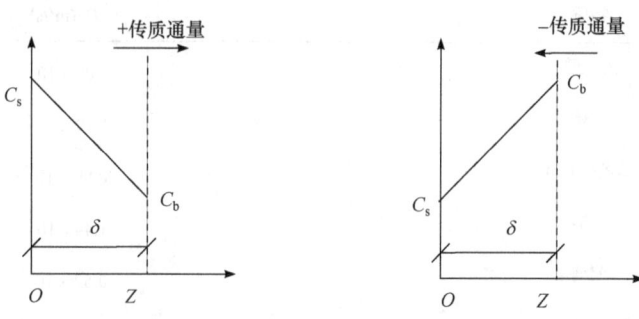

图 2-6　稳态界面的传质能量

**示例 2-6**　环境工程领域中多相界面传质实例

气体扩散电极广泛应用于电芬顿产 $H_2O_2$ 等水处理领域。如图 2-7 所示，有研究将气体扩散电极应用于燃煤烟气中 $Hg^0$ 的氧化脱除，将含 $Hg^0$ 烟气在一定压力下从气体扩散电极一侧穿透到另一侧。在此过程中，烟气中含有的氧气在电极表面发生还原反应而产生大量氧化性物质，以此作为氧化气态 $Hg^0$ 的氧化剂。当含 $Hg^0$ 模拟烟气透过气体扩散电极时，$Hg^0$ 先吸附在具有较大比表面积的电极上，随后在电极气液固三相界面处被直接氧化。而 $Hg^0$ 的氧化进一步促进了气态 $Hg^0$ 穿过气体扩散电极进入液相电解质溶液的传质过程。

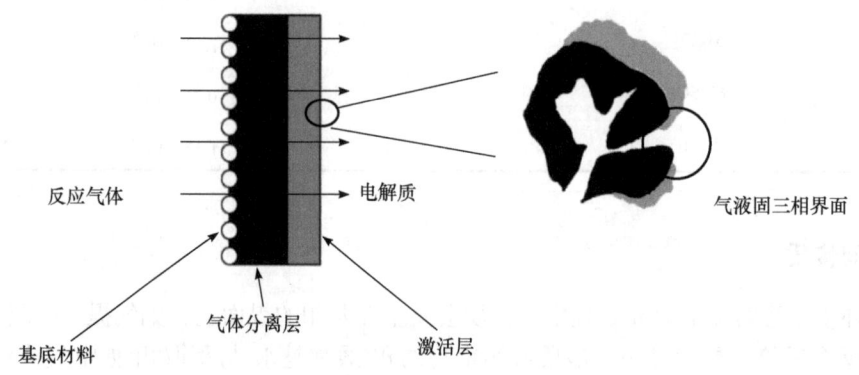

图 2-7　气体扩散电极及气态 $Hg^0$ 氧化示意图

### (一) 传质面积

计算质量流速时需将质量通量乘以传质面积，两相之间界面的传质面积通常表示为反应器体积的函数，因此质量流量可以由式(2-58)表示：

$$M_A = k_f a(C_b - C_s)V \tag{2-58}$$

式中：$M_A$ 为溶质 A 的质量流速，mg/s；$a$ 为反应器中可用于传质的表面积与其体积的比值(传质比表面积)，$m^2/m^3$；$V$ 为反应器体积，$m^3$。

对于一定体积的反应器，传质速率随比表面积的增加而线性增加。因此，同样体积下尽可能增加反应器的传质面积可以达到更高的传质速率。同样，为使小型反应器达到较大的传质速率，设计时应增加传质装置的比表面积。但是增大传质面积一般都会导致反应器床层压降上升，在设计传质装置时还必须考虑压降的影响和限制。以固定床活性炭反应器的设计为例，为提升传质速率应使用粒径更小的活性炭颗粒，可以得到较大比表面积，但是反应器的压降也会随之增大，在实际设计时需要综合考虑两方面的影响，从中选择最优的设计参数。

**示例 2-7** 计算可用于传质区域

若需要确定在水处理活性炭固定床反应器中颗粒活性炭(GAC)的比表面积，应该如何进行计算？假设该反应器中活性炭炭层的孔隙率($\varepsilon$, 孔隙体积分数)为 0.45，GAC 颗粒直径 $d_p$=1mm。假设 GAC 的表面是一个光滑的球体，那么比表面积 $a$ 的计算如下：

$$a = \frac{活性炭颗粒表面积}{活性炭颗粒体积} \times \frac{反应器中活性炭颗粒总体积}{反应器体积}$$

$$= \frac{\pi d_p^2}{\frac{1}{6}\pi d_p^3}(1-\varepsilon) = \frac{6(1-\varepsilon)}{d_p} = \frac{6\times(1-0.45)}{0.001} = 3300 (m^2/m^3)$$

可以发现，GAC 颗粒直径处在分母位置，若增加反应器中活性炭颗粒的数量，假设将颗粒直径降低到 0.1mm，则比表面积增大至 33000$m^2/m^3$，比表面积增加 10 倍，其他条件不变时传质速率上升为原有的 10 倍。但同时也会增加反应器的压降，从而使得水流更难通过反应器。

## (二) 薄膜模型

薄膜模型是当前解释界面传质现象最简单的模型。该模型由一个混合完全的主体溶液、一个静止的膜层和一个连接其他相的界面组成。由于假设主体溶液是充分混合的，所以主体溶液内部溶质的浓度是各处均匀一致的，当界面处的浓度与主体溶液的浓度不同时，就会发生传质过程，在静止膜的两侧产生浓度梯度，又由于膜层是静止的，所以溶质仅仅以分子扩散的方式穿过膜层。当然在传质界面上还会发生其他过程，如化学反应或吸附等，一般假设这些过程的速率远快于分子扩散速率。因此，两相之间的传质速率将取决于薄膜层中的分子扩散速率，其可以用菲克第一定律描述：

$$J_A = -D_f \frac{dC}{dZ} = -\frac{D_f}{\delta}(C_s - C_b) = k_f(C_b - C_s) \tag{2-59}$$

式中：$J_A$ 为质量通量，$mg/(m^2 \cdot s)$；$D_f$ 为溶质 A 的液相扩散系数，$m^2/s$；$k_f$ 为溶质 A 的液相传质系数，m/s；$\delta$ 为膜层厚度，如图 2-6 所示，m；$C$ 为浓度，$mg/m^3$；$Z$ 为传质方向(或浓度梯度方向)距离，m。

在薄膜模型中，传质系数与膜厚度明确相关，如式(2-60)所示：

$$k_f = \frac{D_f}{\delta} \tag{2-60}$$

液体和气体的静止膜层相差较大，理论上液体的静止膜厚度为 10~100μm，而气体的静止膜厚度为 0.1~1cm。目前还没有基于流体混合的薄膜厚度计算方法,因此薄膜模型不能用于计算局部传质系数。尽管如此,薄膜模型建立了界面间传质的概念模型,同时指出了分子扩散在控制两相间传质速率中的重要性。

(三) 双膜模型

以上介绍了相间传质的经典薄膜模型,但其只能用于描述单一相的传质过程。为了处理气液两相的传质过程,基于薄膜模型理论建立了双膜模型理论。双膜模型描述了在气液两相传质过程中气体薄膜和液体薄膜在气液界面上的相互作用。图 2-8 显示了在稳态时气提和吸收过程中空气与水之间发生相间传质的两种情况。进行气提单元操作时,溶质从水相转移到气相[图 2-8(a)],进行吸收单元操作时,溶质从气相转移到水相[图 2-8(b)],两者之间传质的基本原理是相同的,唯一的区别是溶质传质的方向相反。下面以气提为例进行详细描述。

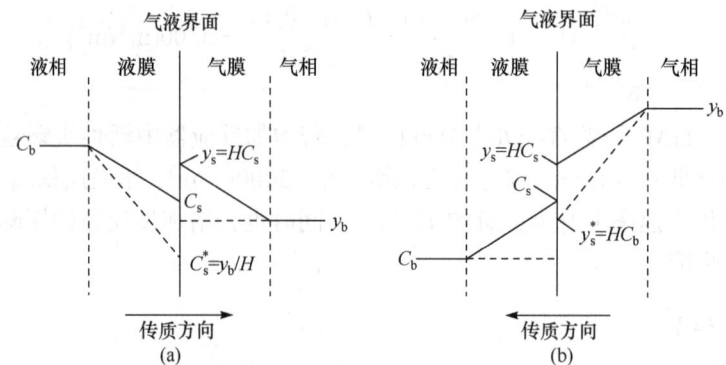

图 2-8 双膜模型:气提(a)和吸收(b)时的传质驱动梯度

如果要将挥发性组分 A 从水中气提到空气中,则在液相一侧,水相主体中 A 的浓度($C_b$)大于水-空气相界面处 A 的浓度($C_s$),两者的浓度差异是液相薄膜的传质驱动力。同样,在气相一侧,空气-水界面处组分 A 的浓度 $y_s$ 大于气相主体中组分 A 的浓度 $y_b$,两者的浓度差异是气相薄膜的传质驱动力。同时,空气-水界面两侧组分 A 的浓度不连续,其规律关系符合亨利(Henry)定律。

假设挥发性组分 A 在空气-水界面处达到了局部平衡,则 $y_s$ 和 $C_s$ 的关系可以通过亨利定律联系起来:

$$y_s = HC_s \tag{2-61}$$

式中:$y_s$ 为空气-水界面处组分 A 的气相浓度,$mg/m^3$;$H$ 为亨利系数,量纲为 1;$C_s$ 为空气-水界面处组分 A 的液相浓度,$mg/m^3$。

对于稀溶液,界面上不存在物质的累积,则挥发性组分 A 通过气相薄膜的通量等于通过液相薄膜的通量。因此

$$J_A = k_1(C_b - C_s) = k_g(y_s - y_b) \tag{2-62}$$

式中:$J_A$ 为空气-水界面处组分 A 的质量通量,$mg/(m^2 \cdot s)$;$k_1$ 为组分 A 从主体水相向空

气-水界面传输速率的液相传质系数，m/s；$C_b$ 为主体液相中组分 A 的液相浓度，mg/m³；$C_s$ 为组分 A 在空气-水界面的液相浓度，mg/m³；$k_g$ 为组分 A 从空气-水界面向主体气相转移速率的气相传质系数，m/s；$y_s$ 为空气-水界面处组分 A 的气相浓度，mg/m³；$y_b$ 为主体气相中组分 A 的气相浓度，mg/m³。

$k_l$ 和 $k_g$ 称为液相和气相的局部传质系数，但由于两相界面处的浓度 $y_s$ 和 $C_s$ 是未知的，也十分难测量，所以不能直接用式(2-62)确定传质通量。为了规避难以测量的界面浓度，可以假设所有的传质阻力都集中在其中一相中。若假设所有的传质阻力都在液相一侧，则气相一侧可以看作没有浓度梯度，此时可以定义一种与气相浓度相关的液相界面浓度 $C_s^*$，如图 2-8(a)所示：

$$y_b = HC_s^* \tag{2-63}$$

式中：$C_s^*$ 为当与主体气相浓度平衡时，组分 A 在空气-水界面的液相浓度，mg/m³。

同样，假设所有对传质的阻力都在气相一侧，液相一侧没有浓度梯度，假设与液相浓度相关的气相界面浓度 $y_s^*$ 的定义如图 2-8(b)所示：

$$y_s^* = HC_b \tag{2-64}$$

式中：$y_s^*$ 为当与主体液相浓度平衡时，组分 A 在空气-水界面的气相浓度，mg/m³。

可以利用以上的假设浓度，对气液相间传质的总传质系数进行计算。对于气提操作，可以假设液相界面浓度 $C_s^*$ 和总的质量传递系数 $K_L$，计算传质速率：

$$J_A = K_L(C_b - C_s^*) \tag{2-65}$$

式中：$J_A$ 为通过空气-水界面的组分 A 的质量通量，mg/(m²·s)；$K_L$ 为总传质系数，m/s；$C_b$ 为主体溶液中组分 A 的液相浓度，mg/m³；$C_s^*$ 为组分 A 在空气-水界面的液相浓度(假设气相无浓度梯度)，mg/m³。

由于假设气液界面上不存在物质累积，因此式(2-62)和式(2-65)给出的传质通量相等：

$$J_A = k_l(C_b - C_s) = k_g(y_s - y_b) = K_L(C_b - C_s^*) \tag{2-66}$$

式(2-66)将总传质系数 $K_L$ 与液相传质系数 $k_l$ 和气相传质系数 $k_g$ 联系起来，在计算界面传质阻力的同时考虑了气液两侧薄膜中的分子扩散，所以称为双膜模型。式(2-66)中的个体表达式范围如下：

$$C_b - C_s = \frac{J_A}{k_l} \tag{2-67}$$

$$y_s - y_b = \frac{J_A}{k_g} \tag{2-68}$$

$$C_b - C_s^* = \frac{J_A}{K_L} \tag{2-69}$$

总传质系数 $K_L$ 与局部传质系数 $k_l$、$k_g$ 的关系可以经过如下推导得出：

$$C_b - C_s^* = (C_b - C_s) + (C_s - C_s^*) \tag{2-70}$$

将式(2-61)、式(2-63)代入式(2-68)，再将式(2-67)、式(2-69)代入式(2-70)，得

$$\frac{J_A}{K_L} = \frac{J_A}{k_l} + \frac{J_A}{Hk_g} \tag{2-71}$$

或

$$\frac{1}{K_L} = \frac{1}{k_l} + \frac{1}{Hk_g} \tag{2-72}$$

因此，依据双膜模型，可以用式(2-73)计算界面上的质量通量：

$$J_A = K_L \left( C_b - \frac{y_b}{H} \right) \tag{2-73}$$

由于液相驱动力所包含的量 $C_b$、$y_b$ 和 $H$ 比较容易检测得到，同时可以利用局部传质系数估算总传质系数，而局部传质系数可以通过查阅文献或相关公式拟合计算得到，所以通过式(2-73)可以方便地进行气液相传质速率的估算。

1. 对于传质速率控制相的判定

在对曝气和气提工艺进行设计和操作过程优化时，评价哪一相的阻力对传质速率影响更大或者控制传质速率是非常重要的。例如，当液相阻力对总传质速率的影响较大时，增加气相的速率对促进总传质速率收效甚微。传质总阻力等于液相阻力和气相阻力之和，可改写为

$$R_T = R_L + R_G/H \tag{2-74}$$

式中：$R_T$ 为总传质阻力，$R_T = 1/K_L$，s/m；$R_L$ 为液相对传质的阻力，$R_L = 1/k_l$，s/m；$R_G$ 为气相对传质的阻力，$R_G = 1/k_g$，s/m。

为评价哪一相控制传质速率，式(2-74)将液相阻力作为总阻力的一部分进行评价：

$$\frac{R_L}{R_T} = \frac{1/k_l}{1/k_l + 1/Hk_g} = \frac{H}{H + k_l/k_g} \tag{2-75}$$

由式(2-75)可知，液相阻力对总阻力的贡献比例取决于 $H$ 相对于 $k_l/k_g$ 值的大小。假设 $k_l/k_g=0.01$，则 $H$ 值大于 0.05 的传质过程受液相传质控制，$H$ 值小于 0.002 的传质过程受气相传质控制。对于 $H$ 值为 0.002~0.05 的传质过程，液相和气相都影响其总传质速率。$H$ 值越高意味着组分在同样液相浓度下的气相浓度更高，两相达到平衡时组分越倾向于分布在气相，则总传质速率受液相传质速率的影响更大，受液相控制，反之亦然。

2. 双膜模型的应用

在进行曝气和气提工艺设计时，传质速率往往以体积而不是界面面积为基准来计算。之前讨论了传质比表面积 $a$ 的概念，可以用反应器体积为基础进行传质通量的求取，式(2-72)可以用体积传质速率除以传质比表面积 $a$ 来表示：

$$\frac{1}{K_L a} = \frac{1}{k_l a} + \frac{1}{Hk_g a} \tag{2-76}$$

式中：$K_L$ 为液体总传质系数，m/s；$a$ 为传质比表面积，m²/m³；$k_l$ 为液相传质系数，m/s；

$k_g$ 为气相传质系数，m/s。

然后，利用式(2-58)和式(2-73)，将组合系数 $K_L a$ 合并到方程中，形成气液界面间的传质。

$$M_A = K_L a \left( C_b - \frac{y_b}{H} \right) V \tag{2-77}$$

式中：$M_A$ 为组分 A 的质量流速，mg/s；$K_L a$ 为整体溶液侧传质系数，$s^{-1}$；$V$ 为接触器体积，$m^3$。

## 第五节 化学反应

### 一、化学反应基本概念

基元反应是指没有中间产物、一步完成的反应。需要两步或两步以上完成的为非基元反应。简单反应又称单一反应，是指能用一个计量方程描述的反应。在简单反应体系中，一组反应物只生成一组特定的产物。对于可逆反应(正方向和逆方向都以较显著速率进行的反应)，可以写出正反应和逆反应的两个计量方程，但两者并不独立，用其中一个计量方程即可表达反应组分间的定量关系，因此也可视为一种简单反应。例如

$$A + B \rightleftharpoons P \tag{2-78}$$

复杂反应又称为复合反应，是指需用多个计量方程描述的反应。反应系统中同时存在多个反应，由一组反应物可以生成若干组不同的产物，各产物间的比例随反应条件及时间的变化而变化。主要的复杂反应有对峙反应、平行反应、串联反应和平行-串联反应。

在实际环境工程中往往关心某一关键组分的反应进度，即组分在反应器内的变化情况，所以经常用某关键反应物的转化率来表示反应进行的程度。间歇与连续反应中的转化率可以分别表示为下列形式。

间歇反应的转化率：对于间歇反应器，反应物 A 的转化率 $x_A$ 的定义为 A 的反应量与起始量之比，即

$$x_A = \frac{n_{A0} - n_A}{n_{A0}} = 1 - \frac{n_A}{n_{A0}} \tag{2-79}$$

式中：$n_{A0}$ 和 $n_A$ 分别为反应起始和 $t$ 时刻时 A 的物质的量，kmol。

连续反应的转化率：对于连续操作的反应器，反应物 A 的转化率的定义式如下：

$$x_A = \frac{q_{n_{A0}} - q_{n_A}}{q_{n_{A0}}} = 1 - \frac{q_{n_A}}{q_{n_{A0}}} \tag{2-80}$$

式中：$q_{n_{A0}}$ 和 $q_{n_A}$ 分别为流入和排出反应器的 A 组分的摩尔流量，kmol/s。环境工程领域的化学反应常涉及均相及非均相的概念，其中均相反应是指所有的反应物和产物都在同一个相的反应。例如，若均相反应发生在水中，那么所有反应物和产物都应该是溶于水

的。非均相反应是指反应物和产物存在于两个或两个以上的相(如固体或液体)的反应,如水中涉及固相催化剂的各类化学反应。

## 二、化学反应动力学

反应系统中某组分 $i$ 的反应速率 $r_i$ 一般定义为

$$r_i = \frac{1}{V}\left|\frac{dn_i}{dt}\right| \tag{2-81}$$

式中:$V$ 为反应层的体积,$m^3$;$n_i$ 为反应层中组分 $i$ 的量,kmol。

反应层是指反应器内实际发生反应的部分。对于液相均相反应器,反应层为反应混合液;对于非均相反应器,如气液相鼓泡式反应器或曝气式液相反应器,反应层则为包含气泡在内的混合液。

对于简单反应 $A \longrightarrow P$,反应物 A 和产物 P 的反应速率可分别表示为

$$r_A = -\frac{1}{V}\frac{dn_A}{dt} \tag{2-82}$$

$$r_P = \frac{1}{V}\frac{dn_P}{dt} \tag{2-83}$$

在反应物的反应速率公式前冠以负号,一是为了避免反应速率出现负值,二是为了表明反应物的量是随时间减少的。而对于非均相反应,如气固、气液相催化反应,反应速率将有不同的表达方式。

气固相反应的反应速率表示方法:对于气固相催化反应器,气相中反应物的反应速率与固体催化剂的量有密切的关系,为了研究方便,经常采用以下不同基准的反应速率。

以催化剂质量为基准的反应速率定义为:单位时间内单位催化剂质量($m$)所能转化的某组分的量。反应物 A 的以催化剂质量为基准的反应速率 $r_{Am}$ 表示为

$$r_{Am} = -\frac{1}{m}\frac{dn_A}{dt} \tag{2-84}$$

以催化剂表面积为基准的反应速率定义为:单位时间内单位催化剂表面积($S_P$)所能转化的某组分的量。反应物 A 的以催化剂表面积为基准的反应速率 $r_{AS_P}$ 表示为

$$r_{AS_P} = -\frac{1}{S_P}\frac{dn_A}{dt} \tag{2-85}$$

以催化剂颗粒体积为基准的反应速率定义为:单位时间内单位催化剂颗粒体积($V_P$)所能转化的某组分的量。反应物 A 的以催化剂颗粒体积为基准的反应速率 $r_{AV_P}$ 表示为

$$r_{AV_P} = -\frac{1}{V_P}\frac{dn_A}{dt} \tag{2-86}$$

气液相反应的反应速率表示方法:气液相反应的反应速率与气液混合物中气液相界面积($S$)以及液体的体积有密切的关系,所以根据不同的需要,常采用不同基准的反应速率。

以气液相界面积为基准的反应速率定义为：单位时间内单位气液相界面积($S$)所能转化的某组分的量。$S$ 可以视为所有气泡的表面积的总和。反应物 A 的以气液相界面为基准的反应速率 $r_{AS}$ 表示为

$$r_{AS} = -\frac{1}{S}\frac{\mathrm{d}n_A}{\mathrm{d}t} \tag{2-87}$$

以气液混合物中液相体积为基准的反应速率定义为：单位时间内单位液相体积($V_L$)所能转化的某组分的量。反应物 A 的以液相体积为基准的反应速率 $r_{AV_L}$ 表示为

$$r_{AV_L} = -\frac{1}{V_L}\frac{\mathrm{d}n_A}{\mathrm{d}t} \tag{2-88}$$

反应速率与转化率的关系：根据反应物 A 的转化率的定义，$x_A = \dfrac{n_{A0} - n_A}{n_{A0}}$，所以 $\mathrm{d}n_A = -n_{A0}\mathrm{d}x_A$，则反应物 A 的反应速率与转化率的关系为

$$r_A = -\frac{1}{V}\frac{\mathrm{d}n_A}{\mathrm{d}t} = \frac{n_{A0}}{V}\frac{\mathrm{d}x_A}{\mathrm{d}t} \tag{2-89}$$

对于恒容反应，有

$$r_A = \frac{c_{A0}\mathrm{d}x_A}{\mathrm{d}t} \tag{2-90}$$

反应速率方程与反应级数：定量描述反应速率与其影响因素之间的关系式称为反应速率方程。均相反应的反应速率是反应组分浓度($c$)和温度($T$)的函数，即

$$r = k(T)f(c_A, c_B, c_P, \cdots)$$

在工程应用中，为了测定和使用方便，有时(特别是对于气相反应)把反应速率方程表示为转化率的函数，即

$$r = k(T)g(x_A, x_B, \cdots)$$

对于均相不可逆反应 $a\mathrm{A} + b\mathrm{B} \longrightarrow p\mathrm{P} + q\mathrm{Q}$，在一定温度下，反应速率与反应物浓度之间的关系可用下式表示：

$$r_A = kc_A^a c_B^b \tag{2-91}$$

式中：$a$ 和 $b$ 分别为反应物 A 和 B 的反应级数，量纲为 1。

反应级数 $a$、$b$ 之和 $n = a+b$ 为该反应的总反应级数。$k$ 称为反应速率常数，$k$ 的量纲为(浓度)$^{1-n}$(时间)$^{-1}$，取决于反应级数 $n$。

对于气相反应，反应速率方程也可以表示为反应物分压的函数，即

$$r_A = k_p p_A^a p_B^b \tag{2-92}$$

式中：$k_p$ 的量纲为(时间)$^{-1}$(压力)$^{1-n}$。

$n = 1$ 时，称为一级反应，其速率方程可表示为

$$r_A = kc_A \tag{2-93}$$

$n = 2$ 时，称为二级反应，其速率方程可表示为

$$r_A = kc_A^2 \tag{2-94}$$

或

$$r_A = kc_A c_B \tag{2-95}$$

在一些条件下，反应速率与各组分的浓度无关，即

$$r_A = k \tag{2-96}$$

这种情况称为零级反应。

### 三、温度对反应速率的影响

除了反应物浓度，反应温度也是影响反应速率的一大因素。当反应温度恒定时，反应物浓度对反应速率影响较显著。当改变反应温度，可以发现环境温度对反应速率也有显著的影响。对大多数化学反应来说，升高环境温度会增加反应速率。例如，氢气和氧气化合成水的反应，在常温下几乎观察不到水的生成，但当温度升高到 600℃以上时，它们立即反应，并发生猛烈的爆炸。根据范托夫(van't Hoff)提出的规则：当反应物浓度恒定时，温度每升高 10K，反应速率近似增加为原来的 2～4 倍。

#### (一) 阿伦尼乌斯方程

从反应速率方程可见，当浓度一定时，反应速率与反应速率常数 $k$ 成正比，$k$ 在一定温度下是一常数，但当温度升高时，$k$ 值在一般情况下将增大。假设反应物浓度不变的条件下，下面讨论温度对反应速率影响时，$k$ 随温度 $T$ 变化的函数关系。

1889 年，阿伦尼乌斯(Arrhenius)从大量实验中总结出反应速率常数和温度的定量关系式：

$$k = A e^{-E_a/(RT)} \tag{2-97}$$

将式(2-97)变为 $\dfrac{k}{A} = e^{-E_a/(RT)}$，等式两边取自然对数，得

$$\ln \frac{k}{A} = -\frac{E_a}{RT} \tag{2-98}$$

等式两边取对数，得

$$\lg k = -\frac{E_a}{2.303RT} + \lg A \tag{2-99}$$

式(2-97)～式(2-99)均称为阿伦尼乌斯方程。其中，$k$ 为反应速率常数；$T$ 为热力学温度；$E_a$ 为实验活化能或阿伦尼乌斯活化能，kJ/mol；$R$ 为摩尔气体常量；$A$ 为指前因子或频率因子，其单位与 $k$ 相同。从式(2-97)可见，$k$ 与 $T$ 呈指数关系，温度的微小变化将导致 $k$ 的较大变化。由于活化能 $E_a$ 在阿伦尼乌斯方程指数项，所以它对 $k$ 的影响相当大。在讨论反应速率与温度的关系时，可以认为一般温度范围内活化能 $E_a$ 和指前因子 $A$ 均

不随温度的改变而改变。

(二) 阿伦尼乌斯方程的应用

阿伦尼乌斯方程是化学动力学中重要的研究内容之一,有许多重要应用,如可以由活化能 $E_a$ 计算反应速率常数 $k$。

对同一反应,已知活化能和某一温度 $T_1$ 的反应速率常数 $k_1$,求任一温度 $T_2$ 的反应速率常数 $k_2$。

将 $T_2$ 和 $T_1$ 分别代入式(2-99)中,即得

$$\lg k_2 = -\frac{E_a}{2.303R} \cdot \frac{1}{T_2} + \lg A \tag{2-100}$$

$$\lg k_1 = -\frac{E_a}{2.303R} \cdot \frac{1}{T_1} + \lg A \tag{2-101}$$

在 $T_1 \sim T_2$ 区间,$A$ 和 $E_a$ 可视为常数,两式相减,可得随温度的变化,反应速率常数变化的计算公式:

$$\lg \frac{k_2}{k_1} = \frac{E_a}{2.303R} \left( \frac{T_2 - T_1}{T_1 T_2} \right) \tag{2-102}$$

## 四、氧化还原反应与电化学

化学反应一般可以分为两大类,一类在反应过程中元素的氧化数没有发生变化,如处理废水中重金属时会用到的化学沉淀法就是通过调节 pH 或加入药剂,废水中溶解态的重金属离子发生沉淀反应,从而实现固液分离。另一类则是反应过程中元素的氧化数发生变化,这类反应称为氧化还原反应,如处理废水中的难降解有机物时会用到的高级氧化法就是通过生产氧化能力极强的羟基自由基来降解水中的污染物。

若在氧化还原反应中,氧化还原的反应物之间不直接接触,而是通过导体来实现电子的转移,则会产生电子定向移动的现象,从而使得电流与氧化反应联系起来,这样的氧化还原反应称为电化学反应。

(一) 氧化还原反应

氧化还原反应是元素氧化数发生改变的一类反应,如

$$Zn + CuSO_4 \longrightarrow ZnSO_4 + Cu \tag{2-103}$$

写成离子式:

$$Zn + Cu^{2+} \longrightarrow Zn^{2+} + Cu \tag{2-104}$$

在反应中,Zn 由于给出电子,氧化数由 0 升高到+2,这个过程称为氧化;$Cu^{2+}$ 从 Zn 中获得电子,氧化数由+2 降低到 0,这个过程称为还原。$Cu^{2+}$ 称为氧化剂,Zn 称为还原剂。所以氧化剂使还原剂氧化而本身发生了还原反应,即被还原;还原剂使氧化剂还原而本身发生了氧化反应,即被氧化。整个氧化还原反应由氧化和还原两个半反应构成:

氧化半反应 $\quad\quad\quad\quad\quad\quad\quad\quad Zn \longrightarrow Zn^{2+} + 2e^-$ (2-105)

还原半反应 $\quad\quad\quad\quad\quad\quad\quad Cu^{2+} + 2e^- \longrightarrow Cu$ (2-106)

在半反应中，同一种元素的不同氧化态物质可构成一个氧化还原电对(简称电对)。在电对中，高氧化态物质称为氧化型，低氧化态物质称为还原型，电对通式为氧化型/还原型，如 $Zn^{2+}/Zn$、$Cu^{2+}/Cu$ 等。

由于氧化半反应与还原半反应相加为整个氧化还原反应，因此氧化还原反应一般可写成：

$$\text{还原型(Ⅰ)} + \text{氧化型(Ⅱ)} \longrightarrow \text{氧化型(Ⅰ)} + \text{还原型(Ⅱ)} \quad (2\text{-}107)$$

Ⅰ和Ⅱ分别表示其所对应的两种物质构成的不同电对，氧化反应和还原反应总是同时发生，相辅相成。

(二) 原电池和标准电极电势

1. 原电池的组成

上面提到了 Zn 和 Cu 盐之间的氧化还原反应，在实际中当把银白色的金属锌片放入蓝色的硫酸铜溶液中，会发现在锌片表面有红色金属铜沉积。随着反应时间的推移，硫酸铜溶液的蓝色将逐渐消失，并伴有放热现象。所发生的氧化还原反应是自发的，可以由以下反应式表示：

$$Zn(s) + Cu^{2+}(aq) \Longrightarrow Zn^{2+}(aq) + Cu(s) \quad (2\text{-}108)$$

由于锌片与 $Cu^{2+}$ 溶液直接接触，电子便由锌直接给了 $Cu^{2+}$，电子的流动是无序的，因此该氧化还原反应中释放出的化学能转变成了热能。若利用一种装置，使锌片上的电子不直接传递给 $Cu^{2+}$，而是通过线让电子定向流动从而产生电流，就可以使反应过程中所释放出的化学能转变成电能。这种利用自发氧化还原反应产生电流而使化学能转变成电能的装置称为原电池。

图 2-9 是一种简单的原电池，称为铜锌原电池或丹聂尔(Daniell)电池。这个电池是将

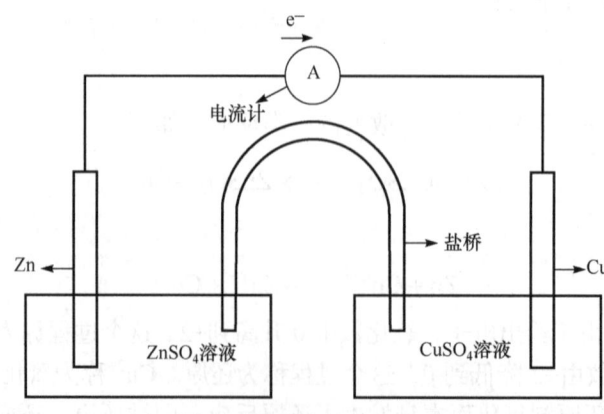

图 2-9 铜锌原电池示意图

锌片插入盛有 $ZnSO_4$ 溶液的烧杯中组成锌电极(称锌半电池)，铜片插入 $CuSO_4$ 溶液中组成铜电极(称铜半电池)，锌片与铜片用导线连接，其中串联一个电流计以观察电流产生和方向。两个半电池用盐桥(一个装满饱和 KCl 溶液，并添加琼脂使之成为胶冻状黏稠体的倒置 U 形管)连通。这样就组装成铜锌原电池。

2. 电极电势

由于原电池可以产生电流，这就说明原电池的两个电极之间存在电势差，同时也说明每个电极都有一定的电势，两个电极电势的差值就构成了原电池的电动势 $E$：

$$E = \varphi_+ - \varphi_-$$

式中：$\varphi_+$，$\varphi_-$ 为单个电极的(绝对)电极电势。

但截至目前还不能从实验测定或理论计算出单个电极的(绝对)电极电势，而只能测定由两个电极组成的电池的总电动势。因而在实际应用中，采用相对标准的比较方法，得出单个电极的(相对)电极电势，如果知道了两个电极的相对电极电势，就可求出由它们组成的原电池的电动势。具体做法是，选择一个合适的电极作标准电极，并让标准电极作负极，对于给定电极，使其与标准电极组成原电池，即

标准电极 ‖ 给定电极

则此电池的电动势就作为给定电极的电极电势，并用 $\varphi$(电极)表示。当给定电极中各组分均处于标准态时，其电极电势称为标准电极电势，用 $\varphi^\ominus$(电极)表示。由于给定电极为电池的正极，进行的是还原反应，故 $\varphi$(电极)称为还原电极电势，$\varphi^\ominus$(电极)称为标准还原电极电势。

原则上任意一个电极均可以作为标准电极，按 1953 年国际纯粹与应用化学联合会(IUPAC)的建议，一般采用标准氢电极作为标准电极。氢电极的结构是：把镀铂黑的铂片插入含有氢离子的溶液中，并不断用氢气冲打铂片，其进行的反应为

$$\frac{1}{2}H_2[g, p(H_2)] \longrightarrow H^+[a(H^+)] + e^- \tag{2-109}$$

当氢电极在一定的温度下作用时，如果氢气的气相分压为 $p^\ominus$(100kPa)，氢离子的活度等于 1，即 $a(H^+)=1$，则这样的氢电极就作为标准氢电极。

如果待测电极处于标准态，即组成电对的有关物质的活度为 1，若涉及气体，则气体分压为 $p^\ominus$(100kPa)时，所测得的电极的电极电势称为该电极的标准电极电势 $\varphi^\ominus$。通常测定温度是 298.15K。例如，想要测定铜电极的标准电极电势，则组成下列原电池：

$$(-)Pt\,|\,H_2(100\,kPa)\,|\,H^+[a(H^+)=1]\,\|\,Cu^{2+}[a(Cu^{2+})=1]\,|\,Cu(+)$$

此原电池的电动势就等于铜电极的标准电极电势，在 298.15K 为 0.3419V。在该原电池中铜电极是正极，铜电极实际进行的是还原反应，所以 $\varphi^\ominus(Cu^{2+}/Cu) = 0.3419V$。同样，对于 $a(Zn^{2+})=1$ 的锌电极与标准氢电极组成的电势，电动势的实测值为 0.7618V。但锌实际进行的是氧化反应，因此锌的标准电极电势 $\varphi^\ominus(Zn^{2+}/Zn) = -0.7618V$。

### (三) 法拉第定律

对于电极上发生的氧化还原反应，通过的电量和产物的产量之间存在着某种定量关系，描述这种定量关系的方程式称为法拉第(Faraday)定律。对于一个均相氧化还原反应，可以分成两个半反应表示：

$$A + D \longrightarrow A^{z-} + D^{z+} \tag{2-110}$$

$$D - ze^- \longrightarrow D^{z+} \tag{2-111}$$

$$A + ze^- \longrightarrow A^{z-} \tag{2-112}$$

反应(2-111)和反应(2-112)说明生成 1mol 的产物需要消耗 $z$ mol 电子。如果在电极上通过的总电量为 $Ne$，则需要在电极上进行反应生成产物离子数量为

$$\frac{Ne}{ze} = \frac{N}{z} \tag{2-113}$$

$N$ 是指 1mol 电子的电子数，即 $N=6.022169 \times 10^{23}$，$N/z$ 实际上是指产物的物质的量。而 1mol 电子的电量为

$$eN = 1.6021917 \times 10^{-19} \times 6.022169 \times 10^{23} = 96486.69(C/mol) \tag{2-114}$$

式(2-114)中 96486.69C/mol 这一数值称为法拉第常量，以 $F$ 表示，在使用电极电势的能斯特(Nernst)方程时将使用到法拉第常量。

### (四) 比较氧化剂和还原剂的相对强弱

电极电势的大小可以反映氧化还原电对中氧化态物质和还原态物质氧化还原能力的相对强弱。氧化还原电对(还原)电极电势代数值越小，则该电对中还原态物质越易失去电子，是越强的还原剂；其对应的氧化态物质越难获得电子，是越弱的氧化剂。反之，(还原)电极电势代数值越大，则该电对中氧化态物质是越强的氧化剂，其对应的还原态物质是越弱的还原剂。例如，有三个电对：

| 电对 | 电极反应 | $\varphi^{\ominus}$ /V |
|---|---|---|
| $Cu^{2+}/Cu$ | $Cu^{2+}(aq) + 2e^- \longrightarrow Cu(s)$ | +0.3419 |
| $Fe^{3+}/Fe^{2+}$ | $Fe^{3+}(aq) + e^- \longrightarrow Fe^{2+}(aq)$ | +0.771 |
| $Cl_2/Cl^-$ | $Cl_2(l) + 2e^- \longrightarrow 2Cl^-(aq)$ | +1.35827 |

在标准态下，还原态物质由强到弱的顺序为 $Cu > Fe^{2+} > Cl^-$；氧化态物质由强到弱的顺序为 $Cl_2 > Fe^{3+} > Cu^{2+}$。Cu 是最强的还原剂，它可以还原 $Fe^{3+}$ 或 $Cl_2$。$Cl_2$ 是最强的氧化剂，它可以氧化 Cu 或 $Fe^{2+}$。$Fe^{3+}$ 只能氧化 Cu 而不能氧化 $Cl^-$；$Fe^{2+}$ 只能还原 $Cl_2$ 而不能还原 $Cu^{2+}$。

若在非标准态下，由于离子浓度或溶液的酸碱性对电极电势的影响，可应用能斯特方程计算出 $\varphi$ 值后，再进行比较。从热力学推导可得出如下结论。

对任意电极，电极反应通式为

$$dD(氧化态) + ne^- \rightleftharpoons gG(还原态)$$

则

$$\varphi(电极) = \varphi^{\ominus} - \frac{RT}{nF}\ln\frac{[a_G(还原态)]^g}{[a_D(氧化态)]^d} \quad (2\text{-}115)$$

在 298.15K，则

$$\varphi(电极) = \varphi^{\ominus}(电极) - \frac{0.0592\text{V}}{n}\lg\frac{[a_G(还原态)]^g}{[a_D(氧化态)]^d} \quad (2\text{-}116)$$

式(2-115)和式(2-116)称为电极电势的能斯特方程。其中，$R$ 为摩尔气体常量；$T$ 为热力学温度；$F$ 为法拉第常量；$n$ 为电极反应中电子转移数。

在应用能斯特方程时，应注意：

(1) 如果在电极反应中，某一物质是固体或液体(如水、液态溴)，则不列入方程中；若是气体 B(视为理想气体)，则用相对压力 $p_B/p^{\ominus}$ 表示。

(2) 如果在电极反应中，除氧化态和还原态物质外，还有参加电极反应的其他物质，如有 $H^+$、$OH^-$ 存在，则应把这些物质的浓度也表示在能斯特方程中。

**示例 2-8** 下列 3 个电对中，在标准态下哪个是最强的氧化剂？若 $H_2O_2$ 改在 pH = 5.00 的条件下，它们的氧化剂相对强弱将发生怎样的改变？已知 $\varphi^{\ominus}(H_2O_2/H_2O)=1.776\text{V}$；$\varphi^{\ominus}(Br_2/Br^-)=1.066\text{V}$；$\varphi^{\ominus}(I_2/I^-)=0.5355\text{V}$。

**解** (1) 由于 $\varphi^{\ominus}(H_2O_2/H_2O) > \varphi^{\ominus}(Br_2/Br^-) > \varphi^{\ominus}(I_2/I^-)$，所以 $H_2O_2$ 是最强的氧化剂，$I^-$ 是最强的还原剂。

(2) $H_2O_2$ 溶液中 pH=5.00，即 $a(H^+)=1.00\times10^{-5}$，根据能斯特方程

$$H_2O_2 + 2H^+ + 2e^- \longrightarrow 2H_2O$$

$$\varphi(H_2O_2/H_2O) = \varphi^{\ominus}(H_2O_2/H_2O) - \frac{0.0592\text{V}}{n}\lg\frac{1}{a(H_2O_2)[a(H^+)]^2}$$

$$= 1.776\text{V} - \frac{0.0592\text{V}}{2}\lg\frac{1}{(1.00\times10^{-5})^2}$$

$$= 1.48\text{V}$$

由于 $Br_2/Br^-$ 和 $I_2/I^-$ 的电极电势不受 pH 的影响，电极电势相对大小次序依然是

$$\varphi^{\ominus}(H_2O_2/H_2O) > \varphi^{\ominus}(Br_2/Br^-) > \varphi^{\ominus}(I_2/I^-)$$

一般来说，对于简单的电极反应，离子浓度的变化影响不大，因而只要两个电对的标准电极电势相差较大，通常可直接用 $\varphi^{\ominus}$ 比较。但对于含氧酸盐，在介质酸度 $H^+$ 浓度不为 1mol/L 时，则需进行计算再比较。

## 思 考 题

1. 名词解释。

机械能；内能；动能；位能；静压能；稳态；非稳态；层流；湍流；热传导；热对流；热辐射；菲克定律；均相反应；非均相反应；反应速率；氧化还原反应；阿伦尼乌斯方程；能斯特方程

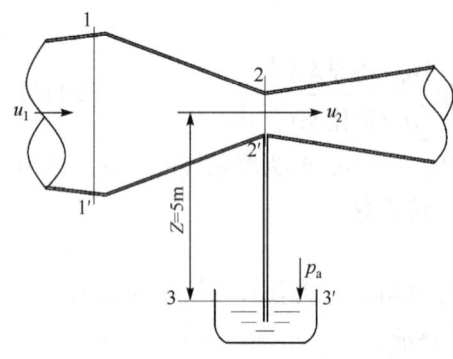

图 2-10　思考题 2 示意图

2. 采用水射器(文丘里管)将管道下方水槽中的药剂加入管道中，如图 2-10 所示。已知截面 1-1' 处内径为 50mm，压力为 0.02MPa(表压)，截面 2-2' 处内径为 15mm。当管中水的流量为 $7m^3/h$ 时，可否将药剂加入管道中？(忽略流动中的损失)

3. 水以 $50m^3/h$ 的流量在一倾斜管中流过，此管的内径由 100mm 突然扩大到 200mm，A、B 两点的垂直距离为 0.3m。在此两点连接一 U 形压差计，指示液为四氯化碳，其密度为 $1630kg/m^3$。若忽略阻力损失，试求：

(1) U 形管两侧的指示液液面哪侧高？相差多少？

(2) 若将上述扩大管道改为水平放置，压差计的读数又将如何变化？

4. 在环境工程领域使用活性炭吸附污染物时可以用吸附等温线来描述其吸附容量。弗罗因德利希吸附等温式：

$$q_e = KC_e^{1/n}$$

式中：$q_e$ 为固相中溶质平衡浓度，mg/g；$K$ 为弗罗因德利希容量系数，$(mg/g)/(L/mg)^{1/n}$；$C_e$ 为液相中溶质平衡浓度，mg/L；$1/n$ 为弗罗因德利希强度系数，量纲为 1。

计算去除土臭素(一种产生臭味的化合物)所需粉末状活性炭(PAC)的最小剂量。土臭素初始浓度是 50ng/L，处理目标是 $C_{T0}$ = 5ng/L。已经测得土臭素的 $K$ 和 $1/n$ 值分别是 $200(mg/g)/(L/mg)^{1/n}$ 和 0.39。如果在实际环境工程应用中一个经济合理的 PAC 投加剂量范围应该小于 20mg/L，试通过计算判断使用该 PAC 去除水中土臭素是否可行。

5. 参考第四节双膜模型理论的内容，假设所有传质阻力都集中在气相时，推导得出如下公式：

$$\frac{1}{K_G a} = \frac{H}{k_l a} + \frac{1}{k_g a}$$

式中：$K_G$ 为固体总传质系数，m/s；$H$ 为亨利系数；$k_l$ 为液相传质系数；$k_g$ 为气相传质系数。

6. 一套管式空气冷却器，空气在管外横向流过，对流传热系数为 $85W/(m^2 \cdot K)$；冷却水在管内流过，对流传热系数为 $4500W/(m^2 \cdot K)$。冷却管为 $\phi25mm \times 2.5mm$ 的钢管，其导热系数为 $45W/(m \cdot K)$。

(1) 求该状态下的总传热系数；

(2) 若将管外对流传热系数提高 1 倍，其他条件不变，总传热系数如何变化？

(3) 若将管内对流传热系数提高 1 倍，其他条件不变，总传热系数如何变化？

7. 已知 $\varphi^\ominus(Cr_2O_7^{2-}/Cr^{3+}) = 1.232V$；$\varphi^\ominus(Cl_2/Cl^-) = 1.35827V$；$\varphi^\ominus(I_2/I^-) = 0.5355V$，则 3 个电对在标准状态下哪个是最强的氧化剂？若 $Cr_2O_7^{2-}$ 改在 pH=4.00 的条件下，它们的氧化剂相对强弱将发生怎样的改变？

## 参 考 文 献

陈敏恒, 丛德滋, 方图南, 等. 1999. 化工原理(上册). 2版. 北京: 化学工业出版社.
冯玉杰, 李晓岩, 尤宏, 等. 2002. 电化学技术在环境工程中的应用. 北京: 化学工业出版社.
郭鹤桐, 覃奇贤. 2000. 电化学教程. 天津: 天津大学出版社.
胡洪营, 张旭, 黄霞, 等. 2015. 环境工程原理. 3版. 北京: 高等教育出版社.
胡忠鲠, 胡显智, 梁渠, 等. 2018. 现代化学基础. 4版. 北京: 高等教育出版社.
王郁, 林逢凯. 2008. 水污染控制工程. 北京: 化学工业出版社.
奚旦立, 孙裕生. 2014. 环境监测. 4版. 北京: 高等教育出版社.
杨辉, 卢文庆. 2000. 应用电化学. 北京: 科学出版社.
Crittenden J C, Trussell R R, Hand D W, et al. 2012. MWH's Water Treatment Principles and Design. 3rd ed. Hoboken: John Wiley & Sons, Inc.
Tchobanoglous G, Burton F, Stensel H D. Wastewater Engineering: Treatment and Reuse. 4th ed. New York: McGraw-Hill.
Zhou X, Cao L M, Yang J. 2018. Electro-chemical oxidation of gaseous elemental mercury via a gas diffusion reactor with Fenton-like catalyst. Research on Chemical Intermediates, 44(5): 3597-3611.

# 第三章

# 环境工程微生物原理

**本章导读**

  生物学相关技术在环境工程领域的应用已有百年历史,从较早的活性污泥法到如今种类繁多的生物修复技术。相对于植物和动物,微生物技术是研究最为成熟,也是应用最为广泛的生物技术。环境工程微生物学着重研究自然环境和污染环境中微生物的特点、作用规律及微生物在环境工程中的应用。本章主要介绍了环境工程微生物分类、微生物营养物质和生理代谢、微生物在物质循环中的作用和难降解污染物的微生物降解转化等基本知识和原理及微生物在环境工程中的应用原理;并介绍了环境工程微生物应用过程中的分子生物学原理,包括聚合酶链式反应技术、分子杂交技术、宏基因组技术及最新发展的生物组学技术等。通过本章的学习可掌握环境工程微生物学的基本理论及技术方法,为后续章节的学习奠定基础。

## 第一节 环境工程微生物分类

  微生物是指环境中一些个体微小、难以用肉眼观察到的生物群体。它们的种类繁多,分布极广,一般生物能生存的环境中都存在微生物,绝大部分生物无法企及的生境,如高温火山口、严寒冰川极地、干旱沙漠、高盐度湖泊以及高酸碱度等极端环境中也能发现微生物。根据 1977 年 Woese 等提出的分类法,微生物可以分为细胞型和非细胞型微生物。细胞型微生物可根据细胞结构分为原核生物和真核生物,非细胞型微生物包括病毒(virus)和亚病毒(类病毒、拟病毒、朊病毒等)。

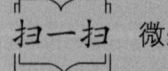 微生物学的发展史

### 一、原核生物

  原核生物(prokaryote)是一种 DNA 裸露、无核膜包裹的单细胞生物,细胞内没有任

何带膜的细胞器。原核生物包括细菌、放线菌、立克次氏体、衣原体、支原体、蓝细菌和古菌等。它们的个体微小，一般为 1~10μm，仅为真核细胞的十分之一至万分之一。

(一) 细菌

1. 基本状态

细菌是指一类形状细短、结构简单、细胞壁坚韧、多以二分裂方式繁殖的单细胞原核生物。细菌是自然界中分布最广、数量最大，与人类关系极为密切的一类微生物。细菌在环境中起着非常重要的作用，能够将各种无机、有机污染物转化为无害的矿物质，从而实现生态系统的物质循环。

细菌的基本形状主要分为三类：球状、杆状、螺旋状，分别简称球菌、杆菌、螺旋菌。细菌个体微小，表示其大小的单位一般用 μm。球菌的大小用菌体直径表示，一般大小为 0.5~1.0μm。杆菌和螺旋菌则以其宽度(即直径)×长度表示，螺旋菌表示的长度是其两端间的距离。杆菌直径在 0.4~1.0μm，长度为宽度的一至数倍。

原核细胞的结构包括基本结构和特殊结构，基本结构包括细胞壁、细胞膜、细胞质、核质体、核糖体、异染粒等，为多数原核细胞所共有，特殊结构包括鞭毛、菌毛、荚膜、芽孢、伞毛、孢囊等，仅为部分细菌或一般细菌在特殊环境下才有。

细菌的繁殖为无性繁殖，主要为裂殖，也有出芽生殖和孢子生殖。裂殖即一个母细胞分裂成两个子细胞。分裂时，核 DNA 分别以两条单链为模板复制出一套新双螺旋链，随后形成两个核区，然后产生新的双层质膜与壁，将细胞分隔为两个。细菌分裂产生的两个子细胞的形状、大小一致的称为同形分裂或对称分裂，两个子细胞的形状、大小不一致的称为异形分裂或不对称分裂。出芽生殖即在母细胞表面先形成突起之后，逐渐长大并与母细胞分开。有少数细菌能由单个细胞形成许多分裂孢子或节孢子，这样的繁殖方式称为孢子生殖。

2. 环境工程中的典型细菌种群

污水生物处理系统中的活性污泥是微生物群体(包括细菌、真菌、放线菌、原生动物等)存在的主要形式，与微生物的絮凝作用密切相关。在污水生物处理系统中，具有荚膜和黏液层的细菌相互粘连形成菌胶团，而菌胶团之间的粘连就形成了体积较大的污泥絮体。针对中国、美国、加拿大和新加坡等地的污水处理厂活性污泥中的细菌种群分析发现，以变形菌门的丰度最高，占总细菌的 36%~65%，其他主要菌门是厚壁菌门(1.4%~14.6%)、拟杆菌门(2.7%~15.6%)和放线菌门(1.3%~14.0%)，此外还包括疣微菌门、绿弯菌门、酸杆菌门、浮霉菌门、TM7、热袍菌门、OD1、螺旋体门、WS3、硝化螺旋菌门和互养菌门等(图 3-1)。

微生物技术是对工业、农业面源污染土壤进行修复较为常用的手段。微生物能够有效降解土壤中残留农药，当前已分离出多种降解农药的微生物，主要包括黄杆菌属、产碱菌属、棒状杆菌属、芽孢杆菌属、假单胞菌属、节细菌属等。在多环芳烃(PAHs)和重金属长期污染土壤的细菌群落中，变形菌门为优势菌，还包括变形菌门、拟杆菌门、壁厚菌门、芽单胞菌门、酸杆菌门、绿弯菌门、疣微菌门、SPAM 和 TM7 等。

空气中颗粒物 $PM_{2.5}$ 和 $PM_{10}$ 对公共健康构成了严重的威胁，其包含的微生物是引起

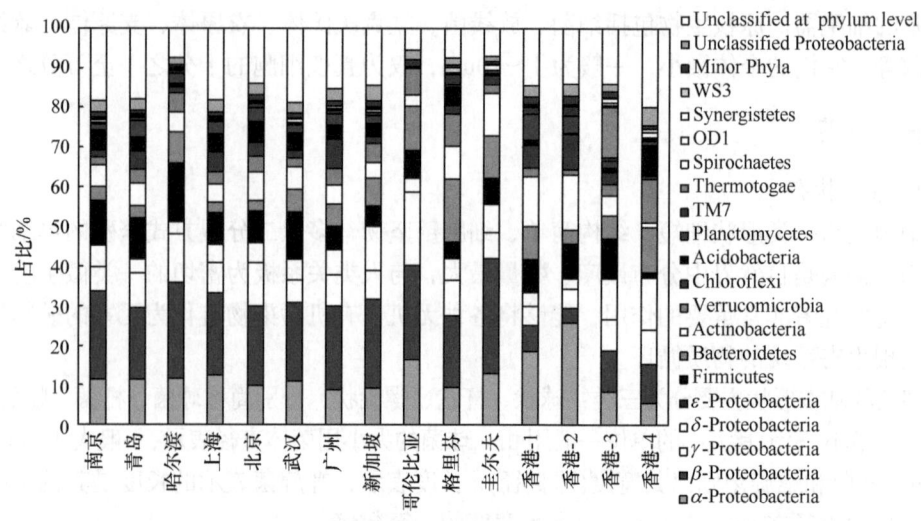

图 3-1 在门水平上，15 个污水处理厂活性污泥中细菌的丰度

污水处理厂主要采用活性污泥法、A/O、MBR 等工艺，进水主要为市政污水

图片修改自 Zhang T, Shao M F, Ye L. 2012. 454 pyrosequencing reveals bacterial diversity of activated sludge from 14 sewage treatment plants. The ISME Journal, (6): 1137-1147

各种过敏以及呼吸系统疾病传播的重要原因。例如，北京空气严重污染事件发生时，$PM_{2.5}$ 和 $PM_{10}$ 中的细菌主要包括放线菌门、变形菌门、绿弯菌门、厚壁菌门、拟杆菌门等。

3. 环境工程中常见的细菌种属

大肠杆菌(Escherichia coli)为革兰阴性短杆菌，周身鞭毛，能运动，无芽孢。主要生活在人和动物大肠内，异养兼性厌氧型代谢。大肠杆菌常应用于基因工程中，作为外源基因表达的宿主，具有遗传背景清楚、技术操作简单、培养条件简单、大规模发酵经济等特点。目前大肠杆菌是应用最广泛、最成功的表达体系，常作高效表达的首选体系。

假单胞菌属(Pseudomonas)为直或稍弯的革兰阴性杆菌，大小为$(0.5\sim 1\mu m)\times(1.5\sim 4\mu m)$，以极生鞭毛运动，不形成芽孢，有些株产生荧光色素或红、蓝、黄、绿等水溶性色素，能利用多种有机物，能以有机氮或无机氮为氮源，但不能固定分子氮，严格有氧呼吸代谢，从不发酵糖类，有的种属在硝酸盐存在时可进行厌氧呼吸。目前已确认有29种，其中至少有3种对动物或人类致病。假单胞菌在环境治理过程中应用广泛，可用于生物脱氮，石油、氯苯类稳定剂、洗涤剂及农药生物降解，含氮有机物的转化，汞甲基化与甲基汞降解，半纤维素分解等。

芽孢杆菌属(Bacillus Cohn)为革兰阳性菌，产生芽孢，无荚膜，需氧或兼性厌氧。其包括炭疽芽孢杆菌、蜡状芽孢杆菌、枯草芽孢杆菌、蕈状芽孢杆菌、多黏芽孢杆菌等。一些芽孢杆菌具有反硝化能力，可用于生物脱氮，还可用于农药、氯苯类稳定剂的降解，汞甲基化及半纤维素分解等。

产碱杆菌属(Alcaligenes)为革兰阴性短杆菌，常成单、双或成链状排列，具有周鞭毛，无芽孢，多数菌株无荚膜，专性需氧，最适生长温度25～37℃，部分菌株能在42℃生长，营养要求不高，普通培养基上生长良好。氧化酶反应阳性，不分解任何糖类，葡萄糖氧发酵(oxidation fermentation)培养基中产碱。除部分菌株能利用柠檬酸盐和部分菌株能还原硝酸盐外，多数生化反应为阴性。一些产碱杆菌可降解多种有机物，如石油、洗涤剂、农药及氯苯类稳定剂等。

微球菌属(*Micrococcus*)为革兰阳性球菌，直径为 0.5～2.0μm，成对、四联或成簇出现，但不成链。微球菌属不能运动、不生芽孢、严格好氧，菌落常有黄或红的色调，含细胞色素，抗溶菌酶。接触酶呈阳性，氧化酶呈阳性，但不明显。最适温度为 25～37℃。通常耐盐，可在 5% NaCl 中生长。最初出现在脊椎动物皮肤和土壤，但从食品和空气中也常常能分离到。许多微球菌具有反硝化能力，可用于生物脱氮。有些种可降解石油及洗涤剂类。

不动杆菌属(*Acinetobacter*)为革兰阴性菌，无芽孢、无鞭毛、专性好氧。氧化酶呈阴性，接触酶呈阳性，不发酵糖类，不还原硝酸盐。最适温度为 35℃。是除磷的优势菌种，有些种可降解氯苯类稳定剂(润滑油、绝缘油、增塑剂、油漆、热载体、油墨)等。

(二) 古菌

微生物学家在比较微生物的细胞结构、化学组成及它们的特殊生活环境时，发现有一类很特殊的微生物，其 16S rRNA 碱基顺序不同于细菌和真核生物，但又具有细菌和真核生物的结构特点，这些特殊菌称为古菌(archaea)。古菌在结构和生理上与其他微生物有着细微的区别，如古菌细胞壁不含肽聚糖，细胞骨架由蛋白质或假肽聚糖构成，细胞膜中磷酸脂肪酸与甘油分子之间以醚键相连。此外，古菌有独特的辅酶，如产甲烷菌有 $F_{420}$、$F_{430}$、COM、B 因子，使其具有很多特殊的功能。古菌大多生活在极端环境中。按照生活习性和生理特性，古菌可分为三大类型：产甲烷菌(*Methanogen*)、嗜热嗜酸菌(*Thermoacido philes*)和极端嗜盐菌(*Halopiles*)。根据 16S rRNA 序列将古菌分为 5 个不同的门类：广古菌门(Euryarchaeota)、泉古菌门(Crenarchaeota)、纳古菌门(Nanoarchaeota)、奇古菌门(Thaumarchaeota)和初古菌门(Korarchaeota)。环境工程中常见的古菌主要有：产甲烷菌(*Methanogen*)、氨氧化古菌(ammonia-oxidizing archaea，AOA)。

1. 产甲烷菌

产甲烷菌属于广古菌门，是一类在形态和生理方面有着极大差异的特殊类群。它们利用氢气、甲酸或乙酸等还原 $CO_2$ 并产生甲烷，这一过程只能在厌氧条件下进行，所以产甲烷菌都是严格厌氧菌，氧气甚至对它们有致死作用。产甲烷菌细胞中常含有辅酶 M(β-巯基乙基磺酸)和能在低电位条件下传递电子的因子 $F_{420}$，是产甲烷菌能在厌氧条件下产甲烷的关键酶。

产甲烷菌主要分布于有机质厌氧分解的环境中，如沼泽、湖泥、污水和垃圾处理厂、动物的胃和消化道及沼气发酵池中，自养或异养，形态有球状、杆状、丝状、螺旋状等多种类型。主要有甲烷杆菌属(*Methanobacerium*)、产甲烷球菌属(*Methanococcus*)、产甲烷八叠球菌属(*Methanosarcina*)和产甲烷螺菌属(*Methanospirillum*)等。产甲烷菌既是全球碳生物地球化学的重要参与者和推动者，也可以作为可再生能源的生产者，利用畜禽粪便和秸秆等农业废弃物，生产清洁的可再生能源——甲烷。

## 2. 氨氧化古菌

AOA 属于泉古菌门，通过氧化铵态氮获得细胞能量，同时固定二氧化碳，进行化能无机自养生长，是生态系统中的初级生产者和深海海域等缺氧环境中氨氧化的优势微生物类群，在地球生物化学循环中起着至关重要的作用。AOA 含有化能自养氨氧化过程有关的关键基因簇，包括氨单加氧酶基因(amoA、amoB 和 amoC)、氨透性酶、尿酶、尿素运输系统、亚硝酸盐还原酶和 NO 还原酶辅助蛋白基因。AOA 不仅对海洋、陆地等自然生态系统的氮循环做出了重要的贡献，在人工污水处理系统中也发挥重要作用。在污水处理厂活性污泥反应器、膜生物反应器、生物滤池和地下水处理生物滤器等反应器中均发现了 AOA 和 amoA 基因的存在。研究污水处理系统硝化过程中 AOA 的群落生态结构，研究以 AOA 为主的脱氮工艺技术，利用 AOA 处理低浓度铵态氮的养殖废水，对我国水环境氮污染防治具有非常重要的意义。

### (三) 蓝藻

蓝藻又称蓝细菌或蓝绿藻。蓝藻细胞无成型细胞核(拟核)，无有丝分裂，细胞壁与革兰阴性菌相似，属原核生物，也是藻类的一个重要门类。蓝藻含叶绿素 a、类胡萝卜素及藻胆蛋白等光合色素，能进行光合作用并产氧气。蓝藻的形态可有单细胞球状、杆状、长丝状甚至分枝状等各种类型。蓝细菌菌体外常具有胶质外套，使多个菌体或菌丝体集成一团。蓝藻以类似芽生方式繁殖。

蓝藻生活和营养要求都不高，因此在环境中广泛存在。它们在岩石风化、土壤形成、增加土壤中氮元素、保持水体生态平衡中起着重要作用，在污水处理、水体自净中也起着积极作用。然而，当蓝藻恶性增殖时，可形成"水华"与"赤潮"，会给人类带来巨大危害与损失。某些蓝藻能产生生物毒素，称为藻毒素，能作用于人和动物的不同器官，引起中毒。

## 二、真核生物

### (一) 真菌

真菌是一类具有真正的细胞核和细胞壁的异养型生物，既有单细胞个体，也有多细胞个体。真菌的细胞壁主要成分为几丁质(又称甲壳素、壳多糖)，这与植物的细胞壁主要是由纤维素组成不同。真菌种类繁多，形态、大小各异，主要分为酵母菌、霉菌及蕈菌三大类群。

真菌细胞不仅具有细胞核、细胞膜、细胞质、细胞壁、核糖体等基本的细胞结构，还有线粒体、内质网、高尔基体、液泡等完备的细胞器。真菌各类群都具有细胞壁，但其成分存在差异。大多数真菌是由菌丝构成的菌丝体。真菌菌丝的宽度为 $5\sim10\mu m$，比细菌和放线菌大几倍到几十倍。真菌菌丝可分为无隔膜菌丝和有隔膜菌丝。真菌的繁殖方式分为无性繁殖和有性繁殖。

#### 1. 酵母菌

酵母菌是单细胞真菌。酵母菌的形态多呈圆形、卵圆形，也有特殊形态如柠檬形、三角形、藕节状、假丝状等，直径为 5~30μm，长为 5~30μm 或更长。酵母在繁殖时子细胞没脱离母体而与母细胞相连成链状，称为假丝状。

酵母菌有发酵型和氧化型两种。发酵型酵母菌能起发酵作用，常用于制作面包、馒头和酿酒。氧化型酵母菌具有较强氧化能力。许多氧化型酵母菌能氧化 $C_9$~$C_{18}$ 的烷烃，如假丝酵母可将石蜡氧化为 $\alpha$-酮戊二酸、反丁烯二酸、柠檬酸，转化率达 80% 以上；拟酵母属、毕赤酵母属等对正癸烷、十六烷氧化力强；假丝酵母、粘红酵母在含油、含酚废水生物处理过程中起积极作用。淀粉废水、柠檬酸残糖废水和油脂废水以及味精废水也可利用酵母菌处理，既处理了废水又可得到酵母菌体蛋白，用作饲料。

2. 霉菌

霉菌(mold)是丝状真菌的俗称，是由菌丝交织形成的菌丝体。菌丝体分为营养菌丝和气生菌丝两部分。营养菌丝伸入培养基内或匍匐蔓生在培养基的表面，以摄取营养和排除废物。气生菌丝生长在培养基上方的空气中，可长出分生孢子梗和分生孢子。霉菌的菌丝直径为 3~10μm。

霉菌广泛分布于自然界，与人类生活和生产关系密切。近代发酵工业用霉菌生产乙醇、有机酸、抗生素、酶制剂、维生素及甾体激素等。镰刀霉可用于分解废水中无机氰化物($CN^-$)，去除率高达 90% 以上。有的霉菌还可处理含硝基($-NO_2$)化合物的废水。霉菌有腐生和寄生两类。腐生菌中的根霉、木霉、青霉、镰刀霉、曲霉、交链孢霉等分解有机物能力强，木霉对难降解的纤维素和木质素分解能力强。白腐菌通过木质素过氧化物酶、锰过氧化物酶、漆酶等关键酶催化自由基链式反应，对环境中难降解有机污染物具有高效、广谱的降解功能。国内外许多学者开始应用白腐菌进行环境治理与修复的实验和研究，主要应用于多种工业废水处理、垃圾及其渗滤液处理、煤炭脱硫、作物秸秆发酵、土壤生物修复等方面。

(二) 其他真核生物

1. 藻类

藻类是原生生物界的一类真核生物，能进行光合作用，没有根、茎、叶、花、果实的分化，繁殖方式分为无性繁殖和有性繁殖。藻的种类很多，按照其形态构造、色素组成等特点，藻类可分为 11 个门，分别是蓝藻、绿藻、硅藻、褐藻、金藻、红藻、黄藻、轮藻、裸藻、隐藻及甲藻。裸藻作为有机污染环境的生物指标，反映有机污染的程度。绿藻存在于活性污泥、氧化塘中，是其组成部分。蓝藻、绿藻等可通过光合作用系统及特有的产氢酶利用太阳能把水分解为氢气和氧气，从而获得清洁能源氢气。

2. 原生动物

原生动物指无细胞壁、能自由活动的一类单细胞真核生物。原生动物在自然界分布广泛，在各类地表水都有分布，土壤、动物粪便和其他生物体内也能找到。原生动物是动物中最原始、最低等、结构最简单的单细胞动物，属原生动物门。多以腐生和寄生的方式生活，少数与其他生物共生。原生动物种类很多，形态与生活周期差异很大。根据运动方式的不同，原生动物可分为鞭毛虫纲、肉足虫纲、纤毛虫纲和孢子纲 4 个主要类群。大的肉眼可见，小的需要用显微镜才能观察到。原生动物一般进行无性繁殖，也存在有性繁殖。在处理生活污水的活性污泥中存在大量的原生动物，它们有的代谢方式与细菌类似，可以通过体表吸收溶解性有机物，然后使之氧化分解；有的可以吞噬污泥中的细小的有机物颗粒或者游离的细菌，起到净化污水的作用。

### 三、病毒

病毒是由核酸分子(DNA 或 RNA)与蛋白质构成的非细胞生物，无细胞结构，无法独立进行新陈代谢和繁殖，必须寄生于宿主进行自我复制。当病毒的 DNA 或 RNA 被注入宿主细胞后，它能够改变宿主的代谢机制，利用宿主细胞提供的原料、能量和生物合成机制，进行病毒细胞的复制，并以多种方式从宿主细胞中释放出来，继续感染新的宿主细胞。

生活污水中含有大量的病毒，其中肠道病毒所占比例较大。能够通过消化道随粪便排出的肠病毒很多，如甲肝病毒、柯萨奇病毒、脊髓灰质炎病毒、轮状病毒等。去除和破坏水中的病毒，可采用物理、化学或生物方法。物理方法主要采用加热以及光照方法破坏水中的病毒，其中加温处理效果较好，沉淀、絮凝、吸附、过滤等虽能够去除水中的病毒，但不能破坏和杀死病毒；化学处理法中，高 pH、化学消毒剂及染料可以破坏水中的病毒，其中以加石灰、漂白粉或碘的方法较为常用；生物因素对病毒的去除是由于生物直接吞食病毒、产生生物热、分泌抑制病毒存活的物质或影响 pH 而导致病毒失活。

病毒作为有机大分子颗粒，易被污泥等固相吸附。在污水处理过程中，大部分病毒进入污泥中，因此必须对污泥进行有效的处理，以消灭其中的病毒。灭活污泥中病毒的方法常用的是干燥处理，此方法成本低廉。用堆肥处理污泥也是一种有效的方法，堆肥过程产生的高温和微生物分泌的胞外水解酶均可杀灭病毒。污泥中病毒的去除还可采用直接加热、加石灰、紫外线或高能辐射等方法处理。

## 第二节 微生物营养物质和生理代谢

### 一、微生物的化学组成

微生物细胞与其他生物细胞的化学组成相似，元素成分为碳、氢、氧、氮、硫、磷、钾、钠、镁、铁、锰、铜、钴、锌、钼等。碳、氧、氮占细胞干重的 90%～97%。碳在不同类型的微生物细胞中占 50%左右。水是细胞的主要成分，含量很大，占细胞鲜重的 70%～80%。微生物细胞中重要的有机化合物主要是蛋白质、核酸、糖、类脂、维生素等。蛋白质是微生物细胞主要的结构成分及酶的组成成分；核酸是微生物遗传变异的物质基础；糖类物质既是细胞的结构成分又是能量来源；类脂也参与细胞的结构并可作为储藏物质；维生素是各种酶的辅基，在微生物新陈代谢过程具有重要作用；无机物大多以元素的形式组成化合物，少数以游离态存在于细胞中。

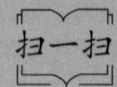 扫一扫　典型微生物的化学组成与分类

## 二、微生物营养物质

微生物同动物、植物一样,需要不断地从外部环境中吸收营养物质,经过一系列转化,从中获取能量并组成新的细胞物质,同时将废物排出体外。不同的微生物所需要的营养物质不同,有的营养要求范围很宽,有的只能利用某种物质。微生物从环境中摄取的营养物质主要包括碳源(含碳化合物)、氮源(含氮化合物)、无机盐、生长因子及水分等。

### (一) 水分

水是微生物细胞的重要组分,微生物的生长离不开水。水的主要作用是:
(1) 水是良好的溶剂,能将多种物质溶解,以利于微生物对营养的吸收和利用。
(2) 水是渗透、分泌、排泄的重要媒介。
(3) 微生物新陈代谢的每一步反应都必须有水才能进行。
(4) 水对细胞温度的调节有十分重要的意义。
(5) 保持足够的水分是细胞维持自身正常形态的重要因素。
(6) 微生物通过水合作用与脱水作用控制由多亚基组成的结构,如酶、鞭毛等的组装与解离。

### (二) 碳源

碳源是指微生物在生长过程中能为微生物提供碳来源的物质。碳源物质既可用来组成细胞结构,又是代谢产物及细胞内储藏物质的主要原料,同时还为微生物生命活动提供能量。因此,碳源物质通常也是机体生长所需要的能源物质。微生物能够利用的含碳化合物可分为两类,一类为无机含碳化合物,另一类为有机含碳化合物。前者主要有$CO_2$和碳酸盐等;后者包括糖类、脂类、醇、有机酸等。糖类中的葡萄糖、蔗糖、乳糖可用作培养微生物的碳原料;纤维素、果胶、酚类化合物等只能被某些微生物利用。

### (三) 氮源

氮源是指为微生物提供氮来源的物质。氮源物质主要用来构成微生物细胞结构成分和代谢产物的来源,一般不用作能源物质。但少数微生物如亚硝化细菌和硝化细菌能利用铵盐和硝酸盐作为能源物质,通过硝化作用从中获得能量。某些厌氧菌在无氧条件且碳源不足时,也可利用氨基酸等氮源作为能源物质而生存。

### (四) 无机盐

无机盐(inorganic salt)是含磷、硫、钾、钠、钙、镁等的无机化合物,是微生物生长不可缺少的营养物质,其主要作用是:
(1) 组成菌体成分。
(2) 构成酶的组成部分或维持酶的活性。
(3) 调节渗透压。

(4) 调节 pH 及氧化还原电位。
(5) 作为某些微生物的能源。

### (五) 生长因子

生长因子是指微生物生长必需且需求量很小，但微生物自身又不能合成或不能全部合成的有机物。按生长因子的化学特性及其生理作用不同，将其分为三大类：维生素、氨基酸及嘌呤、嘧啶碱基。

生长因子在微生物生命过程中所起的作用各不相同。维生素在机体中主要是作为辅酶或酶的辅基参与新陈代谢，缺乏时，酶就不能发挥其作用；氨基酸中的 D-丙氨酸被某些微生物利用以合成细胞壁；嘌呤和嘧啶在微生物细胞内除作为酶的辅酶和辅基外，还用于合成核苷酸或核酸等。

## 三、微生物营养类型

利用的碳源物质不同，微生物主要分为两个基本的营养类型，即自养型和异养型。自养型微生物能够利用 $CO_2$、水、无机盐等无机物质合成自身生长发育所需要的有机物质；异养型微生物则需要复杂的有机物质作为营养才能满足其生长发育的需求。根据微生物的能量来源不同，又可将微生物分为光能营养型和化能营养型。因此，根据微生物对碳源和能源的需求不同，可将微生物分为 4 个营养类型：光能自养型、化能自养型、光能异养型和化能异养型。

### (一) 光能自养型

光能自养型微生物以 $CO_2$ 作为唯一或主要碳源，以无机物(如硫化氢、硫代硫酸钠等无机硫化物)作为供氢体，还原 $CO_2$ 合成细胞物质，并利用光能进行生长。它们都含有叶绿素或细菌叶绿素等光合色素，因此能将光能转化为化学能。藻类、蓝细菌和某些光合细菌(红硫细菌、绿硫细菌)都属于光能自养型微生物。

### (二) 化能自养型

化能自养型微生物以 $CO_2$ 或碳酸盐作为唯一或主要碳源，以氢气、硫化氢、二价亚铁离子或亚硝酸盐等无机物作为电子供体，还原 $CO_2$ 或碳酸盐合成细胞物质，并利用无机物氧化所产生的化学能作为能源。这类微生物包括氢细菌、硫细菌、铁细菌和硝化细菌等。硝化细菌广泛应用于养殖废水、工业废水和生活污水生化处理的工艺中，包括 A/O 法、A2/O 法、SBR 法、厌氧氨氧化技术、硝化反硝化技术和短程硝化反硝化技术等。

### (三) 光能异养型

光能异养型微生物需要以有机物作为供氢体，具有光合色素，以光作为能源。光能异养型微生物在生长时，常需要外源的生长因子。

### (四) 化能异养型

化能异养型微生物以有机化合物作为碳源，并利用有机物质氧化产生的化学能作为能源，对于这类微生物而言，有机物既是碳源又是能源。化能异养型微生物利用的有机物非常广泛，大多数细菌、放线菌以及绝大部分真菌都属于化能异养型微生物。

在环境污染控制方面，化能异养型微生物发挥着重要的作用。例如，废水生物处理系统中，有机污染物的降解主要通过化能异养型微生物的作用实现。它将废水中的污染物氧化分解，最终转化为 $H_2O$ 和 $CO_2$ 等，使废水得以净化。

## 四、污染物的生物可降解性

污染物的生物可降解性与微生物的营养类型和生理代谢密切相关。污染物的生物降解的原理是在微生物的作用下，污染物的结构以及性质发生改变或被完全分解的过程，同时也为微生物提供了营养物质。

### (一) 污染物的生物化学转化

在土壤和水环境中，微生物作用是物质降解的主要机制。在环境中微生物利用污染物作为自身赖以生存的碳源和能量，通过其复杂多样的生理生化反应使污染物得到降解。环境中几种主要的生物化学转化作用如下：

1. 氧化作用

微生物能氧化某些无机物质，如 Fe、S、$NH_3$，无机酸根离子 $NO_2^-$，也能氧化众多有机基团，如醛基、甲基、羧基、羟基等。这些氧化作用对环境中物质转化起着重要作用，正是这些氧化作用的共同作用才使得环境中复杂的有机污染物被逐步降解。

2. 还原作用

还原作用是被还原物质(即氧化剂)的原子得到电子，还原剂失去电子的过程。环境中，大肠杆菌可进行乙烯基的还原，丙酸梭菌(*Clostridium butyricum*)可进行醇的还原，如乳酸还原为丙酸，许多土壤微生物还可进行无机物的还原，如硝酸、硫酸的还原。

3. 其他生物化学转化

水解作用是一类常见的生化反应，通常是指某些物质由于水分子的加入而转化为两种或两种以上的新物质，酯类的水解可在许多微生物作用下进行。脱氨基作用是指移除分子上的一个氨基。酯化作用是醇和羧酸或含氧无机酸生成酯和水的过程。缩合作用通常是指两种(或以上)物质通过某些方式缩合生成一种物质的过程，如乙醛可在酵母的作用下缩合为3-羟基丁酮。氨化反应是指向有机物分子中引入氨基的反应，丙酮酸可在一些酵母菌的作用下，发生氨化作用，生成丙氨酸。乙酰化作用是将有机化合物分子中的氮、氧、碳原子上引入乙酰基($CH_3CO^-$)的过程。

### (二) 污染物的生物共代谢过程

环境中有些物质不能被微生物直接降解，但在添加易被微生物降解的物质如葡萄糖、乙醇等之后，之前微生物无法利用的难降解物质就能被分解利用的现象，称为微生物的共代谢作用。共代谢现象最早由 Leadbetter 和 Foster 等于 1959 年报道，他们研究发现甲烷假单胞菌能够在外加甲烷情况下氧化乙烷、丙烷、丁烷，而乙烷、丙烷及丁烷均不能作为甲烷假单胞菌的唯一碳源支持其生长。微生物能直接利用的甲烷称为生长基质，乙烷、丙烷及丁烷等称为非生长基质。共代谢微生物不能从非生长基质的转化作用获得能量、碳源或其他任何营养，所以只有在生长基质存在的情况下，才能通过共代谢的方式代谢非生长基质。

微生物在利用生长基质 A 时，同时非生长基质 B 也伴随着发生氧化或其他反应，这是由于 B 与 A 具有类似的化学结构，而微生物降解生长基质 A 的初始酶 $E_1$ 的专一性不高，在将 A 降解为 C 的同时，将 B 转化为 D。但接着攻击降解产物的酶 $E_2$，则具有较高专一性，不会把 D 当作 C 继续转化。所以，在纯培养情况下，共代谢只是一种截止式转化(dead-end transformation)，局部转化的产物会聚集起来。在混合培养和自然环境条件下，这种转化可以为其他微生物所进行的共代谢或其他生物对某种物质的降解铺平道路，其代谢产物可以继续降解。许多微生物都有共代谢能力。因此，如若微生物不能依靠某种有机污染物生长，并不一定意味着这种污染物就是难生物降解与转化的。因为在有合适的底物和环境条件时，该污染物就可以通过共代谢作用而降解。一种酶或微生物的共代谢产物，也可成为另一种酶或微生物的共代谢底物。例如，滴滴涕(DDT)被假单胞菌代谢生成 4-氯苯乙酸，而节杆菌进一步利用 4-氯苯乙酸进行生长，从而通过共代谢作用实现 DDT 降解。

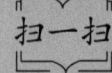 漫谈污染物的生物可降解性

### 五、污染物生物降解的影响因素

(一) 微生物因素

1. 微生物的代谢活性

微生物本身的代谢活动是其对物质降解与转化的最主要因素，包括微生物的种类和生长状况等。不同种类微生物对同一有机底物或有毒物质反应不同。在补加元素汞的细菌生长实验中，元素汞杀死铜绿假单胞菌(P. aeruginosa)，降低荧光假单胞菌(P. fluorescens)的生长速度，而枯草芽孢杆菌(B. subtilis)和巨大芽孢杆菌(B. megaterium)的生长情况与对照相似，且所补加的 $Hg^0$ 基本全部被氧化。同种微生物的不同菌株反应也不同。例如，用平板培养法测氯化汞对大肠杆菌敏感菌株和抗性菌株生长的影响，当培养基中含 0.04mmol/L $HgCl_2$ 时，只有抗性菌株生长，其菌落数与对照几乎相同。微生物在生长速度最快的对数期，代谢最旺盛，活性最强，在此时期添加有毒污染物，微生物受抑制的时间比在迟缓期添加要短得多。

## 2. 微生物的适应性

微生物具有较强的适应和被驯化的能力，通过适应过程，野生微生物难以降解的污染物能诱导必需的降解酶的合成；或由于微生物的自发突变而建立新的酶系；或虽不改变基因型，但显著改变其表现型，进行自我代谢调节，来降解转化污染物。因此，对污染物的降解转化，微生物的适应是另一种重要因子。

驯化是一种定向选育微生物的方法与过程，它通过人工措施使微生物逐步适应某特定条件，最后获得具有较高耐受力和代谢活性的菌株。在环境工程中，常通过驯化来获得对污染物具有较高降解效能的菌株，用于废水、废物的净化处理。驯化方法有多种，最常用的途径是以目标化合物为唯一的或主要的碳源培养微生物，在逐步提高该化合物浓度的条件下，经多代传种而获得高效降解菌。如果仍不成功，可在驯化期配加营养基质作为易降解类似目标物，而后逐步剔除，直到仅剩目标化合物。

以不同目标化合物为生长基质的各个菌株，在长期共同培养过程中，遗传信息发生交换，同时发生一个或多个突变事件，从而逐步产生新的代谢活动，最终可获得兼具各原有的菌株降解转化能力的新菌株。

## 3. 化合物结构

根据微生物对化合物的降解性，可将化合物分成可生物降解、难生物降解和不可生物降解三大类。某种有机物是否能被微生物降解取决于微生物本身特性，同时与有机物化学结构有关。有机物化学结构的复杂程度、基团的性质与位置均可影响微生物的降解活动，其降解规律主要为：

(1) 结构简单的有机物先降解，结构复杂的后降解；分子量小的有机物更易降解。

(2) 脂肪族化合物比芳香族化合物更易降解，多环芳烃更难降解。

(3) 不饱和脂肪族化合物一般可以降解。

(4) 有机化合物主要分子链上除碳元素外，有其他元素存在时，会增加对生物降解的抵抗力。

(5) 具有被取代基团的有机化合物，其异构体的多样性可能影响生物的降解性。一般情况下，有机物的支链对微生物代谢作用有一定影响，支链越多，越难降解。

(6) 功能团可影响有机化合物的降解。

### (二) 环境因素

## 1. 温度

由于化合物的生物降解过程实际上是微生物所产生的酶催化的生化反应，而温度正是酶反应动力学的重要支配因素，且微生物生长速度以及化合物的溶解度等也受温度直接影响，因而温度对控制污染物的降解转化起着关键作用。

## 2. 酸碱度

对于不同微生物，其生长和繁殖的最佳 pH 范围不同，因此环境酸碱度对生物降解有着很大的影响。一般来说，强酸强碱会抑制大多数微生物的活性，通常 pH=4～9 时微生物生长最佳。细菌和放线菌更喜欢中性至微碱性的环境，酸性条件有利于酵母和霉菌生长。

### 3. 营养

微生物生长除碳源外，还需要氮、磷、硫、镁等无机元素。因此，有些微生物没有能力合成足够数量的氨基酸、嘌呤、嘧啶和维生素等特殊有机物以满足其自身生长的需求，如果环境中这些营养成分中某一种或是几种供应不够，则污染物的降解转化就会受到极大限制。

### 4. 氧

微生物降解转化污染物的过程可能是好氧的，也可能是厌氧的。不同微生物对于 $O_2$ 的需求、耐受性和敏感度存在差异。根据呼吸过程中，微生物与 $O_2$ 表现出的不同关系可将微生物分成以下几类。

(1) 好氧性微生物。在有氧条件下，进行有氧呼吸，常见的细菌、放线菌和真菌都属于该类型微生物。在活性污泥法、生物膜法的污水处理方法中主要利用好氧微生物进行污染物降解，并需要进行搅拌和曝气。

(2) 厌氧性微生物。一类为专性厌氧菌，只能在缺氧条件下生长，$O_2$ 存在致毒性，如梭状芽孢杆菌属、甲烷杆菌属、拟杆菌属等；另一类是可耐受氧性厌氧菌，代谢过程不需要 $O_2$，但 $O_2$ 对其无害，如乳酸菌。

(3) 兼性厌氧微生物。在有氧和无氧条件下均能生长，但不同条件下呼吸作用不同。

### 5. 底物浓度

由于生物化学的反应速率与底物浓度关系密切，因此有机底物或金属本身的浓度对其降解速度会有明显的影响。某些化合物在高浓度时，由于微生物量迅速增加而快速降解。另外，某些化合物在低浓度时，易被生物降解，高浓度时却会抑制微生物的活性。

## 第三节　微生物在常量元素循环中的作用

### 一、碳循环

含碳物质主要有 $CO_2$、碳水化合物(如糖、淀粉、纤维素等)、脂肪、蛋白质等。碳循环以 $CO_2$ 为中心，植物、藻类利用 $CO_2$ 进行光合作用，合成植物性碳；动物和人食用植物将植物性碳转化为动物性碳，并通过呼吸释放 $CO_2$，有机碳化合物被微生物分解而产生 $CO_2$ 回到大气。而后，$CO_2$ 再次被植物、藻类利用进入碳循环(图 3-2)。另外，在水生境中，产甲烷菌将 $CO_2$ 转化为甲烷，甲烷氧化菌将甲烷氧化成 $CO_2$。

#### (一) 纤维素转化

纤维素是高分子聚合物，每个纤维素分子含 1400～10000 个葡萄糖基，分子式为 $(C_6H_{10}O_5)_{1400\sim 10000}$。树木、农作物和以这些为原料的工业产生的废水，如棉纺印染废水、造纸废水、人造纤维废水及城市垃圾等，均含有大量纤维素。

分解纤维素的微生物有细菌、放线菌和真菌。其中细菌研究较多，好氧的纤维素分解菌中，黏细菌占主要地位，包括生孢食纤维菌、食纤维菌及堆囊黏菌，它们都是革兰阴性菌。好氧纤维分解菌还有镰状纤维菌和纤维弧菌。厌氧纤维分解菌有产纤维二糖芽

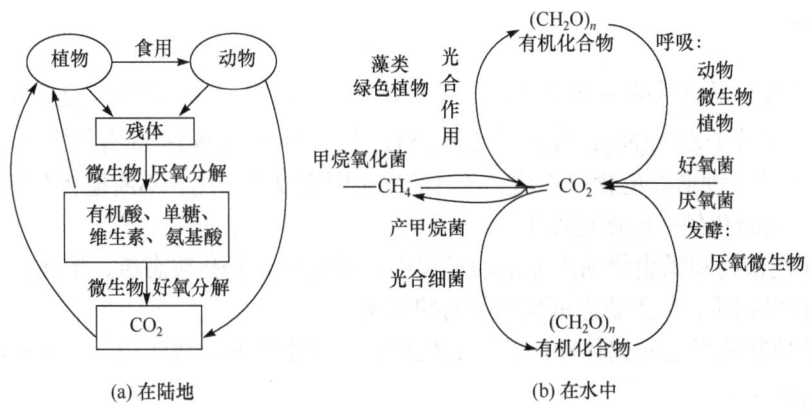

图 3-2 碳循环过程

孢梭菌(*Clostridium cellobioparum*)、无芽孢厌氧分解菌及嗜热纤维芽孢梭菌(*Clostridium thermocellum*)，它们为专性厌氧菌。分解纤维素的还有青霉菌、曲霉菌、镰刀霉菌、木霉菌及毛霉菌等。

(二) 半纤维素转化

半纤维素存在植物细胞壁中，含聚戊糖(木糖和阿拉伯糖)、聚己糖(半乳糖、甘露糖)及聚糖醛酸(葡萄糖醛酸和半乳糖醛糖)等。造纸废水和人造纤维废水中均含有半纤维素。

分解纤维素的微生物大多数能分解半纤维素。许多芽孢杆菌、假单胞菌、节细菌及放线菌能够分解半纤维素。霉菌有根霉、曲霉、小克银汉霉、青霉及镰刀霉。一般情况下，微生物分解半纤维素的速度比分解纤维素快。

(三) 淀粉转化

淀粉广泛存在于植物种子和果实之中。以种子和果实为原料的工业废水，如淀粉厂废水、酒厂废水、印染废水、抗生素发酵废水及生活污水等均含有淀粉。淀粉是多糖，分子式为$(C_6H_{10}O_5)_n$。在好氧条件下，枯草杆菌可将淀粉分解为 $CO_2$ 和水；根霉和曲霉先将淀粉转化为葡萄糖，接着由酵母菌将葡萄糖发酵为乙醇和 $CO_2$。在厌氧条件下，丙酮丁醇梭状芽孢杆菌(*Clostridium acetobutylicum*)、丁酸梭状芽孢杆菌(*Closridium butyrieum*)参与发酵淀粉，产生乙醇和 $CO_2$。

(四) 木质素转化

木质素是植物木质化组织的重要成分，秸秆和木材是造纸工业和人造纤维的原料，所以造纸和人造纤维废水均含大量木质素。木质素的化学结构一般认为是以苯环为核心带有丙烷支链的一种或多种芳香族化合物经氧化缩合而成。

分解木质素的微生物主要有担子菌纲中的干朽菌(*Merulius*)、多孔菌(*Polyporus*)、伞菌(*Agarics*)等的一些种，假单胞菌的个别种也能分解木质素。微生物分解木质素的速度缓慢，在好氧条件下分解木质素比在厌氧条件下快，真菌分解木质素比细菌快。

## 二、氮循环

氮是核酸和蛋白质的主要成分，是构成生物体的必需元素。自然界的氮以 3 种主要形态存在：①分子态氮($N_2$)；②无机态氮($NH_4^+$-N，$NO_3^-$-N 等)；③有机态氮(核酸、蛋白质等)。上述 3 种形态的含氮物质，在自然界中因生物的作用，不断地相互转化，进行着氮循环。其转化的一般途径如下：

(1) 绿色植物和微生物的生命活动过程中，吸收硝态氮和铵态氮，组成蛋白质、核酸等含氮有机物质，使无机态氮同化为有机态氮。

(2) 动植物和微生物遗体中的有机氮化物，经微生物的分解作用，使无机质转化为氨态氮($NH_4^+$-N)。

(3) 氨态氮在有氧条件下，经硝化细菌的作用氧化成硝态氮。

(4) 硝态氮经反硝化细菌还原为 $N_2$，逸散到大气中。

(5) 空气中 $N_2$ 经固氮微生物还原为氨，进而合成有机氮化物(图 3-3)。

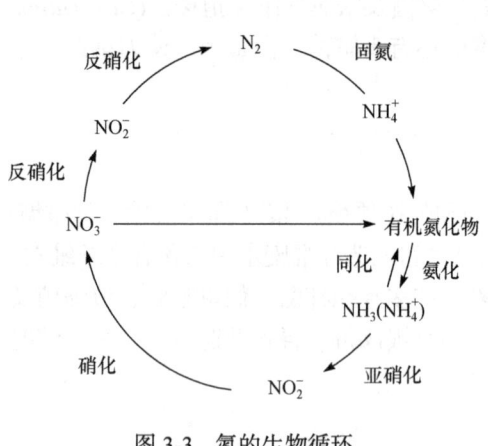

图 3-3 氮的生物循环

### (一) 氨化作用

有机氮化物在微生物分解作用中释放出氨的过程称为氨化作用(ammonification)。

#### 1. 蛋白质的氨化过程

微生物分泌的蛋白酶水解蛋白质生成多肽与二肽，然后由肽酶进一步水解为氨基酸。氨基酸被微生物吸收，其在胞内进行脱氨和脱羧。氨基酸脱氨的方式很多，在脱氨基酶的作用下脱下氨基，并以氨的形态释放。绝大多数异养型微生物，包括细菌、真菌、放线菌都具有不同的蛋白质分解能力。在自然界中它们分布极广，数量很多。氨化作用强的细菌种类有：荧光假单胞菌、灵杆菌和变形杆菌等兼性细菌，巨大芽孢杆菌、蕈状芽孢杆菌、枯草芽孢杆菌、肠膜芽孢杆菌、蜡状芽孢杆菌等好氧细菌，腐败芽孢杆菌等厌氧菌。真菌中有木霉、曲霉、毛霉中的一些种。

#### 2. 核酸的氨化过程

各种生物细胞中均含有大量的核酸，它们是核苷酸的缩聚物。核酸降解是连续的细胞外反应，在微生物产生的核酸酶的作用下，将核酸水解成核苷酸。核酸酶类中有专门作用于 RNA 的核糖核酸酶，有专门作用于 DNA 的脱氧核糖核酸酶，也有另一类能水解 RNA 和 DNA 两者的核酸酶。核苷酸在核苷酸酶作用下分解成核苷和磷酸，核苷经水解成嘌呤或嘧啶和核糖或脱氧核糖，生成的嘌呤或嘧啶继续分解，经脱氨基作用产生氨。以腺嘌呤为例，在脱氨基酶的作用下，产生一个氨分子，其脱氨后的产物次黄嘌呤，则转化成尿酸，而后被分解成尿素和亚酒石酸，尿素再分解成氨和 $CO_2$。细菌中有芽孢杆菌属、核菌属、分枝杆菌属、假单胞菌属、节杆菌属等，真菌中有曲霉、青霉、镰孢霉等，放线菌中有链霉菌属等。

(二) 亚硝化作用和硝化作用

氨经过微生物作用氧化成亚硝酸，再进一步氧化成硝酸的过程，称为硝化作用(nitrification)。自然界引起硝化作用的微生物最主要的是化能自养型细菌，它们从氧化$NH_3$及$HNO_2$中取得能量，以$CO_2$为碳源进行生活。它是由两类细菌分两个阶段进行的：

1. 亚硝化作用

硝化作用的第一阶段，氨被亚硝化细菌氧化成亚硝酸。

$$2NH_3 + 3O_2 \longrightarrow 2HNO_2 + 2H_2O + 能量$$

将氨氧化为亚硝酸(即亚硝化作用)的微生物称亚硝酸菌或亚硝化细菌，主要有 5 个属：亚硝化单胞菌属(*Nitrosomonas*)、亚硝化球菌属(*Nitrosococcus*)、亚硝化螺菌属(*Nitrosospira*)、亚硝化叶菌属(*Nitrosolobus*)及亚硝化弧菌属(*Nitrosovibrio*)。

2. 硝化作用

硝化作用的第二阶段，亚硝酸经硝化细菌作用，氧化为硝酸。

$$2HNO_2 + O_2 \longrightarrow 2HNO_3 + 能量$$

将亚硝酸氧化为硝酸(即硝化作用)的微生物称硝酸菌或硝化细菌，主要有 4 个属：硝化杆菌属(*Nitrobacter*)、硝化刺菌属(*Nitrospina*)、硝化球菌属(*Nitrococcus*)及硝化螺菌属(*Nitrospira*)。

(三) 反硝化作用

硝酸盐在通气不良的情况下经微生物作用而还原的过程，称为反硝化作用(denitrification)。反硝化作用根据还原的程度不同，可生成不同的还原态物质，如亚硝酸、次亚硝酸、一氧化氮及分子态氮等。硝酸还原产生分子氮的作用，又称脱氮作用或狭义的反硝化作用。在污水处理过程中，为了减少氮的污染，防止因水中含氮过多而造成水体富营养化，经常在污水处理工程中增设反硝化作用的装置以利脱氮。

引起反硝化作用的微生物，统称为反硝化微生物。它们在环境中种类很多，数量也大，包括细菌、真菌和放线菌中的多种微生物。表 3-1 列举了部分反硝化细菌。

表 3-1 部分反硝化细菌属

| 类型 | 含反硝化细菌的一些属 |
| --- | --- |
| 有机营养型 | 假单胞菌属、产碱杆菌属、芽孢杆菌属、土壤杆菌属、黄杆菌属、丙酸杆菌属、芽生杆菌属、盐杆菌属(古菌)、慢生根瘤菌属 |
| 化能无机营养型 | 硫杆菌属、硫微螺球菌属 |
| 光能营养型 | 红假单胞菌属 |
| 混合型 | 副球菌属、布兰汉氏菌属、奈氏球菌属 |

在反硝化作用中微生物是将 $NO_3^-$ 中的氧作为呼吸作用的受氢体，因而使 $NO_3^-$ 还原。

$$C_6H_{12}O_6 + H_2O \longrightarrow CO_2 + H^+$$

$$H^+ + NO_3^- \longrightarrow H_2O + N_2$$

$$C_6H_{12}O_6 + NO_3^- \longrightarrow H_2O + CO_2 + N_2 + 能量$$

根据近年来的认识，$NO_3^-$ 反硝化途径为

$$NO_3^- \longrightarrow NO_2^- \longrightarrow NO \longrightarrow N_2O \longrightarrow N_2$$

(四) 生物固氮作用

微生物在常温常压下直接利用分子态氮($N_2$)，将之还原为氨($NH_3$)的过程称为生物固氮作用(biological nitrogen fixation)。生物固氮作用是氮循环的重要环节。能进行固氮作用的微生物称为固氮微生物或固氮菌。已经确定的固氮微生物包括古菌、真细菌、放线菌和蓝细菌等近百个属，这些微生物均为原核生物；至今还未发现能固氮的真核生物。

固氮菌在生理生化特性和地理分布上具有丰富的多样性(表 3-2)，在生理生化特性上，有专性好氧菌，也有专性或兼性厌氧菌，有自养型细菌，也有异养型细菌；在生态分布上，固氮分布很广泛，在地球生物圈的各种生境中均能分离到固氮微生物。

表 3-2 主要的固氮微生物

| 好氧菌 | | 专性或兼性厌氧菌 | |
| --- | --- | --- | --- |
| 异养型 | 自养型 | 异养型 | 自养型 |
| 固氮菌属、根瘤菌属、贝氏固氮菌属、德氏固氮菌属、红假单胞菌属、甲烷氧化菌属 | 念珠藻属、单歧藻属、鱼腥藻属、鞘丝藻属、颤藻属、项圈藻属、氧化亚铁硫杆菌属 | 梭状芽孢杆菌属、脱硫弧菌属、无色杆菌属、芽孢杆菌属、产甲烷菌属、克雷伯氏菌属、脱硫肠杆菌属 | 红螺菌属、绿菌属 |

(五) 生物脱氮

生活污水和某些工业废水中含有大量的有机氮和无机氮化物。有机氮化物经过异养微生物的降解作用产生 $NH_3$。在氧气充足情况下，$NH_3$ 可进一步被微生物氧化生成硝酸盐氮($NO_3$-N)。如果硝酸盐氮含量超过排放标准，排放到自然水体后给藻类提供了大量营养源，潜伏着水体富营养化的危险，同时也污染了给水水源。因此，生物脱氮已日益受到国内外的重视。

生物脱氮过程主要参与的细菌有三个类群：氨化细菌，进行有机氮化合物的脱氨基作用，生成 $NH_3$；亚硝化和硝化细菌，将 $NH_3$ 转化为 $NO_2^-$ 和 $NO_3^-$；反硝化细菌，将 $NO_2^-$、$NO_3^-$ 转化为 $N_2$。硝化作用的程度往往是生物脱氮的关键，是生物脱氮必须经过的步骤。

在污水生化处理工程系统中，为了达到硝化目的，必须保证有机物浓度很低和溶解

氧充足，实际运行中一般可采用低负荷运行，或延长曝气时间，并保证曝气池中有足够的溶解氧量，以满足硝化细菌将 $NH_3$ 氧化生成硝酸盐的条件。

大多数反硝化细菌是异养的兼性厌氧细菌，它利用各种有机物作为反硝化过程中的电子供体，包括有机酸类、醇类、烷烃类、苯酸盐类和其他的苯衍生物等。生成的氮气可从水中逸出，达到了脱氮目的。在反硝化过程中，必须提供有机化合物作为电子供体，而硝酸盐作为电子受体。所以要求向反硝化池中投加一定量的有机化合物。在污水和活性污泥中，很多细菌都能进行反硝化作用，其中绝大多数是异养的兼性厌氧细菌，包括无色杆菌属(*Achromobacter*)、气杆菌属(*Aerobacter*)、产碱杆菌属(*Alcaligenes*)、黄杆菌属(*Flavobacterium*)、变形杆菌属(*Proteus*)、假单胞菌属(*Pseudomons*)等。

由于传统生物脱氮技术高能耗、低效率等一系列缺点与问题，国内外研究者开始致力于新型生物脱氮技术的研发。同时，随着社会经济的发展和人类生活水平的改善，城镇废水逐渐呈现高氨氮、低有机含量的新特性，废水 C/N 比逐步下降，进一步制约着传统生物脱氮技术的应用及效能提升。鉴于此，近年来以厌氧氨氧化技术为核心的自养生物脱氮技术逐渐兴起，成为废水脱氮领域的研究热点。厌氧氨氧化(anaerobic ammonium oxidation, 简称 Anammox)作用是指在厌氧条件下，厌氧氨氧化细菌以氨氮为电子供体，亚硝酸盐为电子受体，生成氮气并产生部分硝酸盐的过程，其化学计量方程式为

$$NH_4^+ + 1.32NO_2^- + 0.066HCO_3^- + 0.13H^+ \longrightarrow$$

$$1.02N_2 + 0.26NO_3^- + 0.066CH_2O_{0.5}N_{0.15} + 2.03H_2O$$

参与厌氧氨氧化过程的关键酶主要有四种，其中亚硝酸盐还原酶将亚硝酸盐还原为一氧化氮，亚硝酸盐氧化还原酶同时将部分亚硝酸盐氧化为硝酸盐，联氨合成酶(hydrazine synthase，HZS)促使一氧化氮和氨氮反应生成联氨($N_2H_4$)，联氨氧化酶(hydrazine oxidase，HZO)或羟胺氧化还原酶将联氨转化为氮气。

与其他脱氮菌不同的是，厌氧氨氧化细菌具有一个独特的细胞器——厌氧氨氧化体。厌氧氨氧化过程中关键酶均位于该细胞器中，包括亚硝酸盐还原酶、联氨合成酶、联氨氧化酶和羟胺氧化还原酶。与反硝化细菌相似，厌氧氨氧化细菌中亚硝酸盐还原酶同样分为两种，分别由 *nirS* 和 *nirK* 基因编码。此外，厌氧氨氧化细菌中联氨氧化酶和羟胺氧化还原酶均能实现联氨氧化，且厌氧氨氧化细菌同时携带两种功能酶。

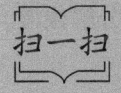 微生物在氮循环中的创新角色及其应用

## 三、磷循环

磷在土壤和水体中以含磷有机物(如核酸、植酸及卵磷脂)、无机磷化合物(如磷酸钙、磷酸钠、磷酸镁及磷灰石矿石及还原态 $PH_3$)等状态存在。然而植物和微生物不能直接利

用含磷有机物和不溶性的磷酸钙，必须经过微生物分解转化为溶解性的磷酸盐才能吸收利用。当溶解性磷酸盐被植物吸收后变为植物体内含磷有机物，动植物食用后变成含磷有机物。动植物尸体在微生物作用下，分解转化为溶解性的偏磷酸盐($PO_3^-$)。$PO_3^-$在厌氧条件下被还原为$PH_3$，以此构成磷的循环(图3-4)。

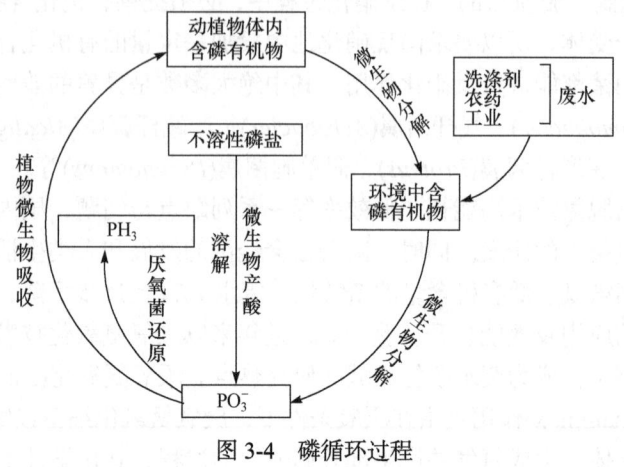

图3-4　磷循环过程

(一) 有机磷转化

动植物、微生物体中的含磷有机物有核酸、磷脂、植素。它们均可被微生物分解。

1. 核酸

各种生物的细胞含有大量的核酸，它是核苷酸的多聚物。核苷酸由嘌呤碱或嘧啶碱、核糖和磷酸分子组成。核酸在微生物核酸酶的作用下，被水解成核苷酸，又在核苷酸酶作用下分解成核苷和磷酸，核苷再经氨化作用生成氨。

2. 磷脂

卵磷脂是含胆碱的磷酸酯，它可被微生物卵磷脂酶水解为甘油、脂肪酸、磷酸和胆碱。胆碱再分解为氨、$CO_2$、有机酸和醇。能分解有机磷化物的微生物有蜡状芽孢杆菌(*Bacillus cereus*)、蜡状芽孢杆菌蕈状变种(*Bacillus cereus* var. *mycoides*)、多黏芽孢杆菌(*Bacillus polymyxa*)、解磷巨大芽孢杆菌(*Bacillus megaterium* var. *phosphaticum*)和假单胞菌(*Pseudomons* sp.)。

3. 植素

植素是由植酸(肌醇六磷酸酯)和钙、镁结合而成的盐类。植素在土壤中分解很慢，经微生物的植酸酶分解为磷酸和$CO_2$。

(二) 无机磷转化

在土壤中存在难溶性的磷酸钙，它可以和异养微生物生命活动产生的有机酸和碳酸，硝酸细菌和硫细菌产生的硝酸和硫酸等作用生成溶解性磷酸盐。例如

$$Ca_3(PO_4)_2 + 2CH_3CHOHCOOH \longrightarrow 2CaHPO_4 + Ca(CH_3CHOHCOO)_2$$

$$Ca_3(PO_4)_2 + 2H_2SO_4 \longrightarrow Ca(H_2PO_4)_2 + 2CaSO_4$$

可溶性磷酸盐被植物、藻类及其他微生物吸收利用，参与合成卵磷脂、核酸及 ATP 等。无色杆菌属中有的种能溶解磷酸三钙和磷矿粉；磷酸盐在厌氧条件下被梭状芽孢杆菌、大肠杆菌等还原生成 $PH_3$；磷灰石、正长石、玻璃等能被硅酸盐细菌[如胶质芽孢杆菌(*Bacillus mucilaginosus*)]分解，产生水溶性的磷盐。

(三) 生物除磷

废水中的磷化物除极少部分用于生物合成外，大部分不能去除，最终以磷酸盐的形式随水排出。长期以来，除磷大多采用化学方法，但费用高，且化学处理沉降后的污泥量很大，难以清除。根据微生物代谢磷的生理生化特点，可利用微生物除磷。生物法除磷效率高，处理成本低，操作方便，适合于现有污水处理厂的改建。

1. 微生物除磷原理

一些微生物在好氧时不仅能大量吸收磷酸盐合成自身核酸和 ATP，而且能逆浓度梯度过量吸磷合成储能的多聚磷酸盐颗粒(即异染颗粒)于体内，供其内源呼吸用，这些细菌称为聚磷菌。聚磷菌在厌氧状态时又能释放磷酸盐($PO_4^{3-}$)于体外。所以可创造厌氧、缺氧和好氧环境，让聚磷菌先在含磷污、废水中厌氧放磷，然后在好氧条件下充分地过量吸磷，通过排泥从污水中除去部分磷，可以达到减少污、废水中磷含量的目的。

(1) 厌氧释放磷的过程。产酸菌在厌氧或缺氧条件下分解蛋白质、脂肪、碳水化合物等大分子有机物为三类可快速降解的基质：①甲酸、乙酸、丙酸等低级脂肪酸；②葡萄糖、甲醇、乙醇等；③丁酸、乳酸、琥珀酸等。聚磷菌则在厌氧条件下，分解体内的多聚磷酸盐产生 ATP，利用 ATP 以主动运输方式吸收产酸菌提供的三类基质进入细胞内合成聚-$\beta$-羟基丁酸盐(PHB)，与此同时释放出 $PO_4^{3-}$ 于环境中(图 3-5)。

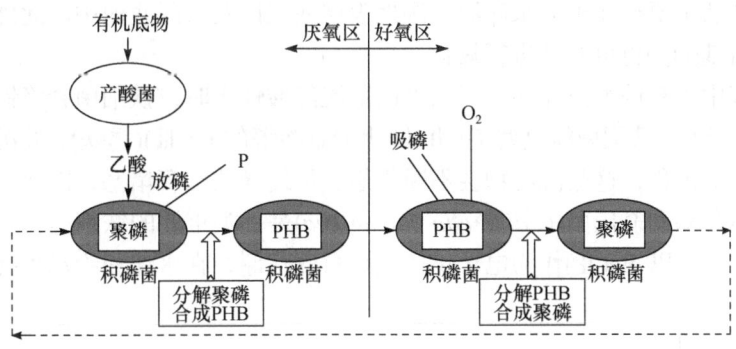

图 3-5 生物除磷的生物化学过程

(2) 好氧吸磷过程。聚磷菌在好氧条件下，分解机体内的聚-$\beta$-羟基丁酸盐和外源基质，产生质子驱动力，将体外的 $PO_4^{3-}$ 输送到体内合成 ATP 和核酸，将过剩的 $PO_4^{3-}$ 聚合成细胞储存物多聚磷酸盐。

2. 聚磷菌

目前发现具有聚磷能力的微生物绝大多数是细菌。活性污泥中聚磷菌是由许多好氧异养菌、厌氧异养菌和兼性厌氧菌组成，实质是产酸菌和聚磷菌的混合群体。从活性污泥中分离出来的聚磷菌种类多，其中聚磷能力强、数量占优势的聚磷菌是不动杆菌——莫拉氏菌群、假单胞菌属、气单胞菌属和黄杆菌属等60多种。有聚磷能力的还有硝化细菌中的亚硝化杆菌属、亚硝化球菌属、亚硝化叶菌属和硝化杆菌属、硝化球菌属等。

### 四、铁循环

铁是地壳中含量第四丰富的元素，同时也是地球上分布最为广泛、维持生物生命的重要元素之一。自然环境中，铁以含铁有机物和无机铁化合物两种形态存在，无机铁化合物多为三价铁[Fe(Ⅲ)]和二价亚铁[Fe(Ⅱ)]化合物。在pH近中性的环境条件下，Fe(Ⅲ)不易溶解，呈固态，而Fe(Ⅱ)通常较易溶解，呈可溶性的离子状态，因此更容易被植物、微生物利用，并转变为含铁有机物。在微生物的作用下，Fe(Ⅱ)与Fe(Ⅲ)之间可以相互转化(图3-6)。

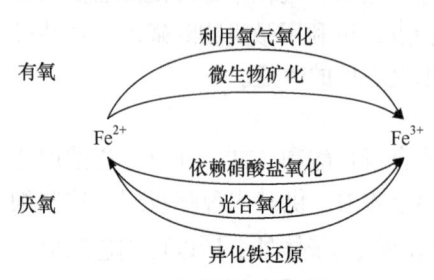

图3-6 微生物介导的铁循环

#### (一) 微生物介导的铁氧化

微生物介导的铁氧化过程主要包括利用氧气氧化、微生物矿化、光合氧化以及利用硝酸盐的氧化等途径。

1. 氧气氧化

在酸性或近中性环境中，铁细菌能够利用氧气来氧化Fe(Ⅱ)，以铁作为能量来源进行代谢活动。在酸性条件下，Fe(Ⅱ)更容易进行生物氧化而不易发生化学氧化，如氧化亚铁硫杆菌(*Thiobacillus ferroxidans*)能在酸性条件下介导铁的氧化。在中性pH条件下，微需氧的无机营养菌能利用细胞外膜上的Fe(Ⅱ)氧化蛋白质，形成难溶解的Fe(Ⅲ)氢氧化物。这类细菌主要存在于河水底泥、湿地表层底泥以及根际底泥中。此外，微生物产生的氧气自由基($O_2·$)也可对铁进行氧化。

铸铁水管中若有铁细菌存在，当水管内部流经酸性水时，铁细菌会将铁转化为可溶解的Fe(Ⅱ)。接着，铁细菌将这些Fe(Ⅱ)转化为难溶解的Fe(Ⅲ)(锈铁)，并沉积在水管壁上。随着时间的推移，这些沉淀物会不断积累，最终导致水管堵塞，因此需要经常更换铸铁水管。锈色嘉利翁氏菌(*Gallionella ferruginea*)是一类重要的铁细菌，它在严格好氧或微好氧条件下，以Fe(Ⅱ)作为电子供体进行自养代谢，在水体和给水系统中形成大块氢氧化铁沉淀。

2. 微生物矿化

在好氧-厌氧界面，微好氧微生物能够氧化Fe(Ⅱ)，产生含Fe(Ⅲ)的矿物，如磁铁矿等。有些属的微生物，如湿地纤毛菌属(*Leptothrix*)和球衣细胞属(*Sphaerotilus*)可以在氧化Fe(Ⅱ)的过程中产生矿化的有机鞘，以防止其被生成的铁矿沉积覆盖。

3. 光合氧化

在厌氧条件下，光营养型细菌以碳酸氢盐为电子受体，Fe(Ⅱ)为唯一电子供体，生成水铁矿$Fe(OH)_3$。这一过程受光照和矿物溶解度的影响。典型的光营养型细菌，如紫细菌和绿细菌等只能利用可溶性的 Fe(Ⅱ)提供的电子来获得能量，它们利用光能将 Fe(Ⅱ)氧化成弱结晶的铁氧化物，然后由其他铁氧化细菌将其转化为结晶态的针铁矿和纤铁矿等形式。

#### 4. 厌氧硝酸盐还原调节铁氧化

厌氧条件下，大多数硝酸盐还原细菌在氧化 Fe(Ⅱ)的过程中需要利用乙酸作为底物，同时将硝酸根还原为亚硝酸根。亚硝酸盐是反硝化的中间产物，能有效氧化 Fe(Ⅱ)，最终利用电子供体生成 NO、$N_2O$ 和 $N_2$。这是一个依赖硝酸盐还原过程来进行 Fe(Ⅱ)氧化反应的过程。依赖硝酸根的铁氧化细菌可以直接利用表面吸附的 Fe(Ⅱ)和结晶态的铁矿（如菱铁矿、磁铁矿等），常见的有食酸菌(*Acidovoraxebreus*)、嗜热古菌(*Ferroglobus placidus*)、脱氮硫杆菌(*Thiobacillusdenitrificans*)、嗜中温-变形菌等。此外，铁还原菌(*Geobactermetallireducens*)也具有依赖于硝酸根的铁氧化功能，终产物是铵。

### (二) 微生物介导的铁还原

厌氧条件下，异化铁还原菌能够通过氧化有机或无机物质的过程将电子转移给 Fe(Ⅲ)，并将其还原为 Fe(Ⅱ)以获得能量。这种类型的细菌通常存在于土壤、河流底泥、入海口沉积物、石油流层、地下水和温泉等自然环境中，并广泛分布于细菌和古菌中。在没有硫化物的底泥环境中，Fe(Ⅲ)氧化物的还原过程主要由铁还原细菌控制，如杆菌属(*Geobacter aceae*)及希瓦氏菌属(*Shewanella*)。这些细菌的活动对于维持底泥环境的氧化还原平衡具有重要意义。

尽管在接近中性条件下，Fe(Ⅲ)很难溶解，但它仍然是主要的电子受体。铁还原细菌通过多种途径将电子从细胞传递到难溶电子受体表面，包括：①通过分泌和释放铁螯合剂来增加 Fe(Ⅲ)的溶解；②细胞表面附着物与 Fe(Ⅲ)之间的黏附作用；③铁还原酶和细胞色素参与的与含铁矿物的互动；④电子穿梭子辅助细胞内到 Fe(Ⅲ)的电子传递；⑤依赖生物膜中存在的辅酶因子与含铁矿物进行互动。这些机制有助于铁还原细菌有效地利用 Fe(Ⅲ)作为电子受体来获得能量。

在厌氧环境中，Fe(Ⅲ)还原菌并不是单独存在的，而是与同种或其他微生物在种群或群落水平上相互作用。这种相互作用对 Fe(Ⅲ)还原菌的铁还原过程产生重要影响。在铁循环过程中，微生物之间存在着多种共生关系，包括细菌与细菌之间的共生关系以及细菌与古菌之间的共生关系。这些共生关系对于调节环境中的铁循环过程起着关键作用，影响着细菌的铁还原活动及整体的生态系统功能。

### 五、硫循环

硫元素在生物体合成蛋白质和维生素中起着至关重要的作用。由于其化学特性活跃，它在生态系统中以多种形态存在。大气中的二氧化硫($SO_2$)、硫化氢($H_2S$)，土壤和水体中的硫酸离子($SO_4^{2-}$)，氨基酸中的硫基(—SH)，以及从有机、无机沉积物中释放出来的硫(S)，共同构成了复杂的硫循环(图 3-7)。硫元素主要储存在地球的岩石圈中，一旦释放就会进入陆地和水体，甚至散入大气，影响着整个生态系统的硫循环。植物通过吸收亚硫酸离子和硫酸离子，或直接吸附少量的气态硫化物来获取硫元素，随后将其通过食物链传递给其他生物。动植物死亡后，微生物分解有机态硫，最终形成硫酸盐重新进入土壤循环。在特定条件下，硫酸盐可还原为硫化氢释放到大气中，而硫化氢也可被氧化成硫酸盐再次进入循环。部分硫酸盐流入海洋参与海洋生物循环，另一部分则被陆地上的植物吸收，最终回归海洋，展现出硫元素在环境中的复杂迁移和转化过程。

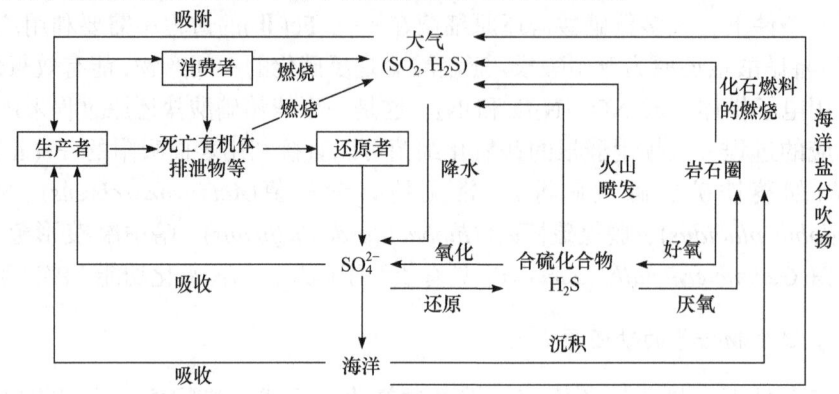

图 3-7 硫循环途径示意图

在水环境中，硫酸盐的来源包括化学反应生成以及污(废)水的排放。硫细菌通过氧化硫或硫化氢也能产生硫酸盐。植物和藻类吸收硫酸盐后会将其转化为含硫的有机化合物，如含有—SH 基团的蛋白质。在厌氧条件下，这些有机物会发生腐败作用，产生硫化氢。无色硫细菌能将硫化氢氧化为硫，然后进一步氧化为硫酸盐。在厌氧条件下，硫酸盐可以被硫酸盐还原细菌(如脱硫弧菌)还原为硫化氢。硫化氢可以作为光合细菌的供氢体，被氧化为硫或硫酸盐。这一复杂的转化过程使得硫元素在水生环境中展现出多样性和动态性。

参与硫循环的好氧微生物有贝日阿托氏菌属、发硫菌、硫杆菌；厌氧微生物有绿菌属、脱硫弧菌属、脱硫单胞菌属、着色菌属、不产氧光合细菌、嗜热古菌及蓝细菌。

(一) 脱硫作用

含硫有机物存在于动植物以及微生物体内的蛋白质中，主要以—SH 形式构成含硫氨基酸，如蛋氨酸、半胱氨酸和胱氨酸，这些氨基酸与其他氨基酸结合形成蛋白质。氨化脱硫微生物利用含硫有机物进行降解的过程称为脱硫作用。在这一过程中，蛋白质、脂肪和其他有机物中的含硫基团被微生物分解，产生 $H_2S$ 和氨，从而释放出硫元素。

(二) 硫化作用

在氧气充足的环境中，硫细菌通过将硫化氢氧化为单质硫，随后进一步氧化为硫酸来展开硫化作用。这个过程涉及硫化细菌和硫黄细菌的活动。硫化细菌属于革兰氏阴性杆菌，如硫杆菌属(*Thiobacillus*)，利用氧化硫化氢、单质硫、硫代硫酸盐、亚硫酸盐和四连硫酸盐等物质来获取能量，产生硫酸，并利用 $CO_2$ 进行同化合成有机物。而将 $H_2S$ 氧化为硫，并在细胞内积累硫粒的细菌统称为硫黄细菌，包括丝状硫细菌和光合自养硫细菌。

### (三) 同化作用

微生物通过同化作用以不同形式的硫化合物作为能源和营养来源。这是一种将外源硫转化为细胞内有机硫化合物的过程，以满足微生物的生长和代谢需求。硫同化途径包括硫酸还原和硫醇合成等反应。

在硫酸还原途径中，一些微生物如硫还原细菌能够利用硫酸盐或其他氧化态硫化合物作为电子受体，将其还原为硫化氢。这一过程不仅产生能量，也为微生物提供所需的硫元素。而在硫醇合成途径中，微生物将无机硫化合物转化为有机硫，如合成半胱氨酸等含硫氨基酸，从而参与细胞蛋白质合成和其他生物化学反应。

### (四) 反硫化作用

在水体缺氧的情况下，硫酸盐、亚硫酸盐、硫代硫酸盐和次硫酸盐会在微生物的还原作用下生成硫化氢，这一过程称为反硫化作用。若混凝土排水管或铸铁排水管内含有硫酸盐，当管道底部发生缺氧时，会触发还原反应产生硫化氢。硫化氢会上升至污水表层或逸出至空气中，与溶解氧相遇后被硫化细菌或硫细菌氧化为硫酸。这一过程可能导致管道顶部的凝结水与硫酸结合，造成对混凝土管道和铸铁管道的腐蚀作用。为了减少管道腐蚀，需要确保管道具备适当的坡度以保证污水流畅，并加强管道的维护工作。

## 第四节　难降解污染物的微生物降解转化

### 一、微生物对难降解污染物的降解潜力

#### (一) 巨大潜力

微生物的一大特点是代谢类型多样性，环境中存在的各种天然物质，特别是有机化合物，几乎都可以找到使之降解或转化的微生物。如今，越来越多的人工合成化合物进入自然环境中，而环境中原本不存在可作用于它们的微生物和酶系，因而大量积存于环境中而造成污染。正因为微生物的代谢多样性，其能逐步改变自身条件以适应环境中新的人工合成化合物，也可能通过形成诱导酶以适应新的环境。此外，微生物体内的降解性质粒，是新的人工合成化合物降解的一种重要调节系统。例如，许多烃类的降解酶系均为质粒所编码。表3-3列出了部分降解性质粒的种类及特性。

表3-3　降解性质粒的种类及特性

| 质粒名称 | 菌株 | 降解底物 |
|---|---|---|
| BHC | *Aeromonas* sp. II-5A | BHC(666) |
| CAM | *Pseudomonas putida* | 樟脑 |
| CYM | *Pseudomonas* sp. | 对异丙基甲酸 |
| ETB | *Pseudomonas* sp. | 甲苯，苯乙酸 |

续表

| 质粒名称 | 菌株 | 降解底物 |
|---|---|---|
| 2-HP | *Pseudomonas* sp. | 2-羟基吡啶 |
| NAH | *Pseudomonas putida* | 萘 |
| NIC | *Pseudomonas convexo* | 烟碱，烟酸 |
| OCT | *Pseudomonas putida* | 正辛烷、苯乙酸 |
| PKJ | *Pseudomonas* sp. | 甲苯 |
| POAP$_2$ | *Flavobacterium breve* | 6-氨基乙酸 |
| PWR | *Pseudomonas* sp. | 五氯苯甲酸 |
| SAL | *Pseudomonas putida* | 水杨酸 |
| TOL | *Pseudomonas putida* | 甲苯，二甲苯 |
| XYL | *Pseudomonas pxy* | 二甲苯 |
| pAC$_{21}$ | *Klebsiella* | 多氯联苯 |
| PRHL1 | *Rhodococcus* sp. RHA1 | 多氯联苯 |
| PRHL2 | *Rhodococcus* sp. RHA1 | 多氯联苯 |
| PRHL3 | *Rhodococcus* sp. RHA1 | 多氯联苯 |
| pSCI | *Pseudomonas* sp. | 对硫磷(1605) |
| pUO1 | *Pseudomonas* sp. | 氟乙酸 |
| pUO1 | *Pseudomonas cepacia* | 氯代甲苯 |
| pUO1 | *Pseudomonas erythropolis* JTS-131 | 冷杉醇 |

除表 3-3 中所列的降解性质粒外，还有木质素、SDS、烷基苯磺酸、$\beta$-羟基苯甲酸、3,5-二甲苯酚、2,4,5-T 等化合物的降解也是由降解性质粒所控制。研究表明，大多数人工合成化学物质的微生物降解，很可能都是由质粒所编码。

(二) 有机污染物的生物可降解性

当前已知的环境污染物质达数十万种，其中大量为有机化合物。它们在环境中可经光分解、化学分解与生物分解等三种途径降解；在环境中三种作用常交织在一起，但其中以生物分解作用最大，占有重要地位。

生物可降解性(biodegradability)是指化合物被生物降解的可能性及其难易程度。根据微生物对化合物的降解能力，可将化合物分为 3 种类型：①生物可降解物质，如单糖蛋白质、淀粉、核酸等；②生物难降解物质，这类物质能被微生物降解，但时间较长，如纤维素、某些农药和烃类等；③生物不可降解物质，主要有某些高分子合成有机物，如塑料、尼龙等。从污染物防控的角度看，研究有机物的可降解性，有着重要的实践意义。

## 二、有机污染物的降解

### (一) 石油及微生物降解

**1. 石油**

石油是一种含有多种烃类(正烷烃、支链烷烃、芳烃、脂环烃)及少量其他有机化合物(硫化物、氰化物、环烷酸类)的复杂混合物。其分子量从16(甲烷)至1000左右。物理状态包括气态挥发性液体、高沸点液体及固体。在开采、运输、炼制和使用过程中石油及其废弃物均可对环境造成污染。近几十年来，开发海上油田及超级油船出现，失控漏油、清洗油船甚至触礁事故时有发生，使水域的石油污染问题更为突出。在自然界净化石油的综合因素中，微生物降解起着重要作用。

**2. 微生物对石油的降解能力**

石油中所含的各种烃类，从最简单的$C_1$化合物至复杂的几十个碳原子的固体残渣，只要条件合适，均可被微生物代谢降解，只是难易程度与速度不同。一般言之，$C_{10}\sim C_{18}$范围的化合物较易降解。烯烃最易降解，烷烃次之，芳烃较难，多环芳烃更难，脂环烃类对微生物作用最不敏感，只能被极个别菌株利用。在烷烃中，$C_1\sim C_3$化合物如甲烷、乙烷、丙烷只能被少数具有高度专一性的微生物所利用。石蜡可被微生物降解，但含碳原子30个以上者则较难，部分原因是其溶解度小、表面积小。在芳香族中，苯的降解极难，要比烷基苯类及多环化合物更慢一些。

**3. 石油降解微生物**

石油降解微生物广泛分布于自然界。因为石油为天然有机物，微生物发展了利用石油的能力。在未受石油污染的生态环境中，石油降解菌占微生物总数小于0.1%，而在被石油污染的生态环境中可达100%。漏油后几天内便可观察到石油降解菌数升高几个数量级。而长期接受油污的地区，石油降解菌丰度高且降解石油强度高于无污染区。通过连续加富培养技术，可以分离得到能利用较为复杂石油组分的微生物。

截至目前，已知能降解石油中各种烃类的微生物共100余属，200多种，它们分属于细菌、放线菌、真菌、酵母和藻类。降解石油的细菌有假单胞菌属、黄杆菌属、棒状杆菌属、无色杆菌属、不动杆菌属、小球菌属、弧菌属等属中的某些菌株，其中最常见的为假单胞菌属。蓝细菌被发现具有氧化多种芳烃的能力。降解石油常见的放线菌为诺卡氏菌属和分枝杆菌属，尤以前者更为突出，但其对烃类降解不彻底，有中间产物累积。在pH低于6，溶解氧低于0.5mg/L，含氮也较低的环境中，石油降解微生物以真菌为主，它们在土壤中的降解作用远大于水体中。常见降解石油的酵母有假丝酵母属(*Candida*)、红酵母属(*Rhodotorula*)、球拟酵母属(*Torulopsis*)、酵母菌属等菌株。以假丝酵母受到的关注最多，由于它营养要求不高，只需要有$NH_4^+$或$NO_3^-$等无机氮存在，不需添加生长因子，所以可用假丝酵母分解石油而生产酵母蛋白质。

### (二) 芳香族与烃类

在人工合成的化合物中，芳香族化合物、卤代芳烃、卤代脂烃等占据重要地位。它们的化学结构中含有苯环，有的还含有卤素取代基，致使其化学性质稳定，在环境中长期滞留，对生物体有较强的急慢性甚至遗传毒性危害。以下分述几种代表性污染物的微生物降解。

#### 1. 多氯联苯

多氯联苯(polychlorinated biphenyls，PCBs)是人工合成的卤代芳烃。研究发现 PCBs 在好氧和厌氧条件下均可被微生物降解。人们已在无色杆菌属、不动杆菌属、产碱杆菌属、节杆菌属、假单胞菌属、白腐菌属中发现能够降解氯代芳烃的菌株。微生物主要是通过共代谢途径使多氯联苯降解。恶臭假单胞菌对 PCBs 降解是由双加氧酶攻击 2, 3 位(或 5, 6 位)碳所引起的。此外，还发现某些微生物可使 PCBs 发生还原脱氯反应。

#### 2. 二噁英

二噁英指的是多氯并二噁英(polychlorinated dibenzo-$p$-dioxins and dibenzofurans，PCDDs)、多氯二苯并呋喃(polychlorinated dibenzofurans，PCDFs)的统称。1990 年以来研究人员已经分离到了一些能够降解二噁英的微生物。目前已分离到假单胞菌属、地杆菌属、鞘氨醇单胞菌属和白腐菌等可利用二苯并二噁英、二苯并呋喃。有学者还发现河底污泥中的微生物在产甲烷条件下可以使二噁英类化合物还原脱氯。

#### 3. 多环芳烃

多环芳烃(polycyclic aromatic hydrocarbons，PAHs)是指具有 2 个以上苯环结构的芳香族化合物。微生物降解 PAHs 采用两种代谢方式，以 PAHs 为唯一碳源和能源，与其他有机质进行共代谢。对 3 环以下的 PAHs 类化合物，微生物一般采用第一种代谢方式，已发现的代谢细菌有：气单胞菌属、芽孢杆菌属、棒状杆菌属、蓝细菌、黄杆菌属、微球菌属、分枝杆菌属、诺卡氏菌属、假单胞菌属、红球菌属等。对 4 环以上 PAHs 的降解微生物，包括脱氮产碱杆菌、红球菌、白腐菌、假单胞菌和分枝杆菌等，降解过程有多种途径。

#### 4. 三氯乙烯和五氯酚

三氯乙烯(trichloroethylene, TCE)的有氧降解可有多种机制，亚硝化单胞菌属的胺氧化酶、假单胞菌属的甲苯双氧化酶、甲烷营养菌的甲烷单氧化酶都可使 TCE 氧化。TCE 的降解以共代谢为主，即在 TCE 存在的环境中还要有可利用的氨、甲苯等物质。此外，某些节杆菌属菌株也可以将 TCE 作为唯一碳源生长，在厌氧情况下，氯代乙烯的降解是还原脱氯的过程，途径是：三氯乙烯→二氯乙烯→乙烯基氯化物→乙烯。乙烯是降解的终产物。五氯酚(PCP)在厌氧条件下，反应经过 2, 4, 6-三氯酚(2, 4, 6-TCP)和 4-氯酚最后转化为 $CH_4$ 和 $CO_2$。

### (三) 化学农药

目前使用的化学农药包括无机物(如硫酸铜、氯化汞)、天然有机物(如抗生素类、除虫菊酯类)以及合成有机物(如氯代烃类、氨基甲酸酯类)。自 1945 年以来，含 As、Hg、

Pb 等金属离子的农药量锐减,而有机农药的生产与使用大大增加。农药可通过制造、运输和使用过程进入环境。

1. 农药降解的影响因素

环境中有机农药的降解主要通过微生物进行。农药的降解机理主要为矿化作用和共代谢。有些微生物以农药为唯一碳源、能源,直接利用或通过产生诱导酶进行降解(有脱卤、脱烃、水解、氧化、还原、裂解等生化反应)。许多微生物通过共代谢作用使农药降解,特别是结构复杂的农药多靠此种方式得以降解。

农药的降解与降解性质粒有密切的关系,许多降解基因均位于降解性质粒上。正是这些降解性质粒的表达产生的各种酶类,使得复杂的农药分子逐步矿化。1978 年,Fisher 等从产碱杆菌中首次分离出对除草剂 2,4-二氯苯氧乙酸(2,4-D)降解起决定性作用的 PJP1 质粒,该质粒可以表达降解 2,4-D 的一系列酶类。农药的化学结构也影响生物降解的速度。目前的研究目标倾向于利用基因工程技术构建广谱农药降解的超级菌。表 3-4 列出目前部分已明确的农药降解基因及其合成的酶类。

表 3-4 部分农药降解基因及其合成的酶类

| 降解基因 | 酶类 | 降解菌 | 降解农药 |
| --- | --- | --- | --- |
| $tfdB$ | 2,4-D 单加氧酶 | 假单胞菌属、产碱杆菌属 | 2,4-D |
| $tfdC$ | 二氯邻苯二酚 1,2-双加氧酶 | 假单胞菌属、产碱杆菌属 | 2,4-D |
| $tfdD$ | 氯粘康酸环异构酶 | 假单胞菌属、产碱杆菌属 | 2,4-D |
| $opd$ | 对硫磷水解酶 | 假单胞菌属、黄杆菌属 | 对硫磷 |
| $mcd$ | 呋喃丹水解酶 | 无色杆菌属 | 呋喃丹 |
| $atzA$ | 阿特拉津水解酶 | 假单胞菌属 | 阿特拉津 |
| $atzB$ | 阿特拉津乙酰基水解酶 | 假单胞菌属 | 阿特拉津 |
| $atzC$ | N-异丙基氰尿酰胺异丙基水解酶 | 假单胞菌属 | 阿特拉津 |

2. 几种典型农药的生物降解

1) 阿特拉津

阿特拉津主要用于玉米、高粱、甘蔗等作物宽叶杂草的选择性去除,但它的结构稳定,具有生物难降解性,已引起严重的生态问题。降解阿特拉津的微生物有假单胞菌属、诺卡氏菌属和红球菌属中的某些种。阿特拉津降解途径主要包括 3 个过程:脱烷基(即脱乙基或脱异丙基过程)、水解(即脱氯,用羟基取代)、开环(图 3-8)。

2) 滴滴涕(DDT)

DDT 曾作为首选的有机氯农药广泛使用多年,现已禁用。但 DDT 性质极其稳定,不易分解,长期滞留在环境中,并可通过食物链蓄积于人体中而产生危害。微生物能转化 DDT,优势者为某些霉菌,如互生毛霉、镰孢霉、木霉等,也有细菌,如产气杆菌及放线菌等。DDT 主要通过共代谢作用降解,至今尚未分离到一种菌可以将 DDT 作为唯

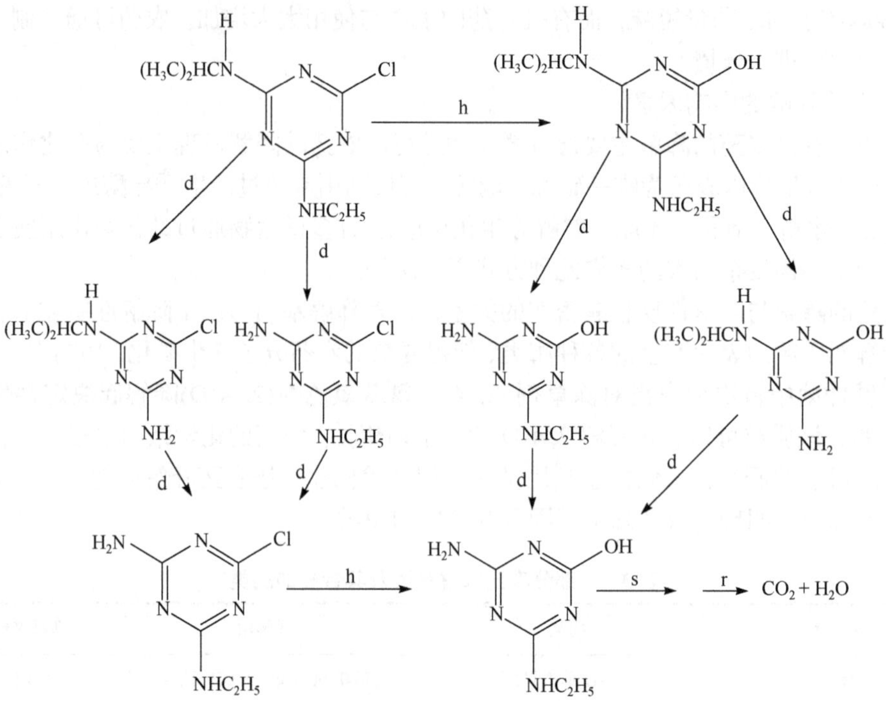

图 3-8 阿特拉津生物降解途径示意图
d. 脱烷基；h. 水解；s. 修饰键；r. 开环

一碳源及能源而将之分解。DDT 在厌氧条件下的降解快于好氧条件。微生物对 DDT 类代谢的主要途径是脱氯、还原与羟基氧化过程。DDT 可降解成一系列脱氯化合物，也就是 DDD、DDMS 和 DDNS 等。此外，微生物的氧化酶系统使 DDT 和 DDD 羟基化，分别形成三氯杀螨醇和 FW-152，脱氯化氢系统使 DDT、DDD 和 DDMS 分别形成 DDE、DDMU 和 DDNU(图 3-9)。目前至少已有 20 种 DDT 类的不完全降解产物分离出来。

3) 有机磷农药

有机磷农药是一类高效、高毒的农药品种。有机磷农药较有机氯农药容易降解。微生物降解有机磷农药的最常见机制是脂酶水解过程，如对硫磷在对硫磷水解酶的作用下形成二乙基硫代磷酸和对硝基苯酚，对硝基苯酚可再被其他微生物降解。黄杆菌属、假单胞菌属的一些菌株均可经诱导生成对硫磷水解酶。对于另一种广泛使用的有机磷农药——甲胺磷，微生物可通过甲胺脱氢酶、磷酸二酯酶、酸性磷酸酯酶等打破 N—P、S—P、O—P 键，最终产物包括 $CH_3SH$、$NH_3$ 和 $PO_4^{3-}$，其中的不含磷的简单 $C_1$ 化合物可被甲基营养菌进一步代谢。

4) 拟除虫菊酯类

拟除虫菊酯类(pyrethroid)农药是一类相对较新的农药品种。拟除虫菊酯类农药在环境中的降解方式有水降解、光降解和生物降解。拟除虫菊酯类农药在土壤中的半衰期一般为 2～12 周。目前分离到的降解菌有荧光假单胞菌、蜡样芽孢杆菌和无色杆菌属等，主要通过共代谢方式进行降解。

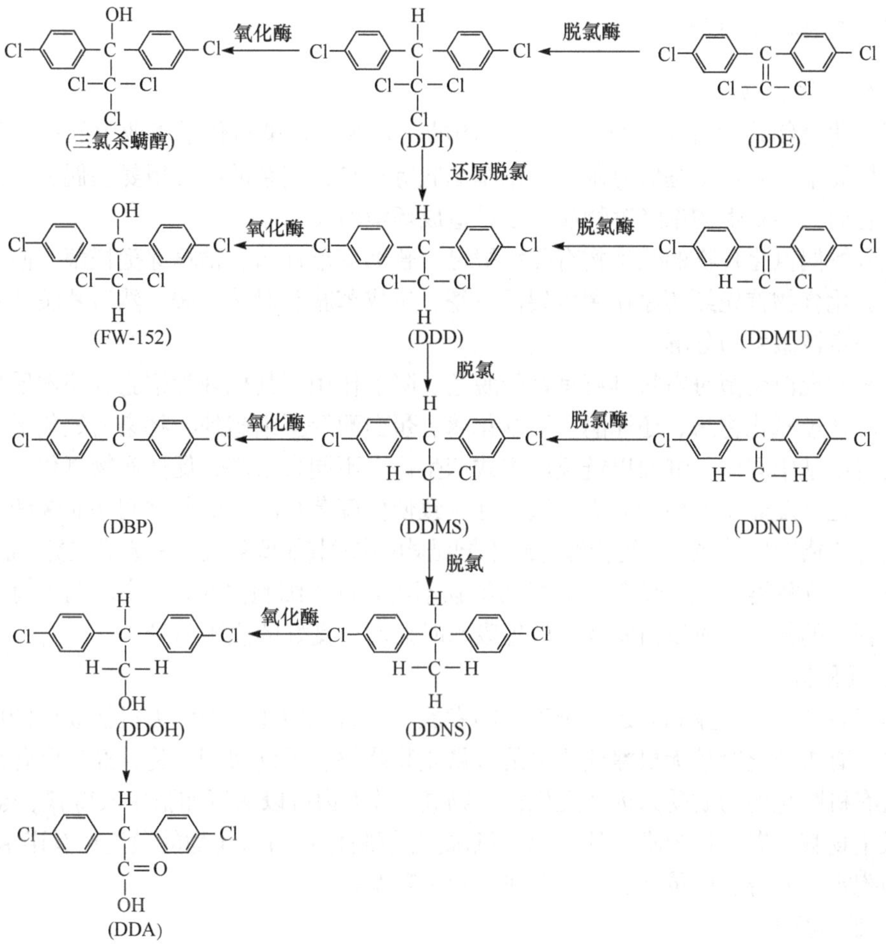

图 3-9　DDT 微生物降解途径示意图

#### (四) 合成洗涤剂

合成洗涤剂(synthetic detergent)的基本成分是表面活性药剂。根据表面活性剂在水中的电离性状，合成洗涤剂可分为阴离子型、阳离子型、非离子型和两性电解质型四大类。洗涤剂在水中的分解速度主要取决于微生物的作用条件，并与洗涤剂中表面活性剂的化学结构有关。

阴离子表面活性剂中，高级脂肪酸盐类最易被微生物降解。首先，烷链经微生物作用形成高级醇类，然后进一步被氧化，最终成为 $CO_2$ 和 $H_2O$。代谢的第一步发生在烷基侧链的末端甲基上，使甲基氧化成为相应的醇、醛，最后生成羧酸。烷基苯磺酸盐类的微生物降解可能通过末端氧化生成中间体苯甲酸或苯乙酸。苯甲酸或苯乙酸可进一步由单加氧酶代谢为二酚类(如邻苯二酚)，然后双加氧酶使苯环破裂。苯环与末端甲基的距离越远，其烷基的分解越快。

(五) 其他有机污染物

1. 偶氮化合物

偶氮化合物是含有 $\diagdown C—N=C—N \diagup$ 基团的化合物，是染料化学工业中的一类重要染料。结构简单的有对氨基偶氮苯、对硝基苯胺等；结构复杂的有二甲氨基偶氮苯、甲基橙等。它们大多是生物难降解物质，极易造成环境污染。

能分解偶氮化合物的微生物有酿酒酵母、普通变形杆菌、枯草芽孢杆菌、假单胞菌等。偶氮化合物首先经还原作用破裂偶氮基，生成苯胺和对苯二胺，然后苯胺及对苯二胺再进一步被微生物分解。

近来发现白腐菌对染料具有良好的脱色、降解作用，其机理为细胞分泌木质素过氧化物酶、锰过氧化物酶、还原酶、甲基化酶、蛋白酶等至细胞外，将染料氧化形成高度活性的自由基中间体，继而以链反应方式产生许多不同自由基，促使底物氧化。这种自由基反应是高度非特异性和无立体选择性，致使白腐菌与降解对象之间并非像酶与底物那样具有严格对应关系，而是能够降解不同结构的染料(如偶氮类、三苯甲烷类、杂环类、聚合染料、蒽醌类)。由于降解的有机污染物不需要进入细胞内代谢，白腐菌本身不易受到有毒物质的侵害，所以白腐菌在处理废水时显示出良好的应用前景。

2. 氰和腈

由于石油化工工业和人造纤维工业的发展，含有机腈化合物和无机氰成分的废水日益增多。有机腈化物较无机氰化物更易被微生物降解。虽同属剧毒物，经过驯化后的微生物对有机腈化物的耐受力远较无机氰化物高。微生物可以从氰和腈中取得碳、氮养料，有的微生物甚至以之作为唯一的碳源和氮源。分解腈化物与氰化物的微生物有诺卡氏菌、腐皮镰孢霉、木霉、假单胞菌等十余属、数十种菌株。

3. 亚硝胺类

亚硝胺类化合物都有很强的致癌作用。无论食品或污泥污水中均能形成亚硝胺，存在生态和人体健康危害。自然界中微生物能够分解亚硝胺类化合物。在厌氧条件下荚膜红假单胞菌(*Rhodopseudomonas capsulata*)能够分解二甲基亚硝胺，且菌生长量与二甲基亚硝胺消耗量呈正相关。

### 三、重金属污染物的微生物转化

汞、砷、铅等重金属多非生物生活所需，当达到一定浓度时可对生物产生抑制甚至杀灭作用。但自然界中有一些特殊微生物对有毒金属具有抗性，可使重金属发生形态转化。对微生物机体而言，这一过程是解毒作用。近年来，对微生物体内抗金属质粒的研究日增，如某些肠道菌含有抗汞质粒；某些金黄色葡萄球菌具有抗镉质粒；对砷、铅、银等金属的抗性研究。

(一) 汞

环境中存在着金属汞、有机汞化合物和无机汞化合物 3 种形态的汞。不论何种形态的汞，均具有毒性，但毒性大小不同。无机汞化合物毒性最小，烷基汞是迄今所知毒性最强的汞化物。微生物可通过甲基化作用和还原作用改变汞的形态。

1. 甲基化作用

有些微生物，能将无机汞经甲基化(methylation)而生成甲基汞(一甲基汞或二甲基汞)。多种好氧与厌氧微生物有生成甲基汞的能力，包括厌氧型微生物，如某些甲烷生成菌、匙形梭菌；好氧型微生物，如荧光假单胞菌、草分枝杆菌、大肠杆菌、产气肠杆菌及巨大芽孢杆菌等。真菌中曾报道过的有黑曲霉、短柄帚霉、酿酒酵母、粗糙脉孢霉等。

2. 还原作用

自然界中存在着另一类能使有机汞或无机汞还原为汞的微生物，统称为抗汞微生物。其还原过程为

$$CH_3Hg^+ + 2H \longrightarrow Hg + CH_4 + H^+$$

$$HgCl_2 + 2H \longrightarrow Hg + 2HCl$$

抗汞微生物中以假单胞菌属为常见。在环境工程中，可利用微生物吸收含汞废水中的甲基汞、乙基汞、硝酸汞、乙酸汞和硫酸汞等水溶性汞化物，使之还原成汞，然后收集菌体，将菌体内的汞一部分蒸发，用活性炭吸收，另一部分汞沉淀在反应器底部加以回收。

(二) 砷

砷被广泛用于合金、农药、木材保存及医药制品中。砷具毒性，含三价砷的亚砷酸盐的毒性比含五价砷的砷酸盐更大；在有机砷化物中三甲基砷对人具有较高的毒性。微生物可通过甲基化作用和氧化还原作用改变砷的形态。

1. 甲基化作用

参与形成砷甲基化的微生物颇多，真菌更为普遍，如帚霉属、曲霉属、毛霉属、镰孢霉属、青霉属等属中的一些种，还有土生假丝酵母、粉红粘帚霉等；细菌中曾经报道过的有厌氧细菌甲烷杆菌属，以及普通脱硫弧菌。

2. 氧化还原作用

微生物可将 $As^{3+}$ 氧化成 $As^{5+}$。例如，当土壤施入三价砷化物后，可见其逐步消失而有 $As^{5+}$ 产生，同时消耗一定量的氧气。

$$2NaAsO_2 + O_2 + 2H_2O \longrightarrow 2NaH_2AsO_4$$

一些异养型微生物，如无色杆菌属、假单胞菌属、节杆菌属和产碱杆菌属参与上述转化。另一些异养型微生物则可使砷酸盐还原为亚砷酸盐，如季也蒙毕赤酵母(*Pichia guilliermond* II)等。

(三) 铅

铅在地球上的分布广泛。微生物可使铅甲基化，纯培养的假单胞菌属、产碱杆菌属、黄色杆菌属及气单胞菌属中的某些种，能将乙酸三甲基铅转化生成四甲基铅，但不能将无机铅化物进行转化。

## 第五节 微生物分子生物学原理

在污染物生物处理过程中，为了改进和提高工艺处理效率，正确认识工艺中微生物的群落结构及其功能这一"黑箱"问题是十分有必要的。然而，以分离培养为基础的传统微生物研究极大地限制了对环境工程中微生物功能角色的认识，而分子生物学为我们更加客观、准确地揭示、认识和理解环境工程中微生物的作用提供了有效的研究手段。

### 一、分子生物学概述

分子生物学是指在分子水平上研究生命的重要物质(如核酸、蛋白质等生物大分子)的化学物理结构、生理功能及其结构功能的相关性，揭示复杂生命现象本质的一门现代科学。它是在细胞学、遗传学、微生物学、生理学、生物化学等多门生物分支学科的基础上建立起来的新学科，其后随着新理论和新技术的发展又为研究各种生物学现象奠定了坚实的基础。

#### (一) 环境工程微生物研究中的分子生物技术

分子生物学的原理和方法对环境工程中微生物研究的发展至关重要。目前，在环境工程中应用的分子生物技术有：重组基因技术、电泳技术、分子杂交与印迹技术、聚合酶链式反应(PCR)技术、荧光原位杂交(FISH)技术、基因芯片技术、宏基因组学技术和高通量测序技术等。先进的分子生物学技术为环境工程应用技术提供了更快速、更灵敏、更科学的依据与方法，揭示了众多环境工程中微生物生态学的重要机理，从而极大地推动了污染治理的实践进展。

#### (二) 宏基因组学技术概述

环境微生物是自然界中分布最广、种类最多、数量最大的生物类群，人们对于微生物的研究主要是建立在纯培养基础上，然而通过纯培养方法估计的环境微生物多样性只占总量的 0.1%~1%，这使得微生物的多样性资源难以得到全面的开发和利用，如何全面充分研究环境微生物特性是环境微生物研究的重要课题之一。

近年来发展起来的宏基因组学技术避开传统的微生物分离培养方法直接从环境样品中提取总 DNA，通过构建和筛选宏基因组文库来获得新的功能基因和生物活性物质，宏基因组文库既包括可培养的又包括不可培养的微生物遗传信息，极大地拓宽了环境微生物研究领域。环境宏基因组学研究的基本思路是直接提取环境中所有微生物的基因组 DNA，将环境中全部微生物的 DNA 信息集中在一起，通过基因芯片和高通量测序技术进行系统分析。

## 二、分子生物学技术介绍

### (一) 分子杂交检测技术

分子杂交检测技术是目前生命科学研究领域中应用最广泛的技术之一，在分子克隆、基因诊断、核酸结构与功能分析及蛋白质结构与功能的研究中具有重要作用。不同的 DNA 片段之间，DNA 片段与 RNA 片段之间，如果彼此间的核苷酸排列顺序互补，也可以复性形成新的双螺旋结构，则这种按照互补碱基配对而使不完全互补的两条多核苷酸相互结合的过程称为分子杂交。

核酸分子杂交的原理是利用 DNA 能变性和复性的特性，根据碱基互补配对原则，具有互补序列的两条单链核苷酸分子在一定的条件下，碱基互补配对结合，重新形成双链。被标记的核苷酸探针以原位杂交、印迹杂交、斑点印迹等不同的方法来检测溶液中、细胞组织内或固定在膜上的同源核酸序列。

探针是指能与特定核酸序列发生碱基互补配对的已知核酸序列片段。由于核酸分子杂交的高度特异性及检测方法的高度灵敏性，核酸分子杂交技术已广泛应用于环境中微生物检测中。探针的种类有 cDNA 探针、基因组探针、寡核苷酸探针、cRNA 探针等。cDNA 探针是目前应用最为广泛的一种探针。cDNA 是指互补于 mRNA 的 DNA 分子，由 RNA 经一种称为反转录酶的 DNA 聚合酶催化产生，将其载入适当的质粒载体上，经重组质粒扩增后，提取质粒分离纯化作为探针使用。基因组探针是将基因组文库里筛选得到的基因或基因片段克隆后，扩增、纯化、提取、分离纯化为探针。

### (二) 聚合酶链式反应技术

聚合酶链式反应(PCR)是在体外合成特异性 DNA 片段的方法，它能快速扩增目的基因 DNA 或 RNA 片段，在各领域广泛应用。在环境检测中，靶核酸序列往往存在于一个复杂的混合体系中，如细胞提取液，且含量很低。使用 PCR 技术可将靶核酸序列放大几个数量级，再用探针杂交检测对被扩增序列作定性或定量研究。PCR 技术在环境微生物学中的应用目前集中在研究特定环境中微生物区系的组成、结构以分析种群动态和检测环境中的特定微生物，如致病菌和工程菌。同时，在分子生态学中，根据扩增的模板、引物序列来源及反应条件的不同可将 PCR 技术分为反转录 PCR(RT-PCR)、技术竞争 PCR(cPCR)技术、扩增的 rDNA 限制酶切分析(ARDRA)技术、随机扩增多态性 DNA (RAPD)技术等。

1. PCR 技术的基本原理

PCR 是在生物体外进行的 DNA 复制过程，基本原理是 DNA 的半保留复制机理，以及不同温度下 DNA 分子可以在双链和单链间相互转变的性质，通过控制反应的温度，使双链 DNA 解链成单链，单链 DNA 再在 DNA 聚合酶作用下以 dNTP 为原料延伸为双链 DNA。PCR 类似于 DNA 的天然复制过程，其特异性依赖于与靶核酸序列两端互补的寡核苷酸引物，是一种具有选择性的体外扩增 DNA 或 RNA 片段的方法。

2. PCR 技术在环境工程微生物中的应用

PCR 技术可用于土壤、沉积物、水样等环境标本的微生物检测。首先从环境样品中提取微生物 DNA 或 RNA，纯化 DNA 或 RNA 以减少对 PCR 的干扰。然后以提取的基因作为模板，进行 PCR 扩增。经过 PCR 扩增以后，通常进行琼脂糖凝胶电泳，经染色后观察电泳条带。

应用 PCR 技术可检测环境中的致病菌与指示菌的种类、数量及变化趋势等。用 PCR 及基因探针方法检测沙门氏菌属、志贺氏菌属和产毒性大肠埃希氏菌简便、敏感且用时短。此外，在遗传工程中构建的基因工程菌不可避免地进入环境中。应用 PCR 技术对已知的基因工程菌进行检测已得到了广泛应用。采用 PCR 技术克隆、分析突变基因、分离基因或构建新的基因序列更加简单、方便。

(三) 微生物原位杂交技术

原位杂交(ISH)技术简称原位杂交，是分子生物学、组织化学及细胞学相结合而产生的一门新兴技术。ISH 是应用已知碱基序列并带有标记物的核酸探针与组织、细胞中待检测的核酸按碱基配对的原则进行特异性结合而形成杂交体，然后再应用与标记物相应的检测系统，通过组织化学或免疫组织化学方法在被检测的核酸原位形成带颜色的杂交信号，在显微镜或电子显微镜下进行细胞内定位。

ISH 的基本原理是利用核酸分子单链之间有互补的碱基序列，将有放射性或非放射性的外源核酸(即探针)与组织、细胞或染色体上待测 DNA 或 RNA 互补配对，结合成专一的核酸杂交分子，经一定的检测手段将待测核酸在组织、细胞或染色体上的位置显示出来。为显示特定的核酸序列必须具备 3 个重要条件：组织、细胞或染色体的固定，具有能与特定片段互补的核酸序列(即探针)，有与探针结合的标记物。

目前，原位杂交技术包括基因组原位杂交(GISH)技术、原位 PCR 技术、荧光原位杂交(FISH)技术等。

(四) 16S rRNA 序列分析技术

核糖体中的遗传物质是核糖体 RNA(ribosome RNA，rRNA)，70S 核糖体中的 rRNA 主要是 5S、16S 和 23S rRNA，而 80S 核糖体中的 rRNA 主要是 5.8S、18S 和 28S rRNA。在漫长的生物进化中，核糖体中的 rRNA 分子一方面保持了相对恒定的生物学功能和保守的碱基序列，另一方面也存在与进化相对应的突变率，从而在结构上分为保守区(conserved domain)和可变区(variable domain)。因此，通过研究 rRNA 或 rRNA 基因(rDNA)序列就可以发现各物种间的系统发生关系。在对原核生物进行研究时，因其核糖体小亚基上的 16S rRNA 长度适中(约含 1540 个碱基)，比 5S rRNA(约含 120 个碱基)包含的遗传信息要多，比 23S rRNA(约含 2904 个碱基)序列短，易于进行序列测定和物种差异性分析比较等实验操作，从而发展出了 16S rRNA/rDNA 序列分析技术。

该方法不依赖于环境微生物的分离培养，是一种非培养分析技术，能够快速鉴定出那些目前尚不能人工培养的环境微生物，如需要在厌氧条件下生存且难以培养的环境微生物、用常规技术难以分离的环境微生物、分离培养技术复杂或周期过长的环境微生物等。该方法的鉴定指标单一明确，即以保守的 16S rRNA 序列为基准，通过找到序列差异来鉴定种属，可以发现环境微生物新的种类。因此，该技术在环境微生物学研究中逐渐得到广泛应用。目前 16S rRNA 序列分析技术主要应用于环境微生物多样性的揭示、环境微生物生态学的研究等方面。

16S rRNA 序列分析主要包括样品总 DNA 的提取、引物及探针设计、PCR 扩增、梯度凝胶电泳、限制性内切酶长度多态性、基因文库的筛选、序列分析等多个步骤与方法，可根据研究对象和研究目的的不同单独使用或选择组合使用。例如，用荧光标记的引物对活性污泥细菌的 16S rRNA 进行 PCR 扩增，然后进行电泳分离。电泳图谱上每个波峰代表不同菌群，可以根据波峰对比来检测活性污泥中细菌群落结构的动态变化。再如，厌氧硝化已被广泛用于环境污染处理，利用 16S rRNA 序列分析方法研究厌氧硝化中微生物的多样性，可以克服纯培养的限制。此外，16S rRNA 基因序列水平的多样性为微生物的系统发育和未知菌的鉴定提供了全新的方法。

(五) 基因芯片技术

基因芯片技术的基本原理是将不同序列的小片段 DNA 分子有序地排列在一块玻璃、硅或滤膜等固体载体上，以此作为生物信息的存储载体，运用荧光检测及计算机软件进行数据的处理和比较，可以进行如基因表达分析、基因的多态性检测、DNA 测序和在基因组范围内进行基因型分析等，具有高效和高信息量的优点。基因芯片技术在环境工程微生物中应用主要包括 DNA 测序、转录组分析和环境微生物群落分析等。

1. DNA 测序

DNA 测序是基因芯片技术最早的用途，其原理是依靠短的标记寡核苷酸探针与靶 DNA 杂交，利用杂交谱重组靶 DNA 序列，在一块基片表面固定了序列已知的核苷酸探针。当溶液中带有的荧光标记的核酸序列与基因芯片上对应位置的核酸探针产生互补匹配时，通过确定荧光强度最强的探针位置，获得一组序列完全互补的探针序列。据此可重组出靶核酸的序列。它可一次测定较长片段的 DNA 序列。

2. 转录组分析

将不同条件下从某生物体中转录表达的所有 mRNA 经标记成为探针后，再与包含该生物所有基因序列而制成的寡核苷酸方阵杂交。通过分析杂交位点及其信号强弱，就可得出不同情况下每个基因是否已表达及表达多少。

基因芯片常用于检测一组微生物中全部基因在特定时刻的表达谱，即测定基因表达产生的 mRNA 含量。通过将提取的总 mRNA 反转录为 cDNA 并杂交到具有不同基因探针的基因芯片上，就可得到微生物不同基因在不同外界干扰下的表达情况。

3. 环境微生物群落分析

环境微生物研究的难点是通常无法准确地定性和直接定量地检测环境中可能存在的众多微生物种群。DNA 探针技术能够对环境微生物的许多遗传学特征进行检测，如 DNA 探针技术可以用来检测某些特定的代谢过程，鉴别环境中的不同微生物群体，而能够与小亚基 rRNA 基因序列(简称 SSU，即 16S 和 18S rRNA)互补的特异性 DNA 探针的应用，为微生物群体分类提供了基础。然而，探针与多种环境中样品的分子杂交过程烦琐。基因芯片可以更大的检测样本容量和更高的灵敏度分析环境中微生物群落结构。

(六) 高通量测序技术与生物信息学分析

1. 高通量测序技术分类及原理

高通量测序技术和基因芯片技术作为宏基因组学最为成熟的关键技术，其全面性、准确性以及信息的深入程度都令其他传统技术无法企及。高通量测序技术主要包括 Roche 454 测序技术和 Illumina 测序技术等。Roche 454 测序技术是最早得到商业化的第二代测序技术，每次运行读取的片段较长(约 400 个碱基对)。但 Illumina 测序因其错误率低、成本低和通量高，并随着 Illumina 测序读取长度的逐渐改善，Illumina 测序技术的高性价比逐步取代 Roche 454 测序技术，成为宏基因组学研究中应用的主流，使用最为广泛。

2. 生物信息学

高通量测序技术具有通量高、数据量大的特点，如 Illumina HiSeq 运行一次产生的数据量高达 1000G。随着高通量测序技术的快速发展，基因组学、转录组学等在内的多组学数据不断积累，如何从海量的数据中挖掘数据的生物学意义至关重要。生物信息学旨在综合运用计算机科学、信息科学、应用数学、统计学等多种学科理论及工具，阐明和解读海量 DNA 序列数据所蕴含的生物学意义，进而揭示和理解"基因组信息结构的复杂性及遗传语言的根本规律"，是高通量测序的重要组成。生物信息学数据分析是高通量测序应用于微生物群落结构的最关键步骤。以互联网为基础的网络数据库系统的建立和交互界面的开发以及基因组序列信息的提取分析技术，为大量核苷酸序列测定、分析及新基因寻找和识别提供了技术手段，有助于较为全面、有效地挖掘其中所蕴含的生物学知识。

3. 高通量测序技术在环境工程微生物研究中的应用

环境工程中微生物的群落结构及多样性和微生物的功能及代谢机理成为微生物生态学的研究热点，但长期以来受到技术手段的限制，对微生物群落结构及多样性的认识还不全面，对微生物功能及代谢机理方面了解得也很少。随着高通量测序技术不断发展，微生物分子生态学的研究方法和研究途径也取得了巨大进步，实现了环境微生物深度测序，可灵敏地探测出环境微生物群落结构随外界环境的改变而发生的变化。

高通量测序技术在环境工程中微生物的群落结构及多样性研究中，具有巨大优势。①无需分离培养菌群：直接从环境样本中扩增核糖体 RNA 高变区进行测序，解决了大部分菌株不可培养的难题；②客观还原菌群结构：通过稳定的样本制备流程，客观还原样品本身的菌群结构及丰度比例；③痕量菌检测：充分发挥高通量测序的大数据量优势，能检测出丰度低至万分之一的痕量菌。

例如，采用基于 Illumina MiSeq 的 16S rRNA 测序分析饮用水处理过程中不同混凝剂沉淀污泥储存时的群落结构变化

饮用水处理过程中，采用混凝剂[$AlCl_3$、$FeCl_3$ 或聚合氯化铝铁(PAFC)等]分离和去除原水中颜色、浊度、藻类以及腐殖质等的同时会产生沉淀污泥。近年来，越来越多饮用水厂对沉淀污泥采用脱水处理回收水，实现饮用水厂污水零排放。而沉淀污泥可能含有致病菌和病毒，如大肠杆菌、沙门氏菌、铜绿假单胞菌、军团杆菌和脊髓灰质炎病毒等。

本例采用 Illumina MiSeq 的 16S rRNA 测序分析饮用水处理过程中不同混凝剂沉淀污泥储存时的群落结构变化。

采用 DNA 提取试剂盒提取沉淀污泥 DNA，对 16S rRNA 的 V4 区进行 PCR 扩展，并对 PCR 产物进行定量和质控分析。合格的 PCR 产物采用 Illumina MiSeq PE250 策略进行测序。测序获得的原始序列经生物信息学降噪后，采用 FLASH(v1.2.11)进行拼接，获得平均长度 252bp 拼接序列。采用 USEARCH (v7.0.1090)对拼接序列进行操纵分类单元(OTUs)归类分析，所得的 OTU 归类代表序列进行 RDP(v.2.2)物种注释。

结果显示，储存 0 天、4 天和 8 天后，$AlCl_3$ 沉淀污泥的微生物 OUTs 数目分别是 646 个、720 个和 576 个；$FeCl_3$ 沉淀污泥的微生物 OUTs 数目分别是 614 个、660 个和 640 个；PAFC 沉淀污泥的微生物 OUTs 数目分别是 547 个、626 个和 738 个。储存 8 天后，PAFC 沉淀污泥的微生物物种丰富度高于 $AlCl_3$ 和 $FeCl_3$ 沉淀污泥。在门水平上，蓝细菌(Cyanobacteria)、变形菌门(Proteobacteria)、厚壁菌门(Firmicutes)、拟杆菌门(Bacteroidetes)、疣微菌门(Verrucomicrobia)和浮霉菌门(Planctomycetes)为优势菌。由于沉淀污泥的存储过程中避光和缺氧，微囊藻属(*Microcystis*)、红细菌属(*Rhodobacter*)、苯基杆菌属(*Phenylobacterium*)和噬氢菌属(*Hydrogenophaga*)等优势菌属的丰度显著降低，特别是在储存的第 4 天开始。而蜡样芽孢杆菌(*Bacillus cereus*)等致病菌的丰度显著增加。因此，沉淀污泥应在 4 天内处理，以防止病原体大量繁殖。$AlCl_3$ 的沉淀污泥中有机物、病原体增加显著高于 $FeCl_3$ 和 PAFC，因此 $FeCl_3$ 和 PAFC 是饮用水处理中理想的混凝絮剂。

## 第六节 生物组学技术原理

### 一、转录组学技术

转录组(transcriptome)这一术语是由 Auffray 于 1996 年首次提出，广义上是指细胞中的信使 RNA(mRNA)、转运 RNA(tRNA)、核糖体 RNA(rRNA)及非编码 RNA(ncRNA)等所有转录产物。狭义上是指细胞在特定环境下负责蛋白质转录和翻译的所有 mRNA。转录组学(transcriptomics)即研究生物转录组的学科，是在整体水平上研究细胞中基因转录情况及调控规律，揭示某特定生物学过程分子机理的学科。转录组学在微生物功能基因鉴定、基因组表达水平检测及微生物群落结构和功能等方面有着广泛的应用。

(一) 转录组学的研究内容

转录组学是对细胞中的 mRNA 进行定性和定量分析，研究不同条件下基因的表达水平和模式的变化，揭示基因调控网络和信号通路，识别关键调控基因和调控机制。

(二) 转录组学技术方法

1. 传统的转录组学方法

传统的转录组学技术主要包括微阵列技术和测序技术。微阵列技术(microarray)是利用从微生物等生物样品中提取得到的 RNA 与已知序列杂交进行定性定量分析。测序技术是对提取得到的 RNA 进行前处理后测序，测序方法主要包括对序列标签的测序、对序列片段及全长 RNA 的直接测序。

1) 微阵列技术

将成千上万个已知序列的 DNA 或寡核苷酸密集排列在固体支撑物上，如硅片、玻片、尼龙膜等。根据用来固定 DNA 或寡核苷酸的固体支撑物性质不同，微阵列常称为印迹(blotting)、膜(membrane)、芯片(chip)或玻片(slide)。将从微生物中分离出的目的基因 RNA 或其反转录产物(cDNA)序列做荧光或放射性标记处理，与微阵列上的序列在一定条件下进行杂交，随后获取图像信息，最后对结果进行分析比对。微阵列技术主要用来对目的基因的表达与否或表达量进行定性、定量分析。早期转录组研究中常用微阵列技术检测微生物基因的表达水平，但该技术仅能检测已知序列的基因的表达量，操作烦琐。

2) 测序技术

基于测序技术的转录组学研究操作方法主要是将 RNA 反转录后进行测序分析，利用这种方法可以快速地获得微生物在特定环境下的基因表达信息。根据测序技术的发展可分为第一、第二、第三代转录组学测序方法。

早期的转录组学测序方法获取基因表达水平的方式是将样品中的 mRNA 反转录合成 cDNA，对 cDNA 两端的序列标签进行测序，如基因表达序列分析技术(serial analysis of gene expression, SAGE)和表达序列标签技术(expressed sequence tag, EST)等。这个时期的转录组学测序主要基于第一代测序技术的实现。最经典的第一代测序技术是 1975 年由 Sanger 和 Coulson 开创的链终止法，也常称为 Sanger 法。Sanger 法测序过程直接采用的核酸分子为 DNA，其基本原理是利用 DNA 的合成过程，即 4 种脱氧核糖核苷酸(dNTP)在 DNA 聚合酶、模板链、引物等共同作用下，按照碱基互补配对的原则将 dNTP 加到引物的 3′端，不断延伸合成新的 DNA 链。不同的是 Sanger 法测序中使用的碱基是双脱氧核苷酸(ddNTP)，其特殊性在于 ddNTP 仍能实现碱基互补配对，但无法与下一个碱基形成磷酸二酯键，导致 DNA 链延伸终止。将 4 种 ddNTP 体系中反应后的产物进行变性聚丙烯酰胺凝胶电泳，可从图谱直接读取碱基序列。Sanger 法测序准确率高，是测序的"黄金标准"，但同时也存在成本较高和测序速度慢等缺点。

随着第二代测序技术的出现，转录组学测序方法进入了高通量时代(RNA-seq 技术)。RNA-seq 技术在应用时，首先从微生物样品中提取转录产物 mRNA，在进行 mRNA 纯化及片段化后，通过反转录形成 cDNA，构建 cDNA 文库。随后对 cDNA 文库进行 PCR 扩增及测序。该技术可以全面、快速地检测特定环境和时间条件下的微生物基因表达信息。

第三代测序技术以单分子测序为基础，可以对全长 RNA 进行直接测序，无需将 RNA 进行片段化处理，目前第三代测序技术主要包括 Pacific Biosciences (PacBio) 测序仪和 Oxford Nanopore Technologies (ONT) 纳米孔测序两种方法。这两种方法被广泛用于真核生物和病毒 RNA 测序，在原核生物转录组测序中的应用相对较少。

2. 新型转录组学技术

单细胞转录组学、空间转录组学和表观转录组学都是近年来兴起的新型转录组学技术。其中单细胞转录组技术侧重点是分析特定环境下单细胞的基因表达水平,以了解单个微生物细胞进行动力学和生长发育的情况,如单细胞转录组测序(single-cell RNA sequencing, scRNA-seq)。其缺点是裂解微生物细胞时操作难度大,缺少保护 mRNA 分子的多聚腺苷酸尾,而且微生物在不同环境和生态位时进行的转录表达也有差异。新开发的一种微生物分裂池连接转录组学方法(microbial split-pool ligation transcriptomics, MicroSPLiT)与 scRNA-seq 方法相比,克服了细菌特有的低 mRNA 含量、细胞大小多样及细胞壁结构等挑战,可用于革兰氏阴性和革兰氏阳性细菌的分析,仅靠基本设备就能一次性分析数万个细胞。单细胞转录组学突破了传统微生物群体系统转录水平的研究,使之逐渐向单个微生物细胞水平发展。

空间转录组技术能同时分析特定环境下单个微生物细胞基因表达水平信息以及微生物细胞之间在空间位置上的基因表达差异水平。通过结合 mRNA 标记技术和序列荧光原位杂交(seqFISH)技术,在同一样本中可以以亚微米分辨率分析数百甚至数千个基因。空间转录组技术为厘清特定的时间和空间下微生物真实的基因表达提供了关键的研究手段。

表观转录组学研究基因组中不涉及 DNA 序列改变的各种表观遗传修饰,包括 DNA 甲基化、组蛋白修饰、染色质结构等,它们可以调控基因的表达和功能,影响细胞发育、分化和疾病发生等生物学过程。研究内容涵盖了 DNA 甲基化、组蛋白修饰、非编码 RNA 等。表观转录组学研究有助于深入理解基因组的功能和调控机制。

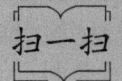 新型转录组学方法:空间转录组学

## 二、蛋白质组学技术

蛋白质组(proteome)是由澳大利亚学者 Wilkins 等人于 1994 年在意大利锡耶纳举行的研讨会上首次提出。它是一个概括性的术语,指的是在特定生理条件下,单个生物体、组织或细胞表达的全部蛋白质。蛋白质组学是研究蛋白质组的科学。具体来说,蛋白质组学是一门研究生物体内所有蛋白质的总体组成、结构、功能和相互作用的学科。蛋白质组学是基因组学的重要补充,生物体遗传物质只有翻译成蛋白质后才能执行各种生理活动,通过分析蛋白质在生物体内的表达水平、修饰状态及相互作用,可以深入了解生物体内部的生物过程及发生机理。

(一)蛋白质组学研究内容

蛋白质组学可分为四个领域:序列蛋白质组学、结构蛋白质组学、功能蛋白质组学及表达蛋白质组学。这些不同的领域使用不同的仪器,并有不同的侧重点。例如,序列和结构蛋白质组学分别侧重于阐明特定的蛋白质序列和结构。同时,功能蛋白质组学专

注于蛋白质功能,特别是酶的功能,而表达蛋白质组学允许对任何给定样品中的总蛋白质进行编目,从而提供细胞中各种蛋白质的整体概况。蛋白质组学在功能微生物鉴定、功能蛋白识别及环境污染物生物降解机理等方面具有重要应用。

在特定污染物的降解机理解析中,通过检测与鉴定蛋白质组的表达与变化,能够鉴定出关键降解功能酶。例如,研究发现酚类化合物能够被恶臭假单胞菌的儿茶酚 1,2-双加氧酶($C_{23}O$)催化氧化成儿茶酚后经邻位开环生产顺,顺-黏糠酸。另一方面,环境中的微生物多种类共存,集合形成群落,群落中不同物种、菌株、个体在物质流动、能量交换和信息传递方面彼此相互作用,发挥各自的功能。同时,微生物群落与环境之间也存在着复杂的交互作用。对微生物群落所产生的全部蛋白质表达进行分析,能够跟踪功能基因、代谢途径和鉴定特殊压力下的蛋白质,在环境污染物降解及监测方面具有重大价值。这种对特定时间特定环境中微生物群落的所有蛋白质进行分析的方法称为宏蛋白组学。

(二) 蛋白质组学的研究策略及技术

蛋白质组学研究一般包括蛋白质提取、蛋白质分离纯化及鉴定、数据比对分析等主要步骤。根据分析策略的不同,研究过程所需采取的步骤及技术有所差异,可分自上而下(top-down)和自下而上(bottom-up)的蛋白质组分析。前者利用高分辨质谱直接对蛋白质组全部进行研究,是当前研究中广泛使用的策略。而自下而上蛋白质组分析则是经过凝胶电泳或液相色谱先将蛋白质样品进行分离,经酶解消化后进行质谱分析,是相对传统的分析策略。

常用蛋白质分离纯化技术有凝胶法和色谱法。例如,二维凝胶电泳(2DE 或 2D-PAGE)是最早开发的蛋白质分离技术,它使用电流根据蛋白质的等电点(第一维)和质量(第二维)在凝胶中分离。差分凝胶电泳(DIGE)是 2DE 的一种改良形式,使用不同的荧光染料,可以在同一凝胶上同时比较 2~3 个蛋白质样品。色谱法可用于从复杂的生物混合物(如细胞裂解液)中分离和纯化蛋白质。例如,离子交换色谱法根据电荷分离蛋白质,尺寸排阻色谱法根据分子大小分离蛋白质,亲和色谱法采用特定的亲和配体和其目标蛋白质之间的可逆相互作用(如使用凝集素纯化 IgM 和 IgA 分子)。蛋白质经过分离后可采用多种质谱方法进行鉴定,如基质辅助激光解吸飞行时间质谱(MAIDI-Tof-MS)、四极杆飞行时间质谱(Q-Tof-MS)等。在质谱检测后,通过特定的数据库进行搜索比对可鉴定蛋白质类型及其他信息。常用蛋白质公共数据库有 Uniprot 和 NCBI。

### 三、代谢组学技术

代谢组(metabolome)是基因组的下游产物,也是最终产物,是参与生物体新陈代谢、维持正常生长发育和生理活动的分子量小于 1000 的内源性小分子化合物的集合。代谢组学(metabolomics)则是研究代谢组的学科,是继基因组学、转录组学和蛋白质组学发展起来的一门新兴组学技术,是系统生物学的重要组成部分,具有整体性和动态性的特点。

(一) 代谢组学研究内容

代谢组学利用化学分析技术和生物信息学方法,识别与研究机体受到外部刺激后内源性小分子代谢物的变化，并结合多种数据分析方法，明确整体变化，揭示代谢途径和代谢机制。代谢组学的经典研究策略有靶向代谢组学和非靶向代谢组学。其中，靶向代谢组学仅研究特定的某个或某几个代谢物的变化规律，具有代谢物定量精准、数据分析简单等优势。非靶向代谢组学则是对样本中所有代谢物进行识别，探究全局性变化规律。尽管非靶向代谢组学对代谢物分析的覆盖度高，但也存在定量不准确和数据处理过程复杂的问题。近年来，结合靶向和非靶向代谢组学两种分析策略优势发展出了一种新的拟靶向代谢组学，其采用靶标分析的扫描方式对样本进行非靶标数据的采集，逐渐取得了较多的应用。

(二) 代谢组学的技术方法

代谢物具有多样性，通常需要根据代谢样品的属性和研究目的来选择适宜的技术方法，这导致用于代谢组学的技术方法多种多样。根据相关技术方法出现的时间，可以大致分为以核磁共振技术和色谱-质谱联用技术为代表的常用技术，以及原位质谱、质谱成像、代谢流和单细胞代谢组学等前沿技术。

1. 常用技术平台

1) 核磁共振技术(NMR)

核磁共振技术是利用原子核在磁场和射频辐射作用下产生共振吸收的现象来研究样品的结构和性质。强磁场使样品中的原子核产生能级分裂，当施加特定频率的射频脉冲时，原子核被激发进入共振状态，产生共振信号。测量共振信号的频率、强度和相位等参数即可获取样品的结构信息、动力学信息及相互作用信息。该方法可以做到无损检测，但能够识别的代谢物数量较少，定量准确性较低。

2) 液相/气相色谱-质谱联用技术(LC-MS，GC-MS)

结合液相/气相色谱和质谱的分析方法，样品首先通过气相色谱柱进行分离，被离子化后，经质谱的质量分析器将子母离子碎片按质量数分开，经检测器得到化合物质谱信息及代谢物的定性定量结果。该方法能够提供更详细和准确的成分信息，同时还能够对样品中的化合物进行定量分析和结构鉴定。GC-MS 和 LC-MS 技术结合了色谱良好的分离能力和质谱的普适性、高灵敏度及专一性，是目前代谢组学常用的技术平台。

2. 前沿技术

(1) 原位质谱。原位质谱通过将质谱仪与显微镜结合，在不破坏样品的情况下在样品表面直接进行化学成分的高空间分辨率分析。根据所构建的离子源不同，原位质谱可分为以下几类：解吸电喷雾电离(desorption electrospray ionization, DESI)、激光烧蚀电喷雾电离(laser ablation electrospray ionization, LAESI)、纸喷雾电离(paper spray ionization, PSI)、探针电喷雾电离(probe electro spray ionization, PESI)、液体萃取表面分析(liquid extraction surface analysis, LESA)、实时直接电离技术(direct analysis in real-time, DART)、介质阻挡放电电离(dielectric barrier discharge ionization, DBDI)和二次电喷雾电离(secondary electrospray ionization, SESI)。

(2) 质谱成像。质谱成像是一种能将质谱数据转变为可视化的离子成像图的无标记的分子成像技术。可准确识别并定位多种代谢物在组织及细胞间的差异性分布，实现内源性代谢物的可视化分析,为代谢物的转运途径和积累规律提供了新方法。质谱成像技术根据离子源的原理不同可分为次级离子质谱成像技术(secondary ion mass spectrometer-mass spectrometry imaging, SIMS-MSI)、基质辅助激光解吸质谱成像技术(matrix-assisted laser desorption ionization-mass spectrometry imaging, MALDI-MSI)和电喷雾解吸电离成像技术(desorption electrospray ionization-mass spectrometry imaging, DESI-MSI)。

(3) 代谢流。代谢通量分析(metabolic flux analysis, MFA)使用稳定同位素示踪的方法跟踪动态代谢活动,定位某一关键代谢底物或中间代谢产物,综合了底物吸收及产物形成速率、生物合成、化学计量反应、中间代谢物的生物合成等。用于监测代谢物在特定代谢通路的活跃程度及该种状态对代谢通路的影响程度。

(4) 单细胞代谢组学。单细胞代谢组学是研究生物体内分子量低于1000且与细胞表型相关的小分子即包括中间产物在内的某些代谢物变化情况。能够对单个细胞进行精准分析,检测代谢通路中的小分子,为代谢物的转运途径、代谢通路和积累规律提供了新技术和新方法,将细胞代谢与细胞的各种生命活动联系起来。

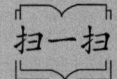 单细胞代谢组学研究方法及应用

### 四、合成生物学

合成生物学(synthetic biology)是以系统生物学思想为指导,综合化学物理技术和生物信息技术,利用基因和基因组的基本要素及其组合,设计、改造、重建或制造生物分子、生物体部件、生物反应系统、代谢途径与过程乃至整个生命活动的细胞和生物个体。这是一门涉及微生物学、分子生物学、系统生物学、遗传工程、材料科学及计算科学等多个领域的综合性交叉学科,其含义是经过合理而系统的设计再现或者创造出新生物系统,它们能在从分子到细胞、从组织到机体的多个水平上,参与包括遗传与进化在内的复杂生物行为。从解构生命体到重构甚至创建生命体,是由破到立的认识方式转变,拓展了对生物大分子系统组成原则的理解,是对生物系统认识深入发展的必然结果。就科学意义而言,合成生物学变换了对生命体结构的认知顺序,实现了从细节到全局认识生命体。

#### (一) 合成生物学的发展与内涵

20世纪初,法国学者提出人工模拟合成细胞的理念,"合成生物学"一词被首次使用。其后的百年时间中,人工合成蛋白质、DNA、RNA等生物大分子等,分子克隆和PCR、DNA测序等生物技术得到长足发展,合成生物学的研究才进入新的实质发展阶段。合成生物学的发展方向可归纳为如下三个方面:①使能技术的发展与突破,如基因线路设计、基因组合成与组装、基因组编辑、蛋白质从头设计、人工智能的应用等;②生物

体基因组合成与组装技术提升，当前科学界已成功实现原核生物基因组和酵母染色体合成，多细胞生物染色体合成是最新的攻坚点；③细胞工厂和新生物系统的构建与应用，涉及"自下而上"构建生物体系以探索发现生物学基本原理，以及应用于生物医药、生物农业、生物化工、生物环保和生物材料等领域的新生物系统开发。

概括来说，合成生物学的学科体系主要涵盖基础理论、使能技术、创新应用等方面。合成生物学基础理论包括两个方面：一是基于传统"定量生物学"方法，通过定量表征组元和数理演绎建模的方法，构建生物机理驱动的模型；二是基于生物大数据，运用机器学习等"人工智能"方法，构建数据驱动的"黑箱模型"。前者适合循序渐进地增加系统的复杂度，而后者则为直接从成功案例中提取生命过程内在关联提供了快捷方法。合成生物学使能技术包括基因测序、基因组合成与组装、新一代基因组编辑技术、蛋白质设计工程、基因线路与细胞工程、无细胞体系、正交生物体系、生物自动化铸造工厂、器件资源信息平台等。

(二) 合成生物学在环境工程中的应用前景

当前合成生物学处于快速发展阶段，其在环境工程中的应用尚处于起步阶段，也是领域内的研究前沿。传统的环境工程微生物技术是以筛选能够代谢特定污染物的天然微生物为重点，采用合成生物学的环境生物技术研发重点是在细胞中插入天然或者非天然功能元器件，构建自然界中不存在的合成代谢途径，形成全新的定向降解的生物细胞。合成生物学近年来已逐渐展示出在环境工程中直接应用前景，主要集中于环境污染监测的生物传感器开发及污染物降解微生物的强化改造等方面。

1. 环境污染监测的生物传感器

环境污染的检测和监测对治理至关重要，目前的污染监测方法主要依赖于复杂的高分辨质谱技术来分析污染物浓度，而这种方法存在前处理复杂、仪器分析困难且高度依赖标准品的问题。因此，亟须开发污染物快速监测的传感器。近年来，高效的基因组编辑和DNA合成技术等合成生物学先进技术的涌现，提升了对基因组进行"编"和"写"的能力，同时扩大了宿主的应用范围，为实现以合成、基因组编辑为目标的基因组工程乃至细胞工程提供了新的可能性。在这个基础上，结合机器学习等计算机辅助手段、元件与模块设计能力的提升及生物支架的进展与应用，基于污染物生物识别和传感的元件构建与分子组装有望在短期内取得实质性进展。另外，随着基于RNA线路工程的发展和合成生物学记录装置的推进，污染物生物传感器在线路工程方面也将开辟新的发展途径，为无细胞污染物生物传感器的发展及实现便携式生物传感环境监测设备的技术突破创造了可能。

生物传感在环境监测中的发展趋势已成为当前研究的热点。为了解决污染物生物识别分子、传感通路、毒性效应分子等关键科学问题，建立污染物生物识别与传感元件智库显得尤为重要。在这一领域，发展多功能生物传感监测技术被认为是未来的发展方向。然而，实现这一目标面临着一系列关键技术问题，包括转化使能技术、底盘与生物支架构建、元件与线路平台建立，以及新型复合材料技术等方面的挑战。未来的研究重点应注重研究新污染物、建立智库，解决关键科学问题，发展多功能生物传感监测技术，解决关键技术问题,以推动可靠的环境监测设备的发展。

2. 污染物微生物降解的强化改造

在确保生物安全的前提下,针对特定目标污染物构建高效稳定的人工微生物体系具有极强的应用潜力。考虑到工程细胞应用可能会导致与环境的相互作用问题,采用酶制剂和原生细胞等非增殖系统可为环境修复提供颠覆性的科学理念和技术工具。为挖掘和创造降解相关元器件,针对特定目标污染物进行系统研究,探索微生物降解难降解污染物过程的本质、规律、网络和分子基础,并深度挖掘或人工进化与降解各类污染物的分解代谢相关的菌种和基因元器件,采用不依赖培养的环境微生物组技术,直接从样品中提取宏基因组 DNA,进行深度宏基因组和宏转录组测序,探明样品中微生物功能基因组成和表达谱;开发快速进化工具,建立高通量筛选平台技术,利用计算化学的手段开发高通量的分子模拟、分子对接、计算机虚拟等元器件设计工具,建立高通量的筛选技术,如基于微流控的技术等。在筛选出的天然元器件基础上,进行高通量筛选,开展人工定向进化,创制新型、高效的降解元器件。建立超进化元器件库,综合计算化学和分子生物学方法,实现功能元器件的分子机制更替、功能域重组、催化中心及周边优化等,扩大元器件对底物的识别范围,提高降解效率,获得系列超进化元器件,建立相应元器件库。

## 思 考 题

1. 微生物分类主要有哪些?
2. 影响污染物生物降解的因素有哪些?
3. 举例说明微生物在环境工程中的运用。
4. 设计长江水样中微生物群落与功能分析实验方案。

## 参 考 文 献

王家玲. 2004. 环境微生物学. 2 版. 北京: 高等教育出版社.

王建龙, 文湘华. 2008. 现代环境生物技术. 2 版. 北京: 清华大学出版社.

周群英, 王士芬. 2008. 环境工程微生物学. 3 版. 北京: 高等教育出版社.

Cao C, Jiang W J, Wang B, et al. 2014. Inhalable microorganisms in Beijing's $PM_{2.5}$ and $PM_{10}$ pollutants during a severe smog event. Environmental Science & Technology, 48 (3): 1499-1507.

Henze M, van Loosdrecht M C M, Ekama G A, et al. 2011. 污水生物处理: 原理、设计与模拟. 施汉昌, 胡志荣, 周军, 等译. 北京: 中国建筑工业出版社.

Kuppusamy S, Thavamani P, Megharaj M, et al. 2016. Pyrosequencing analysis of bacterial diversity in soils contaminated long-term with PAHs and heavy metals: Implications to bioremediation. Journal of Hazardous Materials, (317): 169-179.

Pei H Y, Xu H Z, Wang J J, et al. 2017. 16S rRNA gene amplicon sequencing reveals significant changes in microbial compositions during cyanobacteria-laden drinking water sludge storage. Environmental Science & Technology, 51(21): 12774-12783.

Zhang T, Shao M F, Ye L. 2012. 454 pyrosequencing reveals bacterial diversity of activated sludge from 14 sewage treatment plants. The ISME Journal, (6): 1137-1147.

# 第四章 反应器及反应器设计

**本章导读**

采用化学化工和生物等学科原理，设计多种情景下环境污染防控工艺。例如，废水治理中 pH 调控技术、分离重金属离子的化学沉淀技术、生物净化技术和高级氧化技术等；废气治理中的催化还原脱硝技术和催化氧化 VOCs 技术；有机固体废弃物的生物发酵技术或者焚烧技术等。实际工程应用过程中，研究对象不同、目的不同，工艺也有较大不同，但采用动量传递过程、热量传递过程、质量传递过程和热质传递过程等科学原理相同。单元操作均需依据这些基本原理选择适宜的反应设备即反应器。为了得到适合技术方案和操作条件，需要系统掌握反应器的基本类型、操作原理和设计计算方法，从而设计筛选和优化反应器。本章主要介绍化学反应、酶反应与生物反应的计量学、动力学、研究方法和各种均相与非均相反应器，并结合污染物控制实例简述反应器的设计依据、原理和放大特征。

## 第一节 反应器类型及特征

反应(reaction)本身是反应操作(reaction operation)过程的核心，反应器(reactor)是实现反应的外部条件。反应类别不同，反应器选择各异。同一反应，若在不同特性反应器中进行，其反应结果也有区别。反应器的结构形式和操作方式对反应器内物料的流动状态、混合状态、质量与能量传递性能等有较大影响。本节主要阐述反应操作方式、反应器主要类型及反应器特征，并进一步介绍各类反应器在化学工程及环境工程中的典型应用。

### 一、反应操作

采用化学或生物反应进行生产或处理污染物，通过控制反应，使反应向有利方向进行。为达到这种目的而采取的一系列措施称为反应操作(operation of reaction)。反应操作方式按操作的连续性可分为间歇操作(batch operation)、连续操作(continuous operation)和半间歇操作(semi-batch operation)或半连续操作(semi-continuous operation)三种。按加料方式可分为一次加料、分批加料和分段加料等。

### 1. 间歇操作

间歇操作是指将一批物料投入反应器，经过一定时间反应再取出的操作方式。废水生物处理中常采用间歇操作，即充/排式操作(fill and draw operation)来培养或驯化微生物。针对不同反应，需筛选适合的操作方式和反应器。

间歇操作的主要特点如下。

(1) 操作特点：间歇操作时，反应物料按一定配料比一次性加入反应器中；经过一段反应时间，达到规定的转化率，停止反应并将物料排出反应器，完成一个生产周期。反应过程中没有加料、出料。

(2) 基本特征：间歇操作反应过程是一个非稳态过程，反应器内组分组成和浓度随时间变化而变化。

间歇生产的优缺点如下。

(1) 主要优点：操作简便、生产灵活，设备价格低，多用于生产量少或产品品种多变的过程。

(2) 主要缺点：每批生产之间需要加料、卸料、清洗和升温等辅助生产操作，劳动强度较大，自动控制较难，产品质量容易波动。

### 2. 连续操作

连续操作是生产系统与外界环境不断地交换物质，物料连续不断地输入系统，产品连续不断地离开系统。连续操作的主要特点如下。

(1) 操作特点：物质连续输入与输出，进入系统的原料总质量与从系统中取出的产品、副产物和废弃物等总质量相等。

(2) 基本特征：连续过程多为稳态操作，反应器内每处组分组成和浓度不随时间变化。有些情况下，反应组分浓度可能随位置变化而变化。

连续操作的优缺点如下。

(1) 主要优点：生产过程连续进行，设备利用率高，生产能力大，容易实现自动化操作，工艺参数稳定，产品质量波动少。一般生产规模较大的化工产品、处理废气和废水大多采用连续操作法生产或治理。

(2) 主要缺点：连续生产过程反应器及其配套装置投资大，对操作人员的技术水平要求高，生产操作的灵活性小。

### 3. 半间歇操作/半连续操作

生产中还有一类介于间歇和连续之间的操作方式，即半间歇或半连续操作。它通常是把一种或几种反应物一次投入反应器内，而剩余反应物则连续投入反应器以适应某些反应过程的特殊需要。例如，工业上生产氯苯是以氯气连续通过一次性投加的苯中进行反应而得到的，在生物反应器中也常采用分批补料操作(fed-batch operation，又称补料分批操作或流加操作)。

半间歇操作具有间歇操作和连续操作的某些特点，反应器内组分组成和浓度随时间变化而变化。

根据反应速率和吸/放热量速率，选择不同的加料方式，保证反应安全高效进行。分批加料用于间歇过程，分段加料则用于连续过程。

## 二、反应器

反应器是进行反应过程的设备，主要有以下几种类型：生物反应器(bioreactor)、化学反应器(chemical reactor)、酶反应器(enzyme reactor)和核反应器(nuclear reactor)，广泛应用于化工、炼油、冶金、轻工和环保等工业企业。

化学工程主要是通过反应器，利用低价值原料生产得到高价值产品；环境工程是一种特殊的化工过程，通过反应器处理废水、废气和固体废弃物等污染物质，以保护生态环境。虽然两者作用对象和目的有一定区别，但是反应原理相同，操作方法相近。

化学工程与环境工程中常用的反应器主要是化学反应器、生物反应器和酶反应器。化学反应器是进行化学反应的"单元"，或通过化学反应实现污染物转化的反应器。反应器可以是釜式(没有物料的流入或流出)或连续式模型，其中连续流动的反应器是在组成完全不混合和组成完全混合两个极限条件之间进行操作，反应器可以以稳态模型或非稳态模型操作。生物反应器是利用生物活动来实现物质转化的反应器，在环境工程领域应用较为广泛，特别是在废水处理领域，一直是此领域研究热点。酶反应器是根据酶的催化特性而设计的反应设备，常采用釜式、间歇或半间歇反应器。

## 三、化学反应器类型及特征

反应器是化工生产过程的核心设备，被誉为化工厂的"心脏"。工业生产上使用的反应器类型多种多样，分类方法也有很多种。常根据反应器结构、操作方式、反应物相态和反应器流动模型进行分类。

### 1. 按反应器结构分类

工业涉及的化学反应过程门类繁多，每一类产品都有各自特色的反应过程及反应器(也可称为反应装备或反应装置)。反应器按其结构大致可以分为釜式、塔式、管式、固定床、流化床和移动床等类型，每一类中又有自己特色结构。表 4-1 中列举了一般反应器的类型与特点，并列举了若干生产应用实例。

表 4-1  反应器的类型与特点

| 反应器类型 | 适用的反应 | 特点 | 生产举例 |
| --- | --- | --- | --- |
| 釜式反应器 | 液相，液-液相，液-固相，气-液相 | 温度、浓度容易控制，产品质量可调 | 苯的硝化，氯乙烯聚合，顺丁橡胶聚合，苯的氯化，废水好氧治理 |
| 管式反应器 | 气相，液相 | 返混小，所需反应容积较小，比传热面积大，对慢速反应，管要求要长，压降大 | 石脑油裂解，管式法生产聚乙烯、聚丙烯，环氧乙烷水合生产乙二醇 |
| 空塔或搅拌塔 | 液相，液-液相 | 结构简单，返混程度与高径比及搅拌有关，轴向温差大 | 苯乙烯的本体聚合，己内酰胺缩合，VOCs 尾气吸收净化 |
| 鼓泡塔 | 气-液相，气-液-固(催化剂)相 | 气相返混小，但液相返混大，温度较易控制，气体压降大，流速有限制，有挡板可减少返混 | 苯的烷基化，乙烯基乙炔的合成等，VOCs 尾气吸收净化 |
| 填料塔 | 液相，气-液相 | 结构简单，返混小，压降小，有温差，填料装卸麻烦 | 气体的化学吸收，VOCs 气体吸收 |

续表

| 反应器类型 | 适用的反应 | 特点 | 生产举例 |
| --- | --- | --- | --- |
| 板式塔 | 气-液相 | 逆流接触，气、液返混均小，流速有限，如需传热，常在板间另加传热面 | 苯连续磺化，异丙苯氧化，VOCs 尾气吸收净化 |
| 喷雾塔 | 气-液相快速反应 | 结构简单，液体表面积大，停留时间受塔高限制，气流速度有限制 | 氯乙醇制丙烯腈，高级醇的连续硝化，VOCs 尾气吸收净化 |
| 固定床反应器 | 气-固(催化或非催化)相，液-固(催化剂)相 | 可连续操作，返混小，高转化率时催化剂用量小，催化剂不易磨损；底物利用率高和固定化生物催化剂不易磨损 | 甲醇氧化制甲醛，合成氨，乙烯法制乙酸乙烯，选择性催化还原(SCR)法脱硝，细胞培养，酶的催化反应，VOCs 催化氧化处理 |
| 流化床反应器 | 气-固(催化或非催化)相，气-液-固(催化剂或者填料)相 | 固体返混小，固气比可变性大，粒子传送较易，床内温差大，调节困难；催化剂带出少，易分离，气、液分布要求均匀，温度调节较困难 | 石油催化裂解，矿物的焙烧或冶炼，焦油加氢和加氢裂解，丁炔二醇加氢 |
| 移动床反应器 | 气-固(催化或非催化)相 | 流体与固体颗粒呈逆流流动 | 催化剂的再生，煤的气化，脱硫脱硝协同催化治理 |
| 滴流(滤)床反应器 | 气-液-固相 | 反应气体与液体呈并流经过催化剂床层，传热好，温度均匀，易控制 | 石油馏分加氢脱硫，生物法降解 VOCs |
| 浆态床反应器 | 液-液-固相 | 反应气体与液体、固相并流接触，传热好，温度均匀，易控制 | 半水煤气一步法浆态床合成二甲醚 |
| 撞击床反应器 | 液-液(固)相 | 可强化传质、传热，微观混合效果好 | 液-液相反应 |
| 气升式生化反应器 | 气-液相 | 可强化传质、传热和混合 | 细胞培养，酶的催化反应，废水好氧生物处理 |
| 液体喷射循环型生化反应器 | 气-液相 | 气、液接触面积大，混合均匀，传质、传热效果好 | 细胞培养，酶的催化反应 |
| 膜反应器 | 气-液相 | 小分子产物可以透过膜与底物分离，防止产物对酶的抑制作用 | 微生物细胞增殖，酶的催化反应 |

选择并确定工业反应器的类型和操作方式，一方面，要掌握工业反应过程的基本特征及其反应要求，充分应用反应工程的原理作为选择依据；另一方面，要掌握和熟悉各种反应器的类型及基本特征，如基本流型、反应器内多种混合状态、传质传热特征等基本传递特性。

2. 按反应操作方式分类

按反应操作方式，反应器可分为间歇反应器、管式及釜式连续流动反应器、半间歇反应器。按操作方式分类的反应器如图 4-1 所示。在间歇反应过程中，反应物一次性地加入反应器，经历一定反应时间达到所需要的转化率后，反应器内物料一次性地卸出。反应期间，反应器中没有物料进出。假定间歇反应器中的物料由于搅拌而处于完全均匀状态，则反应物系的组成、温度和压力等参数在每一瞬间都是一致的，但会随着操作时间或反应时间延长而变化，所以独立变量为时间。典型的间歇反应器包括加压釜式反应器[图 4-1(a)]和常压下操作的槽式反应器。釜式或槽式反应器广泛应用于含液相反应物料的系统，如精细有机合成中的液-液均相及非均相反应；有色金属及化学矿加工中的液-固相反应；生物反应中微生物的分批发酵的气-液反应；聚合生产中的乳液及悬液聚合等过程。随着绿色化学及清洁技术的不断发展，固-固相绿色反应不断地在工业中应用，其反应器常采用釜式或槽式反应器。

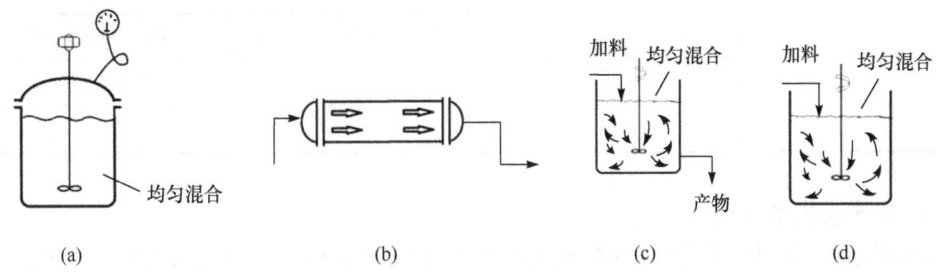

图 4-1　按操作方式分类的反应器

(a) 釜式间歇反应器；(b) 管式连续流动反应器；(c) 釜式连续流动反应器；(d) 半间歇反应器

在连续反应过程中，反应物连续不断地加入反应器，同时产物连续不断地流出反应器，如果在稳态下操作，反应物进料时的组成和流量不随时间而变化，产物的组成和流量也不随时间而变化。连续流动反应器一般有管式及釜式两种，管式反应器的长度与直径之比远大于釜式反应器。气态及液态低碳烷烃的高温热裂解管式连续流动反应器，见图 4-1(b)；如果搅拌釜式反应器中的流体连续不断地进料和出料，也可以定态下操作，属于釜式连续流动反应器，见图 4-1(c)。

如果搅拌釜式反应器中的液相反应物 A 先置放在反应器中，在一定温度和压力下，反应物 B 连续加入反应器，反应物保留在反应釜中，即为半间歇反应器，见图 4-1(d)。显然，半间歇反应器处于非稳态操作。

3. 按反应器中反应物相态分类

反应本身是反应过程的主体，而反应器则是实现这种反应的客观环境。因此，反应器也可按其中的反应物相态来分类(表 4-2)。反应过程的内在影响体现在反应动力学上，因此反应动力学是反应过程的本质性因素，而反应器装置的结构、类型和尺寸则是在物料的流动、混合、传热和传质等方面发挥其影响。同一反应如果在不同装置中进行，将有不同的结果，因此反应装置中这些传递特性也是影响反应结果的重要方面。

表 4-2　反应物的相态与反应器类型

| 相态 | | 反应器类型 | |
| --- | --- | --- | --- |
| 均相 | 单相 | 气相 | 管式反应器 |
| | | 液相 | 管式、釜式、塔式反应器 |

续表

| 相态 | | 反应器类型 | |
|---|---|---|---|
| 非均相 | 两相 | 气-固 | 固定床反应器 |
| | | | 流化床反应器 |
| | | | 移动床反应器 |
| | | 气-液 | 鼓泡塔 |
| | | | 鼓泡搅拌釜 |
| | | 液-固 | 釜式、塔式反应器 |
| | 三相 | 气-液-固 | 滴流床反应器 |
| | | | 浆态床反应器 |

**4. 按流动模型分类**

连续流动过程中流体物料不断流入且又连续不断地流出反应器，但进入反应器的流体物料中不同质点或粒子在反应器中的停留时间不一定完全相同。流体的质点或粒子代表由分子所组成的流体，虽然它的体积相比流体的体积可以忽略，只要其中所包含的分子足够多，就可以具有确切的统计平均性质，如组成、温度、压力和流速等。

流体在反应器中流动时可能存在流速分布不均匀现象，如由于反应器设计或安装不合理而产生死角、沟流和短路等非理想流动，如图 4-2 所示。不同的质点在反应器中的停留时间不同，停留时间统计在一起形成停留时间分布(residence time distribution)。停留时间分布按类别可分为寿命分布(life distribution)和年龄分布(age distribution)。寿命是反应器出口质点的年龄。寿命分布是指质点从进入到离开反应器时的停留时间分布；年龄分布是指仍然停留在反应器中质点的停留时间分布。反应器中不同年龄的质点的混合为返混。

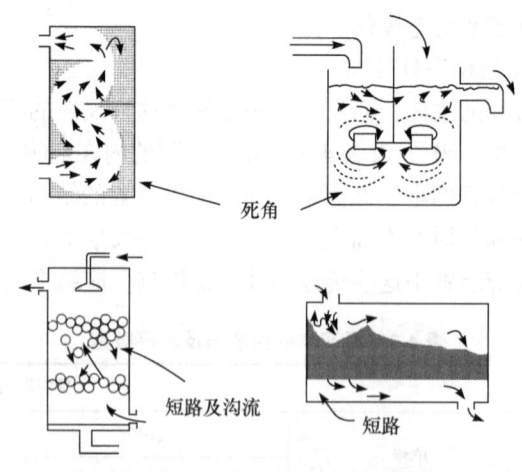

图 4-2 反应器典型的几种非理想流动

在连续反应过程中返混(backmixing)是一个重要的工程概念，又称为逆向混合。对于间歇反应器，虽然反应器中的物料被搅拌均匀，但在反应器中并不存在时间概念上的逆向混合，它既是同一时间进入反应器的物料之间的混合，也是浓度、温度等参数相同的物料之间的混合。在连续流动反应器中，反应物料的参数随空间位置而变，不同空间位置的物料存在倒流、错流与回流，从而使不同年龄的质点混合，产生返混。

(1) 流动模型：是连续流动反应器中流体流经反应器的流动和返混模型，对各种流动模型进行数学描述即流动的数学模型。连续流动反应器中流体流动模型按返混情况可分为理想流动模型和非理想流动模型。理想流动模型又有两种极限情况：完全没有返混的平推流反应器(plug flow reactor，PFR)和返混无限大的全混流反应器(mixed flow reactor，MFR)。非理想流动模型是实际工业反应器中流体流动状况对理想流动偏离的描述。对于实际工业反应器，在测定停留时间分布基础上，可以确定非理想流动模型参数，表示对理想流动的偏离程度。

(2) 平推流模型：也称活塞流模型或理想置换模型，如图4-1(b)所示，是一种返混为零的理想流动模型。它假设反应物料以稳定流量流入反应器，像气缸活塞一样在反应器中平行地向前移动。它的特点是，沿着物料的流动方向，物料的温度、浓度不断变化，而垂直于物料流动方向的任意截面(又称径向平面)上物料的所有参数，如浓度、压力、温度、流速都相同，因此所有物料质点在反应器中具有相同的停留时间，反应器中不存在返混。长径比很大，且流速较高的管式反应器中的流体流动可视为平推流。

(3) 全混流模型：也称理想混合模型或连续搅拌釜(槽)式反应器(continuous stirred tank reactor，CSTR)模型，图4-1(c)所示，是一种返混程度无限大的理想流动模型。它假设反应物料以稳定流量流入反应器，在反应器中，刚进入反应器的新鲜物料与存留在反应器中的物料瞬间达到完全混合。反应器中所有空间位置的物料参数都是均匀的，而且等于反应器出口处的物料性质，即反应器内物料浓度和温度均匀，与出口处物料浓度和温度相等。物料质点在反应器中的停留时间参差不齐，有的很短，有的很长，形成停留时间分布。搅拌强烈的连续搅拌釜(槽)式反应器中的流体流动可视为全混流。

(4) 非理想流动模型：实际反应器中物料的流况总是或多或少地偏离理想状态，介于理想混合和理想排挤两种流动模型之间，这种流动统称为非理想流动。当反应流体的流动状况变化时，由于化学反应速率和反应程度与停留时间、物料浓度密切相关，其反应结果也会受到影响。一般环境处理领域的反应器可按平推流与全混流反应器处理，但是存在许多因素会引起反应器中实际流体流动偏离理想流动的情形，如设备中的死角，物料流经反应器时出现的短路、旁路或沟流等，均会导致物料在反应器中停留时间的不一致，如图4-2所示。

## 四、生物反应器类型及特征

微生物反应在自然界碳、氮、磷等元素循环中起关键作用，同时也是污染水体和土壤自净过程的主要机制。在环境污染防治过程中，微生物反应主要用于污染物的降解和转化，如市政污水、工业废水、挥发性有机物及恶臭污染物和固体废弃物的堆肥处理。生物反应器是利用微生物的生命活动来实现物质转化的一种反应器。

根据微生物存在状态不同，将微生物反应器分为三类：悬浮微生物反应器、附着微生物反应器和附着-悬浮混合微生物反应器。其中悬浮微生物反应器又可分为间歇悬浮微生物反应器、半连续悬浮微生物反应器及连续悬浮微生物反应器。悬浮微生物反应器中的微生物主要以游离细胞或微小絮体形式存在，如污水处理中的活性污泥反应器。附着微生物反应器又称为生物膜反应器，其中微生物主要以生物膜的形式存在，如处理污水或废气的生物过滤池(塔)。附着微生物反应器又可分为完全混合生物膜反应器和平推流生物膜反应器。附着-悬浮混合微生物反应器中游离细胞、微小絮体和生物膜都对生物反应有贡献，如处理废水的生物接触氧化池。

间歇悬浮微生物反应器广泛用于微生物生长特征、理化特性和污染物的生物降解研究，以及污水的间歇生物处理、挥发性有机物及恶臭污染物生物处理、有机废弃物的堆肥(固相培养)等。值得一提的是，几乎所有的城市污水处理厂都采用以生物处理为核心的处理工艺。污水中生化需氧量(biochemical oxygen demand, BOD)的测定过程也可以视为微生物的间歇培养过程。以微生物间歇培养为例，微生物浓度 $X$ 随时间的变化曲线称为生长曲线(growth curve)。典型的微生物生长曲线可以分为六个阶段：延滞期、加速期、对数生长期、减速期、稳定期和死亡期(图 4-3)，达到稳定期时微生物量达到最大值，此值称为最大收获量(maximum crop)。

半连续悬浮微生物反应器(图 4-4)分为流加操作或分批补料操作反应器。生物培养过程中，基质连续加入反应器，微生物、产物和副产物等均不取出。半连续培养主要用于以下几种情况：研究微生物生长动力学、生理特性；微生物的高浓度培养；高浓度基质对微生物有毒害作用时，可通过流加培养，控制反应器中基质的浓度始终处于低浓度水平；反应系统需要较长的反应时间。基质的加入方法有定量添加法、指数添加法和间歇添加法等。无论采用何种添加培养方法，操作过程中反应混合物的体积随时间变化而变化。

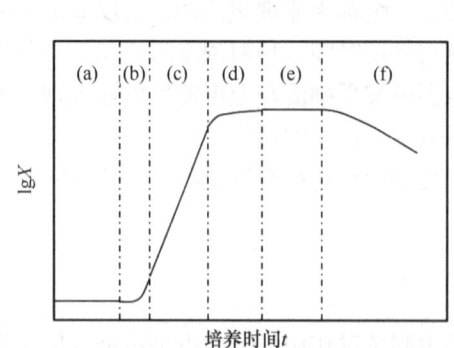

图 4-3　间歇培养时典型微生物生长曲线
(a) 延滞期；(b) 加速期；(c) 对数生长期；
(d) 减速期；(e) 稳定期；(f) 死亡期

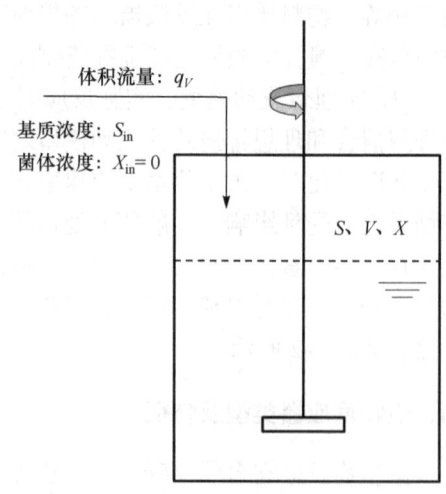

图 4-4　半连续悬浮微生物反应器示意图

在微生物的连续培养操作中，通常将不含有菌体和产物的物料(培养液、污水等)连续加入反应器，同时将含有微生物细胞和产物的反应混合液连续取出。该操作方式具有转化率稳定、反应易控制和劳动强度低等优点，也广泛应用于污水处理领域。在实验研究工作中，如活性污泥培养和污水生物处理实验经常采用连续培养方式。微生物的连续培养有以下特点：给微生物施加一特定的环境，长期稳定地培养；也可以筛选培养微生物。如选择一个比生长速率，使得只有最大比生长速率大于稀释率的微生物才能生长；连续培养中可以独立改变的参数多，适用于微生物生理生化特性研究；微生物连续培养中最大的困难是染菌，因此连续操作适用于对纯培养要求不高的情况。

在实际应用过程中，微生物的连续培养通常采用全混流槽式反应器。由于微生物培养是在恒温和恒化学组成的环境条件下进行的，在生物工程上，连续操作的悬浮微生物反应器也称恒化器(图 4-5)。

完全混合生物膜反应器(completely mixed biofilm reactor, CMBR)也称完全混合附着微生物反应器，如图 4-6 所示。

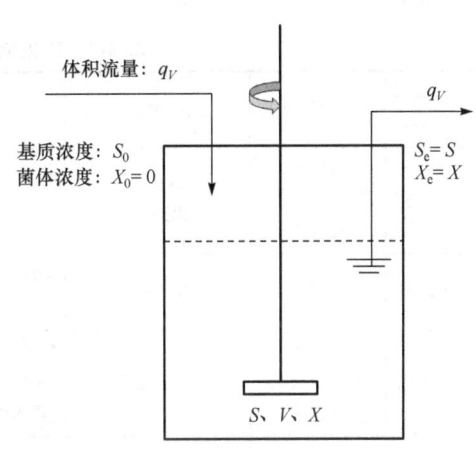

图 4-5　连续悬浮微生物反应器示意图

在运行时，向反应器中加入密度接近于水的微小固体颗粒(粒径通常为 1～5mm)作为固体填料，如颗粒活性炭、陶瓷和塑料微球等。微生物在固体填料表面生长，形成微生物膜。附着有微生物膜的固体填料均匀地悬浮在培养液中，从微观上看微生物细胞集中在固体表面，细胞分布不均匀。但是，从宏观上看，单位体积培养液中的微生物平均浓度处处相等，可以视为完全混合反应器。

在固体填料固定填充的反应器中，物料(培养液)在附着有生物膜的固体填料层中流动，且符合平推流特征(轴向不存在返混)时，可以将这类反应器视为平推流生物膜反应器，如图 4-7 所示。对于平推流生物膜反应器，轴向不同位置物料中基质浓度差异显著。

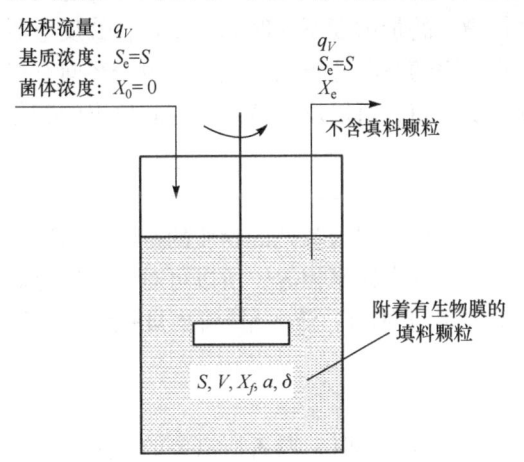

图 4-6　完全混合生物膜反应器

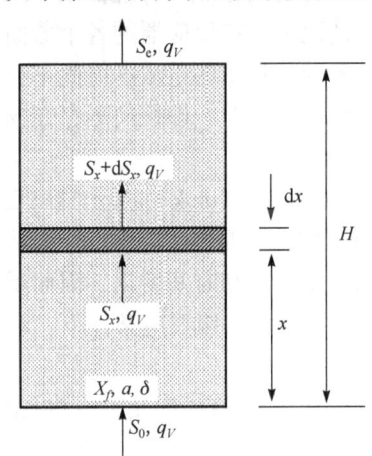

图 4-7　平推流生物膜反应器

## 五、酶反应器类型及特征

### 1. 传统酶反应器

酶催化过程是环境友好的温和反应过程，也是未来催化领域的主要发展方向之一。酶反应器是酶催化剂进行生物催化反应的装置。根据酶催化剂的不同，酶反应器可分为游离酶反应器和固定化酶反应器。表 4-3 列举了常见的酶反应器并分析了其适用范围及优缺点。

表 4-3 常见酶反应器类型及优缺点

| 酶反应器类型 | 适用操作方式 | 适用酶形态 | 优点 | 缺点 |
| --- | --- | --- | --- | --- |
| 搅拌罐式 | 分批式<br>流加分批式<br>连续式 | 游离酶<br>固定化酶 | 装置较简单，造价较低，传质阻力小，反应较完全，反应条件易于控制 | 搅拌剪切力大 |
| 填充床式 | 连续式 | 固定化酶 | 密度大，可以提高酶催化反应的速率，在生产工业中普遍使用 | 底层酶受压力大，易受损，传质系数和传热系数相对较低 |
| 流化床 | 分批式<br>流加分批式<br>连续式 | 固定化酶 | 传质传热效果好，混合均匀，容易调控温度和 pH，不易堵塞，黏度较大的反应液也可进行催化反应 | 需要较高的流速才能维持粒子的充分流态化，而且放大较困难 |
| 鼓泡式 | 分批式<br>流加分批式<br>连续式 | 游离酶<br>固定化酶 | 结构简单，操作容易，剪切力小，混合效果好，传质传热效率高 | 适合于有气体参与的反应 |
| 膜 | 连续式 | 游离酶<br>固定化酶 | 结构紧凑，集反应与分离于一体，提高酶的使用效率，降低产物抑制 | 酶或杂质会吸附在膜上，造成膜的透过性降低，并且清洗困难 |
| 喷射式 | 连续式 | 游离酶 | 结构简单，体积小，混合均匀 | 只适用于耐高温酶的反应 |

### 2. 理想的酶反应器

1) PFR(plug flow reactor)型酶反应器

PFR 称为活塞流式反应器或平推流式反应器，其具备以下特点：①在正常的连续稳态操作情况下，在反应器的各个截面上，物料物质的量浓度不随时间而变化；②反应器内轴向各处的物质的量浓度彼此不相等，反应速率随空间位置而变化；③由于径向有严格的均匀速度分布，即径向不存在物质的量浓度分布，所以反应速率随空间位置的变化只限于轴向。

2) STR(stirred tank reactor)型酶反应器

STR 称为全混流反应器，稳定状态下，STR 型反应器内各处的物质的量浓度和温度均不随空间位置和时间变化，因而反应器内各处的反应速率相等，所以可对整个反应器进行物料衡算，一级反应条件下，对组分 S(单位时间内)有：流入量=流出量+反应量+积累量。

3) PFR 型和 STR 型反应器性能的比较

在相同的工艺条件下进行同一反应，达到相同转化率时，两者所需要的停留时间不同，STR 型停留时间比 PFR 型反应器的要长，也就是前者需要的反应体积比后者大。最终转化率越高，两者的差距越大。

反应转化率要求越高，STR 中所需要酶的相对量也就越大。可根据所需转化率来选择反应器的类型，并且确定它们所需酶的相对量。

酶的稳定性是选择酶反应器的重要因素。酶活力的丧失可近似用一级动力学关系来描述，零级反应时，STR 与 PFR 内酶活力的衰退没有太大区别。如果反应从零级增至一级，那么，两种反应器转化率下降的差别就变得明显。PFR 产量的下降要比 STR 快得多，因而 PFR 中酶的失活比 STR 中更为敏感。

## 第二节 反应动力学

### 一、化学反应动力学基本概念和计算方法

1. 反应计量关系

化学计量学的基础是化学计量式，化学计量式(stoichiometric equation)表示参加反应的各组分的数量关系，即化学反应系统中反应物和产物组成关系的数学表达式。习惯上规定化学计量式等号左边的组分为反应物，等号右边的组分为产物。化学计量式的通式可表示为

$$\nu_1 A_1 + \nu_2 A_2 + \cdots = \cdots + \nu_{n-1} A_{n-1} + \nu_n A_n \tag{4-1}$$

或

$$-\nu_1 A_1 - \nu_2 A_2 - \cdots + \cdots + \nu_{n-1} A_{n-1} + \nu_n A_n = 0 \tag{4-2}$$

或

$$\sum_{i=1}^{n} \nu_i A_i = 0 \quad (i=1,2,\cdots,n) \tag{4-3}$$

式中：$A_i$ 为第 $i$ 个组分(简称组分 $i$)；$\nu_i$ 为组分 $i$ 的化学计量数。

如果反应系统中存在 $n$ 个反应，则第 $j$ 个反应的化学计量式的通式可写成

$$\nu_{1j} A_1 + \nu_{2j} A_2 + \cdots = \cdots + \nu_{(n-1)j} A_{n-1} + \nu_{nj} A_n \tag{4-4}$$

或

$$\sum_{i=1}^{n} \nu_{ij} A_i = 0 \quad (j=1,2,\cdots,m) \tag{4-5}$$

式中：$\nu_{ij}$ 为第 $j$ 个反应中组分 $i$ 的化学计量数。

2. 反应进度、转化率及膨胀因子

1) 反应进度(extent of reaction)

对于单一反应

$$\alpha_A A + \alpha_B B \Longrightarrow \alpha_P P + \alpha_Q Q \tag{4-6}$$

设反应开始时系统内的各反应组分物质的量分别为 $n_{A0}$，$n_{B0}$，$n_{P0}$，$n_{Q0}$，反应开

始后 $t$ 时刻的各组分物质的量分别为 $n_A$，$n_B$，$n_P$，$n_Q$，因各组分的化学计量数不同，因此其反应量也不同，所以用反应量本身不能较好地表示反应进度。

$$(n_{A0} - n_A) \neq (n_{B0} - n_B) \neq (n_P - n_{P0}) \neq (n_Q - n_{Q0}) \tag{4-7}$$

各反应量之间存在以下关系：

$$(n_{A0} - n_A) : (n_{B0} - n_B) : (n_P - n_{P0}) : (n_Q - n_{Q0}) = \alpha_A : \alpha_B : \alpha_P : \alpha_Q \tag{4-8}$$

也可写成

$$\frac{n_{A0} - n_A}{\alpha_A} = \frac{n_{B0} - n_B}{\alpha_B} = \frac{n_P - n_{P0}}{\alpha_P} = \frac{n_Q - n_{Q0}}{\alpha_Q} \tag{4-9}$$

即任一组分的反应量与其化学计量数的比值相同，不因组分而变，该比值可描述反应进行程度，即反应进度 $\xi$：

$$\xi = \frac{|n_i - n_{i0}|}{\alpha_i} \tag{4-10}$$

式中：$\xi$ 为反应进度，kmol；$n_i$，$n_{i0}$ 分别为反应前和反应后组分 $i$ 的物质的量，kmol；$\alpha_i$ 为反应组分 $i$ 的化学计量数，量纲为 1。

反应进度与反应系数的大小有关。为了使其具有强度性质，用单位体积反应进度表示。在没有特别说明时，反应强度一般定义为

$$\xi = \frac{|n_i - n_{i0}|}{\alpha_i V} \tag{4-11}$$

式中：$V$ 为反应器的有效体积，m³。

2) 转化率(conversion rate)

反应物 A 的反应量与其初态量 $n_{A0}$ 之比称为转化率，用符号 $x_A$ 表示，即

$$x_A = \frac{(n_{A0} - n_A)}{n_{A0}} = 1 - \frac{n_A}{n_{A0}} \tag{4-12}$$

实际工业反应过程原料中各反应组分之间往往不符合化学计量数关系，通常选择不过量的反应物计算转化率，这样的组分称为关键组分(key component)。

3) 化学膨胀因子(chemical expansion factor)

对于化学计量式

$$\alpha_A A + \alpha_B B \rightleftharpoons \alpha_P P + \alpha_Q Q \tag{4-13}$$

在恒温恒压下进行的连续系统中，气相均相反应或气-固相催化反应，由于进行化学反应，反应前后总物质的量有所变化的反应必然引起连续系统中反应物体系体积流量的改变。每消耗 1mol 的某反应物引起反应系统总物质的量的变化量($\delta$)称为该反应物的膨胀因子。膨胀因子的值可正可负，正值表示反应后总物质的量增加，负值表示减少。反应物 A 的膨胀因子可表示为

$$\delta_A = \frac{n - n_0}{n_{A0} - n_A} \tag{4-14}$$

式中：$n_0$，$n$ 分别为反应前后系统的总物质的量，kmol；$n_{A0}$，$n_A$ 分别为反应前后系统中反应物 A 的物质的量，kmol。对于反应式(4-13)中反应物 A 的膨胀因子可表示为

$$\delta_A = \frac{\alpha_P + \alpha_Q - \alpha_A - \alpha_B}{\alpha_A} \tag{4-15}$$

**3. 化学反应速率基本概念**

化学反应速率是单位时间内单位反应混合物体积中的反应物消耗量或产物生产量。随着反应进行，反应物不断减少，产物不断增加，各组分的浓度或摩尔分数不断地变化，这时反应速率是指某一瞬间(或某一微元空间)状态下的"瞬时反应速率"，其表示方法随反应处于间歇系统或连续系统而有所不同。

1) 间歇系统和连续系统的化学反应速率

间歇系统中，反应速率表示单位时间内单位反应混合物体积中反应物 A 的反应量，而时间 $t$ 为计时器所显示的时间，即反应时间。

$$r_A = -\frac{1}{V} \cdot \frac{d n_A}{d t} \tag{4-16}$$

式中：$V$ 为间歇反应器中反应混合物所占的体积；$n_A$ 为某一瞬时反应物 A 的物质的量，mol；$t$ 为反应时间；负号表示反应物 A 物质的量随反应时间增加而减少。

对于液-液均相和非均相反应，反应混合体积均指液相在间歇反应器中所占的体积；气-液两相或气-液-固三相反应，反应混合体积均指不含气相的液相或液-固相所占的体积。

间歇釜式反应器主要用于液相或以液相为大部分体积的反应，在此情况下，反应过程中液相反应混合物体积的变化可略去，即做等容处理。因此，经典化学动力学常以单位时间内反应物或产物的浓度变化来表示反应速率，即

$$r_i = \pm\frac{1}{V} \cdot \frac{d n_i}{d t} = \pm\frac{d c_A}{d t} \tag{4-17}$$

式中：A 为反应物时取"−"，为产物时取"+"。

连续系统中反应速率可表示为单位反应体积 $dV$、单位反应表面积 $dS$ 或单位质量固体催化剂 $dW$ 上某一反应物或产物物质的量变化，即

$$r_i = \pm\frac{1}{V} \cdot \frac{d n_i}{d t} \quad 或 \quad r_i = \pm\frac{1}{S} \cdot \frac{d n_i}{d t} \quad 或 \quad r_i = \pm\frac{1}{W} \cdot \frac{d n_i}{d t} \tag{4-18}$$

式中：$n_i$ 为组分 $i$ 的物质的量；$V$ 为反应体积(对于均相反应，反应体积是反应混合物在反应器中所占的体积；对于气-固相催化或非催化反应，反应体积是反应器中颗粒床层的体积，它包括颗粒的体积和颗粒之间的体积)；$S$ 和 $W$ 分别为反应表面积和固体催化剂质量。

式(4-17)及式(4-18)中，当组分 $i$ 为反应物时，等号右边均取负值；当 $i$ 为产物时，等号右边均取正值。

对于气-固相催化反应，由于实验反应器与工程应用反应器中催化剂的充填方式不同，按单位质量催化剂来计算反应速率更便于换算到工程应用反应器中的反应速率。

2) 空间速度

空间速度(简称空速)(space velocity，SV)是单位反应体积($V$)所能处理的反应混合物的体积流量($q_V$)，单位为时间的倒数。当反应混合物进入及离开反应器的组成处于定值时，空间速度越大，表明反应器的空时产率(space time yield，STY)越大。对于不同性质的反应混合物，体积流量的表示方式也不同，如反应混合物以液体状态进入反应器，常以 25℃下液体的体积流量表示空速，称为液空速。如果反应混合物含有水蒸气，称为湿空速；不计水蒸气时，称为干空速。空速越大反应器的负荷越大。例如，$SV=2h^{-1}$ 表示 1h 处理 2 倍于反应器体积的流体。

$$SV = \frac{q_V}{V} \tag{4-19}$$

空间速度的倒数定义为空间时间(space time)，简称空时($\tau$)，又称平均空塔接触时间(或停留时间)，定义为反应器有效体积($V$)与物料体积流量($q_V$)的比值。空时具有时间单位，但它既不是反应时间也不是停留时间，而是处理与反应器体积相同的物料所需要的时间。例如，空间时间为 30s 表示每 30s 处理与反应器有效体积相等的流体。

$$\tau = \frac{V}{q_V} \tag{4-20}$$

反应时间(reaction time)指反应持续时间，主要用于间歇反应器，指达到一定反应程度所需的时间。而停留时间/平均停留时间(retention time/average retention time)又称为接触时间，是指连续反应操作中一物料"微元"从反应器入口到出口经历的时间。理想反应器中，各物料"微元"停留时间相同。实际反应器中，各物料"微元"的停留时间不尽相同，而是存在一个分布，即停留时间分布。各"微元"停留时间的平均值称为平均停留时间或停留时间。

3) 反应物消耗速率和产物生成速率

对于单一反应，反应物全部转化为产物，反应物消耗速率与产物生成速率之比为化学计量之比。例如，对于反应 $3H_2 + N_2 \rightleftharpoons 2NH_3$，由于 $r_{H_2}/3 = r_{N_2}/1 = r_{NH_3}/2$，或 $r_{H_2} = 1.5 r_{NH_3}$，氢的消耗速率 $r_{H_2}$ 是氨生成速率 $r_{NH_3}$ 的 1.5 倍。

4) 半衰期

在实际应用中，特定反应物浓度减少到初始浓度 1/2 时所需要的时间为半衰期($t_{1/2}$)。用半衰期表达反应速率时，半衰期越长，表明反应速率越小。

4. 化学反应速率及反应动力学

1) 反应速率方程

反应速率方程也称反应动力学方程。均相反应速率取决于物料的浓度和温度，这种关系的定量表达式就是动力学方程。化学反应动力学方程有多种，通常用于均相反应的速率方程有两类：双曲函数型和幂函数型。双曲函数型速率方程通常是由所设定的反应机理推导得出的。幂函数型速率方程是由质量作用定律得来的。对于不可逆反应：

$$\nu_A A + \nu_B B \longrightarrow \nu_P P + \nu_S S$$

其动力学方程一般都用下式表达：

$$-r_A = k c_A^a c_B^b \tag{4-21}$$

式中：$a$，$b$ 分别为反应物 A 和 B 的反应级数(order)，量纲为 1。

反应级数两者之和 $n=a+b$ 为该反应的总反应级数。$k$ 称为反应速率常数(reaction rate constant)，量纲为(浓度)$^{1-n}$(时间)$^{-1}$，即量纲取决于反应级数 $n$。

对于气相反应而言，反应速率方程也可以表示为反应物分压的函数，即

$$-r_A = k_p p_A^a p_B^b \tag{4-22}$$

式中：$k_p$ 的量纲为(浓度)(时间)$^{-1}$(压力)$^{-n}$，同样其量纲也取决于反应级数 $n$。

2) 反应级数

反应级数是指动力学方程中浓度项的指数幂。式(4-21)中浓度项指数 $a$ 和 $b$ 分别是反应对各组分的反应级数，如果反应物分子在碰撞中一步直接转化为生成物分子，则该反应称为基元反应。对于基元反应，反应速率方程中各浓度或其相当变量项的指数等于反应方程式中各相应组分的化学计量数。对于基元反应 $a$、$b$ 即等于化学反应计量系数值，$a = \nu_A$，$b = \nu_B$，而对于非基元反应，则需要通过实验来确定。一般情况下，级数在一定温度范围内保持不变，它的绝对值不会超过 3，但可以是分数，也可以是负数。级数的大小反映了该物料浓度对反应速率影响的程度，级数越高，则该物料浓度的变化对反应速率影响越显著。如果级数等于零，在动力学方程中该物料的浓度就不出现，说明该物料浓度变化对反应速率没有影响。如果级数是负值，说明该物料浓度的增加反而抑制了反应，降低了反应速率。

反应级数也可能是分数，特别是在微生物的混合培养过程中。但对许多反应速率的计算，往往假定反应级数是一个整数。这里主要讨论恒温恒容条件下的反应时间为整数级的速率方程，并在此基础上分析反应组分浓度随反应时间的变化。对于不可逆单一反应有以下速率方程表达形式：

(1) $n=0$ 时，称为零级反应，其速率方程可表示为

$$-r_A = k \tag{4-23}$$

对于简单的不可逆零级反应 A⟶P，在恒温恒容条件下，结合反应速率方程[式(4-17)]可表示为

$$\frac{-dc_A}{dt} = k c_A^0 = k \tag{4-24}$$

对上式积分，可得反应物 A 的浓度和转化率与反应时间的关系式：

$$kt = c_{A0} - c_A = c_{A0} x_A \tag{4-25}$$

零级反应的反应物浓度与反应时间的关系曲线如图 4-8 所示。

零级反应的反应速率与反应物的浓度无关。在生物化学及微生物反应中，当基质浓度足够高时，反应往往属于零级

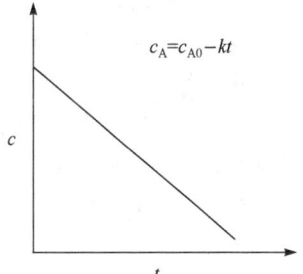

图 4-8 零级反应的反应物浓度与反应时间的关系曲线

反应。

由式(4-25)可得，零级反应的半衰期 $t_{1/2}=c_{A0}/(2k)$，即它与初始浓度成正比，初始浓度越高，反应物浓度减少到一半所需要的时间越长。

(2) $n=1$ 时，称为一级反应，其速率方程可表示为

$$-r_A = kc_A \tag{4-26}$$

对于简单的不可逆一级反应 $A \longrightarrow P$，在恒温恒容条件下，结合反应速率方程[式(4-17)]可表示为

$$\frac{-dc_A}{dt} = kc_A \tag{4-27}$$

对式(4-27)积分，可得反应物 A 的浓度和转化率与反应时间的关系式：

$$c_A = c_{A0} e^{-kt} \tag{4-28}$$

由式(4-28)可得一级反应的半衰期为

$$t_{1/2} = \frac{\ln 2}{k} \tag{4-29}$$

由上可知，一级反应有以下主要特点：反应物浓度与反应时间呈指数关系，如图 4-9 所示，只有在反应时间足够长时，反应物浓度才趋近于零；反应物浓度的对数与反应时间呈直线关系，以 $\ln c_A$ 对 $t$ 作图可得一直线，其斜率为 $k$；半衰期与 $k$ 成反比，与反应物的初始浓度无关。

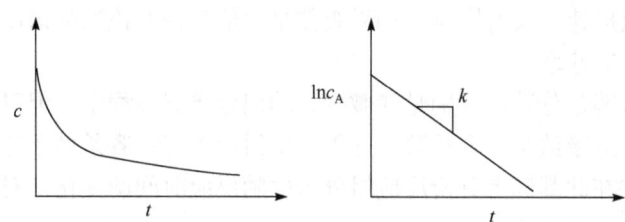

图 4-9 一级反应的反应物浓度与反应时间关系曲线

**示例 4-1** 在湿热灭菌过程中，细菌的死亡速率 $-r_A$ 和活菌数 $c_A$ 之间的关系可近似为：$-r_A = kc_A$（式中 $k$ 为死亡速率常数）。

(a) 某细菌在 392.4K 时加热 1min，活菌数减少到加热前的 1/10。试计算该细菌的死亡速率常数。

(b) 若保证杀菌率为 90%，加热时间减少到 1/10 时，灭菌温度不能低于多少(设杀菌的活化能为 200kJ/mol)？

**解** (a) 灭菌反应近似为一级反应，即

$$kt = \ln\frac{c_{A0}}{c_A} = -\ln\frac{c_A}{c_{A0}}$$

由题意：$t=1\text{min}, c_A/c_{A0}=1/10$，所以 $k=2.30\text{min}^{-1}$。

(b) 同理，$k'=23.0\text{min}^{-1}$ 时，由 $k$、$k'$ 和 $E_a$ 求得 $T=409.7\text{K}$。

(3) $n=2$ 时，称为二级反应，其速率方程可表示为

$$-r_A = kc_A^2 \tag{4-30}$$

或

$$-r_A = kc_A c_B \tag{4-31}$$

对于简单的不可逆二级反应 $2A \longrightarrow P$，在恒温恒容条件下，结合反应速率方程[式 (4-17)]可表示为

$$\frac{-dc_A}{dt} = kc_A^2 \tag{4-32}$$

对式(4-32)积分，可得反应物 A 的浓度和转化率与反应时间的关系式为

$$kt = \frac{1}{c_A} - \frac{1}{c_{A0}} \tag{4-33}$$

二级反应的半衰期为

$$t_{1/2} = \frac{1}{kc_{A0}} \tag{4-34}$$

由上可知，二级反应有以下主要特点：反应物浓度的倒数与反应时间呈直线关系，直线的斜率为 $k$，如图 4-10 所示；达到一定的转化率所需的时间与反应物初始浓度有关，反应物的初始浓度越大，达到一定的转化率所需的时间越短；半衰期与 $k$ 和 $c_{A0}$ 的积成反比。

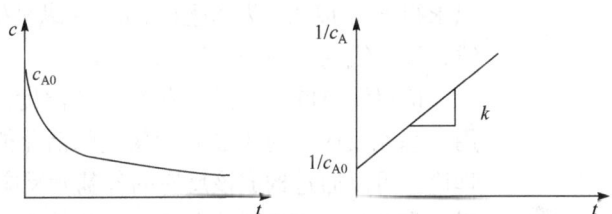

图 4-10 二级反应的反应物浓度与反应时间关系曲线

**示例 4-2** 在一间歇反应器中用 $H_2SO_4$ 作催化剂进行己二酸与乙二酸的聚合反应，其动力学方程为 $r_A = 0.2\,c_A^2$ [kmol/(L·min)]。若己二酸的初始浓度为 0.02kmol/L，求己二酸转化率为 50%、60%、70%、80% 和 90% 时的反应时间。

**解** 对于二级不可逆反应，其反应速率方程积分后得

$$t = \frac{1}{kc_{A0}} \times \frac{x_A}{1 - x_A}$$

将有关数据代入上式，即可得到不同转化率下的反应时间，如下所示：

| 转化率 $x_A$/% | 50 | 60 | 70 | 80 | 90 |
| --- | --- | --- | --- | --- | --- |
| 反应时间 $t$/min | 250 | 375 | 583.3 | 1000 | 2250 |

3) 反应速率常数

反应速率常数 $k$ 的数值与反应物的浓度为 1 时的反应速率相等,因此 $k$ 又称比反应速率(specific reaction rate)。对于化学反应,$k$ 的大小与温度和催化剂相关,但一般与反应物浓度无关。对于一些生物化学反应和微生物反应,除温度和酶的种类外,有时反应物(即基质)浓度会影响 $k$ 的大小。

当催化剂、溶剂等其他条件一定时,$k$ 仅是温度 $T$ 的函数。$k$ 与 $T$ 的关系可用阿伦尼乌斯(Arrhenius)方程来描述,即

$$k = k_0 \exp\left(\frac{E_a}{RT}\right) \tag{4-35}$$

式中:$k_0$ 为频率因子,可以近似地看作与温度无关的常数;$E_a$ 为反应活化能(activation energy),J/mol;$R$ 为摩尔气体常量,$R=8.314$J/(mol·K)。

活化能的物理意义是把反应物分子激发到可进行反应的"活化状态"时所需要的能量。$E_a$ 的大小反映了温度对反应速率的影响程度,但 $k$ 对温度的敏感程度与温度有关,温度越低,$k$ 受温度的影响越大[式(4-36)]。

$$\ln k = \ln k_0 - \frac{E_a}{RT} \tag{4-36}$$

$$\frac{d\ln k}{dT} = \frac{E_a}{RT^2} \tag{4-37}$$

实验测得不同温度下的反应速率常数 $k$,利用式(4-36)就可以求得 $E_a$。以 $1/T$ 为横坐标,$\ln k$ 为纵坐标作图,可得一直线,该直线的斜率为 $-E_a/R$(图 4-11)。

值得注意的是,以上有关 $k$ 与温度的关系的讨论仅适用于基元反应。对于非基元反应的活化能即表观活化能,理论上可以通过构成该反应的各基元反应的 $E_a$ 求出,但这样非常烦琐,而且常常与表观活化能有一定的偏差,所以在实际应用中一般通过实验直接求出表观活化能。

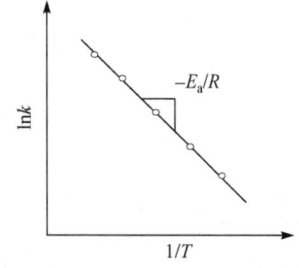

图 4-11 活化能的求法及反应速率随温度的变化示意图

**示例 4-3** 邻硝基苯的氨解反应是二级反应,实验测得该反应速率常数与温度的关系如下:

| $T$/K | 13 | 23 | 33 |
|---|---|---|---|
| $k$/[$10^{-4}$L/(mol·min)] | 2.24 | 3.93 | 7.10 |

试根据以上数据,确定该反应的速率常数与温度的关系式,并求出反应活化能。

**解** 由上述数据可得:

| $(1/T)/(10^{-3}$K$^{-1})$ | 2.421 | 2.364 | 2.310 |
|---|---|---|---|
| $\ln k$ | −8.404 | −7.842 | −7.250 |

采用 $\ln k$ 为纵坐标，以 $\frac{1}{T} \times 10^{-3} \times K^{-1}$ 为横坐标的作图方法得

$$\ln k = -\frac{10322}{T} + 16.58$$

$$E = 10322 \times 8.314 = 85.8 \text{kJ/mol}$$

## 二、生物反应动力学概念和方法

### 1. 微生物反应的特点

微生物反应是由一系列的酶催化反应构成的复杂反应体系，参与反应的成分极多，反应途径错综复杂，与普通的化学反应和生化反应有显著的差异。每一个微生物细胞可以看作一个超微反应器，在每一个反应器内还同时进行着多种反应。因此，微生物反应很难用某一个准确的反应式表示。

参与微生物反应的主要组分有基质、营养物质、活细胞、非活细胞和分泌物等。活细胞可以看作由细胞壁和细胞膜包裹起来的有机催化剂。基质与活性细胞反应生成产物的同时形成更多的活细胞，这类似于化学反应中的自催化反应。

微生物反应一般可分为基质利用、细胞生长、细胞死亡/溶化和产物生产四类反应。其中基质利用是微生物反应的出发点和核心，它是细胞生长和产物生成等反应的前提，环境污染的微生物控制技术主要是基于微生物的基质(即污染物)利用反应。微生物利用基质主要有三个作用：①合成新的细胞物质；②合成细胞外产物；③提供必需的能量(包括进行合成反应；维持细胞内物质的浓度与环境的差别；进行细胞内的转化反应)。因此，细胞生长、基质利用、维持和产物生成相互关联，各种速率表达式也是相关的。

在工程应用中，为了方便计算，常把微生物反应看作一种基质和营养物质反应生成细胞代谢产物的单一自催化反应。因此，微生物反应的总反应式可以概括地表示为

碳源 + 氮源 + 其他营养物质 + 氧 ⟶ 细胞 + 代谢产物 + 二氧化碳 + 水

微生物反应的产物一般指反应过程中产生并且分泌到细胞外的物质，根据产生途径，微生物反应产物可分为以下三类：第一类产物是由基质水平磷酸化，如发酵过程产生的产物；第二类产物是以简单的代谢中间产物为原料，通过合成代谢生成的较复杂的物质，如胞外酶(分解不能通过细胞壁的底物)、多糖(用于细胞聚集)及特殊代谢产物(可能抑制竞争微生物，但一般情况下功能不清楚，如抗生素)等；第三类产物一般是指在碳源过量、氮源等受到限制的条件下产生的一类物质，主要是分泌于细胞外的多糖和蓄能化合物，如储存在细胞内的糖原、脂肪等。

微生物反应的物质代谢离不开能量代谢。微生物反应所需要的能量是腺苷三磷酸(adenosine triphosphate, ATP)或类似物质的化学能，它由两种过程产生：一是基质氧化成$CO_2$和水(氧化磷酸化)；二是基质降解为简单产物(如乙醇、乳酸、柠檬酸、底物水平磷酸化)、$CO_2$和水等。以上两种过程产生的能量主要用于：①合成反应；②维持细胞的活性；③保持细胞内外的浓度梯度；④用于细胞内各类转化反应。其中用于②~④的能量总称为维持能，只维持细胞处于活性状态，不生成细胞物质和第二、三类产物。

微生物反应的影响因素包括微生物的种类、基质的种类与浓度和环境条件等。对某一微生物种类和基质确定的反应系统，环境因素往往是重要的影响因素，特别是 pH 和温度。在一些情况下，共存物质会对微生物产生抑制作用，从而降低微生物的活性和微生物反应速率。

2. 微生物反应的计量关系

1) 微生物反应的综合计量式与产率系数

把参与微生物反应的碳源、氮源以及其他营养物质统一表示为基质 S，微生物细胞表示为 X，反应产物表示为 P，则微生物反应的综合方程可写成

$$S = Y_X X + Y_P P \tag{4-38}$$

式中：$Y_X$ 为生长系数(growth yield)或细胞产率系数(cell yield)，kg/kg；$Y_P$ 为产物产率系数(product yield)，kg/kg。

值得注意的是，工程设计中在计算过程时，由于微生物反应系统中营养物质的种类很多，在计算中不可能一一考虑，往往只考虑某个或某些关键组分(限制性物质)。在计量学中通常把细胞生长过程中首先完全消耗掉的基质称为计量学限制性基质。同样，根据对细胞生长速率的影响，通常定义：在一定的环境条件下，若向反应系统中加入某一基质，生长速率随之增加，则该基质称为生长速率限制性基质。

2) 细胞产率系数

细胞产率系数是指所消耗的基质转化为细胞的比例，该系数对计算反应器中微生物浓度、细胞产生量(如污水生物处理系统的污泥产量)等有重要意义。

(1) 以基质质量为基准的细胞产率系数。以基质质量为基准的细胞产率系数 $Y_{X/S}$ [单位：kg (细胞) /kg (基质) ]定义为反应系统中细胞的生长量(细胞干细胞质量)与反应消耗掉的某一基质的质量之比，可表示为

$$Y_{X/S} = \frac{\text{细胞的生长量}}{\text{反应消耗的基质量}} = \frac{\Delta X}{-\Delta S} \tag{4-39}$$

或

$$Y_{X/S} = \frac{\text{细胞生长速率}}{\text{基质消耗速率}} = \frac{r_X}{-r_S}$$

式中：$\Delta X$ 为细胞的生长量，kg(细胞)；$-\Delta S$ 为反应消耗的基质量，kg；$r_X$ 为细胞生长速率，kg(细胞)/(m³·h)；$-r_S$ 为基质消耗速率，kg(细胞)/(m³·h)；$Y_{X/S}$ 的值不一定小于 1，有时也会大于 1，其大小与所选择的基质有关。

(2) 以碳元素为基准的细胞产率系数。对于作为碳源的基质，无论好氧培养还是厌氧培养，从宏观的角度可以看作碳源的一部分同化为微生物细胞，剩余部分转化为 $CO_2$ 和其他代谢产物(异化)。以碳元素为基准的细胞产率系数($Y_{X/C}$)[单位：kg (细胞中的 C) /kg (C) ]定义为

$$Y_{X/C} = \frac{\text{细胞生长量} \times \text{细胞的含碳量}}{\text{碳源消耗量} \times \text{碳源的含碳量}} = \frac{\Delta X \gamma_X}{-\Delta S \gamma_S} = Y_{X/S} \frac{\gamma_X}{\gamma_S} \tag{4-40}$$

式中：$\gamma_X$ 为细胞的含碳率，量纲为 1；$\gamma_S$ 为碳源的含碳率，量纲为 1；与 $Y_{X/S}$ 不同，$Y_{X/C}$ 的值只能小于 1，一般为 0.5~0.7。

(3) 以氧消耗为基准的细胞产率系数。在工程上，利用好氧微生物时，需要向微生物供氧。对于这种情况，以氧消耗量为基准的细胞产率系数 $Y_{X/O}$[单位：kg (细胞) /kg ($O_2$) ] 定义为

$$Y_{X/O} = \frac{\Delta X}{-\Delta m_{O_2}} \tag{4-41}$$

式中：$-\Delta m_{O_2}$ 为反应消耗的 $O_2$ 量，kg。

3) 代谢产物的产率系数

代谢产物的产率系数($Y_{P/S}$)定义为单位质量的基质消耗量所生成的代谢产物的量，可表示为

$$Y_{P/S} = \frac{\text{代谢产物生成量}}{\text{基质消耗量}} = \frac{\Delta P}{-\Delta S} = \frac{\gamma_P}{-\gamma_S} \tag{4-42}$$

式中：$\Delta P$ 为代谢产物生成量，kg。

以碳元素为基准的代谢产物的生产速率系数 $Y_{P/C}$ 定义为

$$Y_{P/C} = \frac{\text{代谢产物生成量} \times \text{产物含碳率}}{\text{基质消耗量} \times \text{基质含碳率}} = Y_{P/S}\frac{\gamma_P}{\gamma_S} \tag{4-43}$$

式中：$\gamma_P$ 为代谢产物的含碳率，量纲为 1。

3. 微生物反应动力学

1) 微生物生长速率的定义

指数生长期微生物的生长速率 $r_X$ 定义为

$$r_X = \frac{dX}{dt} = \mu X \tag{4-44}$$

式中：$X$ 为活细胞浓度，kg(细胞)/$m^3$；$\mu$ 为比生长速率(specific growth rate)，$h^{-1}$。

$\mu$ 的单位为时间的倒数，$\mu$ 值越大，说明微生物生长越快。

$$\mu = \frac{dX}{dt}\frac{1}{X} \tag{4-45}$$

在指数生长阶段，菌体浓度随时间指数增长。菌体浓度增长一倍所需时间称为倍增时间(doubling time) $t_d$。

在间歇培养条件下，$\mu$ 与倍增时间 $t_d$ 的关系为

$$\mu = \frac{\ln 2}{t_d} = \frac{0.693}{t_d} \tag{4-46}$$

微生物菌体的倍增时间较短。细菌一般为 0.25～1h，酵母菌为 1.15～2h，霉菌为 2～6.9h。动植物菌体的倍增时间较长，如哺乳动物菌体一般为 15～100h，植物菌体为 24～74h。

减速期间随着菌体的大量繁殖，基质中的营养物质迅速消耗，加之有害代谢物质的积累，微生物生长速率逐渐下降，进入减速期。当基质中不存在抑制菌体生长的物质时，对于同一种微生物(群)，当 pH、温度等条件一定的情况下，微生物的比生长速率和限制

性基质浓度 $S$ 有如下关系：

$$\mu = \frac{\mu_{\max} S}{K_S + S} \tag{4-47}$$

式中：$S$ 为限制性基质浓度，$kg/m^3$；$\mu_{\max}$ 为最大比生长速率，$h^{-1}$；$K_S$ 为饱和系数，$kg/m^3$，$K_S$ 与 $\mu = \mu_{\max}/2$ 时的 $S$ 值相等。

式(4-47)称为 Monod 方程，其成立的假设条件如下：①随着细胞质量的增加，细胞内所有物质如蛋白质、RNA、DNA、水分等以同样的比例增加，即细胞内各组分含量保持不变，这种生长称为协调型生长；②系统中各细胞具有相同的生理化特性，或不考虑细胞间的差异，即用平均性质和量来描述；③培养系统中只存在一种生长限制性基质，其他成分过量存在不影响微生物的生长；④在培养过程中，细胞产率系数不变，为一常数。

2) 抑制性因子共存时的生长速率方程

(1) 基质抑制。

有时高浓度的基质会对菌体的生长产生抑制，即发生基质抑制的情况。例如，用乙酸作为基质培养产朊假丝酵母、用亚硝酸盐培养基培养硝化杆菌等，都会发生基质抑制现象。这时菌体的比生长速率可用 Haldane 方程表示：

$$\mu = \frac{\mu_{\max} S}{K_S + S + S^2/K_i} \tag{4-48}$$

式中：$K_i$ 为基质抑制系数，$kg/m^3$。

(2) 代谢产物抑制。

如果菌体的代谢产物对菌体的生长有抑制作用，随着这种代谢产物的积累，尽管这时培养液中限制性基质的浓度还相当高，菌体的比生长速率将逐渐下降。下面是描述产物抑制的方程：

$$\mu = \frac{\mu_{\max} S}{(K_S + S)(1 + P/K_P)} \tag{4-49}$$

式中：$P$ 为代谢产物浓度，$kg/m^3$；$K_P$ 为代谢产物抑制系数，$kg/m^3$。

4. 微生物反应基质消耗动力学

1) 基质消耗速率的表达式

由于微生物反应中存在着大量的细胞，而且每一个细胞之间都存在着一定的差异，关注系统中单个细胞的基质消耗过程，对深入理解基质消耗机制有重要的意义，但是在实际应用中，不可能掌握每个细胞的基质消耗速率。所以常不考虑细胞内的差异，而把细胞看作一个组分稳定的化学物质，对该系统的宏观消耗速率进行分析、讨论。

微生物反应系统中单位混合物体积的基质消耗速率[volumetric substrate consumption rate，$-r_S$，$kg/(m^3 \cdot h)$]与细胞表观产率系数和生长速率的关系为

$$-r_S = \frac{1}{Y_{X/S}} r_X = \frac{1}{Y_{X/S}} \mu X \tag{4-50}$$

在实际应用和科研中,经常用到单位细胞质量的基质消耗速率,即比基质消耗速率(specific substrate consumption rate,$-v_S$,$h^{-1}$)描述:

$$-v_S = \frac{-r_S}{X} \tag{4-51}$$

$$-v_S = \frac{1}{Y_{X/S}}\mu \tag{4-52}$$

在污水处理中,常用到 BOD 表示基质群,此时$-r_S$称为 BOD 去除速率,$-v_S$称为 BOD 比去除率。

当$\mu$可以用 Monod 方程表达时,式(4-51)可改写为

$$-v_S = \frac{\mu_{max}}{Y_{X/S}}\frac{S}{K_S+S} = v_{max}\frac{S}{K_S+S} \tag{4-53}$$

2) 考虑维持代谢的基质消耗速率表达式

间歇发酵中,基质的消耗主要用于微生物生长和维持细胞生命活动,所以基质的消耗速率为

$$-r_S = \frac{1}{Y_{X/S}^*}r_X + m_X X \tag{4-54}$$

$$-v_S = \frac{1}{Y_{X/S}^*}\mu + m_X \tag{4-55}$$

式中:$Y_{X/S}^*$为细胞真实产率系数(true growth yiled),kg(细胞)/kg;$m_X$为维持系数(maintenance coefficient),kg(基质)/[kg(细胞)·h]。

$Y_{X/S}^*$是从能源物质所能获得的最大细胞产率系数。$m_X$值一般为 0.1~4,与环境条件有很大的关系。

3) 氧摄取速率

在需氧微生物反应中,需通气提供氧作为细胞呼吸的最终电子受体,从而产生水并释放出反应的能量。氧的消耗速率(oxygen consumption rate,OCR)又称氧的摄取速率(oxygen uptake rate,OUR)$r_{O_2}$,它表示单位质量细胞在单位时间内消耗(或摄取)的氧量。

$$-r_{O_2} = \frac{1}{Y_{X/O}^*}r_X + m_{X,O_2}X \tag{4-56}$$

$$-v_{O_2} = \frac{1}{Y_{X/O_2}^*}\mu + m_{X,O_2} \tag{4-57}$$

式中:$m_{X,O_2}$为以氧消耗为基准的维持系数,kg($O_2$)/[kg(细胞)·h];$-v_{O_2}$为比氧消耗速率,kg($O_2$)/[kg(细胞)·h]。

5. 微生物生长速率与基质消耗速率的关系

将式(4-54)变形可得

$$r_X = Y_{X/S}^*(-r_S) - m_X Y_{X/S}^* X \tag{4-58}$$

即

$$\frac{dX}{dt} = -Y_{X/S}^* \frac{dS}{dt} - m_X Y_{X/S}^* X \tag{4-59}$$

对于同一个系统，$Y_{X/S}^*$ 和 $m_X$ 均为常数，令 $m_X Y_{X/S}^* = b$，则式(4-59)变形为

$$\frac{dX}{dt} = -Y_{X/S}^* \frac{dS}{dt} - bX \tag{4-60}$$

式(4-60)是在污水生物处理领域中常用的污泥增长速率方程，在污水生物处理中 $Y_{X/S}^*$ 称为污泥真实转化率或污泥真实产率，$b$ 称为活性污泥微生物的自身氧化率，也称衰减系数。污水的活性污泥处理系统的 $b$ 值为 $0.003 \sim 0.008 h^{-1}$。

6. 代谢产物生成速率

代谢产物生产，有许多模型，有三种模型代表了三种系统：

生长偶联产物　　　　　　　$r_P = \alpha r_X$

非生长偶联产物　　　　　　$r_P = \beta r_X$

混合动力学　　　　　　　　$r_P = \alpha r_X + \beta r_X$

式中：$r_P$ 为产物的生成速率，$kg/(m^3 \cdot h)$；$\alpha$，$\beta$ 为常数。

### 三、酶反应动力学基本概念及研究方法

酶是具有生物催化功能的生物大分子，可以说生物体内几乎所有生命活动最终执行者都是种类繁多的生物酶。事实上，环境工程中生物学应用也都依赖于生物体内生物酶的作用。因此，研究酶的理化性质及其作用机制，可阐明生命现象本质，掌握生命活动规律，进而更好地将生物学原理应用于环境工程中。

人们对酶作用特点与作用机制的研究不断发展，并逐步认识到酶的催化效应具有高效性、专一性、作用条件温和等特点。对其作用机制也提出中间产物学说、"锁钥"学说、诱导契合学说等作用模式，并且基于中间产物学说而建立的米氏方程成为酶催化反应动力学的经典理论。

均相酶催化反应动力学是以研究酶催化反应机制为目的发展起来的。均相酶催化反应是指酶与反应物处于同相(液相)中的酶催化反应。在了解酶催化反应机制和过程的基础上，对影响其反应速率的因素进行定量的分析，建立可信赖的反应速率方程，就可以此为基础指导生产应用。

1. 酶催化反应动力学基础

要对酶催化反应进行定量分析，就必须引入化学反应动力学中反应速率的概念。也就是以单位时间内反应物的减少量或产物的生成量来衡量反应的快慢。根据化学反应动力学理论基础，可以建立酶催化反应动力学基本方程。

对酶催化反应 $A + B \xrightarrow{k} P + Q$，有

$$v_A = -\frac{dc_A}{dt}, \quad v_P = \frac{dc_P}{dt} \tag{4-61}$$

式中：$k$ 为酶催化反应速率常数；$v$ 为酶催化反应速率；$v_A$ 为以底物 A 的消耗速率表示的酶催化反应速率；$v_P$ 为以产物 P 的生成速率表示的酶催化反应速率。

对连锁的酶催化反应，如 $A \xrightarrow{k_1} M \xrightarrow{k_2} P$，有

$$\frac{dc_M}{dt} = k_1 c_A - k_2 c_M, \quad \frac{dc_P}{dt} = k_2 c_M \tag{4-62}$$

2. 单底物酶催化反应动力学
1) 米氏方程

单底物不可逆酶促反应是最简单的酶促反应。1903 年，Henri 在蔗糖酶水解蔗糖实验工作中观察到，在体系中蔗糖酶浓度一定的情况下，在底物浓度较低时，反应速率与底物浓度的增加成正比关系，表现为一级反应，随着底物浓度继续增加，反应速率上升不再成正比，呈现为混合级反应。据此 Henri 提出酶-底物中间复合物假说，即酶会先与底物形成一个中间复合物(ES)，然后再转变为产物(P)，其反应机制可表示为

$$E + S \underset{k_{-1}}{\overset{k_1}{\rightleftharpoons}} ES \xrightarrow{k_2} E + P$$

1913 年，Michaelis 和 Menten 在此基础上，提出了酶促反应的快速平衡法，并推导出一个数学方程式来表示底物浓度和反应速率之间的定量关系。

该方程基于以下三点假设：

(1) 底物浓度[S]远超于酶浓度[E]，中间复合物 ES 的形成不会降低底物浓度[S]。

(2) 在初速率范围内，不考虑 $E + P \rightleftharpoons EP$ 这个可逆反应。

(3) $E + S \underset{k_{-1}}{\overset{k_1}{\rightleftharpoons}} ES$ 的正、逆向反应快速平衡，$ES \xrightarrow{k_2} E + P$ 为整个反应的限速阶段，此 ES 分解成产物不足以破坏这个平衡。由此，可建立动力学方程：

$$v = \frac{k_2 [E]_t [S]}{K_S + [S]} \tag{4-63}$$

令 $v_{max} = k_2 [E]_t$，则

$$v = \frac{v_{max}[S]}{K_S + [S]} \tag{4-64}$$

实际上，酶促反应过程中 ES 复合物形成后，ES 可分解为 E 和 S，也可解离为 E 和 P，同样 E 和 P 也可以重新形成 ES。当中间复合物的生成速率和分解速率相等，其浓度变化很小时，反应即处于"稳态平衡"。因此，Briggs-Haldane 在 1925 年修正了上述方程的推导假设。

(1) [S] ≫ [E]，中间复合物 ES 的形成不会降低[S]。

(2) 不考虑 $E + P \rightleftharpoons EP$ 这个可逆反应。

(3) [S] ≫ [E]，中间复合物 ES 一经分解，产生的游离酶立即与底物结合，使中间复

合物 ES 浓度保持恒定，即 $\dfrac{d[ES]}{dt}=0$。根据稳态法假设建立动力学方程得

$$v=\dfrac{k_2[E]_t[S]}{\dfrac{k_{-1}+k_2}{k_1}+[S]} \quad (4\text{-}65)$$

令 $v_{\max}=k_2[E]_t$，$K_m=\dfrac{k_{-1}+k_2}{k_1}$，则

$$v=\dfrac{v_{\max}[S]}{K_m+[S]} \quad (4\text{-}66)$$

但是为了纪念 Michaelis 和 Menten，把式(4-65)和式(4-66)均称为米氏方程，$K_m$ 称为米氏常数，米氏方程可用图 4-12 表示。

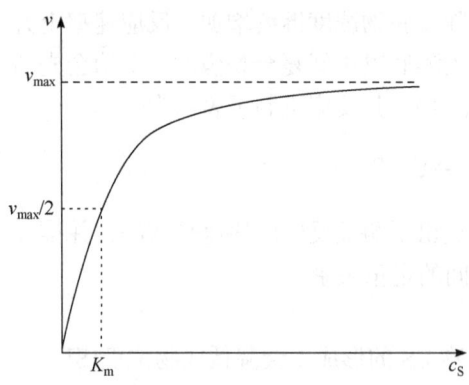

图 4-12 酶浓度一定时反应速率与底物浓度的关系

根据米氏方程还可以说明如下关系：

(1) 当 $[S]\ll K_m$ 时，$[S]$ 对 $K_m$ 影响很小，$[S]$ 可忽略，则 $v=\dfrac{v_{\max}}{K_m}[S]$，此时酶促反应速率与底物浓度呈线性关系，表现为一级反应。

(2) 当 $[S]\gg K_m$ 时 $K_m$ 可忽略，则 $v=v_{\max}$，是零级反应。此时，酶活性部位全部被底物占据，反应速率受限于酶浓度而与底物浓度无关。

(3) 当 $[S]=K_m$ 时，$v=\dfrac{v_{\max}}{2}$。$K_m$ 在数量上等于反应速率达到最大反应速率一半时的底物浓度。

2) 动力学参数 $K_m$ 和 $v_{\max}$ 的测定方法

$K_m$ 是酶的特征常数之一，只与酶的性质相关，与浓度无关，但受测定的底物、反应时的 pH、温度、离子强度等因素的影响，所以对某一种酶来说，它的 $K_m$ 值是指在一定温度、pH、离子强度以及一定底物浓度而言的。大多数酶的 $K_m$ 在 $10^{-6}\sim 10^{-1}$ mol/L。有的酶能作用于多种底物，而对每一底物而言都有一个 $K_m$ 值。

(1) Linewear Burk 法，即双倒数法。

对米氏方程两侧取倒数，得 $\dfrac{1}{v}=\dfrac{1}{v_{\max}}+\dfrac{K_m}{v_{\max}}\dfrac{1}{[S]}$。以 $\dfrac{1}{v}$-$\dfrac{1}{[S]}$ 作图(图 4-13)，得一直线，直线斜率为 $\dfrac{K_m}{v_{\max}}$，截距为 $\dfrac{1}{v_{\max}}$。根据直线斜率和截距可计算出 $K_m$ 和 $v_{\max}$。

(2) Eadie-Hofstee 法。

将米氏方程两边分别乘以 $\dfrac{K_m+[S]}{K_m}$，即得方程：$v=-K_m\dfrac{v}{[S]}+v_{\max}$，以 $v$ 对 $\dfrac{v}{[S]}$ 作图，

也可得一直线，其纵轴截距为 $v_{max}$，横轴截距为 $\dfrac{v_{max}}{K_m}$，斜率为 $-K_m$ (图 4-14)。

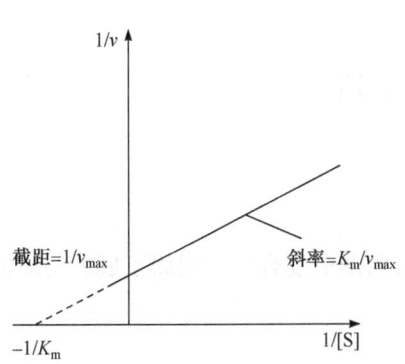

图 4-13 双倒数法求解 $K_m$ 和 $v_{max}$

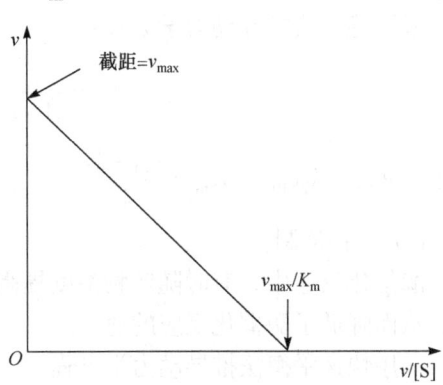

图 4-14 Eadie-Hofstee 法求解 $K_m$ 和 $v_{max}$

3) 温度对酶催化反应速率的影响

温度对酶催化反应速率的影响，是通过影响 $k_2$ 和 $K_S$ ($K_S \approx K_m$)实现的。

Arrhenius 方程
$$k_2 = A\exp\left(-\dfrac{E_a}{RT}\right) \tag{4-67}$$

van't Hoff 方程
$$K_S \propto \exp\left(-\dfrac{\Delta H}{RT}\right) \tag{4-68}$$

值得注意的是，Arrhenius(阿伦尼乌斯)方程仅在较低温度下适用于酶催化反应。过高的温度将导致酶的失活。式中：$\Delta H$ 为反应热。

4) 抑制剂对酶催化反应速率的影响

(1) 竞争性抑制。

采用快速平衡法推导动力学方程：

$$v = \dfrac{v_{max}c_S}{K_S(1+c_I/K_I)+c_S} \tag{4-69}$$

式中：$v_{max}=k_2c_{E0}$；$K_S=\dfrac{k_{-1}}{k_1}$；$c_I$ 为抑制剂浓度；$K_I$ 为抑制剂与酶结合产物的解离常数。

采用稳态法推导动力学方程：

$$v = \dfrac{v_{max}c_S}{K_m(1+c_I/K_I)+c_S} \tag{4-70}$$

式中：$v_{max}=k_2c_{E0}$；$K_m=\dfrac{k_{-1}+k_2}{k_1}$。

(2) 非竞争性抑制。

采用快速平衡法推导动力学方程：

$$v = \dfrac{v_{max}c_S}{(1+c_I/K_I)(K_S+c_S)} \tag{4-71}$$

式中：$v_{\max} = k_2 c_{E0}$；$K_S = \dfrac{k_{-1}}{k_1}$。

采用稳态法推导动力学方程：

$$v = \frac{v_{\max} c_S}{(1 + c_I / K_I)(K_m + c_S)} \tag{4-72}$$

式中：$v_{\max} = k_2 c_{E0}$；$K_m = \dfrac{k_{-1} + k_2}{k_1}$。

(3) 产物抑制。

酶催化反应中，有时随产物浓度提高，产物与酶形成复合物，阻碍了底物与酶的合成，从而降低了酶催化反应的速率。

采用快速平衡法推导动力学方程：

$$v = \frac{v_{\max} c_S}{K_S(1 + c_P / K_P) + c_S} \tag{4-73}$$

式中：$v_{\max} = k_2 c_{E0}$；$K_S = \dfrac{k_{-1}}{k_1}$。

采用稳态法推导动力学方程：

$$v = \frac{v_{\max} c_S}{K_m(1 + c_P / K_P) + c_S} \tag{4-74}$$

式中：$v_{\max} = k_2 c_{E0}$；$K_m = \dfrac{k_{-1} + k_2}{k_1}$。

(4) 底物抑制。

对于某些酶催化反应，当底物浓度较高时，$v_P$ 呈下降的趋势，这种反应称为高浓度底物抑制或底物抑制(substrate inhibition)型反应。

采用快速平衡法推导动力学方程：

$$v = \frac{v_{\max} c_S}{K_S + c_S(1 + c_S / K_S)} \tag{4-75}$$

式中：$v_{\max} = k_2 c_{E0}$；$K_S = \dfrac{k_{-1}}{k_1}$。

3. 酶的失活动力学

1) 未反应时酶的失活动力学

(1) 一步失活模型(one step inactivation model)。

多数酶的失活符合一步失活模型。其反应机制为

$$E \xrightarrow{k_d} D$$

式中：E 为具有活性的酶；D 为失活的酶；$k_d$ 为失活反应速率常数。建立酶失活动力学方程：

$$-\frac{dc_E}{dt} = k_d c_E \tag{4-76}$$

(2) 多步失活模型 (multi step inactivation model)。

多步失活模型可划分为以下几种。多步串联失活模型：酶的失活经历多步，即 E⟶F⟶D；同步失活模型：全部酶分子可划分为热稳定性不同的若干个组分，每个组分均符合一步失活模型。

对同步失活模型，全部酶中残存活性酶的比率：

$$\varphi(t) = \frac{c_E}{c_{E0}} = \sum_i X_i \exp(-k_i t) \tag{4-77}$$

(3) 温度对酶失活的影响。

温度对酶失活的影响体现在改变酶失活速率常数上。对一级失活模型，有失活反应 Arrhenius 方程：

$$k_d = A_d \exp\left(-\frac{E_d}{RT}\right) \tag{4-78}$$

同时考虑温度和时间对酶失活影响的关系式：

$$A(t,T) = \frac{c_E}{c_{E0}} = \exp\left[-A_d t \exp\left(-\frac{E_d}{RT}\right)\right] \tag{4-79}$$

2) 反应中酶的热失活动力学

一定的酶催化反应都是正向的酶催化反应与酶的失活反应的复合。当时间一定，随温度的升高，反应速率增大，转化率提高，但当温度高于某一值时，酶的热失活速率加快，当热失活速率大于酶催化反应速率上升的速率时，酶的总反应速率下降，最终降为零。

对某一反应时间，出现与最高转化率对应的温度，该温度称为最佳温度。不同的反应时间，有不同的最佳温度。最佳温度是温度对酶催化反应速率和酶失活速率双重作用的结果。

反应中酶的失活模型：

$$E + S \underset{k_{-1}}{\overset{k_1}{\rightleftharpoons}} ES \xrightarrow{k_2} E + P$$

$$E \xrightarrow{k_d} D, \quad ES \xrightarrow{\delta k_d} D + S$$

按此模型推导其失活动力学方程：

$$-\frac{dc_{E0}}{dt} = k_d \frac{c_{E0} K_m}{K_m + c_S} + \delta k_d \frac{c_{E0} c_S}{K_m + c_S} = k_d c_{E0} \frac{K_m + \delta c_S}{K_m + c_S} \tag{4-80}$$

式中：$K_m = \dfrac{k_{-1} + k_2}{k_1}$。

## 第三节 反应器设计原理

反应工程主要任务之一是设计反应器，基本内容主要包括：根据反应动力学特性和其他因素选择反应器类型；根据反应动力学和反应器的特性确定操作方式和优化操作参数；根据生产要求对反应器进行设计计算，确定反应器的尺寸，并进行技术、经济方面的评价等。

设计反应器用到的基本方程包括反应动力学方程或速率方程、以质量守恒定律为基础的物料衡算方程、以能量守恒为基础的热量衡算方程和描述压力变化的动量衡算方程。其中反应动力学方程和物料衡算方程是描述反应器性能的两个最基本方程。上述三种衡算方程都符合下列模式：输入=输出+消耗+积累。

根据物料混合状态，常将反应器分为均相反应器和非均相反应器。根据反应物系类别，可将反应器分为化学反应器、生物反应器和酶反应器。

## 一、均相化学反应器

1. 间歇反应器的数学模型

1) 间歇反应器数学模型的一般形式

由于间歇釜式反应器中反应混合物处于剧烈搅拌状态下，其中物系温度和各组分的浓度均达到均一，可以对整个反应器进行物料衡算。若 $V$ 为反应物料在整个反应器中占有的体积，间歇操作物料的流入量及流出量均为零，此时单一反应关键组分 A 的物料恒算式可以写成：

$$(r_A)_V V + dn_A / dt = 0 \tag{4-81}$$

式中：$(r_A)_V$ 为按单位体积液相反应混合物计算的反应速率；$t$ 为反应时间；$n_A$ 为反应时间 $t$ 时的关键反应组分 A 的量，mol。

若 $n_A = n_{A0}(1-x_A)$，$n_{A0}$ 为反应开始时反应组分 A 的量，mol；$x_A$ 为组分 A 的转化率。则式(4-81)可写成

$$(r_A)_V V = -dn_A / dt = n_{A0} dx_A / dt \tag{4-82}$$

整理，可得

$$t = n_{A0} \int_0^{x_A} \frac{dx_A}{(-r_A)_V V} \tag{4-83}$$

式(4-83)即间歇反应器的数学模型。

2) 恒容反应器的数学模型

若间歇反应过程中等温液相物料的密度变化可以忽略不计，即恒容过程，则式(4-83)可以写成

$$t = c_{A0} \int_0^{x_A} \frac{dx_A}{-r_A} \tag{4-84}$$

对于恒容过程，也可以将式(4-81)变形为

$$(r_A)_V = -dc_A / dt \tag{4-85}$$

对式(4-85)进行积分，可得

$$t = -\int_{c_{A0}}^{c_A} \frac{\mathrm{d}c_A}{-(r_A)_V} \tag{4-86}$$

式中：$c_{A0}$ 和 $c_A$ 分别为初始和任一反应时间反应物 A 的体积摩尔浓度，$kmol/m^3$。

式(4-84)和式(4-86)为恒容反应器的数学模型。根据以上各式，可以计算达到某一转化率(或浓度)时需要的反应时间，也可以计算任一反应时间的转化率或反应物的浓度。

**示例 4-4** 某厂生产醇酸树脂是使己二酸与己二醇以等物质的量比在 70℃用间歇釜并以硫酸作为催化剂进行缩聚反应而生产的，实验测得反应动力学方程为$-r_A=kc^2_A$。其中，$k=1.97×10^{-3} m^3/(kmol·min)$；$c_{A0}=4 kmol/m^3$。转化率 $x_A=0.5$、0.6、0.8 和 0.9 时，所需反应时间为多少？

**解** 达到要求的转化率所需反应时间为

$$t = c_{A0}\int_0^{x_A} \frac{\mathrm{d}x_A}{-r_A} = c_{A0}\int_0^{x_A} \frac{\mathrm{d}x_A}{kc_{A0}^2(1-x_A)^2}$$

当 $x_A=0.5$ 时，代入上式可得 $t=2.12$ h。$x_A=0.6$，$t=3.17$ h；$x_A=0.8$，$t=8.46$ h；$x_A=0.5$，$t=19.0$ h。

由上述结果可见，随转化率的增加，所需反应时间急剧增加。

3) 间歇反应器的应用计算

间歇反应器的应用计算主要是确定达到一定的转化率所需要的反应时间或根据反应时间确定转化率或反应后各物质浓度。其设计计算依据主要是间歇反应器数学模型。由式(4-86)可得，该数学模型与反应速率方程的积分式相同。因此，将间歇反应器中等温恒容液相单一不可逆反应的设计方程列于表 4-4。

表 4-4 间歇反应器等温恒容液相单一不可逆反应的设计方程

| 反应 | 反应速率方程 | 设计方程 |
|---|---|---|
| A⟶P | $-r_A = k$ | $c_{A0} - c_A = c_{A0}x_A = kt$ $(t < c_{A0}/k)$<br>$c_A = 0$ $(t \geq c_{A0}/k)$ |
| | $-r_A = kc_A$ | $-\ln(c_A/c_{A0}) = -\ln(1-x_A) = kt$ |
| | $-r_A = kc_A^2$ | $\dfrac{1}{c_A} - \dfrac{1}{c_{A0}} = kt$ |
| | $-r_A = kc_A^n$ | $c_A^{1-n} - c_{A0}^{1-n} = c_{A0}^{1-n}[(1-x_A)^{1-n} - 1]$<br>$= (n-1)kt$ $(n \neq 1)$ |
| | $-r_A = \dfrac{V_m c_A}{K_m + c_A}$ | $t = \dfrac{1}{V_m}[c_{A0}x_A - K_m \ln(1-x_A)]$ |
| A+$\alpha_B$B⟶P | $-r_A = kc_A c_B$ | $\ln\dfrac{c_{A0}c_B}{c_{B0}c_A} = \ln\dfrac{c_{B0} - \alpha_B c_{A0}x_A}{c_{B0}(1-x_A)}$<br>$= (c_{B0} - \alpha_B c_{A0})kt$ |

间歇反应器最基本、最直接的计算求解方法是数值积分或图解法。由式(4-84)，以 $x_A$ 对 $1/(r_A)_V$ 作图，然后求取 $x_{A0}$ 到 $x_A$ 之间曲线下的面积即为 $t/c_{A0}$。由式(4-86)，以 $c_A$ 对

$1/(r_A)_V$ 作图，然后求取 $c_{A0}$ 到 $c_A$ 之间曲线下的面积为反应时间 $t$，如图 4-15 所示。

作图法所需要的 $(r_A)_V$ 可根据反应速率方程求得。

对于复杂反应的操作设计，可能涉及两个或两个以上的反应速率方程，设计计算会变得复杂，需要联立微分方程来求解(必要时可采取数值计算法求解)。

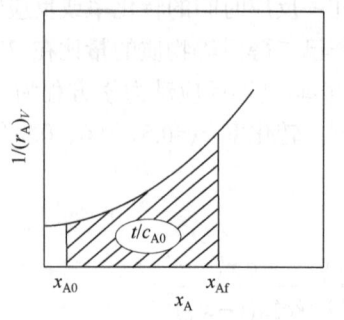 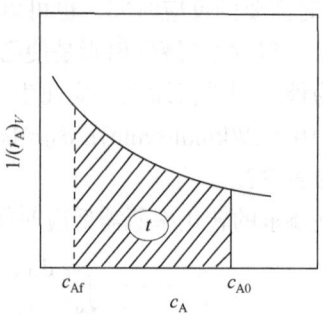

图 4-15　间歇反应器的图解计算方法(恒容)

4) 半间歇反应器

(1) 转化率定义。

对于二级不可逆反应 $A+B \longrightarrow P$，其反应速率方程可表示为 $-r_A = kc_A c_B$。设反应开始时反应器内 A 和 B 的量分别为 $n_{A0}$ 和 $n_{B0}$，体积为 $V_0$，连续加入浓度为 $n_{A0}$、体积流量为 $q_V$ 的物料。在操作开始后 $t$ 时刻的体积为 $V$，A、B 物质的量和浓度分别为 $n_A$、$n_B$、$c_A$、$c_B$，则 A 的转化率定义为

$$x_A = \frac{t \text{ 时间内反应消耗掉的 A 的量}}{\text{A 的起始量} + t \text{ 时间内加入的 A 的量}} = \frac{(n_{A0} + q_{nA0}t) - n_A}{n_{A0} + q_{nA0}t} = 1 - \frac{n_A}{n_{A0} + q_{nA0}t}$$

即

$$n_A = (n_{A0} + q_{nA0}t)(1 - x_A) \tag{4-87}$$

式中：$q_{nA0}$ 为流入反应器的 A 的摩尔流量，kmol/s。

(2) 设计计算方程。

根据物料衡算方程式：输入=输出+消耗+积累，对于半间歇反应器有

单位时间内反应关键组分 A 输入量：$q_{nA0} = q_V c_{A0}$；

单位时间内反应关键组分 A 输出量：0；

消耗量：$-r_A V$；

积累量：$dn_A/dt = d(c_A V)/dt = c_A(dV/dt) + V(dc_A/dt)$。

物料恒算式：

$$q_V c_{A0} = (-r_A)V + c_A(dV/dt) + V(dc_A/dt)$$

$$q_V c_{A0} = (-r_A)V + c_A q_V + V(dc_A/dt) \tag{4-88}$$

把 $V = V_0 + q_V t$，$-r_A = kc_A c_B$ 代入式(4-88)，然后根据数值解析法即可计算出任一反应时间的 $c_A$ 和 $x_A$。

**2. 完全混合流连续反应器**

1) 等温连续流动釜式反应器的设计计算

全混流状态下，连续流动釜式反应器中的物料衡算如下：

输入量=输出量+反应消耗掉的量+积累量

其中在稳态下，积累量为 0，有

$$q_{nA0} = q_{nA} + (-r_A)V$$

即

$$(-r_A)V = q_{nA0} - q_{nA}$$

$$(-r_A)V = q_{nA0}x_A \tag{4-89}$$

式中：$q_{nA0}$，$q_{nA}$ 分别为单位时间内反应物 A 的流入量和排出量，kmol/s；$x_A$ 为连续反应器中反应物 A 的转化率，量纲为 1。

定义

$$\tau = V/q_{V0} = \frac{x_A c_{A0}}{-r_A} \tag{4-90}$$

式中：$q_{V0}$ 为反应器进口处物料的体积流量，m³/s；$\tau$ 为空时，单位为时间，空时的倒数为空速，即 $1/\tau$。空时与空速关联了反应器的体积大小与物料的体积流量，因此说明了反应器的处理能力。

恒容下（$q_{V0} = q_V$），其物料衡算方程可以改写为以反应物 A 浓度表示的形式：

$$-r_A V = q_{V0}c_{A0} - q_{V0}c_A \tag{4-91}$$

则根据空速定义

$$\tau = (c_{A0} - c_A)/(-r_A) \tag{4-92}$$

式(4-92)为恒温恒容下连续流动釜式反应器的基本方程。根据式(4-92)，利用 $c_{A0}$、$c_A$ 和 $\tau$ 可以计算出反应速率。

根据全混流反应器的设计方程，还可表示出图解计算的方法。根据式(4-90)和式(4-92)，分别以 $x_A$ 对 $1/(-r_A)$，以 $c_A$ 对 $1/(-r_A)$ 作图，阴影部分的面积分别与 $\tau/c_{A0}$ 和 $\tau$ 相等，由此可以计算得到所需数据，如图 4-16 所示。

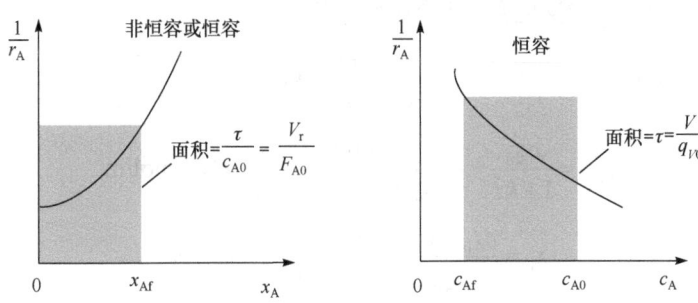

图 4-16　全混流反应器图解设计示意图

2) 多级釜式反应器串联的设计计算方程

(1) 多级釜式反应器串联的基本方程。

当有 $N$ 个全混流反应器在稳态下串联操作时，假定 $V_1=V_2=\cdots=V_N$，$k_1=k_2=\cdots=k_N$，且级间无混合，应用全混流反应器的设计方程对反应物 A 在任一 $i$ 个釜中的物料衡算时，有

$$\tau_i = V_i / q_V = [c_{A(i-1)} - c_{Ai}]/(-r_{Ai}) \tag{4-93}$$

式中：$\tau_i$ 为第 $i$ 个反应器的空时；$V_i$ 为第 $i$ 个反应器的有效体积，$m^3$；$-r_{Ai}$ 为第 $i$ 个反应器的反应速率，$kmol/(m^3 \cdot s)$。

此式为多级串联全混流反应器的基本方程。

串联系统的总空时 $\tau$ 是各个反应器的空时的总和，即

$$\tau = \tau_1 + \tau_2 + \cdots + \tau_N \tag{4-94}$$

(2) 多级串联反应器的解析计算。

对于一级不可逆恒容反应，$-r_A = kc_A$，式(4-93)可变形为

$$c_{Ai} / c_{A(i-1)} = 1/(1+k_i\tau_i) \tag{4-95}$$

分别应用到每一个反应釜，并考虑各级空速、速率常数相等，有

$$c_{A1} / c_{A0} = 1/(1+k_1\tau_1)$$

$$c_{A2} / c_{A1} = 1/(1+k_2\tau_2)$$

$$\vdots$$

$$c_{AN} / c_{A(N-1)} = 1/(1+k_N\tau_N)$$

上面各式相乘后，得到

$$c_{AN} / c_{A0} = 1/(1+k_i\tau_i)^N \tag{4-96}$$

式(4-96)为一级不可逆反应在每个釜体积相同时的多釜串联的设计方程。

**示例 4-5** 某反应可近似看作一级反应，该反应在 300K 时的反应速率常数 $k=2.77 \times 10^{-3} s^{-1}$。将反应物浓度为 600mol/$m^3$ 的液体以 0.05$m^3$/min 的速度送入完全混合流反应器。试求以下几种情况下反应物的转化率：①反应器的体积为 0.8$m^3$ 时；②0.4$m^3$ 的反应器，2 个串联使用；③0.2$m^3$ 的反应器，4 个串联使用。

**解** 平均时间为 $\tau = \dfrac{0.8 \times 60}{50 \times 10^{-3}} = 960s$

$$c_{A1} = \frac{c_{A0}}{1+k\tau} = \frac{600}{1+2.77 \times 10^{-3} \times 960} = 164 \text{ mol/m}^3$$

$$x_1 = \frac{c_{A0} - c_{A1}}{c_{A0}} = \frac{600-164}{600} = 72.7\%$$

同理可得，2 个反应器联用时转化率为 81.6%；4 个反应器联用时转化率为 87%。

以上结果可得，总有效体积相同的条件下，采用多级串联可以提高全混流反应器的效率。

对于非一级反应，解析计算相当复杂，可用图解的方法来计算。将多级串联全混流反应器的基本方程变形为

$$-r_{Ai} = -\frac{c_{Ai} - c_{A(i-1)}}{\tau_i} \tag{4-97}$$

若根据反应速率方程 $-r_A = kf(c_A)$，以 $-r_A$ 为纵坐标、$c_A$ 为横坐标作图，得反应曲线。在同一个坐标图上以 $-r_A$ 对 $c_{Ai}$ 作图得一斜率为 $-1/\tau_i$、截距为 $c_{A(i-1)}$ 的直线，该直线称为操作曲线。操作曲线与反应曲线的交点为 $(c_{Ai}, -r_{Ai})$，因此通过作图可求得第 $i$ 级反应器出口浓度 $c_{Ai}$。图 4-17 所示为多级串联全混流反应器的图解计算法。

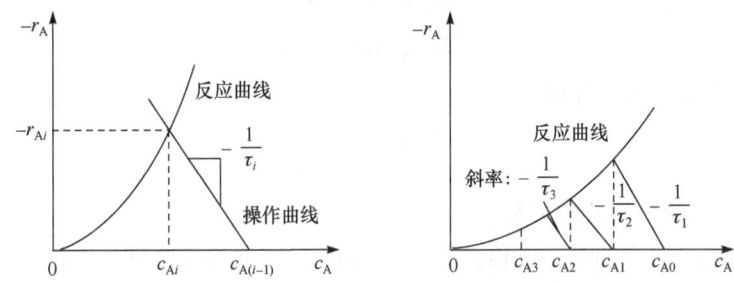

图 4-17　多级串联全混流反应器的图解计算法

根据以上原理，多级串联釜式全混流反应器的图解计算步骤如下：①根据反应速率方程 $-r_A = kf(c_A)$ 绘制反应曲线；②以横坐标上点 $c_{A0}$ 为起点做斜率为 $-1/\tau_1$ 的直线，它与反应曲线相交，交点的横坐标即为 $c_{A1}$，对应的纵坐标值即为第一个反应器的反应速率；③以横坐标上的点 $c_{A1}$ 为起点做斜率为 $-1/\tau_2$ 的直线，它与反应曲线相交，交点的横坐标即为 $c_{A2}$，对应的纵坐标值即为第二个反应器的反应速率；④依次类推，可以求出各个反应器的反应速率和浓度，直到获得给定的出口浓度为止，所画出的斜线的条数即是系统的反应器的个数。

**3. 平推流反应器的设计计算**

全混流一般是在搅拌的情况下产生，对于无搅拌的管式反应器，若其长径比较大且流速较高，往往近似为平推流或活塞流。平推流也是一个理想化的模型，假定在流动方向上，即轴向不存在混合，而在径向则达到完全混合，因而在垂直于流动方向的横截面上，其流速均一，浓度均一，且反应物浓度沿轴向连续变化。

根据平推流的假设，将进入反应器的物料看作平行地向前推移，同一截面上的轴向流速均匀，浓度、温度均匀，就像活塞在气缸中向一个方向运动一样，因此又称为柱式流或活塞流，还可称为理想置换。由于存在管壁间摩擦阻力，实际的流动中同一截面上轴向流速呈抛物线形，即中心流速最大，管壁流速最小。轴向不存在混合意味着在物料流经反应器的整个过程中，流体质点都不会从一个流体扩散到另一个流体，即物料是齐头并肩向前运动的，如图 4-18 所示。

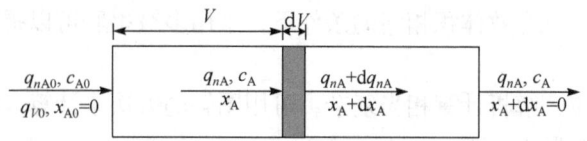

图 4-18 平推流反应器的物料衡算图

若管式反应器中物料的流动状态为平推流，称为平推流反应器。由于平推流反应器中的浓度或转化率等参数沿轴向变化，取一圆柱微元体进行物料衡算，根据质量平衡，稳态下对反应物 A 作物料衡算。

设流入量为 $q_{nA}$，排出量为 $q_{nA}+dq_{nA}$，反应量为 $(-r_A)dV$，积累量为 0，有

$$q_{nA} = q_{nA} + dq_{nA} + (-r_A)dV$$

$$-dq_{nA} = (-r_A)dV$$

$$-dq_{nA}/dV = -r_A$$

将 $q_{nA} = q_V c_A$ 代入上式，可得

$$-\frac{d(q_V c_A)}{dV} = -r_A \tag{4-98}$$

式(4-98)为常用的微分形式的方程。

为了得到积分形式的基本方程，将式(4-98)积分，并逐步整理，可得

$$\frac{V}{q_{nA0}} = \int_0^{x_A} \frac{dx_A}{-r_A}$$

将 $q_{nA0} = q_V c_{A0}$ 代入上式，整理得

$$\tau = c_{A0} \int_0^{x_A} \frac{dx_A}{-r_A} \tag{4-99}$$

式(4-99)为平推流反应器的基本方程。

恒容条件下 $c_A = c_{A0}(1-x_A)$，即 $-c_{A0}dx_A = dc_A$，将此代入式(4-99)可得恒容反应的基本方程

$$\tau = -\int_{c_{A0}}^{c_A} \frac{dc_A}{-r_A} \tag{4-100}$$

式(4-100)和间歇反应器的基本方程形式相同，仅把 $t$ 换成了 $\tau$。若不考虑间歇反应器的辅助操作时间，完全相同的化学反应，在其他操作数值相同时，$t$ 和 $\tau$ 在数值上相同。由于平推流反应器中浓度或转化率与空间位置(轴向)有关，因此设计公式中有微积分。同时，平推流反应器的串联与单个同体积的平推流反应器效果一样，因此无串联的问题。当动力学较为复杂时，也可用图解计算。根据平推流反应器的基本方程(4-99)，以 $x_A$ 对 $1/(-r_A)$ 作图，如图 4-19(a)所示，则图中阴影部分与 $\tau/c_{A0}$ 相等，由此可以求得停留时间的 $x_A$ 或达到一定的 $x_A$ 需要的停留时间。

同理，根据式(4-100)，对于恒容反应，以 $c_A$ 对 $1/(-r_A)$ 作图，如图 4-19(b)所示，图中对阴影部分的面积进行积分即可计算得到停留时间 $\tau$。由该图可以求出某一停留时间时的出口浓度或出口浓度达到某一数值所需要的停留时间。

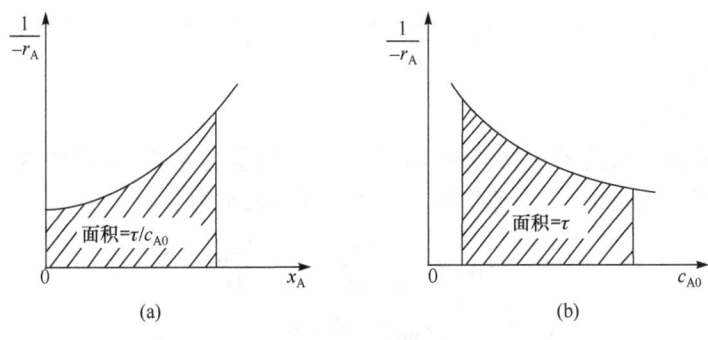

图 4-19 平推流反应器的图解计算法

**示例 4-6** 某反应可近似看作一级反应，该反应在 300K 时的反应速率常数 $k=2.77 \times 10^{-3}\mathrm{s}^{-1}$。将反应物浓度为 600mol/m³ 的液体以 0.05m³/min 的速度送入平推流反应器，反应器的有效体积为 0.8m³，求反应器出口反应物的转化率。

**解** 对于一级反应，恒容条件下，有

$$-r_A = kc_A = -\frac{dc_A}{dt}$$

$$-\ln\frac{c_A}{c_{A0}} = k\tau$$

$$\ln(1-x_A) = -k\tau$$

$$x_A = 1 - e^{-k\tau}$$

将 $k$ 和 $\tau$ 代入上式，可得转化率为 93%。

## 二、非均相化学反应器

1. 固相催化反应器与反应器设计

1) 固相催化反应器

固定床催化反应器多用于气-固催化反应，其一般操作方式是气体从上而下通过床层。该类反应器广泛应用于石油化工、有机化工以及废气的催化反应分解处理等。

固定床催化剂的形式多种多样，根据床层与外界的热交换形式，可分为绝热式固定床反应器、换热式固定床反应器和自热式固定床反应器等。

催化反应大多伴随着热效应，因而反应器的温度控制非常重要；但当催化反应的热效应很小，且单位床层体积具有较大传热表面时，反应器可近似按等温反应计算，简化设计计算。

固定床反应器设计主要任务是根据原料组成和目标转化率计算求出此类反应器体积、催化剂装填量、床层高度以及有关的工艺参数等。

由于固定床内的流动、传热、传质和反应非常复杂，在反应器设计中常采用模型法，即对床层内的流体与催化剂颗粒的行为进行一定的简化。一维拟均相理想模型是最简单的固定床设计模型。

一维拟均相模型的基本假设如下：①流体在反应器中的温度、浓度在径向上均一，

仅沿轴向变化，流体流动相当于推流式反应器；②流体与催化剂在同一截面处的温度、反应物浓度相同。

2) 等温反应器设计

等温固定床催化反应器的物料衡算如下：设床层温度为 $T$，入口处 A 组分摩尔流量为 $q_{nA0}$，反应率为 $x_{A0}=0$，反应速率用反应率的函数表示为

$$-r_{Am} = -\frac{1}{m}\frac{dn_A}{dt} = \frac{n_{A0}}{m}\frac{dx_A}{dt} \tag{4-101}$$

$$-r_{Am} = -R_A/\rho_P \tag{4-102}$$

式中：$-r_{Am}$ 为以催化剂质量为基准的反应速率，kmol/(kg·s)；$\rho_P$ 为催化剂颗粒的密度，kg/m³。

对于厚度为 d$L$ 的填充层微体积单元，单位时间内的反应物 A 的进入量、流出量以及反应量如下：

A 的进入量 $\qquad q_{nA} \tag{4-103}$

A 的流出量 $\qquad q_{nA} + dq_{nA} \tag{4-104}$

A 的反应量 $\qquad (-r_{Am})dm = (-r_{Am})\cdot S \cdot dL \cdot \rho_b \tag{4-105}$

式中：$\rho_b$ 为催化剂层的颗粒堆积密度，kg/m³；$S$ 为床层截面积，m²；$m$ 为催化剂质量，kg。

对于稳态过程，A 的积累量为 0，故微体积单元的物料衡算式可表示为

$$q_{nA} = q_{nA} + dq_{nA} + (-r_{Am})dm \tag{4-106}$$

$$(-r_{Am})dm = -dq_{nA} \tag{4-107}$$

因为

$$q_{nA} = q_{nA0}(1-x_A) \tag{4-108}$$

故

$$dq_{nA} = -q_{nA0}dx_A \tag{4-109}$$

可得

$$(-r_{Am})dm = q_{nA0}dx_A \tag{4-110}$$

对式(4-110)进行积分，可得

$$\frac{m}{q_{nA0}} = \int_0^m \frac{dm}{q_{nA0}} = \int_0^{x_A} \frac{dx_A}{-r_{Am}} \tag{4-111}$$

利用反应速率 $-r_{Am}$ 与 $x_A$ 的函数关系 $-r_{Am} = f(x_A)$ 或者不同 $x_A$ 时的 $-r_{Am}$ 的数值，由上式可求得催化剂的质量 $m$，再利用式(4-112)可求出床层高度 $L$。

$$L = m/S\rho_b \tag{4-112}$$

3) 非等温固定床催化反应器设计

对于反应热效应大的固相催化反应，很难进行等温操作，设计时必须考虑温度的分布及吸放热对反应器的影响。非等温固定床反应器设计的基本方法是根据物料衡算、热

量衡算和反应速率随温度与转化率的函数 $-r_{Am} = f(T, x_A)$ 解联立方程，或用图解法计算出所需催化剂的质量和体积以确定反应速率与温度。

2. 流化床反应器的设计

1) 流化床反应器

流化床反应器广泛用于气-固相催化反应过程。流化床催化反应器的主要优点是：①可以使用小粒度的催化剂，因而内扩散的影响完全忽略，提高了催化剂的利用率；②温度均匀，可实现完全等温操作，适合某些反应温度控制严格的催化反应过程。如果催化剂需要连续再生，流化床反应器则最合适，催化剂的加入和卸除都十分方便，同时流化床反应器压力降不随气速而变化。流化床反应器最主要的缺点是：①催化剂磨损和气体夹带造成催化剂损失，且损失量较大，这对于贵金属催化剂是难以承受的；②催化剂返混严重；③气体以气泡形式通过床层造成气、固接触不良，导致催化效率下降。

2) 流化床反应器设计

流化床反应器设计模型由一系列物料衡算、热量衡算、流体力学方程和动力学方程组成。建立了流化床数学模型，就可以进行反应器参数和操作条件的设计。在气-固相反应流化床中，由于颗粒分布不均匀以及气泡的存在，数学模型较为复杂。

在环境工程中，流化床反应器常用于水质净化系统，流体为水溶液，床层处于散式流态化状态。大多数情况下可以利用简单均相模型即全混流模型或活塞流模型进行计算。

3. 气-液相催化反应器

1) 气-液相催化反应器基本方程

气-液相反应是化学工业中常见的非均相反应过程，近年来在生物技术、生物工程和环境工程等领域也获得广泛应用。这类反应的主要特征是反应只在液相中进行，同时在反应过程中至少有一种反应物在气相，其余物质在液相；气相中的反应物必须先传递到液相，然后在液相中发生化学反应，反应产物一般都存留在液相中。

目前气-液相反应的主要用途如下。

(1) 直接制取产品：如环己烷氧化制己二酸、苯的液相氯化生成氯苯、乙烯氧化制乙醛以及环己烷氧化制环己酮等。

(2) 净化脱除气体中的某些组分：合成气净化脱除硫化氢和二氧化碳，碱液吸收燃煤烟气中的二氧化硫，铜氨溶液脱除合成气中的一氧化碳等，这类过程又称化学吸收过程。

近年来，随着化学工业的飞速发展以及环境保护的日趋重要，气-液相反应器越来越显示出广阔的应用前景。目前工程上常用的气-液相反应器有填料塔、喷淋塔、板式塔、鼓泡塔和搅拌反应器等。下面主要介绍填料塔和鼓泡塔这两种典型气-液相反应器的设计计算。

2) 填料塔反应器的设计计算

对于填料塔的设计，主要任务是计算塔径和填料层高度。对于气-液相二级反应：

$$A(g) + \alpha_B B(l) \longrightarrow P$$

若反应为瞬时反应或快速反应，则在液相主体中 A 的浓度为 0，即 $c_{AL} = 0$。

假设填料塔内的气、液相均为平推流，则对于稳态时微单元 $dz$ 内的 A 组分的物料恒算式为：微单元内 A 的损失量=微单元内 A 的反应量，即

$$q_{nGI}dY_A = (-r_{AS}) \cdot a \cdot dz \tag{4-113}$$

式中：$q_{nGI}$ 为单元塔截面积上气相中惰性组分 I 的摩尔流量，$kmol/(m^2 \cdot s)$；$a$ 为比相界面积，即单位液相体积所具有的气-液相界面积，$m^2/m^3$；$Y_A$ 为气相中组分 A 与惰性组分的物质的量比，量纲为 1。

由于在反应过程中气相的总物质的量发生变化，选择惰性组分为基准进行设计计算较为方便。

$$Y_A = \frac{\text{气相中A的物质的量}}{\text{气相中惰性组分I的物质的量}} = \frac{\text{A的分压}}{\text{I的分压}}$$

$$Y_A = \frac{p_A}{p_I} = \frac{p_A}{p_t - p_A} \tag{4-114}$$

式中：$p_A$、$p_I$ 分别为反应物 A、惰性组分 I 的分压，Pa；$p_t$ 为进气的总压，Pa。

对式(4-113)积分，可得

$$H = \int_0^H dz = q_{nGI} \int_{Y_{A1}}^{Y_{A2}} \frac{dY_A}{(-r_{AS})a_i} \tag{4-115}$$

同样，对液相组分 B 进行物料衡算，可得

$$-q_{nLI}dX_B = \alpha_B(-r_{AS}) \cdot a_i \cdot dz \tag{4-116}$$

式中：$q_{nLI}$ 为单位塔截面积上液相中惰性组分 I 的摩尔流量，$kmol/(m^2 \cdot s)$；$X_B$ 为液相组分 B 与惰性组分的物质的量比，量纲为 1。

$$X_B = \frac{c_B}{c_t - c_B} \tag{4-117}$$

式中：$c_t$ 为液相总浓度，$kmol/m^3$。

对式(4-116)积分，可得

$$H = \int_0^H dz = -\frac{q_{nLI}}{\alpha_B} \int_{X_{B1}}^{X_{B2}} \frac{dX_B}{(-r_{AS}) \cdot a_i} \tag{4-118}$$

根据式(4-117)和式(4-118)，即可计算出填料层高度。

3) 鼓泡塔的设计计算

(1) 半连续操作鼓泡塔。

半连续鼓泡塔的操作方式为，液体一次加入，气体连续通入反应器底部，以气泡形式通过液层。该操作方式和均相间歇式反应器一样，操作状态为非稳态。对于二级不可逆气-液相反应 $A(g) + \alpha_B B(l) \longrightarrow P$，假定气相在反应器内的流动为平推流，液相为全混流，则反应器内的物料恒算式为

$$q_{nGI}dY_A = (-r_{AL})(1-\varepsilon)dz \tag{4-119}$$

式中：$q_{nGI}$ 为单元塔截面积上气相中惰性组分 I 的摩尔流量，$kmol/(m^2 \cdot s)$；$Y_A$ 为气相中

组分 A 与惰性组分的物质的量比,量纲为 1;$\varepsilon$ 为气含率,单位气、液混合物体积中气相所占的体积,量纲为 1;$-r_{AL}$ 为液相反应速率,即本征反应速率,$kmol/(m^3 \cdot s)$。

$$-r_{AL} = kc_{AL}^m c_{BL}^n \tag{4-120}$$

边界条件:
$$Z = 0, \quad Y_A = Y_{A1}$$
$$Z = H, \quad Y_A = Y_{A2}$$

根据边界条件对式(4-119)和式(4-120)解方程,即可求得 $H$ 或出口处气体的浓度。

(2) 连续操作鼓泡塔。

假定气相为平推流,液相为全混流,则与半连续操作过程类似,气相组分 A 的物料衡算式为

$$q_{nGI} dY_A = (-r_{AS}) \cdot a \cdot dz \tag{4-121}$$

$$H = \int_0^H dz = q_{nGI} \int_{Y_{A1}}^{Y_{A2}} \frac{dY_A}{(-r_{AS})a} \tag{4-122}$$

式中:$-r_{AS}$ 为以相界面为基准的反应速率;$a$ 为以液相为基准的比相界面积。

### 三、生物反应器

生物过程的工业化成功应用,很大程度上依赖于生物反应器的效率。进行生物反应器设计必须明确目标反应的变化规律和变化速率。生物反应器设计计算的基本方程式,即物料衡算、热量衡算和动量衡算式完全类似于化学反应器,只是生物反应器动力学方程不同于化学反应,比一般化学反应动力学方程更加复杂,更加非线性化,所以分析与计算更加复杂。现仅介绍最简单的情况,以及微生物反应器中的传质及传递过程,用以说明微生物反应器的基本设计计算方法。

1. 生物反应器的设计基础

对于间歇反应器中进行以微生物为催化剂的多酶体系生物反应,过程涉及微生物生长、代谢与产物生成等,情况相当复杂。只有一种限制性基质的条件下,利用 Monod 方程可以较好地描述对数生长期、减速期和稳定期三个生长阶段的情况。假设微生物生长符合 Monod 方程,且细胞产率系数 $Y_{X/S}$ 为一常数,则微生物生长速率和基质 S 的消耗速率为

$$\frac{dX}{dt} = \mu X = \frac{\mu_{max} S}{K_S + S} X \tag{4-123}$$

$$\frac{dS}{dt} = \frac{r_X}{Y_{X/S}^*} + m_X X \tag{4-124}$$

在 $t=0$,$X = X_0$,$S = S_0$ 的条件下,解上述两式,即可求出 $X$ 和 $S$ 随时间的变化。由于上述微分方程难以求解,一般需要用数值解析的方法求解。

2. 生物反应器中的传质过程

1) 生物反应体系中流体的流变学特性

流变学特性是指液体在外加剪切力 $\Gamma$ 作用下产生的流变特性。在外加剪切力的作用

下,一定产生相应的剪切速率γ(单位为 Pa),两者之间的关系为该流体在给定温度和压力下的流变特性。

$$\Gamma = f(\gamma)$$

生物反应醪液多属与时间无关的黏性流体范围。有多种经验方程来描述非牛顿型流体的流变特性,其中最简单的形式是指数方程。

2) 生物反应体系中发酵液的流变学特性

发酵液中的主要成分使发酵液流变学特性受菌体的大小和形状的影响。丝状菌悬浮液不同于细菌和酵母菌悬浮液,菌丝呈丝状或团状。反应器中,这些菌丝体纠缠在一起,使悬浮液黏度达数 Pa·s。团状菌丝体以稳定的球状积聚在一起而生长,其直径可达几毫米。无论是丝状或团状,流变学特性都是非牛顿型流体。

微小颗粒悬浮液的黏度是多种因素的函数,除依赖菌体颗粒的含量外,还受颗粒的形状、大小、颗粒的变形度等因素影响。真菌或放线菌等发酵,发酵液的流动特性常出现大幅度变化。总之,流体特性因素会对生化反应器内的质量与热量的传递、混合特性及菌体生长等产生影响。

3. 生物反应器中的传递过程

物质传递过程存在于生物工业中的各个生产工段。生物反应系统中,基质从反应液主体到生物催化剂表面的传递过程对生物反应过程影响很大。所以,一些发酵过程产物的生产速率可通过提高限制性基质的传递速率来加以改善。微生物对氧的利用率首先取决于发酵液中氧的溶解度和氧传递速率,然而,高密度的细胞将使溶解氧迅速耗尽,使氧的消耗速度超过氧的传递速度。为提高微生物的反应速率,就必须提高氧的传递速度。

1) 氧传递理论概述

微生物反应中的传质过程十分复杂。停滞模型广泛用来解释传质机制和作为设计计算的主要依据,该模型的基本论点为:

(1) 在气液界面上,两相的物质的量浓度总是相互平衡(空气中氧的物质的量浓度与溶解在液体中的氧的物质的量浓度处于平衡状态),即界面上不存在氧传递阻力。

(2) 在气液两个流体相间存在界面,界面两旁具有两层稳定的薄膜,即气膜和液膜,这两层未定的薄膜在任何流体动力学条件下均呈滞流状态。

(3) 在两膜以外的气液两相的主流中,由于流体充分流动,氧的物质的量浓度基本上是均匀的,也就是无任何传质阻力,因此氧由气相主体到液相主体所遇到的阻力仅存在于两层滞流膜中。

对于氧的传递速率,以液相物质的量浓度为基准可得

$$N = \frac{\text{推动力}}{\text{阻力}} = \frac{c_i - c}{\dfrac{1}{K_T}} = \frac{c^* - c_i}{\dfrac{1}{K_L} + \dfrac{H}{K_G}} = K_L(c^* - c) \tag{4-125}$$

式中:$K_L$ 为液膜传质系数;$K_G$ 为气膜传质系数;$c_i$ 为气液界面上的平衡物质的量浓度;$c$ 为反应液主流中氧的物质的量浓度;$c^*$ 为与气相氧分压相平衡的氧物质的量浓度;$H$ 为亨利常数;$K_T$ 为以液相为基准的总传质系数。

各传质阻力的大小取决于气体的溶解度。如果气体在液相中的溶解度高,液相的传质阻力相对于气相的可忽略不计;反之,对溶解度小的气体,总传质系数 $K_T$ 接近液膜传质系数 $K_L$,此时,总传质过程为液相中的传递过程所控制。

2) 细胞膜内的传质过程

营养物质通过细胞膜的传递形式主要有被动传递、主动传递和促进传递等。被动传递是营养物通过简单扩散传递,即由物质的量浓度梯度所产生,不需附加能。主动传递是营养物通过物质的量浓度梯度扩散,需消耗代谢能。促进传递是营养物依靠载体分子的作用而穿过细胞膜。一种溶解物从物质的量浓度 $c_1$ 一边转送到物质的量浓度 $c_2$ 一边时,自由能的变化 $\Delta G$ 为

$$\Delta G = R_G T \ln(c_2 / c_1) \tag{4-126}$$

式中:$R_G$ 为摩尔气体常量,J/(mol·K);$T$ 为热力学温度,K。

4. 体积传质系数的测定及其影响因素

1) 体积传质系数的测定

亚硫酸盐法是应用较为广泛的测定氧的体积传质系数 $K_L\alpha$ 的方法。正常条件下,亚硫酸根离子的氧化反应非常快,远大于氧的溶解速率。氧的溶解速率是控制氧化反应速率的决定因素。以铜离子为催化剂,以亚硫酸钠为还原剂,过量的碘与反应剩余的亚硫酸钠反应,再用标准的硫代硫酸钠溶液滴定剩余的碘,根据标准硫代硫酸钠溶液消耗的体积,可求出硫代硫酸钠的物质的量浓度。亚硫酸盐的优点是适应 $K_L\alpha$ 值较高时的测定,但对大型反应器来讲,每次实验都要消耗大量的高纯度的亚硫酸盐。

亚硫酸盐法虽然简便,使用范围广,但其测定 $K_L\alpha$ 时在非培养条件下进行,所测 $K_L\alpha$ 值与实际培养体系的 $K_L\alpha$ 值存在差异。采用氧电极测量 $K_L\alpha$ 除具有操作简单,受溶液中其他离子干扰少外,还可以在微生物培养状态下快速、连续地测量,在实际培养体系中常使用氧电极法测定 $K_L\alpha$。通风培养中氧的物料衡算为

$$dc/dt = K_L\alpha(c^* - c) - Q_{O_2}X \tag{4-127}$$

当停止通风,有

$$dc/dt = -Q_{O_2}X \tag{4-128}$$

根据培养液中溶解氧物质的量浓度变化速率,可以求出 $Q_{O_2}$。

稳态法稳定状态下,有

$$K_L\alpha(c^* - c) = Q_{O_2}X \tag{4-129}$$

即耗氧速率等于供氧速率。利用氧电极测定反应溶液中溶解氧物质的量浓度 $c$,有

$$K_L\alpha = Q_{O_2}X/(c^* - c) \tag{4-130}$$

2) 影响 $K_L\alpha$ 的因素

一般来说,影响 $K_L\alpha$ 的因素可分为操作变量、反应液的理化性质和反应器的结构三个部分。

(1) 操作变量：包括压力、温度、通风量和转速等。由双膜理论可知，$K_L$ 是液相扩散系数 $D_L$ 和滞流层 $\delta$ 的函数。由于 $K_L$ 为气泡直径和所处流体动力学特性所左右，因此有必要讨论实际发酵系统中气泡大小的分布和流动类型。反应器中气泡流动方式分为两类：一类是气泡自由上升(如鼓泡罐、塔式反应器、气升式反应器等)；另一类呈高湍流型(主要是实验室中使用的反应器及小型搅拌罐)。

鼓泡式反应器的 $K_L$ 关联式为

$$K_L = 0.5 D_L^{0.5} d_B^{0.5} (\rho/\sigma)^{3/8} g^{5/8} \tag{4-131}$$

式中：$d_B$ 为气泡的直径；$\rho$ 为液体的密度；$\sigma$ 为气液间表面张力；$g$ 为重力加速度。

$\alpha$ 的大小取决于所设计的空气分布器、空气流动速率、反应器的体积、空气泡的直径等。

$$\alpha = 6 F_a / V_L d_B \tag{4-132}$$

式中：$F_a$ 为空气流动速率；$V_L$ 为反应器体积；$d_B$ 为气泡平均直径。

当反应器中气泡的大小呈高斯分布，且随着气泡直径的增大呈线性增加时，反应器的 $K_L \alpha$ 的估算值误差不超过 3%。$d_B$ 与通气量、液体性质等有关。通气量小时，空气通过小孔在液体中形成不连续的气泡。此时，气泡的大小可利用离开分布器的气泡所受的平衡力来确定。当气泡的上升力等于小孔与气泡间的界面张力时，有

$$\frac{\pi}{6} d_B^3 (\rho_L - \rho_G) g = \pi d_0 \sigma \tag{4-133}$$

式中：$d_0$ 为分布器出口小孔孔径；$\rho_L$ 和 $\rho_G$ 分别为液体和气体的密度。

气体节流量 $H_0$ 可用下式求得

$$H_0 = \frac{\left(\dfrac{p_G}{V_L}\right)^{0.4} (w_S)^{0.5} - 2.45}{0.636} \tag{4-134}$$

式中：$w_S$ 为气体的空塔速度。

归纳以上结果，概括起来可用下式表达：

$$K_L \alpha = K \left(\frac{p_G}{V_L}\right)^{\alpha} w_S^{\beta} N^{\gamma} \tag{4-135}$$

式中：$N$ 为搅拌器转速；$K$ 为有因次的系数；指数 $\alpha$、$\beta$、$\gamma$ 分别为经验指数。

温度的高低改变了氧的溶解度，同时也影响了液体的物性常数。温度升高，降低了发酵液的黏度与液体的表面张力，增加了氧在液相中的扩散系数，有利于提高溶氧速率。

(2) 发酵液的理化性质：包括发酵液的黏度、表面张力、氧的溶解度、发酵液的组成成分、流动状态、发酵液类型等，都对 $K_L \alpha$ 有一定的影响。

(3) 反应器的结构：包括反应器的类型、反应器各部分尺寸的比例、空气分布器形式等。通用发酵罐中搅拌器的组数及搅拌器之间的最适距离对溶氧有一定的影响。搅拌器组数和间距在很大程度上要根据发酵液的特性来确定。当高径比为 2.5 时，用多组搅

拌器可提高溶氧系数 10%，当高径比为 4 时，采用较大空气流速和较大功率时，多组搅拌可提高溶氧系数 25%。当空气流量和单位体积功耗不变时，通气效率随高径比的增大而增大。当反应器的高径比由 1 增加到 2 时，$K_L\alpha$ 可增加 40%左右；由 2 增加到 3 时，$K_L\alpha$ 增加 20%。因此，人们倾向于采用较高的高径比。

### 四、酶反应器

1) 氧传递的并联模型

单细胞微生物非常小，而气液界膜厚度可以认为有十几微米，微生物细胞可在界膜内，并作为生物相占有一定空间。界膜内这种多相反应体系在数学处理上十分烦琐，故将其看成均相反应系统加以讨论。好氧微生物反应是在溶解氧含量 DO 大于临界浓度 $DO_{cri}$ 条件下进行的，因此在这一领域内氧的消耗速率对 DO 是 0 级反应关系，其衡算式为

$$\frac{D_{O_2} d^2 DO_y}{dy^2} = Q_{O_2} X \tag{4-136}$$

式中：$D_{O_2}$ 为氧的扩散系数；$DO_y$ 为界膜中的溶解氧含量；$X$ 为微生物细胞的物质的量浓度。

2) 发酵系统中的氧衡算——串联模型

发酵中溶解氧的含量取决于氧的传递速度与氧的利用速度。当反应器内气液两相充分混合，且无液深影响时，对分批式操作，氧的衡算式为

$$\frac{dDO}{dt} = OAR - Q_{O_2} = K_L\alpha(DO^* - DO) - Q_{O_2} X \tag{4-137}$$

式中：OAR 为氧的吸收速率。

在稳态下，下式总是成立的。

$$DO_t = DO^* - \frac{Q_{O_2} X_i}{(K_L\alpha)_i} \tag{4-138}$$

当 $DO_t$ 接近 0 时，有 $K_L\alpha DO^* = Q_{O_2} X$，$Q_{O_2} X$ 为 $K_L\alpha$ 所控制。分批操作中，必要的 $K_L\alpha$ 由 $(Q_{O_2})_{max} X/(DO^* - DO_{cri})$ 给出。

3) 菌丝团中氧的传递模型

在丝状菌的培养中，常形成直径为几微米数量级的团状物。假如菌丝团呈球形(半径为 $R$)，菌丝体密度为 $\rho_x$(从里到外密度相同)。菌丝体内物质传递仅由分子扩散所引起，在稳定状态下，可获得如下基本方程式：

$$D\left(\frac{d^2 c}{dr^2} + \frac{2}{r}\frac{dc}{dr}\right) = \rho_x \frac{(Q_{O_2})_{max} c}{K_m + c} \tag{4-139}$$

边界条件为，$r = R$ 时，$c = c_L$；$r = 0$ 时，$dc/dr = 0$。引入无因次项 $y = c/c_L$，$x = r/R$，

$\beta = K_m / c_L$,上式变形为

$$\frac{d^2 y}{dx^2} + \frac{2}{x}\frac{dy}{dx} = \frac{\alpha y}{\beta + y} \tag{4-140}$$

式中:

$$\alpha = \frac{6R}{\sqrt{\dfrac{6c_L D}{\rho_x (Q_{O_2})_{max}}}} \tag{4-141}$$

其中:$c$ 为距离球心 $r$ 处溶解氧的物质的量浓度,mol/m³;$c_L$ 为液相主体处溶解氧的物质的量浓度,mol/m³。

4) 溶解氧方程与溶氧速率的调节

讨论与 $K_L\alpha$ 相关的各种影响因素目的是找出其与 $K_L\alpha$ 值的相互关系,因为这是微生物反应器设计与放大的根本。准确地建立溶解氧系数与上述诸因素之间的关联式非常困难。计算微生物反应器的溶解氧方程很多,但这些经验公式都是在设备容量和操作变量变化范围不大的情况下所得到的,有一定的应用局限性。

$K_L\alpha$ 值的大小是评价通风反应器的重要指标,但不是唯一指标。一个性能良好的反应器,应具有较高的 $K_L\alpha$ 值,同时其溶解 1mol 氧所消耗的能量应该低。

提高氧传递速率的途径有两条:一是提高氧传质推动力,二是提高 $K_L\alpha$ 值。提高氧传递速率的同时,应尽量减小通风搅拌功率,以保证单位溶解氧的能耗($N_P$)较低。在实际生产中,在通风压力许可的范围内是可以考虑的,但设计时不宜选择过高的操作压力。提高搅拌转速和增大通风量,对一定的设备而言,都可以增大 $K_L\alpha$ 值,从而提高 $N_P$。

## 第四节 反应器放大及应用

### 一、反应器放大

由实验室的小型反应器放大至工业大型反应装置,大多是以逐级经验放大法为基础。这种方法是依靠实验探索逐步实现反应过程放大。逐级经验放大方法的基本步骤是首先通过小试确定反应器类型和优选工艺条件;再通过逐级中试考察反应器几何尺寸变化对反应过程传质、传热和反应效率等因素的影响。显然逐级经验放大的方法完全依赖于实验所得结果,从实验室反应器规模一步一步向工程规模过渡。它的特点是既不对过程机理深入考察,又不对反应过程进行化学和物理过程的分析和研究。此放大过程经常无法预测某些经济指标下降的趋势和程度,也无法提出对这种指标变化加以控制或改进的措施,是一种立足经验的、人力和财力消耗大的方法。

数学模拟放大法比传统的经验放大法能更好地反映反应过程的本质,可以增加放大倍数,缩短放大周期,可以根据数学模拟方法来评比各类反应器的结构及预期所达到的

效果，从而寻求反应器的优化设计。此外，用数学模型还可以研究反应过程中操作参数改变时反应装置的行为，从而达到操作优化，而某些参数的改变往往是工业中难以实现或具有破坏性的。因此，数学模拟放大既是进行工程放大和优化设计的基础，也是制订、优化和控制方案的基础。目前主要应用的模拟软件有 Aspen、Pro Ⅱ 和 Chem CAD 等，各种软件的操作使用详见相关参考资料。

对于某些参数间关系复杂的反应器如烟气除尘与脱硝过程和废水处理曝气过程所常用的气-固流化床，待突破的技术瓶颈主要是多相湍流的速度场、浓度场和温度场的实验研究和模拟方法。要进行大型冷模实验研究和反应器的热模实验研究，并依据测量技术的发展及开发新测量仪器和探头，进一步检验和修正气-固流化床中诸多有关微尺度与反应之间的"三传一反"规律，取得可靠的能反映过程实质的数学模型。反应装置投产后，还应从生产实践进一步检验数学模型。

上述用数学模拟放大方法来设计或开拓新的生产过程，可以用图 4-20 来表示。

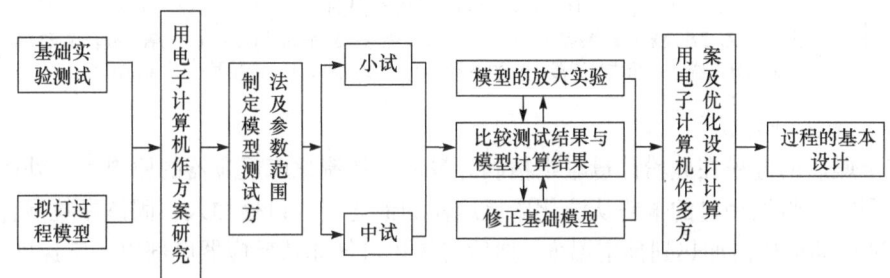

图 4-20　数学模拟放大方法示意图

## 二、化学反应器案例

为了进一步了解化学反应器设计与放大过程，以单晶硅的生产原料三氯氢硅制备为例进行阐述，针对气-固反应介绍固定床、搅拌床和流化床反应器。太阳能电池板系列产品是将太阳能转化为电能的有效载体，其光电转换等器件基础材料为单晶硅。目前，单晶硅的生产原料是多晶硅。对于多晶硅的生产，三氯氢硅制备工艺是必不可少的工艺之一。

1. 三氯氢硅制备工艺

用硅作为原料合成三氯氢硅的生产工艺经历了从固定床、搅拌床到流化床的发展过程，目前国内企业生产三氯氢硅普遍采用的工艺方法是硅氢氯化法(改良西门子法)，合成装置基本采用小型流化床。其工艺过程主要包括氯化氢合成、三氯氢硅合成、三氯氢硅精制等工序，生产工艺流程图见图 4-21。

1) 氯化氢制备

氯气和氢气在氯化氢合成炉内燃烧生成氯化氢，合成后的氯化氢经空气冷却器自然冷却，再经除铁器进入石墨冷却器冷却后进入酸雾分离器，最后将得到的氯化氢气体送入缓冲罐。将研磨过的金属级硅粉颗粒在氮气的吹送下送至硅粉干燥器。

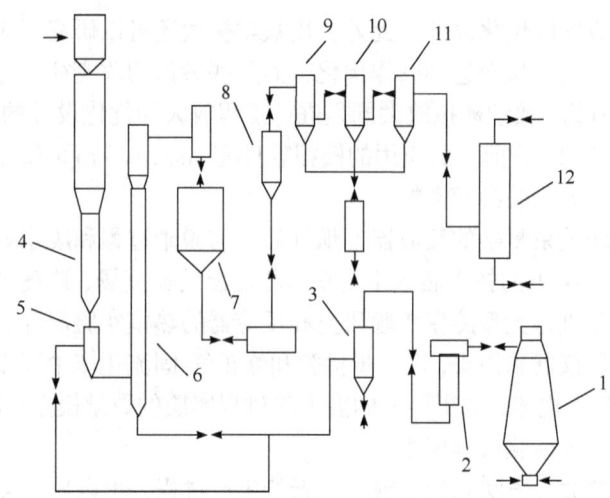

图 4-21 生产工艺流程图

1. 氯化氢合成炉；2. 石墨冷凝器；3. 酸雾分离器；4. 硅粉干燥器；5. 硅粉计量罐；6. 三氯氢硅合成反应器；
7. 旋风分离器；8. 箱式过滤器；9. 预冷器；10. 热交换器；11. 冷凝器；12. 精馏塔

2) 三氯氢硅合成

将干燥后的硅粉在硅粉计量罐中精确计量后，从流化床反应器的原料入口处送入反应器。同时，将处理过的铜粉从流化床反应器的催化剂入口处加入，固体颗粒混合均匀后，通过外部加热器加热到预定温度，然后将氯化氢气体从反应器底部以一定速度吹入，开始反应。

3) 气固分离

从流化床反应器出来的合成气(以三氯氢硅和四氯化硅为主)经过缓冲罐首先进入旋风分离器，经过两级旋风分离器分离出部分硅粉后，气体进入箱式过滤器，进一步滤出细粉及高氯硅烷，被分离出来的硅粉颗粒经过处理后重新进入循环，提纯后的气体再进入冷凝工序。

4) 合成气冷凝

经过气固分离后的合成气体首先进入工艺水预冷器，用循环水对其进行预冷，再将预冷后的气体通入盐水冷凝器进一步冷却，而后气体进入深度冷凝器。

5) 精馏提纯

最后通过二级精馏装置将混合液体中的杂质除去，并且将三氯氢硅和四氯化硅分开，得到高纯度的三氯氢硅液体。其中三氯氢硅合成是整个三氯氢硅生产中最重要的部分。

2. 反应器形式的历史演变过程

在三氯氢硅的整个合成工序中，三氯氢硅合成炉是该工艺的关键反应器，所以对三氯氢硅合成炉的设计成为生产技术的重中之重。目前国内大部分采用小型流化床生产三氯氢硅，与传统的固定床相比，流化床技术明显提升，三氯氢硅收率可达 80%~90%，单台最大生产能力为 0.8 万 t/a。

1) 列管式固定床反应器

列管式固定床反应器设备简图见图 4-22。

在列管式固定床反应器中,管程中的金属颗粒堆积静止不动,维持在一定的床层高度,氯化氢气体在床层中进行反应,壳程中冷却介质或载热体对反应物料进行间壁换热。

列管式固定床反应器的优点有:①返混小,流体同催化剂可进行有效接触,当反应伴有串联副反应时可得较高选择性;②催化剂机械损耗小;③结构简单。其缺点有:①操作过程中,催化剂不能更换,一般不适用于催化剂需频繁再生的反应;②传热差,反应放热量很大时,即使是列管式反应器也可能出现飞温(反应温度失去控制,急剧上升,超过允许范围)。三氯氢硅合成反应需高温加热,且在反应中剧烈放热,反应过程中需及时移走热量让反应温度维持在一定范围之内,这样才能减少副反应的发生,保证三氯氢硅的高收率。

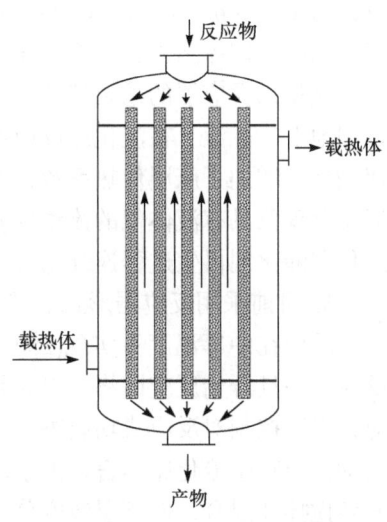

图 4-22 列管式固定床反应器

2) 搅拌床反应器

整个搅拌床反应器采用循环系统进行加热,有效保证了反应器轴向温度分布均匀,同时也可以防止转化反应过程中放热飞温现象的产生。但是搅拌使得催化剂的磨损更加严重,定期更换催化剂,大大增加了生产成本,也影响了三氯氢硅合成的反应速率及收率。

3) 流化床反应器

目前三氯氢硅合成反应多采用双套管型流化床反应器,其设备简图如图 4-23 所示。

流化床反应器是工艺中最主要的生产设备,包括下部的反应段和上部的扩大段,反应段的下部设有硅粉入口、氯化氢进气口、气体分布板和排渣口,扩大段上部设有出料口,反应段的外部不设加热夹套,仅在反应段和扩大段内部设有导热油指形管(导热油指形管从扩大段一直延伸到反应段的底部)。导热油指形管的进油口与外部的供油装置连接,供油装置设有加热油和冷却油的切换装置(或供油装置的加热器设有控制温度的调节开关);导热油指形管的出油口与外部的废热处理装置连接,反应器下部设置检修封头,氯化氢入口和排渣口设置在检修封头上,反应段下部与检修封头之间有氯化氢分布器,氯化氢分布器包括分布板,分布板上设有若干个安装通孔(通孔间距为 40~60mm),安装通孔内设有风帽,风帽内设有轴向导气孔(直径为 5~10mm)。轴向导气孔的下端导通分布盘的下部,轴向导气孔的上端封闭,轴向导气孔沿侧壁周向设有若干个径向出气孔(一般为 6 个,

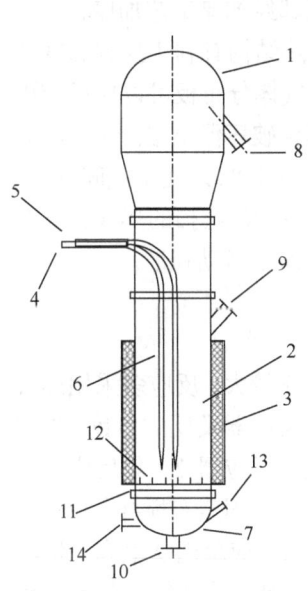

图 4-23 双套管型流化床反应器

1. 气固分离段;2. 反应段;3. 加热器;4. 热媒出口;5. 热媒进口;6. 内换热套;7. 下封头;8. 出料口;9. 硅粉进料口;10. 氯化氢进气口;11. 气体分布板;12. 锥形气帽;13. 排渣口;14. 测压口

直径为1～3mm，均匀设置在帽体)，径向出气孔与分布板的上部导通，风帽由帽体和连接部构成，帽体凸出分布板，连接部通过螺纹设置在安装通孔内。

流化床反应器的重要特征是细颗粒催化剂在上升气流作用下做悬浮运动，固体颗粒剧烈地上下翻滚。在流化床反应器中进行三氯氢硅合成反应时，固体颗粒迅速混合，快速循环，增加了床层传热系数，反应器床层温度近于等温状态，操作和控制简单可靠。流态化现象具有液体似的流动性质，因此颗粒易于连续加入或取出反应器，可以使反应过程和催化剂再生过程连续化。

3. 目前采用反应器形式的基本依据和特点

反应在中等温度下实现(280～325℃)，反应前用热媒对合成炉加热到一定温度使其反应，一旦开始反应即将放出大量热量，此时需要用冷媒带走多余热量。对于该氯化反应，温度控制对反应成功起决定性作用，温度高则副产物比例过高，温度低则反应无法启动。而对于流化床而言，由于流化床中固体颗粒特殊的运动方式，床层内流体和固体剧烈搅拌和混合，使床层温度分布均匀，近于等温状态。这个重要的特征恰好紧密契合三氯氢硅合成反应对温度控制的要求。

该装置的特点为：①反应器高径比大，气固接触时间长，有利于提高产品的质量及收率。②内换热结构是指形管，竖直的指形管在使硅粉湍动起来时对其的磨损比对横向换热管的磨损小得多，而且指形管底部经加厚工艺加厚，从而使其更耐磨损。这样的换热结构有利于控制温度分布，强化传热和传质。③气体分布板可以使反应更加均匀，且停工检修时不会破坏保温层。④气固分离段直径为反应段的1.5～3.5倍，以便于气固分离。⑤下封头设置排渣口，采用$N_2$吹扫的形式，真空排渣，无需拆卸封头，可减小劳动强度。

### 三、酶反应器案例

外界因素对酶反应影响较大，反应多采用逐级经验放大法来设计和优化反应器及反应参数。生产中常用到的酶反应器为罐式反应器2，集反应、分离和洗酶于一体，轴式搅拌下固定有搅拌桨叶4，上部连接搅拌电机1，分离反应罐内从上到下依次设有立式滤芯组合装置3、卧式滤芯组合装置5和过滤盘6，还设置有喷淋装置8和清洗装置9，罐体上分别开有进料口10、入孔13、上分离出液口11、下分离出液口12、下出液口14和酶出口15，上分离出液口对应于罐体内的立式滤芯组合装置，下分离出液口对应于罐体内的卧式滤芯组合装置，下出液口位于过滤盘的底部，如图4-24所示。

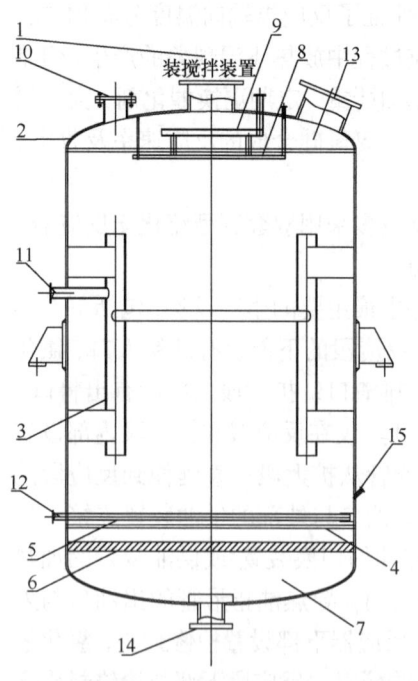

图4-24 反应分离一体化罐式酶反应器结构示意图

1. 搅拌电机；2. 罐式反应器；3. 立式滤芯组合；4. 搅拌桨叶；5. 卧式滤芯组合；6. 过滤盘；7. 下罐体；8. 喷淋装置；9. 清洗装置；10. 进料口；11. 上分离出液口；12. 下分离出液口；13. 入孔；14. 下出液口；15. 酶出口

具体操作方式如下：罐式反应器 2 上部的进料口 10 通过管道与储罐相连，液体物料通过输料泵和进料口 10 打入罐反应器 2 中，固体物料则是通过入孔 13 加入罐中。物料在罐式反应器 2 中进行反应，形成包括酶、固体产物和溶剂等组成的固液混悬物。固液混悬物通过立式滤芯组合装置 3、卧式滤芯组合装置 5 和过滤盘 6 这三级自上而下的过滤分离，将酶与其他固液混合物分开。通过上分离出液口 11、下分离出液口 12 和下出液口 14 分离出罐式反应器的固液混合物，经过离心机等分离装置，分离出清液，清液通过输料泵再次打入罐式反应器中，用以冲洗罐体中的各个装置和反应生成的酶。如此循环，直到将酶洗涤干净、罐式反应器内流出的料液澄清透明为止。

绿色酶法合成头孢氨苄是利用 7-氨基-3-去乙酰氧基头孢烷酸(7-amino-3-methyl-3-cephem-4-carboxylic acid，7-ADCA)为母核，苯甘氨酸甲酯(d-phenylglycinemethyl ester，PGM)为酰基供体，在水相中用固定化青霉素 G 酰化酶(Penicillin G acylase，PGA)催化合成头孢氨苄(cephalexin)。酶法合成头孢氨苄方法在辅料和工艺上均区别于传统的化学合成方法，反应过程中避免使用吡啶、特戊酰氯、$N,N$-二甲基甲酰胺(DMF)等有毒有害物质，且工艺路线简单，反应条件温和；母液回收过程中使用酶法裂解回收 7-ADCA 工艺替代头孢氨苄和 $\beta$-萘酚形成复盐后的分离工艺，避免了 $\beta$-萘酚和二氯甲烷的回收；回收套用后头孢氨苄摩尔收率比化学法工艺提高 2%，新的酶法合成工艺既降低了生产成本，也降低了环保压力，属于绿色环保工艺。酶法合成头孢氨苄代替化学法合成工艺也将会对酶法合成抗生素的发展产生深远影响。

**四、生物反应器案例**

生物反应器设计是根据生物产品生产过程的生物学特性、反应特征、质量和能量传递要求，设计和优化生物反应器的结构类型、几何尺寸、操作方式和控制方案等参数。具体的设计内容包括：

(1) 生物反应器设计首先需确定反应器类型、操作方式、能量传递和流体流动方式等。反应器取得高效能的主要基础条件是反应器容积、功能结构、几何尺寸和混合与换热方式。根据微生物学及生化动力学原理，确定反应器温度、压力、pH 等运行参数和控制方式，计算微生物增值、能耗和物耗等。

(2) 生物反应器设计遵循质量守恒定律、能量守恒定律和动量守恒定律，在污水处理生物反应器工艺设计中通常采用污泥负荷法或生化反应动力学模式进行设计计算。

生物反应器放大是指在设计与操作上，将研发的小型生物反应器成果转移到工业反应器中重现的过程。比拟放大是生物反应器放大的有效方法。比拟放大的准则一般包括反应器几何相似、单位体积搅拌功率恒定，传氧系数恒定和混合时间恒定。比拟放大的一般流程为：根据几何相似确定放大尺寸，按公式计算放大的其他参数，根据具体情况进行适度调整。

SBR(sequencing batch reactor)为序列间歇式活性污泥法，也称序批式活性污泥法。SBR 法的工艺设备主要由反应池、曝气装置、滗水装置和自动控制系统组成，其基本特征表现如下：

(1) 设备简单，布置紧凑，基建和运行费用低，维护管理方便。

(2) 在反应器的一个运行周期中,能够设置好氧、厌氧运行状态,可实现生物脱碳、脱氮及除磷的目的。

(3) 在接近静置状态下进行泥水分离,固液分离效果好、稳定。

(4) 耐冲击负荷,不易产生污泥膨胀。

SBR 是按一定时间顺序间歇操作运行的一个完整的操作过程,由进水(也称充水)、反应、沉淀、排水、排泥、搅拌、闲置等阶段组成。根据所处理废水的水质及预期拟达到的净化目标,通过调整上述操作运行阶段,构建反应器操作运行过程,使反应器净化功能发生明显变化。

反应器工艺设计计算采用污泥负荷计算法,计算内容主要包括各工序所需时间、反应器容积、需氧量、供氧量及供气量和污泥量等。

## 思 考 题

1. 合成聚氯乙烯所用的单体氯乙烯多是由乙炔和氯化氢以氯化汞为催化剂合成得到的,反应式为: $HCl + C_2H_2 \rightleftharpoons CH_2CHCl$,由于乙炔价格高于氯化氢,通常使用的原料混合气体中氯化氢是过量的,设其过量10%。若反应器出口气体中氯乙烯含量为90%(摩尔分数),试分别计算乙炔的转化率和氯化氢的转化率。

2. 挥发性有机物丙烷在870K附近时的热分解反应的计量方程为

$$C_3H_8 = 0.300C_3H_6 + 0.065C_2H_6 + 0.668C_2H_4 + 0.635CH_4 + 0.300H_2$$

试计算 1mol 丙烷分解后反应体系的总物质的量将增加多少。

3. 等温间歇反应时间与反应物浓度的关系在间歇反应器中进行等温二级不可逆反应:$A \rightleftharpoons B$,反应速率为 $r_A = 0.01c_A^2$ [kmol/(L·s)],当 $c_{A0}$ 分别为 1mol/L、5mol/L、10mol/L 时,求反应至 $c_A$ 分别为 0.5mol/L、0.1mol/L 和 0.01mol/L 所需要的反应时间及达到的转化率。

4. 对某均相反应,在初始浓度相同的条件下,为达到相同的转化率,在100℃下需10min,在120℃下需2min,求该反应的活化能。

5. 试证明微生物的倍增时间与比生长速率之间的关系为

$$\mu = \frac{\ln 2}{t_d} = \frac{0.693}{t_d}$$

6. 在黄原胶批式发酵时,假定在接种后无延迟期,直接进入指数生长期,初始菌体浓度为 0.3g/L,在经过10h 后,菌体浓度为 0.6g/L,在经过20h 后进入稳定期(静止期),试求在 25h 时发酵液中菌体的浓度。

7. 有一均相酶催化反应,$K_m$ 值为 $1.5 \times 10^{-4}$ mol/L,当底物的初始浓度 $c_{S0}$ 为 0.3mol/L 时,若反应进行 1h,有 20%的底物转化为产物,试求反应 2h 时底物的浓度和转化率。

8. 以乙酸和正丁醇为原料在间歇反应器中生产乙酸丁酯,操作温度为 100℃,每批进料 1kmol 的乙酸和 4.96kmol 的正丁醇,已知反应速率$(r_A)_V = 1.045 c_A^2$ [kmol/(m³·h)],试求乙酸转化率分别为 0.5、0.9 和 0.99 所需的反应时间。已知乙酸与正丁醇的密度分别为 960kg/m³ 和 740kg/m³。

9. 平推流反应器中发生一级反应 $A \longrightarrow B$(恒容反应),反应速率常数 $k$ 为 $0.35h^{-1}$,要使A的去除率达到 90%,则A需要在反应器中停留多少时间?

10. 某厂生产醇酸树脂是使己二酸与己二醇以等物质的量比在 70℃用全混流反应器并以硫酸作为

催化剂进行缩聚反应而生产的,实验测得反应动力学方程为

$$-r_A = kc_A^2$$

$k=1.97\times10^{-3}\text{m}^3/(\text{kmol}\cdot\text{min})$

$c_{A0}=4\text{kmol/m}^3$

求己二酸转化率分别为 80%和 90%时所需反应器的体积。

## 参 考 文 献

顾其丰. 1997. 生物化工原理. 上海: 上海科学技术出版社.
郭锴. 2000. 化学反应工程. 北京: 化学工业出版社.
郭勇. 酶工程. 1994. 北京: 中国轻工业出版社.
胡洪营, 张旭, 黄霞, 等. 2015. 环境工程原理. 3 版. 北京: 高等教育出版社.
贾士儒. 2008. 生物反应工程原理. 3 版. 北京: 科学出版社.
李绍芬. 2000. 反应工程. 2 版. 北京: 化学工业出版社.
李永峰, 陈红. 2012. 现代环境工程原理. 北京: 机械工业出版社.
戚以政, 汪叔雄. 1999. 生化反应动力学与反应器. 2 版. 北京: 化学工业出版社.
许保玖, 龙腾锐. 2000. 当代给水与废水处理原理. 2 版. 北京: 高等教育出版社.
严希康. 2001. 生化分离工程. 北京: 化学工业出版社.
尹芳华, 李为民. 2011. 化学反应工程. 北京: 中国石化出版社.
张濂, 许志美, 袁向前. 2000. 化学反应工程原理. 上海: 华东理工大学出版社.
朱炳辰. 2011. 化学反应工程. 4 版. 北京: 化学工业出版社.
Schugerl K. 1995. 生物反应工程. 王建华, 译. 成都: 成都科技大学出版社.

# 第五章

# 废水处理工程原理

**本章导读**

水是生命的源泉，是人类赖以生存和发展的不可缺少的最重要的物质资源之一。随着人口和经济的快速增长，水污染和水资源短缺问题日益加剧，因此废水处理和再生利用具有重要意义。废水处理就是利用物理、化学和生物的方法处理废水，使废水得到净化，减少污染，以至达到废水回收、复用，充分利用水资源的目的。

本章简单介绍废水中污染物的组分与污染指标，并以污染物的去除工艺单元为核心，重点阐述常用废水处理单元如混凝、沉淀、过滤、吸附、氧化和生物处理的基本概念、基本理论和数学模型，介绍废水处理单元的新发展。目的是让读者了解典型废水处理工艺单元，掌握废水处理的理论和设计原理，获得分析和解决水污染具体技术问题的基本能力。

## ■ 第一节 废水中污染物的组分与污染指标

水污染指标是评价水污染程度、进行废水处理工程设计、反映废水处理效果、开展水污染控制的基础。

废水中的污染物按照存在形态可分为漂浮物、悬浮固体、胶体、小分子有机物、无机离子、溶解性气体和微生物等。按照水中污染物的特性，废水中的组分可分为物理组分、化学组分和生物组分，废水的主要组分及其危害见表 5-1。废水中的污染物也可以按如下危害特征分类：

(1) 固体污染物：包括悬浮物、胶体状杂质和溶解性杂质等。

(2) 需氧污染物：包括碳水化合物、脂质和蛋白质等可降解有机物，以生化需氧量、化学需氧量、总需氧量和总有机碳等表示。

(3) 油类污染物：包括石油类和动植物油。

(4) 有毒污染物：包括无机化学毒物、有机化学毒物和放射性毒物等。

(5) 生物污染物：主要指废水中的致病性微生物，包括致病细菌、病虫卵和病毒等。

(6) 酸碱污染物：酸主要来源于矿山排水、工业废水及酸雨等；碱主要来自碱法造纸、化学纤维制造、制碱和制革等工业废水。

(7) 营养性污染物：包括氮、磷、钾和铵盐等。
(8) 感官性污染物：指废水中能引起异色浑浊、泡沫和恶臭等现象的物质。
(9) 热污染：指含热废水。
(10) 新兴污染物：一般指尚未有相关的环境管理政策法规或排放控制标准，但根据对其检出频率及潜在的健康风险评估，有可能被纳入管制对象的物质，如药品和个人护理品、内分泌干扰物等。

表 5-1　废水的主要组分及其危害

| 组分 | 危害 |
| --- | --- |
| 悬浮固体 | 将未经处理的废水排入水生环境中，悬浮固体可能形成污泥沉积物，造成厌氧条件 |
| 可生物降解有机物 | 是指主要由蛋白质、碳水化合物和脂肪组成的可降解的有机物，其最常用的检测方法是生化需氧量(BOD)和化学需氧量(COD)，如将未经处理的废水排入环境，其生物稳定过程可能导致自然氧源的亏损，形成腐化条件 |
| 病原体 | 通过可能存在于废水中的病原有机体传播疾病 |
| 营养物 | 是指氮、磷和碳共同构成的生长的基本养分。当其排入环境中，这些营养物可能导致有害水生物的生长，当其过量排入土壤时，还可能造成地下水的污染 |
| 重点污染物 | 是已知的或可疑的致癌、致突变、致畸或具有急性毒性的有机和无机化合物。这类化合物常在废水中见到 |
| 难降解的有机物 | 这类有机物常用的废水处理方法难以去除，如表面活性剂、酚类物质以及农业用的杀虫剂等 |
| 重金属 | 重金属污染水体后，会使其通过直接饮用水或者饮食等方式摄入人类内部，削弱酶的活性，导致核酸组成发生一定的变化，人类身体健康甚至生命安全受到严重威胁 |
| 溶解无机物 | 水的使用使钙、钠、硫酸盐等无机组分进入原始的水环境中，从而破坏水体自然缓冲作用，抑制微生物生长，妨碍水体自净 |

废水水质指标是描述废水中所含污染物量多少和水体受污染程度的衡量尺度，是对废水或水体进行监测、评价、利用以及污染治理的主要依据。对应各类污染物，用来表示水质状况或水污染状况的指标项目繁多，按其性质可分为物理性指标、化学性指标和生物性指标三大类。表 5-2 是评价废水组分常用的指标。

表 5-2　评价废水组分常用的指标

| 检验 [a] | | 缩写/定义 | 检验结果的用途和意义 |
| --- | --- | --- | --- |
| 物理特性 | 总固体 | TS | 评价废水回用的可能性，确定最适合其处理的操作和过程形式 |
| | 总挥发性固体 | TVS | |
| | 总不挥发固体 | TFS | |
| | 总悬浮固体 | TSS | |
| | 挥发性悬浮固体 | VSS | |
| | 不挥发悬浮固体 | FSS | |
| | 总溶解固体 | TDS | |

续表

| 检验 [a] | | 缩写/定义 | 检验结果的用途和意义 |
|---|---|---|---|
| 物理特性 | 挥发性溶解固体 | VDS | 评价废水回用的可能性，确定最适合其处理的操作和过程形式 |
| | 不挥发溶解固体 | FDS | |
| | 颗粒大小的分布 | PSD | 评价处理过程的性能 |
| | 浊度 | NTU[b] | 用于评价废水处理的质量 |
| | 色度 | 淡褐、灰、黑 | 用于评价废水的状态(新鲜的或是腐败的) |
| | 透射率 | $T$ | 用于评价处理出水对于紫外线消毒的适应性 |
| | 气味 | TON[c] | 确定气味是否已造成问题 |
| | 温度 | ℃或℉ | 对处理装置生物过程的设计和运行是重要的 |
| | 密度 | $\rho$ | 进一步综合评价水体质量，对水质进行界定分类 |
| | 电导率 | EC | 用于评价出水对农业应用的适用性 |
| 无机化合物特性 | 游离氮 | $NH_4^+$ | 用于测量废水中的营养物及其分解的程度，其氧化形式可作为衡量氧化程度的尺度 |
| | 有机氮 | 有机 N | |
| | 凯氏氮 | TKN | |
| | 硝酸盐 | $NO_3^-$ | |
| | 亚硝酸盐 | $NO_2^-$ | |
| | 总氮 | TN | |
| | 无机磷 | 无机 P | |
| | 总磷 | TP | |
| | 有机磷 | 有机 P | |
| | pH | $pH = -\lg[H^+]$ | 测量水溶液酸碱度的尺度 |
| | 碱度 | $\sum[HCO_3^-]+[CO_3^{2-}]+[OH^-]-[H^+]$ | 衡量废水缓冲能力的尺度 |
| | 氯化物 | $Cl^-$ | 评价废水对农业应用的适用性 |
| | 硫酸盐 | $SO_4^{2-}$ | 评价气味形成的可能性和对剩余污泥可处理性产生的影响 |
| | 金属 | As、Cd、Ca、Cr、Co、Cu、Pb、Mg、Hg、Mo、Ni、Se、Na、Zn | 评价废水在回用和处理中对毒性作用的适应性，痕量金属是生物处理中的主要问题 |
| | 特殊的元素和无机化合物 | | 评价是否有特殊组分存在 |
| | 各种气体 | $O_2$、$CO_2$、$NH_3$、$H_2S$、$CH_4$ | 是否有特殊气体存在 |
| | 五日碳生化需氧量 | $CBOD_5$ | 测量生物稳定废水所需的氧量 |
| | 最终碳生化需氧量 | UBOD | 测量生物稳定废水所需的氧量 |
| | 氮需氧量 | NOD | 测量将废水中的氮氧化为硝酸盐所需的氧量 |

续表

| 检验 a | | 缩写/定义 | 检验结果的用途和意义 |
|---|---|---|---|
| 有机化合物特性 | 化学需氧量 | COD | 常用于替代 BOD 的检验 |
| | 总有机碳 | TOC | 常用于替代 BOD 的检验 |
| | 特殊有机化合物和化合物的分类 | MBAS[d]、CTAS[e] | 确定是否存在特殊的有机化合物，估计对其去除是否需要专门设计的测量方法 |
| 生物特性 | 大肠杆菌 | MPN | 评价是否存在病原菌及消毒过程的有效性 |
| | 特殊微生物 | 细菌、原生动物、蠕虫、病毒 | 评价是否存在与处理厂运行和回用有关的特殊有机体 |
| | 毒性 | $TU_a$ 和 $TU_c$ | 急性毒性单位，慢性毒性单位 |

a. 各种详细的检验资料可查阅标准方法；b. NTU 为散射浊度单位；c. TON 为临界气味数；d. MBAS 为亚甲蓝活性物质；e. CTAS 为硫代氰酸钴活性物质。

物理性指标：温度($T$)、浊度、色度、嗅和味、电导率、总固体、总溶解固体等。

化学性指标：pH、碱度、硬度、各种阳离子浓度、各种阴离子浓度、总含盐量、溶解氧(DO)、化学需氧量(COD)、生化需氧量(BOD)。

生物性指标：细菌总数、总大肠杆菌数、各种病原细菌、病毒等。

## 第二节 混凝与沉淀

### 一、混凝

混凝(coagulation)是通过投加无机和有机絮凝剂使水中胶体粒子和微小悬浮物达到聚集目的，属于化学处理单元，在沉淀和后续的污水深度处理中都有应用。工艺流程由药剂投加、混合、反应及沉淀分离等单元组成。

混凝包含凝聚和絮凝两个过程。其中，凝聚是胶体的脱稳阶段，絮凝是胶体脱稳后结成大颗粒絮体的阶段。下面具体阐述混凝的基本原理和计算。

(一) 废水中胶体颗粒的稳定性

胶体微粒一般都带有电荷，其中大部分污水中的胶态蛋白质和淀粉微粒等都带有负电荷。胶体结构如图 5-1 所示。它的中心称为胶核，其表面选择性吸附了一层带电离子，这层离子称为胶体微粒的电位离子，它决定了胶体电荷的大小和电性。由于电位离子的静电引力，在其周围又会吸附大量电荷相反的离子，因此形成了双电层结构。这些离子中紧靠电位离子的部分被牢牢地吸

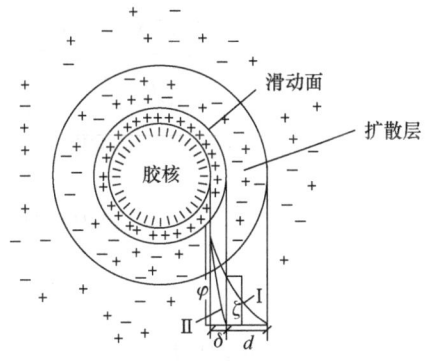

图 5-1 胶体结构和双电层示意图

引，形成固定离子层。而距离电位离子较远的其他离子受到的引力较弱，不随胶核一起运动，并有向水中扩散的趋势，形成扩散层。固定离子层与扩散层之间的界面称为滑动面。滑动面以内的部分称为胶粒。胶粒与扩散层之间形成电位差。此电位称为胶体的电动电位，即 $\zeta$ 电位。而胶核表面的电位离子与溶液之间的电位差称为总电位，即 $\varphi$ 电位。

一方面，受水分子热运动的撞击，胶体在水中做强烈的布朗运动使它不至于很快沉降，所以具有一定的动力学稳定性；另一方面，疏水胶体是高度分散的多相体系，相界面很大，质点之间有强烈的聚结倾向，所以又是热力学不稳定体系。一旦质点聚结变大，动力学稳定性也随之消失。因此，胶体的聚结稳定性是胶体稳定性的关键。胶体的 DLVO 理论指出胶体粒子间存在两个相互制约的作用力，一种是范德华引力，它使粒子相互吸引、兼并而聚沉；另一种是扩散双电层重叠所引起的静电斥力，它是维护胶体稳定的原因。因此，胶体能否相对稳定存在取决于这两种力谁占优势。该理论只适用于憎水性胶体。

### (二) 混凝的基本原理

混凝的基本原理主要包括电性中和作用、吸附架桥作用和网捕或卷扫作用。

#### 1. 电性中和作用

电性中和作用包括压缩双电层作用和吸附-电性中和作用。压缩双电层作用是指溶液中投入电解质后，溶液离子浓度增加，从而使双电层厚度变薄，$\zeta$ 电位降低。这样就可能使微粒碰撞聚结，失去稳定性。

吸附-电性中和作用是指胶粒表面对异号离子、异号胶粒、链状离子或分子带异号电荷的部位有强烈的吸附作用，由于这种吸附作用中和了电位离子所带电荷，减少了静电斥力，降低了 $\zeta$ 电位，胶体易于发生脱稳和凝聚。

#### 2. 吸附架桥作用

投加的三价铝盐或铁盐等高分子混凝剂溶于水后，经水解和缩聚反应形成高分子聚合物。在絮凝过程中，架桥的颗粒与其他架桥颗粒缠绕在一起，形成三维颗粒的尺寸并长大直到它们能快速沉降而被去除为止。这种作用就称为吸附架桥(图 5-2)。

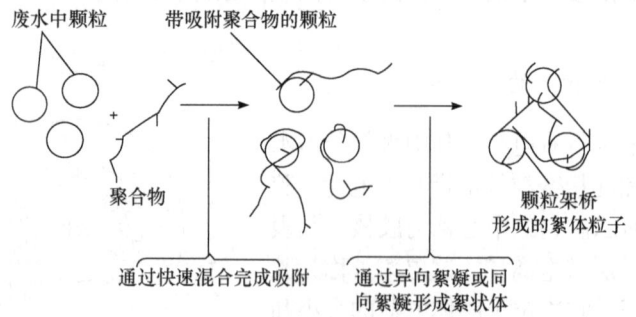

图 5-2　有机聚合物在颗粒间架桥

#### 3. 网捕或卷扫作用

投加到水中的铝盐、铁盐等混凝剂水解后形成大量的具有三维立体结构的水合金属氧化物沉淀。随着宏观絮凝作用，将形成大的絮状物颗粒并迅速沉淀下来。而这些絮状物颗粒的沉降又卷扫整个水中所含的胶体颗粒，网罗于絮体中的胶体颗粒则可从废水中去除。在大多数废水应用中，卷扫絮体的操作模式是沉降法去除颗粒物时最为常用的。

(三) 混凝动力学

1. 同向絮凝

通过水力或机械搅拌使胶体颗粒相碰后的凝聚作用称为同向絮凝(orthokinetic flocculation)。

当水流处于层流状态下的流速分布，设水中颗粒为均匀球体，一定半径范围内的颗粒发生碰撞。碰撞速率($N_o$)可用式(5-1)表示：

$$N_o = \frac{4}{3}n^2d^3G \tag{5-1}$$

式中：$N_o$ 为单位体积的颗粒在同向絮凝中的碰撞速率，$1/(cm^3 \cdot s)$；$n$ 为颗粒数量浓度，个$/cm^3$；$d$ 为水中颗粒的直径，cm；$G$ 为速度梯度，$s^{-1}$。

速度梯度 $G$ 是指两相邻水层的水流速度差和它们之间的距离之比，$G = \frac{\Delta u}{\Delta Z}$，其中 $u$ 和 $\Delta u$ 分别为流速和相邻两流层的流速增量，cm/s；$\Delta Z$ 为垂直于水流方向的两层流之间的距离，cm。

$n$ 和 $d$ 为原水杂质特性，$G$ 为控制混凝效果的水力条件。所以在混凝设备中，往往以速度梯度 $G$ 值作为重要的控制参数之一。同向絮凝主要对大颗粒($d > 1\mu m$)起作用。

2. 异向絮凝

异向絮凝(diverse flocculation)是胶体由于布朗运动碰撞而凝聚的现象。颗粒的异向絮凝碰撞速率($N_p$)可用式(5-2)表示：

$$N_p = \frac{8}{3\nu\rho}KTn^2 \tag{5-2}$$

式中：$N_p$ 为单位体积中的颗粒在异向絮凝中的碰撞速率，$1/(cm^3 \cdot s)$；$\nu$ 为运动黏度，$cm^2/s$；$\rho$ 为水的密度，$g/cm^3$；$K$ 为玻尔兹曼常量，$1.38 \times 10^{-16} g \cdot cm^2/(s^2 \cdot K)$；$T$ 为水的热力学温度，K；$n$ 为颗粒数量浓度，个$/cm^3$。

凝聚速度取决于颗粒碰撞速率。$N_p$ 只与颗粒数量有关，而与颗粒粒径无关。

异向絮凝主要对微小颗粒($d < 1\mu m$)起作用，当颗粒的粒径大于 $1\mu m$，布朗运动消失。

3. 差降絮凝

对于两种不同尺寸的颗粒之间的絮凝，除同向、异向絮凝之外，还存在着差降絮凝。大的颗粒以较快速度下降过程中，能赶上沉速较小的小颗粒，因而发生碰撞，产生絮凝现象。颗粒直径越小，扩散传递速率越大。对于大颗粒，以速度梯度传递和差降传递作用为主，而且颗粒直径越大，这些作用越显著。存在一个特定的颗粒直径使传递速率最小。扩散传递只有在颗粒很小($d < 0.01\mu m$)时才重要。

**示例 5-1** 以常用的混凝剂硫酸铝为例，介绍混凝在水处理中的应用。硫酸铝投入水中后，发生水解反应：

$$Al^{3+} + nH_2O \longrightarrow Al(OH)_n^{3-n} + nH^+ \tag{5-3}$$

式中：$n$ 为 1～6。水解与缩聚反应的产物包括：未水解的水合铝离子、单核羟基络合物、多核羟基络合物、氢氧化铝沉淀等。各种产物所占比例与反应条件(水温、pH 和铝盐投加量)有关。

不同 pH 条件下，硫酸铝混凝机理不同。pH<3 时，形成简单的水合铝离子，以压缩双电层作用为主；pH 在 4～5 时，形成多核羟基络合物，以吸附-电性中和作用为主；pH 在 6.6～7.5 时，形成氢氧化铝，以吸附架桥作用为主。

混凝法去除颗粒的反应和过程的顺序如图 5-3 所示。在 1 区，还没有投入足量混凝剂，甚至 $Fe^{3+}$ 和某些单核水解物质的存在而使表面电荷有所降低，胶体颗粒处于稳定状态。2 区的胶体颗粒由于吸附了单核或多核水解产物而脱稳，假如此时具备絮凝并沉降的条件，则残余浊度可降低到如图所示的程度。在 3 区，如果加入更多的混凝剂，则由于继续吸附单核或多核水解物，颗粒的表面正负电荷出现改变。胶体颗粒带有正电荷，因而不能通过异向絮凝被除去。在 4 区继续加入混凝剂，产生了大量的氢氧化物絮体。由于絮状颗粒的沉降，胶体颗粒因其卷扫作用而得以去除，从而降低了残余浊度。

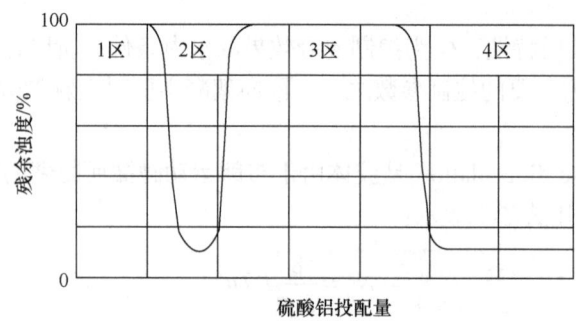

图 5-3 连续投加混凝剂(如硫酸铝)对胶体颗粒脱稳和絮凝

图 5-3 说明混凝过程还与时间有关。若用单核和多核物使废水中的胶体颗粒脱稳，重要的是要让金属盐和含有待脱稳胶体颗粒的废水进行快速、剧烈的初期混合。假如允许形成金属氢氧化物絮体的反应继续进行下去，则化学药剂与颗粒的接触较难发生。目前研究发现形成单核和多核物以及聚合物的氢氧化物在 1s 之内就能完成。

## 二、沉淀

沉淀(sedimentation)法是水处理中最基本的方法之一。沉淀主要有重力沉淀和化学沉淀两种。其中，重力沉淀的去除对象，主要是悬浮液中粒径在 10μm 以上的可沉固体，即在 2h 左右的自然沉降时间内能从水中分离出去的悬浮固体，而化学沉淀的去除对象主要针对废水中的阴阳离子。

(一) 重力沉淀

重力沉淀是利用水中悬浮颗粒的可沉降性能，在重力作用下产生下沉作用，以达到固液分离的一种过程。

1. 沉淀的类型

根据水中悬浮颗粒的凝聚性能和浓度，沉淀可分成以下四种类型。

(1) 自由沉淀：当悬浮固体浓度较低时发生，颗粒之间没有明显的相互作用，各自独立沉降。颗粒的沉淀轨迹是一条直线。自由沉淀在沉砂池中出现，主要去除砂石颗粒等。

(2) 絮凝沉淀：此时悬浮颗粒浓度低，但是在沉降过程中颗粒之间互相聚集、絮凝使得颗粒增大，沉降速度不断加快，因此沉降轨迹是一条曲线，实际沉降速度需要通过实验测定。在初沉池中用于去除部分固体悬浮物，化学絮凝沉淀和二沉池上部也有出现。

(3) 成层沉淀：此时悬浮颗粒浓度较高(5000mg/L 以上)，颗粒之间的相对位置倾向于固定，形成一个整体下降，在沉降整体的顶部形成清晰的固-液界面。在二沉池下部发生成层沉淀。

(4) 压缩沉淀：很高浓度的悬浮颗粒之间相互接触，压缩是由颗粒的质量引起，在颗粒的重力作用下，下层颗粒中的水被挤压出来。压缩沉淀一般发生在生物固体下层中，如二沉池底部和污泥浓缩设备中。

2. 沉淀基本原理

1) 自由沉淀

悬浮颗粒在水中受到三种力作用，分别是重力 $F_1$、浮力 $F_2$、下沉中所受阻力 $F_3$。用牛顿第二定律表示颗粒的自由沉淀过程，如式(5-4)所示：

$$m \frac{\mathrm{d}u}{\mathrm{d}t} = F_1 - F_2 - F_3 \tag{5-4}$$

式中：$m$ 为颗粒质量，kg；$u$ 为颗粒沉速，m/s；$t$ 为沉淀时间，s；$F_1$ 为颗粒的重力，$F_1 = \frac{\pi d^3}{6} \rho_S g$，其中 $\rho_S$ 为颗粒密度(kg/m³)，$d$ 为颗粒直径(m)，$g$ 为重力加速度(m/s²)；$F_2$ 为颗粒的浮力，$F_2 = \frac{\pi d^3}{6} \rho_L \cdot g$，其中 $\rho_L$ 为液体密度(kg/m³)；$F_3$ 为颗粒沉淀过程中受到的摩擦阻力。

颗粒沉淀受到的摩擦阻力可表示为式(5-5)：

$$F_3 = \lambda \cdot A \cdot \rho_L \frac{u^2}{2} \tag{5-5}$$

式中：$\lambda$ 为阻力系数，当颗粒周围绕流处于层流状态时，$\lambda = \frac{24}{Re}$，$Re$ 为颗粒绕流雷诺数，与颗粒的直径、沉速和液体的黏度等有关，$Re = \frac{vd\rho_L}{\mu}$，其中 $\mu$ 为液体的动力黏度(m²/s)；$A$ 为自由沉淀颗粒在垂直面上的投影面积，$A = \frac{1}{4}\pi d^2$。

颗粒下沉的初始速度为 0,随着下沉速度增加,阻力增加,最后三个力达到平衡,颗粒匀速下沉,即此时 $\frac{du}{dt}=0$。将三种力的表达式代入式(5-4),得到式(5-6):

$$m\frac{du}{dt} = (\rho_S - \rho_L)g\frac{\pi d^3}{6} - \lambda \frac{\pi d^2}{4}\rho_L \frac{u^2}{2} \tag{5-6}$$

整理后得式(5-7):

$$u = \frac{\rho_S - \rho_L}{18\mu} \cdot g \cdot d^2 \tag{5-7}$$

该式即为斯托克斯(Stokes)公式,用于计算颗粒自由沉淀速度。

2) 絮凝沉淀

絮凝沉淀的沉速可通过沉降柱实验得到(图 5-4)。由于絮凝沉淀轨迹是一条曲线,因此要反映颗粒不断变大的过程,实验的水深必须与实际沉淀池水深一致。此外,为了获得等去除率曲线,需要在沉淀柱的不同高度处设置取样口,在每一个取样时间同时取样。先作各点随时间的去除百分率曲线,再通过内插法得到等去除率曲线。

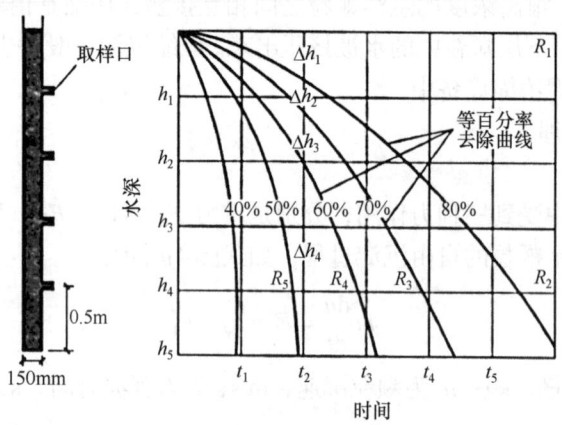

图 5-4 絮凝沉淀实验分析

絮凝沉淀速度计算如式(5-8)所示:

$$V_c = \frac{H}{t_c} \tag{5-8}$$

式中:$V_c$ 为絮凝沉淀速率,m/min;$H$ 为沉降柱的高度,m;$t_c$ 为达到给定去除率所要求的时间,min。

对指定的沉淀时间,总沉淀效率可由式(5-9)给出:

$$\eta = \sum_{h=1}^{n}\left(\frac{\Delta h_n}{H}\right)\left(\frac{R_n + R_{n+1}}{2}\right) \tag{5-9}$$

式中:$\eta$ 为总沉淀效率,%;$n$ 为等百分率去除曲线号;$\Delta h_n$ 为等百分率去除曲线之间的距离,m;$H$ 为沉降柱总高度,m;$R_n$ 为曲线 $n$ 的等百分率去除率,%。

3. 沉淀池

沉淀池是分离悬浮物的一种常用处理构筑物。用于生物处理法中作预处理的称为初次沉淀池。对于一般的城市污水，初次沉淀池可以去除约30%的$BOD_5$与55%的悬浮物。设置在生物处理构筑物后的称为二次沉淀池，是生物处理工艺中的一个组成部分。

沉淀池常按水流方向区分为平流式、竖流式及辐流式三种。以平流式沉淀池为例，对平流池进行设计计算。

平流式沉淀池呈长方形，由进水装置、出水装置、沉淀区、缓冲层、污泥区及排泥装置等组成。污水在池内按水平方向流动，从池一端流入，从另一端流出。污水中悬浮物在重力作用下沉淀，在进水处的底部设储泥斗。

1) 设计参数

沉淀池的个数或分格数应至少设置2个，按同时运行计算。

初沉池沉淀时间取1～2h，表面负荷取1.5～2.5$m^3/(m^2 \cdot h)$，沉淀效率为40%～60%，设计有效水深不大于3.0m，多介于2.5～3.0。

池(或分格)的长宽比不小于4，长深比采用8～12；池的超高不宜小于0.3m；池底坡度一般为0.01～0.02；泥斗坡度为45°～60°。

进口需设挡板，一般高出水面0.1～0.15m，浸没深度≥0.25m，一般取0.5～1.0m，距离进水口0.5～1.0m；出口也需设挡板，距离出水口0.25～0.5m，浸没深度0.3～0.4m，高出水面0.1～0.15m。

2) 设计计算

图5-5为平流式沉淀池的一种构造，计算尺寸如下。

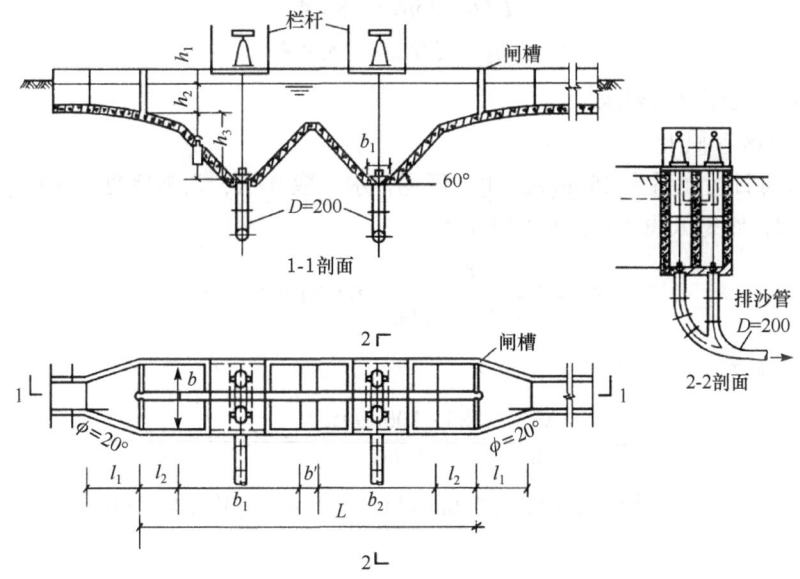

图5-5 平流式沉淀池的一种构造(mm)

**示例 5-2** 某城镇人口200000人，最大污水流量90000$m^3/d$，选择表面负荷$q=$1.5$m^3/(m^2 \cdot h)$，沉淀时间$t$=1.5h，欲建一污水处理厂，若采用平流式初沉池，试求沉淀池各部分尺寸。

**解**
$$Q_{\max} = 90000 \text{m}^3/\text{d} = 1.04 \text{m}^3/\text{s} \tag{5-10}$$

(1) 沉淀区有效水深 $h_2$：
$$h_2 = qt = 1.5 \times 1.5 = 2.25 (\text{m}) \tag{5-11}$$

(2) 沉淀区总面积 $A$：
$$A = \frac{Q_{\max} \times 3600}{q} = \frac{1.04 \times 3600}{1.5} = 2496 (\text{m}^2) \tag{5-12}$$

(3) 沉淀区有效容积 $V_1$：
$$V_1 = Ah_2 = 2496 \times 2.25 = 5616 (\text{m}^2) \tag{5-13}$$

(4) 沉淀区长度 $L$，取水平流速 $v$=6.5mm/s。
$$L = 3.6vt = 3.6 \times 6.5 \times 1.5 = 35.1 \approx 35 (\text{m}) \tag{5-14}$$

(5) 沉淀区总宽 $B$：
$$B = \frac{A}{L} = \frac{2496}{35} = 71.3 (\text{m}) \tag{5-15}$$

(6) 沉淀池座数或分格数 $n$，取每格沉淀池的宽度 $b$=6.0m，有
$$N = \frac{B}{b} = \frac{71.3}{6} = 11.88 \approx 12 (\text{个}) \tag{5-16}$$

$$L/b = 35/6 = 5.8 > 4 \tag{5-17}$$
$$L/h_2 = 35/2.25 = 15.6 > 8 \tag{5-18}$$

符合长宽比、长深比的要求。

(7) 污泥区容积 $W$：

取每人每日污泥量为 25 g/(人·d)，污泥含水率取 97%，污泥密度取 1000g/L，排泥间隔 $T$ 取 2d，则每人每天产生的污泥量为
$$S = \frac{25}{(1-0.97) \times 1000} = 0.83 [\text{L}/(\text{人} \cdot \text{d})] \tag{5-19}$$

污泥区容积 $W$ 为
$$W = \frac{SNT}{1000} = \frac{0.83 \times 200000 \times 2}{1000} = 332 (\text{m}^3) \tag{5-20}$$

为简单计算，在沉淀池前部按池宽 6m 设计 1 个倒置方锥形污泥斗，泥斗底边 0.4m，锥角 60°。

泥斗的深度 $h_4$ 为
$$h_4 = \frac{6-0.4}{2} \tan 60° = 4.85 (\text{m}) \tag{5-21}$$

取高度 $h_1$=0.3m，缓冲层高度 $h_3$=0.5m。沉淀池总高度 $H$ 计算如下：

$$H = h_1 + h_2 + h_3 + h_4 = 0.3 + 2.25 + 0.5 + 4.85 = 7.9 \text{(m)} \tag{5-22}$$

(二) 化学沉淀

化学沉淀是投加化学药剂以改变废水中溶解固体和悬浮固体的物理状态，从而便于通过沉淀将其去除。

1. 废水处理中的化学反应和溶度积

废水中的金属主要有砷(As)、钡(Ba)、镉(Cd)、铬(Cr)、铜(Cu)、汞(Hg)、镍(Ni)、铅(Pb)、硒(Se)和锌(Zn)等。这些金属中的大多数以氢氧化物或硫化物的形式沉淀下来。游离金属离子与氢氧化物和硫化物沉淀相平衡反应见表5-3。常见化合物的溶度积见表5-4。

表 5-3  游离金属离子与氢氧化物和硫化物沉淀反应

| 消毒剂 | 半反应 |
| --- | --- |
| 氢氧化镉 | $Cd(OH)_2 \rightleftharpoons Cd^{2+} + 2OH^-$ |
| 硫化镉 | $CdS \rightleftharpoons Cd^{2+} + S^{2-}$ |
| 氢氧化铬 | $Cr(OH)_3 \rightleftharpoons Cr^{3+} + 3OH^-$ |
| 氢氧化铜 | $Cu(OH)_2 \rightleftharpoons Cu^{2+} + 2OH^-$ |
| 硫化铜 | $CuS \rightleftharpoons Cu^{2+} + S^{2-}$ |
| 氢氧化亚铁 | $Fe(OH)_2 \rightleftharpoons Fe^{2+} + 2OH^-$ |
| 硫化亚铁 | $FeS \rightleftharpoons Fe^{2+} + S^{2-}$ |
| 氢氧化铅 | $Pb(OH)_2 \rightleftharpoons Pb^{2+} + 2OH^-$ |
| 硫化铅 | $PbS \rightleftharpoons Pb^{2+} + S^{2-}$ |
| 氢氧化汞 | $Hg(OH)_2 \rightleftharpoons Hg^{2+} + 2OH^-$ |
| 硫化汞 | $HgS \rightleftharpoons Hg^{2+} + S^{2-}$ |
| 氢氧化镍 | $Ni(OH)_2 \rightleftharpoons Ni^{2+} + 2OH^-$ |
| 硫化镍 | $NiS \rightleftharpoons Ni^{2+} + S^{2-}$ |
| 氢氧化银 | $AgOH \rightleftharpoons Ag^+ + OH^-$ |
| 硫化银 | $Ag_2S \rightleftharpoons 2Ag^+ + S^{2-}$ |
| 氢氧化锌 | $Zn(OH)_2 \rightleftharpoons Zn^{2+} + 2OH^-$ |
| 硫化锌 | $ZnS \rightleftharpoons Zn^{2+} + S^{2-}$ |

表 5-4 化合物的溶度积

| 化合物 | 溶度积 | 化合物 | 溶度积 |
| --- | --- | --- | --- |
| $Al(OH)_3$ | $11.1\times10^{-15}(18℃)$ | $Fe(OH)_2$ | $1.64\times10^{-14}(18℃)$ |
| $CuS$ | $8.5\times10^{-45}(18℃)$ | $Fe(OH)_3$ | $1.1\times10^{-36}(18℃)$ |
| $AgBr$ | $4.1\times10^{-13}(18℃)$ | $FeS$ | $3.7\times10^{-19}(18℃)$ |
| $AgCl$ | $1.56\times10^{-10}(25℃)$ | $Hg_2Br_2$ | $1.3\times10^{-21}(25℃)$ |
| $Ag_2CO_3$ | $6.15\times10^{-12}(25℃)$ | $Hg_2Cl_2$ | $2\times10^{-18}(25℃)$ |
| $Ag_2CrO_4$ | $1.2\times10^{-12}(25℃)$ | $Hg_2I_2$ | $1.2\times10^{-28}(25℃)$ |
| $AgI$ | $1.5\times10^{-16}(25℃)$ | $HgS$ | $4\times10^{-53}\sim2\times10^{-49}(18℃)$ |
| $Ag_2S$ | $1.6\times10^{-49}(18℃)$ | $MgCO_3$ | $2.6\times10^{-5}(12℃)$ |
| $BaCO_3$ | $7\times10^{-9}(16℃)$ | $MgF_2$ | $7.1\times10^{-9}(18℃)$ |
| $BaCrO_4$ | $1.6\times10^{-10}(18℃)$ | $Mg(OH)_2$ | $1.1\times10^{-11}(18℃)$ |
| $BaSO_4$ | $0.87\times10^{-10}(18℃)$ | $Mn(OH)_2$ | $4\times10^{-14}(18℃)$ |
| $CaCO_3$ | $0.99\times10^{-8}(15℃)$ | $MnS$ | $1.4\times10^{-15}(18℃)$ |
| $CaCrO_4$ | $2.45\times10^{-5}(25℃)$ | $PbCO_3$ | $3.3\times10^{-14}(18℃)$ |
| $CdS$ | $3.6\times10^{-29}(18℃)$ | $PbCrO_4$ | $1.77\times10^{-14}(18℃)$ |
| $ZnS$ | $1.2\times10^{-23}(18℃)$ | $PbF_2$ | $3.2\times10^{-8}(18℃)$ |
| $Cu_2S$ | $2\times10^{-45}(16\sim18℃)$ | $PbI_2$ | $7.47\times10^{-9}(15℃)$ |
| $CuBr$ | $4.15\times10^{-8}(18\sim20℃)$ | $PbS$ | $3.4\times10^{-28}(18℃)$ |
| $CuCl_2$ | $1.02\times10^{-6}(18\sim20℃)$ | $PbSO_4$ | $1.06\times10^{-5}(18℃)$ |
| $Zn(OH)_2$ | $1.8\times10^{-14}(18\sim20℃)$ | | |

**2. 沉淀剂用量和化学污泥量计算**

**示例 5-3** 以含锌废水为例说明沉淀剂用量计算方法，其中的主要含锌物质为硫酸锌，假设其浓度为 9g/L，选用经济且便于管理的氢氧化钠作为沉淀剂。则所需氢氧化钠的量为多少？出水 pH 应为多少？

**解** $ZnSO_4$ 浓度为 9g/L，则作为沉淀剂的 NaOH 的量可通过反应方程式(5-23)计算：

$$ZnSO_4 + 2NaOH \longrightarrow Zn(OH)_2 \downarrow + Na_2SO_4 \qquad (5-23)$$

$$\begin{array}{cc} 161 & 80 \\ 9 & x \end{array}$$

$$161:80=9:x$$

$$x=\frac{80\times9}{161}\text{g/L}=4.5\text{g/L}$$

但是残留的锌离子浓度取决于废水的 pH。若排放的锌离子浓度必须低于 5mg/L，则出水应达到的 pH 可计算如下。

从表 5-4 查到 $Zn(OH)_2$ 的溶度积 $K_a=1.8\times10^{-14}$，且出水 $Zn^{2+}$ 质量浓度为 5mg/L，则

第五章 废水处理工程原理

$$[Zn^{2+}]=\frac{5\times10^{-3}}{65.4}\text{ mol/L}=7.64\times10^{-5}\text{mol/L} \tag{5-24}$$

$$[OH^-]=\left(\frac{1.8\times10^{-14}}{[Zn^{2+}]}\right)^{1/2}=(2.35\times10^{-10})^{1/2}=10^{-4.814} \tag{5-25}$$

则

$$[H^+]=\frac{10^{-14}}{[OH^-]}=\frac{10^{-14}}{10^{-4.814}}=10^{-9.19} \tag{5-26}$$

即 pH=9.19。

化学沉淀产生的污泥处理处置是伴随着化学处理的最大困难之一。大多数化学沉淀运行过程所产生的污泥量较大，如在使用石灰时常可达到所处理的废水体积的 0.5%。用氯化铁与石灰处理的化学沉淀产生的污泥量计算方法在示例 5-4 中说明。

**示例 5-4** 为了提高 TSS 的去除率，试计算在不用氯化铁和用氯化铁的情况下，未处理废水所产生的污泥质量和体积。计算对于已定的氯化铁投加量所需的石灰量。假设不投加化学药剂，初次沉淀池 TSS 的去除率为 60%；投加氯化铁后，TSS 的去除率提高到 85%。此外，本题所用其他数据假设如下。

废水流量，1000m³/d；废水 TSS，220mg/L；废水碱度，以 $CaCO_3$ 计，136mg/L；氯化铁($FeCl_3$)投加量，40kg/1000m³。

原污泥性质：相对密度，1.03；含水量，94%。

化学污泥性质：相对密度，1.05；含水量，92.5%。

**解** (1) 计算用化学药剂和不用化学药剂所去除的 TSS 质量。

不用化学药剂时 TSS 去除的质量：

$$M_{TSS}=0.6\times220\text{mg/L}\times1000\text{m}^3/\text{d}=132000\text{g/d}=132.0\text{kg/d}=132.0\times10^{-3}\text{kg/m}^3 \tag{5-27}$$

用化学药剂时 TSS 去除的质量：

$$M_{TSS}=0.85\times220\text{mg/L}\times1000\text{m}^3/\text{d}=187000\text{g/d}=187.0\text{kg/d}=187.0\times10^{-3}\text{kg/m}^3 \tag{5-28}$$

(2) 氯化铁($FeCl_3$)的投加量为 40kg/1000m³ 时，根据 $FeCl_3+3OH^-\longrightarrow Fe(OH)_3\downarrow+3Cl^-$ 求出生成的氢氧化铁[$Fe(OH)_3$]的质量。

$$[Fe(OH)_3]=40\times10^{-3}\times\left(\frac{106.9}{162.2}\right)=26.4\times10^{-3}(\text{kg/m}^3) \tag{5-29}$$

(3) 根据 $2FeCl_3+3CaO+3H_2O\longrightarrow 2Fe(OH)_3+3Ca^{2+}+6Cl^-$ 求出氯化铁转化为氢氧化铁[$Fe(OH)_3$]所需的石灰量。

$$\text{所需石灰量}=40\times10^{-3}\times\left(\frac{3\times56}{2\times162.2}\right)=20.7\times10^{-3}(\text{kg/m}^3) \tag{5-30}$$

换算成 $CaCO_3$ 量=37.0×10⁻³kg/m³=37.0mg/L  (5-31)

而废水已有足够的碱度(136mg/L $CaCO_3$)，故不需为此投加石灰。

(4) 确定化学沉淀形成的以干基计的污泥量。

$$总干固体=(187+26.4) \times 10^{-3}=213.4 \times 10^{-3} \text{ (kg/m}^3) \tag{5-32}$$

(5) 确定化学沉淀形成的污泥体积,假设污泥相对密度为 1.05,含水量为 92.5%。

$$V_a = \frac{213.4 \times 10^{-3}}{1.05 \times 0.075} = 2.71 (\text{m}^3/\text{d}) \tag{5-33}$$

(6) 确定没有化学沉淀形成的污泥体积,假设污泥相对密度为 1.03,含水量为 94%。

$$V_a = \frac{132.0 \times 10^{-3}}{1.03 \times 0.06} = 2.14 (\text{m}^3/\text{d}) \tag{5-34}$$

(7) 没有化学沉淀和有化学沉淀的污泥质量和体积的汇总见表 5-5。

表 5-5 污泥质量和体积汇总表

| 处理 | 污泥 | |
|---|---|---|
| | 质量/(kg/d) | 体积/(m³/d) |
| 没有化学沉淀 | 132.0 | 2.14 |
| 有化学沉淀 | 213.4 | 2.71 |

从表 5-5 的数据可知,使用化学药剂处理产生的污泥处置是一大问题。在用石灰作沉淀剂时所产生的污泥体积将更大。

## 第三节 过滤

在常规水处理过程中,过滤(filtration)一般是指以石英砂等粒状滤料层截留水中悬浮杂质,从而使水澄清的工艺过程。滤池通常置于沉淀池或澄清池之后。废水处理中常用的过滤工艺如表 5-6 所示。

表 5-6 废水处理中常用的过滤工艺分类

| 过滤 | 表面过滤 | 用于去除悬浮固体实验的实验室过滤器 |
|---|---|---|
| | | 硅藻土过滤 |
| | | 滤布过滤或滤筛 |
| | 深床过滤 | 慢速砂滤 |
| | | 快速可压缩多孔介质过滤 |
| | | 间歇式多孔介质过滤 |
| | | 循环式多孔介质过滤 |
| | 膜过滤 | 微滤 |
| | | 超滤 |
| | | 纳滤 |
| | | 反渗透 |

## 一、表面过滤

表面过滤是利用过滤介质表面或过滤过程中所生成的滤饼表面,拦截固体颗粒,使固体与液体分离的方法。这种过滤只能除去粒径大于滤饼孔道直径的颗粒,但并不要求过滤介质的孔道直径一定要小于被截留颗粒的直径。在一般情况下,过滤开始阶段会有少量小于介质通道直径的颗粒穿过介质混入滤液中,但颗粒很快在介质通道入口发生架桥现象,使小颗粒受到阻挡且在介质表面沉积形成滤饼。真正对颗粒起拦截作用的是滤饼,而过滤介质仅起着支承滤饼的作用。不过当悬浮液的颗粒含量极少而不能形成滤饼时,固体颗粒只能依靠过滤介质的拦截而与液体分离,此时只有大于介质孔道直径的颗粒方能从液体中除去。

### (一) 过滤基本方程

过滤过程中需要在滤浆一侧和滤液透过一侧维持一定的压差,用于克服滤液通过滤饼层和过滤介质层的微小孔道时产生的阻力,这种压差称为过滤过程的总推动力,用 $\Delta P$ 表示:

$$\Delta P = \Delta P_m + \Delta P_c \tag{5-35}$$

式中:$\Delta P_m$ 为滤液通过介质层的压力降,也是通过该层的推动力;$\Delta P_c$ 为滤液通过滤饼层的压力降。

**1. 滤液通过滤饼层的速度**

滤液流经滤饼层时,由于通道孔径很小,阻力很大,因而流体流速很小,属于层流。压降与流速的关系服从泊肃叶(Poiseuille)定律:

$$u = \frac{d^2 \Delta P_c}{32 \mu l} \tag{5-36}$$

式中:$u$ 为滤液在滤饼中的实际流速,m/s;$\mu$ 为滤液黏度,Pa·s;$l$ 为通道的平均长度,m;$d$ 为通道的平均孔径,m;$\Delta P_c$ 为滤液通过滤饼层的压力降,Pa。

滤饼层的过滤速度如下。因为 $Q\dfrac{dV}{Adt} \propto u = \dfrac{d^2 \Delta P_c}{32\mu l}$ 且 $l \propto \dfrac{V_c}{A}$,所以 $\dfrac{dV}{Adt} \propto \dfrac{\Delta P_c}{r\mu V_c / A}$。写成等式,即

$$\frac{dV}{Adt} = \frac{\Delta P_c}{r\mu V_c / A} \tag{5-37}$$

式中:$V_c$ 为滤饼层体积,m³;$r$ 为比例系数,称为滤饼比阻,其值取决于滤饼性质;$A$ 为过滤面积,m²;$t$ 为过滤时间,s。

**2. 滤饼层的阻力**

由过滤速度 = $\dfrac{过滤推动力}{过滤阻力}$ 与 $\dfrac{dV}{Adt} = \dfrac{\Delta P_c}{r u V_c / A}$ 可知,滤饼层阻力 $R_c = r\mu V_c / A$,而 $V_c = vV$,所以滤饼层阻力为

$$R_c = r\mu v V / A \tag{5-38}$$

式中：$V$ 为滤液体积量，$m^3$；$v$ 为单位体积滤液所对应的滤饼体积，$m^3$。

过滤介质的阻力表示为

$$R_m = r\mu v V_e / A \tag{5-39}$$

式中：$V_e$ 为当量滤液体积，$m^3$，指流体通过过滤介质所产生的阻力与通过某一体积滤饼层产生的阻力相等时，得到该滤饼层所产生的滤液量，其值取决于过滤介质和滤饼的性质。过滤的总阻力为 $R_c$ 和 $R_m$ 之和。

3. 过滤速度方程

过滤速度是指单位时间内所得到的滤液体积量，表达式为 $\dfrac{dV}{dt}$，单位为 $m^3/s$。过滤速度是指单位时间内通过单位过滤面积的滤液体积，表达式为

$$u = \frac{dV}{Adt} \tag{5-40}$$

式中：$u$ 为瞬时过滤速度，$m/s$；$V$ 为滤液体积，$m^3$；$A$ 为过滤面积，$m^2$。

根据总推动力和总阻力可知过滤速度方程和过滤速度方程分别为式(5-41)和式(5-42)：

$$\frac{dV}{Adt} = \frac{\Delta P}{r\mu v(V+V_e)/A} \tag{5-41}$$

$$\frac{dV}{dt} = \frac{A^2 \Delta P}{r\mu v(V+V_e)} \tag{5-42}$$

(二) 过滤过程的计算

过滤的操作方式可分为恒压变速、恒速变压、先恒速后恒压。实际生产中恒压过滤由于易于控制，占据主导地位。

恒压过滤过程中，压力恒定且相同设备 $A$ 不变，相同过滤介质 $V_e$ 不变，同一悬浮液 $r$、$\mu$、$v$ 都不变。

根据式(5-42)，令 $K = \dfrac{2\Delta P}{r\mu v}$，为过滤常数($m^2/s$)，则

$$\frac{dV}{dt} = \frac{KA^2}{2(V+V_e)} \tag{5-43}$$

积分：

$$\int 2(V+V_e)dV = KA^2 \int dt \tag{5-44}$$

由于初始滤液体积为 0，结束时滤液体积为 $V$。所以有

$$\int_0^V 2(V+V_e)dV = KA^2 \int_0^t dt \tag{5-45}$$

$$V^2 + 2V_e V = KA^2 t \tag{5-46}$$

(三) 过滤常数的测定

过滤常数的影响因素包括操作压力、滤饼及颗粒的性质、滤浆的浓度、滤液的性质、

过滤介质的性质等。因此，从理论上计算过滤常数比较困难，应该用实验的方法测定。

根据式(5-42)，恒压过滤方程式可转变为

$$q^2 + 2qq_e = Kt \tag{5-47}$$

式中：$q$ 为单位过滤面积得到的滤液体积，$q=V/A$，$m^3/m^2$；$q_e$ 为过滤常数，单位过滤面积获得的虚拟液体积量，$q_e = V_e/A$，$m^3/m^2$；$K$ 为过滤常数，$m^2/s$；$t$ 为过滤时间，$s$。

对式(5-47)进行微分可得

$$2(q + q_e)\mathrm{d}q = K\mathrm{d}t \tag{5-48}$$

整理后可得

$$\frac{\mathrm{d}t}{\mathrm{d}q} = \frac{2}{K}q + \frac{2}{K}q_e \tag{5-49}$$

将等式左边的微分用差分(增量)代替：

$$\frac{\Delta t}{\Delta q} = \frac{2}{K}q + \frac{2}{K}q_e \tag{5-50}$$

式(5-50)为一直线方程，在直角坐标系中以 $\dfrac{\Delta t}{\Delta q}$ 为纵坐标，以 $q$ 为横坐标进行绘制可得一条直线，斜率为 $\dfrac{2}{K}$，截距为 $\dfrac{2q_e}{K}$。

**示例 5-5** 用板框压滤机恒压过滤某种悬浮液。过滤方程为 $V^2+V=6\times10^{-5}A^2t$，其中 $t$ 的单位为 s。

(1) 如果 30min 内获得 5m³ 滤液，需要面积 $A_0=0.4m^2$ 的滤框多少个？

(2) 求过滤常数 $K$、$q_e$、$t_e$。

**解** (1) 板框压滤机总的过滤方程为

$$V^2 + V = 6 \times 10^{-5}A^2t \tag{5-51}$$

在 $t = 30 \times 60\mathrm{s} = 1800\mathrm{s}$ 内，$V = 5\mathrm{m}^3$，根据过滤方程有

$$5^2 + 5 = 6 \times 10^{-5}A^2 \times 1800 \tag{5-52}$$

求得所需要过滤面积 $A = 16.67\mathrm{m}^2$，则需要的板块数 $n$ 为

$$n = 16.67/0.4\mathrm{m}^2 = 41.675 \approx 42 \tag{5-53}$$

(2) 恒压过滤的基本方程为 $V^2 + 2VV_e = KA^2t$，与板框压滤机的总过滤方程比较可得 $K = 6 \times 10^{-5}\mathrm{m}^2/\mathrm{s}$，$V_e = 0.5\mathrm{m}^3$，则

$$q_e = V_e/A_0 = 0.5/0.4 = 0.03(\mathrm{m}) \tag{5-54}$$

$$t_e = q_e^2/K = 0.03^2/6 \times 10^{-5} = 15(\mathrm{s}) \tag{5-55}$$

$t_e$ 为过滤常数，与 $q_e$ 相对应，可以称为过滤介质的比当量过滤时间，$t_e = q_e^2/K$。

## 二、深床过滤

深床过滤采用颗粒状滤料，如石英砂、无烟煤等。由于滤料颗粒之间存在孔隙，原

水穿过一定深度的滤层，水中的悬浮物即被截留。这类过滤称为深床过滤，简称过滤。在给水处理中，常用过滤处理沉淀池或澄清池出水，使滤后出水浊度满足用水要求。在废水处理中，过滤常作为吸附、离子交换、膜分离法等的预处理手段，也作为生化处理后的深度处理，使滤后水达到回用的要求。

常用的深床过滤设备包括各种类型滤池。按过滤速度不同，分为慢滤池(<0.4m/h)、快滤池(4~10m/h)和高速滤池(10~60m/h)三种；按作用力不同，分为重力滤池(作用水头为4~5m)和压力滤池(作用水头为15~25m)两种；按过滤时水流方向分类，有下向流、上向流、双向流和径向流滤池四种；按滤料层组成分类，有单层滤料、双层滤料和多层滤料滤池。

普通快滤池是常用的过滤设备，也是研究其他滤池的基础，因此这里主要讨论快滤池。

(一) 过滤过程分析

1. 澄清方程

利用均匀滤料床过滤澄清含均匀分散的非絮凝性颗粒的悬浊液时，液相悬浮物浓度 $c$(kg/m³)随滤层深度 $Z$(m)和过滤时间 $t$(s)而变化，即

$$c = f(Z,\ t) \tag{5-56}$$

按全微分性质，有

$$\frac{\mathrm{d}c}{\mathrm{d}t} = \frac{\partial c}{\partial Z}\frac{\mathrm{d}Z}{\mathrm{d}t} + \frac{\partial c}{\partial t} \tag{5-57}$$

式中：$\dfrac{\mathrm{d}Z}{\mathrm{d}t}$ 为液流通过滤料孔隙的实际速度，即

$$\frac{\mathrm{d}Z}{\mathrm{d}t} = \frac{v}{\varepsilon - q/\rho_\mathrm{x}} = \frac{v}{\varepsilon - \sigma} \tag{5-58}$$

式中：$v$ 为过滤空塔速度，m/s；$\varepsilon$ 为干净滤层的孔隙率；$q$ 为单位体积滤层截留的悬浮物量，kg/m³；$\rho_\mathrm{x}$ 为悬浮物的密度，kg/m³；$\sigma$ 为比沉积量。

通常认为，悬浮物的去除速度与其浓度成正比，即 $-\dfrac{\mathrm{d}c}{\mathrm{d}t} = kt$。因此，可转化为

$$\frac{v}{\varepsilon - \sigma}\frac{\partial c}{\partial Z}\frac{\mathrm{d}Z}{\mathrm{d}t} + \frac{\partial c}{\partial t} = -kt \tag{5-59}$$

式(5-59)左边第2项表示滤料孔隙中液体悬浮物浓度随时间的变化率，与第1项相比其值甚小，忽略不计，则简化为

$$\frac{\partial c}{\partial Z} = -\lambda c \tag{5-60}$$

式中：$\lambda$ 为过滤系数，$\lambda = \dfrac{k(\varepsilon - \sigma)}{v}$，$\lambda$ 越大，澄清效率越高。

式(5-60)称为过滤澄清方程，表明单位滤层厚度截留的悬浮物量与该处液相的悬浮物浓度成正比。在 $t=0$ 时，对式(5-60)积分得 $c=c_0\exp(-\lambda_0 Z)$，其中 $c_0$ 为悬浮物入口浓度；$\lambda_0$ 为 $t=0$ 时过滤系数的初始值。由于颗粒沉积会改变孔隙流态和滤料表面性质，因此 $\lambda$ 不是常数，而是比沉积量 $\sigma$ 的函数。

艾夫斯导出了 $\lambda$ 的通用计算式：

$$\lambda = \lambda_0 \left(1+\frac{\sigma}{1-\varepsilon}\right)^y \left(1-\frac{\sigma}{\varepsilon}\right)^z \left(1-\frac{\sigma}{\sigma_u}\right)^x \tag{5-61}$$

式中：$\sigma_u$ 为 $\lambda=0$ 时滤层可能达到的最大比沉积量；$y$、$z$、$x$ 为由实验确定的指数。

式(5-61)中第一括号项表示由于悬浮颗粒沉积使滤料的比表面积增加，因而 $\lambda$ 也增加，对应于过滤初期澄清效率的增加。第二括号项表示当比沉积量达到一定程度后，水流通道收缩为一组毛细管，此时滤层比表面积随 $\sigma$ 增加而减小，因而 $\lambda$ 也随之降低。第三括号项表示由于沉积物增加，过水断面缩小，孔隙流速加快，冲刷加剧，因而 $\lambda$ 减小。

2. 连续过滤方程

在滤层中任取一厚度为 $dZ$、体积为 $dV$ 的均匀微元段。流量为 $Q(\text{m}^3/\text{d})$，液相悬浮物浓度为 $c(\text{kg/m}^3)$ 的原水流过该段时，水中的悬浮物浓度和滤料上的悬浮物量都发生变化。

根据物料平衡，在 $dt$ 时间内，流进与流出量之差应等于滤层上的增量，即

$$Q\left[c-\left(c+\frac{\partial c}{\partial Z}dZ+\frac{\partial c}{\partial t}dt\right)\right]dt = \left[\left(q+\frac{\partial q}{\partial t}dt\right)-q\right]dV \tag{5-62}$$

$$-v\left(\frac{\partial c}{\partial Z}\frac{\partial Z}{\partial t}+\frac{\partial c}{\partial t}\right) = \frac{\partial q}{\partial t}\frac{\partial Z}{\partial t} \tag{5-63}$$

$$-v\left(\frac{\partial c}{\partial Z}\frac{v}{\varepsilon-\sigma}+\frac{\partial c}{\partial t}\right) = \frac{\partial q}{\partial t}\frac{v}{\varepsilon-\sigma} \tag{5-64}$$

$$v\frac{\partial c}{\partial Z}+(\varepsilon-\sigma)\frac{\partial c}{\partial t} = -\frac{\partial q}{\partial t} \tag{5-65}$$

式(5-65)称为过滤的连续性方程，若忽略等式左边第二项，则连续方程简化成

$$-v\frac{\partial c}{\partial Z} = \frac{\partial q}{\partial t} \tag{5-66}$$

根据实测不同滤层深度处的液相浓度及运行时间，可用式(5-66)评价滤池的工作状态。

3. 阻力方程

过滤的水头损失包括干净滤层的水头损失和沉淀物产生的水头损失两部分。

卡门-柯真尼从管道水头损失公式出发，导出了计算干净滤层阻力的公式：

$$\frac{H_0}{L} = \frac{5\mu v}{g\rho}\frac{(1-\varepsilon)^2}{\varepsilon^3}\left(\frac{6}{\varphi}\right)^2 \sum_{i=1}^{n}\frac{\rho_i}{d_i^2} \tag{5-67}$$

式中：$\varphi$ 为滤料的球形度因数，其值为 $0.73\sim0.95$；$\mu$ 为水的动力黏度系数，$\text{m}^2/\text{s}$；其余

符号意义同前。

随着过滤的进行,滤料层孔隙率逐渐变小,水头损失随比沉积量 $\sigma$ 增大而增大。可得出以下结论:水头损失与滤速成正比,提高滤速将增大水头损失,但悬浮物进入滤层的深度也加大,故对同一截留量而言,水头损失增大较慢;水头损失与滤料粒径的平方成反比,粒径减小30%,水头损失将增大一倍;孔隙率对水头损失影响较大;水头损失与过滤时间和进水浓度成正比。滤池运行表明,对一定浓度的原水进行等速过滤时,初期水头损失按比例上升,后期急剧加大。

(二) 颗粒物去除机理

快滤池分离悬浮颗粒涉及多种因素和过程,一般分为三类,即迁移机理、附着机理和脱落机理。

1. 迁移机理

悬浮颗粒脱离流线面与滤料接触的过程,就是迁移过程。引起颗粒迁移的原因主要有如下几种。

(1) 筛滤。比滤层孔隙大的颗粒被机械筛分,截留于过滤表面上,然后这些被截留的颗粒形成孔隙更小的滤饼层,使滤水头增加,甚至发生堵塞。显然,这种表面筛滤没能发挥整个滤层的作用。在普通快滤池中,悬浮颗粒一般比滤层孔隙小,因而筛滤对总去除率贡献不大。根据几何学分析,三个直径为 0.5mm 的球形滤料相切时形成的孔隙,可以通过直径最大为 0.077mm 的球形悬浮物。而经过混凝的絮体粒径一般为 2~10μm,$SiO_2$ 的粒径约 20μm,硅藻土约 30μm,它们都能通过滤层而不被机械截留。但是,当悬浮颗粒浓度过高时,很多颗粒有可能同时到达一个孔隙,互相拱接而被机械截留。

(2) 拦截。随流线流动的小颗粒,在流线汇聚处与滤料表面接触,其去除概率与颗粒直径的平方成正比,与滤料粒径的立方成反比,是雷诺准数的函数。

(3) 惯性。当流线绕过滤料表面时,具有较大动量和密度的颗粒因惯性冲击而脱离流线碰撞到滤料表面上。

(4) 沉淀。如果悬浮物的粒径和密度较大,将存在一个沿重力方向的相对沉淀速度。在净重力作用下,颗粒偏离流线沉淀到滤料表面上。沉淀效率取决于颗粒沉速和过滤水速的相对大小和方向。此时滤层中的每个小孔隙起到一个浅层沉淀池的作用。

(5) 布朗运动。对于微小悬浮颗粒,由于布朗运动而扩散到滤料表面。

(6) 水力作用。由于滤层中的孔隙和悬浮颗粒的形状极不规则,在不均匀的剪切流场中,颗粒受到不平衡力的作用不断转动而偏离流线口。

在实际过滤中,悬浮颗粒的迁移将受到上述各种机理的作用,它们的相对重要性取决于水流状况、滤层孔隙形状及颗粒本身的性质(粒度、形状、密度等)。

2. 附着机理

由于上述迁移过程而与滤料接触的悬浮颗粒,附着在滤料表面上不再脱离的过程称为附着过程。引起颗粒附着的因素主要有如下几种。

(1) 接触凝聚。在原水中投加凝聚剂,压缩悬浮颗粒和滤料颗粒表面的双电层后,但尚未生成微絮凝体时,立即进行过滤。此时水中脱稳的胶体很容易与滤料表面凝聚,即发生接触凝聚作用。快滤池操作通常投加凝聚剂，因此接触凝聚是主要附着机理。

(2) 静电引力。由于颗粒表面上的电荷和由此形成的双电层产生静电引力和斥力，当悬浮颗粒和滤料颗粒带异号电荷则相吸；反之，则相斥。

(3) 吸附。悬浮颗粒细小，具有很强的吸附趋势，吸附作用也可能通过絮凝剂的架桥作用实现。絮凝物的一端附着在滤料表面，而另一端附着在悬浮颗粒上。某些聚合电解质能通过降低双电层的排斥力或者在两表面活性点间起键的作用而改善附着性能。

(4) 分子引力。原子、分子间的引力在颗粒附着时具有重要作用。万有引力可以叠加，其作用范围有限(通常小于 50μm)，与两分子间距的 6 次方成反比。

3. 脱落机理

普通快滤池通常用水进行反冲洗。有时先用或同时用压缩空气进行辅助表面冲洗。在反冲洗时，滤层膨胀一定高度，滤料处于流化状态。截留和附着于滤料上的悬浮物受到高速反洗水的冲刷而脱落；滤料颗粒在水流中旋转、碰撞和摩擦，也使悬浮物脱落。反冲洗效果主要取决于冲洗强度和时间。当采用同向流冲洗时，还与冲洗流速的变动有关。

深床过滤由于有较好的除浊，去除悬浮颗粒及某些病菌、芳樟醇等萜类致癌物、臭味化合物及 VOC 等特点，在给水系统受到青睐。作为过滤介质，既有截留悬浮颗粒的作用，同时也为微生物的生长繁殖提供了良好的环境，为生物处理奠定了基础。近年来的研究表明，利用深床过滤，结合微絮凝技术，不仅在微污染源水除浊中使用，也可以用于城市生活污水的深度处理，甚至可以直接用来处理城市生活污水。

由于生物作用的存在，深床过滤能有效地去除水中的氨氮、亚硝酸盐氮、COD 及一些金属离子等。深床过滤用于城市生活污水处理的实验研究表明，受截污量的限制，作为二级处理的后续深度处理要比直接处理原污水更有效。

有实验以无烟煤作滤料，采用微絮凝-深床过滤技术处理二沉池出水，滤床前补加甲醇作为外碳源进行脱氮研究，在滤速为 10m/h 时对 $NO_3-N$ 的去除率达 97%，出水的 TSS<10mg/L；并且发现，悬浮颗粒和絮体的截留主要发生在滤床中、下部，而脱氮反应中产生的氮气的积累主要发生在滤床的中、上部；在过滤初期，由于水头损失较小，脱氮产生的氮气可溶解在水中，并随水流带出滤床，但随着过滤的进行，滤床内的水头损失增加，出现氮气释放现象。

在对絮凝剂除磷效果的研究中发现，虽然磷的去除率可达到 90%以上，但 $FeCl_3$ 的表层截污作用明显，而聚氯化铁(PFC)则趋向于深层截污，后者可使滤床截污分布更为均匀，并有利于减缓水头损失的增长速度，延长过滤周期。在较高滤速时由于停留时间较短，且存在氮气积累现象，采用 PFC 时存在滤后出水浊度和色度有所增加的现象。

### 三、膜过滤

膜过滤可以实现分子级过滤，它是利用膜孔隙的选择透过性进行两相分离的技术。膜过滤以膜两侧的压力差为推动力，使溶剂、无机离子、小分子等透过膜而截留微粒及大分子。

(一) 膜过滤基本概念

膜的作用是只允许液体中某些组分透过并使其他组分仍留存于液体中的一种选择性屏障。

1. 膜工艺术语

膜组件的进水称为给水流(也称为给水)，通过半透膜的液体称为透过液(也称为产品流或透过流)，含有留存成分的液体称为浓缩液(也称为滞流、排斥液、保留相或废弃流)。透过膜的液体流量称为通量，以 $kg/(m^2 \cdot d)$ 表示。膜工艺的定义如图 5-6 所示。

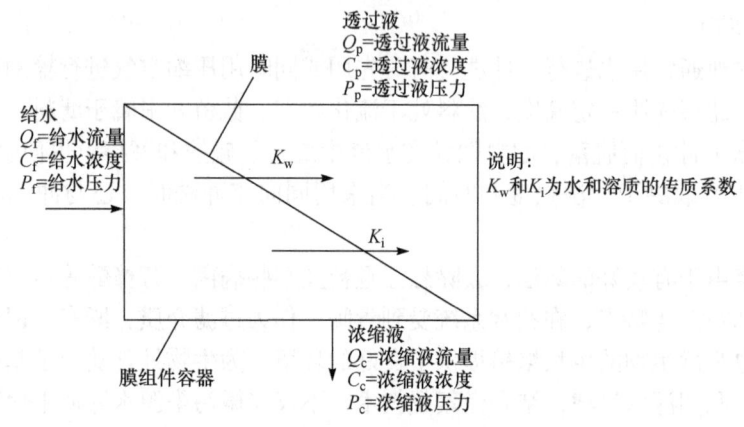

图 5-6 膜工艺定义简图

1) 膜材料

用于水和废水处理的膜，其典型结构是厚度为 0.20～0.25μm 的薄膜支撑于厚度为 100pm 的多孔结构上。大多数工业用膜均为薄片、微细的空心纤维或管式膜。

膜可用多种有机材料和无机材料生产，废水处理膜多用有机材料生产。已经广泛使用的膜主要类型包括聚丙烯膜、醋酸纤维膜、芳香族聚酰胺膜及薄膜复合膜。膜的选择及其系统配置应以尽可能减轻膜的堵塞和损坏为原则，一般情况下，需根据中试装置的研究结果确定。

2) 驱动力

微滤(MF)、超滤(UF)、纳滤(NF)、反渗透(RO)膜的显著特点是利用水的压力完成分离过程；渗析是依靠浓度差输送水中组分并使其通过半透膜；电渗析是利用电动力和离子选择性膜实现各种离子的分离过程。

3) 分离尺寸

膜孔尺寸一般用大孔(>50nm)、中孔(2～5nm)和微孔(2nm)进行识别。由于反渗透膜孔尺寸很小，这种膜被定义为致密膜。致密膜中被去除的颗粒尺寸有明显的重叠现象，特别在纳滤和反渗透两种工艺之间这种重叠现象更为明显。在水的软化处理中经常用纳滤取代化学沉淀。

2. 膜工艺分类

膜工艺包括渗析、电渗析(ED)、反渗透、超滤、纳滤等。

1) 渗析

在膜分离技术中，渗析是最早被发现和研究的膜分离过程。渗析法是利用半透膜或离子交换膜两侧溶液间溶质浓度梯度所产生的浓差扩散而进行分离的，所以渗析又常称为扩散渗析。其推动力是膜两侧溶液的浓度差。渗析分为非选择性膜渗析和有选择性的离子交换膜渗析，前者与超滤相似，后者除无电极外与电渗析相似。

2) 电渗析

电渗析是在直流电场的作用下，利用阴、阳离子交换膜对溶液中阴、阳离子的选择透过性(即阳膜只允许阳离子通过，阴膜只允许阴离子通过)使溶液中的溶质与水分离的一种物理化学过程。

电渗析系统由一系列阴、阳膜交替排列于两电极之间组成许多由膜隔开的小水室。当原水进入这些小水室时，在直流电场的作用下，溶液中的离子作定向迁移。阳离子向阴极迁移，阴离子向阳极迁移。但由于离子交换膜具有选择透过性，一些小水室离子浓度降低而成为淡水室，与淡水室相邻的小水室则因富集了大量离子而成为浓水室，从淡水室和浓水室分别得到淡水和浓水。原水中的离子得到了分离和浓缩，水便得到了净化。

3) 反渗透

用一张半透膜将淡水和某种浓溶液隔开，该膜只允许水分通过而不允许溶质通过。由于淡水中水分子的化学势比溶液中水分子的化学势高，所以淡水中的水分子自发地透过膜进入溶液中，这种现象称为渗透。在渗透过程中，淡水一侧液面不断下降，溶液一侧液面则不断上升。当两液面不再变化时，渗透便达到了平衡状态。此时两液面高差称为该种溶液的渗透压。如果在溶液一侧施加大于渗透压的压力，则溶液中的水就会透过半透膜，流向淡水一侧，使溶液浓度增加，这种作用称为反渗透。

由此可见，实现反渗透过程必须具备两个条件：一是必须有一种高选择性和高透水性的半透膜；二是操作压力必须高于溶液的渗透压。

4) 超滤

超滤与反渗透一样也依靠压力推动力和半透膜实现分离。两种方法的区别在于超滤受渗透压的影响较小，能在低压力下操作(一般 0.1~0.5MPa)，而反渗透的操作压力为 2~10MPa。超滤适于分离分子量大于 500，直径为 0.005~10μm 的大分子和胶体，如细菌、病毒、淀粉、腐殖质、蛋白质和油漆等，这类液体在中等浓度时，渗透压很小；而反渗透一般用来分离分子量低于 500，直径为 0.0004~0.06μm 的糖、盐等渗透压较高的体系。

超滤过程在本质上是一种筛滤过程，膜表面的孔隙大小是主要的控制因素，溶质能否被膜孔截留取决于溶质粒子的大小、形状、柔韧性以及操作条件等，而与膜的化学性质关系不大。

5) 纳滤

纳滤膜是具有纳米级微孔结构并且孔表面带电荷的分离膜，其孔径范围为 1~5nm。纳滤膜是在反渗透膜基础上发展而来的，所以纳滤膜也称为疏松型或超低压型反渗透膜。

纳滤与反渗透及超滤一样，都属于靠压力推动的膜工艺，纳滤位于反渗透和超滤之间。但纳滤膜比反渗透膜操作压力低，一般小于 1.5MPa，水通量大。

从分离机理比较，超滤膜是筛分，反渗透膜阻止溶解性小分子扩散分离，大部分纳滤膜为电荷膜，其对无机盐的分离行为不仅受化学势控制，同时也受到电位梯度的影响。一般认为对荷电纳滤膜可用 Donnan 平衡模型来解释。Donnan 理论认为，将带电基团的膜置于含电解质溶液中时，溶液中的反离子(所带电荷与膜内固定电荷相反的离子)在膜内浓度大于其在主体溶液中的浓度，而同名离子(所带电荷与膜内固定电荷相同的离子)在膜内的浓度则低于其在主体溶液中的浓度。这种现象称为 Donnan 电位差，其阻止了同名离子从主体溶液向膜内的扩散。为了保持电中性，反离子也被膜截留。因此，盐的渗透性主要由离子的价态决定。

上述膜工艺的去除机理如图 5-7 所示，在微滤和超滤工艺中，颗粒的分离主要是通过筛滤实现的[图 5-7(a)]。在纳滤和反渗透工艺中，小颗粒被致密膜表面上吸着的水层排斥[图 5-7(b)]，各种离子则是通过扩散迁移作用穿过膜的大分子孔。典型的纳滤工艺可用于排斥 0.001μm 的组分，而反渗透可排斥 0.0001μm 的颗粒。在纳滤膜中筛滤作用也是很重要的，特别是孔径较大的纳滤膜。

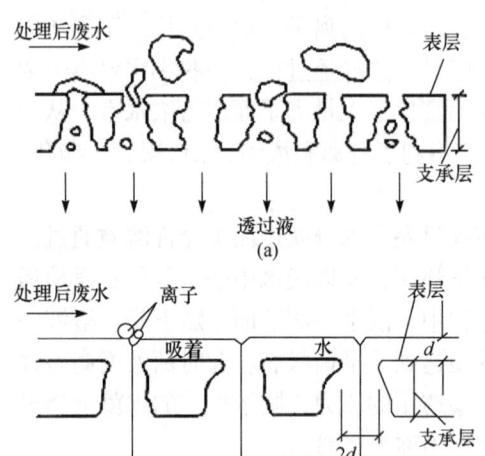

图 5-7 膜去除废水组分机理简图
(a) 通过筛滤机理去除大分子和颗粒物；(b) 通过吸着水层对离子的排斥作用

### (二) 膜过滤的传递过程

**1. 膜分离的表征参数**

1) 膜孔的几何物理参数

膜孔的几何物理参数包括膜孔的孔径大小及其分布、孔隙率和比表面积等。

2) 截留率和截留分子量

膜的截留率($R$，%)是指对一定分子量的物质膜能截留的程度。

$$R = 1 - C_p / C_b \tag{5-68}$$

式中：$C_p$ 为滤液中的微粒浓度，$g/m^3$；$C_b$ 为料浆中的微粒浓度，$g/m^3$。

截留率和分子量之间的关系称为截留曲线，曲线越陡直，膜的质量越好。

截留分子量是相当于一定截留率(90%～95%)的溶质的分子量。

3) 膜滤速率

膜滤速率用来表征膜的生产能力，定义为单位时间、单位膜面积上透过的滤液体积量。

**2. 膜传递过程的推动力**

膜过滤主要利用流体压力差作为推动力。此外，还可以利用浓度差、分压差、电位差以及透过速率差等作为推动力的其他膜分离过程。

**3. 膜传递过程模型**

1) 孔模型

将膜看成一系列垂直或斜交于膜表面的平行圆柱孔，每个圆柱孔的长度等于或基本等于膜厚,并假设所有孔径相同。这样,当流体通过膜孔流动作为毛细管层流时,其流速可用 Hagen-Poiseuille 定律表示:

$$J_V = \frac{\varepsilon r^2}{8\eta\tau} \cdot \frac{\Delta P}{L} \tag{5-69}$$

式中:$J_V$ 为膜的体积通量,m³/(m²·s);$\varepsilon$ 为膜的孔隙率;$\eta$ 为溶液黏度,m²/s;$\tau$ 为曲折因子;$r$ 为孔道平均直径,m;$\Delta P$ 为孔道两端压力差,Pa;$L$ 为孔道长度,m。

对烧结膜或具有球形皮层的膜,可用 Kozeny-Carman 关系式表示:

$$J_V = \frac{\varepsilon^3}{K\eta S^2(1-\varepsilon)^2} \cdot \frac{\Delta P}{L} \tag{5-70}$$

式中:$S$ 为表面积,m²;$K$ 为 Kozeny-Carman 常数,通常近似为 5。

2) 溶解-扩散模型

溶解-扩散模型的具体渗透过程为:透过物在膜的物料侧表面吸附溶解;在化学势差作用下以分子扩散形式从物料侧向产物侧迁移;透过物在膜的另一侧表面解吸。物质在致密介质中的传递是通过溶解-扩散过程进行的,扩散过程基本服从菲克定律:

$$J_A = -D_{AB}\frac{dC_A}{dy} \tag{5-71}$$

式中:$D_{AB}$ 为物质 A 通过固体 B 的扩散系数,m²/s;$C_A$ 为物质 A 在膜内的浓度,g/m³;$y$ 为膜厚,m;$D_{AB}$ 与温度的关系符合阿伦尼乌斯关系式:

$$D_{AB} = D_O e^{-E/RT} \tag{5-72}$$

式中:$D_O$ 为标准状态下的扩散系数,cm²/s;$E$ 为扩散活化能,J/mol;$R$ 为摩尔气体常量,8.314J/(mol·K);$T$ 为热力学温度,K。

(三) 膜工艺的操作

膜工艺的操作是相当简单的,给水经泵加压后,通过膜组件循环,并用一阀门维持滞流部分的压力,而透过液通常在常压下排出。由于给水中的组分积累在膜上(通常称为膜污染),使给水侧压力上升,膜通量(即通过膜的流量)则开始减少,同时脱盐率也开始下降。当性能恶化到某一给定值时,膜组件应停止操作,进行反洗和/或化学清洗。

1. 微滤和超滤工艺

如图 5-8 所示,微滤和超滤通常采用三种不同的工艺配置。第一种工艺配置为错流模式[图 5-8(a)],给水经泵加压后沿膜的切线方向流动,未通过膜的水与新进入的给水混掺后通过膜进行循环。第二种工艺配置如图 5-8(b)所示,也为错流模式,它类似于第一种模式,但作为一种特例,未通过膜的水循环返回水箱。第三种工艺配置称为直流模式(也称死端),如图 5-8(c)所示,这种配置不产生交错流动,所有给水均通过膜并利用原水定期清洗膜表面积累的污染物。对错流操作模式[图 5-8(a)和(b)],膜的传输压力由式(5-73)表示:

$$P_{tm} = \frac{P_f + P_c}{2} - P_p \tag{5-73}$$

式中：$P_{tm}$ 为膜传输压力梯度，kPa；$P_f$ 为给水入口压力，kPa；$P_c$ 为浓缩液压力，kPa；$P_p$ 为透过液压力，kPa。

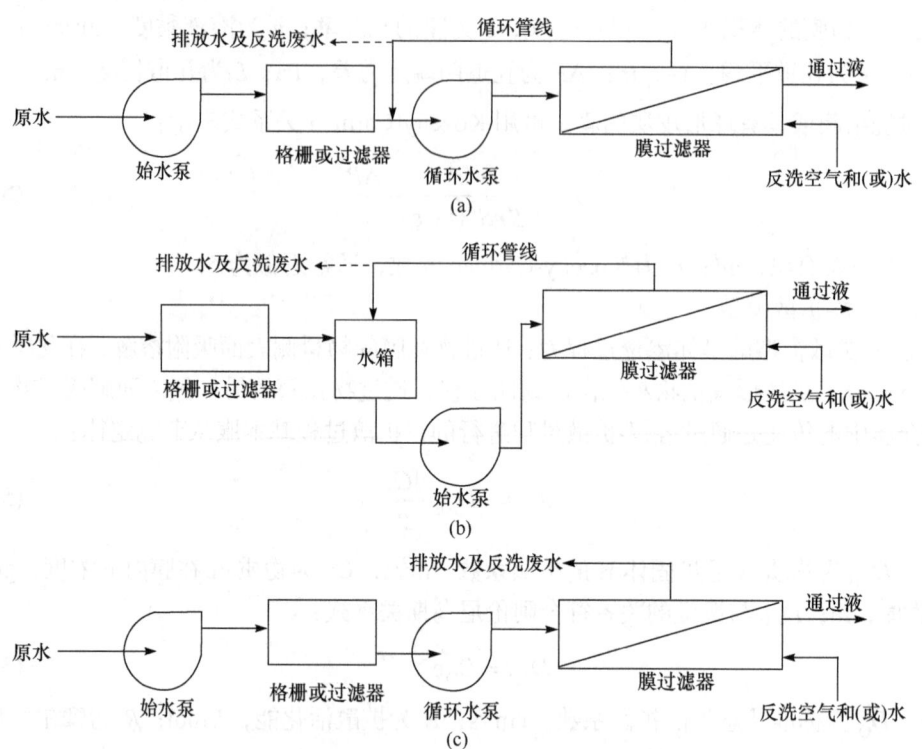

图 5-8　微滤及超滤工艺的典型操作模式
(a)错流模式；(b)带有循环水的错流模式；(c)直流模式

通过错流过滤器膜组件的总压降由式(5-74)给出：

$$P = P_f - P_p \tag{5-74}$$

式中：$P$ 为通过膜组件的总压降，kPa。

对于直流操作模式[图 5-8(c)]，膜的传输压力用式(5-75)表示：

$$P_{tm} = P_f - P_p \tag{5-75}$$

式中：$P_{tm}$ 为膜传输压力梯度，kPa；$P_f$ 和 $P_p$ 定义同前。

膜系统的透过液总量用式(5-76)表示：

$$Q_p = F_w A \tag{5-76}$$

式中：$Q_p$ 为透过液流量，kg/s；$F_w$ 为透过膜的水通量流率，kg/(m²·s)；$A$ 为膜面积，m²。

根据预测，透过膜的水通量流率是给水水质、预处理程度、膜的特性和系统操作参数的函数。

回收率 $r(\%)$ 的定义为

$$r = \frac{Q_p}{Q_f} \times 100 \tag{5-77}$$

式中：$Q_p$ 为透过液流量，kg/s；$Q_f$ 为给水流量，kg/s。

应注意，回收率(以水为参照物)和脱盐率(以溶质为参照物)是有差别的，脱盐率($R$,%)计算式如下：

$$R = \frac{C_f - C_p}{C_f} \times 100 = \left(1 - \frac{C_p}{C_f}\right) \times 100 \tag{5-78}$$

式中：$C_f$ 为给水浓度，kg/m³；$C_p$ 为透过液浓度，kg/m³。

相应的物料平衡式为

$$Q_f = Q_p + Q_c \tag{5-79}$$

$$Q_f C_f = Q_p C_p + Q_c C_c \tag{5-80}$$

式中：$Q_f$ 为给水流量，kg/s；$C_f$ 为给水浓度，kg/m³；$Q_p$ 为透过液流量，kg/s；$C_p$ 为透过液浓度，kg/m³；$Q_c$ 为浓缩液流量，kg/s；$C_c$ 为浓缩液浓度，kg/m³。

可用三种不同的操作模式控制与通量和膜传输压力(TMP)有关的膜工艺的操作。如图 5-9 所示，三种操作模式为：

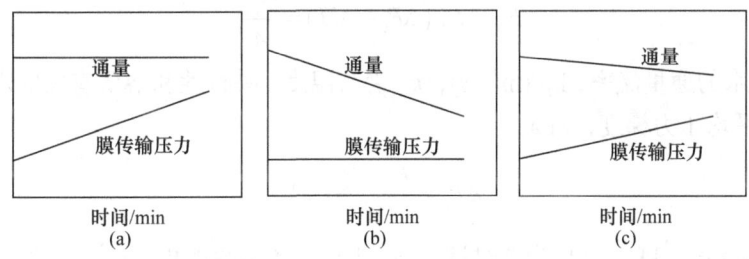

图 5-9 三种膜工艺操作模式
(a)恒通量；(b)恒压力；(c)变通量和变压力

(1) 恒通量模式，保持通量流率固定不变，允许膜传输压力随时间变化(增加)。
(2) 恒膜传输压力模式。保持膜传输压力不变，允许通量流率随时间变化(增加)。
(3) 通量流率和膜传输压力均可随时间变化。

传统的操作法均为恒通量模式。

2. 反渗透

当利用半透膜将不同浓度的两种溶液隔离时，膜的两侧将存在不同的化学势(图 5-10)，水则具有从较低浓度(较高化学势)向较高浓度(较低化学势)一侧扩散的趋势。在体积一定的系统中，在压力差与化学势差达到平衡之前，水的流动会持续进行。该平衡压差被定义为渗透压，且为溶质特性、浓度和温度的函数。如果穿过膜的压力梯度与水流方向相反，且大于渗透压，则水会由浓度较高的区域向浓度较低的区域流动，将这种现象定义为反渗透[图 5-10(c)]。

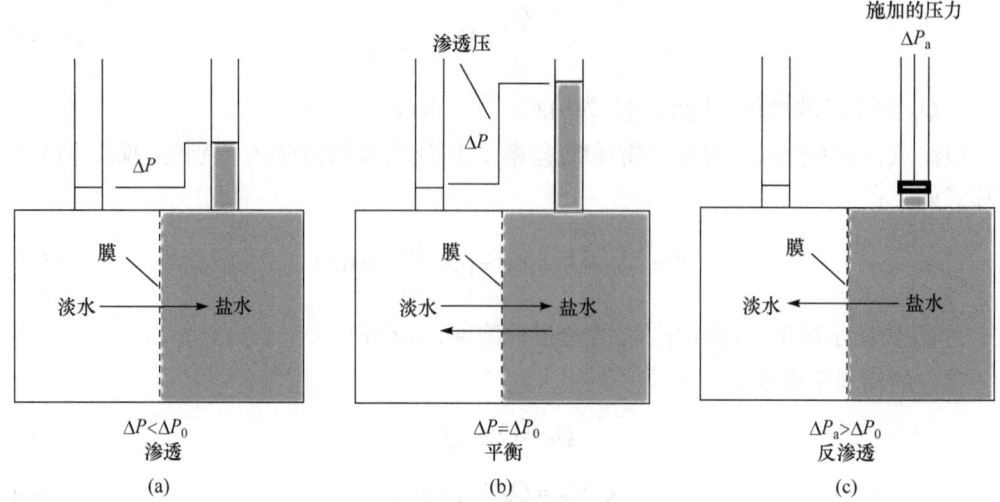

图 5-10 渗透流动定义简图
(a) 渗透流动；(b) 渗透平衡；(c) 反渗透

为了确定需要的膜面积和列数开发了多种不同的模型。用于开发模型的基本方程式如式 (5-81)所示，可以看出，通过膜的水通量流率是压力梯度的函数：

$$F_w = k_w(\Delta P_a - \Delta \Pi) = \frac{Q_p}{A} \tag{5-81}$$

式中：$F_w$ 为水的通量流率，$kg/(m^2 \cdot s)$；$k_w$ 为与温度、膜特性和溶质有关的水传质系数，$s/m$；$\Delta P_a$ 为平均压力梯度，$kPa$，

$$\Delta P_a = \frac{P_f + P_c}{2} - P_p \tag{5-82}$$

$\Delta \Pi$ 为渗透压梯度，$kPa$；$Q_p$ 为透过液流量，$kg/s$；$A$ 为膜面积，$m^2$。其中，

$$\Delta \Pi = \frac{\Pi_f + \Pi_c}{2} - \Pi_p \tag{5-83}$$

在任何情况下，某些溶质均能通过膜，溶质的通量可用式(5-84)描述：

$$F_i = k_i \Delta C_i = \frac{Q_p C_p}{A} \tag{5-84}$$

式中：$F_i$ 为溶质 $i$ 的通量流率，$kg/(m^2 \cdot s)$；$k_i$ 为溶质 $i$ 传质系数，$m/s$；$\Delta C_i$ 为溶质的浓度梯度，$kg/m^3$，

$$\Delta C_i = \frac{C_f + C_c}{2} - C_p \tag{5-85}$$

式中：$C_f$ 为给水中溶质浓度，$kg/m^3$；$C_c$ 为浓缩液中溶质浓度，$kg/m^3$；$C_p$ 为透过液中溶质浓度，$kg/m^3$。

## 第四节 吸附

吸附(adsorption)是溶液中的物质在某种适宜界面上积累的过程，是液相或气相中的组分向固相转移的传质过程。被吸附的物质是由液相或气相运动至界面的物质，吸附剂是供吸附质积累的固体、液体或气体。在本节中只讨论液-固界面上所发生的吸附过程。迄今为止，用活性炭吸附处理废水是被广泛接受的一种常规生物处理工艺出水的精制过程。在这一过程中，活性炭主要用于去除出水中剩余的部分可溶性有机物。在本节中主要讨论吸附工艺的基本概念，并研究与活性炭吸附有关的问题。

### 一、吸附剂的种类

吸附剂主要包括三类，即活性炭、合成聚合物及硅系吸附剂，其中合成聚合物及硅系吸附剂由于其成本昂贵，很少用于废水处理。在废水深度处理中应用最普遍的吸附剂是活性炭，所以本节中着重阐述活性炭吸附，重点讨论活性炭的性质、颗粒活性炭及粉末活性炭在废水处理中的应用及活性炭再生与再活化技术。

(一) 活性炭

1. 活性炭的制备

活性炭是利用杏核、椰壳及胡桃壳等有机材料制备成的炭。炭的生产过程是将有机材料置于干馏釜内采用不足量供氧方式维持燃烧，加热至炽热状态(近700℃)，馏出其中的碳氢化合物。这种炭生产过程实质上是一种热解过程。经过热解后，将炭颗粒暴露于800~900℃的高温氧化性气体(如蒸气及$CO_2$气体)中进行活化，促进炭颗粒内部的孔隙结构进一步发育，形成巨大的内表面面积。活性炭的有效孔径规定如下：大孔>25nm；中孔为1~25nm；微孔<1nm。

活性炭的表面性质因与所用的原材料及其制备方法有关，所以变化很大。由不同原材料制备的活性炭，其孔径分布及再生特性也不完全相同。炭经过活化处理后，可分离成(或制备成)具有不同吸附容量、不同粒径的活性炭。按照粒径大小可将活性炭分为两类：粉末活性炭(PAC)，粒径小于0.07mm；颗粒活性炭(GAC)，粒径大于0.1mm。

2. 活性炭的再生及再活化

活性炭应用的经济性取决于达到吸附容量后，炭有效再生及再活化的方法。再生是指恢复废炭吸附能力的各种工艺过程，这些工艺包括化学氧化、蒸气蒸馏、溶剂吸收、利用生物方法转化。通常4%~10%的吸附容量会因为再生过程损失。利用回收固体废物生产粉末活性炭，在使用中废炭不必再生，可一次性直接废弃，因此可能更为经济。

活性炭的再活化实质上与利用新鲜原材料生产活性炭的工艺过程完全相同，即将废炭置于炉内使被吸附的有机物氧化，从而达到从炭表面去除的目的。

(二) 树脂

用于吸附的树脂是一类具有巨大网状结构的合成大孔径树脂，由苯乙烯、丙烯脂、吡啶等单体和乙二烯共聚而成。这些树脂极性从非极性到高极性不等，类型多样。与活性炭相比，价格较高，但物理化学性能稳定，可供选择种类多。

## 二、吸附原理

### (一) 吸附过程

如图 5-11 所示，吸附过程一般分为四个步骤：溶液内迁移、膜扩散迁移、孔隙内迁移、吸附(或吸收)。①溶液内迁移是指吸附质通过溶液向吸附剂周围固定液体膜的运动；②膜扩散迁移是指由于扩散作用，有机物通过滞流液膜层向吸附剂空隙入口处的迁移过程；③孔隙内迁移是指吸附质通过孔隙内液体的分子扩散作用和/或通过沿吸附剂表面的扩散作用引起的迁移过程。吸附作用力包括库仑异性电荷作用、点电荷及偶极、偶极间相互作用、中性点电荷、范德华力、极性共价键、氢键。

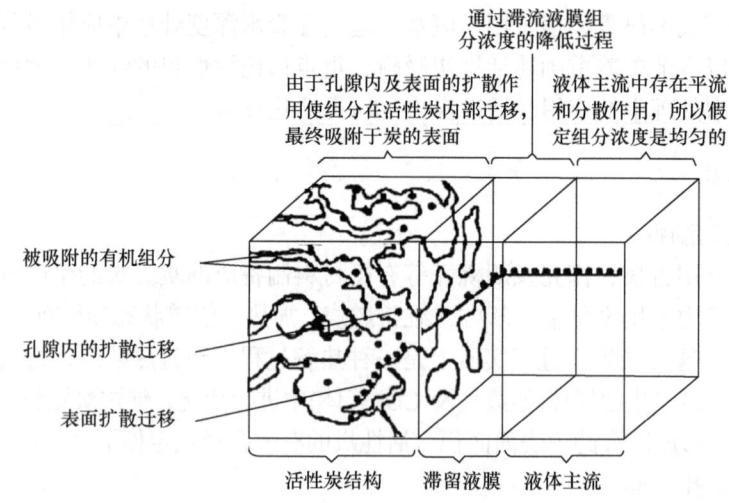

图 5-11 有机组分的活性炭吸附过程定义简图

吸附过程中最缓慢的那个阶段是吸附的速率控制阶段。当吸着(sorption)速率等于解吸(desorption)速率时，吸附过程达到平衡，这时的吸附质量即为吸附容量。活性炭对颗粒污染物的理论吸附容量可通过绘制吸附等温线予以确定。

### (二) 吸附等温线

吸附剂的吸附容量是温度和吸附质特性及浓度的函数。一般情况下，吸附容量是某一温度下该物质浓度的函数，该函数称为吸附等温线。吸附等温线是将一定量的吸附质加入一固定体积液体中，改变活性炭的量而绘制的。实验结束时，测定溶液中剩余的吸附质量，并计算吸附剂相的平衡浓度，然后利用计算得出的吸附剂相的浓度数据绘制吸附等温线。

$$q_e = \frac{(C_o - C_e)V}{m} \tag{5-86}$$

式中：$q_e$ 为吸附剂(即固体)相平衡浓度，mg 吸附质/g 吸附剂；$C_o$ 为吸附质的初始浓度，mg/L；$C_e$ 为吸附过程完成后吸附质的最终平衡浓度，mg/L；$V$ 为反应器中液体的体积，L；$m$ 为吸附剂的质量，g。

1. Freundlich 等温线

在水和废水处理中，描述活性炭吸附特性常用 Freundlich 吸附等温线。该等温线是由 Freundlich 于 1912 年提出的一个经验式：

$$\frac{x}{m} = K_f C_e^{1/n} \tag{5-87}$$

式中：$x/m$ 为单位质量吸附剂上吸附的吸附质质量，mg 吸附质/g 吸附剂；$K_f$ 为 Freundlich 常数；$C_e$ 为吸附过程完成后溶液中吸附质的最终平衡浓度，mg/L；$1/n$ 为 Freundlich 强度系数。

在 Freundlich 等温方程式中，可通过作 $\lg(x/m)$ 对 $\lg C_e$ 的图形确定各个常数，并将式(5-87)改写为

$$\lg\left(\frac{x}{m}\right) = \lg K_f + \frac{1}{n} \lg C_e \tag{5-88}$$

由于不同化合物的 $K_f$ 变化范围极宽，所以必须确定每一种化合物的 $K_f$。

2. Langmuir 等温线

Langmuir 等温线是利用以下假设导出的：①吸附剂表面的可供吸附点位固定，且每个点位能量相同；②吸附作用是可逆的。当分子吸附速率等于脱附速率时，吸附过程达到平衡。吸附速率与某一特定浓度条件下被吸附的量和在此浓度下吸附容量之差产生的吸附推动力成正比。Langmuir 等温线定义为

$$\frac{x}{m} = \frac{abC_e}{1+bC_e} \tag{5-89}$$

式中：$x/m$ 为单位质量吸附剂吸附的吸附质质量，mg 吸附质/g 吸附剂；$a, b$ 为经验常数；$C_e$ 为吸附过程完成后溶液中吸附质的平衡浓度，mg/L。

在 Langmuir 等温线中，各个常数可通过作 $C_e/(x/m)$ 对 $C_e$ 的曲线确定，为此可以将式(5-89)改写为

$$\frac{C_e}{x/m} = \frac{1}{ab} + \frac{1}{a} C_e \tag{5-90}$$

3. BET 吸附等温线

BET 吸附等温线适用于多层吸附的情况。由于废水中含有多种有机化合物，通常吸附剂对任一化合物的吸附能力普遍有所降低，但总吸附量可能会增加。竞争性化合物的参与所抑制的吸附量与拟吸附化合物的分子大小、吸附力及其相对浓度有关。

BET 公式为

$$\frac{x}{m} = \frac{BP_e\left(\dfrac{x}{m}\right)^0}{(P_0 - P_e)\left[1+(B-1)\left(\dfrac{P_e}{P_0}\right)\right]} \tag{5-91}$$

式中：$\left(\dfrac{x}{m}\right)^0$ 为单分子层饱和吸附时的吸附质质量，mg 吸附质/g 吸附剂；$B$ 为常数；$P_e$ 为吸附的平衡压力，Pa；$P_0$ 为同温度下吸附的饱和压力，Pa。

### 三、活性炭吸附动力学

如前面所述，颗粒活性炭(在下流式及上流式炭柱内)和粉末活性炭均可用于废水处理。下面将简要介绍这两种活性炭的吸附动力学。

(一) 传质区

在颗粒活性炭床内发生吸附的区域称为传质区(MTZ)。传质的基本方式有分子传质、对流传质。分子传质是物质依靠分子运动从高浓度处转移到低浓度处，是发生在静止或层流运动流体中的扩散。菲克第一定律是描述分子扩散通量或速率的方程：

$$j_A = -D_{AB}\frac{d\rho_A}{dZ} \tag{5-92}$$

$$j_B = -D_{BA}\frac{d\rho_B}{dZ} \tag{5-93}$$

$$J_A = -D_{AB}\frac{dC_A}{dZ} \tag{5-94}$$

$$J_B = -D_{BA}\frac{dC_B}{dZ} \tag{5-95}$$

式中：$j_A$ 为组分 A 的质量通量，kg/(m²·s)；$\dfrac{d\rho_A}{dZ}$ 为组分 A 在传质方向上的质量浓度梯度，(kg/m³)/m；$D_{AB}$ 为组分 A 在 B 中的扩散系数，m²/s；$j_B$ 为组分 B 的质量通量，kg/(m²·s)；$\dfrac{d\rho_B}{dZ}$ 为组分 B 在传质方向上的质量浓度梯度，(kg/m³)/m；$D_{BA}$ 为组分 B 在 A 中的扩散系数，m²/s；$J_A$ 为组分 A 的摩尔通量，kmol/(m²·s)；$\dfrac{dC_A}{dZ}$ 为组分 A 在传质方向上的摩尔浓度梯度，(kmol/m³)/m；$J_B$ 为组分 B 的摩尔通量，kmol/(m²·s)；$\dfrac{dC_B}{dZ}$ 为组分 B 在传质方向上的摩尔浓度梯度，(kmol/m³)/m。

对流传质是流动流体与相界面一侧进行的物质传递过程。对流传质的基本方程，采用式(5-96)表示：

$$N_A = k_c \Delta C_A \tag{5-96}$$

式中：$N_A$ 为对流传质的摩尔通量，kmol/(m²·s)；$k_c$ 为对流传质系数，m/s；$\Delta C_A$ 为组分 A 界面浓度与主体浓度差，kmol/m³。

废水通过深度等于 MTZ 的层床后，水中的污染物浓度将降低至最低值，在 MTZ 以下的床层内不会再发生进一步的吸附作用。随着顶层的炭颗粒被有机物不断饱和，MTZ

将在床内不断向下移动,直到穿透为止。MTZ 的长度一般为通过吸附柱的水力负荷及活性炭特性的函数。除水力负荷外,穿透曲线的形状也取决于使用液体中是否含有不可吸附的和可生物降解的组分。

在一种颗粒介质中,因为分散作用、扩散作用及沟流现象均与通过介质的流量有直接关系,所以传质区 MTZ 的高度一般也随流率而变化。

为了利用处于炭吸附柱底部区域的炭的吸附能力,可采用两台或多台吸附柱串联操作,并在它们耗尽时相互切换,或者利用多台吸附柱并联操作,这样当一个吸附柱耗尽时就不会影响出水水质。为了确定连续处理系统需要的炭吸附柱的尺寸和数量,必须规定最佳流量、炭床最佳深度及炭的操作容量。这些参数可根据炭柱动态实验结果确定。

### (二) 活性炭的吸附容量

活性炭的吸附容量一般可根据等温线数据进行估算,先从位于横轴上起始浓度 $C_0$ 相应的坐标作一垂线,并将等温线向外延伸与该垂线相交,可从纵轴上读取该交点处的 $q_e = (x/m)C_0$ 值,此 $q_e$ 值代表组分起始浓度为 $C_0$ 的条件下,达到吸附平衡时单位质量炭所吸附的该组分的量(图 5-12)。在活性炭柱的处理过程中,平衡条件一般存在于炭床的较上部位,所以平衡吸附量则代表对于一种特殊物质的最终吸附容量。

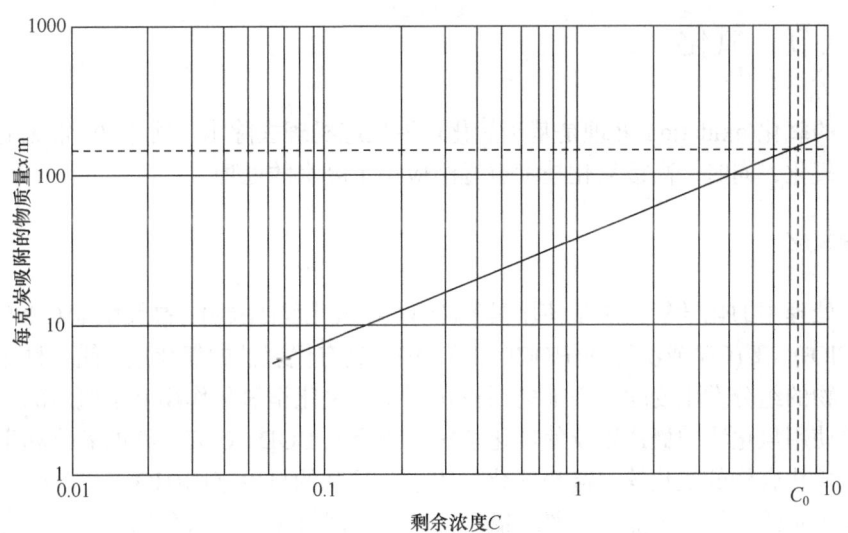

图 5-12 典型的活性炭吸附等温线

### (三) 穿透吸附容量

颗粒活性炭的穿透吸附容量是吸附等温线上找出的理论吸附容量的某一百分比,一般可假定一个单柱的 $(x/m)_b$ 近似为 25%～50%理论容量$(x/m)$。已知$(x/m)_b$时,穿透时间则可通过解式(5-97)求得时间 $t_b$ 的近似值。

$$\left(\frac{x}{m}\right)_b = \frac{x_b}{m_{GAC}} = Q\left(C_o - \frac{C_b}{2}\right)\frac{t_b}{m_{GAC}} \tag{5-97}$$

式中：$\left(\dfrac{x}{m}\right)_b$ 为现场穿透吸附容量，g/g；$x_b$ 为穿透时 GAC 柱内吸附的有机物质量，g；$m_{GAC}$ 为吸附柱内 GAC 的质量，g；$Q$ 为废水流量，m³/d；$C_o$ 为进水中有机物浓度，g/m³；$C_b$ 为有机物穿透浓度，g/m³；$t_b$ 为到达穿透点的时间，d。

式(5-97)是在 $C_o$ 为常数，时间从零增加至过程中出水浓度呈线性增加的假定条件下导出的。$\left(C_o - \dfrac{C_b}{2}\right)$ 代表到达穿透点时被吸附有机物的平均浓度。用式(5-97)重新排列后得到的式(5-98)可计算到达穿透点的时间。

$$t_b = \frac{(x/m)_b \, m_{GAC}}{Q\left(C_o - \dfrac{C_b}{2}\right)} \tag{5-98}$$

常用活性炭吸附工艺去除废水中难降解的有机化合物以及残留于废水中的无机物，如氮、硫化物及重金属等。特别在废水回用方面利用活性炭去除废水中产生味及嗅的化合物，也是其重要用途之一。在正常条件下处理后，出水中 BOD 浓度一般为 2～7mg/L，COD 为 10～20mg/L；在最佳条件下，出水中 COD 可降低至 10mg/L 以下。

## 第五节　氧化

废水的氧化(oxidation)处理是基于氧化还原反应机理去除水中污染物，常见的氧化主要为化学氧化，同时，高级氧化技术也逐渐应用于废水的处理。

### 一、化学氧化

废水处理中的化学氧化法是使用臭氧($O_3$)、过氧化氢($H_2O_2$)、高锰酸盐($MnO_4^-$)、二氧化氯($ClO_2$)、氯($Cl_2$)或次氯酸(HOCl)和氧($O_2$)等具有代表性的氧化剂，使一种化合物或一组化合物的组分发生变化。下面的讨论包括了有关化学氧化作用基本概念的介绍、废水处理中使用氧化法的概述以及使用化学氧化法降低 BOD、COD，氨的氧化和生物不可降解的有机化合物的氧化等。高级氧化过程中，羟基的自由基团(HO·)作为强氧化剂使用，其作用是破坏那些不能被臭氧、氯等传统氧化剂氧化的特殊有机组分和化合物。

(一) 化学氧化的基本原理

1. 氧化还原反应

氧化还原反应中，两者的电子互相转换，参与反应的组分的氧化态互相转换。一种氧化剂引起氧化作用的发生，则它在过程中被还原。同样，一种还原剂引起还原作用的发生，则它在过程中被氧化。例如，式(5-99)的氧化还原反应：

$$Cu^{2+} + Zn \longrightarrow Cu + Zn^{2+} \tag{5-99}$$

由于电子有得、有失，则氧化还原反应可独立为两个半反应式。氧化作用的半反应是失去电子，而还原作用的半反应是得到电子。组成式(5-99)的两个半反应如下：

$$Zn - 2e^- \rightleftharpoons Zn^{2+} \text{ (氧化作用)} \tag{5-100}$$

$$Cu^{2+} + 2e^- \rightleftharpoons Cu \text{ (还原作用)} \tag{5-101}$$

上述方程有两个电子的转换。

2. 半反应电位

因为氧化还原有无数种可能的反应，所以没有反应的平衡常数汇总表，取而代之的是半反应的化学特性和热力学特性。在用于表征氧化还原反应的诸多特性中，电位或电动势是最常用的。这样，包括一个氧化作用或还原作用的每一个半反应都具有一个与其相对应的标准电位 $E^{\ominus}$。式(5-101)和式(5-100)的半反应电位如下：

$$Cu^{2+} + 2e^- \rightleftharpoons Cu \qquad E^{\ominus} = 0.342V \tag{5-102}$$

$$Zn - 2e^- \rightleftharpoons Zn^{2+} \qquad E^{\ominus} = -0.762V \tag{5-103}$$

表 5-7 给出了一些半反应的电位。半反应电位是衡量反应向右进行趋势的尺度。带有高的正电位 $E^{\ominus}$ 的半反应，则反应有向右进行的趋势。

表 5-7 氧化还原半反应的标准电位

| 半反应 | 氧化电位/V | 半反应 | 氧化电位/V |
|---|---|---|---|
| $Li^+ + e^- \longrightarrow Li$ | −3.03 | $Pb^{2+} + 2e^- \longrightarrow Pb$ | −0.126 |
| $K^+ + e^- \longrightarrow K$ | −2.92 | $2H^+ + 2e^- \longrightarrow H_2$ | 0 |
| $Ba^{2+} + 2e^- \longrightarrow Ba$ | −2.90 | $Cu^{2+} + e^- \longrightarrow Cu^+$ | 0.15 |
| $Ca^{2+} + 2e^- \longrightarrow Ca$ | −2.87 | $N_2 + 8H^+ + 6e^- \longrightarrow 2NH_4^+$ | 0.27 |
| $Na^+ + e^- \longrightarrow Na$ | −2.71 | $Cu^{2+} + 2e^- \longrightarrow Cu$ | 0.342 |
| $Mg(OH)_2 + 2e^- \longrightarrow Mg + 2OH^-$ | −2.69 | $I_2 + 2e^- \longrightarrow 2I^-$ | 0.54 |
| $Mg^{2+} + 2e^- \longrightarrow Mg$ | 2.37 | $O_2 + 2H^+ + 2e^- \longrightarrow H_2O_2$ | 0.68 |
| $Al^{3+} + 3e^- \longrightarrow Al$ | −1.66 | $Fe^{3+} + e^- \longrightarrow Fe^{2+}$ | 0.771 |
| $MnO_4^- + 8H^+ + 5e^- \longrightarrow Mn^{2+} + 4H_2O$ | −1.51 | $Ag^+ + e^- \longrightarrow Ag$ | 0.799 |
| $Mn^{2+} + 2e^- \longrightarrow Mn$ | −1.18 | $ClO^- + H_2O + 2e^- \longrightarrow Cl^- + 2OH^-$ | 0.9 |
| $2H_2O + 2e^- \longrightarrow H_2 + 2OH^-$ | −0.828 | $Br_2(液) + 2e^- \longrightarrow 2Br^-$ | 1.09 |
| $Zn^{2+} + 2e^- \longrightarrow Zn$ | −0.762 | $O_2 + 4H^+ + 4e^- \longrightarrow 2H_2O$ | 1.229 |
| $Fe^{2+} + 2e^- \longrightarrow Fe$ | −0.44 | $Cl_2(气) + 2e^- \longrightarrow 2Cl^-$ | 1.360 |
| $Cd^{2+} + 2e^- \longrightarrow Cd$ | −0.4 | $H_2O_2 + 2H^+ + 2e^- \longrightarrow 2H_2O$ | 1.776 |
| $Ni^{2+} + 2e^- \longrightarrow Ni$ | −0.25 | $O_3 + 2H^+ + 2e^- \longrightarrow O_2 + H_2O$ | 2.07 |
| $S + 2H^+ + 2e^- \longrightarrow H_2S$ | −0.14 | $F_2 + 2H^+ + 2e^- \longrightarrow 2HF$ | 2.87 |

### 3. 氧化还原方程的平衡常数

用能斯特方程计算的氧化还原反应的平衡常数：

$$\ln K = \frac{nFE^{\ominus}_{\text{反应}}}{RT} \tag{5-104}$$

$$\lg K = \frac{nFE^{\ominus}_{\text{反应}}}{2.303RT} \tag{5-105}$$

式中：$K$ 为平衡常数；$n$ 为总反应中被交换的电子数；$F$ 为法拉第常量，96486 A·s/mol=96485 C/mol；$E^{\ominus}_{\text{反应}}$ 为反应电位，V；$R$ 为摩尔气体常量，8.3144 J/(mol·K)；$T$ 为热力学温度，K，1K=273.15℃。

例如，在 25℃时，

$$\lg K = \frac{n\left(\dfrac{96485\text{C}}{\text{mol}}\right)E^{\ominus}_{\text{反应}}}{(2.303)\left(\dfrac{8.3144\text{J}}{\text{mol}\cdot\text{K}}\right)[(273.15+25)\text{K}]} = \frac{nE^{\ominus}_{\text{反应}}}{0.0592} \tag{5-106}$$

### 4. 氧化还原反应的速率

反应电位不能提供有关反应进行速率的信息。为使反应得以进行或提高反应的速率，化学氧化反应常需要一种或多种催化剂的参与。常用催化剂有过渡金属阳离子、酶、pH 的调节剂以及各种专用物质。

**示例 5-6** 确定氧化还原反应的平衡常数。试求下面反应的氧化还原平衡常数。

$$\text{Cu}^{2+} + \text{Zn} \longrightarrow \text{Cu} + \text{Zn}^{2+} \tag{5-107}$$

$$\text{H}_2\text{S} + \text{H}_2\text{O}_2 \longrightarrow \text{S} + 2\text{H}_2\text{O} \tag{5-108}$$

**解** (1) 求出下式的平衡常数：

$$\text{Cu}^{2+} + \text{Zn} \longrightarrow \text{Cu} + \text{Zn}^{2+} \tag{5-109}$$

根据式(5-102)和式(5-103)计算，反应的 $E^{\ominus}_{\text{反应}}$ 为 0.342+0.762=+1.104V，所交换的电子数为 2。

由式(5-106)确定平衡常数 $K$ 值如下：

$$\lg K = \frac{nE^{\ominus}_{\text{反应}}}{0.0592} = \frac{2\times1.104}{0.0592} = 37.3 \tag{5-110}$$

$$K = 1.58\times10^{37} \tag{5-111}$$

(2) 求出下式的平衡常数：

$$\text{H}_2\text{S} + \text{H}_2\text{O}_2 \longrightarrow \text{S} + 2\text{H}_2\text{O} \tag{5-112}$$

根据表 5-7，上述反应的 $E^{\ominus}_{\text{反应}}$ 为 1.776 + 0.14 = +1.92V，所交换的电子数为 2。则平衡常数 $K$ 值为

$$\lg K = \frac{nE^{\ominus}_{\text{反应}}}{0.0592} = \frac{2\times1.92}{0.0592} = 64.9 \tag{5-113}$$

$$K = 7.94 \times 10^{64} \tag{5-114}$$

### (二) 化学氧化在水处理中的应用

过去化学氧化广泛应用于降低残余有机物的浓度、控制气味、除氨、减少废水中细菌和病毒的数量等。化学氧化作用对去除有气味的化合物，如硫化物和硫醇等特别有效。现今，化学氧化还常用于：改善不可生物降解(不易处理)的有机化合物的可生化性；消除某些有机和无机化合物对微生物生长的抑制作用；降低或消除有机和无机化合物对微生物生长和水生植物的毒性。BOD、COD、氨和不易处理的有机化合物的化学氧化作用在本书中作为重点讲述。

#### 1. BOD 和 COD 的化学氧化

以氯、臭氧和过氧化氢为例，组成 BOD 的有机分子氧化的总反应表示如下：

$$\text{有机分子(BOD)} \xrightarrow[H_2、O_2]{Cl_2、O_3} \text{被氧化的中间分子} \xrightarrow[H_2、O_2]{Cl_2、O_3} \text{简单的最终产物如}(CO_2、H_2O\text{等})$$

反应方向上的多个箭头表示总反应的程序中包含了若干个阶段。概括地说，一般可用于废水处理的总反应速率通常都很慢。

#### 2. 不可生物降解的有机化合物的化学氧化

为氧化废水中的有机物，向废水中投加氯和臭氧。由于生物处理后所残留的有机化合物都是由低分子量的极性有机化合物和具有苯环结构的有机络合物所组成，因而氧化剂的投加量将随处理的深度而增加。由于废水组成的复杂性，对于去除难处理的有机化合物，即使化学计量为已知，也不可根据化学计量计算所需的化学药剂量。无论是用氯、二氧化氯还是臭氧对难处理有机物进行氧化处理时，对其效力及所需的投加量，都必须进行实验予以确定。

#### 3. 折点加氯及其应用

用氯将溶液中的氨氮氧化为氮气和其他一些稳定化合物的化学过程称为折点加氯。该过程最主要的优点就是可将废水中的氨氮，通过恰当的控制而全部氧化。然而该过程也具有若干缺点，包括产生与碱反应的酸(HCl)、形成总溶解固体、形成一些有害的氯化有机化合物等。

根据实验室实验和生产工厂实验发现，折点加氯 pH 的最佳运行范围为 6～7。假如折点加氯的实施是在此范围之外，则达到折点所需的氯量将大大增加，其反应速率也更慢。在废水处理通常所见的温度范围内，温度对过程没有太大影响。

折点加氯可单独使用，也可与其他过程结合用于去除处理厂出水中的氨氮。当单独使用时，为避免所需的投氯量太大，折点加氯可设在生物硝化作用之后，使出水中氨的含量达到较低的水平。

为使该过程有最佳的效能，同时又减少设备和装置的费用，常常需要均衡流量。另外，由于经氯化的化合物排放到环境中可能出现潜在的毒性问题，因而往往需要使出水脱氯。

## 二、高级氧化

高级氧化(advanced oxidation)主要用于氧化废水中很难被生物降解的复杂有机物。当采用化学氧化时,没有必要将一种已知的化合物或一组化合物完全氧化。很多情况下,部分氧化就足以使一些特殊化合物适宜于后续生物处理或降低其毒性。特殊化合物的氧化过程中最终氧化产物在降解程度上与普通的化学氧化可能存在以下明显的区别。

初步降解:改变原始化合物的结构;

可接受的降解(无害化):使原始化合物结构发生变化并达到降低其毒性的目的;

完全降解(矿化):使有机碳转化为无机物 $CO_2$;

不可接受的降解(有害化):使原始化合物结构发生变化,毒性增大。

### (一) 高级氧化理论

高级氧化利用游离羟基($HO\cdot$)作为强氧化剂破坏常规氧化剂氧、臭氧和氯不能氧化的化合物。如表 5-8 所示,除氟外,游离羟基是目前已知的最具活性的氧化剂之一,在化学反应中不存在选择性并且可在常温常压下操作。与其他氧化物相比,羟基几乎可不受任何约束地将现存的所有还原物质氧化成为特殊的化合物或化合物的基团。

高级氧化与其他处理方法的不同之处在于废水中的化合物是被降解而并非浓缩或转移到其他相中,过程中不会产生二次废物,所以不需要后续废物处置或再生设施。

表 5-8　各种氧化剂的氧化势比较

| 氧化剂 | 电化学氧化势(EOP)/V | 与氯的相对 EOP | 氧化剂 | 电化学氧化势(EOP)/V | 与氯的相对 EOP |
| --- | --- | --- | --- | --- | --- |
| 氟 | 3.06 | 2.25 | 次氯酸盐 | 1.49 | 1.10 |
| 羟基 | 2.80 | 2.05 | 氯 | 1.36 | 1.00 |
| 氧(原子态) | 2.42 | 1.78 | 二氧化氯 | 1.27 | 0.93 |
| 臭氧 | 2.08 | 1.52 | 氧(分子氧) | 1.23 | 0.90 |
| 过氧化氢 | 1.78 | 1.30 | | | |

### (二) 基于羟基自由基的高级氧化技术

目前,已有多种技术可在液相条件下生产 $HO\cdot$,目前只有臭氧/紫外线、臭氧/过氧化氢、臭氧/紫外线/过氧化氢及过氧化氢/紫外线等技术处于工业化应用中。

1. 臭氧/紫外线($O_3$/UV)

通过臭氧的光解作用来利用紫外线生产游离羟基的过程:

$$O_3 + UV(或 h\nu,\ \lambda < 310nm) \longrightarrow O_2 + O(^1D) \tag{5-115}$$

$$O(^1D) + H_2O \longrightarrow HO\cdot + HO\cdot (在湿空气中) \tag{5-116}$$

$$O(^1D) + H_2O \longrightarrow HO\cdot + HO\cdot \longrightarrow H_2O_2 (在水中) \tag{5-117}$$

式中：$O_3$ 为臭氧；UV 为紫外线(或 $h\nu$=能量)；$O_2$ 为氧；$O(^1D)$ 为激活的氧原子，符号 $(^1D)$ 是用于规定氧原子及氧分子形态的光谱符号(也称为单谱线氧)；$HO\cdot$ 为羟基，在羟基及其他基团上的圆点($\cdot$)用于指示这些基团带有不成对电子。

如式(5-116)和式(5-117)所示，在湿空气中通过臭氧的光解作用会生成羟基，而在水中，臭氧的光解作用则会生成过氧化氢。臭氧用于此工艺中时，经济成本高。在空气中，臭氧/紫外线工艺可通过臭氧直接氧化，光解作用或与羟基反应使化合物降解。当化合物通过紫外线吸收并与羟基基团反应可发生降解时，利用臭氧/紫外线工艺是比较有效的。

2. 臭氧/过氧化氢($O_3/H_2O_2$)

对于紫外线不可吸收的化合物，采用臭氧/过氧化氢高级氧化工艺是比较有效的一种处理方法。废水中三氯乙烯(TCE)和过氯乙烯(PCE)类氯化合物利用过氧化氢和臭氧产生 $HO\cdot$ 的高级氧化工艺处理可显著降低其浓度。利用过氧化氢及臭氧生产羟基基团的总反应如下：

$$H_2O_2 + 2O_3 \longrightarrow HO\cdot + HO\cdot + 3O_2 \tag{5-118}$$

3. 过氧化氢/紫外线($H_2O_2/UV$)

当含有过氧化氢的水暴露于紫外线(200～280nm)中时也会形成羟基基团。可用下列反应描述过氧化氢的光解作用：

$$H_2O_2 + UV(或 h\nu, \lambda \approx 200\sim280nm) \longrightarrow HO\cdot + HO\cdot \tag{5-119}$$

某些情况下，采用过氧化氢/紫外线工艺并不可行，因为过氧化氢的分子消光系数很小，不仅要求高浓度过氧化氢，而且不能有效利用紫外线的能量。

近年来，过氧化氢/紫外线工艺已经应用于处理后废水中微量组分的氧化处理，能够去除处理后废水中 $N,N'$-二甲基亚硝胺(NDMA)和其他受关注的化合物，如性激素及甾体激素类药物，处方和非处方人体用、兽用抗生素及人体用抗生素等新兴污染物。由于废水中这类化合物的浓度比较低(通常以 μg/L 计)，其氧化反应一般遵循一级动力学规律。

4. Fenton 氧化

Fenton 试剂由亚铁盐和过氧化氢组成，目前普遍为大家所接受的反应机理为：$H_2O_2$ 与 $Fe^{2+}$ 反应生成 $HO\cdot$ 和氢氧根离子($OH^-$)，并引发连锁反应从而产生更多的其他自由基，然后利用这些自由基进攻有机质分子，从而破坏有机质分子并使其矿化直至转化为 $CO_2$ 和 $H_2O$ 等无机质。

Fenton 技术与其他高级氧化技术相比，具有设备简单、操作简便、反应快速、高效、可产生絮凝澄清等优点，尤其在处理难生物降解废水方面受到重视。

5. 其他高级氧化

其他反应也会产生游离羟基 $HO\cdot$，如 $H_2O_2$ 和 UV 与 Fenton 试剂的反应以及作为催化剂的 $TiO_2$ 一类半导体金属氧化物对紫外线的吸收反应等，这些技术目前仍在开发研究过程中。

根据大量研究成果发现，几种高级氧化工艺的结合比任何单一氧化剂(如臭氧、紫外线、过氧化氢)更为有效。高级氧化技术通常应用于 COD 浓度较低的废水处理中,因为形成羟基基团所需要的臭氧/或过氧化氢的成本很高。前面提及的抗降解物质可能会转化为需进一步生物处理的化合物。下面将讨论高级氧化技术在处理后废水消毒及难降解有机化合物处理中的应用方法。

1) 消毒

相比单独臭氧而言,臭氧产生的游离基团的氧化性更强,所以可以使用游离的羟基基团等去有效氧化微生物及水和废水中的难处理有机物。但是游离的羟基基团半衰期极短,仅为微秒级别,所以在水中不可能达到较高的浓度。因为其浓度较低,根据微生物杀灭停留时间的要求,在水消毒中禁止使用游离羟基。

2) 难降解有机化合物的氧化

引入上述羟基基团的原因并不是为了用于常规消毒,而是为了氧化经高级氧化处理以后出水中微量难降解的有机化合物。羟基基团一旦发生,可通过基团加成、脱氢、电子转移及基团结合破坏有机物分子。

基团加成:羟基基团与不饱和脂肪族或芳香族有机化合物(如 $C_6H_6$)的加成反应会生成带羟基基团的有机化合物,这类化合物可被氧及亚铁类化合物进一步氧化生成稳定的氧化型终产物。在下列反应中,用缩写符号 R 代表参与反应的有机化合物。

$$R + HO \cdot \longrightarrow ROH \tag{5-120}$$

脱氢反应:可用羟基基团从有机化合物分子上脱除一个氢原子,氢原子的脱除导致形成带有基团的有机化合物,这种有机化合物与氧反应可激发一种链式反应,产生某种过氧基团,该基团可与另一种有机化合物反应,等等。

$$R + HO \cdot \longrightarrow R \cdot + H_2O \tag{5-121}$$

电子转移:电子的转移一般会形成高价离子,一价负离子的氧化会导致原子或游离基团的形成。

$$R^n + HO \cdot \longrightarrow R^{n-1} + OH^- \tag{5-122}$$

游离基团结合:两个游离基团结合在一起,会形成一种稳定产物。

$$HO \cdot + HO \cdot \longrightarrow H_2O_2 \tag{5-123}$$

一般来说,在一个完全反应中,羟基基团与有机化合物的反应会生成水、二氧化碳及盐,这一过程也称为矿化。

(三) 基于硫酸根自由基的高级氧化技术

近年来,基于硫酸根自由基($\cdot SO_4^-$)的新型高级氧化技术由于在降解农药、全氟羧酸、药物和个人护理品(PPCPs)等新兴污染物上表现出突出的优势,引发了越来越多科研人员的研究兴趣。硫酸根自由基具有高的氧化还原电位(2.5~3.1V),并且能与大多数有机物反应以近扩散控制速率的速率发生氧化反应。同时,过硫酸盐多为固态,易于储存和运输,在环境中相对较稳定,水溶性较好,因此在实际应用中,其相对于其他的氧化剂具有明显的优势。由于硫酸根自由基的显著优点，在去除污水中难降解有机物的应用上，硫酸根自由基新型高级氧化技术受到更多重视。

基于硫酸根自由基的高级氧化技术就是以过硫酸盐作氧化剂，通过各种催化方式催化生成高氧化性的硫酸根自由基，利用其强氧化性来氧化降解有机污染物的新型处理技术。

过硫酸盐包括过单过硫酸盐(PMS)、过二硫酸盐(PS 或 PDS)，是一类常见氧化剂，主要有钠盐、铵盐和钾盐。

催化产生 $·SO_4^-$ 的方式主要有：紫外光解、高温热解及过渡金属离子等催化分解 $HSO_5^-$ 和 $S_2O_8^{2-}$。

1. 高温热解产生 $·SO_4^-$

过硫酸根在热的作用下，分子中 O—O 键发生断裂，产生两个硫酸根自由基，其反应式如下，需要的热活化能约为 140.2kJ/mol。

$$S_2O_8^{2-} \xrightarrow{热} 2·SO_4^- \tag{5-124}$$

2. 紫外光(UV)活化过硫酸盐产生 $·SO_4^-$

紫外光解是指将紫外光辐射和氧化剂结合的使用方法，过硫酸盐的水溶液在紫外光的激发下，过硫酸根离子吸收光子，O—O 键断裂生成两个硫酸根自由基，从而可以氧化许多难降解有机污染物。过硫酸盐受光辐射分解过硫酸盐产生硫酸根自由基的反应见式(5-125)。

$$S_2O_8^{2-} + h\nu \longrightarrow 2·SO_4^- \tag{5-125}$$

3. 过渡金属离子活化过硫酸盐产生 $·SO_4^-$

研究表明，$Fe^{2+}$、$Co^{2+}$、$Ti^{2+}$、$Cu^{2+}$、$Ag^+$、$Mn^{2+}$等金属离子都有一定的催化过硫酸盐产生硫酸根自由基的能力，其原理是金属离子通过单电子还原 $S_2O_8^{2-}$ 生产 $·SO_4^-$ 以及 $SO_4^{2-}$。反应通式为

$$S_2O_8^{2-} + M^{n+} \longrightarrow ·SO_4^- + SO_4^{2-} + M^{(n+1)+} \tag{5-126}$$

硫酸根自由基主要是通过氢提取、加成和电子转移与有机污染物反应。由于硫酸根自由基有亲电性，所以硫酸根自由基与供电子基团比与吸电子基团的反应速率更快。过硫酸盐会和一些有机物直接反应，形成硫酸根自由基或者形成新的有机自由基，去逐步分解污染物[如式 (5-127)、式(5-128)]。整体的污染物降解速率依赖于一个复杂的硫酸根自由基链的传递和终止反应。

$$S_2O_8^{2-} + R \longrightarrow ·SO_4^- + SO_4^{2-} + R^* \tag{5-127}$$

$$S_2O_8^{2-} + R \longrightarrow 2·SO_4^- + ·R \tag{5-128}$$

在原位修复被污染的地下水研究中，Liang 等采用 $Fe^{2+}$催化 $K_2S_2O_8$ 产生 $·SO_4^-$ 的方法来降解污染地下水中的 TCE，在 20min 内 TCE 的去除率达到 90% 以上。Hori 等通过 UV 激

发 $K_2S_2O_8$ 来产生 $\cdot SO_4^-$ 降解全氟辛酸(PFOA)，研究发现 $\cdot SO_4^-$ 能有效降解 PFOA 及其他含有 $C_4 \sim C_8$ 全氟烷基基团的全氟羧酸类物质，主要产物为 $F^-$ 和 $CO_2$，未检测到 $CF_4$ 的生成。

## 第六节 水生物处理

水生物处理是利用微生物的新陈代谢作用，对废水进行净化的处理方法，按微生物的类型不同分为好氧生物处理、缺氧生物处理和厌氧生物处理。按微生物在废水处理中的存在状态不同，废水生物处理又分为悬浮生长法(活性污泥)和附着生长法(生物膜)两类。

活性污泥法是处理城市污水广泛使用的方法，它能从污水中去除溶解的和胶体的可生物降解有机物，以及能被活性污泥吸附的悬浮固体和其他物质。活性污泥法本质上与天然水体(江、湖)的自净过程相似，两者都为好氧生物过程，只是它的净化强度大，因而活性污泥法是天然水体自净作用的人工化和强化。

活性污泥法的主要构筑物是曝气池和二次沉淀池。需要处理的污水和回流活性污泥一起进入曝气池成为悬浮混合液，通入曝气池的空气一方面使污水和活性污泥充分混合，更主要的是保证混合液中有足够的溶解氧，使污水中的有机物被活性污泥中的好氧微生物分解。污水不断引入曝气池，混合液也不断从曝气池排出流入二沉池，在二沉池活性污泥和水澄清分离后，部分活性污泥再回流到曝气池。在污水处理过程中活性污泥的量不断增加，为了维持稳定操作，部分活性污泥(剩余污泥)要从系统中排出。在活性污泥法中也常采用初次沉淀池，以降低曝气池进水中的有机负荷，从而降低处理成本。

在活性污泥系统中，为了确定活性污泥系统的设计和运行参数，就必须建立活性污泥的相关动力学关系和模型。

### 一、活性污泥法反应动力学

#### (一) 活性污泥法反应动力学基础

建立活性污泥法反应动力学模型时，有以下假设：

(1) 除特别说明外，均认为反应器内物料是完全混合的，对于推流式曝气池，则在此基础上加以修正。

(2) 系统运行条件稳定。

(3) 二次沉淀池内无微生物活动也没有污泥积累，固液分离良好。

(4) 进水基质均为溶解性的，且浓度不变，也不含微生物。

(5) 系统中不含有毒物质和抑制物质。

1. 米-门公式

Michaelis-Menten(米凯利斯-门坦)提出酶的"中间产物"学说，通过理论推导和实验验证，提出了含单一基质的酶促反应动力学公式，即米-门公式：

$$v = \frac{v_{\max}S}{K_m + S} \tag{5-129}$$

式中：$v$ 为酶促反应中产物生成的反应速率，$d^{-1}$；$v_{max}$ 为产物生成的最高速率，$d^{-1}$；$K_m$ 为米氏常数(又称饱和常数、半速常数)，$kg/m^3$；$S$ 为基质浓度，$kg/m^3$。

2. Monod 方程

Monod 提出了以米-门公式为基础的 Monod 方程：

$$\mu = \mu_{max} \frac{S}{K_s + S} \quad (5\text{-}130)$$

式中：$\mu$ 为微生物比增长速率，$d^{-1}$；$S$ 为限制微生物增长的底物浓度，$kg/m^3$；$\mu_{max}$ 为最大比生长速率，即 $\mu$ 的最大值，底物浓度很大，不再影响微生物的增长速度时的 $\mu$ 值；$K_s$ 为饱和常数，$kg/m^3$。

3. Lawrence-McCarty(劳伦斯-麦卡蒂)公式

1) 微生物比增长速率：

$$\mu = \frac{(dX/dt)_g}{X} \quad (5\text{-}131)$$

式中：$\mu$ 为微生物比生长速率，g 新细胞/(g 细胞·d)；$(dX/dt)_g$ 为微生物的净增长速率，$kgVSS/(m^3 \cdot d)$；$X$ 为活性污泥微生物浓度，$kgVSS/m^3$。

2) 单位基质利用率：

$$r = \frac{(dS/dt)_u}{X} \quad (5\text{-}132)$$

式中：$r$ 为单位基质利用速率，$d^{-1}$；$(dS/dt)_u$ 为总底物利用速率，$kgBOD_5/(m^3 \cdot d)$；$X$ 为活性污泥微生物浓度，$kgVSS/m^3$。

3) 生物固体停留时间(工程上习惯称为污泥龄)

在反应系统内，微生物全部更新一次所需的平均时间，从工程上来说，就是反应系统内微生物总量与每日排放的剩余污泥量的比值，以 $\theta_c$ 表示，单位为 d。

$$\theta_c = \frac{V \cdot X}{\Delta x} \quad (5\text{-}133)$$

式中：$V$ 为曝气池体积，$m^3$；$X$ 为曝气池中的微生物浓度，$kgVSS/m^3$；$\Delta x$ 为每日增殖的微生物量，稳态运行时就是每日排放的剩余污泥量，$kgVSS$。因此

$$\theta_c = \frac{V \cdot X}{Q_w \cdot X_R + (Q - Q_w) \cdot X_e} \quad (5\text{-}134)$$

式中：$Q_w$ 为剩余污泥排放量，$m^3/d$；$Q$ 为废水流量，$m^3/d$；$X_R$ 为二次沉淀池底部的活性污泥浓度(回流污泥浓度)，$kgVSS/m^3$；$X_e$ 为处理出水活性污泥浓度，$kgVSS/m^3$；$V$ 为曝气池容积，$m^3$。

简化后得到：

$$\theta_c = \frac{V \cdot X}{Q_w \cdot X_R} \quad (5\text{-}135)$$

$\mu$ 与 $\theta_c$ 的关系：

$$\mu = \frac{dx/dt}{X} \tag{5-136}$$

由

$$\theta_c = \frac{V \cdot X}{\Delta x} \tag{5-137}$$

得

$$\theta_c = \frac{(X)_t}{\left(\frac{\Delta x}{\Delta t}\right)_t} \tag{5-138}$$

即

$$\theta_c = 1/\mu \tag{5-139}$$

第一基本方程式：

$$\frac{dx}{dt} = Y\left(\frac{dS}{dt}\right)_u - K_d X \tag{5-140}$$

式中：$Y$ 为微生物的产率系数，kgVSS/(kg BOD$_5$)；$K_d$ 为自身氧化系数，又称衰减常数，$d^{-1}$。

将式(5-136)代入整理后得

$$\frac{1}{\theta_c} = \frac{Y}{X}\left(\frac{dS}{dt}\right)_u - K_d \tag{5-141}$$

其表示的是污泥龄($\theta_c$)与产率系数($Y$)、基质比利用率($r$)及自身氧化系数($K_d$)之间的关系。

### (二) 活性污泥法动力学模型

Monod 提出了以米-门公式为基础的 Monod 方程，在此基础上 Eckenfelder、McKinney、Lawrence 和 McCarty 等建立了活性污泥法数学模型。这些数学模型都是静态的，仅考虑了污水中含碳有机物的去除。Eckenfelder 等基于反应器理论和生物化学理论提出活性污泥法静态模型以来，动态模型研究不断发展，已成为国际废水生物处理领域的研究热点。

活性污泥法动态模型主要有 3 种：机理模型、时间序列模型和语言模型。语言模型主要指专家系统，其研究尚处在初始阶段。时间序列模型又称为辨识模型，对监测控制系统的要求较高。机理模型目前主要有 3 种：Andrews 模型、WRc 模型、IAWQ 模型。

#### 1. Andrews 模型

Andrews 模型特点是引入底物在生物絮体(活性污泥)中的储存机理,区别溶解和非溶解性底物，解释有机物的快速去除现象，预测实际中观察到的底物浓度增加时微生物增长速度变化的滞后现象和耗氧速率的瞬变响应特性。

该机理认为在活性污泥处理过程中，非溶解性有机物和部分溶解性有机物首先被生物絮体快速吸附，以胞内储存物 XSTO 的形式被储存，然后再被微生物利用。这一机理的引入，合理解释了有机物的"快速去除"现象，很好地预测了实际中观察到的底物浓度增加时微生物增长速度变化的滞后现象和耗氧速率的动态变化。

2. WRc 模型

WRc 模型引入了存活-非存活细胞代谢机理，认为存活力并非生物活性的先决条件，生物活性可因细胞破裂、酶的溢出而得到增强，相当大程度的生物性是由这些非存活细胞提供的。非存活细胞的代谢作用使有机物的降解可以在不伴随微生物量增加的情况下发生，以此解释采用 Monod 方程描述废水生物处理过程导致细胞浓度预测值偏高的原因。

3. IAWQ 模型

IAWQ(旧称 IAWPRC，现称 IWA)模型：1985 年 IAWQ 推出了活性污泥法 1 号模型 (activated sludge model No.1，ASM1)，ASM1 包含 13 种组分和 8 种反应过程，此模型先进之处在于它不仅描述了碳氧化过程，还包括含氮物质的硝化与反硝化过程，但它的缺陷是未包含磷的去除过程；1995 年，IAWQ 专家组又推出了 ASM2，它不仅包含污水中含碳有机物和氮的去除，还包含了生物除磷和化学除磷过程，ASM2 包含 19 种物质，19 种反应，22 个化学计量系数及 42 个动力学参数；IAWQ 专家组于 1998 年推出了 ASM3。

其中，ASM1 模型包括有机物降解和硝化过程，ASM2 模型在 ASM1 基础上发展了包括聚磷菌及其相应的厌氧、缺氧和好氧过程反应，ASM2D 模型包括了反硝化聚磷菌反应过程，在进一步深入了解活性污泥法机理的基础上又发展了活性污泥 3 号模型 (ASM3)。

IWA 推出的 3 套模型在形式和功能上都较以前的模型有了较大突破，有效指导了活性污泥法新工艺的开发，污水处理厂的设计、改造和运行管理，得到世界的充分肯定，成为当今活性污泥模型研究的主流。但是，微生物生长过程的复杂性，活性污泥系统中微生物种类和污染物质的多样性，导致人们对某些机理认识不清，使得模型中还存在不少问题有待进一步研究解决。这些问题有：

(1) IWA 的活性污泥模型对水质组分及生物化学反应过程进行了详细划分，从而引出众多的组分浓度、化学计量学以及动力学参数值需要确定的问题。但是，由于当前监测、分析的方法和手段的限制，许多量还不能直接或准确测定，影响了模型的推广。

(2) IWA 的活性污泥模型包含了碳氧化和反硝化过程，起作用的微生物均为异养菌。但至今仍不清楚的是只有部分异养菌有反硝化能力，还是全部异养菌都有反硝化能力。所以，模型中对这两种异养菌未加以区分，只是认为缺氧过程速率更小而引入缺氧减速因数。

(3) 为了能够对现代污水处理厂的设计和运行管理给予全面有效的指导，活性污泥模型必须包括除磷过程，但目前对生物除磷机理还未完全明了，尤其是发酵和厌氧水解过程对聚磷微生物超量摄磷的影响还需进一步研究。

## 二、生物膜法反应动力学

生物膜法处理废水就是使废水与生物膜接触，进行固、液相的物质交换，利用膜内微生物将有机物氧化，使废水获得净化。同时，生物膜内微生物不断生长与繁殖。生物膜在载体上的生长过程如下所述：当有机废水或由活性污泥悬浮液培养形成的接种液流过载体时，水中的悬浮物及微生物被吸附于固相表面上，其中的微生物利用有机底物而生长繁殖，逐渐在载体表面形成一层液状的生物膜。这层生物膜具有生物化学活性，又可进一步吸附、分解废水中呈悬浮、胶体和溶解状态的污染物。

为了保持好氧生物膜的活性，除了提供废水营养物外，还应创造一个良好的好氧条件，即向生物膜供氧。在填充式生物膜法设备中常采用自然通风或强制自然通风供氧，氧透入生物膜的深度取决于它在膜中的扩散系数、固液界面处氧的浓度和膜内微生物的氧利用率。对给定的废水流量和浓度，好氧层的厚度是一定的。增大废水浓度将减小好氧层的厚度，而增大废水流速则将增大好氧层的厚度。

生物膜中的微生物主要有细菌(包括好氧、厌氧及兼性细菌)、真菌、放线菌、原生动物(主要是纤毛虫)和较高等的动物，其中藻类、较高等生物比活性污泥法多。微生物沿水流方向在种属和数目上具有一定的分布。在塔式生物滤池中这种分层现象更为明显，在填料上层以异养细菌和营养水平较低的鞭毛虫或肉足虫为主，在填料下层则可能出现世代期长的硝化菌和营养水平较高的固着型纤毛虫。真菌在生物膜中普遍存在，在条件合适时，可能成为优势种。在填充式生物膜法装置中，当气温较高和负荷较低时，还容易滋生灰蝇，它的幼虫色白透明，头粗尾细，常分布在生物膜表面。

考虑生物膜系统的物质传递，可以建立生物膜法的底物利用基本方程。

取膜上一厚度为 d$Z$，面积为 $A_c$ 的生物膜微元体。如膜内底物浓度为 $S_e$，扩散进入微元体 $A_c \cdot dZ$ 的底物通量(进入量与流出量之差)应等于该膜微元体的底物利用量。

微元体的底物平衡式可根据菲克定律列出：

$$A_c D_s \frac{\partial S_e}{\partial Z} - A_c D_s \frac{\partial}{\partial Z}\left(S_c - \frac{\partial S_e}{\partial Z} dZ\right) = \frac{dS_e}{dZ} A_c dZ \tag{5-142}$$

即

$$D_s \frac{\partial^2 S_e}{\partial Z^2} = \frac{dS_c}{dt} \tag{5-143}$$

如果采用 Monod 底物利用方程，则式(5-143)可改写为

$$\frac{\partial^2 S_e}{\partial Z^2} = \frac{KS_c x_0}{D_s(S_c + K_s)} \tag{5-144}$$

式中：$x_0$ 为膜内生物浓度，kg/m³；$D_s$ 为底物在生物膜内的扩散系数，m²/s；$K_s$ 为饱和常数，kg/m³。

式(5-144)即为供氧足够时生物膜内底物的浓度分布方程。这是一个非线性微分方程。假定 $K$、$x_0$、$D_s$、$K_s$ 为恒值，并忽略边界液膜的扩散阻力，则可求出极限解。

当 $S_e \ll K_s$ 时，

$$S_e = S \frac{\cosh\left[\left(\frac{Kx_e}{D_s K_s}\right)^{1/2}(Z_e - Z)\right]}{\cosh\left[\left(\frac{Kx_e}{D_s K_s}\right)^{1/2} Z_e\right]} \tag{5-145}$$

当 $S_e \gg K_s$ 时，

$$S_e = S - \frac{Kx_e}{D_s}\left(Z_e Z - \frac{Z^2}{2}\right) \tag{5-146}$$

式中：$S$ 为膜表面液相底物浓度，$kg/m^3$；$Z_e$ 为生物膜好氧层厚度，m。

对式(5-145)、式(5-146)中的 $Z$ 求导，得

$$J = A_c\left(\frac{D_s Kx_e}{K_s}\right)^{1/2} S \tag{5-147}$$

$$J = A_c Kx_e Z_e \tag{5-148}$$

$J$ 为在稳定情况下单位时间内进入生物膜的底物通量，相当于单位时间内面积为 $A$ 的生物膜底物利用量。由式(5-147)可见，当底物浓度较低时，进入生物膜的通量与 $K/K_s$ 呈 1/2 次方关系。因此，废水的性质变化中生物膜法的稳定性比分散生长的活性污泥法好。

### 三、厌氧生物处理反应动力学

#### (一) 厌氧生物反应动力学模型

Eckenfelder 模型和 Grau 模型是被普遍认可的厌氧生物反应动力学模型。Eckenfelder 模型将反应器内的处理系统看作理想状态，系统稳定运行；Grau 模型认为进水基质浓度是随时间变化的。由于实际运行时，反应器进水水质是变化的，Grau 模型的条件更接近于实际情况。

1. Eckenfelder 模型

假设条件：

(1) 进水的基质浓度不变。

(2) 进入反应器内的废水基质均是溶解性的，且水中不含微生物群体。

(3) 出水微生物没有活性，不进行代谢活动。

(4) 出水中没有污泥积累，固液分离良好。

(5) 反应器内物料充分混合。

Eckenfelder 模型处理低浓度有机污水($BOD_5$<300mg/L)时，污泥处于生长率下降阶段，基质的降解速率由残余的基质浓度控制，并与之呈一级反应，其单位污泥的基质降解速率为

$$\frac{dS}{dt} = -K_2 XS \tag{5-149}$$

式中：$S$ 为 $t$ 时的基质浓度，mg/L；$X$ 为 $t$ 时反应器中的厌氧污泥浓度，mgVSS/L；$K_2$ 为减速增长速度常数，$L/(mgVSS \cdot d)$。

由于基质浓度低，而且厌氧污泥增长量小，计算时可假定 $X$ 数值不变。按反应器污泥床内基质平衡得到：

$$QS_o + \frac{dS}{dt}V_r = QS_e \tag{5-150}$$

式中：$V_r$ 为污泥床有效容积，m³；$S_o$、$S_e$ 为进入、流出反应器的基质浓度，mgCOD/L；$Q$ 为流入、流出污水流量，m³/d。

由上推导得出：

$$\frac{S_o - S_e}{X} = K_2 S \tag{5-151}$$

**2. Grau 模型**

假设条件：

(1) 进水的基质浓度是随时间变化的。
(2) 进入反应器内的废水基质均是溶解性的，且水中不含有微生物群体。
(3) 出水微生物没有活性，不进行代谢活动。
(4) 出水中没有污泥积累，固液分离良好。
(5) 反应器内物料充分混合。

Grau 模型中微生物增长与基质浓度有关，与之呈一级反应，进水的基质浓度随时间变化，得到 UASB 反应器内的基质降解方程为

$$\frac{dS}{dt} = -K_2 X \left(\frac{S_t}{S_0}\right)^n \tag{5-152}$$

式中：$S_t$ 为 $t$ 时的基质浓度，mg/L；$X$ 为 $t$ 时反应器中的厌氧污泥浓度，mgVSS/L；$K_2$ 为基质去除常数，mg/(mgVSS·d)；$n$ 为反应级数，一般假定 $n=1$。

推导得出：

$$\frac{S_0 - S_t}{X(\mathrm{HRT})} = -K_2 \frac{S_t}{S_0} \tag{5-153}$$

Grau 模型可以直接用于小试研究，在小试研究中校正涉及的动力学参数等模型参数，从而使模型达到可以实际应用的程度。

**(二) 厌氧生物反应动力学**

**1. 底物降解和微生物生长动力学**

厌氧处理过程中底物的降解和微生物的生长动力学都建立在 Monod 方程的基础上。表 5-9 列出了厌氧过程的一些动力学常数。

表 5-9 厌氧过程动力学常数

| 底物 | 温度/℃ | $\mu_{\max}$/d⁻¹ | $\gamma_c$/(mgVSS/mgCOD) | $b$/d⁻¹ | $K$/(mgCOD/L) |
|---|---|---|---|---|---|
| 生活污水污泥 | 35 | 0.25 | 0.04 | 0.015 | 2000 |
|  | 25 | 0.17 | 0.04 | 0.015 | 3720 |
|  | 20 | 0.14 | 0.04 | 0.015 | 4620 |
| 硬脂酸($C_{18}$) | 37 | 0.10 | 0.11 | 0.010 | 417 |
| 棕榈酸($C_{16}$) | 37 | 0.12 | 0.11 | 0.010 | 143 |

续表

| 底物 | 温度/℃ | $\mu_{max}$/d$^{-1}$ | $\gamma_c$/(mgVSS/mgCOD) | $b$/d$^{-1}$ | $K$/(mgCOD/L) |
|---|---|---|---|---|---|
| 二十四烷酸 | 37 | 0.11 | 0.11 | 0.010 | 105 |
| 乙酸 | 35 | 0.34~0.44 | 0.04~0.05 | 0.015 | 165~250 |
| 丙酸 | 35 | 0.31 | 0.042 | 0.010 | 60 |
| 丁酸 | 35 | 0.37 | 0.047 | 0.027 | 13 |

2. 甲烷生成动力学

在厌氧处理中，由于没有外加氧化剂，所以 COD 的去除可以用产物完全氧化的需氧量计算。COD 的减小途径主要是生成甲烷和微生物的细胞，其他途径有生成氢气、通过硫酸盐的还原生成硫化氢气体等。在对设计有意义的范围内，忽略一些途径的产物已有足够的准确性，所以目前通用 COD、甲烷、微生物三者间的平衡，并根据化学计量学的方法来计算甲烷的生成量。

甲烷的氧当量可按式(5-154)计算：

$$CH_4 + 2O_2 \longrightarrow CO_2 + 2H_2O \tag{5-154}$$

这样 1g COD 在标准状态下可生成的甲烷体积为 22.4/64=0.35L，如果令 $G_o$ 为甲烷的产率系数，则在理论上 $G_o$=0.35L/gCOD。非标准状态下的产率系数 $(G_o)_{TP}$ 可按 Boyle-Charles 定律计算：

$$(G_o)_{TP} = G_o \frac{T}{273} \cdot \frac{1}{P} = 1.28 \times 10^{-2} \frac{T}{P} \tag{5-155}$$

式中：$T$ 为厌氧反应器中的热力学温度，K；$P$ 为反应器气室内的气压，Pa。

计算厌氧处理的甲烷生成率：

$$G = (G_o)_{TP} R_o (1-1.41Y) = 1.28 \times 10^{-2} \frac{TR_o}{P}(1-1.41Y) \tag{5-156}$$

式中：$G$ 为甲烷的产率，L/d；$R_o$ 为 COD 的减少速率，g/d；$Y$ 为产率因数，g 干细菌/gCOD。

普通厌氧消化池是应用最早的水处理技术之一。早期多用于污泥的稳定化，其后在含有较高固体浓度的工业有机废水处理方面也取得了较为成功的应用。

厌氧生物滤池(anaerobic bio-filter)是一个内部填充有填料，填料上附着微生物的厌氧反应器，废水由上部(上向流)或者下部(降流式)进入反应器，通过固定填料床，废水中有机物被厌氧分解的同时产生沼气。

典型的生产性 AF 呈筒状，常用直径和高度分别为 6~26 m 和 3~13 m。滤池中可维持相当高的微生物浓度，一般可达 5~15kg/m$^3$(以 MLVSS 计)，最大有机负荷(以 COD 计)通常在 10~20kg/(m$^3$·d)。美国 Celanese 化学公司的 AF 系统处理，在处理 COD 为 16g/L 的高浓度化工废水时，每小时处理含甲醛的化工废水 543m$^3$，该系统对毒性的甲醛和酚的进液浓度可分别达到 5g/L、2g/L，并使其降解至 10mg/L 以下。

## 思 考 题

1. 名词解释。

同向絮凝；异向絮凝；差降絮凝；压缩沉淀；化学沉淀；表面过滤；膜过滤；吸附容量；折点加氯；高级氧化；活性污泥法；生物膜法；Monod 方程；污泥龄

2. 简答题。

(1) 混凝的基本原理有哪些？
(2) 颗粒在水中的沉淀类型及其特征如何？分别适合运用在哪种场景？
(3) 过滤分几种类型？分别适用于什么场合？
(4) 吸附过程分为哪些步骤？
(5) 在氧化还原反应中，对有机物氧化还原反应如何判断？
(6) 简述化学氧化在水处理中的应用。
(7) 活性污泥法动力学模型有哪几种？

3. 某城市污水处理厂的最大流量 $Q_{max}$=0.2m³/s，设计人口 $N$=100000 人，沉淀时间 $t$=1.2h，无机械刮泥设备。求平流式初沉池的各部分尺寸。

主要参数：表面水力负荷 $q$ =2m³/(m²·h)，水平流速 $v$ =4.6mm/s，每个池宽 $b$ =4.5m，储泥时间 $T$ =2d，污泥量为 0.5L/(人·d)；污泥斗为方斗，上口径边长为 4500mm，下口径边长为 500mm。

4. 化纤厂塑化槽废水含 $[Zn^{2+}]$=9g/L，如欲将其以 ZnO 形式回收，应选用哪种沉淀剂？如果要求出水 $[Zn^{2+}]$=5mg/L(排放标准)，需要控制 pH 为多少，才保证出水达标？$K_{sp,Zn(OH)_2}$=1.8×10⁻¹⁴。

5. 石油化工含酚废水用活性炭进行二级深度处理以脱色和除酚，若废水流量为 50m³/h；污染物浓度用 COD 表示，测得 COD 为 30mg/L，吸附达到平衡时活性炭投加量与平衡浓度的实验结果如下：

| 活性炭投加量/(mg/L) | 50 | 100 | 150 | 200 | 250 | 500 |
| --- | --- | --- | --- | --- | --- | --- |
| 平衡浓度/(mg/L) | 18 | 11 | 7.5 | 5.0 | 3.5 | 1.0 |

(1) 试求 Freundlich 等温式中的经验常数 $K_f$。
(2) 若废水经吸附处理后回用于生产，要求其剩余浓度不超过 3mg/L，求活性炭用量。

## 参 考 文 献

高廷耀, 顾国维, 周琪. 2007. 水污染控制工程(上、下册). 3 版. 北京: 高等教育出版社.
顾夏声. 1993. 废水生物处理数学模型. 2 版. 北京: 清华大学出版社.
顾夏声, 黄铭荣, 王占生, 等. 1985. 水处理工程. 北京: 清华大学出版社.
顾夏声, 李献文, 竺建荣. 1998. 水处理微生物学. 3 版. 北京: 中国建筑工业出版社.
黄铭荣, 胡纪萃. 1995. 水污染治理工程. 北京: 高等教育出版社.
卢培利, 张代钧, 刘颖, 等. 2002. 活性污泥法动力学模型研究进展和展望. 重庆大学学报. 25(3): 109-114.
梅特卡夫和埃迪公司. 2004. 废水工程: 处理及回用. 4 版. 秦裕珩, 等译. 北京: 化学工业出版社.
彭永臻, 高景峰, 隋铭皓. 2000. 活性污泥法动力学模型的研究与发展. 给水排水, 26(8): 15-19.
钱易, 米祥友. 1993. 现代废水处理新技术. 北京: 中国科学技术出版社.
威廉 W 纳扎洛夫, 莉萨·阿尔瓦蕾斯-科恩. 2006. 环境工程原理. 漆新华, 刘春光, 译. 北京: 化学工业出版社.

许保玖. 1991. 当代给水与废水处理原理. 北京: 高等教育出版社.

Antoniou M G, Cruz A, Dionysiou D D. 2010. Degradation of microcystin-LR using sulfate radicals generated through photolysis, thermolysis and e-transfer mechanisms. Applied Catalysis B: Environmental, 96(3-4): 290-298.

Benefield L D, Judkins J F. Weand B L. 1982. Process Chemistry for Water and Wastewater Treatment. Englewood Cliffs: Prentice-Hall.

Crites R, Tchobanoglous G. 1998. Small and Decentralized Wastewater Management Systems. New York: McGraw-Hill.

Hori H, Yamamoto A, Hayakawa E, et al. 2005. Efficient decomposition of environmentally persistent perfluorocarboxylic acids by use of persulfate as a photochemical oxidant. Environmental Science & Technology, 39(7): 2383-2388.

Liang C, Bruell C J, Marley M C, et al. 2004. Persulfate oxidation for in situ remediation of TCE. I. Activated by ferrous ion with and without a persulfate-thiosulfate redox couple. Chemosphere, 55(9): 1213-1223.

Liang C, Lee I L, Hsu I Y, et al. 2008. Persulfate oxidation of trichloroethylene with and without iron activation in porous media. Chemosphere, 70(3): 426-435.

Shukla P, Wang S, Singh K, et al. 2010. Cobalt exchanged zeolites for heterogeneous catalytic oxidation of phenol in the presence of peroxymonosulphate. Applied Catalysis B: Environmental, 99(1-2): 163-169.

Tanner D D, Osmon S A A. 1987. Oxidative decarboxylation: On the mechanism of the potassium persulfate promoted decarboxylation reaction. J Org Chem, 52(21): 4689-4693.

Tsitonaki A, Petri B, Crimi M, et al. 2010. *In situ* chemical oxidation of contaminated soil and groundwater using persulfate. Critical Reviews in Environmental Science and Technology, 40(1): 55-91.

# 第六章  废气处理工程原理

**本章导读**

  随着我国工业化、城镇化的深入推进，能源资源消耗持续增加，我国大气污染形势日益严峻，以可吸入颗粒物($PM_{10}$)、细颗粒物($PM_{2.5}$)和挥发性有机物(VOC)为特征污染物的区域性大气环境问题日益突出。工业废气是大气污染物的主要来源之一。废气中的污染物包括颗粒和气态两大类，颗粒物即 PM(particulate matter)，又称尘，是大气中的固体或液体颗粒状物质；气态污染物主要包括硫氧化物、氮氧化物、挥发性有机污染物和汞。颗粒捕集技术包括机械除尘、电除尘、湿式除尘、过滤除尘等，气态污染物净化技术包括吸收、吸附、催化净化、燃烧、冷凝、生物净化等。

  本章简要介绍了颗粒物的理化性质和基于这些性质的颗粒物捕集技术的原理，以及气态污染物处理技术的原理，目的是让读者了解导致大气污染的主要污染物，以及去除这些污染物的技术原理，为后续深入学习大气污染控制技术打下基础。

## 第一节　废气污染物去除技术概述

### 一、颗粒物去除技术

  颗粒物指废气中粒径大于 0.01μm 的物质。颗粒物可以单个分散于气体中，也可以聚集在一起以集合体的形式存在于气体中。颗粒物能够从气体中分离出来，呈堆积状态，称为粉体。

  近年来我国频发的雾霾问题主要由细颗粒物($PM_{2.5}$)和可吸入颗粒物($PM_{10}$)造成。$PM_{2.5}$ 指空气动力学当量直径小于等于 2.5μm 的颗粒物，也称可入肺颗粒物，能较长时间悬浮于空气中。$PM_{10}$ 是空气动力学当量直径小于等于 10μm 的可吸入颗粒物，指飘浮在空气中的固态和液态颗粒物的总称。$PM_{2.5}$ 是 $PM_{10}$ 的一种，二者是包含关系，$PM_{2.5}$ 一般占 $PM_{10}$ 的 70%左右。

  从气体中去除或捕集固态颗粒的过程称为除尘。根据除尘原理，除尘技术包括机械除尘、电除尘、湿式除尘、过滤除尘等。

  机械除尘是利用重力、惯性力和离心力等的作用使颗粒物与气流分离的装置，包括重力沉降除尘、惯性除尘和旋风除尘等。重力沉降除尘指含颗粒气流进入重力除尘器后，流速减缓，颗粒物在重力作用下缓慢沉降从而被分离去除。重力沉降除尘器体积大，效率低，只能作为高效除尘的预除尘装置，用于去除较重较大的颗粒。惯性除尘是为了改善重力除尘器的除尘效果，在其沉降室内设置挡板，含尘气体冲击在挡板上时，流向发生改变，而颗粒物由于其自身具有的惯性，会与气体发生分离。惯性除尘器可分为以气流中颗粒物冲击挡板而捕集较粗大颗粒物的冲击式和通过改变气流流动方向而捕集较细小颗粒物的反转式，由于净化效率不高，一般只用于多级除尘中的第一级，捕集粗大颗粒。旋风除尘是利用旋转气流产生的离心力使颗粒物从气流中分离，其结构简单、应用广泛、种类繁多。含尘气流进入旋风除尘器后，沿外壁由上向下做旋转运动，当到达椎体底部后，再向上沿轴心旋转，经排出管排出，颗粒在离心力作用下逐步移向外壁，到达外壁的颗粒在气流和重力共同作用下沿壁面落入灰斗。

　　电除尘是含尘气体在通过高压电场进行电离的过程中，使颗粒带电并在电场力的作用下沉积在集尘极上，从而将颗粒从气体中分离出来。电除尘中静电力直接作用在颗粒上而不是气流上，因此具有耗能小、阻力小的特点，这是电除尘与其他除尘技术的根本区别。由于作用在颗粒上的静电力相对较大，所以电除尘能够去除亚微米级的细小颗粒。电除尘器的种类和结构形式很多，但工作原理相同，都包括悬浮颗粒荷电、带电颗粒在电场内迁移和捕集，以及将捕集物从捕集极上清除三个过程。

　　湿式除尘是使含尘气体与液体充分接触，利用水滴和颗粒的惯性碰撞及其他作用捕集颗粒或使颗粒粒径增大从而去除颗粒。湿式除尘可以有效去除气体中 $0.1\sim20\mu m$ 的液态或固态颗粒，也能脱除部分气态污染物。湿式除尘器主要包括喷雾塔洗涤器、旋风洗涤器和文丘里洗涤器。

　　过滤除尘是使含尘气流通过过滤材料从而将颗粒分离捕集，一般采用玻璃纤维或滤纸等作为滤料，主要用于通风及空气调节方面的气体净化。在工业废气除尘领域，一般采用以纤维织物作为滤料的袋式除尘器，颗粒因截留、惯性碰撞、静电和扩散等作用，逐渐在滤袋表面形成粉尘层。袋式除尘器去除率一般可达99%以上，具有效率高、性能稳定可靠、操作简单等优点。

**二、气态污染物去除技术**

　　气态污染物是以分子状态存在的污染物，总体上可分为五大类：以二氧化硫为主的含硫污染物、以氧化氮和二氧化氮为主的含氮污染物、碳氧化物、有机化合物及卤素化合物等。气态污染物控制技术可分为物理法、化学法和生物法，物理法包括水洗法、冷凝法、吸附法等，化学法包括燃烧法、氧化法、化学吸附法等，生物法是利用微生物分解去除气态污染物。实际工程中多采用吸收法、吸附法和催化转化法。

　　吸收法是使废气与特定液体充分接触，废气中的有害组分溶解于液体中或者与液体中的组分发生选择性化学反应，从而使气流得到净化的操作过程。吸收法净化气态污染物是使污染物从气相转移到液相的传质过程，所以又称湿式净化法。吸收法的必要条件是废气中的污染物在吸收液中有一定的溶解度。吸收分为物理吸收和化学吸收两种。物理吸收可以视为单纯的物理溶解过程，化学吸收是在吸收过程中被吸收的有害组分与吸收液之间发生化学反应。用吸收法净化气态污染物不仅效率高，而且还可以将某些污染物转化成有用的产品进行综合利用，因此吸收法被广泛地用于气态污染物的净化。由于废气量大、成分复杂、污染物浓度低而吸收效率和吸收速率一般又要求比较高，因此物理吸收往往达不到排放标准，多采用化学吸收来净化气态污染物。吸收法常用设备包括填料塔和喷淋塔。

吸附法是利用多孔性固体物质表面上未平衡或未饱和的分子力，把气体中的有害组分吸附在固体表面，从而将其从气流中分离除去。具有吸附能力的固体物质称为吸附剂，被吸附到固体表面的物质称为吸附质。吸附法属于干法工艺，它与湿法如吸收净化法相比，具有工艺流程简单、无腐蚀性、净化效率高、一般无二次污染等优点。吸附过程能够有效地分离出废气中浓度很低的气态污染物，吸附净化后的尾气能够达到排放标准，分离出来的污染物还可回收利用。因此，吸附法在废气治理中有着十分重要的地位。吸附过程根据吸附作用力的性质分为物理吸附和化学吸附两类。物理吸附中吸附质与吸附剂不发生化学反应，无选择性，吸附剂本身性质在吸附过程中无变化，吸附过程是可逆的。化学吸附具有较强的选择性，只能吸附参与化学反应的气体组分。常用的吸附装置有固定床吸附器、回转床吸附器、移动床吸附器、流化床吸附器等。

催化转化法是利用催化剂的催化作用，使废气中的污染物转化成无害物，甚至是有用的副产品，或者转化成更容易从气流中分离而被去除的物质。前一种催化转化操作直接完成了对污染物的净化过程，而后者还需要与吸收或吸附等其他操作工序联用，才能实现净化过程。例如，在处理高浓度的 $SO_2$ 尾气时，以五氧化二钒为催化剂，在其作用下 $SO_2$ 氧化成 $SO_2$，用水吸收制取硫酸，而使尾气得以净化。利用催化转化法净化气态污染物，一般是属于前一种过程。催化转化法主要分为催化氧化、催化还原和催化燃烧，工艺流程一般包括预处理、预热、反应、余热回收等几个步骤，所用反应器多为固定床。

# 第二节 颗粒物控制技术原理

颗粒捕集技术基于颗粒物的理化性质如密度、比表面积、润湿性、荷电性、导电性、黏附性，利用重力、惯性力、离心力和电场力等的作用去除颗粒物。

**一、颗粒物的理化性质**

颗粒物的理化性质包括粒径、密度、比表面积、润湿性、荷电性和导电性、黏附性、安息角和滑动角、含水率，其对于颗粒物的捕集效果具有重要影响。充分了解颗粒物的理化性质，是研究颗粒物的分离、沉降和捕集机理以及选择、设计和使用除尘装置的基础。

(一) 粒径

颗粒物的形状一般不规则，需要按特定方法确定一个表示颗粒物大小的代表性尺寸作为颗粒物的直径，简称粒径。粒径可分为代表单个颗粒物的单一粒径和代表各种不同大小颗粒物组成的颗粒群的平均粒径。单一粒径可分为投影粒径、筛分粒径、物理当量粒径和几何当量粒径。平均粒径可通过先求出各个颗粒的单一粒径然后加和平均得到。

(二) 密度

颗粒物的密度即单位体积颗粒物的质量，分为真密度和堆积密度。颗粒物体积可分为自身所占真实体积、颗粒之间体积和颗粒内部的空隙体积。真密度是以颗粒物自身所占真实体积求得的密度，以 $\rho_p$ 表示。堆积密度是指呈堆积状态存在的颗粒物，以堆积体积(包括颗粒物之间和颗粒物内部的空隙体积)求得的密度，以 $\rho_b$ 表示。真密度用于研究颗粒物在气体中的运动、分离和去除等方面，堆积密度用于储仓或灰斗的容积确定等方面。

(三) 比表面积

单位体积(或质量)颗粒物所具有的表面积即比表面积。颗粒物的许多理化性质与其表面积大小有关，细颗粒表现出显著的物理、化学活性。通过颗粒层的流体阻力会随细颗粒表面积增大而增大；氧化、溶解、蒸发、吸附、催化及生理效应等均随细颗粒表面积增大而加速；有些颗粒物的爆炸性和毒性则随粒径减小而增加。废气中的颗粒物比表面积大多在 1000～10000cm²/g。

(四) 润湿性

颗粒物与液体接触后能否相互附着或附着的难易程度称为润湿性。润湿性与颗粒物的种类、粒径和形状、生成条件、组分、温度、含水率、表面粗糙度及荷电性等有关。润湿性随压力增大而增大，随温度升高而下降；润湿性还与液体的表面张力及颗粒物与液体之间的黏附力和接触方式有关。润湿性是选用湿式除尘器的主要依据。润湿性好的亲水性(包括中等亲水、强亲水)颗粒，可以选用湿式除尘器净化；润湿性差的疏水性颗粒，则不宜采用湿式除尘器。

(五) 荷电性和导电性

颗粒物几乎都带有一定电荷(正电荷或负电荷)。颗粒物荷电后，将改变某些物理特性，如凝聚性、附着性及其在气体中的稳定性等。温度增高、表面积增大及含水率减小时颗粒物荷电量增加，此外与其化学组成等也有关。颗粒物的荷电在除尘中有重要作用，如电除尘器就是利用颗粒物荷电而实现除尘，在袋式除尘器和湿式除尘器中也可利用颗粒物或液滴荷电来进一步提高对细颗粒的捕集性能。

粉尘的导电性通常用比电阻 $\rho_d(\Omega \cdot cm)$ 来表示：

$$\rho_d = \frac{V}{j\delta} \tag{6-1}$$

式中：$V$ 为通过粉尘层的电压，V；$j$ 为通过粉尘层的电流密度，A/m²；$\delta$ 为粉尘层的厚度，cm。

$\rho_d$ 对电除尘器的运行有很大影响，最适宜的比电阻范围为 $10^4 \sim 10^{10} \Omega \cdot cm$，超出这一范围时，则需采取措施进行调节。

(六) 黏附性

颗粒物附着在固体表面上或者颗粒彼此相互附着的现象称为黏附。克服附着现象所需要的力(垂直作用于颗粒重心上)称为黏附力。粉尘颗粒之间的黏附力分为分子力(范德华力)、毛细力和静电力(库仑力)，三种力的综合作用形成粉尘的黏附力。颗粒物受潮或干燥都将影响颗粒间各种力的变化，从而影响黏附性。此外，颗粒物的粒径大小、形状、表面粗糙程度、润湿性及荷电量等皆对黏附性有重要影响。一些除尘器的捕集机制就是取决于颗粒物在捕集体表面上的黏附，但在除尘系统或气流输送系统中，要选择合适的气流速度以减少颗粒物的黏附。

(七) 安息角和滑动角

颗粒物从漏斗连续落至水平面上，自然堆积成一个圆锥体，圆锥体母线与水平面之间的夹角称为安息角，一般为 35°～55°。自然堆放在光滑平板上的颗粒物随平板做倾斜运动时，颗粒物开始发生滑动时平板的倾斜角度称为滑动角，一般为 40°～55°。安息角可用于表征颗粒物的流动性。安息角小，流动性好；安息角大，流动性差。安息角与滑动角是设计除尘器灰斗(或粉料仓)的锥度及除尘管路或输灰管路倾斜度的重要依据。

(八) 含水率

颗粒物中的水分含量一般用含水率表示，即颗粒物中所含水分质量与颗粒物总质量(包括干颗粒与水分)之比。颗粒物中的水分包括附着在颗粒物表面上和包含在颗粒物孔洞中的自由水分，以及紧密结合在颗粒物内部的结合水分。颗粒物含水率的大小影响颗粒物的导电性、黏附性、流动性等物理性质。

二、颗粒捕集原理

根据除尘原理，废气除尘技术主要包括重力沉降除尘、惯性除尘、旋风除尘、湿式除尘、电除尘、过滤式除尘等。除尘是将含尘气体导入除尘器，使颗粒物与气流产生相对运动，从而使颗粒从气流中分离出来，最后沉降到捕集体表面上。在所有捕集过程中，作用在颗粒物表面上的流体阻力是最基本的作用力。

(一) 流体阻力

在不可压缩的连续流体中，稳定运动的颗粒会受到流体阻力的作用。流体阻力包括形状阻力和摩擦阻力。颗粒具有一定形状，运动时必须排开其周围的流体，导致其前面的压力比后面大，从而产生了形状阻力。此外，颗粒与周围流体会发生摩擦，从而产生摩擦阻力。颗粒的阻力大小与其形状、粒径、表面特性、运动速度及流体的种类和性质有关。阻力的方向总是和速度向量方向相反，其大小可按如下标量方程计算：

$$F_D = \frac{1}{2} C_D A_P \rho u^2 \text{ (N)} \tag{6-2}$$

式中：$C_D$ 为流体的阻力系数(无因次)；$A_P$ 为颗粒在其运动方向上的投影面积，$m^2$，对球形颗粒，$A_P=\pi d_P^2/4$；$\rho$ 为流体的密度，$kg/m^3$；$u$ 为颗粒与流体之间的相对运动速度，m/s。

阻力系数 $C_D$ 与颗粒雷诺数存在函数关系：

$$C_D = \frac{\alpha}{Re_P^m} \quad (6-3)$$

式中：$\alpha$、$m$ 为量纲为 1 的常数和指数；

$$Re_P = \frac{d_P \rho u}{\mu} \quad (6-4)$$

其中：$d_P$ 为颗粒的定性尺寸，m，对球形颗粒而言为其直径；$\mu$ 为流体黏度，Pa·s。
图 6-1 是 $C_D$ 随 $Re_P$ 变化的关系曲线，该曲线可分为三个区域：层流区(Stokes 区)、过渡区(Allen 区)和紊流区(Newton 区)。

当 $Re_P \leqslant 1$ 时，颗粒运动处于层流状态(Stokes 区)，$C_D$ 与 $Re_P$ 近似呈直线关系：

$$C_D = \frac{24}{Re_P} \quad (6-5)$$

对于球形颗粒，将式(6-5)代入式(6-2)得

$$F_D = 3\pi \mu d_P u \text{ (N)} \quad (6-6)$$

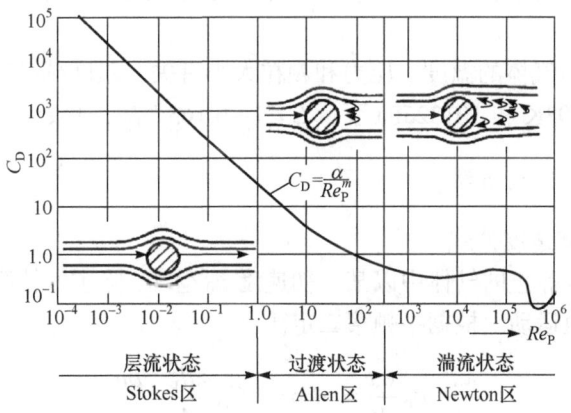

图 6-1　阻力系数 $C_D$ 与颗粒雷诺数 $Re_P$ 的关系曲线

式(6-6)即为斯托克斯(Stokes)阻力定律。

当 $1 < Re_P < 500$ 时，颗粒运动处于湍流过渡状态(Allen 区)，$C_D$ 与 $Re_P$ 呈曲线关系，$C_D$ 的计算式有多种，如伯德(Bird)公式：

$$C_D = \frac{18.5}{Re_P^{0.6}} \quad (6-7)$$

当 $500 < Re_P < 2 \times 10^5$ 时，颗粒运动处于湍流状态(Newton 区)，$C_D$ 几乎不随 $Re_P$ 变化，近似取 $C_D \approx 0.44$，流体阻力公式为

$$F_D = 0.055\pi\rho d_P^2 u^2 \text{ (N)} \tag{6-8}$$

当颗粒粒径小于 1μm 时(与气体分子平均自由程大小相近)，颗粒会与气体分子发生脱离，颗粒运动发生"滑动"，流体阻力减小。可将坎宁汉(Cunningham)修正系数 $C$ 引入斯托克斯定律，则流体阻力计算公式为

$$F_D = \frac{3\pi\mu d_P u}{C} \text{ (N)} \tag{6-9}$$

坎宁汉系数的值取决于克努森(Knudsen)数，即 $Kn = 2\lambda/d_P$，可用式(6-10)计算：

$$C = 1 + Kn\left[1.257 + 0.400\exp\left(-\frac{1.10}{Kn}\right)\right] \tag{6-10}$$

气体分子平均自由程 $\lambda$ 可按式(6-11)计算：

$$\lambda = \frac{\mu}{0.499\rho\bar{v}} \text{ (m)} \tag{6-11}$$

式中：$\bar{v}$ 为气体分子的算术平均速度：

$$\bar{v} = \sqrt{\frac{8RT}{\pi M}} \text{ (m/s)} \tag{6-12}$$

其中：$R$ 为摩尔气体常量，$R$=8.314J/(mol·K)；$T$ 为气体温度，K；$M$ 为气体的摩尔质量，kg/mol。

坎宁汉系数 $C$ 与气体的温度、压力和颗粒大小有关，温度越高、压力越低、粒径越小，$C$ 值越大。在 293K 和 101325Pa 下，$C = 1 + 0.165/d_P$，此处 $d_P$ 单位为 μm。

### (二) 阻力导致的减速运动

**1. 阻力导致的减速度公式**

球形颗粒在接近静止的气体中以某一初速度 $u_0$ 运动，除了气体阻力外再无其他力作用时做非稳态的减速运动。根据牛顿第二定律：

$$\frac{\pi d_P^3}{6}\rho_P \frac{du}{dt} = -F_D = -C_D \frac{\pi d_P^2}{4} \cdot \frac{\rho u^2}{2} \tag{6-13}$$

即由阻力导致的减速度为

$$\frac{du}{dt} = -\frac{3}{4}C_D \frac{\rho}{\rho_P} \cdot \frac{u^2}{d_P} \tag{6-14}$$

式中：$d_P$ 为颗粒直径；$u$ 为颗粒速度；$\rho_P$ 为颗粒的真密度；$\rho$ 为流体密度。

根据菲克的研究，当 $Re_P$ 不超过 1000 时，可以假定阻力大小与减速度无关，可忽略减速度对 $C_D$ 值的影响。

若颗粒在斯托克斯区域做减速运动，则气体阻力 $F_D$ 可用式(6-6)表示，方程(6-14)变为

$$\frac{du}{dt} = -\frac{18\mu}{d_P^2 \rho_P}u = -\frac{u}{\tau} \tag{6-15}$$

**2. 弛豫时间**

式(6-15)中的 $\tau$ 是颗粒-气体系统的特征参数，称为颗粒的弛豫时间，可表示为

$$\tau = \frac{d_P^2 \rho_P}{18\mu} \tag{6-16}$$

在时间 $t=0$ 时运动速度为 $u_0$ 的颗粒，减速到 $u$ 所需的时间 $t$，由式(6-15)作定积分得

$$t = \tau \ln \frac{u_0}{u} \tag{6-17}$$

在时间 $t$ 时颗粒的速度：

$$u = u_0 e^{-t/\tau} \text{ (m/s)} \tag{6-18}$$

颗粒由初速度 $u_0$ 减速到 $u$ 所迁移的距离 $x$ 可利用 $u = dx/dt$ 并变换式(6-15)，积分后得

$$x = \tau(u_0 - u) = \tau u_0 (1 - e^{-t/\tau}) \text{ (m)} \tag{6-19}$$

通过上述推导，弛豫时间 $\tau$ 的物理意义可以理解为由于流体阻力使颗粒的运动速度减小到它的初速度的 1/e(约 36.8%)时所需的时间。

**3. 减速迁移距离**

对于处于滑动区域的颗粒，则应引入坎宁汉修正系数 $C$，其从 $t=0$ 时的运动初速度 $u_0$ 减速到 $u$ 所需的迁移时间 $t$ 和迁移距离 $x$ 为

$$t = \tau C \ln \frac{u_0}{u} \tag{6-20}$$

$$x = \tau u_0 C (1 - e^{-t/\tau}) \tag{6-21}$$

从以上两个公式可以看出，使颗粒由初速度 $u_0$ 达到静止所需的时间是无限长的，但颗粒在静止之前所迁移的距离却是有限的，此距离称为颗粒的停止距离：

$$x_\tau = \tau u_0 \quad \text{或} \quad x_\tau = \tau u_0 C \tag{6-22}$$

**(三) 重力沉降**

**1. 沉降速度公式**

当单个球形颗粒处于静止流体中，在重力作用下沉降时，所受作用力有重力 $F_G$、流体浮力 $F_B$ 和流体阻力 $F_D$。三力平衡关系式为

$$F_D = F_G - F_B = \frac{\pi d_P^3}{6}(\rho_P - \rho)g \tag{6-23}$$

在三者合力作用下，颗粒将从初始位置做加速沉降运动，随着沉降速度 $u$ 增加，$F_D$ 也增加，最后 $F_D = F_G$，此时 $u$ 达到最大值，称为重力沉降末端速度 $u_s$。

若颗粒处于斯托克斯区域，可代入式(6-6)，求出 $u_s$：

$$u_s = \frac{d_P^2(\rho_P - \rho)g}{18\mu} \text{ (m/s)} \tag{6-24}$$

当流体介质是气体时，$\rho_P \gg \rho$，可忽略浮力的影响，则式(6-24)可简化为

$$u_s = \frac{d_P^2 \rho_P}{18\mu} g = \tau g \text{ (m/s)} \tag{6-25}$$

对粒径为 1.5~75μm 的单位密度的颗粒，该公式计算精度在±10%以内。

2. 坎宁汉修正

若颗粒处于坎宁汉滑动区域，应修正为

$$u_s = \frac{d_P^2 \rho_P}{18\mu} gC = \tau gC \text{ (m/s)} \tag{6-26}$$

该公式对小至 0.001μm 的微粒也是精确的。对于较大的球形颗粒($Re_P > 1$)，将式(6-2)代入式(6-23)中，可求出 $u_s$：

$$u_s = \left[\frac{4d_P(\rho_P - \rho)g}{3C_D \rho}\right]^{1/2} \text{ (m/s)} \tag{6-27}$$

按式(6-27)计算 $u_s$ 时必须确定 $C_D$ 值。对于湍流过渡区，代入式(6-7)得

$$u_s = \frac{0.153 d_P^{1.14}(\rho_P - \rho)^{0.714} g^{0.714}}{\mu^{0.428} \rho^{0.286}} \tag{6-28}$$

对于牛顿区，$C_D = 0.44$，则

$$u_s = 1.74\left[d_P(\rho_P - \rho)g/\rho\right]^{1/2} \text{ (m/s)} \tag{6-29}$$

3. 斯托克斯直径和动力学当量直径

根据斯托克斯沉降速度公式(6-26)，可以得到斯托克斯直径：

$$d_s = \sqrt{\frac{18\mu u_s}{\rho_P g C}} \text{ (m)} \tag{6-30}$$

由空气动力学直径的定义，单位密度($\rho_P = 1000 \text{kg/m}^3$)球形颗粒的空气动力学当量直径：

$$d_d = \sqrt{\frac{18\mu u_s}{1000 g C_P}} \text{ (m)} \tag{6-31}$$

则空气动力学直径与斯托克斯直径的关系为

$$d_s = d_d \left(\frac{\rho_P C}{C_P}\right)^{1/2} \tag{6-32}$$

式中：颗粒密度 $\rho_P$ 单位为 g/cm³；$C_P$ 为与空气动力学当量直径 $d_d$ 相应的坎宁汉修正系数。

## (四) 离心沉降

离心力也是惯性碰撞和拦截作用的主要除尘机制之一，但这些属于非稳态运动的情况。旋风除尘器就是一种利用离心力实现分离作用的除尘装置。

### 1. 离心力

当球形颗粒随气流一起旋转时，所受离心力可用牛顿定律确定：

$$F_c = \frac{\pi}{6} d_P^3 \rho_P \frac{u_t^2}{R} \text{ (N)} \tag{6-33}$$

式中：$R$ 为旋转气流流线的半径，m；$u_t$ 为 $R$ 处气流的切向速度，m/s。

### 2. 离心沉降末端速度

在离心力作用下，颗粒将产生离心的径向运动。若颗粒运动处于斯托克斯区，则颗粒所受向心的流体阻力可用式(6-6)确定。当离心力和阻力达到平衡时，颗粒便达到了离心沉降末端速度：

$$u_c = \frac{d_P^2 \rho_P}{18\mu} \cdot \frac{u_t^2}{R} = \tau a_c \text{ (m/s)} \tag{6-34}$$

式中：$a_c = \frac{u_t^2}{R}$，为离心加速度。若颗粒运动处于滑动区，则需乘以坎宁汉修正系数 $C$。

## (五) 静电沉降

在强电场中(如在电除尘器中)，若忽略重力和惯性力等的作用，荷电颗粒所受作用力主要是静电力(即库仑力)和气流阻力。静电力为

$$F_E = qE \text{ (N)} \tag{6-35}$$

式中：$q$ 为颗粒的荷电量，C；$E$ 为颗粒所处位置的电场强度，V/m。

对于斯托克斯区域的颗粒，其所受气流阻力按式(6-6)确定，当静电力和阻力达到平衡时，颗粒便达到静电沉降末端速度，一般称为驱进速度，并用 $w$ 表示：

$$w = \frac{qE}{3\pi\mu d_P} \text{ (m/s)} \tag{6-36}$$

对于滑动区的颗粒，需乘以坎宁汉修正系数 $C$。

## (六) 惯性沉降

气流中的颗粒随气流一起运动，若有静止或缓慢运动的物体(称为捕集体)处于气流中时，会使气体产生绕流，在绕流作用下，颗粒会由于自身的惯性作用或捕集体的拦截作用而沉降到捕集体上。颗粒能否沉降到捕集体上取决于颗粒的质量及二者的相对速度和位置。质量较大的颗粒不受绕流气体影响，仍然保持自身运动方向从而与捕集体碰撞后被捕集，通常称为惯性碰撞。质量较小的颗粒，随绕流气体一起运动，不与捕集体碰撞，但颗粒经过捕集体时二者表面发生接触从而被拦截并保持附着，通常称为拦截。

1. 惯性碰撞

惯性碰撞的捕集效率主要取决于三个因素：气流速度在捕集体周围的分布、颗粒运动轨迹和颗粒对捕集体的附着。

(1) 气流速度在捕集体周围的分布：与气体相对捕集体流动的雷诺数 $Re_D$ 有关。$Re_D$ 定义为

$$Re_D = \frac{u_0 \rho D_e}{\mu} \tag{6-37}$$

式中：$\rho$ 为气体密度，g/cm³；$\mu$ 为气体黏度，Pa·s；$u_0$ 为未被扰动的上游气流相对捕集体的速度，m/s；$D_e$ 为捕集体的定性尺寸，m。

在高 $Re_D$ 下，除了邻近捕集体表面的区域外，气流流型与理想气体一致；当 $Re_D$ 较低时，气流受黏性力支配，为黏性流。

(2) 颗粒运动轨迹：取决于颗粒的质量、气流阻力、捕集体的尺寸和形状，以及气流速度等。可以采用无因次的惯性碰撞参数 $St$（也称斯托克斯准数）描述颗粒运动特征，该参数定义为颗粒的停止距离 $X_s$ 与捕集体直径 $D_e$ 之比。对于球形的斯托克斯颗粒：

$$St = \frac{X_s C}{D_e} = \frac{u_0 \tau C}{D_e} = \frac{d_P^2 \rho_P u_0 C}{18 \mu D_e} \tag{6-38}$$

图 6-2 描述了不同形状的捕集体在不同 $Re_D$ 下的惯性碰撞效率 $\eta_{St}$ 与 $\sqrt{St}$ 的关系。

(3) 颗粒对捕集体的附着：通常假定颗粒与捕集体发生碰撞后即保持附着不再脱落。

2. 拦截

捕集体对颗粒的拦截一般发生在颗粒距捕集体表面 $d_P/2$ 的距离内，用无因次特性参数即直接拦截比 $R$ 表示拦截效率；

$$R = \frac{d_P}{D_e} \tag{6-39}$$

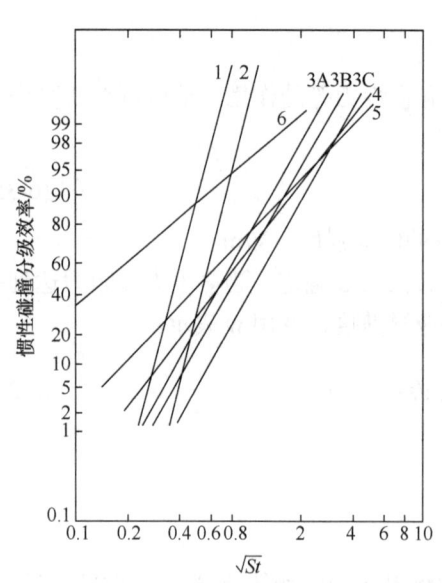

图 6-2　惯性碰撞分级效率与 $\sqrt{St}$ 的关系
1. 向圆板喷射；2. 向矩形板喷射；3. 圆柱体；3A. $Re_D$=150，3B. $Re_D$=10，3C. $Re_D$=0.2；4. 球体；5. 平矩形体；6. 聚焦

对于惯性大且沿直线运动的颗粒，即 $St \to \infty$ 时，除了在直径为 $D_e$ 的管状区域内的颗粒都能与捕集体碰撞外，距捕集体表面 $d_P/2$ 的颗粒也会与捕集体表面接触。因此，对于圆柱形和球形捕集体，靠拦截引起的捕集效率的增量 $\eta_{DL}$ 分别计算如下。

对于圆柱形捕集体 $\eta_{DI} = R$；对于球形捕集体 $\eta_{DI} = 2R + R^2 \approx 2R$。

对于惯性小且沿流线运动的颗粒，即 $St \to 0$ 时，拦截效率则分别如下。

对于绕过圆柱体的势流：

$$\eta_{DI} = 1+R - \frac{1}{1+R} \approx 2R \ (R < 0.1) \tag{6-40}$$

对于绕过球体的势流：

$$\eta_{DI} = (1+R)^2 - \frac{1}{1+R} \approx 3R \ (R < 0.1) \tag{6-41}$$

对于绕过圆柱体的黏性流：

$$\eta_{DI} = \frac{1}{2.002 - \ln Re_D}\left[(1+R)\ln(1+R) - \frac{R(1+R)}{2(1+R)}\right] \\ \approx \frac{R^2}{2.002 - \ln Re_D} \ (R < 0.07, Re_D < 0.5) \tag{6-42}$$

对于绕过球体的黏性流：

$$\eta_{DI} = (1+R)^2 - \frac{3(1+R)}{2} + \frac{1}{2(1+R)} \approx \frac{3R^2}{2} \ (R<0.1) \tag{6-43}$$

(七) 扩散沉降

1. 扩散系数和均方根位移

对于很小的颗粒，在布朗扩散作用下，其捕集效果通常会比按惯性碰撞机制估计的效果更好。小颗粒在气体分子的无规则撞击下，像气体分子一样做无规则运动，会从浓度较高的区域向浓度较低的区域扩散。因此，颗粒的扩散过程类似于气体分子的扩散过程，可用形式相同的微分方程描述：

$$\frac{\partial n}{\partial t} = D\left(\frac{\partial^2 n}{\partial x^2} + \frac{\partial^2 n}{\partial y^2} + \frac{\partial^2 n}{\partial z^2}\right) \tag{6-44}$$

式中：$n$ 为颗粒的个数(或质量)浓度，个/m³ 或(g/m³)；$t$ 为时间，s；$D$ 为颗粒的扩散系数，m²/s。

颗粒的扩散系数 $D$ 取决于气体的种类和温度以及颗粒的粒径，其数值比气体扩散系数小几个数量级，可由两种理论方法求得。

对于粒径约等于或大于气体分子平均自由程($Kn \leqslant 0.5$)的颗粒，可用 Einstein 公式计算：

$$D = \frac{CkT}{3\pi\mu d_p} \ (\text{m}^2/\text{s}) \tag{6-45}$$

式中：$k$ 为玻尔兹曼常量，$k = 1.38 \times 10^{-23}$ J/K；$T$ 为气体温度，K。

对于粒径大于气体分子但小于气体分子平均自由程($Kn > 0.5$)的颗粒，可用 Langmuir 公式计算：

$$D = \frac{4kT}{3\pi d_P^2 P}\sqrt{\frac{8RT}{\pi M}} \ (\mathrm{m^2/s}) \tag{6-46}$$

式中：$P$ 为气体的压力，Pa；$R$ 为摩尔气体常量，$R=8.314$ J/(mol·K)；$M$ 为气体的摩尔质量，kg/mol。

表 6-1 给出了颗粒在 293K 和 101325Pa 干空气中的扩散系数的计算值。

**表 6-1  颗粒的扩散系数**(293K，101325Pa)

| 粒径 $d_P$/μm | $Kn$ | 扩散系数 $D$/(m²/s) | |
|---|---|---|---|
| | | Einstein 公式 | Langmuir 公式 |
| 10 | 0.0131 | $2.41 \times 10^{-12}$ | — |
| 1 | 0.131 | $2.76 \times 10^{-11}$ | — |
| 0.1 | 1.31 | $6.78 \times 10^{-10}$ | $7.84 \times 10^{-10}$ |
| 0.01 | 13.1 | $5.25 \times 10^{-8}$ | $7.84 \times 10^{-8}$ |
| 0.001 | 131 | — | $7.84 \times 10^{-6}$ |

根据爱因斯坦的研究结果，在布朗扩散作用下颗粒在时间 $t$(s)内沿 $x$ 轴的均方根位移为

$$x = \sqrt{2Dt} \ (\mathrm{m}) \tag{6-47}$$

表 6-2 给出了单位密度的球形颗粒在 1s 内由于布朗扩散作用发生的平均位移 $x_{BM}$ 和由于重力作用发生的沉降距离 $x_G$。

**表 6-2  在标准状态下布朗扩散的平均位移与重力沉降距离的比较**

| 粒径 | $x_{BM}$/m | $x_G$/m | $x_{BM}/x_G$ |
|---|---|---|---|
| 0.00037① | $6 \times 10^{-3}$ | $2.4 \times 10^{-9}$ | $2.5 \times 10^{6}$ |
| 0.01 | $2.6 \times 10^{-4}$ | $6.6 \times 10^{-8}$ | 3900 |
| 0.1 | $3.0 \times 10^{-5}$ | $8.6 \times 10^{-7}$ | 35 |
| 1.0 | $5.9 \times 10^{-6}$ | $3.5 \times 10^{-5}$ | 0.17 |
| 10 | $1.7 \times 10^{-6}$ | $3.0 \times 10^{-3}$ | $5.7 \times 10^{-4}$ |

① 一个"空气分子"的直径。

由表 6-2 可见，随着粒径的减小，在相同时间内布朗扩散的平均位移比重力沉降距离大得多。

2. 扩散沉降效率

扩散沉降效率取决于捕集体的质量传递佩克莱(Peclet)数 $Pe$ 和雷诺数 $Re_D$。佩克莱数 $Pe$ 是惯性力产生的颗粒迁移量与布朗扩散产生的颗粒迁移量二者之比，可用于评价捕集过程中扩散沉降的重要性。$Pe$ 值越大，则扩散沉降越不重要。

佩克莱数 $Pe$ 定义为

$$Pe = \frac{u_0 D_t}{D} \tag{6-48}$$

对于黏性流，Langmuir 提出颗粒在单个圆柱形捕集体上的扩散沉降效率为

$$\eta_{BD} = \frac{1.71 Pe^{-2/3}}{(2 - \ln Re_D)^{1/3}} \tag{6-49}$$

Natanson 和 Friedlander 等也分别导出了类似的方程。在他们的方程中分别用 2.92 和 2.22 代替了上述方程中的 1.71。

对于势流，速度场与 $Re_D$ 无关，在高 $Re_D$ 下纳坦森等提出了如下方程：

$$\eta_{BD} = \frac{3.19}{Pe^{1/2}} \tag{6-50}$$

从上述方程可以看出，只有在 $Pe$ 非常小的情况下，颗粒的扩散沉降才有一定效果。此外，从理论上讲，$\eta_{BD} > 1$ 是可能的，因为布朗扩散可能导致来自 $Pe$ 距离之外的颗粒与捕集体碰撞。

对于孤立的单个球形捕集体，Johnstone 和 Roberts 建议用式(6-51)计算扩散沉降效率：

$$\eta_{BD} = \frac{8}{Pe} + 2.23 Re_D^{1/8} Pe^{5/8} \tag{6-51}$$

**示例 6-1** 试比较靠惯性碰撞、直接拦截和布朗扩散捕集粒径为 0.001～20μm 的单位密度球形颗粒的相对重要性。捕集体为直径 100μm 的纤维，在 293K 和 101325Pa 下的气流速度为 0.1m/s。

**解** 首先计算气体相对捕集体(即纤维)流动的雷诺数，在给定条件下，空气的密度 $\rho = 1.205 \text{kg/m}^3$，黏度 $\mu = 1.81 \times 10^{-5} \text{Pa} \cdot \text{s}$，根据式(6-37)计算得

$$Re_D = \frac{100 \times 10^{-6} \times 1.205 \times 0.1}{1.81 \times 10^5} = 0.66$$

因此认为气流为黏性流，应采用黏性流条件下的颗粒沉降效率公式，其中惯性碰撞效率根据图 6-2 估算，拦截效率根据式(6-42)计算，扩散沉降效率根据式(6-49)计算。

| $d_P$/μm | $St$ | $\eta_{St}$ /% | $R$ | $\eta_{DI}$ /% | $Pe$ | $\eta_{BD}$ /% |
|---|---|---|---|---|---|---|
| 0.001 | — | — | — | — | 1.28 | 108 |
| 0.01 | — | — | — | — | $1.90 \times 10^2$ | 3.86 |
| 0.2 | — | — | — | — | $4.52 \times 10^4$ | 0.10 |
| 1 | $3.45 \times 10^{-3}$ | 0 | 0.01 | 0.004 | $3.62 \times 10^5$ | 0.025 |
| 10 | 0.308 | 3 | 0.1 | 0.5 | — | — |
| 20 | 1.23 | 37 | 0.2 | 1.5 | — | — |

可以看出，对于大颗粒的捕集，布朗扩散的作用很小，主要靠惯性碰撞作用；而对于很小的颗粒，惯性碰撞的作用可忽略不计，主要靠扩散沉降作用；在 0.2～1μm 范围的

颗粒捕集效率最低，惯性碰撞和扩散沉降均无效。

**示例 6-2**　估算粒径为 1μm 的颗粒物在 20℃、1atm(101325Pa)的空气中的扩散系数。

**解**　20℃、1atm(101325Pa)下，空气的密度 $\rho=1.205 \text{kg}/\text{m}^3$，黏度 $\mu=1.81\times10^{-5}\text{Pa}\cdot\text{s}$。颗粒粒径为 1μm，大于分子的平均自由程，可以用爱因斯坦公式估算颗粒的扩散系数：

$$D = \frac{CkT}{3\pi\mu d_P} = \frac{(1+1.165/1)\times1.38\times10^{-23}\times293.15}{3\times3.14\times1.81\times10^{-5}\times1\times10^{-6}} = 2.76\times10^{-11}(\text{m}^2/\text{s})$$

一般来说，气体在空气中的扩散系数数量级大约为 $10^{-5}\text{m}^2/\text{s}$，溶质在溶剂中的扩散系数数量级为 $10^{-9}\text{m}^2/\text{s}$，可见颗粒物的布朗扩散的速度相对来说是很慢的。

**示例 6-3**　求直径为 2.5μm 和直径为 40μm 的球形颗粒在 30℃大气中的自由沉降速度。已知固体颗粒密度为 2700kg/m³，大气压为 101.3kPa，此状态下空气黏度为 $1.86\times10^{-5}\text{Pa}\cdot\text{s}$。

**解**　设沉降属于层流，可应用式(6-25)求解。

2.5μm 球形颗粒：

$$u_s = \frac{d_P^2 \rho_P}{18\mu}g = \frac{(2.5\times10^{-6})^2\times2700\times9.81}{18\times1.86\times10^{-5}} = 4.94\times10^{-4}\,(\text{m/s})$$

40μm 球形颗粒：

$$u_s = \frac{d_P^2 \rho_P}{18\mu}g = \frac{(40\times10^{-6})^2\times2700\times9.81}{18\times1.86\times10^{-5}} = 0.13\,(\text{m/s})$$

由上述求解结果可见在一定范围内颗粒物沉降速度与其直径的平方成正比。

## 第二节　气态污染物控制原理

气态污染物净化技术实质上是基于化工及有关行业中通用的单元操作过程而建立的，这种单元操作的内容包括流体输送、热量传递和质量传递。其中质量传递过程主要采用气体吸收、吸附和催化操作。因此，本节将重点介绍气体吸收、吸附和催化的基本原理以及气态污染物控制中的一些问题。

### 一、气体扩散

气体的质量传递过程是借助于气体扩散过程来实现的。扩散过程包括分子扩散和湍流扩散两种方式。物质在静止的或垂直于浓度梯度方向做层流流动的流体中传递，是由分子运动引起的，称为分子扩散；物质在湍流流体中的传递，除了分子运动外，更主要的是由于流体中质点的运动而引起的，称为湍流扩散。扩散的结果，会使气体从浓度较高的区域转移到浓度较低的区域。

对吸收操作来说，混合气体中的气态污染物首先要从气相主体扩散到气液界面，然后才能由界面扩散到液相主体中。因此，气体扩散同时发生在气相和液相中，扩散过程既包括分子扩散,也包括湍流扩散(总称为对流扩散)。这里仅对分子扩散进行讨论,而湍流扩散可折合为通过一定厚度的静止气体的分子扩散。

(一) 气体在气相中的扩散

气态污染物 A 通过惰性气体组分 B 的运动,可用 A 在 B 中的扩散系数 $D_{AB}$ 给出。$D_{AB}$ 与气体 B 通过气体 A 的扩散系数 $D_{BA}$ 相等,可由修正的吉里兰(Gilliland)方程给出:

$$D_{AB} = 1.8 \times 10^{-4} \frac{T^{0.5}}{\left[V_A^{0.5} + V_B^{0.5}\right]^2} \frac{M_A}{\rho_A} \left[\frac{1}{M_A} + \frac{1}{M_B}\right]^{0.5} \tag{6-52}$$

式中:$T$ 为热力学温度,K;$D_{AB}$ 为扩散系数,cm$^2$/s;$M$ 为气体的摩尔质量;$V$ 为气体在沸点下呈液态时的摩尔体积,cm$^3$/mol,对 SO$_2$,$V$=40.4cm$^3$/mol;$\rho_A$ 为气体密度,g/cm$^3$。

式(6-52)中的 $\dfrac{M_A}{\rho_A}$ 可以根据理想气体定律用 $RT/p$ 代替,其中 $R$ 是摩尔气体常量,$p$ 是压力。

扩散系数是物质的特性常数之一,同一物质的扩散系数随介质的种类、温度、压力及浓度的不同而变化。标准状态下 SO$_2$ 在空气中的扩散系数为 0.089cm$^2$/s。

(二) 气体在液体中的扩散

气体 A 通过液体 B 的扩散系数可用式(6-53)估算:

$$D_{AB} = 7.4 \times 10^{-10} \frac{T(\beta M_B)^{0.5}}{\mu_B V_A^{0.5}} \text{ (cm}^2\text{/s)} \tag{6-53}$$

式中:$\mu_B$ 为溶液的黏度,cP;$\beta$ 为溶剂的缔结因数,其值为:水 2.6,甲醇 1.9,乙醇 1.5,非缔合溶剂如苯、乙醚均为 1.0。

气体在液体中的扩散系数随溶液浓度变化很大,所以式(6-53)仅适用于很稀的溶液。标准状态下可以求得 SO$_2$ 在水中的扩散系数为 $1.61 \times 10^{-5}$cm$^2$/s,远远小于其在空气中的扩散系数。

## 二、气体吸收

(一) 吸收机理

气体吸收是溶质从气相传递到液相的相际间传质过程,目前主要采用双膜理论模型来解释吸收机理。双膜理论模型如图 6-3 所示(图中 $p_A$ 表示组分气相主体中的分压,$p_{Ai}$ 表示在界面上的分压,$c_A$ 及 $c_{Ai}$ 分别表示组分在液相主体及界面上的浓度),该模型把吸收过程简化为通过气液两层层流膜的分子扩散,通过此两层膜时的分子扩散阻力就是吸收过程的总阻力。吸收速率可以通过这个简化的膜模型求得。

吸收质在单位时间内通过单位面积界面而被吸收剂吸收的量称为吸收速率。根据双膜理论,在稳态吸收操作中,从气相主体传递到界面吸收质的通量等于从界面传递到液相主体吸收质的通量,在界面上无吸收质积累和亏损。吸收传质速率方程的一般表达式

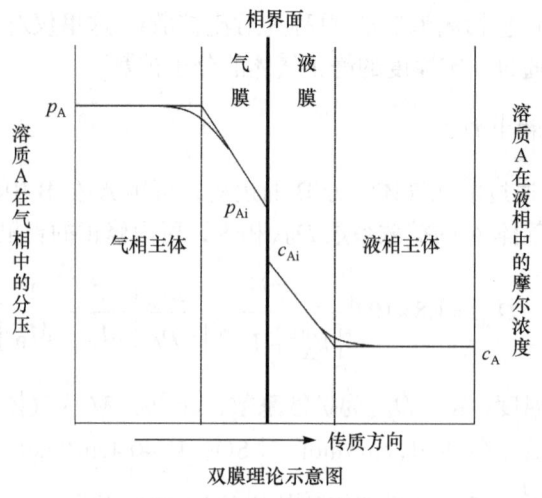

图 6-3 双膜理论模型

为：吸收速率=吸收推动力×吸收系数，或者吸收速率=吸收推动力/吸收阻力。吸收系数和吸收阻力互为倒数。吸收推动力表示方法有多种，因而吸收速率方程也有多种表示方法。

1. 气相分传质速率方程

设组分从浓度为 $y_A$ 的气相传递到与浓度 $y_{Ai}$ 呈平衡的液相中，如图 6-4 所示，以 $p_A - p_{Ai}$ 或 $y_A - y_{Ai}$ 为气相传质推动力，则气相分传质速率方程为

$$N_A = k_y(y_A - y_{Ai}) \tag{6-54}$$

$$N_A = k_g(p_A - p_{Ai}) \tag{6-55}$$

式中：$p_A$、$p_{Ai}$ 为被吸收组分(吸收质)在气相主体和相界面上的分压，Pa；$y_A$、$y_{Ai}$ 为被吸收组分在气相主体和相界面上的摩尔分率；$k_y$ 为以 $y_A - y_{Ai}$ 为推动力的气相分吸收系数，kmol/(m²·s)；$k_g$ 为以 $p_A - p_{Ai}$ 为推动力的气相分吸收系数，kmol/(m²·s·Pa)：

$$k_g = D_{Ag} / Z_g \tag{6-56}$$

其中：$D_{Ag}$ 为吸收质 A 在气相中扩散系数，kmol/(m·s·Pa)；$Z_g$ 为气膜厚度，m。

2. 液相分传质速率方程

以 $x_{Ai} - x_A$ 或 $c_{Ai} - c_A$ 为液相传质推动力，则液相分传质速率方程

$$N_A = k_x(x_{Ai} - x_A) \tag{6-57}$$

$$N_A = k_l(c_{Ai} - c_A) \tag{6-58}$$

式中：$x_{Ai}$、$x_A$ 为被吸收组分在液相主体和相界面上的摩尔分率；$c_{Ai}$、$c_A$ 为被吸收组分在液相主体和相界面上的摩尔浓度，kmol/m³；$k_x$ 为以 $x_{Ai} - x_A$ 为推动力的液相分吸收系数，kmol/(m²·s)；$k_l$ 为以 $c_{Ai} - c_A$ 为推动力的液相分吸收系数，m/s：

$$k_l = D_{Al} / Z_l$$

其中：$D_{Al}$ 为吸收质 A 在液相中的分子扩散系数，m²/s；$Z_l$ 为液膜厚度，m。

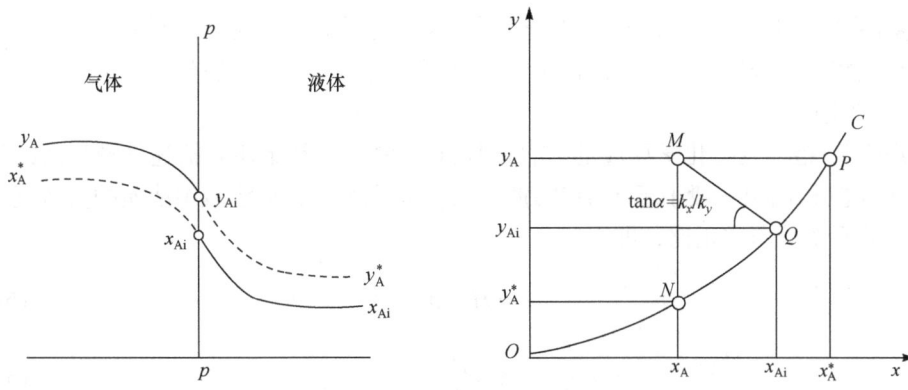

图 6-4 气液两相间的传质过程示意图
$pp$：相界面；$OC$：平衡线

### 3. 总传质速率方程

以一个相的虚拟浓度与另一个相中该组分平衡浓度的浓度差为总传质过程的推动力，则分别得到稳定吸收过程的气相和液相总传质速率方程式。

气相总传质速率方程式：

$$N_A = K_{Ag}(p_A - p_A^*) \tag{6-59}$$

$$N_A = K_y(y_A - y_A^*) \tag{6-60}$$

液相总传质速率方程式：

$$N_A = K_x(x_A^* - x_A) \tag{6-61}$$

$$N_A = K_{Al}(c_A^* - c_A) \tag{6-62}$$

式中：$K_{Ag}$ 为以 $p_A - p_A^*$ 为推动力的气相总吸收系数，kmol/(m²·s·Pa)；$K_y$ 为以 $y_A - y_A^*$ 为推动力的气相总吸收系数，kmol/(m²·s)；$y_A^*$ 为与液相中吸收质浓度平衡的气相虚拟浓度；$p_A^*$ 为与液相主体中吸收质浓度平衡的气相虚拟分压，Pa；$K_{Al}$ 为以 $c_A^* - c_A$ 为推动力的液相总吸收系数，m/s；$K_x$ 为以 $x_A^* - x_A$ 为推动力的液相总吸收系数，kmol/(m²·s)；$x_A^*$ 为与气相中组分浓度相平衡的液相虚拟浓度；$c_A^*$ 为与气相中组分分压相平衡的液相中被吸收的摩尔浓度，kmol/m³。

### (二) 气液平衡

当混合气体可吸收组分(吸收质)与液相吸收剂接触时，部分吸收质向吸收剂进行质量传递(吸收过程)，同时液相中该吸收质组分向气相进行质量传递(解吸过程)。在一定的温度和压力下，吸收过程的传质速率等于解吸过程的传质速率，气液两相就达到了动态平衡，简称相平衡或平衡。平衡时气相中的组分分压称为平衡分压，液相吸收剂(溶剂)所溶解组分的浓度称为平衡溶解度，简称溶解度。气体的溶解度指每 100kg 水中溶解气体的质量(单位为 kg)，与气体和溶剂的性质有关，并受温度和压力的影响。组分的溶解度与其在气相中的分压成正比，因此溶解度也可以用其在气相中的分压表示。

1. 亨利定律

物理吸收(指不发生化学反应的吸收过程)时，常用亨利定律来描述气液相间的相平衡关系。当总压不高(一般小于 $5×10^5$Pa)时，在一定温度下，稀溶液中溶质的溶解度与气相中溶质的平衡分压成正比，即

$$c = H \times p^* \tag{6-63}$$

$$x = \frac{p^*}{E} \tag{6-64}$$

或

$$y^* = m \times x^* \tag{6-65}$$

式中：$H$、$E$ 和 $m$ 都称为亨利系数。当溶质平衡浓度 $c$ 和溶质组分在气相中的分压 $p$ 分别以 mol/m$^3$ 和 Pa 表示时，亨利系数的单位为 mol/(m$^3$·Pa)；当溶质组分在液相中的溶解浓度 $x$ 以摩尔分数、平衡分压 $p^*$ 以 Pa 表示时，则亨利系数 $E$ 的单位与分压单位一致；$m$ 又称为相平衡常数。

2. 吸收系数

由于吸收推动力表示方法不同，吸收速率方程式有多种不同形式，相应地就有多种形式的吸收系数。应用时，应注意吸收系数和传质推动力相对应，对式(6-54)、式(6-57)、式(6-60)和气液界面平衡关系式 $y_{Ai}=m \cdot x_{Ai}$，气相总吸收系数与气、液相传质分系数的关系式为

$$\frac{1}{K_y} = \frac{1}{k_y} + \frac{m}{k_x} \tag{6-66}$$

式中：$m$ 为相平衡常数的平均值，可按式(6-67)计算：

$$m = \frac{m_{Ai}x_{Ai} - m^*x}{x_{Ai} - x} = \frac{y_{Ai} - y^*}{x_{Ai} - x} \tag{6-67}$$

其中：$m^*$ 为与液相中吸收质浓度 $x_A$ 成平衡的相平衡常数。

同理，也可得到液相总吸收系数与气、液相传质分系数的关系式，即

$$\frac{1}{K_x} = \frac{1}{mk_y} + \frac{1}{k_x} \tag{6-68}$$

此时，相平衡常数的平衡值，可由下式求得：

$$m = \frac{y - y_{Ai}}{\frac{y}{m_0} - \frac{y_{Ai}}{m_{Ai}}} = \frac{y - y_{Ai}}{x^* - x_{Ai}} \tag{6-69}$$

式中：$m_0$ 为虚拟浓度 $x^*$ 时的相平衡常数值。

由于传质阻力为吸收系数的倒数，因此根据上述公式可以看出传质总阻力与 $k_x$、$k_y$ 和 $m$ 有关。对于易溶气体组分，其 $m$ 值很小，在液相中的传质可以忽略不计，传质速率为气膜传质过程控制，如碱或氨溶液吸收 $SO_2$ 的过程。对于难溶气体组分，其 $m$ 值很大，可以忽略其在气相中的传质，传质速率为液膜传质过程控制，如水吸收 $O_2$、碱液吸收 $CO_2$ 等过程。对于中等溶解度气体组分，其 $m$ 值适中，传质速率同时受气膜和液膜传质过程控制，如水吸收 $SO_2$、丙酮等过程。

传质过程的影响因素十分复杂，对于不同物质、不同设备及填料类型和尺寸以及不同流动状况与操作条件，吸收系数各不相同。确定吸收系数的方法包括：①实验测定；②选用适当经验公式进行计算；③选用适当准数关联式进行计算。实验测定是确定吸收系数的根本途径，但是实际上不可能对每一个条件下的吸收系数都进行实验测定。因此，可以针对典型的或具有重要实际意义的系统和条件，取得比较充分的实测数据，在此基础上提出特定条件下的吸收系数经验公式。

3. 界面浓度

气液界面上气相浓度和液相浓度难以用取样分析方法测定，常用作图法和解析法计算获得。

(1) 作图法：稳定传质过程中，气液界面两侧气相传质速率和液相传质速率相等：

$$N_A = k_y(y_A - y_{Ai}) = k_x(x_{Ai} - x_A) \tag{6-70}$$

$$\frac{y_A - y_{Ai}}{x_A - x_{Ai}} = -\frac{k_x}{k_y} \tag{6-71}$$

式中：$x_A$、$y_A$ 分别为吸收设备内某一截面上组分 A 在气相主体和液相主体中的浓度，若 $k_x$、$k_y$ 已知，则式(6-71)在坐标中是一条过点 $(x_A, y_A)$ 而斜率为 $-k_x/k_y$ 的直线。由于气液界面上气液处于平衡状态，所以界面上液相浓度 $x$ 和气相浓度的坐标点 $(x_{Ai}, y_{Ai})$ 一定在气液平衡线，即该直线与气液平衡线的交点坐标即为界面浓度，如图 6-5 所示。

(2) 解析法：稀溶液服从亨利定律，可用解析法求算界面浓度。因界面上 $y_{Ai}$ 和 $x_{Ai}$ 为平衡关系，所以

$$y_{Ai} = m_{Ai} x_{Ai} \tag{6-72}$$

式(6-72)和式(6-71)联立求解，即可求出界面浓度 $y_{Ai}$ 和 $x_{Ai}$。

(三) 化学吸收

上面讨论的吸收过程，主要是气体溶解于溶剂的物理过程，没有发生显著的化学反应，如用水吸收 $NH_3$、$SO_2$ 和 $CO_2$ 等。实际应用中为了增加对气态污染物吸收的效率和速度，多采用化学吸收。化学吸收过程中会发生显著的化学反应，被溶解的气体与吸收剂或原先溶于吸收剂中的其他物质进行化学反应，或者两种同时溶解于溶剂中的气体发生化学反应，如用酸溶液吸收

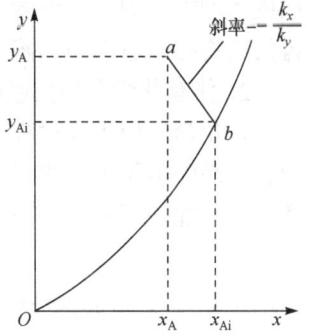

图 6-5 界面浓度的确定

$NH_3$，用碱溶液吸收 $SO_2$ 和 $CO_2$ 等。化学吸收机理比物理吸收复杂，且因反应系统不同而有差异。

在化学吸收过程中，溶质 A 先从气相主体扩散到气液界面，其扩散机理和气相吸收系数与物理吸收是一样的。溶质 A 到达气液界面后便开始与溶剂中的反应组分 B 进行化学反应，同时 B 不断从液相主体扩散到界面或界面附近。反应进行得快，则 A 与 B 的反应主要发生在气液界面及其附近；反应进行得慢，A 有可能扩散到液相主体中，仍有大部分未能参加反应。因此，化学吸收的液相吸收系数不仅取决于液相的物理性质与流动状态，还取决于化学反应速率。

1. 化学吸收的气液平衡

气体溶于液体，若发生化学反应，则被吸收组分的气液平衡关系既服从相平衡关系，又服从化学平衡关系。溶于液相的溶质质量为气相浓度物理平衡时的溶质量和由于化学反应消耗量之和，即

$$c_A = [A]_{物理平衡} + [A]_{化学消耗} \tag{6-73}$$

设被吸收组分 A 与溶液中所含的组分 B 发生相互反应：

$$aA_G \rightleftharpoons aA_1 + bB \rightleftharpoons cC + dD \tag{6-74}$$

在被吸收组分浓度及各反应组分浓度较低的情况下有下列关系式：

亨利定律关系式 $\qquad [A] = H_A \cdot p_A^* \tag{6-75}$

化学平衡关系式 $\qquad K = \dfrac{[C]^c \cdot [D]^d}{[A]^a \cdot [B]^b} \tag{6-76}$

如果已知系统中各组分的初始浓度，则按照上述公式可以计算出气体组分的总浓度 $c_A$。

化学吸收和物理吸收在与其气相中的分压及温度之间的关系上存在一定差别。提高温度和增加压力可以改善化学吸收过程；而对于物理过程，降低温度和增加压力可以改善污染物在吸收剂中的溶解度。

2. 伴有化学反应的吸收速率

在化学反应吸收过程中，被吸收气体组分与吸收剂或吸收剂中活性组分发生化学反应，从而降低了被吸收气体组分在液相中的游离浓度，相应增大了传质推动力和吸收系数，从而加快了吸收过程的速率。单位接触表面积的气液间化学反应吸收速率为

$$N = \beta K_l (c_{Ai} - c_{Al}) \tag{6-77}$$

式中：$K_l$ 为未发生化学反应时液相传质分系数，即物理吸收的液相分吸收系数，m/h；$\beta$ 为由于化学反应使吸收速率增强的系数，简称增强系数，量纲为 1；$c_{Ai}$ 为气液界面处未反应的溶质浓度，$kmol/m^3$；$c_{Al}$ 为在液相中未反应的溶质浓度，$kmol/m^3$。

$c_{Al}$ 值通常由假定液相中达到化学平衡条件求出，反应为不可逆反应时，即化学平衡常数 $K$ 为无穷大时，该值为 0。

## 三、气体吸附

气体吸附是用多孔固体吸附剂将气体混合物中一种或数种组分富集于固体表面,而与其他组分分离的过程。被吸附到固体表面的物质称为吸附质,附着吸附质的物质为吸附剂。吸附过程能够有效脱除一般方法难于分离的低浓度有害物质,具有净化效率高、可回收有用组分、设备简单、易实现自动化控制等优点,其缺点是吸附容量较小、设备体积大。根据吸附剂表面与被吸附物质之间作用力的不同,吸附可分为物理吸附和化学吸附。

物理吸附是由分子间范德华力引起的,它可以是单层吸附,也可是多层吸附,物理吸附的特征有:

(1) 吸附质与吸附剂间不发生化学反应。

(2) 吸附过程极快,参与吸附的各相间常常瞬间即达平衡。

(3) 吸附为放热反应。

(4) 吸附剂与吸附质间的吸附力不强,当气体中吸附质分压降低或温度升高时,被吸附的气体易于从固体表面逸出,而不改变气体原来性质。工业上的吸附操作正是利用这种可逆性进行吸附剂的再生及吸附质回收。

化学吸附是由吸附剂与吸附质间的化学键力引起的单层吸附,需要一定的活化能。化学吸附的吸附力较强,主要特征有:

(1) 吸附有很强的选择性。

(2) 吸附速率较慢,达到吸附平衡需要相当长时间。

(3) 升高温度可提高吸附速率。

同一污染物可能在较低温度下发生物理吸附,而在较高温度下发生化学吸附,即物理吸附发生在化学吸附之前,当吸附剂逐渐具备足够高的活化能后,就发生化学吸附,如图 6-6 所示。两种吸附可能同时发生。

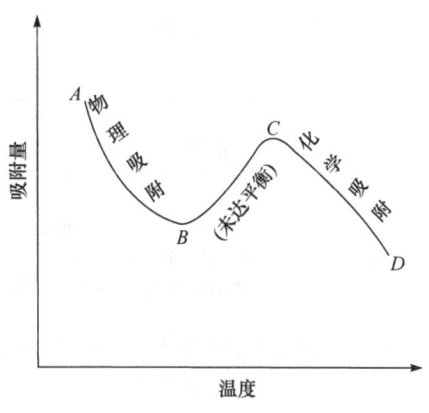

图 6-6 吸附过程

影响气体吸附的因素主要有以下几方面。

(1) 操作条件:主要为温度和压力。低温有利于物理吸附,适当升高温度有利于化学吸附。增大气相主体压力,即增大了吸附质的分压,有利于吸附。固定床的气流速度应控制在 0.2~0.6m/s。

(2) 吸附剂的性质:如孔隙率、孔径、粒度等影响比表面积,从而影响吸附效果。

(3) 吸附质的性质与浓度:主要包括直径、分子量、沸点和饱和性等。吸附剂具有大量微孔,其中起吸附作用的主要是直径与吸附质大小相等的微孔。对于结构相似的有机物,分子量和不饱和性越大,沸点越高,越容易被吸附。

(4) 吸附剂的活性:吸附剂的活性是吸附剂吸附能力的标志,常以吸附剂上已吸附吸附质的量与所用吸附剂量之比的百分数来表示。吸附剂的活性分为静活性和动活性。静活性是在一定温度下，吸附达到饱和时，单位吸附剂所能吸附吸附质的量。动活性是吸附过程还没有达到平衡时单位吸附剂吸附吸附质的量。此外，接触时间、吸附剂性能等也影响吸附效果。

气体吸附的效果取决于吸附平衡和吸附速率，它们是设计吸附装置或强化吸附过程的关键。

(一) 吸附平衡

当吸附质与吸附剂长时间接触后，最终会达到吸附平衡。吸附达平衡时，吸附质在气、固两相中的浓度关系，一般用吸附等温线表示。吸附等温线通常根据实验数据绘制，也常用各种经验方程式来表示。目前已观测到 6 种类型的吸附等温线，如图 6-7 所示。

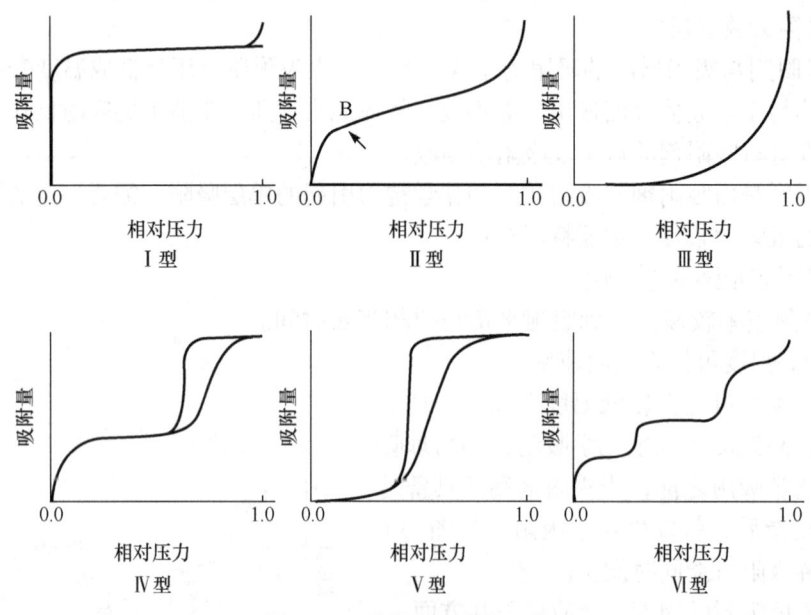

图 6-7  6 种类型吸附等温线

Ⅰ型. 80K 下 $N_2$ 在活性炭上的吸附；Ⅱ型. 78K 下 $N_2$ 在硅胶上的吸附；Ⅲ型. 351K 下溴在硅胶上的吸附；Ⅳ型. 323K 下苯在 FeO 上的吸附；Ⅴ型. 373K 下水蒸气在活性炭上的吸附；Ⅵ型. 惰性气体分子分阶层多层吸附

第一类等温线的形状是微孔填充的特征，极限吸附量为微孔容积的一种量度，它也出现在能级高的表面吸附中。第二类可逆等温线是在许多无孔或有中间孔的粉末上吸附测得的，它代表在多相基质上不受限制的多层吸附。当吸附质与吸附剂相互之间的作用微弱时，就出现了第三类等温线。第四类等温线的特征是具有滞后回线，这可解释为毛细管现象，该部分等温曲线适用于孔尺寸分布的估算。第五类等温线与第四类相似，只是吸附质与吸附剂之间的相互作用较弱。第六类等温线是由于均匀基质上惰性气体分子分阶段多层吸附而引起。目前常用的吸附等温方程式有 Freundlich 方程、Langmuir 方程、BET 方程、Kelvin 方程等，其中，Langmuir 方程适用于Ⅰ型吸附等温线，BET 方程适用于Ⅰ、Ⅱ、Ⅲ型吸附等温线，Kelvin 方程适用于Ⅳ和Ⅴ型吸附等温线。

1. Freundlich 方程

Freundlich 通过大量实验，对 I 型吸附等温线提出如下经验方程式：

$$X_T = kp^{1/n} \tag{6-78}$$

式中：$X_T$ 为被吸附组分的质量与吸附剂质量的比值；$p$ 为被吸附组分在气相中的平衡分压，Pa；$k$、$n$ 为经验常数，与吸附剂、吸附质种类及吸附温度有关，通常 $n>1$，其值由实验确定。

实际上，Freundlich 方程只适用于 I 型吸附等温线的中压部分，使用中一般对其取对数，即

$$\lg X_T = \lg k + (1/n)\lg p \tag{6-79}$$

以 $\lg X_T$ 对 $\lg p$ 作图，可得到一条直线。由斜率 $1/n$ 和截距 $\lg k$ 可求出 $n$ 和 $k$ 值。如果斜率为 0.1~0.5，表示吸附容易进行；若大于 2，则吸附难以进行。

2. Langmuir 方程式

应用较多的方程式是 Langmuir 根据分子运动理论导出的单分子层吸附理论及其吸附等温式，其能较好适用于 I 型吸附等温线。设吸附质对吸附剂表面的覆盖率为 $\theta$，则未覆盖率为 $(1-\theta)$。若气相分压为 $p$，则吸附速率为 $k_1 p(1-\theta)$，解吸速率为 $k_2\theta$。当吸附达平衡时：

$$k_1 P(1-\theta) = k_2\theta \tag{6-80}$$

$$\theta = \frac{k_1 p}{k_2 + k_1 p} \tag{6-81}$$

式中：$k_1$、$k_2$ 分别为吸附、解吸常数。

令 $B=k_1/k_2$，则上式写成

$$\theta = \frac{Bp}{1+Bp} \tag{6-82}$$

若以 A 代表饱和吸附量，则单位量吸附剂所吸附的吸附质量 $X_T$ 为

$$X_T = A \cdot \theta = \frac{ABp}{1+Bp} \tag{6-83}$$

式(6-83)称为朗氏方程，式中 $A$、$B$ 为常数。如果将覆盖率 $\theta$ 表示成 $V/V_m$，其中 $V$ 是气体分压为 $p$ 时被吸附气体在标准状态下的体积，$V_m$ 是吸附剂被覆盖满一层时被吸附气体在标准状态下的体积。则式(6-83)为

$$\frac{V}{V_m} = \frac{Bp}{1+Bp} \quad \text{或} \quad \frac{p}{V} = \frac{1}{BV_m} + \frac{p}{V_m} \tag{6-84}$$

以 $p/V$ 对 $p$ 作图，应得一直线。由直线的斜率 $1/V_m$ 和截距 $1/(BV_m)$ 便可计算 $B$ 与 $V_m$ 的值。

朗氏方程能解释很多实验结果，是目前常用的吸附等温方程式。但 $\theta$ 较大时，吻合性较差。此外，在临界温度以下的物理吸附中，多分子层吸附远比单分子层吸附普遍。通过对朗氏方程进行一些修正，可以将其用于超临界吸附。朗氏方程较好地解释了 I 型

吸附等温线，但却无法解释其他类型等温线。

3. BET 方程式

Brunauer、Emmett 和 Teller 三人提出了适合 Ⅰ、Ⅱ、Ⅲ 型吸附等温线的多分子层吸附理论，即被吸附的分子也具有吸附能力，气体的吸附量等于各层吸附量的总和，并建立了等温方程式，即

$$V = \frac{V_m C p}{(p_0 - p)[1+(C-1)p/p_0]} \quad 或 \quad X_T = \frac{X_e C p}{(p_0 - p)[1+(C-1)p/p_0]} \tag{6-85}$$

式中：$p_0$ 为在吸附温度下吸附质的饱和蒸气压，Pa；$C$ 为与吸附热有关的常数；$X_e$ 为饱和吸附量分数。

式(6-85)也可以写成：

$$\frac{p}{X_T(p_0-p)} = \frac{1}{X_e C} + \frac{(C-1)p}{X_e C p_0} \quad 或 \quad \frac{p}{V(p_0-p)} = \frac{1}{V_m C} + \frac{(C-1)p}{V_m C p_0} \tag{6-86}$$

式(6-86)的重要用途是可用于测定和计算固体吸附剂的比表面积。根据斜率和截距的值求出 $V_m$，则吸附剂的比表面积为

$$S_b = \frac{V_m N_0}{22400} \cdot \frac{\sigma}{W} \tag{6-87}$$

式中：$S_b$ 为吸附剂比表面积，m²/g；$\sigma$ 为单个吸附质分子的截面积，m²；$W$ 为吸附剂的质量；$N_0$ 为阿伏伽德罗常量，$6.023\times10^{23}$。

BET 方程在 $\frac{p}{p_0}$ = 0.05 ~ 0.35 时较准确。

4. Kelvin 方程式

Ⅳ 型和 Ⅴ 型的吸附等温线属于有毛细管凝聚作用的吸附，需要将 BET 方程和 Kelvin 方程结合起来进行描述。毛细管凝聚现象是指在一个毛细孔中，若形成一个凹形的液面，则与该液面成平衡的蒸气压 $p$ 必小于同一温度下水平液面的饱和蒸气压 $p_0$，毛细孔直径越小，凹液面的曲率半径越小，与其相平衡的蒸气压力越低，从而在较低的 $p/p_0$ 下在毛细孔中形成凝聚液。在发生毛细管凝聚之前，孔壁上已经发生多分子层吸附，也就是说毛细管凝聚是发生在吸附层之上的，在发生毛细管凝聚过程中，多分子层吸附还在继续进行。Kelvin 方程式如下：

$$\ln\frac{p}{p_0} = -\frac{2\sigma V_L}{RT} \cdot \frac{1}{r_m} \tag{6-88}$$

式中：$\sigma$ 为液体表面张力；$V_L$ 为液体的摩尔体积；$r_m$ 为液面的平均曲率半径。

Kelvin 方程是从热力学公式中推导出来的，对于具有分子尺度孔径的孔并不适用(不适于微孔)。对于大孔来说，由于孔径较大，发生毛细管凝聚时的压力十分接近饱和蒸气压，在实验中很难测出。因此，Kelvin 方程在描述中孔凝聚时是最有效的。

(二) 吸附速率

吸附平衡只表明了吸附过程的限度，没有涉及吸附时间。吸附过程通常需要较长时

间才达到两相平衡，而在实际生产过程中，考虑到体积和占地，能够接受的吸附时间是有限的，因此实际获得的吸附量取决于吸附速率。

1. 吸附速率理论公式

如图 6-8 所示，吸附过程可以分为以下几步。

外扩散：吸附质从气流主体穿过颗粒周围气膜扩散至外表面；

内扩散：吸附质由外表面经微孔扩散至吸附剂微孔表面；

吸附：到达吸附剂微孔表面的吸附质被吸附。

对于化学吸附，第三步之后还有化学反应过程发生。物理吸附过程一般由内外扩散控制；化学吸附既有表面动力学控制，又有内外扩散控制。下面讨论物理吸附速率。

1) 外扩散速率

吸附质 A 的外扩散传质速率计算式为

$$\frac{\mathrm{d}M_\mathrm{A}}{\mathrm{d}t} = k_y a_\mathrm{p} (Y_\mathrm{A} - Y_\mathrm{Ai}) \qquad (6\text{-}89)$$

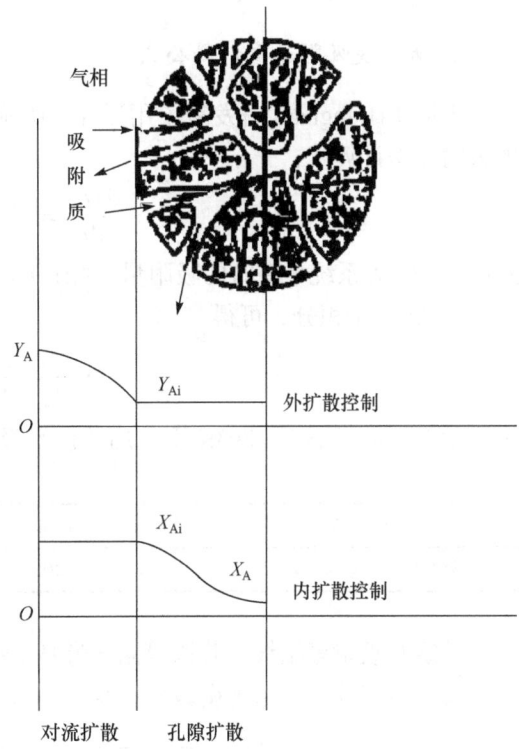

图 6-8 吸附过程与两种极端浓度曲线

式中：$\mathrm{d}M_\mathrm{A}$ 为 $\mathrm{d}t$ 时间内吸附质从气相扩散至固体表面的质量，$kg/m^3$；$k_y$ 为外扩散吸附分系数，$kg/(m^2 \cdot s)$；$a_\mathrm{p}$ 为单位体积吸附剂的吸附表面积，$m^2/m^3$；$Y_\mathrm{A}$、$Y_\mathrm{Ai}$ 分别为 A 在气相中及吸附剂外表面的质量分数。

2) 内扩散速率

吸附质 A 的内扩散传质速率计算式为

$$\frac{\mathrm{d}M_\mathrm{A}}{\mathrm{d}t} = k_x a_\mathrm{p} (X_\mathrm{Ai} - X_\mathrm{A}) \qquad (6\text{-}90)$$

式中：$k_x$ 为内扩散吸附分系数，$kg/(m^2 \cdot s)$；$X_\mathrm{A}$、$X_\mathrm{Ai}$ 分别为 A 在固相外表面及内表面的质量分数。

3) 总吸附速率方程式

由于表面浓度难以测定，吸附速率常用吸附总系数表示：

$$\frac{\mathrm{d}M_\mathrm{A}}{\mathrm{d}t} = K_y a_\mathrm{p} (Y_\mathrm{A} - Y_\mathrm{A}^*) = K_\mathrm{r} a_\mathrm{p} (X_\mathrm{A}^* - X_\mathrm{A}) \qquad (6\text{-}91)$$

式中：$K_y$、$K_\mathrm{r}$ 分别为气相及吸附相吸附总系数，$kg/(m^2 \cdot s)$；$Y_\mathrm{A}^*$、$X_\mathrm{A}^*$ 分别为吸附平衡时气相及吸附相中 A 的质量分数。

与吸收类似，分吸附系数与总吸附系数间的关系为

$$\frac{1}{K_y a_p} = \frac{1}{k_y a_p} + \frac{m}{k_x a_p} \tag{6-92}$$

$$\frac{1}{K_x a_p} = \frac{1}{k_r a_p} + \frac{1}{k_y a_p m} \tag{6-93}$$

可见，$K_y = mK_x$，式中 $m$ 为 $y$-$x$ 相图中平衡曲线的平均斜率。

### 2. 活性炭吸附速率计算公式

巴厄姆(Bangham)曾发表了用活性炭吸附二氧化硫、二硫化碳、甲苯及氨蒸气等气体的吸附速率计算式：

$$\frac{\mathrm{d}M_A}{\mathrm{d}t} = k\frac{(M_\infty - M_A)}{t^m} \tag{6-94}$$

式中：$M_\infty$ 为系统平衡时的吸附量，kg；$t$ 为吸附过程所经历的时间，s；$k$、$m$ 为常数。

对式(6-94)积分，可得

$$\ln\frac{M_\infty}{M_\infty - M_A} = kt^m \tag{6-95}$$

**示例 6-4** 已知在 293K 下，用活性炭吸附苯蒸气所得到的平衡数据如下所示。

| 压力/10³Pa | 0.267 | 0.400 | 0.533 | 1.333 | 2.660 | 4.000 | 5.332 |
|---|---|---|---|---|---|---|---|
| 吸附容量 $a$/(g 苯/g 炭) | 0.176 | 0.205 | 0.225 | 0.265 | 0.285 | 0.290 | 0.300 |

试绘制吸附等温线。若该等温线遵从 Langmuir 方程式，试求式中 $A$、$B$ 的值。

**解** 根据题中所给平衡数据，绘制出吸附等温线，如图 6-9 所示。

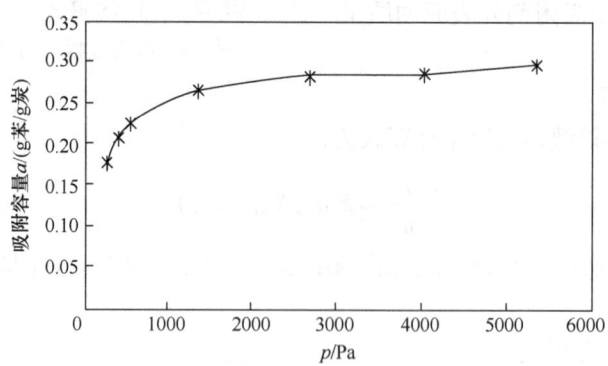

图 6-9 活性炭对苯的吸附等温线

该吸附等温线符合 Langmuir 吸附模式，可用 Langmuir 方程式描述。

任取曲线上两点 $q(400, 0.205)$ 和 $s(4000, 0.290)$，求 Langmuir 方程式 $X_T = \dfrac{ABp}{1 + Bp}$ 中的 $A$、$B$ 值。将方程式变换成下列形式：

$$A = a + \frac{a}{p} \times \frac{140}{B}$$

代入 $q$ 和 $s$ 的坐标值得：

$$A = 0.205 + \frac{0.205}{400} \times \frac{1}{B}$$

$$A = 0.290 + \frac{0.290}{4000} \times \frac{1}{B}$$

解上述方程组得：$A=0.304$，$B=5.176\times10^{-3}$。

**示例 6-5** 0℃下，丁烷在质量为 1980g 的某吸附剂上的吸附量如下。

| $p$/kPa | 7.3 | 11.9 | 16.7 | 20.9 | 22.7 | 24.9 |
|---|---|---|---|---|---|---|
| $V$/(mL/g) | 18.1 | 22.6 | 26.1 | 28.8 | 29.9 | 31.3 |

已知 0℃时丁烷的饱和蒸气压为 103.3kPa，每个丁烷分子的截面积为 44.6Å，求该吸附剂的比表面积。

**解** 用 BET 公式进行求算，根据式(6-86)，得

$$\frac{p}{V(p_0-p)} = \frac{1}{V_mC} + \frac{(C-1)p}{V_mCp_0} = A + B\frac{p}{p_0}$$

即 $\dfrac{1}{V_mC} = A$，$\dfrac{C-1}{V_mC} = B$。

两式联立消去 $C$ 得：$V_m = \dfrac{1}{A+B}$。

由实验所得数据可得到 $\dfrac{p}{V(p_0-p)}$ 与 $\dfrac{p}{p_0}$ 的关系曲线，从而得到斜率 $B$ 和截距 $A$ 后算出 $V_m$。

| $\dfrac{p}{p_0}$ | 0.072 | 0.117 | 0.165 | 0.206 | 0.224 | 0.246 |
|---|---|---|---|---|---|---|
| $\dfrac{1000p}{V(p_0-p)}$ | 4.291 | 5.890 | 7.563 | 9.026 | 9.659 | 10.413 |

根据以上数据作图可得

$$B = 35.27 \times 10^{-3}\,\text{mL}^{-1}$$

$$A = 1.75 \times 10^{-3}\,\text{mL}^{-1}$$

$$V_m = \frac{1}{A+B} = \frac{1000}{35.27+1.75} = 27.01(\text{mL})$$

由式(6-87)可得

$$S_b = \frac{V_m N_0}{22400} \cdot \frac{\sigma}{W} = \frac{27.01 \times 6.02 \times 10^{23} \times 44.6 \times 10^{-20}}{22400 \times 1980} = 0.164 (\text{m}^2/\text{g})$$

### 四、气体催化净化

催化净化是指含有污染物的气体通过催化剂床层时发生催化反应，污染物转化为无害或易于处理与回收利用物质的净化方法。催化净化方法对不同浓度的污染物都有较高的转化率，不需要将污染物与主气流分离，也不会产生二次污染，操作过程简单。因此，该方法是当前大气污染控制中较为常用的技术，但催化剂较贵，且污染气体预热需消耗一定能量。

(一) 催化作用和催化剂及阿伦尼乌斯方程

1. 催化作用

化学反应速率因加入某种物质而改变，而被加入物质的数量和性质，在反应结束时不变的作用称为催化作用。其机理可简单表示为：设有反应 A+B⟶B，当受催化剂σ作用时，至少有一个反应发生，而σ是中间反应物之一，即 A+σ⟶σA，但反应最终产物仍为 AB，则恢复到初始的化学状态，即σA+B⟶AB+σ。显然，催化剂的存在改变了反应历程，反应历程的改变又加速了整个反应过程。目前较流行的多位活化络合物理论认为，这是由于催化剂表面存在许多具有一定形状的活性中心，能对具有适应这一形状结构的反应物分子进行化学吸附，形成多位活化络合物，使得原分子的化学结构松弛，从而降低了反应物活化能。因为任何化学反应的进行都需要一定的活化能，而活化能的大小直接影响到反应速率的快慢，它们之间的关系可用阿伦尼乌斯方程表示：

$$K = A \cdot \exp(-E/RT) \tag{6-96}$$

式中：$K$ 为反应速率常数；$A$ 为频率因子，单位与 $K$ 相同；$E$ 为活化能，kJ/mol；$R$ 为摩尔气体常量，kJ/(K·mol)；$T$ 为热力学温度，K。

由式(6-96)可以看出反应速率随活化能的降低而呈指数增长。

催化作用有两个显著特征。第一，催化剂只能加速化学反应速率，对于可逆反应而言，其对正逆反应速率的影响是相同的，因而只能缩短达到平衡的时间，而不能使平衡移动，也不能使热力学上不可能发生的反应发生。第二，催化作用有特殊的选择性，这是由催化剂的选择性决定的。

2. 催化剂

凡能加速化学反应速率，而本身的化学组成在反应前后保持不变的物质，称为催化剂。它的特点是能降低该反应的活化能，使反应进行得比均相时更快，但是它并不影响化学反应的平衡。例如，用氧使二氧化硫氧化时，不论用铂、氧化铁还是五氧化二钒作催化剂，其平衡组成总是一样的。也就是说，对于平衡系统，它既促进了正反应，同时也加速了逆反应。

1) 催化剂的组成

催化剂的种类很多，有的由一种物质组成，有的由几种物质组成。工业催化剂大多数是由多种物质组成的复杂体系。催化剂按存在形态可分为气态、液态和固态,其中固体催化剂在工业中应用最广泛。

催化剂通常由活性组分、助催化剂和载体组成。活性组分是催化剂主体,能单独对化学反应起催化作用,可作为催化剂单独使用。助催化剂本身无活性,但具有提高活性组分活性的作用,如 $K_2SO_4$-$V_2O_5$ 催化剂中,$K_2SO_4$ 的存在可使 $V_2O_5$ 将反应 $SO_2 \longrightarrow SO_3$ 的活性大大提高。载体用于承载活性组分,使催化剂具有合适形状与粒度,从而有大的比表面积,增大催化活性、节约活性组分用量,并有传热、稀释和增强机械强度作用,可延长催化剂使用寿命。常用的载体材料有硅藻土、硅胶、活性炭、分子筛以及某些金属氧化物(如氧化铝、氧化镁等)等多孔性惰性材料。助催化剂和活性组分都附着在载体上,制成球状、柱状、网状、片状、蜂窝状等。

2) 催化剂的性能

催化剂的性能主要指其活性、选择性和稳定性。

(1) 催化剂的活性:是衡量催化剂效能大小的标准。在工业上,催化剂的活性常用单位体积(或质量)催化剂在一定条件(温度、压力、空速和反应物浓度)下,单位时间内所得的产品量来表示,即

$$A = \frac{W}{tW_R} \tag{6-97}$$

式中:$A$ 为催化剂活性,kg/(h·g);$W$ 为产品质量,kg;$t$ 为反应时间,h;$W_R$ 为催化剂质量,g。

在工业上,常把产品量换算成转化率 $X$ 来表示:

$$X = \frac{\text{反应物反应了的物质的量}}{\text{通过催化剂床层的反应物物质的量}} \times 100\% \tag{6-98}$$

(2) 催化剂的选择性:是指当化学反应在热力学上有几个反应方向时,一种催化剂在一定条件下只对其中的一个反应起加速作用的特性,用 $B$ 表示,即

$$B = \frac{\text{反应所得目的产物物质的量}}{\text{通过催化床层后反应了的反应物物质的量}} \times 100\% \tag{6-99}$$

活性与选择性是催化剂最基本的性能指标,是选择和控制反应参数的基本依据。二者均可衡量催化剂加速化学反应速率的效果,但角度不同,活性指催化剂对提高产品产量的作用,而选择性则表示催化剂对提高原料利用率的作用。

(3) 催化剂的稳定性:是指催化剂在化学反应过程中保持活性的能力。它包括热稳定性、机械稳定性和化学稳定性三个方面,三者共同决定了催化剂在反应装置中的使用寿命,所以常用寿命表示催化剂的稳定性。影响催化剂寿命的因素主要有催化剂的老化和中毒两个方面。催化剂的老化是指催化剂在正常工作条件下逐渐失去活性的过程。这种失活是由低熔点活性组分的流失、催化剂烧结、低温表面积炭结焦、内部杂质向表面迁移和冷热应力交替作用所造成的机械性粉碎等因素引起的。温度对于老化影响较大,工作温度越高,老化速度越快。在催化剂对化学反应速率发生明显加速作用的温度范围

(活性温度)内选择合适的反应温度,将有助于延长催化剂寿命。

中毒是指反应物中少量的杂质使催化剂活性迅速下降的现象。导致催化剂中毒的物质称为催化剂的毒物。中毒的化学本质是毒物比反应物对活性组分具有更强的亲和力。中毒可分为暂时性中毒与永久性中毒。前者毒物与活性组分亲和力较弱,可通过水蒸气将毒物驱离催化剂表面,使催化剂恢复活性;后者毒物与活性组分亲和力很强,催化剂不能再生。对大多数催化反应来说,HCN、CO、$H_2S$、S、As 和 Pb 等都是较强的毒物。所以选择催化剂时,除考虑催化剂的活性、选择性、热稳定性和一定的机械强度之外,还应尽量使其具有广泛的抗毒性能。为了避免催化剂中毒,应了解反应物原料中哪些是该反应所用催化剂的毒物及致毒剂量。如果原料气中混有毒物,就应将原料气进行预处理以去除毒物。

(二) 气固催化反应动力学

1. 气固催化反应过程

气固催化反应的完成包括以下步骤,如图 6-10 所示。

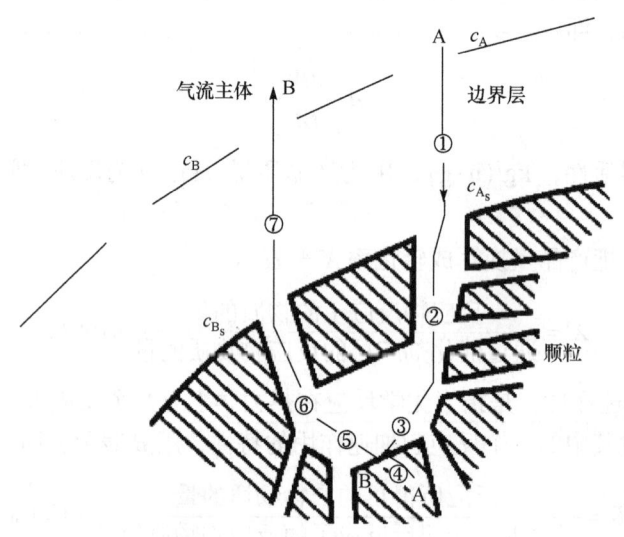

图 6-10 催化反应过程示意图

(1) 反应物自气流的主体穿过催化剂颗粒外表面上的气膜扩散到催化剂颗粒外表面(外扩散)。

(2) 反应物自催化剂外表面向孔内表面扩散(内扩散);反应物在内表面上吸附形成表面物种(吸附);表面物种反应形成吸附态产物(表面反应)。

(3) 吸附态产物脱附,然后沿与上述相反的过程,直到进入气流主体。其中的吸附、脱附和表面反应为表面化学过程,而外扩散与孔内的扩散是传质过程。

气固多相催化反应的动力学具有两个特点:反应是在催化剂表面上进行,所以反应速率与反应物的表面浓度或覆盖度有关。反应包括多个步骤,因而反应动力学比较复杂,常常受吸附与脱附的影响,使得总反应动力学带有吸附或脱附动力学的特征,有时还会受到内扩散的影响。

这些步骤得以进行的主要推动力是组分的浓度差。反应组分在不同过程中的浓度分布是不同的。现以图 6-11 中球形颗粒催化剂上进行的 A+B 反应为例,说明过程进行中浓度分布情况。$c_{A_g}$、$c_{A_s}$、$c_{A_c}$ 分别表示反应物 A 在气流主体中、催化剂外表面上、颗粒中心处的浓度;以 $c_A^*$ 表示颗粒温度下反应组分 A 的平衡浓度。

组分 A 在气流主体中的浓度大于在催化剂外表面上的浓度,会通过层流边界层向催化剂外表面扩散,其浓度递减到 $c_{A_s}$,这就是外扩散过程。此过程中无化学反应,浓度梯度 $(c_{A_g}-c_{A_s})$ 近似为一常量,因此层流边界层中组分 A 的浓度分布为一条直线。

随后,由于 A 的外表面浓度比内表面浓度高,它将继续向微粒中心扩散(内扩散过程),边扩散边反应,浓度逐渐降低,微粒中心处达到最低浓度。因此,在颗粒内部 A 的浓度分布是曲线。催化剂活性越大,单位时间单位内表面反应的组分量越多,曲线越陡。对于不可逆反应,颗粒中心组分浓度最小达到

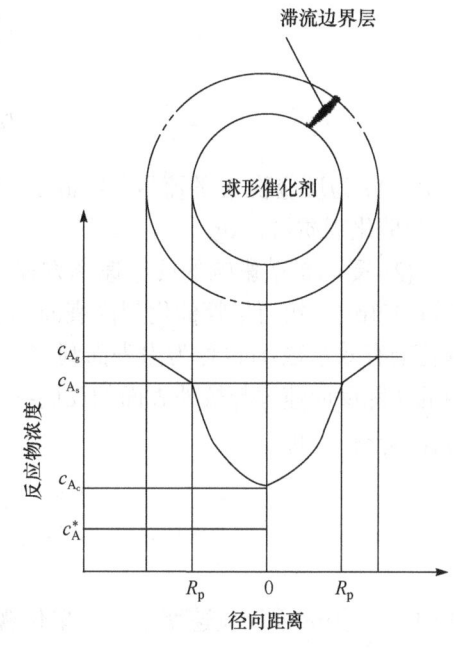

图 6-11 球形催化剂中组分 A 的浓度分布

零;对于可逆反应,因为化学平衡的限制,最小浓度不可能低于平衡浓度 $c_A^*$。

在催化剂表面生成生成物时,生成物由颗粒内部向外表面扩散,浓度分布趋势与上述过程相反。

上述过程中速率最小者决定整个反应总反应速率,称为控制步骤,如图 6-12 所示。

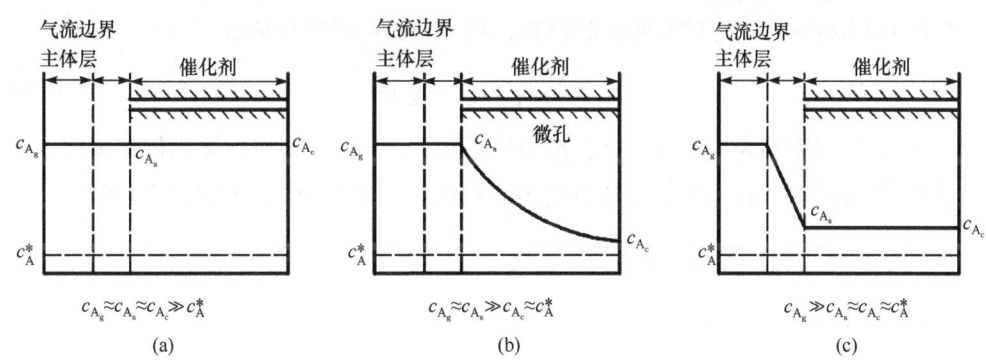

图 6-12 不同控制过程反应物 A 的浓度分布
(a) 化学动力学控制;(b) 内扩散控制;(c) 外扩散控制

2. 气固催化反应动力学方程

(1) 表面化学反应速率方程。对于达到稳定时的气固催化连续系统,反应速率可由

以下公式表示：

$$r_A = -\frac{dN_A}{dS_R} \tag{6-100}$$

$$r'_A = -\frac{dN_A}{dV_R} \tag{6-101}$$

$$r''_A = -\frac{dN_A}{dW_R} \tag{6-102}$$

式中：$N_A$ 为反应物 A 的流量，kmol/h；$S_R$ 为反应表面积，m²；$V_R$ 为反应气体体积，m³；$W_R$ 为催化剂质量，kg。

(2) 受内扩散影响的反应速率方程。催化剂微孔内扩散过程对反应速率有很大影响[图 6-12(b)]，然而尽管催化剂内表面积很大，却无法像外表面那样全部有效，因此采用催化剂有效系数 $\eta$ (也称为内表面利用率)对此进行定量说明，$\eta$ 是指在等温时催化剂床层内的实际反应速率与按外表面的反应物浓度 $c_{A_s}$ 和催化剂内表面积 $S_i$ 计算得到的理论反应速率之比，即

$$\eta = \frac{\int_0^{S_i} K_s f(c_A) dS}{K_s f(c_{A_s}) S_i} \tag{6-103}$$

式中：$K_s$ 为表面反应速率常数，单位视反应级数而定；$f(c_{A_s})$ 为颗粒外表面反应物 A 浓度 $c$ 的函数；$f(c_A)$ 为颗粒内 A 实际浓度 $c_A$ 的函数；$S_i$ 为单位床层体积催化剂的内表面积。

若反应为一级反应，则式(6-103)中 $f(c_{A_s}) = c_{A_s} - c_A^*$，则内扩散速率方程为

$$r_A = K_s S_i \left(c_{A_s} - c_A^*\right) \eta \tag{6-104}$$

(3) 外扩散控制的速率方程。

如图 6-12(c)所示，此时为外扩散控制，对于一级不可逆反应有

$$r_A = K_g S_e \left(c_{A_g} - c_{A_s}\right) \varphi \tag{6-105}$$

式中：$K_g$ 为以浓度差为推动力的外扩散吸附系数，m/h；$S_e$ 为单位体积催化床层中颗粒的外表面积，m²/m³；$\varphi$ 为外表面的有效表面积系数，球形为 1，无定形为 0.91。

(三) $SO_2$ 催化氧化动力学方程

$SO_2$ 的催化氧化反应为

$$SO_2 + \frac{1}{2}O_2 \rightleftharpoons SO_3 \tag{6-106}$$

若不考虑逆反应，其反应速率可表示为

$$r_{SO_3} = \frac{dc_{SO_3}}{dt} = kc_{SO_2}^a c_{O_2}^b c_{SO_3}^l \tag{6-107}$$

式中：$c_{SO_2}$、$c_{O_2}$、$c_{SO_3}$ 分别为 $SO_2$、$O_2$、$SO_3$ 的浓度；对于不同催化剂，幂指数 $a$、$b$、$l$ 为不同的数值，目前 $SO_2$ 催化氧化一般都采用钒催化剂，由实验测得：$a=0.8, b=1, l=-0.8$，生成 $SO_3$ 的反应速率动力学方程式可写成：

$$r_{SO_3} = \frac{dc_{SO_3}}{dt} = kc_{O_2}\left(\frac{c_{SO_2}}{c_{SO_3}}\right)^{0.8} \tag{6-108}$$

当反应到中后期，转化率较高，快接近平衡时，逆反应速率增大，对总反应速率的影响较大，此时必须考虑逆反应的影响，对式(6-108)进行修正。实验结果说明，$SO_3$ 生成速度并非取决于气体中 $SO_3$ 的含量，而取决于 $SO_2$ 的瞬时浓度 $c_{SO_2}$ 与平衡浓度 $c_{SO_2}^*$ 之差，即将 $c_{SO_2} - c_{SO_2}^*$ 替换式(6-108)中 $c_{SO_2}$，则得到考虑逆反应在内的反映实际情况的近似动力学方程式为

$$\frac{dc_{SO_3}}{dt} = kc_{O_2}\left(\frac{c_{SO_2} - c_{SO_2}^*}{c_{SO_3}}\right)^{0.8} \tag{6-109}$$

在计算催化剂体积时，通常采用以转化率(或反应率) $x$ 表示的动力学方程式，设 $SO_2$ 的转化率为 $x$，$SO_2$ 和 $O_2$ 在原始气体中的含量为 $a$、$b$，则有 $c_{SO_3} = ax$；$dc_{SO_3} = adx$；$c_{SO_2} = a - ax$；$c_{SO_2}^* = a - ax^*$；$c_{O_2} = b - \frac{1}{2}ax$。将这些浓度和转化率的关系代入式(6-109)，整理后得

$$\frac{dx}{dt} = \frac{k}{a}\left(\frac{x^* - x}{x}\right)^{0.8}\left(b - \frac{ax}{2}\right) \tag{6-110}$$

式中：$x^*$ 为平衡转化率。

若将接触时间 $t$ 改用标准状况下接触时间 $t_0$ 表示，则式(6-110)变为

$$\frac{dx}{dt_0} = \frac{k}{a}\left(\frac{x^* - x}{x}\right)^{0.8}\left(b - \frac{ax}{2}\right)\frac{273p}{T} \tag{6-111}$$

以上是"幂数型"的经验动力学方程式，该方程式简单，计算处理方便，与实验和生产的数据比较一致，但其缺点是不能清晰地反映出反应机理的情况。需要指出的是，不同的气固催化反应有不同的动力学方程，即使是同一反应，文献上报道的动力学方程式也可能有很大不同。一是由于动力学实验比较困难，精确度有限；二是对于同一套数据，往往可有多个方程式都能同样近似地表达；三是由于催化剂制备过程中某些差异，即使配方完全相同，活性也有差别，所以数据也会不一样。因此，与均相反应的情况不同，固体催化剂的动力学方程式不能盲目采用文献资料，而应自己实测。催化剂制备有改变时，则需另测。如果没有机理上的变化，那么只要修正方程式中的参数就可以了。

**示例 6-6** 粒径为 2.4mm 的球形粒子催化剂参与反应物 A 的一级分解反应。已知分解速度 $r_p$ 为 100kmol/(m³·h)，气相中 A 的浓度为 0.02kmol/m³，催化剂颗粒内部有效扩散系数 $D_{eff}$ = 5×10⁻⁵m²/h，外扩散系数 $K_g$=300m/h。试判断外扩散和内扩散对气-固相化学反应总反应速率的影响。

**解** (1)判断外扩散对总反应速率的影响：对于球形催化剂，气相主体流中 A 组分与催化剂外表面发生外扩散传质速度为

$$r_A = K_g S_e (c_{A_g} - c_{A_s})\varphi$$

式中：$S_e = A_p/V_p$，则 $r_A = K_g(c_{A_g} - c_{A_s})A_p/V_p$。

外扩散传质速率还可以表示为

$$r_A = K'_g c_{A_g}$$

式中：$K'_g$ 为实例的反应速率实数。将上述两式联立，得

$$\frac{K'_g V_p}{K_g A_p} = \frac{c_{A_g} - c_{A_s}}{c_{A_g}}$$

如果外扩散速度很快，则必然是 $c_{A_g} \approx c_{A_s}$，从而推断 $\frac{K'_g V_p}{K_g A_p} \approx 0$；

如果外扩散速度很慢，则必然是 $c_{A_g} \approx 0$，从而推断 $\frac{K'_g V_p}{K_g A_p} \approx 1$。

根据本题中数据，得

$$\frac{K'_g V_p}{K_g A_p} = \frac{(r_{pA}/c_{A_g})(\pi d_p/6)}{K_g(\pi d_p^2)} = \frac{r_p d_p}{6 K_g c_{A_g}} = \frac{100 \times 0.0024}{6 \times 300 \times 0.02} = 6.67 \times 10^{-3} \approx 0$$

所以扩散速度很快，可以忽略其对总反应速率的影响。

(2) 判断内扩散对总反应速率的影响：将题中数据代入式(6-104)来判断内扩散的影响，且由(1)知 $c_{A_g} \approx c_{A_s}$，则

$$\frac{R^2 r_p}{c_{A_g} D_{eff}} = \frac{(0.0012)^2 \times 100}{5 \times 10^{-5} \times 0.02} = 144 > 1$$

所以内扩散的影响不容忽略。

## 思 考 题

1. 列举与除尘相关的颗粒物的物理性质。
2. 颗粒物的密度有哪几种表现方法？分别用于什么方面？
3. 试通过计算，判明在气温 20℃，压力 1×10⁵Pa，气流速度为 0.1m/s 的干空气中，以直径为 100μm 的圆柱形捕集体捕集粒径为 0.001μm、0.01μm、0.1μm、1μm、10μm、20μm 粉尘的过程中，惯性碰撞、

拦截和扩散沉降三种捕集机理所做的贡献。已知该粉尘粒子的真密度为 1000kg/m³。

4. 用双膜理论解释化学吸收的传质机理。

5. 从亨利定律可以推导出哪些关系？亨利常数、相平衡常数、吸收系数、界面浓度之间有什么关系？

6. 试说明物理吸附 6 种类型的吸附等温线的特点。

7. 催化法用于气体污染物的治理过程与吸收、吸附法相比有何优点？在操作机理上有何不同？

8. 试写出气固催化一级可逆反应的总反应速率方程，并分析式中各项代表的物理意义。再分别写出化学动力学控制、内扩散控制、外扩散控制时，一级可逆反应总反应速率的方程式。

## 参 考 文 献

郝吉明. 2003. 大气污染控制工程例题与习题集. 北京: 高等教育出版社.

郝吉明, 马广大, 王书肖. 2010. 大气污染控制工程. 3 版. 北京: 高等教育出版社.

童志权. 2006. 大气污染控制工程. 北京: 机械工业出版社.

宋世谟, 王正烈, 李文斌. 1979. 物理化学. 北京: 高等教育出版社.

# 第七章 固体废物处理与处置原理

**本章导读**

对固体废物的合理处理处置以及资源的高效回收利用，将有利于循环经济和新型工业化的发展，实现固体废物的变废为宝。本章围绕固体废物的基本概念、物化处理技术、生物处理技术、最终处置方法、危险废物的处理处置方法以及固废处理处置的新技术等展开讨论，重点讲述固废处理与处置过程中涉及的基本概念、技术原理和基本的工艺流程。通过本章内容的学习，要求掌握固体废物处理处置的基本概念、常规技术方法及基本的技术原理。学习本章应注意区分各种固体废物处理处置技术的特点及其适用条件，同时注意各种处理处置技术的相互关联，从而能够根据固体废物的特点选择合适的处理处置技术和方法。

## 第一节 固体废物的概念、分类和危害

### 一、固体废物的概念

固体废物是指在生产、生活和其他活动中产生的丧失原有利用价值或者虽未丧失利用价值但被抛弃或者放弃的固态、半固态和置于容器中的气态物质，以及法律、行政法规规定纳入固体废物管理的物质。

### 二、固体废物的分类

固体废物可分为城市生活垃圾、工业固体废物和危险废物三类。城市生活垃圾是指在城市日常生活中或为城市日常生活服务的活动中产生的固体废物，以及法律、行政法规视作城市生活垃圾的固体废物；工业固体废物是指来自工业生产过程中的固体废物，包括轻、重工业生产和加工等过程中产生的固态和半固态废物；危险废物主要是指其有害成分能通过环境媒介引起严重的、难以治愈的疾病和死亡率增高的固体废物，或者是由于对其管理、储存、运输、处置和处理不善而能导致环境质量恶化，从而对人体健康造成明显或潜在危害的固体废物。

### 三、固体废物的危害

固体废物的危害主要表现在以下方面：

(1) 侵占土地。固体废物不加利用时，需占地堆放。堆积量越大，占地也越多。我国许多城市利用市郊堆存城市垃圾，侵占了大量农田，同时大量废物的排放和堆积，严重破坏地貌、植被和自然景观。

(2) 污染土壤。固体废物堆放如果没有适当的防渗措施，其中的有害成分很容易经过风化、雨淋、地表径流等侵蚀渗入土壤，危害土壤的环境功能，造成大面积的土地污染。

(3) 污染水体。固体废物随降水和地表径流进入江河湖泊，或随风飘迁落入水体造成地表水体污染；随渗沥水进入土壤则使地下水污染；直接排入河流、湖泊或海洋，又会造成更大的水体污染。

(4) 污染空气。一些有机固体废物在适宜的温度和湿度下被微生物分解，释放出有毒气体污染空气；以细粒状存在的废渣和垃圾，在大风吹动下会随风飘逸，造成大气的粉尘污染；固体废物在运输和处理过程中，产生有害气体和粉尘，污染大气。

(5) 影响环境卫生。我国工业固体废物的综合利用率很低。据统计，我国城市垃圾的清运量仅占产量的 40%~50%，无害化处理率只有 1.6%，50%以上的垃圾堆存在城市的一些死角，98%以上的垃圾、粪便未经无害化处理进入环境，严重影响人们居住环境的卫生状况，导致病原微生物繁殖，对人体健康构成潜在的威胁。

## 第二节 固体废物的物化处理

### 一、固体废物的脱水与干化

#### (一) 固体废物的脱水

**1. 基本概念**

固体废物的脱水问题常见于城市污水与工业废水处理厂产生的污泥处理以及其他含水固体废物。凡含水率超过 90%的固体废物，必须先脱水减容，以便于包装与运输。常用的脱水方法有机械脱水与固定床自然干化脱水两类。

机械脱水是以过滤介质两边的压力差为推动力，使水分强制通过过滤介质成为滤液，固体颗粒被截留为滤饼，达到除水的目的。机械脱水的方法依压力差的不同有真空过滤脱水、压滤脱水、离心脱水等。真空过滤脱水是在过滤介质的一面造成负压；压滤脱水是通过加压将水分压过过滤介质；离心脱水是在高速旋转下，通过离心作用将水分脱除。

自然干化脱水是一种古老而广泛采用的脱水方法，其原理是利用自然蒸发和底部滤料、土壤进行过滤脱水。

**2. 污泥含水率和污泥比阻的计算**

污泥含水率和污泥比阻是评价污泥含水特性和脱水性能的重要指标。污泥中所含水分的质量与污泥总质量之比的百分数称为污泥含水率。污水处理厂的污泥含水率一般很

高，接近于 1。污泥的体积、质量及所含固体物浓度之间的关系可表示为

$$\frac{V_1}{V_2} = \frac{W_1}{W_2} = \frac{100-P_2}{100-P_1} = \frac{C_2}{C_1} \tag{7-1}$$

式中：$V_1$、$W_1$、$C_1$ 为污泥含水率为 $P_1$ 时的污泥体积、质量与固体物浓度；$V_2$、$W_2$、$C_2$ 为污泥含水率为 $P_2$ 时的污泥体积、质量与固体物浓度。

**示例 7-1** 当污泥含水率从 97.5%降低到 95%时，试求污泥体积的变化。

**解**
$$V_2 = V_1 \frac{100-P_1}{100-P_2} = V_1 \frac{100-97.5}{100-95} = \frac{1}{2}V_1$$

可见污泥含水率从 97.5%降低至 95%时，污泥体积减小一半。

注意式(7-1)适用于含水率大于 65%的污泥。污泥含水率低于 65%以后，污泥内部会出现很多气泡，体积与质量不再符合式(7-1)所示的关系。

污泥比阻是指在一定压力下，单位面积上单位质量滤饼对过滤所产生的阻力(单位 m/kg)。可表示为

$$r = \frac{2PA^2b}{\mu\omega} \tag{7-2}$$

式中：$P$ 为过滤时的压力，Pa；$A$ 为过滤面积，m$^2$；$b$ 为污泥性质系数，s/m$^6$；$\mu$ 为滤液动力黏度，Pa·s；$\omega$ 为单位体积滤液产生的滤饼干重，kg/m$^3$。

**3. 污泥机械脱水原理**

污泥机械脱水是以过滤介质两面的压力差作为推动力，使污泥水分被强制通过过滤介质，形成滤液；而固体颗粒被截留在介质上，形成滤饼，从而达到脱水的目的。

造成压力差推动力的方法有 4 种：

(1) 依靠污泥本身厚度的静压力(如干化场脱水)。
(2) 在过滤介质的一面造成负压(如真空吸滤脱水)。
(3) 加压污泥把水分压过介质(如压滤脱水，图 7-1)。

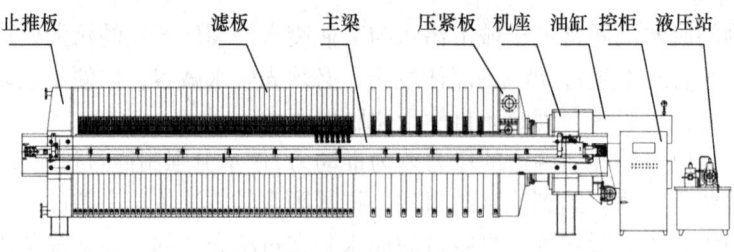

图 7-1 板框式压滤机

(4) 造成离心力(如离心脱水，图 7-2)。

1) 机械脱水过滤产率的计算

过滤开始时，滤液仅需克服过滤介质的阻力。当滤饼逐渐形成后，还必须克服滤饼本身的阻力，其过程可用著名的卡门(Carman)过滤基本方程进行描述：

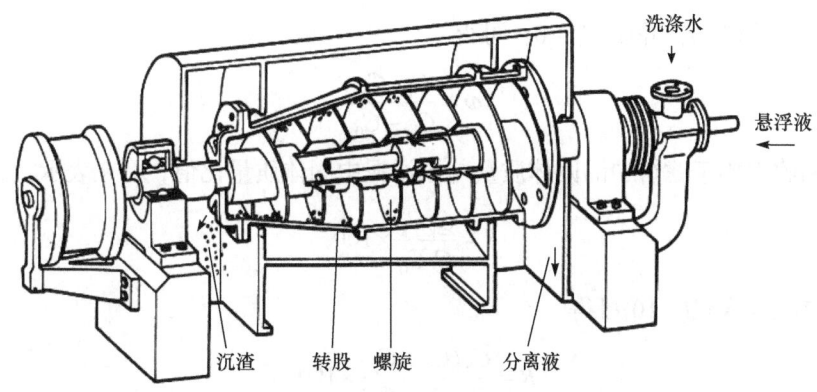

图 7-2 卧式离心机主要结构

$$\frac{t}{V} = \frac{\mu\omega r}{2PA^2}V + \frac{\mu R_f}{PA} \tag{7-3}$$

式中：$V$ 为滤液体积，m³；$t$ 为过滤时间，s；$\mu$ 为滤液动力黏度，Pa·s；$r$ 为比阻，即单位过滤面积上单位干重滤饼所具有的阻力，m/kg；$\omega$ 为滤过单位体积滤液在过滤介质截留的干固体质量，kg/m³；$P$ 为压力，Pa；$A$ 为过滤面积，m² 或 cm²；$R_f$ 为过滤介质阻抗，1/m²。

根据卡门公式可知，在压力一定的条件下过滤时，$t/V$ 与 $V$ 呈直线关系，直线的斜率与截距分别为

$$b = \frac{\mu\omega r}{2PA^2}, \quad a = \frac{\mu R_f}{PA} \tag{7-4}$$

可见比阻值为

$$r = \frac{2PA^2}{\mu} \cdot \frac{b}{\omega}$$

由 $\omega$ 的定义可知：

$$\omega = \frac{(Q_0 - Q_f)C_k}{Q_f} \tag{7-5}$$

式中：$Q_0$ 为原始污泥量，m³；$Q_f$ 为滤液体积，m³；$C_k$ 为截留物质浓度，kg/m³。

根据液体平衡关系可得

$$Q_0 = Q_f + Q_k \tag{7-6}$$

式中：$Q_k$ 为截留物的量，m³。

根据固体物质平衡关系可得

$$Q_0 C_0 = Q_f C_f + Q_k C_k \tag{7-7}$$

式中：$C_0$ 为原始污泥浓度，kg/m³；$C_f$ 为滤液浓度，kg/m³。

由式(7-6)和式(7-7)可得

$$Q_f = \frac{Q_0(C_0 - C_k)}{C_f - C_k} \quad \text{或} \quad Q_k = \frac{Q_0(C_0 - C_f)}{C_k - C_f} \tag{7-8}$$

将式(7-8)代入式(7-5)，并设 $C_f = 0$，可得

$$\omega = \frac{C_k \cdot C_0}{C_k - C_0} \tag{7-9}$$

固体回收率等于滤饼中的固体质量与原污泥中固体质量比值，用 $R$ 表示，单位为%。

$$R = \frac{Q_k C_k}{Q_0 C_0} \times 100 \tag{7-10}$$

将式(7-8)代入式(7-10)可得

$$R = \frac{C_k(C_0 - C_f)}{C_0(C_k - C_f)} \times 100 \tag{7-11}$$

由式(7-3)，若忽略过滤介质的阻抗，即 $R_f = 0$，则可写成：

$$\frac{t}{V} = \frac{\mu \omega r}{2PA^2}V \quad \text{或} \quad \left(\frac{V}{A}\right)^2 = \left(\frac{\text{过滤体积}}{\text{过滤面积}}\right)^2 = \frac{2Pt}{\mu \omega r}$$

设滤饼干重为 $W$，则 $W = \omega V$，$V = \frac{W}{\omega}$ 代入上式得

$$\left(\frac{W}{\omega A}\right)^2 = \frac{2Pt}{\mu \omega r} \quad \left(\frac{W}{A}\right)^2 = \frac{2Pt\omega}{\mu r}$$

所以

$$\frac{W}{A} = \frac{\text{滤饼干重}}{\text{过滤面积}} = \left(\frac{2Pt\omega}{\mu r}\right)^{1/2}$$

可得过滤产率的计算公式：

$$L = \frac{W}{At_c} = \left(\frac{2Pt\omega}{\mu r t_c^2}\right)^{\frac{1}{2}} = \left(\frac{2Pt\omega m^2}{\mu r t^2}\right)^{\frac{1}{2}} = \left(\frac{2P\omega m^2}{\mu r t}\right)^{\frac{1}{2}} = \left(\frac{2P\omega m}{\mu r t_c}\right)^{\frac{1}{2}} \tag{7-12}$$

式中：$L$ 为过滤产率，kg/(m²·h)；$t$ 为过滤时间，h；$t_c$ 为过滤周期，h。

2) 真空过滤设计

真空过滤设计主要是根据原有的污泥量和过滤产率，计算确定所需过滤面积 $A$ 和过滤机的台数。

所需过滤面积：

$$A = \frac{W\alpha(1+f)}{L} \tag{7-13}$$

式中：$A$ 为过滤面积，m²；$W$ 为滤饼干重，kg；$L$ 为过滤产率，kg/(m²·h)；$\alpha$ 为安全系数，其值为1.15；$f$ 为助凝剂与混凝剂的投加比重。

过滤机台数：

$$n = A/a \tag{7-14}$$

式中：$a$ 为单台的面积，m²。

**示例 7-2** 今有污泥量为 $Q_0$ =25m³/h，用化学调理预处理，助凝剂石灰投加量10%(占

污泥干固体质量),助凝剂铁盐 5%(占污泥干固体质量),设计真空转鼓过滤机。

**解** 原污泥浓度 $C_0 = 2\% = 20\text{kg/m}^3$,$Q_0 = 25\text{m}^3/\text{h}$,则 $W = 20 \times 25 = 500(\text{kg/h})$。

过滤产率 $L = 3.45\text{kg/(m}^2 \cdot \text{h})$,所加助凝剂与混凝剂分别为 10%、2%,由式(7-13)得

$$A = \frac{W\alpha(1+f)}{L} = \frac{500 \times 1.15 \times (1+0.15)}{3.45} = 192(\text{m}^2)$$

若每台真空过滤机的过滤面积为 $19\text{m}^2$,则需真空过滤机 10 台。

3) 压滤机脱水的原理与设计

平均过滤速度是指单位时间单位过滤面积的滤液量,计算公式如下:

$$\frac{\frac{V}{A}}{t_\text{f} + t_\text{d}} = \frac{\frac{V}{A}}{\frac{1}{k'}\left(\frac{V}{A}\right)^2 + t_\text{d}} \tag{7-15}$$

式中:$V$ 为滤液体积,$\text{m}^3$;$A$ 为过滤面积,$\text{m}^2$;$t_\text{f}$ 为压滤时间,min 或 h;$k'$ 为过滤常数,$\text{m}^2/\text{s}$;$t_\text{d}$ 为辅助时间,min 或 h。

$$V = V'\left(\frac{d}{d'}\right) \qquad t_\text{f} = t_\text{f}'\left(\frac{d}{d'}\right)^2 \tag{7-16}$$

由于生产用压滤机的过滤压力为 $P$,所以过滤时间还需进行修正,经压滤修正后的过滤时间用 $t_{\text{f}_2}$ 表示:

$$t_{\text{f}_2} = t_\text{f}\left(\frac{P'}{P}\right)^{1-S} = t_\text{f}'\left(\frac{d}{d'}\right)^2\left(\frac{P'}{P}\right)^{(1-S)} \tag{7-17}$$

式中:$t_{\text{f}_2}$ 为经压力修正后的压滤时间,min 或 h;$S$ 为污泥的压缩系数,0.7。

**示例 7-3** 某污水处理厂有消化污泥 7200kg/d,含水率 $P_0$ 为 95%,采用化学调解法预处理,加石灰 10%,铁盐 7%(均以占污泥干固体质量计)。要求泥饼含水率 $P_k$ 为 70%。实验室实验装置的滤室厚底为 20mm、过滤面积为 $400\text{cm}^2$、压滤时间为 20min,所需辅助时间为 30min、过滤压力为 $39.24\text{N/cm}^2$。压滤机总压滤面积为 $5\text{m}^2$,滤饼厚度为 30mm,输出压力为 $98.1\text{N/cm}^2$。请设计所需要过滤面积、过滤产率及压滤机台数(按每天工作 8h 计)。

**解** 先求过滤产率 $L$。

已知 $P_k = 70\%$,$C_k = 30\% = 0.3 \text{ g/mL}$;$P_0 = 95\%$,$C_0 = 5\% = 0.05 \text{ g/mL}$,由式(7-9)得

$$\omega = \frac{0.05 \times 0.3}{0.3 - 0.05} = 0.06(\text{g/mL})$$

因实验所需压力与生产所用压力不同,故需对过滤时间进行压力修正,代入已知数值得

$$t_{\text{f}_2} = t_\text{f}'\left(\frac{d}{d'}\right)^2\left(\frac{P'}{P}\right)^{(1-S)} = 20 \times \left(\frac{30}{20}\right)^2 \times \left(\frac{39.24}{98.1}\right)^{(1-0.7)} = 34.2(\text{min})$$

$$V = V' \frac{d}{d'} = 4000 \times \frac{30}{20} = 6000 (\text{mL})$$

因实验装置面积 $A'$ 为 $400\text{cm}^2$，所以单位面积滤液体积为 $\frac{6000}{400} = 15\text{mL}/\text{cm}^2$，若辅助时间 $t_d = 30\text{min}$，则可求得平均过滤速度为 $V_u = \frac{15}{t_{f_2} + t_d} = \frac{15}{34.2 + 30} = 0.234\text{mL}/(\text{cm}^2 \cdot \text{min})$。

压滤机的过滤产率可用下式计算：

$$L = \omega V_u = 0.06 \times 0.234 = 0.01\text{g}/(\text{cm}^2 \cdot \text{min}) = 6\text{kg}/(\text{m}^2 \cdot \text{h})$$

因采用化学调解处理，投加石灰 20%，铁盐 7%，所以污泥量应增加。

$$f = 1 + \frac{10}{100} + \frac{7}{100} = 1.17$$

又因压滤机每天工作 8h，所以每小时处理的污泥量为 $W\alpha f = \frac{7200 \times 5\%}{8} \times 1.15 \times 1.17 = 60.55\text{kg}/\text{h}$，所以 $A = \frac{W\alpha(1+f)}{L} = \frac{60.55}{6}\text{m}^2 = 10.1\text{m}^2$。

选用压滤机的总压滤面积为 $5\text{m}^2$/台，所需压滤机台数为 $\frac{10.1}{5} = 2.02$，取 2 台。

4）离心脱水计算

设污泥颗粒质量为 $m$，如在离心力场的作用下，所受到的离心力为

$$C = m\omega^2 r = \frac{\omega^2 r}{g} G \tag{7-18}$$

令离心力与重力的比值为分离因素，用 $\alpha$ 表示，则

$$\alpha = \frac{C}{G} = \frac{\omega^2 r}{g} = \left(\frac{2\pi n}{60}\right)^2 \frac{r}{g} \approx \frac{n^2 r}{900} \tag{7-19}$$

式中：$C$ 为离心力，N；$m$ 为质量，$N \cdot S^2/m$；$\omega$ 为旋转角速度，1/s；$n$ 为转数，r/min；$r$ 为旋转半径，m；$G$ 为重力，N；$g$ 为重力加速度，$m/s^2$。

(二) 固体废物的干化

1. 基本概念

固体废物的干化是指利用燃烧化石燃料所产生的热能或工业余热、废热，通过专门的工艺和设备，使污泥中的水分快速蒸发的一种工艺。

2. 污泥中水分结合能

污泥在加热过程中污泥中水分蒸发所需要的能量可以分为 4 类：

(1) 水分子克服化学键需要的能量 $Q_1$。

(2) 水分子克服与污泥絮体间物理作用力需要的能量 $Q_2$。

(3) 水分子克服毛细作用力需要的能量 $Q_3$。

(4) 水分相变需要的能量 $Q_4$。

污泥中水分的结合能可以由式(7-20)得到：

$$Q = Q_2 + Q_3 \tag{7-20}$$

其中，
$$Q_2 = A \cdot \left[ \frac{2}{5}\left(\frac{\sigma}{Z}\right)^{10} - \left(\frac{\sigma}{Z}\right)^4 - \left(\frac{\sigma^4}{3\nabla \cdot (0.61\nabla + Z)^3}\right) \right] \tag{7-21}$$

$$A = 2\pi \rho_s \varepsilon \sigma^2 \nabla \tag{7-22}$$

式中：$Q_2$ 为水分的分子间物理作用力；$\rho_s$ 为污泥絮体数量；$\varepsilon$ 为最小潜热；$\sigma$ 为物理吸附力为 0 时的临界距离；$\nabla$ 为晶格之间的距离；$Z$ 为水分子到污泥絮体表面的距离。

$$Q_3 = \frac{2k}{\delta} V_1 \tag{7-23}$$

式中：$k$ 为水的表面张力；$\delta$ 为毛细管半径；$V_1$ 为水的比容。

## 二、固体废物的焚烧

### (一) 基本概念

固体废物的焚烧是一种高温热处理技术，即在 800～1000℃的焚烧炉膛内，废物中的有机活性成分被充分氧化，留下的无机组分成为熔渣被排出，从而使废物减容并稳定，在燃烧过程中，具有强烈的放热效应，并伴随着光辐射，是一种可同时实现废物无害化、减量化、资源化的处理技术。焚烧与以加热为目的的燃烧不同，焚烧的目的侧重于减容、减量、解毒和残灰的安全稳定化，而燃烧的目的只在于获得热量。现代化的废物焚烧的典型系统框图如图 7-3 所示。

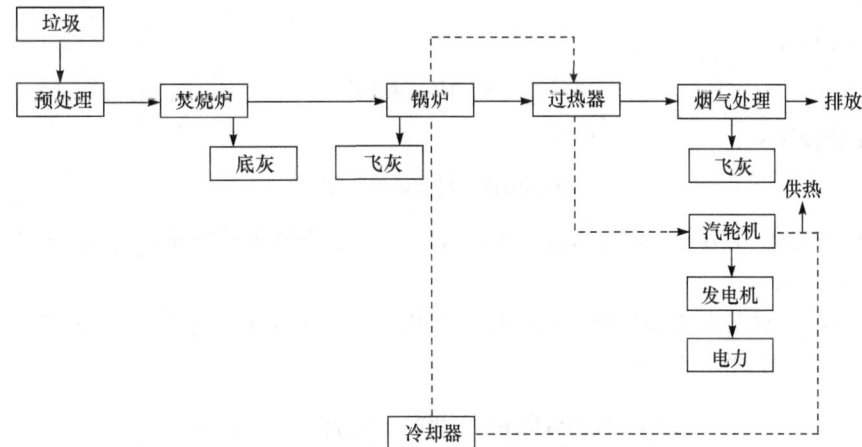

图 7-3　现代化的废物焚烧的典型系统框图

可燃物质着火实际是燃烧系统与热力学、动力学、流体力学等有关的各种因素共同作用的综合结果，必须满足一定的着火条件：可燃物质、助燃物质和引燃火源同时存在，并在着火条件下才会着火燃烧。按照燃烧机理的不同，固体物质的燃烧有以下几种形式：蒸发燃烧、分解燃烧、表面燃烧等。固体物质的燃烧按着火方式的不同可分为：化学自燃燃烧、热燃烧、强迫点燃燃烧。生活垃圾和危险废物的焚烧处理，属于强迫点燃燃烧。当焚烧炉在点火时，可用电火花、火焰、炽热物体或热气流等引燃炉内的可燃物质。

焚烧法处理固体废物的优点在于：减量化效果显著，可大大减少最终处置的废物量，无害化程度彻底，处理效率高，不受气候的影响，卫生条件好(如生活垃圾中带恶臭的氨气和有机废气在焚烧时被高温分解)。当然焚烧法也存在一些缺点：费用高，操作复杂、严格，要求工作人员技术水平高，存在技术风险问题。

(二) 燃烧热值计算

Dulong 公式：

$$\text{LHV} = 81C + 342.5\left(H - \frac{O}{8}\right) + 22.5S - 6(9H+W) \tag{7-24}$$

Steuer 公式：

$$\text{LHV} = 81\left(C - \frac{3O}{8}\right) + 345\left(H - \frac{O}{10}\right) + 25S + 57\left(\frac{3O}{8}\right) - 6(9H+W) \tag{7-25}$$

Scheurer-Kestner 公式：

$$\text{LHV} = 81\left(C - \frac{3O}{4}\right) + 342.5H + 22.5S + 57\left(\frac{3O}{4}\right) - 6(9H+W) \tag{7-26}$$

式中：LHV 为低位热值，kcal/kg；C、H、O、S 分别为碳、氢、氧、硫元素的百分含量；$W$ 为含水率。

三成分模型：

$$Q = 37.4V - 4.5W \tag{7-27}$$

四成分模型：

$$Q = 40R + 37.4V - 4.5W \tag{7-28}$$

式中：$Q$ 为热值，kJ/kg；$W$ 为水分含量，%；$V$ 为干基中的可燃成分，%；$R$ 为干基中的塑胶含量，%。

**示例 7-4** 根据中国部分典型城市生活垃圾的工业分析和元素分析表(表 7-1)，试采用上述不同公式计算其热值。

表 7-1 典型城市生活垃圾的工业分析和元素分析

| 城市 | 工业分析/% | | | | 元素分析/% | | | | |
|---|---|---|---|---|---|---|---|---|---|
| | 水分 | 挥发分 | 固定碳 | 灰分 | C | H | O | S | N |
| 青岛 | 42.36 | 18.75 | 2.78 | 36.29 | 12.47 | 1.84 | 6.64 | 0.07 | 0.34 |
| 西安 | 24.95 | 15.03 | 2.41 | 57.61 | 9.63 | 1.47 | 6.02 | 0.09 | 0.22 |

续表

| 城市 | 工业分析/% | | | | 元素分析/% | | | | |
|------|------|------|------|------|------|------|------|------|------|
| | 水分 | 挥发分 | 固定碳 | 灰分 | C | H | O | S | N |
| 北京 | 26.17 | 18.88 | 2.8 | 52.15 | 12.4 | 1.9 | 7.08 | 0.08 | 0.23 |
| 澳门 | 39.19 | 42.87 | 5.43 | 12.51 | 27.1 | 3.69 | 16.62 | 0.16 | 0.74 |
| 武汉 | 47.67 | 21.09 | 3.39 | 27.85 | 14.08 | 1.99 | 7.96 | 0.08 | 0.36 |
| 杭州 | 51.56 | 18.9 | 3.04 | 26.5 | 12.27 | 1.75 | 7.43 | 0.09 | 0.4 |
| 台南 | 34.46 | 42.03 | 5.3 | 18.21 | 28.83 | 4.04 | 13.79 | 0.13 | 0.54 |
| 广州 | 53.5 | 21.37 | 3.36 | 21.77 | 13.98 | 1.97 | 8.28 | 0.08 | 0.43 |

**解** 以下计算均以青岛为例。

根据 Dulong 公式：

LHV = 81×12.47 + 342.5 (1.84−6.64/8) + 22.5×0.07 − 6 (9×1.84 + 42.36) = 1003.55(kcal/kg)

根据 Steuer 公式：

LHV = 81 (12.47 − 3×6.64/8) + 345 (1.84 − 6.64/10) + 25×0.07 + 57 (3×6.64/8) − 6 (9×1.84 + 42.36) = 1004.26(kcal/kg)

根据 Scheurer-Kestner 公式：

LHV = 81 (12.47 − 3×6.64/4) + 342.5×1.84 + 22.5×0.07 + 57 (3×6.64/4) − 6 (9×1.84 + 42.36) = 1168.81(kcal/kg)。

根据三成分模型：

$$Q = 37.4 \times 18.75 - 4.5 \times 42.36 = 510.63 (kJ/kg)$$

### 三、固体废物的热解

(一) 基本概念

固体废物的热解是指物料在氧气不足的气氛中燃烧，并由此产生的热作用而引起的化学分解过程，也可将其定义为破坏性蒸馏、干馏或者炭化过程。热解技术也称为热分解技术或裂解技术。

(二) 基本原理

1. 热解过程

有机物的热解反应通常可用下列简式表示：

$$\text{有机物} \underset{\text{无氧或缺氧}}{\overset{\text{加热}}{\rightleftharpoons}} \text{可燃性气体+有机液体+固体残渣}$$

精确而较复杂的方程式可表示为

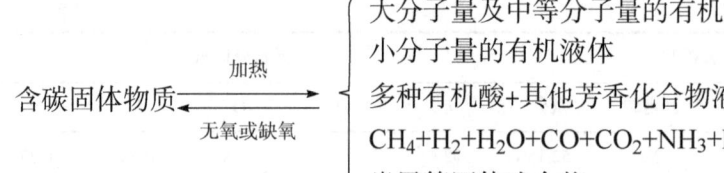

对不同成分的有机物，其热解过程的起始温度各不相同。例如，纤维素开始热解的温度为180~200℃，而煤的热解随煤质不同，其起始热解温度在200~400℃，煤的高温热解温度可达1000℃以上。

在热解的整个过程中，有机物都处在一个复杂的反应过程中。热解过程中的不同温度区段所进行的反应不尽相同，产生物的组成也不相同。在通常的反应温度下，高温热解过程以吸热反应为主(有时也伴随着少量放热的二次反应)。在整个热解过程中，有机大分子热解成有机小分子，直至产生气体，同时也存在小分子聚合成较大分子的过程。此外，高温热解时还会产生碳和水的反应。当物料粒度较大时，由于达到热解温度所需传热时间长，扩散传质时间也长，整个过程容易发生许多二次反应，使产物组成及性能发生改变。因此，热解产物的组成随热解温度不同会有很大波动。

2. 热解产物

热解过程的主要产物有可燃性气体、有机液体和固体残渣。

(1) 可燃性气体。按在产物中所占比重排序依次为：$H_2$、$CO$、$CH_4$、$C_2H_4$ 和其他少量高分子碳氢化合物气体。这种气体混合物是一种很好的燃料，其热值可达 6390~10230kJ/kg，在热解过程中维持分解过程连续进行所需要的热量约为2560kJ/kg，剩余的气体变成热解过程中有使用价值的产品。

(2) 有机液体。有机液体是一种复杂的化学混合物，常称为焦木酸(即木醋酸)，此外尚有焦油和其他高分子烃类油等，也都是有使用价值的燃料。

(3) 固体残渣。主要是炭渣，是轻质碳物质，其发热值为12800~21700kJ/kg，含硫量很低，这种炭渣在制成煤球后也是一种良好的燃料。

### 四、固体废物的固化

#### (一) 基本概念

废物的固化处理是指用物理化学方法将危险废物掺合并包容在密实的惰性基材中，使之呈现化学稳定性或密封性的无害化处理方法。固化所用的惰性材料称为固化剂，危险废物经过固化处理所形成的固化产物称为固化体。固化技术是从处理放射性废物发展起来的，欧洲、日本已应用多年，近年来美国也很重视该技术的研究开发。我国在放射性废物的固化处理方面已做了大量的工作，并已进入工业化应用阶段。当今，固化技术已广泛用于处理电镀污泥、铬渣、砷渣、汞渣、含重金属的粉尘、焚烧灰及飞灰等固体废物。

## (二) 基本原理

固化处理机理十分复杂，仍待进一步深入研究，其主要是将危险废物包容在惰性基体中，使其转变为不可流动的固体或形成紧密固体的过程；有些固化技术则是将危险废物通过化学作用引入某种晶体的晶格中；有些固化过程则是二者兼而有之。

对固化处理的基本要求包括：①危险废物经固化处理后所形成的固化体应具有良好的抗渗透性、抗浸出性、抗干湿性、抗冻融性、耐腐蚀性、不燃性及足够的机械强度等，最好能作为资源加以利用，如作建筑基础和路基材料等；②固化过程中材料和能量消耗要低，增容比(即所形成的固化体体积与被固化废物的体积之比)要低；③固化工艺过程简单，便于操作；④固化剂来源丰富，价廉易得；⑤处理费用低；⑥对于固化放射性废物产生的固化体，还应有较好的导热性和热稳定性，以便用适当的冷却方法就可以防止放射性衰变热使固化体温度升高而产生自熔化现象，同时还应具有较好的耐热辐射稳定性。衡量固化处理效果的主要指标是固化体的浸出速率、增容比和抗压强度等物理及化学指标。

### 1. 浸出速率

浸出速率是指固化体浸于水中或其他溶液中时，其中危险物质浸出的速度。国际原子能机构(IAEA)将其表示为标准比表面积的样品每日浸出放射性(即污染物质量)，即

$$V_n = \frac{m_n / m_0}{(A_e / V)^{t_n}} \tag{7-29}$$

式中：$V_n$ 为浸出速率，cm/d；$m_n$ 为第 $n$ 个浸提剂更换期内浸出的污染物质量，g；$m_0$ 为样品中原有的污染物质量，g；$A_e$ 为样品暴露的表面积，cm$^2$；$V$ 为样品的体积，cm$^3$；$t_n$ 为第 $n$ 个浸提剂更换期的时间，d。

固化体在浸泡时的溶解性能是鉴别固化体产品性能的最重要的一项指标。$V_n$ 实际上是"递减浸出速率"，它反映出固化体中污染物质的浸出速率通常不是恒定的，而是固化体开始与水接触时浸出速率最大，然后逐渐降低，最后几乎趋于恒定。

评价固化体浸出速率主要有两个目的：一是通过对实验室或不同的研究单位之间的固化体难溶性程度比较，可以对固化方法及工艺条件进行比较、改进或选择；二是有助于预测各类型固化体暴露在不同环境时的性能，在危险废物固化体储存或运输条件下，用以估计其与水(或其他溶液)接触所引起的危险或风险。

### 2. 增容比

增容比也称体积变化因数，是指危险废物在固化处理前后的体积比，即

$$C_R = \frac{V_1}{V_2} \tag{7-30}$$

式中：$C_R$ 为体积变化因数；$V_1$ 为固化前危险废物的体积；$V_2$ 为固化体的体积。

体积变化因数是评价固化处理方法好坏和衡量最终处置成本的一项重要指标，它的大小实际上取决于掺入固化体中的盐量和可接受的有毒有害物质的水平。因此，也常用掺入盐量的质量分数来鉴别固化效果。对于放射性废物，$C_R$ 还受辐照稳定性和热稳定性

的限制。

### 3. 抗压强度

危险废物固化体必须具有一定的抗压强度，才能安全储存；否则一旦其出现破碎和散裂，就会增加暴露的表面积和污染环境的可能性。

当危险废物固化体采用不同处置或利用方式时，对其抗压强度的要求也不同。如装桶储存或进行处置，其抗压强度控制在 0.1～0.5MPa 即可；如用作建筑材料，其抗压强度应大于 10MPa。放射性废物固化体的抗压强度，俄罗斯要求大于 5MPa，英国要求达到 20MPa。

## 第三节 固体废物的生物处理

### 一、固体废物的好氧堆肥

#### (一) 好氧堆肥基本概念

固体废物的堆肥化处理就是制造富含腐殖质的肥料，并进行土地肥力还原的过程。废物经过堆肥化处理所得的产品称为堆肥。它是一类腐殖质含量很高的疏松物质，所以也称为"腐殖土"。废物经过堆制，体积一般只有原体积的 50%～70%。堆肥能够改良土壤肥力，促进农作物生长，增加产量。它不同于卫生填埋、自然腐烂和腐化，堆制过程的实质是生物化学过程。

#### (二) 好氧堆肥基本原理

堆肥化的生物反应过程为

有机物 $+O_2+$ 营养物 $\longrightarrow$ 细胞质 $+CO_2+H_2O+NH_3+PO_4^{3-}+SO_4^{2-}+\cdots+$ 有机酸 $+$ 能量

在好氧堆肥过程中，温度可以看作评价微生物活动的间接指标。堆体温度的变化主要是微生物代谢产热的反映，而温度反过来又是微生物的代谢活性的决定因素。堆肥化温度也会受堆体冷却、通风散热和水分散失等因素的影响，但这些影响是可以忽略不计的。所以，按温度的变化，堆肥化过程大致可分为四个阶段。

(1) 低温阶段。这一阶段是驯化过程，即堆肥化开始时微生物适应新环境的过程。

(2) 中温阶段(又称产热阶段)。在堆肥化初期阶段，堆层基本处于中温(15～45℃)状态，较为活跃的是细菌、真菌和放线菌等嗜温性微生物，堆肥中的蛋白质、淀粉类物质、简单的糖类等可溶性有机物迅速分解供微生物生长繁殖。在这一阶段中分解这些有机物的微生物以中温好氧菌为主，常见的有细菌和丝状真菌等。

(3) 高温阶段。当堆肥温度超过 50℃(或 45℃)以后，即进入高温阶段。在这个阶段，嗜温性微生物受到抑制甚至死亡，嗜热性微生物逐渐代替了嗜温性微生物的活动，除少部分残留下来的和新形成的水溶性有机物继续分解转化外，复杂的有机物，如半纤维素、纤维素等开始强烈分解，同时开始了腐殖质的形成过程，出现了能溶解于弱酸的黑色物质。

(4) 降温熟化阶段(腐熟阶段)。在内源呼吸后期，堆积层内只剩下部分较难分解的有机物和新形成的腐殖质，此时微生物活性下降，发热量减少，导致温度下降。在此阶段嗜中温性微生物又重新占有优势，对剩下的较难分解的有机物作进一步分解，腐殖质不断增多且逐渐稳定，此时堆肥即进入腐熟阶段。降温后，堆肥物空隙增大，含水量也降低，需氧量大大减少，氧扩散能力增强，此时只需自然通风。评价堆肥成熟的常用方法和指标见表 7-2。

表 7-2  评价堆肥成熟的常用方法和指标

| 方法 | 指标 |
| --- | --- |
| 表观鉴别方法 | 温度；颜色；气味；质地 |
| 化学方法 | 碳氮比(C/N)；<br>含氮化合物(总氮、$NH_4^+$-N、$NO_3^-$-N、$NO_2^-$-N)；<br>阳离子交换量(CEC)；<br>有机化合物(水溶性可浸提有机碳、还原糖、脂类、纤维素、半纤维素、淀粉等)；<br>腐殖质(腐殖质指数、腐殖质总量和功能基团等) |
| 生物活性法 | 好氧速率；微生物种群和数量；酶学分析 |
| 植物毒性分析法 | 种子发芽；植物生物量 |
| 卫生学检测 | 致病微生物指标等 |

## 二、固体废物的厌氧发酵

(一) 厌氧发酵基本概念

微生物发酵是指在无外加氧化剂条件下，被分解的有机物作为还原剂被氧化，而另一部分有机物作为氧化剂被还原的生物学过程。从环境污染治理的角度来说，发酵是指以废水或固体废弃物中的有机污染物为营养源，创造有利于微生物生长繁殖的良好环境，利用微生物的异化分解和同化合成的生理功能，使得有机污染物转化为无机物质和自身细胞物质，从而达到消除污染、净化环境的目的。

本书中有机固体废物厌氧发酵是指固体废物中的有机成分在厌氧条件下，利用厌氧微生物新陈代谢的功能，转化为无机物质和自身的细胞物质，从而达到消除污染、净化环境的目的。根据有机物在厌氧发酵过程中所要求达到的分解程度的不同，可将厌氧发酵工艺分为两种类型，即甲烷发酵和酸发酵；前者以甲烷为主要发酵产物，后者以有机酸为主要发酵产物。

(二) 厌氧发酵基本原理

厌氧发酵的原料来源复杂，参与的微生物种类繁多，使得反应过程复杂。发酵微生物参与的生化反应主要受两方面因素的制约：一方面是基质的组成及浓度，另一方面是代谢产物的种类及其后续生化反应的进行情况。

有机物的厌氧发酵主要经过液化(水解)、酸化(包括酸化前阶段、酸化后阶段)，具体过程如下：

首先，不溶性大分子有机物(如蛋白质、纤维素、淀粉、脂肪等)经水解酶的作用，在溶液中分解为水溶性的小分子有机物(如氨基酸、脂肪酸、葡萄糖、甘油等)。随后，这些水解产物被发酵细菌摄入细胞内，经过一系列生化反应，将代谢产物排出体外，由于发酵细菌种群不一，代谢途径各异，所以代谢产物也各不相同。众多的代谢产物中，仅$CO_2$、$H_2$、甲酸、甲醇、甲胺和乙酸等可直接被产甲烷细菌吸收利用，转化为甲烷和二氧化碳，其他众多的代谢产物(主要是丙酸、丁酸、戊酸、乳酸等有机酸，以及乙醇、丙酮等有机物质)不能为产甲烷细菌直接利用。它们必须经过产氢产乙酸细菌进一步转化为氢和乙酸后，方能被产甲烷细菌吸收利用，并转化为甲烷和二氧化碳。

第一阶段中，不溶性大分子有机物经过水解而溶入水中，使颗粒状的各种可见物变成均质的溶液。第二阶段接连发生两次产酸过程，使溶液酸度增加，pH下降。第三阶段，有机物中的碳最终以$CH_4$和$CO_2$等气态产物的形式释放到空气中。根据有机物在厌氧发酵过程中所要求达到的分解程度不同，可将厌氧发酵工艺分为两大类，即酸发酵和甲烷发酵；前者以有机酸为主要发酵产物，后者以甲烷为主要发酵产物。

## 第四节　固体废物的最终处置

### 一、固体废物处置基本概念

对固体废物实行污染控制的目标是尽量减少或避免其产生，并对已经产生的废物实行资源化、减量化和无害化管理。但是，就目前世界各国的技术水平来看，即使采用任何先进的污染控制技术，都不可能对固体废物实现百分之百的回收利用，最终必将产生一部分无法进一步处理或利用的废物，为了防止日益增多的各种固体废物对环境和人类健康造成危害，需要给这些废物提供一条最终出路，即解决固体废物的处置问题。固体废物处置是指将固体废物焚烧和用其他改变固体废物的物理、化学、生物特性的方法，达到减少已产生的固体废物数量、缩小固体废物体积、减少或者消除其危险成分的活动，或者将固体废物最终置于符合环境保护规定要求的填埋场的活动。

### 二、填埋场容量和场地规模估算

填埋场库容和规模的设计除了需要考虑废物的数量以外，还与废物的填埋方式、填埋高度、废物的压实密度、覆盖材料的比率等有关。一般情况下，城市生活垃圾填埋场的使用年限以 8~20 年为宜。工程上，可以通过下列方式进行估算。而危险废物填埋场的库容和规模应根据需填埋处置的危险废物产生量和使用年限确定。

1. 填埋库容

通常合理的填埋场一般依据场址所在地的自然人文环境与投资额度规划其总容量，即填埋场的总库容，此值是指填埋开始至计划目标年(通常是 8~20 年)为止所欲填埋的总废物量加上所需的覆土容量。为精确估算此值，尽管须考虑诸多因素，但工程上往往

采用以下近似计算法即可满足设计的需求:

$$V_n = 填埋垃圾量 + 覆盖土量 = \frac{365W}{\rho} \times (1-f) + \frac{365W}{\rho} \times \varphi \tag{7-31}$$

$$V_t = \sum_{n=1}^{N} V_n \tag{7-32}$$

式中:$V_t$ 为填埋总容量,m³;$V_n$ 为第 $n$ 年垃圾填埋容量,m³/a;$N$ 为规划填埋场使用年数,a;$f$ 为体积减少率,主要指垃圾在填埋场中降解减少的量,一般取 0.15～0.25,与垃圾的组分有关;$W$ 为每日计划填埋废物量,kg/d;$\varphi$ 为填埋时覆土体积占废物的比率,0.15～0.25;$\rho$ 为废物的平均体密度,在填埋场中压实后垃圾的密度可达 750～950kg/m³。

2. 填埋场规模

通常一座填埋场的规模以填埋场的总面积为准。从上式所得结果可知填埋总容量,再根据场址当地的自然及地下水文状况,计算填埋场最大深度,其值可由式(7-33)估算:

$$A = (1.05 \sim 1.20) \times \frac{V_t}{H} \tag{7-33}$$

式中:$A$ 为场址总面积,m²;$H$ 为场址最大深度,m;1.05～1.20 为修正系数,取决于两个因素,即填埋场地面下的方形度与周边设施占地大小,因实际用于填埋地面下的容积通常非方体,侧面大都为斜坡度。

当填埋场的服务年限较长时,应充分考虑人口的增长率与垃圾产率的变化。前者需要根据相应地区在最近 10 年中的人口增长率取值;而后者则应根据该地区的经济发展规划,参考以往的产率数据取值。

**示例 7-5** 某城市拥有 10 万人口,平均每人每天产生垃圾 2kg,如果用卫生填埋进行处置,覆土与垃圾比为 1∶4,填埋压实后废物密度为 800kg/m³,填埋高度为 8m,填埋厂设计运行 20 年,试计算运行 20 年填埋厂的面积。

**解**
$$V = \frac{365 \times 2 \times 100000}{800} + \frac{365 \times 2 \times 100000}{800 \times 4}$$
$$= 91250 + 22812.5 = 114062.5 (m^3)$$

每年占地面积为

$$A = 114062.5 / 8 = 14257.81 (m^2)$$

运营 20 年,填埋面积为

$$A_{20} = 14257.81 \times 20 = 285156.20 (m^2)$$

### 三、渗透水体积估算

渗滤液产生量受降雨、气温等气象条件以及蒸发量等决定因素的影响,还受填埋垃圾性状及填埋地构造等因素影响,后者很难准确估计。但预测渗滤液产生量是设计渗滤液处理系统的重要前提,对渗滤液产生量可按式(7-34)进行估算:

$$Q = (C_1A_1 + C_2A_2 + C_3A_3) \times I \times 10^{-3} \tag{7-34}$$

式中：$Q$ 为垃圾渗滤液平均产出量，m³/d；$I$ 为多年平均降雨量的最大月份降雨量的日平均值，mm/d；$A_1$ 为填埋场作业单元集水面积，m²；$C_1$ 为作业单元浸出系数，m³/m³，与填埋地、填埋方式和填埋时间有关，一般 $C_1$=0.2～0.8，即渗滤液产生量为降水量的 30%～80%，当降水量等于蒸发量时取 0.5，当降雨量小于蒸发量时取 0.3，降雨量大于蒸发量时取 0.8；$A_2$ 为填埋场中间覆盖单元集水面积，m²；$C_2$ 为中间覆盖单元浸出系数，宜取 0.6$C_1$；$A_3$ 为填埋场终场覆盖单元集水面积，m²；$C_3$ 为终场覆盖单元浸出系数，$C_3$≤0.1。

$A_1$、$A_2$、$A_3$ 分别为按照设计填埋顺序给出的不同填埋时期的数值，计算不同填埋时期的渗滤液产生量，选择最大值作为渗滤液处理设施的设计用渗滤液产生水量。

### 四、填埋气体产生量和速率估算

(一) 填埋气体产生量估算

填埋气体的产生量和垃圾中可生物降解的有机物含量有关，目前对于填埋垃圾产气量的研究，已有较成熟的计算方法及理论。填埋垃圾的理论产气量，可根据填埋垃圾的化学分子式计算，也可以根据垃圾的化学需氧量(COD)计算。以下是几种常见的填埋气理论产量计算方法。

1. 化学计量法

有机垃圾厌氧分解中，假设垃圾中的碳均为可降解有机碳，可生化降解的有机物用一般的化学分子式 $C_aH_bO_cN_d$ 表示，降解后完全转化为 $CO_2$ 和 $CH_4$：

$$C_aH_bO_cN_d + \left[(4a-b-2c-3d)/4\right]H_2O \longrightarrow$$
$$\left[(4a-b-2c-3d)/8\right]CH_4 + \left[(4a-b+2c+3d)/8\right]CO_2 + dNH_3 \tag{7-35}$$

在确定填埋垃圾可降解成分主要元素的百分比后，即可通过上式计算填埋气体的理论产气量。

2. 化学需氧量法

假如填埋场释放气体过程中无能量损失，有机物全部被降解，生成 $CH_4$ 和 $CO_2$，则根据能量守恒定律知，有机物所含能量全部转化为 $CH_4$ 所含的能量。而物质所含能量与该物质完全燃烧的化学需氧量成比例，因而有

$$COD_{\text{有机物}} = COD_{CH_4}$$

根据甲烷燃烧化学计量式：$CH_4 + 2O_2 \Longrightarrow CO_2 + 2H_2O$，得

$$1g\ COD_{\text{有机物}} = 0.35L\ CH_4\ (0℃，1atm)$$

据此可计算填埋场的理论产 $CH_4$ 量。由于 $CH_4$ 在填埋气中浓度约 50%，可得

$$1kg\ COD_{\text{有机物}} = 0.7m^3\ 填埋气体(0℃，1atm)$$

可根据填埋垃圾总量和单位质量填埋垃圾的 COD，用式(7-36)估算理论产气量：

$$L_0 = W(1-w)n_{\text{有机物}}C_{COD}V_{COD} \tag{7-36}$$

式中：$L_0$ 为填埋垃圾理论产气量，$m^3$；$W$ 为废物质量，kg；$w$ 为垃圾含水率(质量分数)，%；$n_{有机物}$ 为垃圾的有机物质量分数，%；$C_{COD}$ 为单位质量垃圾的化学需氧量，kg/kg；$V_{COD}$ 为单位 COD 相当的填埋气产量，$m^3$/kg。

3. 填埋垃圾生物降解理论计算法

利用有机物可生物降解特性，计算 $CH_4$ 的理论产量公式为

$$L_i = K \times B_i \times (1-W_i) \times C_i \times V_i \tag{7-37}$$

式中：$L_i$ 为组分 $i$ 可生产甲烷气的量，L/kg 湿垃圾；$K$ 为经验系数，取值 526.5，L/kg；$B_i$ 为有机组分 $i$ 在垃圾中所占的比例，%；$W_i$ 为有机组分 $i$ 的含水率，%；$C_i$ 为有机组分的挥发性固体含量百分率，%；$V_i$ 为有机组分的挥发性固体可生物降解率，%。

根据填埋气体中甲烷占约 50%，由单位质量垃圾可生成的甲烷气的量 $\sum L_i$，可计算单位垃圾的填埋气理论产生量为

$$L_0 = \sum L_i / 50\% \tag{7-38}$$

填埋场的实际产气量可通过理论产气量与修正系数 $k$ 的乘积估算：

$$L_{实际} = kL_0 \tag{7-39}$$

该方法的优点是利用了有机物的可生物降解特性，更切合实际，并能较准确地反映出垃圾中产生 $CH_4$ 的主要成分，因此被广泛采用。

**示例 7-6** 某垃圾填埋场垃圾中挥发性有机固体的含量为 15%，其可生物降解率为 77%，填埋垃圾初始含水率为 27%，计算 1t 填埋垃圾理论上可产生的甲烷量。

**解** $L = 15\% \times 77\% \times (1-27\%) \times 526.5 \text{L/kg} = 44.39 \text{L/kg}$

因此，1t 填埋垃圾理论上可产生 $44.39 m^3$ 的甲烷量。

## (二) 填埋气体产生速率估算

实验表明，具有代表性的城市垃圾在填埋后 0.7~1 年时将达到产气速率的最大值，而填埋场总的产气过程则可延续 100 年左右，因此从填埋开始到产气速率到达最大值的时段可以忽略。目前应用广泛的 School-Canyon 产气动力学模型即是从产气速率达到最大值时段开始考虑，然后按指数规律衰减。School-Canyon 模型表示的产气速率为

$$R = AY_0 e^{-ki} \tag{7-40}$$

式中：$R$ 为气体产生速率，$m^3$/(t·a)；$A$ 为产气速率常数，$m^3$/(t·a)；$Y_0$ 为垃圾产气量，$m^3$/t；$i$ 为填埋年限，a。

对于产气速率常数可通过半产期来确定：

$$A = \ln 2 / t_{1/2} \tag{7-41}$$

式中：$t_{1/2}$ 为半产期，指填埋垃圾从填埋开始算起的产气量达到总产气量一半所用的时间，a。School-Canyon 模型表达简单，所需参数少，应用方便，但它忽略了填埋初期的产气率增长过程，缺乏精确性，因考虑填埋整个产气时期很长，该忽略造成的误差很小，所以也被广泛用作气体收集工艺的参数计算。

# 第五节 危险废物处理处置技术

## 一、危险废物的基本概念

固体危险废物是具有化学、物理及生物特性，需要特殊处置技术处理的危险性固体废弃物。危险废物按照来源可分为工业危险废物、医疗废物和其他社会源危险废物等；根据属性可分为无机废弃物、油类废弃物、有机废弃物、其他有害废弃物等。

目前危险废物处理处置方式主要分为四大类：安全填埋技术、焚烧处置技术、物理处理技术和化学处理技术。在危险固体废弃物处理的过程中具有严格的步骤流程，其基本的处理流程如图7-4所示。

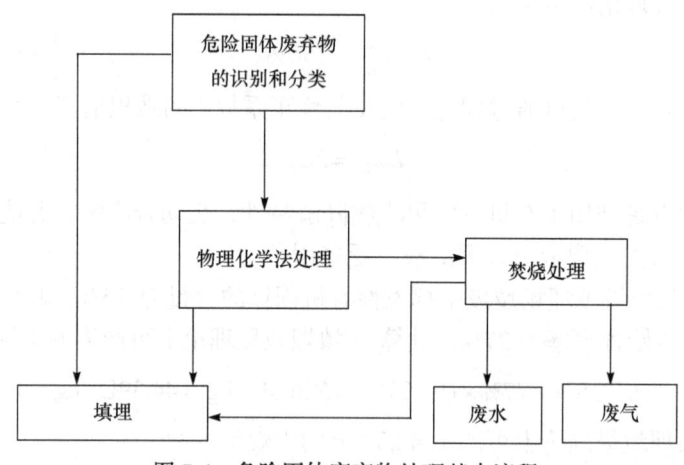

图7-4 危险固体废弃物处理基本流程

## 二、危险废物的处理方法

(一) 预处理技术

1. 物理法处理危险废物

物理处理方法主要是采用一定的技术处理方式把危险废物浓缩到一定程度，从而改变危险废物的形态结构，这样的物理方法处理后便于危险废物的储存和运输，也有利于危险废物的进一步处理。采用物理处理方法处理危险废物可以大幅度降低危险废物的体积，通常这种处理方式主要用于处理含水率较高的污泥，也可用于处理工业废渣，还可以用来处理体积较大的危险废物。

2. 化学法处理危险废物

通常化学处理方法主要是利用化学方法降解危险废物中的有害物质，从而降低危险废物的毒性，或者改变其化学性质从而使危险废物转变成无毒性的物质，降低风险。当前化学处理方法主要用于处理危险废物中的无机废物。

3. 固化处理方式处理危险废物

通常情况下固化处理方式主要是充分利用基材把危险废物固定住。固化处理可以大幅度降低危险废物中的有毒物质，这有利于后续对危险物质的储存或填埋，降低环境危害。当前固化处理方法一方面用于处理放射性废物以及蒸发浓缩液等有毒物质，另一方面还用来处理铬渣及电镀污泥等有毒物质。另外在实际生活中固化处理方法多种多样，最常用到的有水泥固化、石灰固化、玻璃固化等。各种固化技术的适用对象和优缺点见表 7-3。

表 7-3　各种固化和稳定化技术的适用对象和优缺点

| 技术 | 适用对象 | 优点 | 缺点 |
| --- | --- | --- | --- |
| 水泥固化 | 重金属、氧化物、废酸 | 1. 水泥搅拌，处理技术已相当成熟；<br>2. 对废物中化学性质的变动具有相当的承受力；<br>3. 可由水泥与废物的比例来控制固化体的结构缺点与不透水性；<br>4. 不需要特殊设备，处理成本低；<br>5. 废物可直接处理，不需要预处理 | 1. 废物中若含有特殊盐类，会造成固化体破裂；<br>2. 有机物分解造成裂隙，增强渗透性，降低结构强度；<br>3. 使用大量水泥增大固化体体积和质量 |
| 石灰固化 | 重金属、氧化物、废酸 | 1. 所用物流价格便宜，容易购得；<br>2. 操作不需要特殊设备及技术；<br>3. 在适当处置环境，可维持火山灰反应的持续进行 | 1. 固化体的强度较低，且需较长的养护时间；<br>2. 有较大的体积膨胀，增加清运和处置的难度 |
| 塑性材料固化 | 部分非极性有机物、氧化物、废酸 | 1. 固化体的渗透性较其他固化方法低；<br>2. 对水溶液有良好的阻隔性 | 1. 需要特殊设备和专业操作人员；<br>2. 废物中若含氧化剂或挥发性物质，加热时可能会着火或逸散，废物需先干燥、破碎后方能进行操作 |
| 熔融技术 | 不挥发的高危害性废物、核能废物 | 1. 玻璃体具有高稳定性，可确保固化体长期稳定；<br>2. 可利用废玻璃屑作为固化材料；<br>3. 对核能废料处理已有相当成功的应用 | 1. 对可燃或具挥发性的废物不适用；<br>2. 高温热熔需消耗大量能源；<br>3. 需要特殊的设备及专业人员 |
| 自胶结固化 | 含有大量硫酸钙和亚硫酸钙的废物 | 1. 烧结体的性质稳定，结构强度高；<br>2. 烧结体不易产生生物反应性及着火 | 1. 应用面较窄；<br>2. 需要特殊的设备及专业人员 |

4. 生物法处理危险废物

生物处理方法主要是利用真菌等微生物降低危险废物的毒性，该处理方法主要是用于处理有机物含量高的危险废物。生物法具有很大的优势，同时也有一定的局限性。它可以对危险废物中有用的物质和能源进行回收利用，并且还能够在很大程度上降低对环境产生的污染，同时生物处理技术的使用成本相对较低，这些均为生物法的优点。但生物法的缺点在于其处理危险废物的时间较长，并且在处理的过程中可能会对土壤或水源产生污染，从而影响人体健康。

(二) 最终处理技术

1. 地表处理技术处理危险废物

地表处理技术的操作相对简单，使用成本也比较低，但是该处理技术的适用范围较窄，并且它并不能全部降解危险废弃物中的有毒物质，而且不能降解的有害物质可能依附在土壤颗粒上，在风吹或下雨的情况下有毒有害分子将会扩散到周边的大气或者土壤中，从而破坏周围环境的生态系统，进而威胁人类的身体健康。综合所有因素考虑采用地表处理技术并不是好的选择，它只能带来一时的利益，并不能从根本上解决环境问题。

2. 安全填埋法处理危险废物

安全填埋法被广泛应用于危险废物的处理中，该处理技术相对来说比较成熟，而且需要投入的经费比较少，整个操作过程都比较简单。起初安全填埋法主要是把危险废物铺成薄薄的一层，然后再压实，并使用土壤把危险废物全部覆盖。目前，该技术处理方法已经不再只是单纯地采用堆、填和埋等方式，而是充分利用现代先进的技术，按照一定的计算公式严格处理危险废物。但是利用安全填埋法仍然只是使危险废物与周围环境隔离，并没有从根本上降解危险废物中的有害有毒物质，填埋时间比较长以后，危险废物的有毒有害物质将会渗漏流出，从而对周边的环境造成很大的污染，特别是渗漏液进入地下水造成的污染难于修复，甚至会对附近居民的身体健康产生极大的危害，同时安全填埋法需要用到较多的土地资源。因此，安全填埋法也具有一定的局限性。

3. 焚烧法处理危险废物

采用焚烧法可以转化有机废物的状态，把危险废物从固态转化成气态，对气态危险废物进行加热，进而再通过空气净化装置消除危险废物的毒性。通常危险废弃物在经过高温加热后，能在很大程度上降低毒性，甚至全部消除有毒物质，同时在加热的过程中产生的热量也可以回收利用，因此这种处理方法非常有效。典型的焚烧处理工艺如图 7-5 所示。各种焚烧装置对废物的适用性见表 7-4。

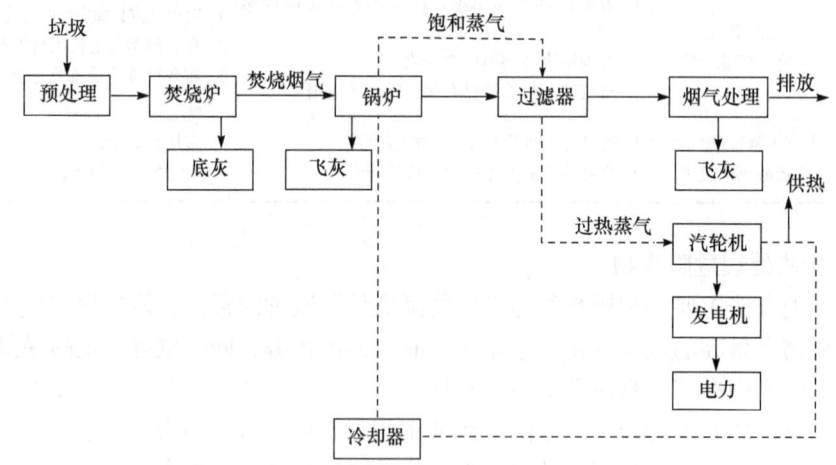

图 7-5　典型的焚烧处理工艺图

表 7-4　各种焚烧装置对废物的适用性

| 废物状态 | 液体喷射炉 | 回转窑焚烧炉 | 固定床焚烧炉 | 流化床焚烧炉 |
|---|---|---|---|---|
| 均匀粒状废物 | — | √ | √ | √ |
| 非均匀粒状废物 | — | √ | √ | — |
| 低熔点废物 | √ | √ | √ | √ |

续表

| 废物状态 | 液体喷射炉 | 回转窑焚烧炉 | 固定床焚烧炉 | 流化床焚烧炉 |
|---|---|---|---|---|
| 含易熔灰组分的有机废物 | — | √ | — | — |
| 未处理的粗大散装废物 | — | √ | — | — |
| 有机蒸气 | √ | √ | √ | √ |
| 高浓度有机废液 | √ | √ | — | √ |
| 普通有机废液 | √ | √ | — | √ |
| 含卤化芳烃废物 | √ | √ | — | — |
| 最低温度为1200℃的半固态废物 | — | — | — | — |
| 有机污泥 | — | √ | — | √ |

## 第六节 固体废物处理处置新技术

### 一、等离子体技术

#### (一) 等离子体的基本概念

等离子体是物质除固、液、气三种存在状态之外的第四种形态，是一种含有大量电子、自由基、离子和中性粒子的电离气体，能量一般为几到几十电子伏特，整体呈电中性，容易受磁场、电场的影响。

根据温度和内部的热力学平衡性，等离子体可以分为平衡态等离子体和非平衡态等离子体。在热力学平衡等离子体内，电子温度与离子温度相同，属于一个处于热力学平衡的整体，体系温度非常高，因此又称为高温等离子体。最典型的例子是电感耦合等离子体。此外，在较高电压下的火花放电和弧光放电也能获得此类等离子体。非平衡态等离子体内部的电子温度高于离子温度，系统处于热力学非平衡态，其表观温度较低，所以称为低温等离子体。此类等离子体通常可通过气体放电得到。常见的有辉光放电、射频放电和微波放电等。

#### (二) 等离子体技术处理固体废物的基本原理

物质受外部系统加热，从固态变为液态，最终变为气态分子。气态分子受到激励源磁场、电场、电磁场的作用，获得高于自身电离的能量，核外电子摆脱原子核的束缚成为自由电子，电子与气体分子发生非弹性碰撞，气体分子获得能量，发生激发和电离，成为活性基团，即等离子体。这些高活性的等离子体能够将固体废物中的分子彻底分解，再重新组合，使有害物质被分解，重金属被分离出来，其余部分被熔融后固化成玻璃体。

等离子体技术处理固体废物系统的一般组成：进料系统、等离子体处理室、熔化产物处理系统、电极驱动及冷却封闭系统。固体废物通过进料系统进入等离子体处理室，有机物被分解气化，无机物被熔化为玻璃体硅酸盐及金属产物，气化产物主要是合成气($CO$、$CH_4$、$H_2$)和少量的酸气(如 HF)。被收集到处理器中的熔化产物被冷却为固态，金属可回收，熔化的玻璃体可用来生产玻璃制品，合成气通过过滤器去除烟尘和酸气后排向大气。

### (三) 等离子体技术的应用

目前国内外对固体废弃物采用等离子体技术进行处理时，主要采用的等离子体类型是热等离子体。采用热等离子体处理固体废弃物，处理方法可以分为以下几种：①等离子体氧化、燃烧或等离子体玻璃化；②等离子体热解，使可燃固体废弃物在还原性气氛下气化，重组为其他气体；③脉冲电弧产生冲击波，用于将固体废弃物分解并分离为金属、塑料、有机物等。其中利用等离子体高温高焓进行等离子体氧化、燃烧或等离子体玻璃化以达到降解并减容目的的废弃物主要为建筑垃圾、城市污泥、垃圾焚烧场废渣、城市垃圾、医疗垃圾。此外，等离子体技术具有高效、无二次污染和安全性高等特点，已成为处理放射性废物的重要途径之一。例如，韩国于 2006 年建立了基于等离子体电弧熔融技术处理核废料污染物的装置。该装置将放射性废物进行压碎预处理后，通过进料器送进熔融室，在熔融室内通过电极火花放电产生高温气体，使大块的放射性废物小块化，最后固化到玻璃体中实现减量化和稳定化处理，并进行深地质填埋。处理过程中产生的尾气通过高效空气过滤器处理达标后，排入大气。

## 二、超临界水氧化技术

### (一) 超临界水氧化的基本概念

超临界水氧化(SCWO)技术是由美国学者 Modell 等于 20 世纪 80 年代中期提出的一种新颖的污染控制方法，具有节能、高效、适用性强等特点。纯物质有气、液、固三相，当系统温度及压力达到某一特定点时，其气、液两相密度临近相同，两相合并为均一相。此特定点称为该物质的临界点，所对应的温度、压力和密度则分别称为该纯物质的临界温度($T_C$)、临界压力($P_C$)和临界密度($\rho_C$)。高于临界温度和临界压力的状态则称为超临界状态。处于超临界状态时，气液两相性质非常接近，以至于无法分辨，所以称此状态下的均匀相为超临界流体(SCF)。超临界水氧化法是利用水在温度 374℃，压力 22MPa 的超临界状态下，兼具气体与液体高扩散性、高溶解力及低表面张力的特性，对有机废弃物进行氧化分解，将其转化成 $H_2O$ 及 $CO_2$，达到无害化处理目的的一种高级氧化技术。超临界水氧化法与焚烧法的技术性对比见表 7-5。

表 7-5 超临界水氧化法与焚烧法的技术性对比

| 指标 | 超临界水氧化法 | 焚烧法 |
| --- | --- | --- |
| $t/℃$ | 400～650 | 1200～2000 |
| $P/MPa$ | 20～30 | 常压 |

续表

| 指标 | 超临界水氧化法 | 焚烧法 |
| --- | --- | --- |
| 热量来源 | 自身 | 外界 |
| 排出物 | 无色、无毒 | 二噁英、$NO_x$ 等 |
| 后续处理 | 不需要 | 需要 |

(二) 超临界水氧化技术的原理

超临界水氧化技术是利用超临界水作为反应介质，以空气、氧气、$H_2O_2$ 等作为氧化剂来氧化分解有机物。由于超临界水特有的性质，有机物和氧气都能很好地溶于其中，形成均相反应，不存在气液界面之间物质移动及传热问题，使超临界氧化反应高效完成。有机废物的超临界水氧化反应是基于自由基反应机理。其基本反应步骤如下：

$$RH + O_2 \longrightarrow R\cdot + HO_2\cdot$$

$$RH + HO_2\cdot \longrightarrow R\cdot + H_2O_2$$

$$H_2O_2 + M \longrightarrow 2HO\cdot$$

$$RH + HO\cdot \longrightarrow R\cdot + H_2O$$

$$R\cdot + O_2 \longrightarrow ROO\cdot$$

$$ROO\cdot + RH \longrightarrow ROOH + R\cdot$$

其中，M 为均相物质(如水)或非均相物质(如反应器壁)。氧气首选攻击最弱的 C—H 产生自由基，自由基能与氧气作用生成氧化自由基，后者能进一步获取氢原子生成过氧化物，过氧化物通常分解生成小分子化合物，这种断裂迅速进行直至生成甲酸或乙酸，并最终转化成二氧化碳和水。

SCWO 反应会受到温度、压力、氧化剂和催化剂等因素的影响。一般情况下，SCWO 氧化速率随着温度升高而加快，随着压力升高而加快。不同的氧化剂在反应时产生的自由基可能不同，从而影响氧化反应效果。而且氧化剂的用量也会影响降解率。非均相催化剂优于均相催化剂。

(三) 超临界水氧化技术的应用

超临界水氧化技术的工艺流程包括进料系统、预热器、反应器、冷却器(热回收系统)和分离器。其中反应器的类型包括管式反应器、塔式(釜式)反应器和渗透壁反应器。超临界水氧化技术在环境领域的应用主要是危险废弃物的降解。①塑料及其衍生物：含卤素塑胶、火焰抑制剂、塑化剂等；②有机污染物：杀虫剂、医药废物、染料；③高能量物质：炸药、烟雾弹药、气体推进剂；④废水：纺织或制浆废水、漂废水、切削废液、皮革废液；⑤下水道污泥：城市污泥、工业污泥；⑥受污染土壤：矿油、含卤素有机物。超临界水氧化技术在欧美和日本已有不少工业化应用案例，在我国也已进入了产业化实施阶段。

## 三、共处置技术

### (一) 共处置技术的基本概念

固体废物共处置是指在工业生产过程中使用固体废物,通过固废来替代一次燃料和原料,从固废中再生能量和材料。尤其在建筑材料领域,共处置技术是解决大宗工业固体废物难题最有效的方法。

### (二) 共处置技术的应用

共处置技术在发达国家已有三十多年的应用经验,环境效益、经济效益和社会效益明显。目前,欧洲发达国家均使用经预处理过的城市固体废物作为水泥工业生产替代燃料,且替代燃料的数量和种类不断扩大。我国也大力尝试在水泥工业中应用共处置技术,试用工业废渣、有机废物代替原料及燃料,即废物的水泥原料化和燃料化。水泥窑生产流程各部分温度存在一定差异,恰当的固废投料点是确保固废充分燃烧、避免多余烟气排放的关键。投放点的选择需要根据废弃物的特性而定,最常用的投料点为回转窑主燃室、回转窑进口端过渡室的喂料槽、连接二燃室的送风立管、预分解炉燃烧器或喂料槽等。

在水泥窑协同处置固体废弃物时,固废的品质及其稳定性尤为重要。协同处置水泥厂首先要了解固废的来源、性质,与技术人员商定具体的处置方案,同时对固废的粉磨粒径、密度、水分、热值、氯、硫、汞、灰分等进行全面检测,并根据固废品质(如热值、灰分)差异决定其在水泥工业生产线中具体投放方式,如窑头主燃烧器、分解炉、预热器等。通常,水泥窑窑头一般处理稳定来源的、热值较高的固废,如动物骨头、绒状塑料碎片等,热值为 21~24MJ/kg;而窑尾加入的固废热值变化区间可以较宽,经切割的废轮胎、滤饼等都可从窑尾加入。

除水泥窑共处置外,很多行业也开展了共处置技术的研究,如利用炼铁高炉处理金属尾渣及矿砂、废塑料和煤焦油等,利用电厂锅炉处理污水厂污泥,已经取得了较好的进展。充分开发工业窑炉进行工业固体废物、危险废物和有机废物协同处置技术,将固废处置与本行业的产业链相结合,是未来固体废物处置的一个重要发展方向。

## 四、固体废物 $CO_2$ 矿化封存技术

### (一) 固体废物 $CO_2$ 矿化封存的基本概念

固体废物 $CO_2$ 矿化封存是指利用含有大量钙离子和镁离子的工业固体废物(煤矸石、粉煤灰、钢渣等)为原料,替代天然矿石对 $CO_2$ 矿进行捕集和封存(图 7-6)。工业固体废物尤其是矿区固体废物用于矿化 $CO_2$ 及其碳酸化产物利用技术将作为解决固体废物处置与潜在碳减排途径的优势技术之一。

### (二) 固体废物 $CO_2$ 矿化封存的原理

固体废物矿化固定与封存 $CO_2$ 技术主要包括固相合成分子筛吸附法、干法矿化和湿

# 第七章 固体废物处理与处置原理

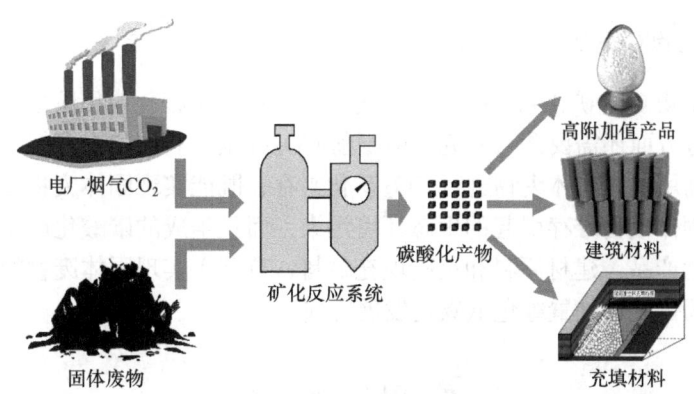

图 7-6 固体废物封存 $CO_2$ 示意图

法矿化三种。固相合成分子筛吸附法是利用工业固体废物包含大量的 $Al_2O_3$ 和 $SiO_2$，以及少量的 $CaO$、$MgO$、$Na_2O$、$K_2O$ 和 $Fe_2O_3$ 等，能够作为沸石分子筛的合成原料，通过碱熔融法、水热合成法、超声波法、微波辅助法等合成沸石分子筛，实现对 $CO_2$ 的吸附和固定。干法矿化的原理是将固体废物样品装入固定床反应器，通入 $N_2$ 而排出空气，使系统升温至反应设定温度，通入的 $CO_2$ 与固体废物样品进行反应，实现对 $CO_2$ 的矿化固定(图 7-7)。湿法矿化的原理是指固体废物中含有的大量金属氧化物溶于水，释放的金属离子与 $CO_2$ 发生反应生成碳酸盐而进行固定封存(图 7-8)。

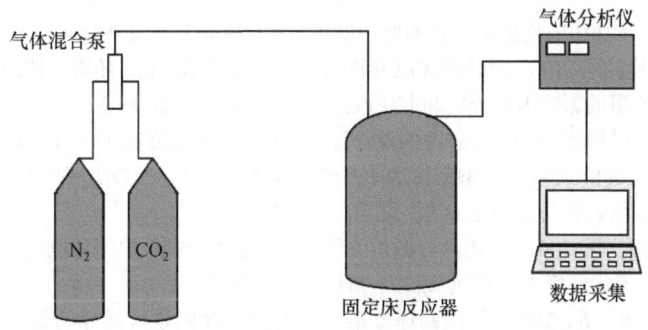

图 7-7 干法矿化示意图

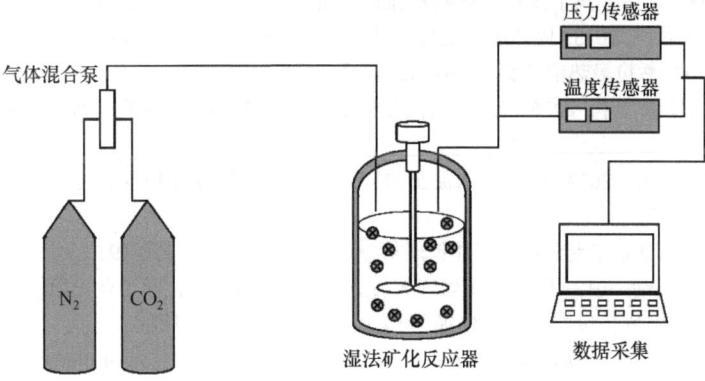

图 7-8 湿法矿化示意图

### (三) 固体废物 $CO_2$ 矿化封存技术的应用

目前固体废物 $CO_2$ 矿化封存技术尚未进入大规模的工程化应用阶段，在反应效率和资源化利用率等方面还需要深入研究。但当前 $CO_2$ 捕集、利用与封存技术是碳减排的必要手段之一，利用工业固体废物进行 $CO_2$ 矿化封存，既能实现固体废物就地处置和碳减排目标，降低固体废物堆存引起的生态环境污染，而且生成的碳酸化产物可以用于生产高附加值碳酸钙产品、建材原料和负碳填充材料，有利于实现固体废物的资源化利用，是极具潜力的固体废物处置绿色低碳化发展方向。

## 思 考 题

1. 固体废物可分为哪几类？对环境有何危害？
2. 按压力差不同，机械脱水方法有哪几种？试述机械脱水原理。
3. 试述好氧堆肥的工艺过程。
4. 试述厌氧发酵的原理及影响因素。
5. 填埋场产生的气体对环境有哪些方面的影响？试从工程、环境、经济的角度简述安全填埋场地的选择。

## 参 考 文 献

邓四化, 孙军, 徐俊, 等. 2017. 论危险废物的处理处置技术. 装备机械, 2: 58-64.
耿飞, 刘晓军, 马俊逸, 等. 2017. 危险固体废弃物无害化处置技术探讨. 环境科技, 30(1): 71-74.
黄亦臻. 2013. 污泥比阻的影响因素分析和方法改进. 化工管理, (12): 58-59.
黄祖舜. 1982. 污泥机械脱水——加压过滤的设计计算. 工业用水与废水, (3): 76-90.
江涛, 张建, 李方圆. 2008. 环境友好型新技术——超临界水氧化法. 污染防治技术, (1): 71-93.
蒋建国. 2013. 固体废物处置与资源化. 2 版. 北京: 化学工业出版社.
李晓东, 陆胜勇, 徐旭, 等. 2001. 中国部分城市生活垃圾热值的分析. 中国环境科学, 21(2):156-160.
李永峰, 陈红. 2012. 现代环境工程原理. 北京: 机械工业出版社.
刘欢, 杨家宽, 时亚飞, 等. 2011. 不同调理方案下污泥脱水性能评价指标的相关性研究. 环境科学, 32(11): 3394-3399.
唐兰, 黄海涛. 2006. 利用等离子体技术热解处理有机固体废弃物. 节能环保技术, 11: 26-29.
唐雪娇, 沈伯雄, 王晋刚. 2018. 固体废物处理与处置. 2 版. 北京: 化学工业出版社.
王开源. 2007. 城市生活垃圾热值计算模型研究. 武汉：华中科技大学.
王兰, 陈顺彰, 侯晨曦, 等. 2016. 等离子体技术处理放射性废物的研究进展. 材料导报, 30 (18): 116-120.
王昕, 刘晨, 颜碧兰, 等. 2014. 国内外水泥窑协同处置城市固体废弃物现状与应用. 硅酸盐通报, 33 (8): 1989-1995.
张旭光. 2014. 我国危险固体废弃物处理处置现状分析. 绿色科技, 12: 190-193.
赵由才, 牛冬杰, 柴晓利. 2012. 固体废物处理与资源化. 2 版. 北京: 化学工业出版社.
庄伟强, 刘爱军. 2015. 固体废物处理与处置. 3 版. 北京: 化学工业出版社.
Dentel S K, Dursun D. 2009. Shear sensitivity of digested sludge: Comparison of methods and application in conditioning and dewatering. Water Research, 43(18): 4617-4625.
Gomez E, Rani D A, Cheeseman C R, et al. 2009. Thermal plasma technology for the treatment of wastes: A

critical review. Journal of Hazardous Materials, 161 (2-3) : 614-626.

Hamer G. 2003. Solid waste treatment and disposal: Effects on public health and environmental safety. Biotechnology Advances, 22 (1-2): 71-79.

Khalid A, Arshad M, Anjum M, et al. 2011. The anaerobic digestion of solid organic waste. Waste Management, 31 (8): 1737-1744.

Mizuno T, Goto M, Kodama A, et al. 2000. Supercritical water oxidation of a model municipal solid waste. Industrial & Engineering Chemistry Research, 39 (8): 2807-2810.

Zhang D Q, Tan S K, Gersberg R M. 2010. Municipal solid waste management in China: Status, problems and challenges. Journal of Environmental Management, 92 (8): 1623-1633.

# 第八章

# 土壤污染控制原理

**本章导读**

土壤在自然界中处于大气圈、岩石圈、水圈、生物圈之间的过渡带，是联系有机界和无机界的中心环节，在稳定和保护人类生存环境中发挥着极为重要的作用。同时，土壤也是各种污染物的最大承受者，如大量的固体废物直接堆放在土壤表面，酸雨和工业排放的废气通过干湿沉降一部分进入了土壤，使用的农药化肥也会进入土壤，这些都会对土壤造成污染。因此，针对这些问题，本章简要介绍土壤环境的组成及其污染，并着重阐述土壤污染物在土壤中的迁移转化规律及土壤污染的修复技术，目的是让读者了解土壤污染现状，掌握污染物在环境中的迁移转化规律并采取相应技术措施修复受污染土壤，加强土壤污染综合防治和环境的管理。

## 第一节 土壤污染概述

### 一、土壤组成

土壤由土壤固相、土壤液相和土壤气相三部分组成。

#### (一) 土壤固相

土壤固相包括土壤矿物质和土壤有机质，其中土壤矿物质占土壤总固体90%以上，土壤有机质占1%～10%，且绝大部分集中在土壤表面。

土壤矿物质是岩石经物理风化、化学风化形成的。土壤矿物质按成因可分为原生矿物和次生矿物两种。原生矿物是各种岩石受到程度不同的物理风化而未经化学风化的碎屑物，其原来的化学组成和结晶结构都没有改变。土壤中原生矿物主要有四类，即硅酸盐类、氧化物类、硫化物类和磷酸盐类等矿物，如石英、云母、长石。次生矿物是由原生矿物经化学风化后形成的新矿物，其化学组成和晶体结构都有所改变。土壤中次生矿物主要有三类，即简单盐类、三氧化物类和次生铝硅酸盐类，如蒙脱石、高岭石、伊利石。

土壤有机质是土壤中含碳有机物的总称，是土壤的重要组分，也是土壤形成的重要标志，对土壤性质有很大影响。土壤有机质主要来源于动植物和微生物残体，包括腐殖质、非腐殖质。腐殖质包括腐殖酸、富里酸和腐黑物，非腐殖质是组成机体的有机物，包括蛋白质、糖类和脂肪。

(二) 土壤液相

土壤液相主要来自大气降水和灌溉，是土壤中各种水分和污染物溶解形成的溶液。土壤水分既是植物养分的主要来源，也是进入土壤的各种污染物向其他环境圈层迁移的媒介。

(三) 土壤气相

土壤气相组成与大气成分基本类似，主要成分为 $N_2$、$O_2$、$CO_2$，差异在于土壤空气存在于相互分隔的土壤孔隙中，是一个不连续的体系。此外，土壤中植物、微生物呼吸和有机物分解消耗 $O_2$，产生 $CO_2$，使土壤中 $O_2$、$CO_2$ 含量与大气中存在很大差异，造成 $O_2$ 含量低，$CO_2$ 含量高，而且土壤空气中还含有少量还原性气体，如 $CH_4$、$H_2S$、$NH_3$。

## 二、土壤环境污染及其特点

(一) 土壤污染源

土壤是一个开放体系，与其他环境要素间时刻进行着物质和能量的交换，因而造成土壤污染的物质来源极为广泛。从污染物质发生源角度出发，土壤污染源可分为天然源与人为源两类。天然源是指自然界自行向环境排放有害物质或造成有害影响的场所，即自然灾害，如正在活动的火山。人为源是指人类活动所形成的污染源，是造成土壤污染的主要原因，也是研究的主要对象，如城市垃圾与工业排放等。

根据污染物的性质又可将土壤污染源划分为工业污染源、农业污染源、生活污染源、生物污染源、交通污染源和放射性污染源等。

(二) 土壤污染物

土壤污染是指人类活动所发生的污染物经过各种途径进入土壤，其数量和速度超过土壤的包容和净化能力，从而使土壤性质、构成及性状等发生改变，破坏土壤的天然生态平衡，引起土壤功用失调、质量恶化的现象。凡是进入土壤并影响其理化性质和构成而使土壤天然功用失调、质量恶化的物质，统称为土壤污染物。土壤污染物与大气和水体中很多污染物是相同的，土壤环境中单个污染物构成的污染现象发生较少，多种污染物形成的复合污染较多。

根据土壤污染物的性质，土壤污染物可分为有机污染物(杀虫剂、除草剂、石油类和化工污染物等)、无机污染物(重金属污染物、酸碱污染物和化学肥料等)、放射性污染物和病原菌污染物等。

(三) 土壤污染及判定

从土壤污染的概念来看，判断土壤是否发生污染主要有两个指标：一是土壤背景值

(本底值),当土壤中某元素的平均含量超过背景值,即发生了土壤污染。二是生物指标,土壤中某种有害元素或污染物含量较高时,被植物吸收的量也相应增加,可引起植物的一系列反应,土壤微生物区系发生变化,受污染的植物被人们食用后会对人体健康产生不良影响,上述植物、微生物及人体受到的危害程度等均可作为度量土壤污染的生物指标。

土壤被污染的程度主要取决于进入土壤的污染物数量、强度和土壤净化能力大小等因素,当进入量超过净化能力,将导致土壤污染。

(四) 土壤基本特征对土壤污染的影响

影响土壤污染迁移转化的土壤基本特征主要有:土壤孔性、土壤黏粒、阳离子交换量、氧化还原电位、土壤有机质和pH等。

1. 土壤孔性

土壤孔性即土壤孔隙性质,是指土壤孔隙的总量及大小孔隙分布,是衡量土壤结构质量的重要指标。土壤孔性既能调节土壤的通气性、透水性和保水性,也可决定生物正常活动,对进入土壤的污染物迁移转化具有十分重要的影响。

土质紧实、孔隙度小的土壤,对污染物的截流效果较好,但同时通气性差导致生物活动性不强,对有机物的降解能力减弱,因而容易引起有机物的污染。而土质疏松、孔隙度较大的土壤则相反,微生物活动强烈,可使有机物迅速降解,不易产生有机污染,但无法截流污染物,极易使污染物向土壤深处迁移,对防治无机污染物和重金属污染十分不利。

2. 土壤黏粒

土壤黏粒主要由次生铝硅酸盐组成,呈片状,颗粒很小,比表面积巨大,吸附能力强。因此,土壤黏粒对污染物具有很强的吸附作用,可将污染物阻留在土壤表面;黏粒的强吸附作用还可降低重金属等污染物的活性,使重金属的毒性降低。此外,土壤黏粒具有较好的保水保肥能力,所以含黏粒较多的土壤适合植物和微生物生长,当生物活动性增加时可有效促进有机物的降解。然而,当黏粒孔隙很小时,膨胀性大,通气和透水性就会变差;当土壤黏粒含量很高时,土壤通气性受阻,土壤中好氧微生物的生存受到抑制;而当黏粒含量较低时,土壤吸附污染物能力减弱,污染物易于向深层土壤迁移。

3. 阳离子交换量

土壤阳离子交换量是表征土壤阳离子交换能力的量度,指土壤胶体所能吸附和交换的各种阳离子总量。一般土壤胶体物质越多,阳离子交换量越大;胶体物质越少,交换量越小;土壤质地越细,矿质胶体越多,阳离子交换量也越高。在阳离子交换量大的土壤中,重金属易被土壤吸附,迁移能力下降,重金属污染扩散的可能性大大减少。

4. 氧化还原电位

土壤氧化还原电位($E_h$)是决定化学物质活动性的重要指标,也是影响重金属行为的关键因子,对土壤中重金属的形态、化合价和离子浓度及活性具有显著影响。例如,有机氯农药大多在还原环境下加速代谢,而土壤中大多数重金属污染元素为亲硫元素,在农田厌氧还原条件下易生成难溶性硫化物；铬在氧化条件下呈现高毒性的 $Cr^{6+}$，在还原条件下则以毒性较低的 $Cr^{3+}$ 形式存在；铜和铁在氧化氛围下呈低毒性的高价稳定状态，而在还原条件下为活性强的低价态。

5. 土壤有机质

土壤有机质可被微生物分解成比较简单的有机物(如氨基酸、脂肪酸等)，或与土壤中重金属结合生成较为稳定的形态，从而降低重金属的迁移能力，也可与农药、化肥等反应，转化成其他形态。

6. pH

土壤酸碱度的直接决定因素是土壤溶液中的 $H^+$ 或 $OH^-$ 的浓度，酸碱度决定了化学元素的迁移能力，同时与土壤化学元素的状态密切相关，其改变可引起化学物质的剧烈变化。当 pH 降低时，土壤可溶金属离子浓度增加，金属对植物危害的可能性随之增大。当 pH 增高时，土壤中金属的形态、数量和效应则产生与上述相反的变化。

(五) 常见污染场地及污染物类型

1. 重金属污染场地

金属冶炼企业、尾矿以及化工行业在生产、管理和处置固体废物的过程中存在二次污染行为，导致生产场地周边发生重金属污染。随着有色金属产业升级、"退城进园"和"退二进三"政策推行，资源型城市周边地区出现大面积工业遗弃场地。其中，代表性的重金属污染物包括铅(Pb)、镉(Cd)、铬(Cr)、镍(Ni)等。

2. 持久性有机污染物(POPs)污染场地

我国曾经生产和广泛使用过的杀虫剂类 POPs 主要有滴滴涕、六氯苯、氯丹及灭蚁灵等，有些农药尽管已经禁用多年，但土壤中仍有残留。我国农药类 POPs 场地较多。此外，还有其他 POPs 污染场地，如含多氯联苯(PCBs)的电力设备的封存和拆解场地等。

3. 以有机污染为主的石油、化工、焦化等污染场地

石油、化工以及焦化行业是重要的工业排放源，由于其生产工艺复杂、污染物排放规模大，造成周边场地污染严重，对生态环境造成极大威胁。上述污染土壤中污染物组分复杂，包括 $C_{15} \sim C_{36}$ 的烷烃、烯烃、苯系物、多环芳烃(PAHs)和脂类等，也常含复合污染物，如重金属等。这些物质能够引起土壤结构和性质改变、植被破坏、微生物群落变化等现象，严重影响了土地的使用功能。

4. 电子废弃物污染场地

电子企业在生产过程中所产生的固体拆解是造成土壤污染的重要威胁。例如，部分电子企业尚未意识到电子废弃物对环境土壤带来的威胁，将生产和加工过程中所产生的固体残渣随意排放在山谷、田间或沟渠。粗放式的电子废弃物处置对人群健康构成了威胁。这类场地污染物以重金属(铜、铅、汞等)、溴代阻燃剂(多溴联苯、多溴二苯醚等)以及二噁英类剧毒物质的复合污染为主要污染特征。

## 第二节　土壤环境污染物的迁移转化

### 一、污染物的土壤环境过程

土壤由四相即固相(土壤颗粒)、液相(土壤水)、气相(土壤空气)和生物体(微生物)组成。各种污染物以气体、液体、固体或复合状态散落、沉降到土壤生态系统后，可与土壤中的一个或两个物理相发生相互作用，伴随着迁移、吸附、转化、降解等一系列生物、物理、化学等环境过程。土壤污染发生的核心问题就是污染物进入土壤，并在土壤中残留积累以及消解的动态特性。污染物在土壤中的整个过程就是输入和输出的过程，涉及的主要因素有物理、化学和生物学等，其环境过程主要包括迁移-扩散动力学过程、吸附-解吸动力学过程、沉淀-溶解动力学过程、络合-解离动力学过程、生物降解动力学过程、动植物吸收-摄取动力学过程和生物累积-放大动力学过程。

(一) 迁移-扩散动力学过程

扩散迁移是化学污染物进入土壤介质后的第一过程，其扩散推动力主要来自两方面：一是水流和土壤溶液，二是土壤中的离子浓度梯度和电位梯度，也是主要推动力。

描述土壤中化学污染物的迁移扩散模型如下。

水流模型：

$$\frac{\partial \theta}{\partial X} = \frac{\partial}{\partial X}\left[-k(\theta)\frac{\partial \theta}{\partial X}\right] \tag{8-1}$$

溶质迁移模型：

$$\frac{\partial (\theta_c)}{\partial t} = \frac{\partial}{\partial X}(\theta D_h)\frac{\partial C}{\partial X}(V\theta_c) - \frac{\partial}{\partial X}(kS) + \sum_{i=1}^{n} Q_i \tag{8-2}$$

式中：$\theta$ 为体积水-土含量；$k$ 为水传导率；$X$ 为土层厚度；$D_h$ 为水分分散系数；$C$ 为可溶性污染物(溶质)浓度；$S$ 为每单位重土壤吸附的溶质数；$Q_i$ 为输入和输出项。

一般来说，污染物在土壤中的迁移和扩散速度与土壤的理化性质、生物种类和数量、土壤环境条件、污染物种类及其存在形态等有关。例如，近年来新型污染物纳米银(AgNP)在土壤的环境过程引起了较多关注，Sagee 等研究 AgNP 在地中海砂质黏土中的迁移规律发现，实际土壤中存在大孔隙通道，导致 AgNP 通过大孔隙提前穿透土柱(尺寸排阻效应)，且随着土壤颗粒粒径降低，AgNP 的迁移能力降低；Cornelis 等发现随着土壤中草酸提取态铝含量的增加，AgNP 的滞留呈线性增加，即 AgNP 的迁移能力与土壤中草酸提取态铝含量呈线性关系，其原因是负电荷 AgNP 可被表面带正电荷的铝氧化物通过静电引力而吸附。周东美等的研究显示 AgNP[图 8-1(a)]在我国 3 种典型土壤中的迁移能力依次为：红壤<黄泥土<潮土，因为红壤 pH 低、黏粒和铁氧化物含量高，所以 AgNP 的吸附位点多；潮土 pH 高、黏粒和有机质含量低，所以 AgNP 的吸附位点少；而黄泥土的上述性质介于红壤和潮土之间。红壤富含正电荷的铁氧化物(针铁矿)[图 8-1(b)]，可通

过静电引力吸附 AgNP，形成针铁矿 AgNP 团聚物，进而制约 AgNP 在红壤中的移动性。上述结果证实土壤的理化性质显著影响 AgNP 在土壤中的迁移和滞留。

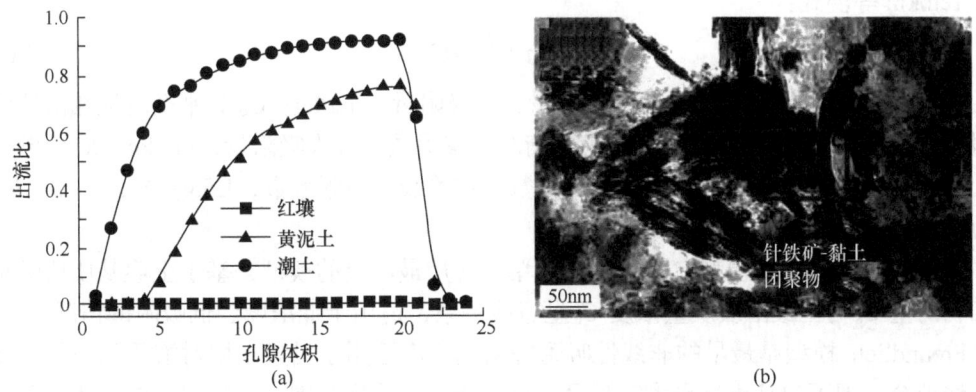

图 8-1　AgNP 在土壤中的迁移规律

由于土壤系统是由气相、液相、土壤固体颗粒及植物根系等组成的动态多相体系，因此利用模型解决土壤污染中污染物的迁移有关问题时，需根据实际情况选择最适宜的模型，通过田间和室内实验确定模型中的最主要参数，并利用所取得的数据，对模型进行校正及验证。

(二) 吸附-解吸动力学过程

吸附-解吸动力学过程指的是污染物由气相或液相向土壤颗粒表面扩散或迁移，进而与土壤固相紧密结合发生吸附的过程。在达到平衡时，被吸附的污染物在土壤胶体表面和溶液中浓度按一定规律分布，吸附量与土壤胶体、土壤水溶液中各种物质的化学性质、温度、浓度有关，在温度固定时，表达吸附量和污染物浓度间关系的曲线称为吸附等温线，数学表达式称为吸附等温式。

污染物的吸附类型因污染物、土壤颗粒的性质和结构与吸附条件的不同而异，可用不同的吸附等温式描述污染物浓度。在土壤生态系统中常发生化学吸附和吸收。吸附等温线的类型可反映污染物在土壤颗粒表面吸附机理的信息，如土壤颗粒表面的化学属性、土壤孔径分布及污染物与颗粒表面相互作用等。常见的吸附等温式主要如下。

Henry 等温式：

$$C_s = K_d C_e \tag{8-3}$$

Langmuir 等温式：

$$\frac{1}{C_s} = \frac{1}{X_m b C_e} + \frac{1}{X_m} \tag{8-4}$$

Freundlich 等温式：

$$\lg C_s = \lg K_f + \frac{1}{n} \lg C_e$$

即
$$C_s = K_f C_e^{\frac{1}{n}} \tag{8-5}$$

Temkin 等温式：
$$C_s = a + K \lg C_e \tag{8-6}$$

式中：$C_s$ 为平衡时土壤所吸附的溶质的量，即吸附量，mg/kg；$C_e$ 为平衡时液相溶质的质量浓度，即平衡浓度，mg/L；$X_m$ 为平衡时土壤溶质的最大吸附量，mg/kg；$K_d$ 为溶质在土壤胶体和液相中的分配比，即分配系数，或称线性吸附系数，L/kg；$K_f$，$n$，$a$，$b$，$K$ 为常数。

Henry 模型即线性模型，是目前最简单且应用最广泛的模型，基于土壤基质所吸附污染物的量 $C_s$ 与土壤溶质质量浓度 $C_e$ 呈直线关系，适用于低浓度、低吸附的情况。

Freundlich 模型是最早的非线性吸附等温式，广泛用于描述土壤对溶质的吸附，便于曲线拟合，但不包括土壤最大吸附量，仅限于一定浓度范围内。吸附主要应用于吸附质在异质表面上的吸附，即单组分吸附平衡时，考虑吸附量随表面覆盖率的增加呈指数形式下降的情况，应用范围较广泛。

Langmuir 模型是常见的一元吸附模型，适用于阳离子交换过程的吸附以及磷酸盐和重金属等污染物与土壤间的吸附和解吸过程，指吸附剂以表面有限的吸附位对吸附质进行的单分子层吸附，即吸附质在吸附剂表面吸附和解吸达到平衡时所遵循的方程式，假定吸附热不随覆盖率而改变。

而 Temkin 模型为对数模型，可在溶液浓度较大的范围内应用，认为吸附量随表面覆盖率增加呈线性下降。由于在实际土壤生态系统中存在吸附质的多组分竞争吸附，因此出现了各种改进形式的吸附等温式，如张胜田等研究不同粒径土壤对氯丹的吸附等温线模型，具体如下：

$$\frac{\rho_e}{Q_e} = \frac{K_L}{Q_m} + \frac{\rho_e}{Q_m} \tag{8-7}$$

$$\lg Q_e = \lg K_F + \frac{\lg \rho_e}{n} \tag{8-8}$$

式中：$\rho_e$ 为氯丹的平衡质量浓度，mg/L；$Q_m$ 为单分子层的饱和吸附量，mg/g；$K_L$ 为 Langmuir 吸附常数，L/mg（$Q_m$ 与 $K_L$ 均可通过线性拟合的斜率及截距计算得到）；$K_F$ 为 Freundlich 常数；$Q_e$ 为平衡时土壤颗粒的吸附量，mg/g；$n$ 为浓度指数，$n$ 在 1~10 范围则为有利吸附。

不同的污染物质吸附-解吸机理不同，除了上述方程外，土壤中钾离子的吸附与解吸过程还可用下面几种方程来描述。

Elovich 方程：
$$q_t = a + b \ln t \tag{8-9}$$

指数方程(也称双常数方程)：
$$q_t = a t^b \tag{8-10}$$

抛物线扩散方程：

$$q_t = a + bt^{\frac{1}{2}} \tag{8-11}$$

一级动力学方程：

$$\ln\left(1 - \frac{q_t}{q_\infty}\right) = K_a t \tag{8-12}$$

式中：$t$ 为时间；$q_t$ 为 $t$ 时间内累积吸附(解吸)量；$a$，$b$ 为动力学方程的参数(在不同方程中其含义不同)；$K_a$ 为一级反应动力学的表观速率常数；$q_\infty$ 为表观平衡的吸附(解吸)量。

**示例 8-1** 在研究某土壤吸附 2,6-DNT 的吸附动力学时，应用 6 种模型(抛物线扩散模型、双常数方程、准一级动力学模型、准二级动力学模型、幂函数方程及 Elovich 方程)对解吸动力学方程进行拟合，结果发现，24h 时 2,6-DNT 在土壤上的吸附达到平衡(图 8-2)，吸附过程符合准二级动力学模型，Freundlich 模型能很好地拟合土壤对 2,6-DNT 的吸附等温曲线(表 8-1)。

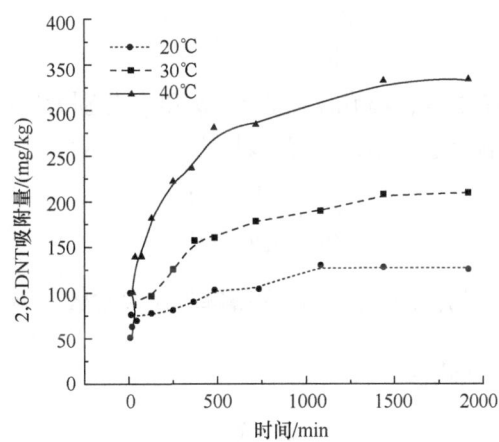

图 8-2  2,6-DNT 在土壤中的吸附动力学曲线

表 8-1  不同动力学模型拟合结果

| $T$/℃ | $q_e$ /(mg/g) | 准二级动力学方程 | | |
|---|---|---|---|---|
| | | $q_4$/(mg/g) | $k_4$/[g/(mg·min)] | $R_4^2$ |
| 20 | 0.126 | 0.131 | $8.10 \times 10^{-2}$ | 0.967 |
| 30 | 0.209 | 0.213 | $4.67 \times 10^{-2}$ | 0.983 |
| 40 | 0.334 | 0.346 | $3.23 \times 10^{-2}$ | 0.950 |

(1) 抛物线扩散方程的表达式为

$$q_t = a + K_d t^{1/2} \tag{8-13}$$

式中：$K_d$ 为表观速率扩散常数，m/(kg·min$^{1/2}$)。

(2) 双常数方程的表达式为

$$q_t = at^b \tag{8-14}$$

式中：$a$ 为初始淋洗速率常数，$(kg \cdot min^b)^{-1}$；$b$ 为淋洗速率系数。

(3) 准一级动力学方程的表达式为

$$\frac{dq_t}{dt} = k_1(q_e - q_t) \tag{8-15}$$

式中：$q_e$ 为解吸平衡时单位质量土壤的解吸量，mg/kg；$k_1$ 为一级解吸速率常数，$min^{-1}$；$t$ 为解吸时间，min。其线性方程可表示为

$$\ln(q_e - q_t) = \ln q_e - k_1 t \tag{8-16}$$

以 $\ln(q_e - q_t)$ 对 $t$ 作图，根据直线的截距和斜率可求得解吸速率常数 $k_1$ 和平衡解吸量 $q_e$。

Ho 等提出了基于解吸过程受二级反应控制假设的准二级动力学方程，此后该模型被用于一系列吸附剂解吸过程。该模型的表达式为

$$\frac{dq_t}{dt} = k_2(q_e - q_t)^2 \tag{8-17}$$

式中：$k_2$ 为二级解吸速率常数，kg/(mg·min)；$q_t$ 和 $q_e$ 分别为反应时间 $t$ (min)和脱附反应达到平衡时污染物的解吸量，mg/kg。其线性方程可表示为

$$\frac{t}{q_t} = \frac{1}{k_2 q_e^2} + \frac{t}{q_e} \tag{8-18}$$

以 $\dfrac{t}{q_t}$ 对 $t$ 作图，根据直线的截距和斜率可求得解吸速率常数 $k_2$ 和平衡解吸量 $q_e$。

(4) 幂函数方程的表达式为

$$q_t = kt^v \tag{8-19}$$

式中：$k$ 为解吸速率常数，kg/(mg·min)；$q_t$ 为反应时间 $t$ (min)时污染物的解吸量，mg/kg；$v$ 为常数。其线性方程可表示为

$$\ln q_t = \ln k + v \ln t \tag{8-20}$$

以 $\ln q_t$ 对 $\ln t$ 作图，根据直线的截距和斜率可求得速率常数 $k$ 和常数 $v$。

解吸量 $q_t$ 可由式(8-21)计算：

$$q_t = \frac{C_t V}{W} \tag{8-21}$$

式中：$C_t$ 为反应时间 $t$ (min)时污染物在液相中的浓度，mg/L；$V$ 为液相体积，L；$W$ 为土壤质量，kg。

Elovich 方程虽不能描述确切的机理，但它对于描述多相吸附剂的吸附很有用，其表达式为

$$q_t = a + b \ln t \tag{8-22}$$

式中：$q_t$ 为反应时间 $t$ (min)时污染物的解吸量，mg/kg；$a$ 和 $b$ 为常数。以 $q_t$ 对 $\ln t$ 作图，根据直线的截距和斜率可求得常数 $a$ 和 $b$。

(三) 沉淀-溶解动力学过程

土壤溶液中的污染物浓度和活度直接影响其毒性、有效性和迁移性。土壤固相缓冲液中某种元素的溶解能力取决于该元素在固相和液相中的浓度积和离子积。当组成该化合物的离子在溶液中的离子积大于浓度积时，反应向化合物的形成方向进行，溶液中离子浓度降低，直至溶液中的离子积等于同样条件下该化合物的浓度积时，达到溶解和沉淀的平衡。

描述土壤污染物沉淀的动力学过程：

$$A(l) + B(l) \longrightarrow AB(s) \tag{8-23}$$

$$K_f = \frac{[AB]_s}{[A][B]} = \frac{1}{[A][B]} \tag{8-24}$$

描述土壤污染物溶解的动力学过程：

$$AB(s) \longrightarrow A(l) + B(l) \tag{8-25}$$

$$K_s = \frac{[A][B]}{[AB]_s} = [A][B] \tag{8-26}$$

式中：[AB]为化合物活度；[A]和[B]分别为平衡溶液中离子的活度；$K_s$ 为溶度积常数，值越大，溶液中离子浓度越高；$K_f$ 为形成常数，反映固相化合物形成趋势，$K_f$ 值越大，该物质在土壤中越稳定。当溶液中离子浓度降到该物质的饱和溶解度值以下时，反应朝溶解方向进行，直至达到沉淀和溶解的平衡状态；反之，当离子的浓度升至此物质的饱和溶解度以上时，反应则朝着沉淀的方向进行。

(四) 络合-解离动力学过程

当土壤溶液中存在过量的离子，如 $OH^-$、$Cl^-$、$NH_4^+$、$SO_4^{2-}$、$PO_4^{3-}$，络合作用更容易发生。污染物在土壤中进行络合反应的同时，伴随着解离反应的发生，用数学模型模拟解离作用如下：

$$ML \xrightarrow{K_d} M^{v+} + L^{v-} \tag{8-27}$$

$$K_d = \frac{[M][L]}{[ML]_s} = [M][L] \tag{8-28}$$

式中：ML 为络合物；$M^{v+}$ 为游离金属离子；$L^{v-}$ 为游离配位体；$K_d$ 为解离常数。

(五) 生物降解动力学过程

在微生物、酶或植物分泌物的作用下，进入土壤中的污染物会发生降解作用。一般有机污染物、碳氢化合物、农药等容易在土壤中发生降解作用，而重金属则很难完成生物学意义上的降解。

微生物的降解动力学过程可以用零级反应模型、一级反应模型、Logarithmic 模型、Logistic 模型、Monod 无生长模型等多种模型描述，在有污染物存在、初始污染物浓度较高的条件下，微生物降解动力学过程可用一级反应模型得到较好模拟。

例如，农药降解模型有两种。

幂速度模型：

$$\frac{dc(t)}{dt} = -k'c^m(t) \tag{8-29}$$

式中：$c(t)$ 为 $t$ 时刻农药的残留浓度；$k'$ 为降解速率常数；$m$ 为表观反应级数。

双曲速度模型：

$$\frac{dc(t)}{dt} = -\frac{k_1'c(t)}{k_2'c(t)} \tag{8-30}$$

式中：$k_1'$，$k_2'$ 为 Michaelis-Menten 常数。

又如，石油烃在土壤中的微生物降解一级动力学方程表达式如下：

$$C_t = C_0 \exp(-kt) \tag{8-31}$$

式中：$C_t$ 为 $t$ 时刻污染物的浓度，mg/g；$C_0$ 为初始浓度，mg/g；$k$ 为一级反应速率常数，$d^{-1}$；$t$ 为时间，d。

对于水溶态难降解污染物浓度而言，其变化率与薄膜水悬浮微粒中难降解污染物浓度差成正比，而与水溶态难降解污染物浓度差成反比，即符合一级动力学：

$$\frac{dC_w}{dt} = k_d S(C_s - C_{se}) - (k_a + k_b)(C_w - C_e) \tag{8-32}$$

式中：$C_w$ 为土壤水相中可溶态浓度，μg/L；$C_s$ 为土壤薄膜水悬浮微粒中污染物浓度，μg/g；$C_{se}$ 为土壤薄膜水悬浮微粒中难降解污染物释放平衡浓度，μg/g；$C_e$ 为土壤水相中可溶态难降解污染物释放平衡浓度，μg/L；$S$ 为土壤薄膜水悬浮微粒浓度，g/L；$k_d$ 为土壤薄膜水悬浮微粒中难降解有机污染物解吸速率系数，$h^{-1}$；$k_a$ 为土壤薄膜水悬浮微粒对难降解污染物的吸附速率系数，$h^{-1}$；$k_b$ 为土壤中难降解污染物发生物理化学反应时的析出速率系数，$h^{-1}$。

**示例 8-2** 由华北亚黏土中筛选出 4 株菲降解菌，各菌株对菲(Phe)的降解能力依次为 HBF-Ⅳ>HBF-Ⅱ>HBF-Ⅰ>HBF-Ⅲ，4 株菌对菲的降解均符合一级动力学方程。对于优势菌株 HBF-Ⅳ，菲的初始浓度越大，去除率越低；菌悬液接种量越大，菲的降解速率越快；HBF-Ⅳ降解菲的最佳 pH 为 7；最适温度为 25～30℃，且温度对 HBF-Ⅳ降解菲的影响要大于 pH 对其的影响。菌株 HBF-Ⅳ对菲的降解过程符合 Monod 动力学方程：

$$\mu = 0.0025 \frac{S}{0.5027 + S} \tag{8-33}$$

式中：$S$ 为底物浓度，mg/L；$\mu$ 为比基质降解速率，$min^{-1}$。

**示例 8-3** 为探明腐殖酸在土壤中 Phe 与芘(Pyr)的光解过程起敏化还是钝化效应，

本实验拟研究在添加不同浓度腐殖酸条件下的紫外降解情况。对添加不同浓度腐殖酸条件下土壤中 Phe 和 Pyr 的光解进行数学模拟，得到腐殖酸光敏化降解土壤表层中 Phe 和 Pyr 符合准一级动力学方程，方程如下：

$$-\ln \frac{C_t}{C_0} = kt \tag{8-34}$$

式中：$C_0$ 和 $C_t$ 分别为时间为 0 和 $t$ 时土壤中 Phe 和 Pyr 的浓度；$k$ 为反应速率常数。

腐殖酸光敏化对光催化降解表层土壤中 Phe 和 Pyr 影响的动力学参数如表 8-2 所示。由表可见，随着腐殖酸投加量的增加，Phe 和 Pyr 的动力学常数也逐渐增加，半衰期缩短，这说明增加腐殖酸投加量可以加速土壤中 Phe 和 Pyr 的光解。

表 8-2 腐殖酸光敏化影响 Phe 和 Pyr 的动力学参数

| 化合物 | HA 浓度/(mg/kg) | $k/\text{h}^{-1}$ | $t_{1/2}/\text{h}$ | $R^2$ |
| --- | --- | --- | --- | --- |
| Phe | 0 | 0.0131 | 52.90 | 0.9762 |
|  | 10 | 0.0145 | 47.79 | 0.965 |
|  | 20 | 0.0158 | 43.86 | 0.9395 |
|  | 30 | 0.0183 | 37.87 | 0.9027 |
|  | 40 | 0.0201 | 34.48 | 0.9704 |
| Pyr | 0 | 0.0151 | 45.90 | 0.9907 |
|  | 10 | 0.018 | 38.50 | 0.972 |
|  | 20 | 0.0192 | 36.09 | 0.9947 |
|  | 30 | 0.0229 | 30.26 | 0.9824 |
|  | 40 | 0.0237 | 29.74 | 0.9835 |

目前尚没有一种动力学研究能够完全拟合复杂有机物的每个降解过程。

(六) 动植物吸收-摄取动力学过程

土壤中污染物被动植物吸收-摄取动力学过程也是污染物在土壤环境中重要的污染生态过程。植物主要从根系吸收土壤污染物，而污染物进入动物的途径主要有皮肤接触、呼吸和消化系统。动植物从土壤中吸收的污染物可通过土壤植物系统间的富集因子进行定量表征。

植物中污染物浓度为

$$C_p = f_{ps} C_s \tag{8-35}$$

式中：$C$ 为污染物浓度；s 和 p 分别为土壤和植物；$f_{ps}$ 为土壤-植物系统分配系数。

动物摄取的污染物剂量为

$$T_a = C_s f_{psi} D_i \tag{8-36}$$

式中：$i$ 为植物种类；$D$ 为动物每日的摄入量。

### (七) 生物累积-放大动力学过程

累积和放大作用是污染物在土壤环境中的生态学过程，生物放大作用是生物体内某种元素或难分解化合物的浓度随生态系统中食物链营养级的提高而逐步增大的现象。生物放大会造成食物链上高营养级生物中某种化合物或元素的累积，浓度明显超过低营养级及环境中的浓度。

对于浮游植物、浮游动物、鱼和更高级的食物链，可用下列方程描述：

$$\frac{\mathrm{d}v_{\mathrm{m},i}}{\mathrm{d}t} = k'_{\mathrm{u}i}W_i C + a_{i,i-1}C'_{i,i-1}W_i\frac{v_{\mathrm{m},i-1}}{W_{i-1}} - k_i v_{\mathrm{m}i} \tag{8-37}$$

式中：$v_{\mathrm{m},i}$ 和 $v_{\mathrm{m},i-1}$ 分别为食肉者体内和被捕食者的污染物体内负荷；$k'_{\mathrm{u}i}$ 为吸收率；$W_i$ 和 $W_{i-1}$ 分别为食肉者体内和被捕食者的有机体湿重；$C$ 为化学同化效率；$a_{i,i-1}$ 为吸收的污染物与摄取的污染物的比值；$C'_{i,i-1}$ 为专一消费速率；$k_i$ 为污染物排泄速率。

由于土壤生态系统是一个复杂的体系，污染物尤其是有机污染物(特别是农药)在土壤环境过程中不仅受土壤有机质影响，还受到黏土矿物、生物质碳等土壤各组分的影响，因此土壤各组分的吸附机理不同，吸附等温线和解吸特性也存在差异，需采用不同的吸附解吸系数综合考虑。另外，自然土壤生态系统和污染修复系统有机物种类丰富，也并非单一微生物体系，其中存在各种作用关系，且pH、温度、湿度、离子类型和浓度等环境因素也有影响。

## 二、污染物在土壤中的迁移转化

### (一) 重金属在土壤环境中的迁移转化

重金属的迁移转化是指重金属在自然环境中空间位置的移动和存在形态的转化，以及由此引起的富集与分散问题。

重金属在土壤中的迁移与转化取决于重金属元素自身的化学行为和土壤的化学条件。在不同的土壤条件下，重金属元素的存在形态有所不同。重金属在土壤中的迁移与转化主要受到土壤的物理化学形态的影响。重金属进入土壤后可与土壤中的矿物质、有机物及微生物发生吸附、络合和矿化作用，伴随能量的变化，导致重金属元素的迁移与转化。

土壤的氧化还原电位是影响重金属污染物在土壤中迁移与转化的关键因子，土壤中的离子浓度会随土壤氧化还原电位状况变化而变化。土壤溶液中可溶状态的重金属，在还原条件下与$S^{2-}$反应生成难溶硫化物，或者难溶的重金属氧化物在还原条件下转化为更难溶的硫化物，在氧化条件下，一些金属离子则以氧化难溶物的形式沉淀。

土壤胶体的吸附作用在土壤重金属迁移中也起着重要作用，土壤中含有丰富的无机胶体和有机胶体。土壤胶体对金属离子具有强烈的表面吸附、离子交换吸附以及螯合作用，其对金属离子的吸附能力与金属离子的性质及胶体种类有关。同一类型的土壤胶体对阳离子的吸附与其价态和水合半径相关，即离子半径较大者，其水合半径较小，在胶体表面引力作用下，较易被土壤胶体表面所吸附。土壤溶液浓度不同或土壤中有络合剂时，将会打乱胶体对阳离子的吸附顺序。胶体吸附是重金属离子从液相进入固相的重要途径。重金属若被吸附到黏土矿物表面，则易被交换，若被吸附在晶格中，则很难释放，从而被固定。

重金属在土壤中的迁移与转化过程中除了吸附作用外，还存在着络合或螯合作用。一般认为，当金属离子浓度较高时，以吸附交换作用为主，而土壤溶液中重金属离子浓度低时，则以络合或螯合作用为主。土壤中的重金属可与土壤中的各种无机、有机配体发生络合作用。在无机配位体中，目前主要研究的是重金属与氯离子的络合作用；有机配体中，重要的是土壤中的腐殖质，因为其具有很强的螯合能力，以及能与金属离子牢固螯合的配体。重金属元素的羟基络合及氯络合作用，可大大提高难溶重金属化合物的溶解度，同时减弱土壤胶体对重金属的吸附，从而影响重金属在土壤中的迁移与转化。

重金属在土壤环境中的迁移转化模型为

$$\sum i \left[ \frac{\partial \theta C_i}{\partial t} + \frac{\partial \theta q C_i}{\partial z} - \frac{\partial}{\partial z}\left(\theta D \frac{\partial C_i}{\partial z}\right) \right] = -\sum i \frac{\partial p_s S_i}{\partial t} \tag{8-38}$$

式中：$S_i$、$C_i$ 分别为第 $i$ 种重金属污染物在固相、液相中的浓度；$q$ 为重金属污染物在液相的渗流速度；$\theta$ 为含水率；$p_s$ 为固相中泥沙颗粒的比重；$t$ 为时间；$z$ 为沿土壤表层垂直向下的迁移速率。

不同种类重金属离子在土壤中吸附-解吸各不相同，考察多组离子在土壤中竞争吸附对于研究重金属复合污染是必要的，目前对这一问题的研究还处于定性和半定量阶段。Langmuir 等温竞争吸附模型用于描述多种重金属分子在固液面的竞争吸附情况。方程如下：

$$S_i = \frac{S_{\max} K_i C_i}{1 + \sum_i K_i C_i} \tag{8-39}$$

式中：$S_i$ 为平衡时固相中第 $i$ 种重金属浓度；$S_{\max}$ 为固相中多种重金属的最大吸附浓度之和；$K_i$ 为污染物排泄速率；$C_i$ 为平衡时液相中第 $i$ 种金属浓度。

重金属在土壤环境中的迁移转化主要有重金属元素化学形态的变化以及重金属在土壤中的行为两个方面。

1. 重金属元素的化学形态

元素的结合形态，即地球化学相，指原先即存在的和人为污染叠加的元素在介质中的赋存形态。土壤中金属元素的存在形式可具体划分如下：土壤颗粒或其主要成分对微量金属的吸附作用形成的"可交换态"；与土壤中的碳酸盐联系在一起的部分微量金属称为"碳酸盐结合态"；与土壤溶液体系中的铁锰氧化物以铁、锰结合或凝结物形式存在于颗粒上，也有的成胶膜覆盖在颗粒上，与铁锰氧化物联系在一起的、被包裹成为氢氧化物沉淀的这部分微量金属称为"铁锰氧化物结合态"；"硫化物及有机物结合态"包括在还原环境下生成的硫化物沉淀及各种形态的被有机物束缚的微量金属，这些有机物主要是活的有机体、腐殖质、矿质颗粒上的有机胶体层；"残渣态或硅酸盐态"指包含在硅酸盐或铝硅酸盐矿物晶格中、一般不会释放到溶液中的那部分金属。

土壤中金属的形态划分是从土壤科学和土壤环境科学研究中发展起来的。环境介质中元素化学形态含量这一参数的确定是目前整个环境科学界环境毒物研究中极为重视和关心的问题。例如，贾中民等为了研究某化工厂周边不同介质中铬含量及形态特征，在重庆市主城区按照 1 件/km² 采集 0～20cm 表层土壤，每 4km² 等质量组合成 1 件样进行分析，根据分析测试结果编制 54 种元素指标的地球化学图。针对异常区重金属 Cr 高值点，以 GPS 定位点为中心，向四周辐射采集土样。土壤、污染物、粉尘样品经自然风干，剔除动植物残体、石块等杂物后，用木槌研磨，过 0.15mm 尼龙筛，电感耦合等离子体发射光谱(ICP-OES)法测定 Cd、Pb、Cr、Cu、Zn 和 Ni，原子荧光法测定 As。

2. 重金属在土壤中的行为

从土壤环境化学角度，土壤种类、土壤利用方式(水田、草地、牧场、林地等)和土壤理化性质均可引起土壤中重金属动态的差异，从而影响重金属的迁移转化和作物对重金属的吸收。重金属在土壤中的行为受土壤环境条件的制约，因此从土壤化学角度来研究土壤理化性状变化引起的重金属动态是必要的。

从化学性质看，重金属大多属于周期表中过渡性元素，其原子具有特有的电子构型，在土壤中，重金属的价态变化和反应深受氧化还原电位的影响。氧化还原反应改变了金属元素和化合物的溶解度，从而使各种重金属迁移能力在不同氧化或还原条件下差异很大。重金属在水溶液中多呈氢氧化物、离子和盐类分子的形态存在，pH 越低就越偏于后者的形态。土壤中重金属的沉淀和络合平衡也受 pH 影响。土壤具有吸附解吸的特性，也就能吸附和固定重金属，其吸附率的高低由土壤吸附容量的大小所决定。土壤吸附是重金属离子从液相转到土壤固相的重要途径之一，它在很大程度上决定着土壤中重金属的分布和富集。

土壤中存在着多种多样的无机与有机配位体，它们能与重金属生成稳定的络合物和螯合物，对重金属在土壤中的迁移有很大影响。近年来在环境金属化学的研究中，人们特别重视羟基络合作用和氯离子的络合作用，认为这两者是影响一些重金属难溶盐类溶解度的重要因素，能大大促进重金属在土壤中的迁移。

1) 羟基络合作用

羟基对重金属的络合作用实际上是重金属离子的水解反应。重金属与碱金属及碱土金属不同，能在较低的 pH 下水解。水解过程中 $H^+$ 离开水合重金属离子的络合水分子。反应式如下：

$$M(H_2O)_n^{2+} + H_2O \rightleftharpoons M(H_2O)_{n-1}OH^+ + H_3O^+ \tag{8-40}$$

研究表明，羟基与重金属的络合作用可以大大提高重金属氢氧化物的溶解度，从而影响重金属的迁移能力。

2) 氯离子络合作用

氯离子络合作用对重金属迁移的影响主要表现为可大大提高难溶重金属化合物的溶解度。氯与重金属离子络合可导致胶体对重金属的吸附作用减弱，对汞的吸附减弱尤其突出，从而使其迁移性增加。

$$M^{2+} + Cl^- \rightleftharpoons MCl^+ \tag{8-41}$$

$$M^{2+} + 2Cl^- \rightleftharpoons MCl_2 \tag{8-42}$$

$$M^{2+} + 3Cl^- \rightleftharpoons MCl_3^- \tag{8-43}$$

3. 几种典型重金属的迁移转化

1) 镉

镉在土壤中一般以+2价形式存在，主要有水溶态、土壤吸附态、有机络合态和矿物态。水溶态主要为离子态($Cd^{2+}$)或络合物形式，这部分镉极易进入植物体中，对生物体是高度有效的。吸附态镉通过静电引力吸附于黏粒、有机颗粒和水氧化物可交换负电荷点上，这部分的镉也易被生物吸收利用。有机态镉与有机成分起络合作用，形成螯合物或被有机物所束缚，主要是以腐殖酸-Cd 络合物形态存在。土壤有机质的含量和性质都会影响土壤中镉的形态及含量。据陈怀满研究，未解离羧基和酚羟基可能是腐殖酸-Cd 的主要结合位，该络合物的稳定性随腐殖酸芳构化程度增加而增加。土壤中矿物态镉主要有 $Cd_3(PO_4)_2$、CdS。土壤中磷酸盐的浓度控制着土壤中镉磷酸矿物的形成及其溶解度，当土壤 $SO_4^{2-}$ 的浓度为 $10^{-3}$mol/L、pE + pH<4.4 时能够形成 CdS。同时与其他硫化物的存在也有关。土壤中吸附态 Cd 对植物而言是主要的有效态镉，其活度大约为 $10^{-7}$mol/L，在 pH 大于 7.5 时，取决于 $CO_3^{2-}$ 浓度，其 Cd 的活度为 $CdCO_3$ 所控制。在 $CO_2$ 的浓度为 304Pa 时，每增加 1 个 pH 单位，则 $Cd^{2+}$ 的活度将降低 100 倍。

土壤镉形态受 pH、氧化还原电位($E_h$)、有机质、阳离子交换量等因子制约。其中 pH 是影响土壤中 Cd 迁移和转化的重要因子。在酸性环境中，土壤中镉的溶解度增大，可加速镉在土壤中的迁移和转化；相反，在偏碱性环境中，由于镉的溶解度减小，土壤中的镉不易发生迁移而在原地淀积。进入土壤中的 Cd 可缓慢转化为不溶态或植物非有效态镉。土壤系统中镉形态的相互转化如图 8-3 所示。

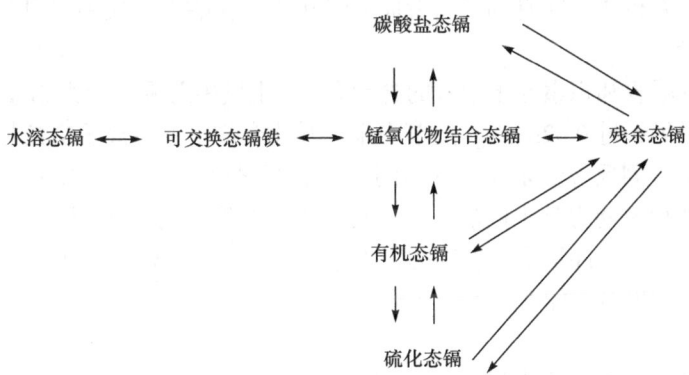

图 8-3　土壤系统中镉形态的相互转化

土壤中的镉主要累积于土壤表层，很少向下迁移。镉在土壤中移动缓慢，一般不会对地下水产生污染。旱地中，镉多以难溶性 $CdCO_3$、$Cd_3(PO_4)_2$、$Cd(OH)_2$ 的形态存在；水田中，以难溶性的 CdS 形态存在。在沈阳张士灌区土壤中，经污灌进入土壤的镉有

56.33%累积于表层。当然,累积于土壤表层的镉由于降水的作用,可溶态部分随着水的流动很可能发生水平迁移,产生次生污染。

2) 汞

按其存在形态有离子吸附和共价吸附的汞、可溶性汞($HgCl_2$)、难溶性汞($HgHPO_4$、$HgCO_3$、$HgS$)。影响汞的迁移转化的主要因素如下。

吸附剂的种类:土壤中腐殖质和黏粒对汞有很强的吸附力,进入土壤的汞由于吸附等作用使绝大部分汞积累在耕层土壤,不易向深层迁移,除沙土或土层极浅的耕地以外,汞一般不会通过土壤污染地下水。pH 等于 7 时,无机胶体对汞的吸附量最大,而有机胶体在 pH 较低时,就能达到最大吸附量。非离子态汞也可被胶体吸附。

氧化还原状况:无机汞之间相互转化反应为

$$Hg \rightleftharpoons Hg^{2+} \rightleftharpoons HgS \tag{8-44}$$

上述反应,前者为氧化还原反应,该反应为氧化环境,在抗汞细菌的参与下也能进行。土壤中存在一定量 $S^{2-}$ 时可生成 HgS。HgS 转化为 $Hg^{2+}$ 为十分缓慢的过程,某些生物酶的氧化作用可直接参与 HgS 的转化过程。

有机汞与无机汞之间的转化如下:

$$C_6H_5Hg \longrightarrow Hg^+ \rightleftharpoons CH_3Hg^+ \quad \text{（}C_2H_5Hg^+ \downarrow,\ CH_3OC_2H_4Hg \uparrow\text{）} \tag{8-45}$$

有机汞之间的转化如下:

$$CH_3Hg^+ \rightleftharpoons CH_3HgCH_3 \tag{8-46}$$

碱性条件和有机氮存在有利于前者向后者转化,在酸性介质中二甲基汞不稳定,后者会转化为前者。

植物对汞的吸收和积累与土壤汞的含量有关:土壤中总汞含量为 2mg/kg 时,生产出来的米中汞含量可超过 0.02mg/kg。土壤中汞及其化合物可通过离子交换与植物的根蛋白进行结合,发生凝固反应。汞在作物不同部位的积累顺序为:根>叶>茎>种子。不同作物对汞的吸收和积累能力是不同的,在粮食作物中的顺序为:水稻>玉米>高粱>小麦。不同土壤中汞的最大允许量是有差别的,如酸性土壤为 0.5mg/kg,如果土壤中的汞超过此值,则可能生产出对人体有毒的"汞米"。

3) 铬

铬在土壤环境中有三价铬($Cr^{3+}$)和六价铬($Cr^{6+}$)两种价态,$Cr^{6+}$易与土壤中组分(如有机质、$Fe^{2+}$、$S^-$)发生还原反应,因此在土壤环境中主要以 $Cr^{3+}$ 的形式存在。土壤环境中铬的生物有效性、迁移性与铬的价态密切相关,通常 $Cr^{3+}$ 易水解从而被土壤中的胶体粒子吸附而共沉淀,而毒性较高的 $Cr^{6+}$ 大部分以游离态的形式存在于土壤溶液中,因而具有较高的迁移性。土壤溶液中铬的迁移转化主要由三个重要反应控制:氧化还原作用、吸附-解吸作用和沉淀溶解作用。铬在土壤中的迁移转化详见图 8-4。

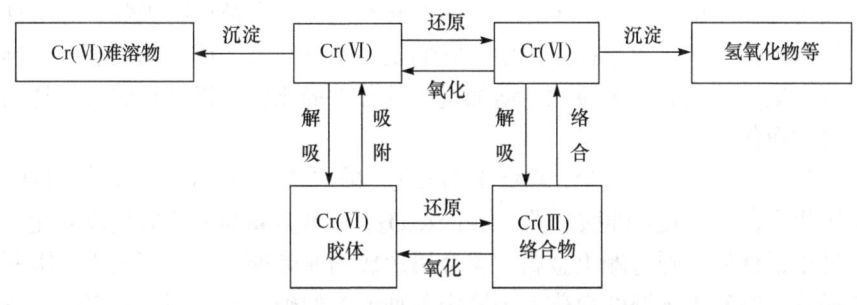

图 8-4 铬在土壤中的迁移转化

(1) 氧化还原作用。

氧化还原过程在铬的形态转化中起重要作用,而 $Cr^{3+}$ 和 $Cr^{6+}$ 的相互转化能够影响其生物有效性及毒性。在一定 pH 和 $E_h$ 范围内 $Cr^{3+}$ 和 $Cr^{6+}$ 之间会发生氧化还原反应而相互转化。当土壤 pH 约为 4 时,土壤中存在的 $Cr^{3+}$ 易与土壤中的胶体发生吸附作用;当 pH 为 4~6, $Cr^{3+}$ 会与土壤中胶体和氢氧化物发生吸附与共沉淀作用;而 pH>6 则形成稳定沉淀(说明在酸性条件下容易形成 $Cr^{3+}$)。有研究表明,土壤处于淹水状态(即还原状态)时,会促进土壤溶液中 $Cr^{6+}$ 向 $Cr^{3+}$ 的转化,促进有机结合态铬的形成,并且会加强残渣态铬向有机结合态铬转化的趋势,说明在一定的还原状态下土壤中的铬生物有效性会提高。

(2) 吸附-解吸作用。

$Cr^{6+}$ 进入土壤后仅有少部分被土壤胶体吸附,大部分游离在土壤溶液中,而 $Cr^{3+}$ 在土壤中主要以 $Cr^{3+}$ 形式存在,进入土壤后绝大部分被土壤胶体吸附固定。有学者研究了 $Cr^{6+}$ 在碱性土壤中的吸附解吸规律,结果表明,在低流速条件下,污染物与土壤接触时间更加充分,$Cr^{6+}$ 与土壤的接触时间越长,则被土壤吸附固定得越多,而在高流速作用下效果不同,但无显著差异。

(3) 沉淀溶解作用。

土壤中 $Cr^{3+}$ 主要以 $Cr^{3+}$ 存在,$Cr^{3+}$ 能迅速而有效地被土壤中的胶体吸附固定,形成铁的氢氧化物沉淀或者铁-铬氢氧化物混合沉淀;而 $Cr^{6+}$ 络合物在酸性或者碱性土壤环境中都不稳定,易发生迁移转化。$Cr^{3+}$ 在中性和碱性溶液中,可能生成沉淀 $Cr(OH)_3$。

4) 砷

砷在土壤中的形态可分为水溶性砷、交换性砷和难溶性砷三种。土壤中水溶性砷占总砷的 5%~10%,大部分是交换性及难溶性砷。大气及水体中的砷均可随降水及灌溉进入土壤,分别为三价和五价的砷,这两种价态的砷在土壤中是可以相互转化的。进入土壤的砷除了水溶性砷之外,还有被土壤胶体吸附或转化成复杂的难溶性砷化物,这两者也是可以相互转化的。影响土壤砷含量的因素主要有母岩、气候条件及土壤的理化性质。不同岩石中含砷量不同。土壤中的砷大部分为胶体所吸附,或与有机物络合、螯合,或与土壤中的铁、铝、钙等结合形成难溶性化合物,或与铁、铝等的氢氧化物形成共沉淀。土壤中黏土矿物类型对砷的吸附量明显不同,一般蒙脱石>高岭石>白云石。土壤中铁、铝、钙的含量对砷的吸附量也有显著影响，如 $Fe^{2+}$ 饱和的黏土矿物比 $Ca^{2+}$ 饱和的黏土矿物对砷的吸附力要强得多。吸附于黏粒表面的交换性砷，可被植物吸收，难溶性砷化物则很难为作物吸收，从而积累在土壤中，它们是"不可给态"或"固定态"的砷。在一定的条件下，促进砷向固定态转化，增加这一部分砷的比例可以减轻砷对作物的毒害，并提高土壤的净化能力。

水溶性砷在土壤中含量很少，常低于 1mg/L。砷与碱土金属化合，可生成亚砷酸盐。砷与重金属化合，也形成亚砷酸盐类，如 $FeAsO_3$。除碱金属与砷反应生成的化合物溶解度较大，易于迁移外，砷与碱土金属、重金属形成的亚砷酸盐溶解度较小，限制了砷在溶液中的迁移，有利于土壤的净化。土壤中各种形态的砷并不是固定不变的，它们在一定条件下可以相互转化。例如，在 $E_h$ 值降低时(+100mV)，砷酸铁等可还原成亚铁形态，$E_h$ 值进一步降低，致使砷酸盐还原为亚砷酸盐，增强了砷的移动性。相反，土壤中铁、铝组分的增加，又可能使水溶性砷转化为固定态砷。在土壤兼气条件下，砷和汞相似，可经微生物的甲基化过程生成二甲基砷之类的化合物。

砷的生物甲基化反应和生物还原反应是砷在环境中转化的重要过程，主要转化途经如图 8-5 所示。

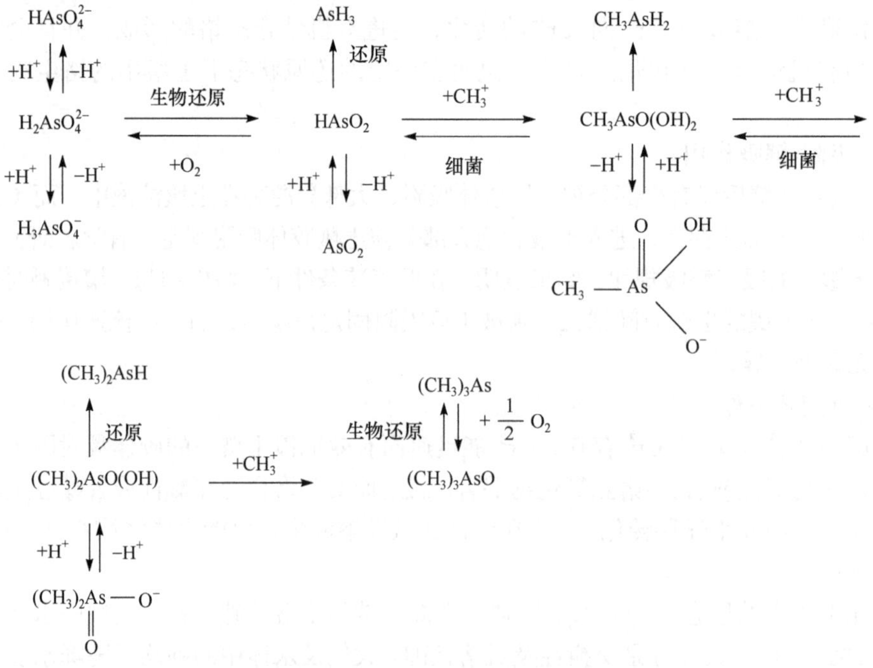

图 8-5 砷的生物甲基化反应和生物还原反应过程

5) 铅

铅在土壤中的化学行为目前还不清楚。通常，进入土壤的铅大部分以 $Pb(OH)_2$、$PbCO_3$、$Pb(PO_4)_2$ 等难溶性化合物存在，可溶性极低。这是由于土壤阴离子 $PO_4^{3-}$、$CO_3^{2-}$、$OH^-$ 等可与 $Pb^{2+}$ 形成溶解度很小的正盐、复盐及碱式盐；黏土矿物对铅进行阳离子交换性吸附和直接通过共价键或配位键结合于固体表面；土壤有机质的—SH、—$NH_2$ 基团与

$Pb^{2+}$形成稳定的络合物。被化学吸附的铅很难解吸，植物不易吸收。除无机铅外，土壤中含有少量 Pb—C 链可多至 4 个的有机铅，主要来源于沉降在土壤中的未充分燃烧的汽油添加剂(铅的烷基化合物)。

成土母质在风化过程中，因富集铅的矿物大多抗风化能力较强，铅不易释放出来，风化残留铅多存在于土壤细小颗粒部分。土壤中铅的形态、可提取性、溶解度、矿物平衡、吸附和解吸行为等受多种因素的影响。

土壤黏土矿物与铅有较强的吸附作用，因此土壤中铅的移动性很低，沉积在土壤中的外源铅大都停留在土壤表层，随深度增加而急剧降低，在 20cm 以下就趋于自然水平。除非 pH 降低到明显程度，才会提高铅在土壤中的活性，在兼气及有发酵植物物质存在的条件下铅的移动才增大。铅在污染土壤表层的水平分布随污染方式而异。污灌区入水口处土壤铅含量最高，随水流方向含量逐渐降低。在公路两侧受汽车尾气影响的铅污染土地，沿公路两侧呈带形分布，土壤中铅含量由高而低，在离公路 200~300m 即接近自然本底水平。

(二) 农药在土壤中的迁移转化

化学农药是指用来杀灭有害生物以及调节植物生长的化学物质。迄今在世界各国注册的农药品种已有 1500 多种，大量使用的有 500 余种，年产量约为 $200×10^4$ t。农药的使用是保证农牧业增产的基本手段。世界范围内连年大量使用农药，会引起许多不良后果，破坏了农业生态平衡。更为严重的是施用农药引起环境污染，通过农作物或食品中的残毒进入食物链，危及人体健康。尤其像有机氯类农药对生态环境产生了许多有害的作用和影响，农药污染已成为全球性的环境问题。

1. 浓度估算

1) 农药以颗粒剂形式进入土壤

农药以颗粒剂形式施入土壤，在土壤中的农药浓度可根据农药施用量直接进行计算。如果在一个季节中重复多次施用颗粒剂农药，需计算其最大浓度。最大浓度与农药生物降解半衰期 $t_{1/2}$、施用频率以及两次使用间隔时间有关，计算时所需要的参数见表 8-3。

表 8-3 农药多次施用时的最大浓度

| 参数(单位) | | 符号 |
|---|---|---|
| 输入 | 单次用量，a.i./(kg/hm$^2$) | Dos |
| | $t_{1/2}$/d | $DT_{50}$ |
| | 施用频率 | $n$ |
| | 使用间隔/d | $I$ |
| 输出 | 表观最大量，a.i./(kg/hm$^2$) | $Dos_{max}$ |

计算方法如下。

根据 $I/DT_{50}$(d/d)和施用频率 $n$ 查出 $Dos_{max}/Dos$。$Dos_{max}$ 为施用 $n$ 次后农药的量。

计算时还考虑两种情况：颗粒剂与土壤充分混合或保留在土壤表面。如果混合，只考虑用量中 1%留在土壤表面；如果不混合，则考虑 100%。

与土壤混合时，表层中农药量为

$$\mathrm{Dos_{suf}} = F_{mix} \times \mathrm{Dos_{max}} \tag{8-47}$$

不与土壤混合时，则

$$\mathrm{Dos_{suf}} = \mathrm{Fnot_{mix}} \mathrm{Dos_{max}} \tag{8-48}$$

式中：$\mathrm{Dos_{max}}$ 为表观最大剂量，a.i.，kg/hm²；$F_{mix}$ 为与土壤混合因子，$F_{mix}=0.01$；$\mathrm{Fnot_{mix}}$ 为与土壤不混合因子，$\mathrm{Fnot_{mix}}=1.0$；$\mathrm{Dos_{suf}}$ 为土壤表面颗粒剂剂量，a.i.，kg/hm²。

如果与土壤混合，假设颗粒剂在 0～20cm 表土层中均匀分布；如果不与土壤混合，假设农药在 0～5cm 中分布，则可以计算农药在土壤中起始浓度(PIEC)，也可作为 0d 时的浓度($C_0$ 或 $C_{\mathrm{soil,tol}}$)。计算公式如下：

$$\mathrm{PIEC} = \frac{\mathrm{Dos_{max}} \times 10^6}{H_{\mathrm{soil}} B_{\mathrm{d}} \times 10^4} \tag{8-49}$$

式中：PIEC 为农药在土壤中的起始浓度，a.i.，mg/kg；$\mathrm{Dos_{max}}$ 为农药使用量，a.i.，kg/hm²；$H_{\mathrm{soil}}$ 为土壤深度，m，混合为 0.2m，不混合为 0.02m；$B_{\mathrm{d}}$ 为土壤容重，kg/m³，取 1400kg/m³。

应该注意，土壤中农药总量包括在固相上($C_{\mathrm{soil}}$)和土壤水中农药的量($C_{\mathrm{soilwat}}$)：

$$\mathrm{PIEC} = C_{\mathrm{st}} = C_{\mathrm{soil}} + C_{\mathrm{soilwat}} \tag{8-50}$$

$C_{\mathrm{soil}}$ 和 $C_{\mathrm{soilwat}}$ 的值与农药的分配系数有关，计算方法如下：

$$C_{\mathrm{sw}} = \frac{C_{\mathrm{st}}}{1 + K_{\mathrm{S/L}}} \tag{8-51}$$

$$C_{\mathrm{s}} = C_{\mathrm{st}} \frac{K_{\mathrm{S/L}}}{1 + K_{\mathrm{S/L}}} \tag{8-52}$$

式中：$K_{\mathrm{S/L}}$ 为分配系数，m³/kg；$C_{\mathrm{st}}$ 为土壤中农药总量，即 PIEC，a.i.，mg/kg；$C_{\mathrm{sw}}$ 为农药在土壤水中的量，a.i.，mg/L；$C_{\mathrm{s}}$ 为土壤固相上农药的量，a.i.，mg/kg。

2) 农药以种子处理剂形式进入土壤

种子处理剂是以农药处理过的种子的形式带入土壤的，它们可以与土壤混合或保留在土壤表面。同颗粒剂一样，混合时假设 1%农药留在土壤表面，反之则为 100%。因为在一个季节中不可能重复播种，所以使用量 Dos 就等于 $\mathrm{Dos_{max}}$。有关计算方法与颗粒剂相同。

3) 农药喷施被作物截获和散落到土壤

农药喷施在一个季度中多次进行，所以最大剂量为多次施用后的农药量。喷施后，一部分被作物表面截获，另一部分则散落到土壤、地面水或飘逸到空气中。假设一般情况下，10%留在空气中，到达土壤和作物上的比例为 90%，则农药在作物上和散落在土壤中的比例根据不同的作物和生长阶段而有所不同。

作物截获量：

$$\mathrm{Dos_{int}} = \mathrm{Dos_{max}} \frac{P_{\mathrm{int}}}{100} \tag{8-53}$$

散落到土壤的量：

$$\text{Dos}_{\text{soil}} = \text{Dos}_{\text{max}} \frac{P_{\text{soil}}}{100} \qquad (8\text{-}54)$$

土壤表层中农药的分布：

$$\text{PIEC} = \frac{\text{Dos}_{\text{soil}} \times 10^6}{H_{\text{soil}} B_{\text{d}} \times 10^4} \qquad (8\text{-}55)$$

式中：$\text{Dos}_{\text{int}}$ 为作物截获量；$\text{Dos}_{\text{max}}$ 为表观最大剂量，a.i.，$kg/hm^2$；$P_{\text{int}}$ 为作物截取农药比例，%；$P_{\text{soil}}$ 为落入土壤中的农药比例，%；$H_{\text{soil}}$ 为土壤厚度，m，取 0.05m；$B_{\text{d}}$ 为土壤容重，$kg/m^3$。

2. 农药在土壤环境中的行为

农药进入土壤后可与土壤中的物质发生一系列化学、物理化学和生物化学过程。由图 8-6 可知，进入土壤环境中的农药可以通过挥发、扩散而迁移进入大气，引起大气污染；或随水分向四周移动或向深层土壤移动，进而造成地表水和地下水污染；或者被土壤胶体及有机质吸附，被土壤和土壤微生物降解等；也可以通过作物吸收，导致对农作物的污染，再通过食物链浓缩，进而导致对动物和人体的危害。

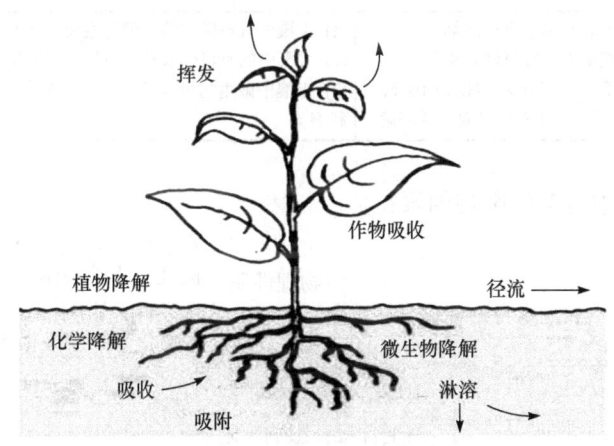

图 8-6 农药的环境行为

表 8-4 和表 8-5 为典型农药在土壤中的迁移转化。许多因素均可影响农药在土壤中的行为，其中农药本身的结构和理化特性、土壤结构和性质以及环境因素，对农药在土壤中的迁移、转化和归宿影响最大，它们将最终影响到农药的环境后果。

表 8-4 土壤中农药的迁移转化

| 方式 | | 途径 |
|---|---|---|
| 迁移 | 扩散 | 以气态发生，或以非气态发生 |
| | 质流 | 由水或土壤微粒或两者共同作用引起农药流动 |
| 吸附 | | 主要吸附于黏土矿物和有机质表面 |
| 植物吸收 | | 吸收后积累在植物体内，或被植物体代谢 |

续表

| 方式 | 途径 |
|---|---|
| 降解 | 光化学降解 |
| | 化学降解 |
| | 生物化学降解 |

表 8-5 典型农药在土壤中的迁移转化

| 名称 | 性质 | 迁移转化途径 |
|---|---|---|
| DDT | (1) 不溶于水，易溶于有机溶剂、脂肪<br>(2) 挥发性小，稳定性、持久性强<br>(3) 易通过食物链放大，积累性强<br>(4) 缺氧、高温时生物降解快 | (1) 土壤中挥发性不大，易被土壤胶体吸附，在土壤中移动不明显<br>(2) 可通过植物根系渗入植物体内并在植物体内积累，还可通过食物链传递并最终进入人体<br>(3) DDT 是持久性农药，分解很慢，土壤中 DDT 的降解主要是靠微生物的作用，按还原、氧化和脱氯化氢等机理进行，在缺氧和温度较高时降解速率较快<br>(4) 大气中的痕量 DDT 可通过光解反应降解 |
| 林丹 | (1) 较 DDT 而言，易溶于水，挥发性强<br>(2) 能在土壤生物体内积累，但持久性和积累性较 DDT 弱 | (1) 挥发性强，可以从土壤、空气中进入水体，也可以从水体中挥发进入大气，在水、土壤和其他环境介质中积累较少<br>(2) 能在生物体内积累 |
| 有机磷农药 | (1) 难溶于水，易溶于有机溶剂<br>(2) 不同有机磷农药挥发性差别很大<br>(3) 毒性较高，大部分对生物体内胆碱酯酶有抑制作用，但比有机氯农药易降解 | (1) 土壤中有机磷农药降解的主要途径是吸附、催化、水解<br>(2) 大气中的有机磷农药可以发生光降解<br>(3) 土壤中微生物可以通过生物降解作用将有机磷农药分解为 $CO_2$ 和 $H_2O$ |

农药在土壤中行为的影响因素：

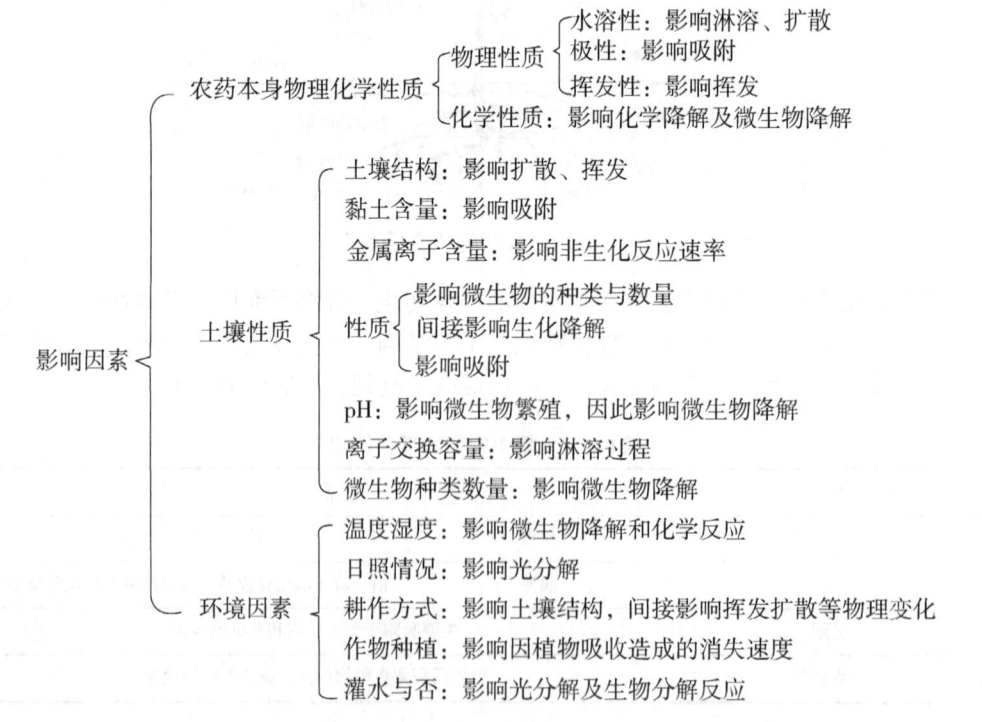

1) 吸附

通过吸附过程可使农药滞留在土壤中，减轻因挥发引起大气污染和因淋溶引起地下水污染的程度；通过挥发、淋溶、径流及作物吸收等迁移过程，可促进农药向其他环境要素的转移；通过降解过程，农药在土壤中逐渐转为小分子或简单分子化合物，直至彻底无机化，转为 $CO_2$、$H_2O$ 等。农药的残留性又是上述这些过程的集中体现。从保持药效、药尽其用的角度看，农药应有相当的残留能力，但从无害化角度看，其在土壤中的滞留时间又不能太长。一些残留能力特别强的农药如汞、砷制剂、六六六和 DDT 等已被淘汰，原因即在于此。

农药在土壤中的吸附作用通常遵循 Freundlich、Langmuir 和 BET 吸附等温式。土壤吸附农药可能起作用的机制有以下几种。

离子交换：离子型农药在水中能解离成为离子，如阳离子型除草剂，它易与土壤有机质和黏土矿物上阳离子起交换作用，这种吸附以离子键相结合。

配位体交换：在土壤及其组成中，可进行配位体交换的通常是结合态水分子，其必要条件是吸附质分子被置换的配位体具有更强的络合能力，如杀草强、2,4-D 与蒙脱石的吸附以及利谷隆等与土壤中可交换离子间的吸附都属这种作用机制。

范德华力：主要存在于非离子型、非极性分子或弱极性分子的吸附作用中，如异草定与蒙脱石和高岭石的吸附、毒莠定和腐殖质的吸附，均被认为主要是由范德华力所引起的分子吸附。

疏水性结合：农药中非极性或弱极性基团为主的化合物容易吸附在土壤有机质的疏水部分，水分不影响这种吸附作用，其本质相当于农药分子在土壤有机质和水分之间的一种分配作用，有机质中酯类化合物可能属于这种类型。

氧链结合：除草剂分子可与黏粒表面氧原子或边缘羟基以氢键相结合，如扑草灭在蒙脱石上的吸附；也可与土壤有机质的氧和氨基以氢键相结合，如均三氮苯类除草剂的叔氨基 N 与腐殖物质羧基之间的氢键作用机制。

以上各种吸附机制中，主要是离子交换吸附。

土壤对农药的物理吸附的强弱取决于土壤胶体比表面的大小，如土壤无机黏土矿物中，蒙脱石对丙体六六六的吸附量为 10.3mg/g，而高岭土只有 2.7mg/g。土壤有机胶体与矿物胶体相比，对农药有更强的吸附力，许多农药(如林丹、西玛津等)大部分吸附在有机胶体上。土壤腐殖质对马拉硫磷的吸附力较蒙脱石大 70 倍，还能吸附水溶性差的农药(如 DDT)。它能提高 DDT 溶解度，DDT 在 0.5%腐殖酸钠溶液中溶解度为在水中的 20 倍，因此腐殖质含量高的土壤吸附有机氯的能力强。总之，土壤的物理化学性质、结构、质地和土壤有机质含量对农药的吸附具有显著影响。

另外，农药本身的化学性质对吸附作用也有很大影响。农药中存在的某些官能团，如—OH、—NH、—NHR、—$CONH_2$、—COOR 以及 $R_3N^+$等有助于吸附。在同一类型的农药中，农药的分子越大，溶解度越小，被植物吸收的可能性越小，而被土壤吸附的量越多。例如，离子型农药进入土壤后，一般解离为阳离子，可被带负电荷的有机胶体或矿物胶体吸附，有些农药中的官能团(—OH、—NH、—NHR、—COOR 等)解离时产生负电荷成为有机阴离子，则可被带正电的无机氧化物胶体($Fe_2O_3 \cdot nH_2O$、$Al_2O_3 \cdot nH_2O$)

吸附，因此离子交换吸附可分为阳离子吸附和阴离子吸附。有些农药在不同的酸碱条件下有不同的解离方式，因而有不同的吸附形式，如 2,4-D 在 pH 为 3～4 时解离生成有机阳离子，可被带负电的胶体吸附，而在 pH 为 6～7 的条件下，解离成有机阴离子，可被带正电的胶体吸附。

土壤对农药吸附作用的大小常用吸附系数 $K_d$ 或吸附常数 $K_{oc}$ 表示。吸附系数是指在一定水土比的平衡体系中，土壤吸附的农药量与水中农药浓度的比值，可用式(8-56)来表示：

$$K_d = C_s C_e^{-(1/N)} \tag{8-56}$$

式中：$C_s$ 为农药吸附在土壤中的量，mg/kg；$C_e$ 为农药在土壤溶液中的浓度，mg/L；$N$ 为 Freundlich 常数。

许多研究表明，土壤的许多性质，如颗粒组成、pH、有机质(或有机碳)含量等，均对土壤的农药吸附作用产生影响，但以土壤有机碳含量影响最大，如以土壤对农药的吸附系数 $K_d$ 与土壤有机碳含量的比值来表示，即以吸附常数表示，则基本上为一常数。

$$K_{oc} = \frac{K_d}{\text{土壤有机碳含量}} \times 100\% \tag{8-57}$$

在一个等温体系中，化合物在固相介质上的吸附量与其液相浓度之间的依赖关系曲线即为吸附等温线。但由于有机污染物在土壤-水体系中的浓度一般很低，加上体系复杂，吸附等温曲线仍以经验方程为主，其中应用较广的有线性吸附等温方程、Freundlich 吸附等温方程、Langmuir 吸附等温方程、DRM 模型和 DMM 模型。

(1) 线性吸附等温方程。

$$Q_e = K_p C_e \tag{8-58}$$

式中：$Q_e$ 为吸附质在土壤中的吸附量；$C_e$ 为吸附质在液相中的平衡浓度；$K_p$ 为吸附质在两相中的分配系数。线性吸附等温线常用来描述有机物在土壤或沉积物上的分配作用。

(2) Freundlich 吸附等温方程。

大量研究证明，多数有机化合物在土壤-水体系中的吸附符合 Freundlich 方程：

$$Q_e = K_f C_e^N \tag{8-59}$$

$$\lg Q_e = \lg K_f + N \lg C_e \tag{8-60}$$

式中：$Q_e$，$C_e$ 含义同式(8-58)；$K_f$ 和 $N$ 为 Freundlich 常数。

Freundlich 方程是一个经验公式，吸附常数 $K_f$ 的单位取决于 $N$ 值，当 $N \neq 1$ 时，很难比较土壤对不同的有机污染物吸附作用的强弱。但由于多数有机污染物的 Freundlich 方程中的 $N$ 值在 0.7～1.2，所以在实际应用中，可设定 $N=1$，则有机污染物在土壤(固相)和溶液(液相)两相中的分配系数 $K_d$=土壤中吸附量/液相中有机污染物量，根据 $K_d$ 值的大小就可以比较土壤对不同污染物吸附作用的差异。

(3) Langmuir 吸附等温方程：

$$Q_e = \frac{Q_m K_L C_e}{1 + K_L C_e} \tag{8-61}$$

式中：$Q_m$ 为最大吸附量；$K_L$ 为与吸附能量有关的常数；$Q_e$ 和 $C_e$ 的含义同式(8-58)。

Langmuir 方程是理论推导而来，假设条件是：各分子的吸附能量相同，与其在吸附表面覆盖度无关，物质的吸附仅发生在固定位置，且吸附质之间没有相互作用。当土壤有机质含量不高但黏土矿物含量较高时，Langmuir 吸附等温方程能较好地描述土壤对一些有机污染物的吸附作用。

(4) DRM 模型相对应的等温吸附方程：

$$Q_e = K_d C_e + K_f C_e^N \qquad (8\text{-}62)$$

式中：$Q_e$、$C_e$ 含义同式(8-58)；$K_d$ 为各部分线性吸附叠加后的总吸附系数；$K_f$ 为 Freundlich 容量因子；$N$ 为 Freundlich 指数因子。

(5) DMM 模型吸附等温方程：

$$Q_e = K_p C_e + \frac{S^0 b C_e}{1+b C_e} \qquad (8\text{-}63)$$

式中：$K_p$ 为线性表征分配吸附作用强度大小的系数，L/kg；$S^0$(mg/kg)和 $b$(L/mg)则为与表面吸附相关的系数，表示空隙填充作用的强度。

2) 降解

土壤中微生物的生命活动是农药降解的最主要因素。此外，包括蚯蚓在内的非脊椎动物对农药的代谢降解作用也是很重要的，还有些农药能在进入植物体内后被代谢降解。农药生物降解的最终产物是 $CO_2$ 和 $H_2O$，如分子中含 S、N、P，还能生成硫酸盐、硝酸盐和磷酸盐。

实验表明，经灭菌处理过的土壤中也会发生农药降解。这说明除生物降解外，还存在着如水解、氧化还原等化学降解作用。此外，在光照条件下，分布在土壤表面的很多农药都可测得其降解速率的光分解作用。总之，土壤介质对于农药的纳污容量和自净能力都是很大的。

下面以 DDT 为例简述农药降解的具体情况。DDT 农药具有一定挥发、降解和分解的能力，但在一般的环境条件下，过程进行得很慢且不显著。例如，一般环境条件下，残留在土壤中的 DDT 95%分解约需 10a；经试验，在 90~95℃水相介质中，紫外光照条件下，使 DDT 彻底降解(即最终生成 $CO_2$)其总量的 75%需 120h。

土壤中某些微生物能较快分解 DDT。在缺氧条件下(如土壤灌溉后)，而且温度较高时，这种分解进行得特别快。土壤中的二价铁盐或氯化铬还能加速 DDT 的还原分解。例如，当土壤中 DDT 含量为 200mg/kg、有二价铁离子存在和温度为 35℃时，在 28d 之内 DDT 几乎全部分解。

农药等有机污染物的降解过程是一个非常复杂的动态过程，目前国内外多以 Hamaker 提出的一级动力学模型来描述，即在不考虑其他因素的条件下，有机污染物的降解速度与其浓度成正比：

$$\frac{dy}{dt} = -ky \qquad k>0, y(0)=a \qquad (8\text{-}64)$$

式中：$y$ 为有机污染物在 $t$ 时刻的浓度；$t$ 为有机污染物进入土壤环境中的时间；$k$ 为有

机污染物降解速度常数；$a$ 为有机污染物在 $t=0$ 时的浓度(初始浓度)。解微分方程可得：$y=a\mathrm{e}^{-kt}$，由实测数据可估计参数 $a$、$k$。

一级动力学模型只能描述降解速度为时间的单调递减函数的情形，过于理想化和简单化，不能完全反映环境因素对降解的影响。实际应用研究中，可从分析影响有机污染物降解的诸因素出发，分解一级动力学模型中的降解速率常数，将一级动力学模型提出的机理假设与有关经验参数拟合互补的模型，变化成二参数、三参数动力学模型。

3) 挥发

污染物挥发气体在土壤中的扩散受孔隙度、土壤结构、土壤含水率、土壤吸附作用等多种因素影响，其中吸附作用是决定污染物在固相、气相和液相中分配的重要因素。采用式(8-65)表示污染物在土壤中的挥发：

$$C_\mathrm{g} = HC\left(\frac{1}{r+K_\mathrm{d}}\right) \tag{8-65}$$

式中：$C$、$C_\mathrm{g}$ 分别为土壤溶液浓度和气相中污染物浓度；$H$ 为亨利常数；$K_\mathrm{d}$ 为吸附分配系数；$r$ 为土壤中土壤与水的质量比。

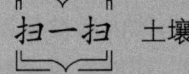 土壤中重金属对人体的危害

## 第三节　土壤污染修复技术

### 一、土壤污染修复概述

土壤是人类衣食之源、生存之本。随着现代经济的高速发展，土壤污染日益严重，土壤污染的防治已成为土壤和环境领域中的一个重要方向，污染土壤修复技术则越来越引起重视。目前，我国在植物修复和微生物强化修复等领域已有一些成功案例，土壤修复逐渐成为一个新兴环保产业，是土壤环境工程中的一个十分重要的组成部分。

土壤本身具有一定的自净能力，但其自身的净化能力和速率通常满足不了污染对环境造成的压力，人们开始重视对土壤污染治理和修复技术的研究。经过近十多年全球范围的研究与应用，从修复原理考虑已经形成了包括生物修复、物理修复、化学修复及其联合修复技术在内的几大类污染土壤修复技术体系。根据处理土壤位置是否改变，又可分为原位修复技术和异位修复技术。

### 二、土壤环境的自净作用

土壤环境的自净作用指在自然因素(土壤矿物质、有机质和微生物等)作用下，土壤本身通过吸附、分解、迁移、转化等一系列物理、化学及生物化学反应过程，使土壤环

境中污染物的数量、浓度或形态发生变化，从而降低或消除污染物毒性或活性的过程。土壤环境的自净作用机理是土壤环境容量的理论依据，也是进行土壤环境污染调控与污染修复的理论基础。污染物浓度如果超过土壤最大容量就会引起不同程度的土壤污染，进而影响土壤中的动植物，并通过生态系统食物链危害人体健康。

土壤环境的物质组成、生物学特性、土壤的环境条件、人类的活动都可影响土壤的自净作用。按作用机理不同，土壤环境的自净作用可分为物理净化作用、物理化学净化作用、化学净化作用和生物净化作用等四个方面。

(一) 物理净化作用

土壤的物理净化就是利用土壤多相、疏松、多孔的特点，通过吸附、挥发、稀释、扩散等物理作用过程使土壤污染物趋于稳定，毒性或活性减少，甚至排出土壤的过程。物理净化过程包括物理过滤、物理吸附、物理沉积。土壤的多孔体系对大于孔隙的物质颗粒有过滤作用，土壤颗粒的大小、颗粒间孔隙形状、孔隙分布及水流通道形状均可影响物理过滤效果；物理吸附与物理沉积则是由非极性分子间的范德华力使土壤中的黏土矿物吸附土壤中的中性分子，或由土壤胶体表面阳离子的交换作用，使污染物中的部分重金属被置换、吸附并形成难溶态物从而被固定。

在土壤中，表面积较大的土壤颗粒即固相中的土壤胶体具有较强的表面吸附能力，因此难溶性固体污染物可被土壤胶体吸附从而被机械阻留；可溶性污染物(如硝酸盐、亚硝酸盐及中性分子和阴离子形态存在的某些农药等)可被土壤水分稀释从而使毒性减小，也可被土壤固相表面吸附(物理吸附)，或随土壤中水分迁移至地表水或地下水层；某些污染物也可挥发或转化成气态物质，从土壤孔隙中迁移扩散至大气，可见挥发扩散是很多农药在环境中迁移转化的重要途径之一。

例如，农药甲胺磷在温度升高、气流量增大情况下，挥发量增大较快，二者是影响甲胺磷挥发的主要因素。用插值法建立的动力学模型如下：

$$C_1 = C_0 e^{-(4.6100-kt)} \tag{8-66}$$

式中：挥发速率参数 $k$ 与温度 $T$、气流量 $Q$ 的变化都满足线性关系，并拟出方程：

$$k = 2 \times 10^{-5} T^2 - 1.07 \times 10^{-2} T + 1.425 \tag{8-67}$$

$$k = 1.01 \times 10^{-2} Q + 9.68 \times 10^{-4} \tag{8-68}$$

六六六在旱田施用后，主要靠挥发散失；氯苯灵等除草剂在高温条件下易挥发失活。这些物理净化作用只能将污染物分散、稀释和转移，并不能降解消除污染物，其净化效果受土壤温度、湿度、土壤质地、土壤结构和污染物性质等多种因素的影响。

(二) 物理化学净化作用

土壤物理化学净化作用是指用污染物的阴、阳离子与土壤胶体上原来吸附的离子间的交换吸附作用，是可逆的离子交换反应，也是土壤环境缓冲作用的重要机制。其净化能力大小可用土壤阳离子交换量或阴离子交换量的大小来衡量。由于土壤中胶体大多带负电，因此一般土壤对阳离子或带正电荷的污染物净化能力较强。增加土壤中的胶体含量，特别是有机胶体含量，可相应提高土壤物理化学净化能力。当土壤 pH 增大，污染物阳离子净化能力提高，反之，污染物阴离子净化能力提高。

$$(土壤胶体)Ca^{2+} + HgCl_2 \rightleftharpoons (土壤胶体)Hg^{2+} + CaCl_2 \tag{8-69}$$

物理化学作用的净化效果与胶体自身形式和污染物离子性质有关。黏土胶体吸附金属离子的顺序是：$Cu^{2+} > Pb^{2+} > Ni^{2+} > Co^{2+} > Zn^{2+} > Ba^{2+} > Rb^{2+} > Sr^{2+} > Ca^{2+} > Mg^{2+} > Na^+ > Li^+$。然而，物理化学作用只能使污染物在土壤溶液中离子浓度降低，并不能从根本上消除污染物。经交换吸附到土壤胶体上的污染物离子可被其他相对交换能力更大的或浓度大的其他离子交换下来，重新转移到环境溶液中，恢复原有的毒性或活性。所以，物理化学作用只是暂时性的、不稳定的，对土壤具有严重的潜在威胁。

### (三) 化学净化作用

化学净化作用主要是指通过溶解、氧化、还原、化学降解和化学沉降等过程，使污染物迁出土壤之外或转化为不被植物吸收的难溶物，并且不改变土壤结构和功能的作用方式。化学净化方式包括凝聚与沉淀反应、氧化还原反应、络合-螯合反应、酸碱中和反应、同晶置换反应、水解反应、分解反应和化合反应，以及光化学降解作用等。污染物经这些化学净化反应转化为难溶性或难解离物质使危害程度和毒性减小，或分解为无毒物和营养物质。例如，农药在土壤中可通过化学净化等作用而消除。酸碱反应和氧化还原反应在土壤自净过程中也起主要作用。多种重金属在碱性土壤中容易沉淀，在还原条件下，大部分重金属离子能与 $S^{2-}$ 形成难溶性硫化物沉淀，从而降低污染物的毒性。

以有机磷农药的化学降解为例进行介绍。

吸附催化水解：是有机磷农药在土壤中降解的主要途径，如地亚农等硫代硫酸酯的水解反应如下：

$$(RO)_2\overset{S}{\underset{OR'}{P}} \xrightarrow[(H^+或OH^-)]{+H_2O} (RO)_2\overset{S}{\underset{OH}{P}} + R'-OH \tag{8-70}$$

光降解：有机磷农药可发生光降解反应，如辛硫磷在 253.7nm 的紫外光下照射 30h，其光解产物如下：

$$辛硫磷\ (C_2H_5O)_2\overset{S}{P}-ON=\underset{C_6H_5}{\overset{CN}{C}} \begin{cases} (C_2H_5O)_2\overset{O}{P}-SN=\underset{C_6H_5}{\overset{CN}{C}} & (辛硫磷感光异构体) \\ (C_2H_5O)_2\overset{O}{P}-O-\overset{O}{P}(OC_2H_5)_2 & (特普) \\ (C_2H_5O)_2\overset{O}{P}-\overset{S}{P}(OC_2H_5)_2 & (一硫代特普) \\ (C_2H_5O)_2\overset{O}{P}-ON=\underset{C_6H_5}{\overset{CN}{C}} & (辛氧磷) \end{cases} \tag{8-71}$$

### (四) 生物净化作用

生物净化作用主要指依靠土壤生物(如细菌、真菌、放线菌等)，在微生物体内酶或分泌酶的催化作用下，使土壤有机污染物发生各种氧化分解或化合反应而转化的过程，这些反应统称为生物降解，即生物净化作用，是土壤环境自净作用中最重要的净化途径之一。

土壤中的微生物种类繁多，各种有机污染物在不同条件下的分解形式也多种多样，主要有氧化、还原、水解、脱羟、脱卤、芳香羟基化和异构化、环破裂等过程；某些无机污染物也可通过微生物作用发生一系列变化而降低活性和毒性；但重金属则不能被微生物净化，却有可能在土壤中富集，从而成为土壤环境最危险的污染物。

有机物的生物降解作用与土壤中微生物的种群、数量、活性以及土壤水分、土壤温度、土壤通气性、pH、氧化还原电位、C/N 比等因素有关。例如，土壤水分适宜，土温 30℃左右，土壤通气良好，氧化还原电位较高，土壤 pH 偏中性到弱碱性，C/N 比在 20：1 左右，则有利于天然有机物的生物降解。相反，若有机物分解不彻底，可产生大量的有毒害作用的有机酸等。生物降解作用还与污染物本身的化学性质有关，那些性质稳定的有机物，如有机氯农药和具有芳环结构的有机物，生物降解的速率一般较慢。

有机磷农药在土壤中被微生物降解是它们转化的另一条重要途径。化学农药对土壤微生物有抑制作用。同时，土壤微生物也会利用有机农药为能源，在体内酶或分泌酶的作用下，使农药发生降解作用，彻底分解为 $CO_2$ 和 $H_2O$。例如，马拉硫磷被绿色木霉和假单胞菌两种土壤微生物以不同方式降解，其反应如下：

$$\underset{\substack{\text{S}\\\|\\(CH_3O)_2\,PSCHCOOC_2H_5\\|\\CH_2COOC_2H_5}}{}\quad\begin{cases}\xrightarrow{H_2O}\ (CH_3O)_2\overset{S}{\overset{\|}{P}}-SH\ +\ HO-\underset{\substack{|\\CH_2COOC_2H_5}}{CHCOOC_2H_5}\\[2ex]\xrightarrow{\text{绿色木霉}}\ \underset{HO}{\overset{CH_3O}{\phantom{X}}}\overset{S}{\overset{\|}{P}}-\underset{\substack{|\\CH_2COOC_2H_5}}{SCHCOOC_2H_5}\\[2ex]\xrightarrow{\text{假单胞菌}}\ (CH_3O)_2\overset{S}{\overset{\|}{P}}S\underset{\substack{|\\CH_2COOC_2H_5}}{CHCOOH}\longrightarrow(CH_3O)_2\overset{S}{\overset{\|}{P}}S\underset{\substack{|\\CH_2COOH}}{CHCOOH}\end{cases}$$

(8-72)

上述四种土壤环境的自净作用，其过程互相交错，其强度的总和构成了土壤环境容量的基础。

### (五) 土壤环境容量

土壤环境容量指土壤污染物到达环境标准时土壤所能容纳的污染物量，是从静止的观点度量土壤的容纳能力，即土壤环境单元在一定时限内遵循环境质量标准，既保证农产品产量和生物学质量，同时也不造成环境污染时，土壤所能允许承纳的污染物最大数量或负荷量。

土壤环境静容量是根据土壤的环境背景值和环境标准的差值来推算容量的简易方法，通过拟定的环境标准，或通过土壤环境污染生态效应实验拟定的土壤环境基准，减去土壤背景值求得。土壤环境静容量仅仅能反映土壤污染物生态效应和环境效应所容许的水平，未体现土壤污染物积累过程中的污染物输入和输出。土壤环境动态容量则是在土壤环境静容量的基础上，将污染物输入和输出也表现在内的土壤动态的全部容许数量，是该环境单元的全部自净能力。土壤静容量和动容量的表示方法如下。

土壤环境标准或土壤环境基准确定后，土壤静容量可由式(8-73)表示：

$$C_s = M(C_i - C_{bi}) \tag{8-73}$$

式中：$C_s$ 为土壤静容量；$M$ 为每公顷耕层土壤质量，kg；$C_i$ 为 $i$ 元素的土壤临界值即土壤环境标准，mg/kg；$C_{bi}$ 为 $i$ 元素的土壤背景值，mg/kg。

重金属元素在土壤中处于动态平衡，因此土壤能容纳的污染物量实际是一个变动的量值，即土壤具有动容量，可由式(8-74)表示：

$$Q_d = M\{C_i - [C_{pi} + f(I_1, I_2, \cdots, I_n) - f(Q_1, Q_2, \cdots, Q_n)]\} \tag{8-74}$$

式中：$Q_d$ 为动容量，kg；$C_i$ 为 $i$ 元素的土壤临界值，mg/kg；$C_{pi}$ 为 $i$ 元素的实测浓度，mg/kg；$I$ 和 $Q$ 分别为输入量和输出量，可分别建立各自的子函数方程。

根据土壤静容量，现存土壤容量表达式为

$$C_{sp} = M(C_i - C_{bi} - C_p) \tag{8-75}$$

式中：$C_p$ 为土壤中人为污染而增加的量。

另外土壤环境容量也可用式(8-76)粗略估计：

$$Q = 150(C_K - B) \tag{8-76}$$

式中：$Q$ 为基本的土壤环境容量；g/亩，1 亩为 666.67 平方米；$C_K$ 为土壤环境标准值，mg/kg；$B$ 为区域土壤背景值，mg/kg。

土壤环境标准值的确定，可根据大田采样统计和单因子(或复因子)盆栽实验，求得土壤中不同污染物导致某一作物体内残留超标或使作物生长发育受阻时的浓度，作为土壤环境容量标准。

### 三、污染土壤修复技术

土壤修复(soil remediation)是指通过物理、化学和生物的方法吸收、转移、降解和转化土壤中的污染物，使其含量或浓度降低到可接受的水平，或将有毒有害的污染物转化为无毒无害的物质，满足土地使用要求。根据污染物的物理化学性质的不同，针对不同的污染物，研究人员采用不同的处理方法，一般分为以下三种：物理修复技术、化学修复技术和生物修复技术。其中物理、化学修复技术主要基于污染物固-液/气界面行为的调控，适用于有机污染场地/土壤的修复；生物、化学与生物相结合的修复技术主要基于污染物固-液-生物界面行为及生物有效性的调控，适用于有机污染农田土壤的修复。

(一) 物理修复

土壤污染物理修复技术是指通过各种物理手段如挖掘、电动、热解吸等方式,将污染物从土壤中分离或去除的技术。该技术具有修复周期短、适用范围广泛、操作简单等特点,但成本较高,容易破坏土壤内部生态结构且易造成二次污染。我国污染土壤的物理修复技术研究开始于20世纪70年代,常见物理修复技术包括物理分离修复技术、固化/稳定化修复技术、热力学修复技术、电动力学修复技术、冰冻修复技术等。

除此之外,物理修复包括气相抽提技术、热脱附技术、玻璃化技术、热处理技术、稀释和覆土、焚烧和填埋等,主要用于高浓度、高风险工业污染场地的修复。土壤物理修复技术以及不同类型场地土壤修复技术参数比较分别见表 8-6 和表 8-7。

表 8-6 土壤物理修复技术

| 修复方法 | 修复原理 | 优缺点 |
| --- | --- | --- |
| 换土/焚烧法 | 将污染的土壤用大型工程机械挖出,从未污染地区就近挖取干净土壤,填入该地区;将挖出的污染土壤进一步处理,如焚烧,去除污染物,再填入未污染地区 | 优点:效率高,适用广泛,操作简单,我国短期市场前景较好<br>缺点:高成本,高耗能,容易破坏土壤内部生态结构且易造成二次污染,客换的非原生态土壤仍需对其成分进行适当调整 |
| 电动力学修复技术 (electrokinetic remediation) | 将污染土壤两端插入两个电极,使土壤内部形成低压直流电场,在电场作用下,土壤中的带电颗粒会定向移动,金属污染物便会在电极附近富集,然后收集回收。对 Pb 和 Cd 可有效清除 | 优点:经济效益高、不破坏土壤生态环境<br>缺点:必须在酸性条件下进行,难调控,当土壤含水率低于 10%时,处理效果会大大降低,而且会产生有害副产物(如氯气、丙酮等) |
| 热脱附修复技术 (thermal desorption) | 是一种非燃烧的原位修复技术,以直接或间接的热交换方式,将土壤中的有机物污染组分加热至足够高的温度,使其蒸发成气态后与土壤介质分离的过程;<br>传统的热脱附方式为滚筒式热脱附,新兴技术包括流化床式热脱附、微波热脱附和远红外热脱附 | 优点:污染物处理范围宽、效率高,设备可移动,对土壤生态结构破坏小,处理效果好,修复后土壤可再利用;对 PCBs 类含氯有机物污染场地,此法可显著减少二噁英的生成<br>缺点:设备价格高,耗能高,脱附时间过长、处理成本过高,结构设计要求高,适用性受限制,有害蒸气需回收以防二次污染 |
| 气相抽提技术 (vapor extraction) | 包括蒸气抽提技术和空气抽提技术,1984年由美国 Terravac 公司研究成功并获得专利权,去除土壤中挥发性有机污染物的原位修复技术,是指通过降低土壤孔隙的蒸气压,把土壤中的污染物转化为蒸气形式而加以去除的技术;<br>近年来,与原位空气喷射(AS)、双相抽提(DPE)、热强化(TE)、土壤生物通风强化等原位修复技术结合或互补,强化改进和拓展气相抽提技术 | 适用于去除不饱和土壤中高挥发性有机组分的污染土壤,如汽油、苯和四氯乙烯等污染的土壤<br>优点:成本低、可操作性强、标准设备、处理有机物的范围宽、不破坏土壤结构、不引起二次污染,修复效率高 |
| 超声/微波加热技术 (ultrasonic/microwave heating) | 利用超声空化现象所产生的机械效应、热效应和化学效应对污染物进行物理解吸、絮凝沉淀和化学氧化作用,从而使污染物从土壤颗粒上解吸,并在液相中被氧化降解成 $CO_2$ 和 $H_2O$ 或环境易降解的小分子化合物 | 可有效修复石油污染土壤,进行物理解吸同时可通过氧化作用彻底清除 |

表 8-7　不同类型场地土壤修复技术参数比较

| 修复技术 | 成熟性① | 适合的目标污染物② | 适合的土壤类型③ | 治理成本/(美元/t) | 污染物去除率/% | 修复时间 |
|---|---|---|---|---|---|---|
| 农业耕作 | F | b, c | A~I | 25~75 | 75~90 | 6个月~2年 |
| 固定化/稳定化 | F | c, e, f | A~I | >75 | >90 | 6~12个月 |
| 洗涤法 | F | b~f | F~I | >75 | >90 | 1~6个月 |
| 热解吸 | F | a, b, d~f | A~I | 10~75 | >90 | 1~12个月 |
| 蒸气油提 | F | a, b | F~I | 50~75 | 75~90 | 6个月~2年 |
| 化学淋洗法 | F | a~f | F~I | <75 | 50~90 | 1~12个月 |
| 植物修复 | F | a~f | 无关 | 10~50 | <75 | 2年以上 |
| 生物堆场 | F | a~d | C~I | <25 | >75 | 1~12个月 |
| 生物通风 | F | b~d | D~I | 10~75 | >90 | 1~12个月 |
| 生物泥浆 | F | a~d | D~I | >50 | >90 | 1~6个月 |

① 成熟性：F代表规模应用。
② 污染物类型：a代表挥发性，b代表半挥发性，c代表碳水化合物，d代表杀虫剂，e代表无机物，f代表重金属。
③ 污染类型：A代表细黏土，B代表中粒黏土，C代表淤质黏土，D代表黏质肥土，E代表淤质肥土，F代表淤泥，G代表砂质黏土，H代表砂质肥土，I代表砂土。

### (二) 化学修复

土壤污染化学修复技术是通过向土壤中投入化学改良剂，与污染物发生氧化还原等化学反应，通过吸附、溶解、氧化还原、络合或沉淀土壤中的污染物，将污染物从土壤中分离、降解或转化成低毒的化学形态，从而降低污染物的迁移性或有效性。该技术通常是在污染土壤中加入表面活性剂、腐殖酸、环糊精或有机溶剂等增效试剂，提高土壤中吸附态污染物的溶解度，增强其流动性，从而将污染物迁移出土壤。常用的化学修复技术包括化学淋洗技术(原位或异位)、溶剂浸提技术、原位化学氧化修复技术、原位化学还原与还原脱氯技术、土壤性能改良技术、土壤固化/稳定化技术、氧化还原技术和光催化降解技术等，详见表8-8。

表 8-8　常用的土壤化学修复技术

| 修复方法 | 修复原理 | 优缺点 |
|---|---|---|
| 固化/稳定化技术 (solidification/stabilization) | 将污染物固定在土壤中，使其长期处于稳定状态，防止或降低污染物释放有害化学物质的修复技术。该技术通过将特殊添加剂与污染土壤相混合，利用化学、物理或热力学过程来降低污染物的物理、化学溶解性或在环境中的活泼性 | 优点：原位处理效率较高，周期短，处理效果好，方便运输；工艺操作简单、费用低廉、固化/稳定剂易得，常用的有飞灰、石灰、沥青和硅酸盐水泥；处理多种重金属复合污染土壤具明显优势<br>缺点：不一定改变污染土壤的物理形状。添加的固化稳定剂及其产物对土壤内部生态结构有一定影响，且环境一旦发生改变，污染物可能再次释放。固化反应后土壤体积均有不同程度增加，固化体的长期稳定性较差 |

续表

| 修复方法 | 修复原理 | 优缺点 |
| --- | --- | --- |
| 淋洗/浸提技术 (leaching/extraction) | 将水或含有冲洗助剂的水溶液、酸/碱溶液、络合剂或表面活性剂等淋洗剂注入污染土壤或沉积物中，洗脱土壤中的污染物的过程。淋洗废水经处理后达标排放，处理后的土壤可再安全利用 | 优点：适用于中重度污染，可处理难以从土壤中去除的有机污染物，去污效果好，土壤可再次利用<br>缺点：工程量大，用水较多，成本高，大面积轻度污染及黏土含量较高时不考虑采用该技术 |
| 化学脱卤技术 | 化学脱卤技术是指将试剂加入到受卤代有机物污染的土壤中，以置换污染物中的卤素或使其分解挥发 | 优点：修复周期短<br>缺点：一些脱卤剂能与水起化学反应，高黏土含量及含水率会增加处理成本 |
| 化学氧化还原技术 | 氧化还原技术类似于固化/稳定技术，将有害污染物转化成相对稳定、迁移性较低的无害或低毒性物质 | 优点：对无机污染物处理效果明显<br>缺点：氧化还原剂及其产物对土壤生态结构有影响 |

### (三) 生物修复技术

土壤污染生物修复技术，是指利用土壤中的微生物降解/植物吸收积累等生物的生命代谢活动，以减少土壤环境中的有毒有害污染物，从而使土壤环境能够部分地或完全地恢复到初始状态，达到土壤污染修复的目的。常见的生物修复技术有微生物修复、动物修复、植物修复，详见表8-9。

**表8-9　土壤污染生物修复技术**

| 修复方法 | 修复原理 | 优缺点 |
| --- | --- | --- |
| 微生物修复 | 土壤中的某些微生物对一种或多种污染物具有降解、沉淀、吸收的作用，微生物修复就是利用这种作用降低土壤对重金属的吸收，来修复被污染的土壤和降解复杂的有机物。可分为原位处理、就地处理、生物反应钚 | 优点：成本低，效果好，操作简单且无二次污染<br>缺点：受环境因素的制约，对污染物的针对性较强，即只能降解特定的污染物；如果微生物量超出耐受范围，修复终止，如大量引入专性微生物或基因工程菌有较大生态风险 |
| 动物修复 | 动物修复主要是通过土壤动物群对土壤污染物的吸收、分解和转化作用，改善土壤理化性质，提高土壤肥力，如蚯蚓、线虫、蛆虫等 | 优点：成本低，对土壤的生态特性影响较小，应用范围广<br>缺点：修复时间长，修复效果取决于动物对周围环境的适应性 |
| 植物修复 | 植物修复是指利用植物的吸收、降解、根滤、稳定等作用机理，使污染物固定或将污染物转化为毒性较低化学形态，减轻其危害性。筛选或培育超积累植物 | 优点：成本低、不破坏场地结构、无二次污染、美化环境等<br>缺点：时间长，受外界环境影响大，能用于植物修复的植物种类单一，难以修复当前较多的污染类型 |

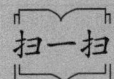 超积累植物对土壤中重金属的净化

### (四) 污染土壤联合修复技术

从修复技术来看，多种修复技术共用，或以一种修复技术为主，辅以其他手段来共同恢复土壤健康，已得到全世界越来越多的重视。目前，研究应用较多的几种联合修复技术为物理-化学联合修复技术、化学/物化-生物联合修复技术、微生物/动物-植物联合修复技术。

#### 1. 物理-化学联合修复技术

物理和化学修复是利用污染物的物理、化学特性，通过分离、固定以及改变存在状态等方式，将污染物从土壤中去除。这两种方法具有周期短、操作简单、适用范围广等优点。但传统的物理、化学修复也存在着修复费用高昂、易产生二次污染、破坏土壤及微生物结构等缺点，制约了此方法从实验室向大规模应用的转化。近年来，研究者通过对一些物理和化学修复方法的组合，有效地克服了某些修复方法存在的问题，在提高修复效率、降低修复成本方面取得了一定的进展。

#### 2. 化学/物化-生物联合修复技术

生物修复就是利用微生物、植物和动物将土壤中的污染物转化、吸附或富集的生物工程技术系统。生物修复具有成本低、不破坏土壤环境、污染物降解效率高、不产生二次污染、可原地处理、操作简单等优点，随着对土壤修复的要求的提高，生物修复越来越引起人们的重视。但生物修复也有其短期内难以克服的缺点，如生物修复周期长，往往需要几个月甚至几年的时间才能完成；用微生物进行原位修复，其结果可能会与实验室模拟有很大的差别；非土著微生物对生物多样性会产生威胁等。

#### 3. 微生物/动物-植物联合修复技术

生物技术应用到土壤修复中，大大地提高了修复过程的安全性，降低了成本。目前，用于修复的生物主要是植物和微生物，另外还有少量的原生动物。植物作用于污染物主要有吸收、降解、转化以及挥发等几种方法。植物和微生物修复都存在着不足，如植物修复缓慢、对高浓度污染的耐受性低，微生物的修复易受到土著微生物的干扰等。而植物与微生物的联合修复，特别是植物根系与根际微生物的联合作用，已经在实验室和小规模的修复中取得了良好的效果。根际是受植物根系影响的根-土界面的一个微区。一方面，植物根部的表皮细胞脱落、酶和营养物质的释放，为微生物提供了更好的生长环境，增加了微生物的活动和生物量。另一方面，根际微生物群落能够增强植物对营养物质的吸收，提高植物对病原的抵抗能力，合成生长因子以及降解腐败物质等。因此，在污染土壤修复的过程中，还应该考虑表 8-10 中涉及的一些问题。

表 8-10　污染土壤修复技术需考虑的信息

| 实施步骤 | 评估体系 | 评估内容 |
|---|---|---|
| 1 | 现场实际验证 | 有效性；经济性；安全性 |
| 2 | 多目标评价 | 风险降低的程度；技术有效性提高程度；费用与时间节省程度；法规遵从程度；公众可接受程度 |
| 3 | 技术实施有效性评价(基于必需的关键信息) | 性能；应用范畴与发展阶段；费用估计可靠性(成本、运行与维护费用、单位面积修复费用) |
| 4 | 工程有效性比较评价(基于各种资料数据来源) | 其他用户/案例研究；开发商；本次测试(特定变量、性能评估、费用预测) |

(五) 土壤污染场地修复特种装备及应用

1) 异位直接热脱附技术装备

采用直接加热将污染土壤加热至目标污染物的沸点以上，通过控制系统温度和物料停留时间有选择地促使污染物气化挥发，使目标污染物与土壤颗粒分离、去除。

系统构成与主要设备：由进料系统、脱附系统和尾气处理系统组成(图 8-7)。

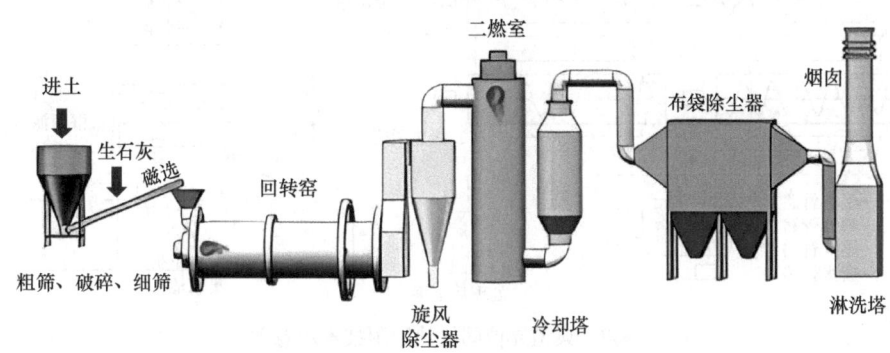

图 8-7  典型异位直接热脱附技术示意图

进料系统：包括筛分机、破碎机、振动筛、链板输送机、传送带、除铁器等设备。通过筛分、脱水、破碎、磁选等预处理，将污染土壤从车间运送到脱附系统中。

脱附系统：包括回转干燥设备或是热螺旋推进设备。污染土壤进入热转窑后，与热转窑燃烧器产生的火焰直接接触，被均匀加热至目标污染物气化的温度以上，达到污染物与土壤分离的目的。

尾气处理系统：包括旋风除尘器、二燃室、冷却塔、冷凝器、布袋除尘器、淋洗塔、超滤设备等。富集气化污染物的尾气通过旋风除尘、焚烧、冷却降温、布袋除尘、碱液淋洗等环节去除尾气中的污染物。

主要指标：设备处理能力可达 100t/h，进料粒径<50mm，加热装置内气体温度 150～850℃可调，土壤在加热装置内停留时间 10～60min 可调。有机污染物去除率可达 95% 以上。

适用范围：挥发性、半挥发性有机污染土壤修复。

2) 异位间接热脱附技术装备

尾气处理系统：富集气化污染物的尾气通过过滤器、冷凝器、超滤设备等环节去除尾气中的污染物。气体通过冷凝器后可进行油水分离，浓缩、回收有机污染物。

系统构成与主要设备：由进料系统、脱附系统和尾气处理系统组成(图 8-8)。与直接热脱附的区别在于脱附系统和尾气处理系统。脱附系统：燃烧器产生的火焰均匀加热转窑外部，污染土壤被间接加热至污染物沸点后，污染物与土壤分离，废气经燃烧直排。

主要指标：设备处理能力 1～20t/h，土壤进料粒径<30mm，含水率<30%，加热温度 150～650℃可调，土壤在加热装置内停留时间 10～60min 可调。有机污染物去除率可达 95%以上。

适用范围：挥发性、半挥发性有机物及汞污染土壤修复。

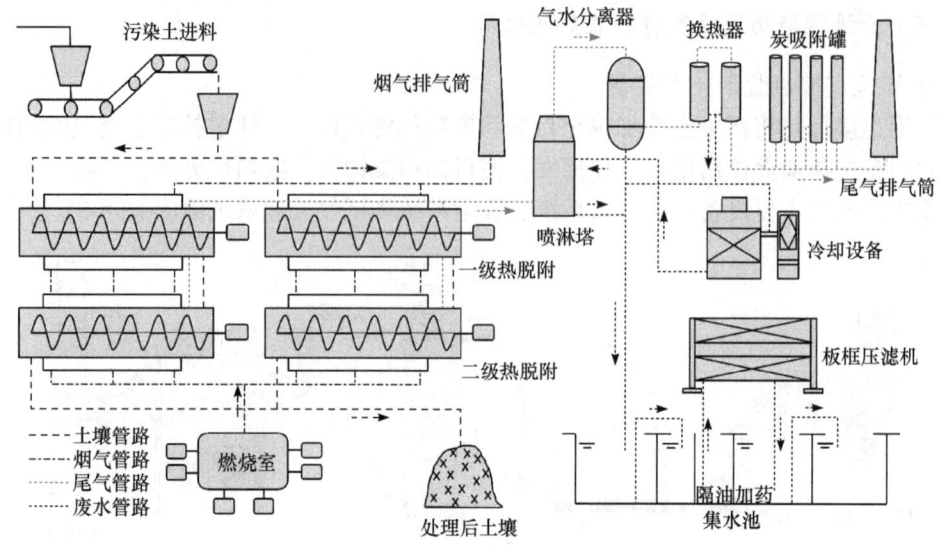

图 8-8 典型异位间接热脱附技术示意图

3) 原位气相抽提修复技术装备

**系统构成与主要设备**：由抽气井群、输气管道、抽气系统(负压风机或真空泵)和尾气处理系统组成。土壤孔隙中含挥发性有机物的气体经抽气井、管道被不断抽出，抽出后经尾气处理装置处理达标后排放。尾气处理可采用活性炭吸附、催化氧化或焚烧等方法；尾气处理产生的废弃活性炭及气水分离系统产生的废水采用适宜技术妥善处理。

**主要指标**：单井影响半径(与土壤透气率等相关)一般为 5～30m，抽提井口负压 0.8～25kPa(8～250cm $H_2O$ 柱)，单井抽气速率 0.28～2.8$m^3$/min。

**适用范围**：亨利常数大于 0.01 或蒸气压力大于 66.6Pa(0.5mmHg)的挥发性有机物污染土壤的修复，土壤透气率大于 $1×10^{-4}$cm/s。

4) 多相抽提修复技术装备

通过真空抽提设备将污染区域的气体和液体(包括土壤气、地下水和非水相液体)同时从地下抽出至地上处理，达到迅速控制并同步修复土壤与地下水污染的目的。抽出的气体、液体或气液混合物在地面处理系统中通过气液分离器、非水相液体-水分离器进行多相分离。分离后气体中污染物可采用热氧化法、催化氧化法、吸附法、浓缩法、生物过滤及膜法过滤等方法处理；污水采用膜法、生化法和物化法处理；分离得到的非水相液体及产生的废活性炭一般作危险废物处理。

**系统构成与主要设备**：通常由多相抽提、多相分离、污染物处理三个主要部分构成。系统主要设备包括真空泵(水泵)、输送管道、气液分离器、LNAPL/水分离器、传动泵、控制设备、气/水处理设备等，如图 8-9 所示。

**主要指标**：单井影响半径>2m，系统负压>0.05MPa，抽提井头负压>0.01MPa，气体抽提流量>100$m^3$/h，液体抽提流量>1.0$m^3$/h。

**适用范围**：非水相液体如汽油、柴油、有机溶剂等污染土壤和地下水修复，不适用于渗透性差或地下水水位变动较大的场地。

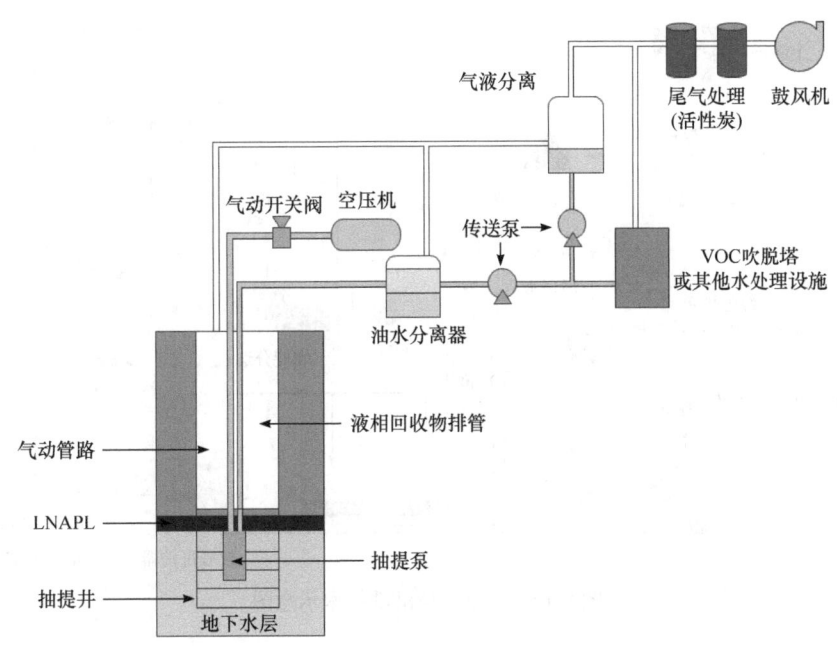

图 8-9　多相抽提修复技术示意图

5) 污染土壤异位淋洗修复技术装备

通过采用水等淋洗液冲洗颗粒表面吸附的污染物，促使污染物从土壤固相颗粒转移至液相，实现土壤净化和污染土壤减量的目的。污染土壤经筛分、破碎等预处理工序去除较大粒径(>50mm)渣块后，剩余土壤通过进料斗进入造浆设备，经水力分离逐级筛选出的较大粒径颗粒经冲洗后达标，较小粒径颗粒与洗脱废水混合为泥浆。泥浆固液分离后的滤液采用混凝沉淀、催化氧化、活性炭吸附等工艺处理后回用，重金属污染泥饼采用固化稳定化工艺处理，有机物污染泥饼采用热脱附或水泥窑处理。

系统构成与主要设备：包括土壤预处理设备(如破碎机、筛分机等)、输送设备(皮带机或螺旋输送机)、物理筛分设备(湿法振动筛、滚筒筛、水力旋流器等)、增效洗脱设备(洗脱搅拌罐、滚筒清洗机、水平振荡器、加药配药设备等)、泥水分离及脱水设备(沉淀池、浓缩池、脱水筛、压滤机、离心分离机等)、废水处理系统(废水收集箱、沉淀池、物化处理系统等)、泥浆输送系统(泥浆泵、管道等)、自动控制系统(图 8-10)。

主要指标：处理能力>20m³/h，水土比 5∶1～10∶1，洗脱时间 20～120min，污染土减量>75%。

适用范围：重金属及半挥发性有机物污染土壤修复，不宜用于土壤细粒(黏/粉粒)含量高于 25%的土壤。

6) 土壤浆化强化修复装备

将黏性较大的污染土壤通过造浆装置进行破碎筛分，与造浆水混合后达到污染土的松散分离、造浆的目的，污染土壤造浆液化后进入化学氧化、淋洗、脱水等后续工序。造浆后的液化土壤更有利于药剂的均匀分布，药剂接触到全部污染区域，利用氧化剂的氧化作用对有机污染物进行去除，利用淋洗液将重金属溶解去除，最终达到处理有机物

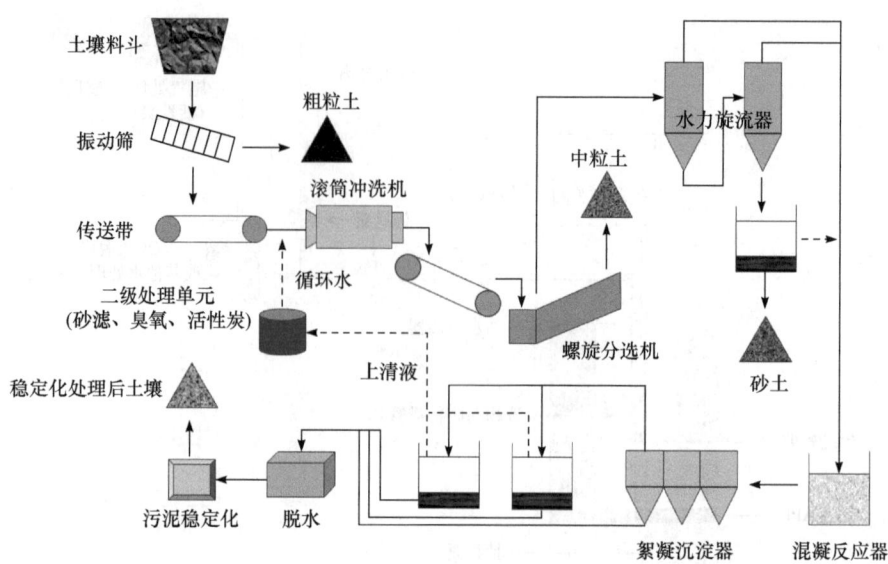

图 8-10　土壤异位淋洗技术示意图

与重金属污染的双重目标。

主要指标：停留时间 260min；工作时间 24h；土壤颗粒粒径<50mm。装机功率 110kW。有害物质去除率>95%；修复效率 80~100m³/d。故障率<3%；维护周期>6 个月；寿命>10 年。

适用条件：破碎过的土壤 95%的粒径需小于 1~2cm；土壤含水率 15%~30%；药剂混合：土壤 pH 5~9；养护阶段土壤含水率 15%~30%。

(六) 土壤污染修复流程及监测方法

1. 场地调查

场地调查是场地修复成功的基础，不合适的概念模型是导致修复失败的主要原因。在场地调查中，较准确地确定污染源、污染扩散途径、污染物分布和受体关系，才能制定更经济有效的修复方案。场地调查需要遵循以下原则：针对场地的特征和潜在污染物特性，进行污染物浓度和空间分布调查，为场地的环境管理提供依据；采用程序化和系统化的方式规范场地环境调查过程，保证调查过程的科学性和客观性；综合考虑调查方法、时间和经费等因素，结合当前科技发展和专业技术水平，使调查过程切实可行。

场地调查分为三个阶段(图 8-11)。第一阶段主要包括资料搜集、现场踏勘、人员访谈等方式。通过照片、相关文件等内容，有助于了解场地污染的历史情况；现场踏勘目的在于核实已搜集到的资料，了解污染现状，包括周边敏感点等；人员访问是为了进一步考证已有资料。若第一阶段调查确认场地内及周围区域当前和历史上均无可能的污染源，则认为场地的环境状况可接受，调查活动可以结束。原则上不进行现场采样。

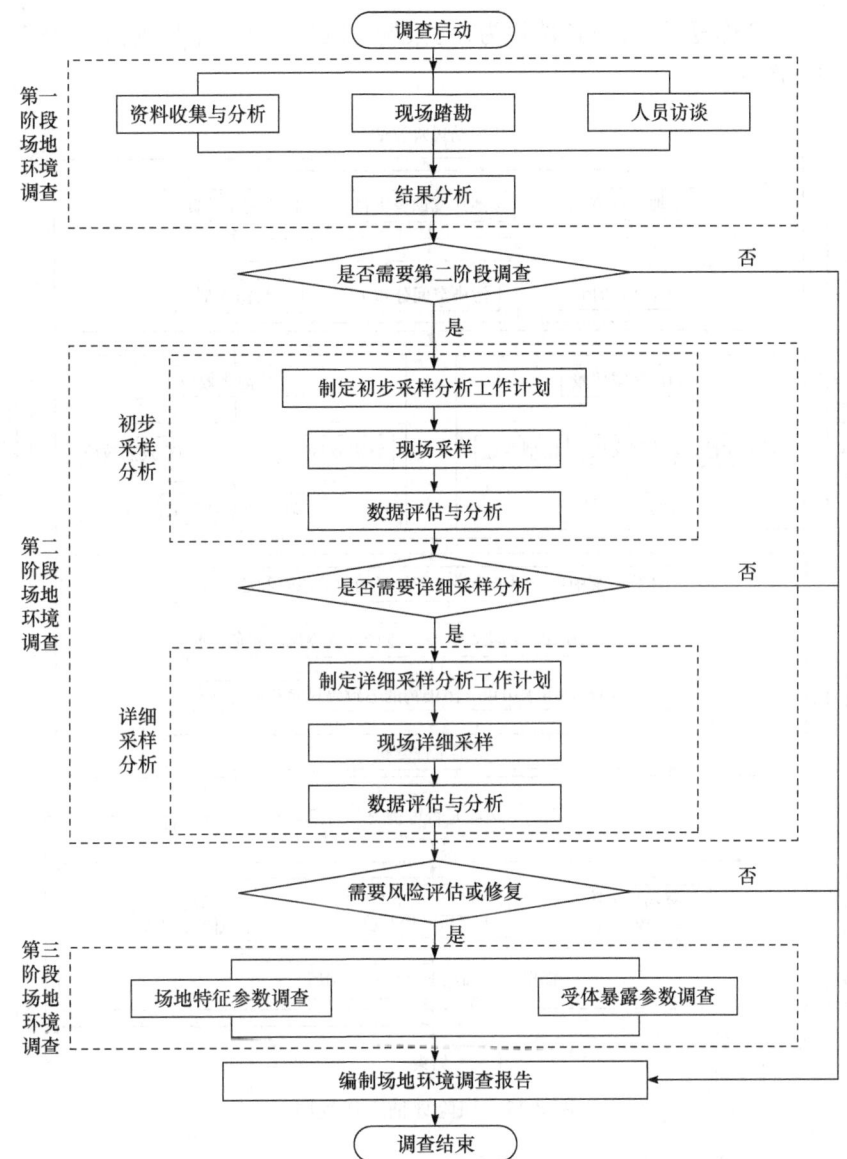

图 8-11 场地环境调查的工作内容与程序

第二阶段场地环境调查是以采样与分析为主的污染证实阶段,制定采样计划并现场采样,分析整理监测结果,最后形成初步调查报告和详细调查报告。

如果缺乏细致的场地调查数据,复杂场地的修复效果可能收效甚微。目前美国场地调查先进技术包括概念模型、土壤采样统计学、地下水采样及监测井优化、三元现场决策法、基于决策的场地调查、高精度技术、环境法医学、场地修复地质学、水文学和环境生物分子诊断等。

**2. 风险评估**

场地风险评估,主要是指健康风险评估,是估算地块污染对人体健康影响的方法体系，从而合理确定修复目标，支撑法规为《污染场地风险评估技术导则》(HJ 25.3—2014)，其评估程序见图 8-12。

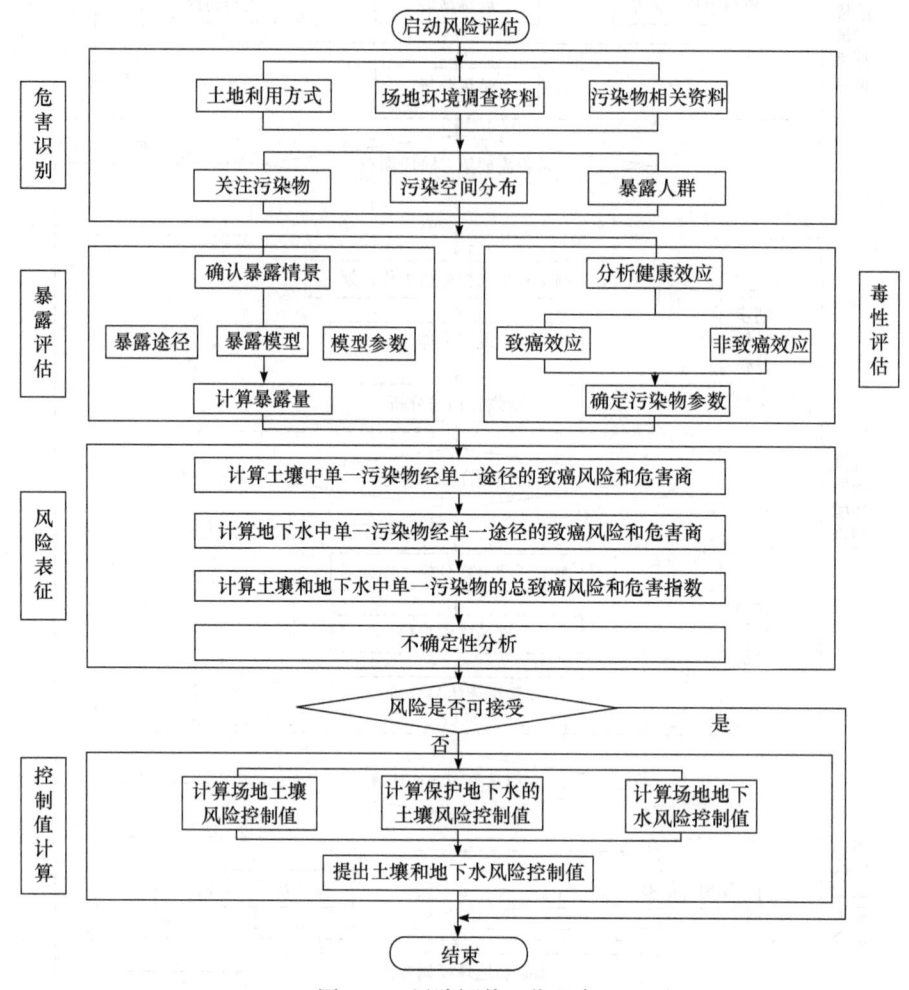

图 8-12 风险评估工作程序

风险评估包括以下 4 步：

(1) 危害识别，即根据上一阶段场地调查结论，对地块内土壤样品、地下水样品中超过项目风险筛选值的指标开展风险评估工作，一般选取各关注污染物最大值进行风险计算。

(2) 暴露评估，包括暴露途径和暴露量的计算。根据业主提供的规划资料，确定评估地块是否属于敏感用地，地块内浅层地下水未来是否作为饮用水；根据暴露情景和暴露途径分析结果，按照《污染场地风险评估技术导则》的要求及方法进行各种暴露途径的暴露量计算。

(3) 毒性评估。毒性评估是在危害识别的基础上，分析关注污染物对人体健康的危害效应，包括致癌效应和非致癌效应，确定与关注污染物相关的参数，包括参考剂量、参考浓度、致癌斜率因子和呼吸吸入单位致癌因子等。根据《污染场地风险评估技术导则》及 HERA 软件确定项目污染物的毒性参数和理化参数。

(4) 风险表征。在暴露评估及毒性评估的基础上，根据《污染场地风险评估技术导则》中风险表征的相关技术要求进行污染物各种暴露途径的致癌及非致癌风险计算，并进行不确定性分析。风险表征过程中涉及的主要参数包括：暴露参数、土壤理化性质参数、空气特征参数、建筑物参数、污染物浓度等。受基础科学发展水平、时间及资料等限制，不确定性分析一般包括暴露途径的不确定性和评估参数的不确定性分析。风险评估最后需要确定土壤和地下水中哪些污染物的致癌风险和危害指数超过人体可接受水平，确定风险控制值，进而确定修复目标。

风险评估目前存在的普遍问题主要包括缺乏准确、可信的定量风险评价软件，以及一系列复杂模型的应用经验，缺少针对我国的基础数据，难点仍然是参数的确定。

3. 场地修复

场地调查和风险评估，是为了最后形成较为科学、有效的场地修复方案，提高场地修复成效。

环境监测主要包括 4 方面内容：

1) 场地环境调查监测

采用监测手段识别土壤、地下水、地表水、环境空气、残余废弃物中的关注污染物及水文地质特征，并全面分析、确定场地的污染物种类、污染程度和污染范围。环境调查监测范围为前期调查初步确定的场地边界范围。

监测对象包括：

(1) 土壤，包括场地内的表层土壤和深层土壤，具体划分依据为场地环境调查结论。场地中存在的硬化层或回填层一般可作为表层土壤。

(2) 地下水，主要为场地边界内的地下水或经场地地下径流到下游汇集区的浅层地下水。在污染较重且地质结构有利于污染物向深层土壤迁移的区域，则对深层地下水进行监测。

(3) 地表水，主要为场地边界内流经或汇集的地表水，对于污染较重的场地也应考虑流经场地地表水的下游汇集区。

(4) 环境空气，是指场地污染区域中心的空气和场地下风向主要环境敏感点的空气。

2) 污染场地修复监测

针对各项治理修复技术措施的实施效果开展相关监测，包括修复过程中涉及环境保护的工程质量监测和二次污染物排放的监测。修复监测范围应包括修复工程设计中确定的修复范围，以及治理修复中废水、废气及废渣影响的区域范围。

3) 工程验收监测

考核和评价治理修复后的场地是否达到已确定的修复目标及工程设计所提出的相关要求。污染场地工程验收监测范围应与修复范围一致。

4) 回顾性评估监测

污染场地经过治理修复工程验收后，在特定的时间范围内，为评价治理修复后场地对地下水、地表水及环境空气的环境影响所进行的环境监测，同时也包括针对场地长期原位治理修复工程措施的效果开展验证性的环境监测。回顾性评估监测范围应包括所有可能产生影响的区域范围。

(七) 土壤污染物修复技术发展趋势

(1) 创新土壤污染监测技术、风险评估方法和环境基准。随着大数据、人工智能等技术快速发展，土壤修复相关技术将逐渐实现智能化和精准化。例如，形成基于人工智能和物联网的区域土壤污染快速识别与环境信息传输处理方法；构建土壤污染高精度调查和智慧监测系统；实现土壤污染生态风险、健康风险和迁移风险评估方法及其在土壤环境基准中的应用；确定区域土壤环境背景值、风险评估本土化参数与土壤环境安全利用指标；建立基于土壤类型及利用方式下农用地土壤-作物系统污染过程-效应-风险-安全评估方法；制定区域土壤污染物生物有效性与环境基准/标准等内容。

(2) 开发土壤污染修复功能材料、绿色技术和智能装备。包括土壤污染的长效稳定/转化/去除和生物降解功能材料；土壤复合污染阻控和修复靶向技术；土壤污染植物、微生物组及其原位协同自净修复技术；土壤和地下水污染现场原位修复的规模化智能装备；修复后土壤安全利用、评估与空间生态开发技术；农用地、建设用地、矿区油田和军事场地等污染土壤的靶向仿生、协同精准和智慧修复等绿色可持续净土科技问题。

(3) 建立土壤环境信息管理系统与智能服务平台。在长江经济带、黄河流域、京津冀、长三角、粤港澳大湾区等重点区域，建立区域土壤污染与环境质量演变长期定位研究基地和多区域多要素规模化观测网络系统；建立基于多源数据融合的国家土壤环境信息管理系统与智能服务平台等区域土壤环境精准管理与安全保障等科技问题。

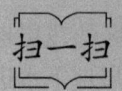 植物-微生物修复农药污染土壤案例

## 思 考 题

1. 名词解释。

   土壤环境容量；土壤静容量；土壤容量；阳离子交换量；土壤黏粒

2. 如何理解土壤污染的概念？
3. 试论述土壤污染与人类的联系。
4. 请比较土壤净化作用与土壤修复作用的异同点。
5. 重金属污染土壤和有机物污染土壤分别可选择的修复技术有哪些？
6. 农药在土壤中的迁移转化途径有哪些？
7. 请查阅相关资料，提出确定某一重金属土壤环境容量的具体步骤和方法。
8. 请对比土壤污染的物理、化学和生物修复技术的优劣，并查阅相关资料，列举近年来运用较多的三种修复技术及其相应的优缺点。

## 参 考 文 献

陈保冬, 赵方杰, 张莘, 等. 2015. 土壤生物与土壤污染研究前沿与展望. 生态学报, 35(20): 6604-6613.
陈怀满. 2005. 环境土壤学. 北京: 科学出版社.
陈卫平, 杨阳, 谢天, 等. 2018. 中国农田土壤重金属污染防治挑战与对策. 土壤学报, 55(2): 261-272.
程国玲, 李培军. 2007. 石油污染土壤的植物与微生物修复技术. 环境工程学报, 1(6): 92-95.
洪坚平. 2005. 土壤污染与防治. 2 版. 北京: 中国农业出版社.
贾中民, 杨乐超, 周皎, 等. 2014. 某化工厂周边不同介质中铬含量及形态特征. 物探与化探, 38(2): 339-344.
姜文超, 殷瑶, 朱煜. 2021. 异位间接两级热脱附技术在有机污染土壤修复工程中的应用. 环境工程学报, 15(11): 3764-3772.
卢向明, 陈萍萍. 2012. 有机氯农药微生物降解技术研究进展. 环境科学与技术, 35(6): 89-93.
骆永明, 滕应. 2020. 中国土壤污染与修复科技研究进展和展望. 土壤学报, 57(5): 1137-1142.
容群, 罗栋源, 边鹏洋, 等. 2018. 土壤中铬的迁移转化研究进展. 四川环境, 37(2): 156-160.
孙磊, 蒋新, 周健明, 等. 2004. 五氯酚污染土壤的热修复初探. 土壤学报, 41(3): 462-465.
孙铁珩, 李培军, 周启星. 2005. 土壤污染形成机理与修复技术. 北京: 科学出版社.
王永强, 蔡信德, 肖立中. 2009. 多金属污染农田土壤固化/稳定化修复研究进展. 广西农业科学, 40(7): 881-888.
徐莉, 滕应, 张雪莲, 等. 2008. 多氯联苯污染土壤的植物-微生物联合田间原位修复. 中国环境科学, 28(7): 646-650.
许优, 顾海林, 詹明秀, 等. 2019. 有机污染土壤异位直接热脱附装置节能降耗方案. 环境工程学报, 13(9): 2074-2082.
张从, 夏立江. 2000. 污染土壤生物修复技术. 北京: 中国环境科学出版社.
张胜田, 赵斌, 王风贺, 等. 2017. 不同粒径土壤对氯丹的吸附性能及其急性毒性. 环境工程学报, 11(6): 3839-3845.
张颖, 伍钧. 2012. 土壤污染与防治. 北京: 中国林业出版社.
周东美. 2015. 纳米 Ag 粒子在我国主要类型土壤中的迁移转化过程与环境效应. 环境化学, 34(4): 605-613.
Aslund M L W, Zeeb B A, Rutter A, et al. 2007. In situ phytoextraction of polychlorinated biphenyl—(PCB) contaminated soil. Science of the Total Environment, 374(1): 1-12.
Cornelis G, Pang L, Doolette C, et al. 2013. Transport of silver nanoparticles in saturated columns of natural soils. Science of the Total Environment, 463-464: 120-130.
Ghosh M, Singh S P. 2005. A review on phytoremediation of heavy metals and utilization of its byproducts. Applied Ecology and Environmental Research, 3(1): 1-18.
Liu X J, Tian G J, Jiang D, et al. 2016. Cadmium (Cd) distribution and contamination in Chinese paddy soils on national scale. Environmental Science Pollution Research, 23(18): 17941-17952.
Lomax C, Liu W J, Wu L Y, et al. 2012. Methylated arsenic species in plants originate from soil microorganisms. New Phytologist, 193(3): 665-672.
Papassiopi N, Kontoyianni A, Vaxevanidou K, et al. 2009. Assessment of chromium biostabilization in contaminated soils using standard leaching and sequential extraction techniques. Science of the Total Environment, 407(2): 925-936.
Sagee O, Dror I, Berkowitz B. 2012. Transport of silver nanoparticles (AgNPs) in soil. Chemosphere, 88(5): 670-675.
Zhang W, Chen L, Zhang R, et al. 2015. Effects of decabromodiphenyl ether on lead mobility and microbial toxicity in soil. Chemosphere, 122: 99-104.

# 第九章 物理性污染控制原理

**本章导读**

从污染源的属性来看，环境污染可以分为三大类型：物理性污染、化学性污染、生物性污染。其中，物理性污染是指由物理因素引起的环境污染，如放射性辐射、电磁辐射、噪声、光污染等。物理性污染具有在环境中不会有残余物质存在的特点，并且引起物理性污染的声、光、热、电磁场等在环境中永远存在，它们本身对人无害，只是在环境中的量过高或过低才会造成污染或异常。

为有效控制环境物理性污染，必须具备如下知识：①掌握物理性污染的种类和危害；②了解各种环境物理性污染的原理；③熟悉对于各种环境物理性污染的控制技术。物理性污染程度是由声、光、热、电等在环境中的量决定的，应注意物理现象的定量研究。其研究领域广泛，分支学科有：环境声学、环境光学、环境热学、环境电磁学等。本章主要介绍物理性污染物的种类、危害、特点，以及各种环境物理性污染控制技术。

## 第一节 概述

本节主要介绍物理性污染的分类、危害和特点，阐明环境物理性污染控制工程的研究内容和发展趋势。为了更好地了解物理性污染控制，学习本章时应注意结合实际生产生活中的应用和实例，并且不断学习新的技术。

### 一、物理性污染的种类及危害

环境是人类进行生产和生活活动的场所，是人类生存和发展的物质基础。众所周知，在人类生存的环境中，各种物质都在不停地运动着，运动的形式有机械运动、分子热运动、电磁运动等。物质的运动都表现为能量的交换和转化。这种物质能量的交换和转化，构成了物理环境。物理环境与大气环境、水环境、土壤环境同样是人类生存环境的重要组成部分，对支持人类生存及其活动十分重要。

随着科学技术的发展，人们的生活水平越来越高，但生活环境却越来越不利于人体健康。机器振动要发出声波，电器设备要发射电磁波，各种热源释放着热。诸如此类的物理运动充满着空间，包围着人群，构成了人类生存的物理环境，一旦这些物理运动的强度超过人体的承受限度，就形成了物理性污染。物理性污染是指由物理因素引起的环境污染，如放射性辐射、电磁辐射、噪声、光污染等。

物理性污染的危害涉及对人体健康和环境的影响。对人体而言，噪声和振动尤其是长期暴露于强噪声和振动下，可能导致听力损伤，神经衰弱，甚至更严重的健康问题；非电离辐射，如红外线、紫外线等，以及过度照射可能导致皮肤损害和免疫系统损伤；电离辐射，如 X 射线、伽马射线等，对人体的危害更为严重，可能直接破坏 DNA，引起肿瘤和白血病。物理性污染对环境同样会产生负面影响，包括植物生长受阻，动物突变和灭绝，破坏生态平衡；电磁波污染可能会干扰通信设备，破坏臭氧层，影响电子设备和人造卫星的正常工作等。

### 二、物理性污染的特点

环境污染按污染源的属性可以分为三大类型：物理性污染、化学性污染、生物性污染。物理性污染是由物理因素(声、光、电、热、振动、放射性等)产生的物理方面的作用，属于物理范畴的一类新型污染。

物理性污染同化学性污染和生物性污染的相同点是这些污染都会危害人们的身体健康，有长期的遗留性，主要表现在这些污染引起的慢性疾病、器质性病变和神经系统的损害。

物理性污染同化学性污染和生物性污染的不同点：化学性污染和生物性污染是环境中存在有害的物质和生物，或者是环境中的某些物质超过正常含量；而引起物理性污染的声、光、热、电磁场等在环境中是永远存在的，它们本身对人无害，只是在环境中的量过高或过低时，才会造成污染或异常。例如，声音对人是必需的，但是声音过强，又会妨碍或危害人的正常活动。反之，环境中长久没有任何声音，人就会感到恐怖，甚至会疯狂。

物理性污染同化学性污染和生物性污染相比，不同之处还表现在以下方面：物理性污染往往是人的眼睛看不见的，因为它没有形状，也没有实体，又称为无形污染；表现为局部性，不会迁移、扩散，区域性或全球性污染现象比较少见；在环境中不会有残余物质存在，在污染源停止运转后，污染也就立即消失。

### 三、环境物理性污染控制工程

物理环境和物理性污染的特征决定了环境物理性污染控制工程的研究特点。物理环境的声、光、热、电等要素都是人类所必需的，这决定了环境物理性污染控制工程不仅要研究如何消除污染，而且要研究适宜于人类生活和工作的声、光、热、电等物理条件；物理性污染程度是由声、光、热、电等在环境中的量决定的，这就使环境物理性污染控制工程的研究同其他物理学科一样，注重物理现象的定量研究。

(一) 环境噪声污染控制工程

环境噪声污染控制的基本手段是控制技术，但行政管理措施、合理的城市与厂区规划也十分重要。噪声的控制，首先是要控制能产生生理危害、造成永久性听力损失的噪声，以保障人体健康；其次是降低城市居民感受到的环境噪声水平，创造舒适的安静环境。降低声源本身的噪声和减少噪声源是最根本的方法。此外，阻止噪声传输和减少接触噪声也是噪声控制的途径。具体的方法有减振、吸声、隔声、消声和个人防护等。近年来，噪声控制研究受到普遍重视，对声源的发声机理、发声部位和特性，以及振动体和声场的分析与计算，在理论方法和实验技术方面都有重大发展，因而有力地促进了噪声控制技术的发展。高效率的轻型隔声结构、吸声结构、隔振机座和阻尼材料有了很大进步。一些国家制成模式结构或有适当空腔的混凝土砌块，可以根据需要随时装配起来，达到隔声和吸声的目的。

环境噪声控制在技术上虽然已经相当成熟，但是由于现代工业、交通运输业规模很大，要采取噪声控制的企业和场所为数众多，因此在处理噪声问题时，需要综合权衡技术、经济、效果等问题。

改善声环境要求加强基础研究、技术措施和组织管理。在采取措施时，重点应放在声源上，但在很多情况下声源改变较为困难甚至不可能，因此将更多的关注放在传输通道和接收者。此外，有时还要注意建筑艺术和设计艺术问题。

(二) 环境振动污染控制工程

环境振动污染的控制方法是改变机械的结构，降低甚至消除振动的发生，但在实践中，往往很难做到这一点。因此，对于环境振动来说，采用隔振和阻尼减振措施是消除振动危害的主要方法。

控制环境振动污染和控制环境噪声污染一样，可以从振动源、传递途径和接收体三个方面着手。振动源控制主要是减弱或消除其振动；传递途径控制可通过隔振、阻尼等方法减弱振动到接收体的传输；接收体控制也是通过接收体系统参数的改变(如加强筋、阻尼等)来减弱接收体处振动强度或降低接收体对振动的敏感程度。

(三) 环境放射性污染控制工程

环境放射性污染的防治必须控制放射性物质的来源。放射性物质的来源主要是核试验与核工业(如核电站及放射性矿物的开采、提炼、储存、运输)。

防止放射性污染的主要措施有：①核电站(包括其他核企业)一般应选址在周围人口密度较低，气象和水文条件有利于废水和废气扩散稀释，以及地震强度较低的地区，以保证在正常运行和出现事故时，居民所受的辐射剂量最低；②工艺流程的选择和设备选型要考虑废物产生量和运行安全；③废气和废水需进行净化处理，并严格控制放射性物质的排放浓度和排放量，含有α射线的废物和放射强度大的废物要进行最终处置和永久储存；④在核企业周围和可能遭受放射性污染的地区建立监测机构。

放射性废物不像一般工业废物和垃圾等极容易被发现和预防其危害。它是无色、无味的有害物质，只能靠放射性检测仪才能探测到。因此，对放射性废物的处理与其他工业污染物处理有根本的区别。放射性物质的管理、处理和最终处置必须严格科学地按国际标准和国家标准进行，以期把对人类的危害降低到最低水平。

### 四、环境物理性污染控制工程研究的发展趋势

环境物理性污染控制工程是环境物理学的重要内容，主要侧重环境物理性污染的控制。环境物理学研究领域是相当广阔的。例如，物质在做机械运动时，匀速运动对人体没有影响，而加速运动则有影响。当人体受到的加速度与重力加速度相当时，人就会感到不舒适。人对加速度能容忍的变化范围较大，如人体直立、横向运动的加速度达到 $50g$ 也不会受到伤害。

传统、经典的噪声与振动污染控制技术包括吸声、隔声、消声、隔振、阻尼减振技术等，在国内已发展得比较成熟，基本能够较好解决环境保护和劳动保护中遇到的噪声与振动污染控制问题，与发达国家相比差距较小。很多新技术、新材料的研发、应用也基本与国际接轨，有些技术甚至走在了国际前列，处于领先地位。与汽车和一些机械设备配套的噪声振动控制产品也已基本实现规模化生产，但是我国拥有自主知识产权的科研成果很少，与发达国家的差距较大，主要表现在噪声与振动源分析预测技术、噪声与振动设备计算机辅助设计技术、噪声与振动设备计算机辅助制造技术、高速运输系统噪声与振动控制设备研究、新材料研究开发等方面。在一些特殊产品如有源消声器、大型振动控制技术产品的研究开发方面，我国还比较落后；其他物理性污染控制技术还属空白。

## 第二节 环境噪声污染控制

本节主要介绍噪声评价的原理、标准和测量方法，提出控制噪声的途径和方法。为了更好地掌握环境中对噪声污染的控制，学习本章时应注意基本公式的运用，结合相应的国家标准选择合适的噪声控制方法以及进行相应的设计计算。

### 一、环境噪声评价原理

#### (一) 噪声影响评价概述

噪声评价的目的是有效地提出适合于人们对噪声反应的主观评价量。噪声变化特征的差异以及人们对噪声主观反应的复杂性使得对噪声的评价较为复杂。目前，使用比较广泛的是评价噪声的响度和烦恼效应的 A 声级和以 A 声级为基础的等效声级、感觉噪声级；评价语言干扰的语言干扰级，评价建筑物室内噪声的噪声评价曲线以及综合评价噪声引起的听力损失、语言干扰和烦恼效应的噪声评价数等。

#### (二) 噪声影响评价原理

1. 响度和响度级

1) 响度

响度是感觉判断的声音强弱，即声音响亮的程度，符号为 $N$，单位为宋(sone)，它是衡量声音强弱程度的一个最直观的量。响度的大小主要依赖于声强，也与声音的频率有

关。声波所到达的空间某一点的声强，是指该点垂直于声波传播方向的单位面积上，在单位时间内通过的声能量，单位是 W/m²。对于同一频率的声音，响度不是随声强呈线性增加，声强增大到 10 倍，响度才增大到 2 倍；声强增大到 100 倍，响度才增大到 3 倍。对于不同频率的声音，能够被人听到所需要的声强也不一样。

2) 响度级

以 1000Hz 的纯音做标准，使其和某个声音听起来一样响，那么1000Hz 纯音的声压级就定义为该声音的响度级。它表示的是响度的相对量，即某响度与基准响度比值的对数值，符号为 $L_N$，单位为方(phon)。响度级是一种对数标度单位，不同响度级的声音不能直接进行比较。如 80phon 响度级的声音并不是比 40phon 的响 1 倍。规定响度级为 40phon 时响度为 1sone。2sone 的声音是 1sone 的 2 倍响。经实验得出，响度级每增加 10phon，响度增加 1 倍。例如，响度级为 40phon 的响度为 1sone，响度级为 50phon 的响度为 2sone。

响度和响度级的关系为

$$L_N = 40 + 10\log_2 N \tag{9-1}$$

$$N = 2^{0.1(L_N - 40)} \tag{9-2}$$

3) 等响曲线

等响曲线是响度水平相同的各频率的纯音的声压级连成的曲线。曲线的横坐标为各纯音的频率，纵坐标为达到各响度水平所需的声压级(dB)，每一条曲线代表一个响度水平，如标有 50dB 的曲线上各点所代表的声音响度是相同的，响度水平都是 50dB。等响曲线如图 9-1 所示。

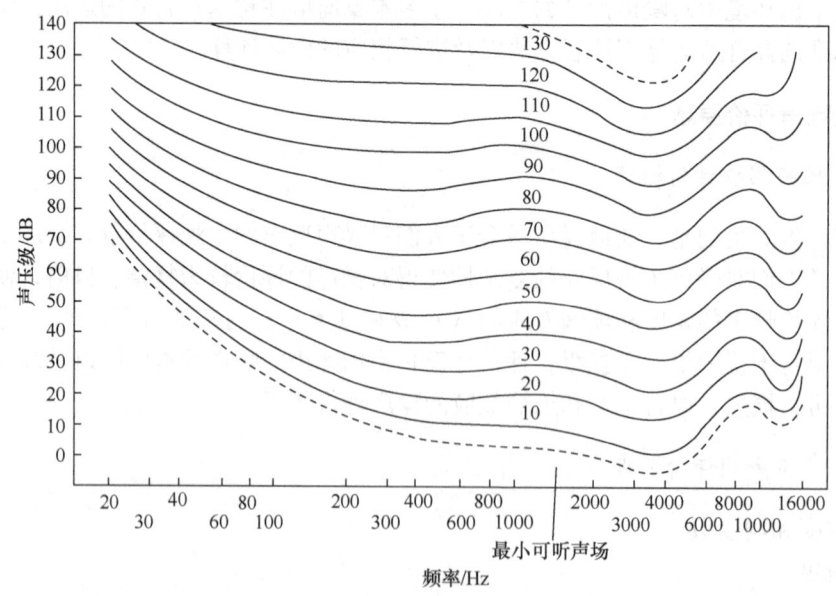

图 9-1 等响曲线

人耳对声波响度的感觉与声波的频率有关，即声压级相同但频率不同的声音，听起来会不一样响。例如，同样是 50dB 的两种声音，一个声音的频率为 100Hz，另一个声音为 1000Hz，1000Hz 的声音要比 100Hz 的声音听起来响。

等响曲线上各个频率的纯音听起来都一样响，但其声压级差别很大。例如，图 9-1 中 70phon 曲线表示，95dB 的 30Hz 纯音、75dB 的 100Hz 纯音以及 61dB 的 4000Hz 纯音听起来和 70dB 的 1000Hz 纯音一样响。

图 9-1 中最下面的虚线表示人耳刚能听到的声音，其响度级为零，零等响曲线称为听阈。最上面的虚线是痛觉的界限，称为痛阈，超过此曲线的声音，人耳感觉到的是痛觉。在听阈和痛阈之间的声音是人耳的正常可听声范围。

2. 噪声级

1) 等效连续 A 声级

A 计权声级对于稳态的宽频带噪声是一种较好的评价方法，但对于一个声级起伏或不连续的噪声，就很难准确地反映噪声的状况。例如，交通噪声的声级是随时间、车流量、汽车类型等的变化而改变。又如，两台同样的机器，一台连续工作的同时另一台间断性地工作，虽然其辐射的噪声级是相同的，但两台机器的噪声对人的影响不一样。于是人们提出了等效连续 A 声级作为评价参量，采用噪声能量按时间平均的方法来评价声级起伏或不连续的噪声对人的影响。等效连续 A 声级又称等能量 A 计权声级，它等效于在相同的时间间隔 $T$ 内与不稳定噪声能量相等的连续稳定噪声的 A 声级，其符号为 $L_{\mathrm{Aeq},T}$ 或 $L_{\mathrm{eq}}$，数学表达式为

$$L_{\mathrm{eq}} = 10\lg\left[\frac{1}{t_2-t_1}\int_{t_1}^{t_2}\frac{P_\mathrm{A}^2(t)}{P_0^2}\mathrm{d}t\right] \quad 或 \quad L_{\mathrm{eq}} = 10\lg\left[\frac{1}{t_2-t_1}\int_{t_1}^{t_2}10^{0.1L_{P_\mathrm{A}}(t)}\mathrm{d}t\right] \tag{9-3}$$

式中：$P_\mathrm{A}(t)$ 为 $t$ 时刻测得的 A 计权声压，Pa；$P_0$ 为基准声压，$2\times10^{-5}$ Pa；$t_2-t_1$ 为测量时段的间隔，s；$L_{P_\mathrm{A}}(t)$ 为 $t$ 时刻测得的 A 计权声压级，dB。

2) 昼夜等效声级

评价结果表明，噪声在晚上造成的干扰通常比白天高 10dB。考虑到不同时间噪声对人的干扰不同，在计算一天的等效声级时，要对夜间的噪声加上 10dB 的计权，这样得到的等效声级为昼夜等效声级，以 $L_{\mathrm{dn}}$ 表示：

$$L_{\mathrm{dn}} = 10\lg\left[\frac{5}{8}\times10^{0.1\bar{L}_\mathrm{d}} + \frac{3}{8}\times10^{0.1(\bar{L}_\mathrm{n}+10)}\right] \tag{9-4}$$

式中：$\bar{L}_\mathrm{d}$ 为 07:00～22:00 测得的噪声能量平均(A 声级)；$\bar{L}_\mathrm{n}$ 为 22:00～次日 07:00 测得的噪声能量平均(A 声级)。

3. 噪声的控制标准

为了对不同行业、领域、时间的噪声暴露分别加以限制，国家颁布了各种噪声标准。其中有噪声排放标准和环境质量标准。

1) 噪声排放标准

(1) 工业企业厂界环境噪声排放标准。

我国在 2008 年颁布实施了《工业企业厂界环境噪声排放标准》(GB 12348—2008)，

确定了五类区域的厂界环境噪声的标准值，以控制工厂及有可能造成噪声污染的企业事业单位对外界环境噪声的排放(表 9-1)。

表 9-1 工业企业厂界环境噪声排放限值[dB(A)]

| 厂界外声环境功能区类别 | 时段 | |
|---|---|---|
| | 昼间 | 夜间 |
| 0 | 50 | 40 |
| 1 | 55 | 45 |
| 2 | 60 | 50 |
| 3 | 65 | 55 |
| 4 | 70 | 55 |

注：0 类声环境功能区指康复疗养区等特别需要安静的区域。
1 类声环境功能区指以居民住宅、医疗卫生、文化教育、科研设计、行政办公为主要功能，需要保持安静的区域。
2 类声环境功能区指以商业金融、集市贸易为主要功能，或者居住、商业、工业混杂，需要维护住宅安静的区域。
3 类声环境功能区指以工业生产、仓储物流为主要功能，要防止工业噪声对周围环境产生严重影响的区域。
4 类声环境功能区指交通干线两侧一定距离之内，需要防止交通噪声对周围环境产生严重影响的区域，包括 4a 类和 4b 类两种类型。4a 类为高速公路、一级公路、二级公路、城市快速路、城市主干路、城市次干路、城市轨道交通(地面段)、内河航道两侧区域；4b 类为铁路干线两侧区域。

(2) 建筑施工场界噪声的限值。

为了控制城市建筑施工场地产生的噪声，《建筑施工场界环境噪声排放标准》(GB 12523—2011)中规定了不同施工阶段与敏感区域相应的建筑施工场地边界线处的噪声限值(表 9-2)。

表 9-2 不同施工阶段作业的施工噪声限值(等效声级 $L_{eq}$)[dB(A)]

| 施工阶段 | 主要噪声源 | 施工噪声限值(昼间) | 施工噪声限值(夜间) |
|---|---|---|---|
| 土石方 | 推土机、挖掘机、装载机等 | 75 | 55 |
| 打桩 | 各种打桩机等 | 85 | 禁止施工 |
| 结构 | 混凝土搅拌机、振捣棒、电锯等 | 70 | 55 |
| 装修 | 吊车、升降机等 | 65 | 55 |

(3) 铁路及机场周围环境噪声标准。

《铁路边界噪声限值及其测量方法》(GB 12525—1990)修改方案中规定，既有铁路边界铁路噪声，改、扩建既有铁路，铁路边界铁路噪声按表 9-3 的规定执行。既有铁路是指 2010 年 12 月 31 日前已建成运营的铁路或环境影响评价文件已通过审批的铁路建设项目。

表 9-3 既有铁路边界铁路噪声限值(等效声级 $L_{eq}$)

| 时段 | 噪声限值/dB(A) |
|---|---|
| 昼间 | 70 |
| 夜间 | 70 |

新建铁路(含新开廊道的增建铁路)边界铁路噪声按表 9-4 的规定执行。新建铁路是指自 2011 年 1 月 1 日起环境影响评价文件通过审批的铁路建设项目(不包括改、扩建既有铁路建设项目)。

**表 9-4　新建铁路边界铁路噪声限值(等效声级 $L_{eq}$)**

| 时段 | 噪声限值/dB(A) |
| --- | --- |
| 昼间 | 70 |
| 夜间 | 60 |

《机场周围飞机噪声环境标准》(GB 9660—1988)中规定了机场周围飞机噪声环境及受飞机通过所产生噪声影响的区域噪声，采用一昼夜的计权等效连续感觉噪声级 $L_{WECPN}$ 作为评价量。标准中规定了两类适用区域及其标准限值(表 9-5)。

**表 9-5　机场周围飞机噪声标准及其适用区域**

| 适用区域 | 噪声限值/dB(A) |
| --- | --- |
| 一类区域 | ≤70 |
| 二类区域 | ≤75 |

注：一类区域为特殊居住区，如居住、文教区；二类区域为除一类区域以外的生活区。

2) 环境质量标准

(1) 工业企业噪声卫生标准。

《工业企业噪声卫生标准》是我国卫生部和国家劳动总局颁发的试行标准，《工业企业噪声控制设计规范》(GB/T 50087—2013)适用于厂区和车间内部的噪声标准见表 9-6 和表 9-7。

**表 9-6　各类工作场所噪声限值**

| 工作场所 | 噪声限值/dB(A) |
| --- | --- |
| 生产车间 | 85 |
| 车间内值班室、观察室、休息室、办公室、实验室、设计室室内背景噪声级 | 70 |
| 正常工作状态下精密装配线、精密加工车间、计算机房 | 70 |
| 主控室、集中控制室、通信室、电话总机室、消防值班室，一般办公室、会议室、设计室、实验室室内背景噪声级 | 60 |
| 医务室、教师、值班宿舍室内背景噪声级 | 55 |

**表 9-7　车间内部允许噪声级(A 计权声级)**

| 每个工作日噪声暴露时间/h | 8 | 4 | 2 | 1 | 1/2 | 1/4 | 1/8 | 1/16 |
| --- | --- | --- | --- | --- | --- | --- | --- | --- |
| 允许噪声级/dB(A) | 90 | 93 | 96 | 99 | 102 | 105 | 108 | 111 |
| 最高噪声级/dB(A) | ≤115 | | | | | | | |

对于非稳态噪声的工作环境，根据测量规范的规定，应测定等效连续 A 声级及其不同的 A 声级和响应的暴露时间，然后按照如下方法计算等效连续 A 声级或噪声暴露率。一个工作日(8h)的等效连续 A 声级可通过式(9-5)计算：

$$L_{eq} = 80 + 10\lg\frac{\sum_n 10^{\frac{(n-1)}{2}}T_n}{480} \tag{9-5}$$

式中：$n$ 为中心声级的段数号，$n=1\sim 8$，如表 9-8 所示；$T_n$ 为第 $n$ 段中心声级在一个工作日内所积累的暴露时间，min；480 为 8h 的分钟数。

表 9-8 各段中心声级和暴露时间

| $n$(段数号) | 1 | 2 | 3 | 4 | 5 | 6 | 7 | 8 |
|---|---|---|---|---|---|---|---|---|
| 中心声级 $L_n$/[dB(A)] | 80 | 85 | 90 | 95 | 100 | 105 | 110 | 115 |
| 暴露时间 $T_n$/min | $T_1$ | $T_2$ | $T_3$ | $T_4$ | $T_5$ | $T_6$ | $T_7$ | $T_8$ |

(2) 室内环境噪声允许标准。

国际标准化组织(ISO)在 1971 年提出的环境噪声允许标准中规定：住宅区室内环境噪声的允许声级为 35~45dB，并根据不同时间和地区提出了修正值(表 9-9 和表 9-10)。

表 9-9 一天不同时间的声级修正值

| 时间 | 修正值 $L_{p_A}$/dB |
|---|---|
| 白天 | 0 |
| 晚上 | −5 |
| 深夜 | −15~−10 |

表 9-10 不同地区住宅的声级修正值

| 地区 | 修正值 $L_{p_A}$/dB |
|---|---|
| 农村、医院、休养区 | 0 |
| 市郊区、交通很少地区 | 5 |
| 市居住区 | 10 |
| 少量工商业与交通混合区附近的住宅 | 15 |
| 市中心(商业区) | 20 |
| 工业区(重工业区) | 25 |

对于非住宅区的室内环境噪声的允许声级见表 9-11。

表 9-11　非住宅区的室内环境噪声允许声级

| 房间功能 | 修正值 $L_{P_A}$ /dB |
|---|---|
| 大型办公室、商店、百货公司、会议室、餐厅 | 35 |
| 大餐厅、秘书室(有打字机) | 45 |
| 大打字间 | 55 |
| 车间(根据不同用途) | 45～75 |

4. 环境噪声测量方法

为了对噪声进行正确的测量和分析，必须明确测量分析的目的，选择适当的监测方法和规范。

1) 城市区域环境噪声测量

《声环境质量标准》(GB 3096—2008)规定了具体的方法：对于噪声普查，应采取网格监测法；对于常规监测，常采用定点监测法。

(1) 网格监测法。

将要普查测量的城市某一区域或整个城市划分成若干个等大的正方形网格。每一网格中的工厂、道路及非建成区的面积之和不得大于网格面积的50%，否则该网格无效。有效网格总数应多于100个。选择网格中心为测试点，分昼间和夜间进行测量，每次每个测点测量10min 的连续等效 A 声级($L_{eq}$)。将全部测得的连续等效 A 声级进行算术平均运算，所得到的平均值代表某一区域或全市的噪声水平。也可将测量到的连续等效 A 声级按 5dB 一挡分级(如 65～70dB、70～75dB)，用不同颜色或阴影线表示每一挡连续等效 A 声级，绘制在网格上，用于表示区域或城市的噪声污染分布情况。

(2) 定点监测法。

优化选取一个或多个能代表某一区域或整个城市建成区环境噪声平均水平的测点，每日进行 24h 连续监测，测量每小时的 $L_{eq}$ 及昼间连续等效 A 声级的能量平均值 $L_d$、夜间连续等效 A 声级的能量平均值 $L_n$。某一区域或城市昼间(或夜间)的环境噪声平均水平由式(9-6)计算：

$$L = \sum_{i=1}^{n} L_i \frac{S_i}{S_0} \tag{9-6}$$

式中：$L_i$ 为第 $i$ 个测点测得的昼间或夜间的连续等效 A 声级；$S_i$ 为第 $i$ 个测点代表的区域面积；$S_0$ 为整个区域或城市的总面积。

2) 道路交通噪声的测量

测点应选在市区交通干线一侧距马路沿 20cm 的人行道上，距两交叉路口应 50m 以上，传声器距地面 1.2m 高。交通干线是指机动车辆流量不小于 100 辆/h 的马路。每 5s 读一 A 声级值，连续读取 200 个数据，同时记录不同车种车流量(辆/h)。测量结果可绘制交通噪声污染图，并以全市的各交通干线的等效声级和统计声级的算术平均值、最大值和标准偏差来表示全市的交通噪声水平。交通噪声的等效声级和统计声级的平均值应采用加权算术平均式来计算。

3) 航空噪声的测量

国际民航组织(ICAO)规定了三个测量点，即起飞、降落和边线测量点。测量时应无雨、无雪，地面上 10m 高处的风速不大于 5m/s，相对湿度不超过 90%；测量传声器应为无指向性的，安装地点应开阔、平坦，传声器离地面 1.2m；被测飞机噪声最大值至少超过背景噪声 20dB。测量飞机噪声用 D 计权，飞机噪声的基本评价量是感觉噪声级 $L_{PN}$，其他评价量都是由 $L_{PN}$ 演变而得。

(1) 测量单个飞行事件的噪声。

飞机场周围单架飞机的噪声用最大感觉噪声级 $L_{PN,\ max}$ 和有效感觉噪声级 EPNL(或 $L_{EPN}$)表示。当飞机飞过测量点上空，有效感觉噪声级 EPNL 由式(9-7)求得：

$$\text{EPNL} = L_{PN,max} + 10\lg\frac{t_2 - t_1}{2T_0} \tag{9-7}$$

式中：$t_2 - t_1$ 为由记录设备导出的 D 计权声级在最大值下降 10dB 的开始时刻和最终时刻之间的时间间隔；$T_0$=10s。

感觉噪声级 $L_{PN}$ 与 D 声级 $L_D$ 之间有近似的固定差值，即

$$L_{PN} = L_D + 6.6 \tag{9-8}$$

(2) 测量一系列飞行事件引起的噪声级。

相继 $n$ 次飞行事件所引起的噪声级是 $n$ 个有效感觉噪声的能量平均值。对某一个测量点通过 $n$ 次飞行的有效感觉噪声级的能量平均值为

$$\overline{\text{EPNL}} = 10\lg\left(\frac{1}{n}\sum_{i=1}^{n}10^{\text{EPNL}_i/10}\right) \tag{9-9}$$

式中：$\text{EPNL}_i$ 为某一次飞行的有效感觉噪声级。

(3) 在一段监测时间内测量飞行事件所引起的噪声。

在某一监测点或评价位置，以计权有效连续感觉噪声级 WECPNL 为飞机噪声的评价量，它的计算公式为

$$\text{WECPNL} = \overline{\text{EPNL}} + 10\lg(n_1 + 3n_2 + 10n_3) - 39.4 \tag{9-10}$$

式中：$\overline{\text{EPNL}}$ 为在评价时间内 $n$ 次飞行的有效感觉噪声级的能量平均值；$n_1$ 为评价时间内白天的飞行次数；$n_2$ 为评价时间内傍晚的飞行次数；$n_3$ 为评价时间内夜间的飞行次数。

一天内三段时间的具体划分由当地政府决定。评价时间可以是一昼夜(24h)、一星期或更长时间，视航运班次能重复的周期而定。

## 二、环境噪声控制技术

(一) 噪声控制的途径

噪声控制从声源、传播途径和接收者三个环节着手，分别采取措施。

1. 抑制噪声源

噪声源根据发声机理可分为机械噪声源、空气动力性噪声源和电磁噪声源。噪声源

可能由几种不同发声机理的噪声组成。抑制噪声源的措施包括降低激发力，减小系统各环节对激发力的响应，改进设备结构，改变操作工艺方法，提高加工精度和装配质量等。例如，电动机的冷却风扇叶片选择最佳的叶型和叶片数，就能降低噪声；实验表明，若把离心风机的叶片由直片改为后弯形，噪声可降低 10dB(A)左右。

2. 在传播途径上降低噪声

简单的方法就是使声源远离人们的集中地，依靠噪声在距离上的衰减达到减噪的目的。也可以在声源与人之间设置隔声屏，利用天然屏障如树林、土坡、建筑物等来遮挡噪声的传播。常用的技术措施有吸声、隔声、消声、阻尼减振等。

3. 在接收点进行防护

如果采用上述措施后仍有噪声，就需要从接收对象方面进行保护。人们可佩戴耳塞、耳罩、防声头盔等；对于精密仪器设备，可将其安置在隔声间内或隔振台上。

(二) 噪声控制基本方法

1. 吸声

1) 吸声系数

吸声材料或结构的吸声特性常用吸声系数 $\alpha$ 描述。吸声系数定义为材料吸收的声能与入射到材料上的总声能之比，公式为

$$\alpha = \frac{E_a}{E_i} = \frac{E_i - E_r}{E_i} = 1 - \gamma \tag{9-11}$$

式中：$E_i$ 为入射声能；$E_a$ 为被吸收的声能；$E_r$ 为被反射的声能；$\gamma$ 为反射系数。

由式(9-11)可见，当 $\alpha$ =0 时，入射声波被完全反射，材料无吸声作用；当 $\alpha$ =1 时，入射声波完全被吸收。吸声系数为 0～1，$\alpha$ 越大表明吸声性能越好。同一材料对于不同频率有不同的吸声系数。使用中心频率 125Hz、250Hz、500Hz、1000Hz、2000Hz、4000Hz 6 个倍频带的吸声系数的平均值被称为平均吸声系数 $\bar{\alpha}$。

2) 吸声量

吸声系数表示房间壁内空间单位面积的吸声能力，材料实际吸收声能的多少还与材料的表面积大小有关。按式(9-12)计算：

$$A = \alpha S \tag{9-12}$$

式中：$A$ 为吸声量，$m^2$；$\alpha$ 为某一频率下的吸声系数；$S$ 为吸声面积，$m^2$。

若房间中有敞开的窗，且其边长远大于声波的波长，则该窗相当于吸声系数为 1 的吸声材料。房间中的其他物体也会吸收声能，但并不是房间壁面的一部分。因此，房间总的吸声量 $A$ 可以表示为

$$A = \sum_i \bar{\alpha}_1 S_i + \sum_i A_i \tag{9-13}$$

式中：右侧第一项为所有壁面吸声量的总和；第二项为室内各个物体吸声量的总和。

3) 多孔吸声材料

多孔吸声材料的结构特点是：材料多孔，孔与孔之间相互连通，并与外界大气相连，具有一定的通气性能。吸声材料的固体部分在空间形成筋络，筋络之间有大量的孔隙，孔隙占吸声材料体积的主要部分。一般多孔吸声材料孔隙率为 70%左右，相当一部分则高达 90%。当声波进入孔隙率很高的吸声材料时，大部分在筋络间的孔隙内传播，引起孔内空气与筋络发生振动。由于空气的黏滞性和热传导作用，空气与筋络之间的摩擦阻力，使声能不断转化为热能而消耗。

多孔吸声材料可分为纤维型、泡沫型和颗粒型三种类型。纤维型多孔吸声材料有玻璃纤维、矿渣棉、毛、甘蔗纤维、木丝等，泡沫型吸声材料有聚氨酯泡沫塑料等，颗粒型吸声材料有膨胀珍珠岩和多孔陶土等。目前常用的多孔吸声材料主要有无机纤维材料、泡沫塑料、有机纤维材料和建筑吸声材料及其制品。

2. 消声

消声器是一种在允许气流通过的同时，又能有效地阻止或减弱声能向外传播的装置。它是降低空气动力性噪声的主要技术措施，主要安装在进、排气口或气流通过的管道中，可使气流噪声降低 20～40dB(A)。

消声器的形式很多，按其消声机理大体分为四大类：阻性消声器、抗性消声器、微穿孔板消声器和扩散消声器。

3. 隔声

1) 透声系数与隔声量

(1) 透声系数。

声波入射到构件上，假设 $E_i$ 为入射声能量，$E_t$ 为透射声能量。$E_t$ 与 $E_i$ 之比称为透声系数(或透射系数)，用 $\tau$ 表示，即

$$\tau = \frac{E_t}{E_i} \tag{9-14}$$

一般隔声结构的透声系数指无规则入射时各入射角透声系数的平均值。透声系数越小，表明透声性能越差，隔声性能越好。

(2) 隔声量。

隔声量也称透声损失或传声损失，用 $R$ 表示，单位是 dB。其表达式为

$$R = 10\lg \frac{1}{\tau} \tag{9-15}$$

隔声量通常由实验室和现场测量两种方法确定。现场测量时，因为实际隔声结构传声途径较多，受侧向传声等原因的影响，其测量值一般要比实验室测量值低。

(3) 平均隔声量。

隔声量是频率的函数，对于同一隔声结构，不同的频率具有不同的隔声量。在工程应用中，通常将中心频率为 125～4000Hz 的 6 个倍频带或 100～3150Hz 的 16 个 1/3 倍频带的隔声量作算术平均，称为平均隔声量。平均隔声量作为一种单值评价量，在工程设计应用中，由于未考虑人耳听觉的频率特性以及隔声结构的频率特性，因此尚不能确

切地反映该隔声构件的实际隔声效果。例如，两个隔声结构具有相同的平均隔声量，但对于同一噪声源可以有不同的隔声效果。

2) 隔声指数

隔声指数($I_a$)是国际标准化组织推荐的对隔声构件的隔声性能的一种评价方法。隔声结构的空气隔声指数按以下方法求得：先测得某隔声结构的隔声量频率特性曲线，如图 9-2 中的曲线 1 或曲线 2，它们分别代表两种隔声墙的隔声特性曲线；图 9-2 还绘出了一簇参考折线，每条折线右边标注的数字相对于该折线上 500Hz 所对应的隔声量，把所测得的隔声曲线与一簇参考折线相比较，求出满足下列两个条件的最高一条折线，该折线所对应的数字即为空气隔声指数值。

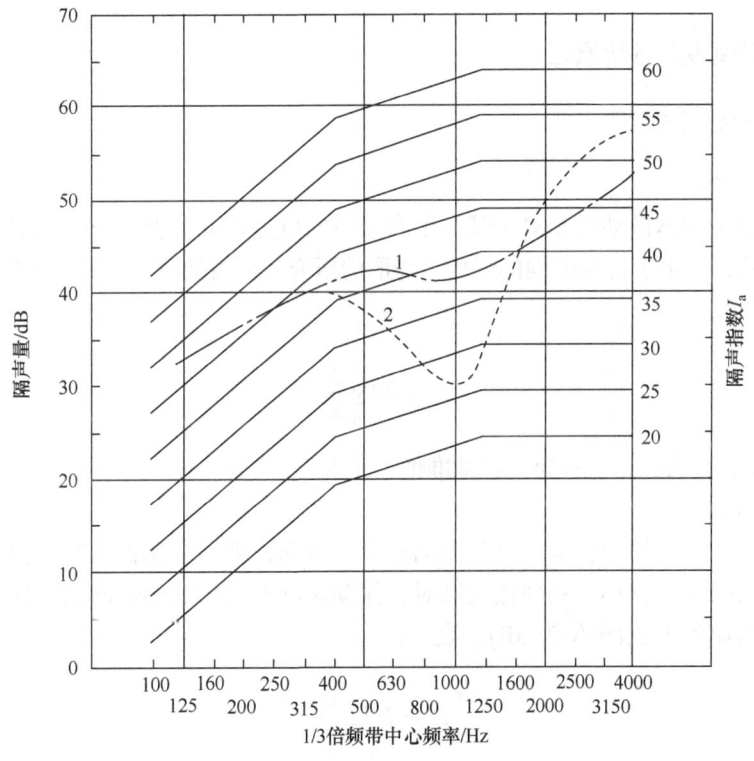

图 9-2　隔声墙空气隔声指数参考线

两个条件：在任何一个 1/3 倍频带上，曲线低于参考折线的最大差值不得大于 8dB；对全部 16 个 1/3 倍频带中心频率(100~3150Hz)，曲线低于折线的差值之和不得大于 32dB。用平均隔声量和隔声指数分别对图 9-2 中两条曲线的隔声性能进行评价比较，可以求出两种隔声墙的平均隔声量分别为 41.8dB 和 41.6dB，基本相同。按上述方法求得它们的隔声指数分别为 44 和 35，显然隔声墙 1 的隔声性能要优于隔声墙 2。

3) 插入损失

插入损失定义为离声源一定距离某处测得的隔声结构设置前的声功率级 $L_{w1}$ 和设置后的声功率级 $L_{w2}$ 之差值，记为 IL，即

$$IL = L_{w1} - L_{w2} \qquad (9\text{-}16)$$

插入损失通常在现场用来评价隔声罩、隔声屏障等隔声结构的隔声效果。

## 第三节 环境振动污染控制

本节主要介绍振动的来源、分类和危害等基本情况,阐明环境振动的测量原理、测量技术和评价标准,提出控制振动污染的基本方法、原理和相应的计算。为了更好地掌握对环境中振动污染的控制,学习本节时应掌握振动测量的方法,结合相应的评价标准选择合适的振动控制方法并掌握相应的设计计算。

### 一、环境振动测量与评价原理

(一) 振动的测量

1. 振动位移

振动位移是物体振动时相对于某一个参照系的位置移动。振动位移能很好地描述振动的物理现象,常用于机械结构的强度、变形的研究。在振动测量中,常用位移级 $L_S$(单位为 dB)来表示:

$$L_S = 20\lg\frac{S}{S_0} \qquad (9\text{-}17)$$

式中:$S$ 为振动位移,m;$S_0$ 为位移基准值,一般取 $8\times10^{-12}$m。

2. 振动速度

人们受振动影响的程度也取决于振动速度。振动速度即物体振动时位移的时间变化量。通常,当振动比较小、频率比较高时,振动速度对人们的感觉起主要作用。在振动测量中,常用速度级 $L_v$(单位为 dB)来表示:

$$L_v = 20\lg\frac{v}{v_0} \qquad (9\text{-}18)$$

式中:$v$ 为振动速度,m/s;$v_0$ 为速度基准值,一般取 $5\times10^{-8}$m/s。

3. 振动加速度和振动级

人们受振动影响的程度也取决于振动的加速度。振动加速度是物体振动速度的时间变化量。通常,当振幅较大、频率较低时,加速度起主要作用。振动加速度一般在研究机械疲劳、冲击等方面被采用,现在也普遍用来评价振动对人体的影响,在外加振动频率接近人体及其器官的固有振动频率时,机体的反应最明显。分析和测量振动加速度时常用加速度级 $L_a$(单位为 dB)来表示:

$$L_a = 20\lg\frac{a_e}{a_0} \qquad (9\text{-}19)$$

式中：$a_e$ 为加速度有效值，m/s$^2$；$a_0$ 为加速度基准值，根据我国制定的《城市区域环境振动测量方法》(GB 10071—1988)，加速度基准值取 $10^{-6}$ m/s$^2$。

振动级的定义为修正的加速度级，用 $L_a'$ 表示：

$$L_a' = 20\lg\frac{a_e'}{a_0} \qquad (9\text{-}20)$$

式中：$a_e'$ 为修正的加速度有效值，m/s$^2$。

$$a_e' = \sqrt{\sum a_{fe}^2 \cdot 10^{\frac{c_f}{c_{fe}}}} \qquad (9\text{-}21)$$

式中：$a_{fe}$ 为频率为 $f$ 的振动加速度有效值；$c_f$ 为振动修正值，参见表 9-12。

表 9-12 垂直与水平振动的修正值

| 中心频率/Hz | 1 | 2 | 4 | 8 | 16 | 31.5 | 63 | 90 |
|---|---|---|---|---|---|---|---|---|
| 垂直方向修正值/dB | −6 | −3 | 0 | 0 | −6 | −12 | −18 | −30 |
| 水平方向修正值/dB | 3 | 3 | −3 | −9 | −15 | −21 | −27 | −30 |

振动级与感觉的关系如表 9-13 所示。

表 9-13 振动与感觉的关系

| 振动级/dB | 振动感觉状况 |
|---|---|
| 100 | 墙壁出现裂缝 |
| 90 | 容器中的水溢出，暖壶倒地等 |
| 80 | 电灯摇摆，门窗发出响声 |
| 70 | 门窗振动 |
| 60 | 人能感觉到振动 |

振动位移、速度、加速度之间存在一定的微分或积分关系，因此在实际测量中，只要测量出其中的一个量就可以用积分或微分来对另外两个量进行求解。例如，利用加速度计测量振动的加速度，再利用合适的积分器进行积分运算，一次积分可以求得振动速度，二次积分求得振动位移。

4. 振动周期与频率

振动由最大值到最小值再到最大值变化一次，即完成一次周期性振动所需要的时间称为周期，单位是秒(s)。

振动频率是指在单位时间内振动的周期数，单位为赫兹(Hz)。简谐振动只有一个频率，在数值上等于周期的倒数；非简谐振动具有多个频率，周期只是基频的倒数。

## (二) 振动的评价原理

振动的影响是多方面的，它不仅损害或影响振动作业工人的身心健康和工作效率，干扰居民的正常生活，还会影响或损害建筑物、精密仪器和设备等。评价振动对人体的影响比较复杂，根据人体对某种振动刺激的主观感觉和生理反应，国际标准化组织和一些国家推荐提出了不少标准，概括起来可以分为以下几类：

### 1. 振动对人体影响的评价标准

振动对人体的影响比较复杂，人的体位，接受振动的器官，振动的频率、方向、振幅和加速度都会对其造成影响。人体对振动的感觉标准是：人体刚感到振动是 $0.03m/s^2$，不愉快感是 $0.49m/s^2$，不可容忍感是 $4.9m/s^2$。

国际标准化组织于 1981 年起草推荐了《机械振动》(ISO 5349-2—2001)。该标准规定 8～1000Hz 不同暴露时间的振动加速度和速度的容许值，用来评价手传振动暴露对人体的损伤。由图 9-3 可知，对于加速度值，16Hz 以上曲线以每倍频带上升 6dB，而人对加速度最敏感的振动频率范围是 6～16Hz。

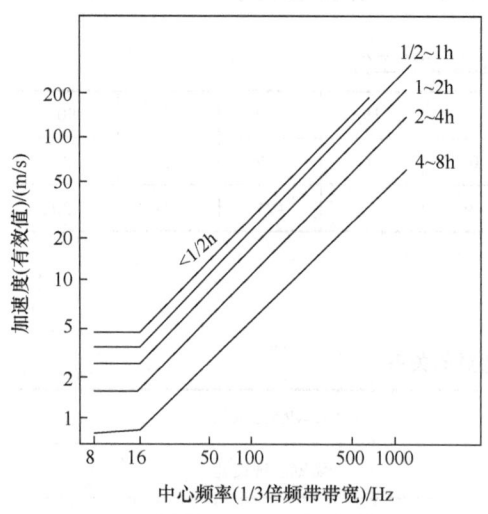

图 9-3 中心频率(1/3 倍频带带宽)与加速度有效值的关系

### 2. 整体振动频率

振动对人体的作用取决于四个参数：振动强度、频率、方向和暴露时间。国际标准化组织于 1978 年公布推荐了《整体振动标准》(ISO 2631—1978)。该标准规定了人体暴露在振动作业环境中的允许界限，振动的频率范围为 1～80Hz。这些界限按三种公认准则给出，即舒适性降低界限、疲劳-工效降低界限和暴露极限。这些界限分别按振动频率、加速度值、暴露时间和对人体躯干的作用方向来规定。图 9-4 给出了水平振动疲劳-工效降低界限曲线，横坐标为中心频率，纵坐标是加速度的有效值。当振动暴露超过这些界限时，常会出现明显的疲劳和工作效率降低。对于不同性质的工作，可以有 3～12dB 的修正范围。超过图中曲线的2倍(即+6dB)为暴露极限，即使个别人能在强的振动环境中无困难地完成任务，也是不允许的。暴露在极限和舒适性降低界限具有相同的曲线，将暴露极限曲线向下移 10dB 即将相应值减去 10dB 为舒适性降低界限，降低的程度与所做事情的难易程度有关。

对于垂直振动，人的敏感频率范围是 4～8Hz；对于水平振动，人最敏感的频率范围是 1～2Hz。低于 1Hz 的振动会出现许多传递形式，并出现一些与较高频率完全不同的影响，如引起晕动症和晕动并发症等。0.1～0.63Hz 的振动传递到人体，会引起从不舒适到极度疲劳等病症，《整体振动标准》对于 0.1～0.63Hz 人承受垂直方向全身振动极度不舒适的限定值见表 9-14。这些影响不能简单地通过振动的强度、频率和持续时间

# 第九章 物理性污染控制原理

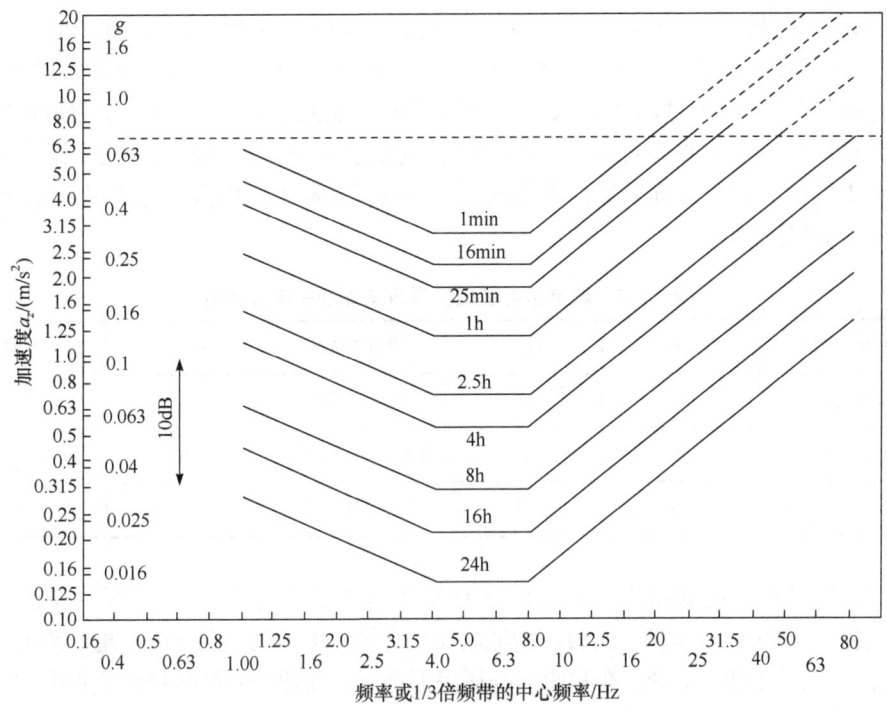

图 9-4 频率或 1/3 倍频带的中心频率与加速度的关系

来解释。不同的人对于低于 1Hz 的振动反应会有相当大的差别，这与环境因素和个人经历有关。高于 80Hz 的振动，感觉和影响主要取决于作用点的局部条件，目前还没有建立 80Hz 以上的关于人的整体振动标准。

表 9-14 垂直方向用振动加速度数值表示的极度不舒适限定值

| 1/3 倍频带的中心频率/Hz | 加速度/(m/s²) | | |
| --- | --- | --- | --- |
| | 30min | 2h | 8h(暂行) |
| 0.10 | 1.0 | 0.5 | 0.25 |
| 0.125 | 1.0 | 0.5 | 0.25 |
| 0.16 | 1.0 | 0.5 | 0.25 |
| 0.20 | 1.0 | 0.5 | 0.25 |
| 0.25 | 1.0 | 0.5 | 0.25 |
| 0.315 | 1.0 | 0.5 | 0.25 |
| 0.40 | 1.5 | 0.75 | 0.375 |
| 0.50 | 2.15 | 1.08 | 0.54 |
| 0.63 | 11.15 | 1.60 | 0.80 |

3. 城市区域环境振动的评价标准

由各种机械设备、交通运输工具和施工机械所产生的环境振动，对人们的正常工作和休息都会产生较大的影响。我国已制定《城市区域环境振动标准》(GB 10070—1988)和《城市区域环境振动测量方法》(GB/T 10071—1988)。对每天只发生几次的冲击振动，其最大值昼间不允许超过标准值10dB，夜间不超过标准值3dB。标准规定测量点应位于建筑物室外0.5m以内振动敏感处，必要时测点置于建筑物室内地面中央，标准值均取表9-15中的值。对于连续发生的稳态振动、冲击振动和无规则振动等情况，表9-15中的标准值同样适用。

表 9-15 城市各类区域铅垂方向振级标准值(dB)

| 适用地带范围 | 昼间 | 夜间 | 适用地带范围 | 昼间 | 夜间 |
|---|---|---|---|---|---|
| 特殊住宅区 | 65 | 65 | 工业集中区 | 75 | 72 |
| 居民、文教区 | 70 | 67 | 交通干线道路两侧 | 75 | 72 |
| 混合区、商业中心区 | 75 | 72 | 铁路干线两侧 | 80 | 80 |

《城市区域环境振动标准》对表9-15中适用地带的范围划分为：特殊住宅区是指特别需要安静的居民区；居民、文教区指纯居民和文教、机关区；混合区是指一般商业和居民混合区，以及工业、商业、少量交通与居民混合区；商业中心区是指商业集中的繁华地区；工业集中区是指在一个城市或区域内规划明确确定的工业区；交通干线道路两侧是指车流量100辆/h以上的道路两侧；铁路干线两侧是指每日车流量不少于20列的铁路外轨30m外两侧的住宅区。

4. 机械振动设备的评价标准

目前，世界各国大多采用速度有效值作为量标来评价机械设备的振动(振动的频率范围一般在10～1000Hz)。国际标准化组织颁布的《转速为10～200r/s机器的机械振动——规定评价标准的基础》(ISO 2372—1974)规定以振动烈度作为评价机械设备振动的量标。它是在指定的测点和方向上，测量机器振动速度的有效值，再通过各个方向上速度平均值的矢量和来表示机械的振动烈度。

振动等级的评定按振动烈度的大小来划分，设为以下四个等级。A级：不会使机械设备正常运转发生危险，通常标为"良好"；B级：可验收、允许的振级，通常标为"许可"；C级：振级是允许的，但有问题，不满意，应加以改进，通常标为"可容忍"；D级：振级太大，机械设备不允许运转，通常标为"不允许"。

对机械设备进行振动评价时，可先将机器按下述标准进行分类。第一类：在其正常工作条件下与整机连成一个整体的发动机及其部件，如15kW以下的电动机产品；第二类：刚性固定在专用基础上的300kW以下发动机和机器以及设有专用基础的中等尺寸的机器，如输出功率为15～75kW的电动机；第三类：装在振动方向刚性非常大的、重的基础上的具有旋转质量的大型电动机和机器；第四类：装在振动方向相对较软基础上的具有旋转质量的大型电动机和机器。

对于机械设备可参考表9-16来进行振动评价。

表 9-16　机械设备的评价

| 振动烈度的量程/(mm/s) | 判定每种机器质量的实例 | | | |
|---|---|---|---|---|
| | 第一类 | 第二类 | 第三类 | 第四类 |
| 0.28 | A | | | |
| 0.45 | A | A | | A |
| 0.71 | A | A | A | A |
| 1.12 | B | A | A | A |
| 1.8 | B | A | A | A |
| 2.8 | C | B | A | A |
| 4.5 | C | B | B | A |
| 7.1 | D | C | B | B |
| 11.2 | D | C | C | B |
| 18 | D | C | C | C |
| 28 | D | D | C | C |
| 45 | D | D | D | D |
| 71 | D | D | D | D |

**5. 建筑物的允许振动标准**

建筑物的允许振动标准与其上部结构、底基的特征以及建筑物的重要性有关。德国于 1996 年颁布的标准 DIN 4150 中规定，在短期振动作用下，使建筑物开始遭破坏，如粉刷开裂或原有裂缝扩大时，作用在建筑物基础上或楼层平面上的合成振动速度限值见表 9-17。

表 9-17　建筑物开始损坏时的振动速度限值

| 结构形式 | 振动速度限值 $v$/(mm/s) | | | |
|---|---|---|---|---|
| | 基础频率范围 | | | 多层建筑物最高一层楼层平面 |
| | 10Hz 以下 | 10～50Hz | 50～100Hz | 混合频率 |
| 商业或工业用的建筑物与类似设计的建筑物 | 20 | 20～40 | 40～50 | 40 |
| 居住建筑和类似设计的建筑物 | 5 | 5～15 | 15～20 | 15 |
| 不属于上述所列的对振动特别敏感的建筑物和具有纪念价值的建筑物(如要求保护的建筑物) | 5 | 3～8 | 8～10 | 8 |

## 二、环境振动污染控制技术

### (一) 振动控制基本方法

#### 1. 隔振

隔振就是利用波动在物体间的传播规律，将振动源与基础或其他物体的近于刚性连接改为弹性连接，防止或减弱振动能量的传播，从而实现减振降噪的目的。实际上振动不可能绝对隔绝，所以通常称为隔振或减振。如果机械设备与基础之间是近刚性的连接，当设备运转时会产生一个干扰力，这个干扰力就会百分之百地传给基础，由基础向四周传播。如果将设备与地基的连接改为弹性连接，由于弹性装置的隔振作用，设备产生的干扰力便不会全部传给基础，只传递一部分或完全被隔绝。由于振动传递被隔绝，固体声被降低，因而也获得了降低噪声的效果。

#### 2. 阻尼减振

阻尼是指阻碍物体的相对运动，并把运动能量转变为系统损耗能量的能力。阻尼减振就是通过黏滞效应或摩擦作用，把机械振动能量转换成热能或其他可以损耗的能量而耗散的措施。

阻尼的作用主要体现在以下几个方面。

(1) 阻尼能抑制振动物体产生共振和降低振动物体在共振频率区的振幅，从而避免结构因动应力达到极限所造成的破坏。

(2) 阻尼有助于机械系统受到瞬态冲击后，很快恢复到稳定状态。

(3) 阻尼可以提高各类机床、仪器等的加工精度、测量精度和工作精度。各类机器尤其是精密机床，在动态环境下工作需要有较高的抗振性和动态稳定性，通过各种阻尼处理可以大大提高其动态性能。

(4) 阻尼有助于降低结构传递振动的能力。在机械系统的隔振结构设计中，合理地运用阻尼技术可以使隔振、减振效果显著提高。

(5) 阻尼有助于减少因机械振动所产生的声辐射，降低机械噪声。许多机械构件，如交通运输工具的壳体、锯片等噪声，主要是共振引起的，采用阻尼能有效地抑制共振，从而降低噪声。此外，阻尼还可以使脉冲噪声的脉冲持续时间延长，降低峰值噪声强度。

对于薄板类结构的振动及其辐射噪声，如管道、机械外壳、车船体外壳等，在其结构或部件表面涂贴阻尼材料也能达到明显的减振降噪效果。常用的阻尼减振方法有自由阻尼层处理和约束阻尼层处理两种。自由阻尼层处理是在结构表面直接粘贴阻尼材料。当结构振动时，粘贴在表面的阻尼材料产生拉伸压缩变形，将振动能转化为热能，实现减振效果。约束阻尼层处理是在结构的基板表面粘贴阻尼材料后，再贴上一层刚度较大的约束板，当结构振动时，处于约束板和基板之间的阻尼材料产生拉伸压缩变形，将部分振动能量转化为热能，达到减小结构振动的目的。

### (二) 振动的控制原理

#### 1. 振动源控制

日常生活中振动源无处不在，各类运行中的机械设备和交通工具都可以成为振动源。

振动源自身运动中产生的不平衡力导致了振动的发生,不但会对设备、机器本身造成损害,还会产生噪声以及共振,造成环境污染。在城市区域常见的振动源包括:工厂振动源,如居民生活设施配套的机械设备和混合在居民区中的中小型工厂内的工业设备;交通振动源,如公路交通、穿越城区的铁路和地铁以及城市上空的飞机等;建筑工地,如在城区建筑施工的打桩机、压路机等机械设备;大地脉动及地震等。以上的环境振动污染源按其形式,可分为固定式单个振动源(如一台冲床或一台水泵等)和集合振动源(如厂界环境振动、建筑施工厂界环境振动、城市道路交通振动等,均是各种振源的集合作用)两类;按其动态特征可分成稳态振动、冲击振动、无规则振动和铁路振动四类,见表9-18。

表 9-18 环境污染振动源动态特征

| 项目 | 稳态振动 | 冲击振动 | 无规则振动 | 铁路振动 |
| --- | --- | --- | --- | --- |
| 定义 | 观测时间内振级变化不大的环境振动 | 具有突发性振级变化的环境振动 | 未来任何时刻不能预先确定的环境振动 | 由铁路列车行驶带来的轨道两侧30m环境振动 |
| 振动污染源举例 | 往复运动机械,如空压机、柴油机等;旋转机械类,如发电机、发动机、通风机等 | 建筑施工机械类,如打桩机;锻压机械类,如冲床、纺锤等 | 道路交通振动、居民生活振动、入房屋施工、室内运动等 | 铁路机车运行 |

## 2. 防止共振

激振力的振动频率与设备的固有频率一致时就会产生共振,产生共振的设备将振动得更加厉害,对设备本身的损伤也更大。由于共振放大作用,其放大倍数可达到几倍甚至几十倍,并由此带来巨大的破坏和危害。手持的加工机械如锯、刨会产生强烈的振动并伴有受体的共振;载重的货车在路面行驶时,往往对路两侧的居民建筑物产生共振影响,造成地面晃动和门窗抖动。美国塔科马峡谷中的长853m、宽12m的悬索吊桥,在1940年的8级飓风的袭击中发生了剧烈振动,引起的共振使笨重的钢铁桥发生扭曲最后彻底毁坏。因此,减少和防止共振响应是振动控制的一个重要方面。

对于建筑物来讲,主要振源是安装在建筑物内的辅助机械设备,另外建筑物外的机械设备,如打桩机、地铁和机械工程以及载重卡车都能引起建筑物的共振。建筑物内振动传递主要通过四种振动波,分别是纵向波、切向波、扭转波、弯曲波,如图9-5所示。

纵向波是一种沿着构件振动,与传递方向一致的疏密波;切向波是沿构件横截面振动,与传递方向垂直的一种疏密波;扭转波是由扭曲、剪切和旋转力所引起的;弯曲波是在构件表面产生的波动,是大多数材料最容易产生的一种波,也是建筑构件振动传递的主要波。

控制振动的主要方法有:改变机器的转速或改换机型来改变振动的频率;将振动源安装在非刚性的基础上以降低共振响应;用粘贴弹性高阻尼结构材料来增加一些波壳机体或仪器仪表的阻尼,以增加能盘散逸,降低其振幅;改变设施的结构和总体尺寸或采取局部加强法来改变结构的固有频率。

为了防止建筑物产生共振响应,需要对建筑物各个构建共振频率进行估算。当机械设备安装在房屋地板(楼板)上时可用下式计算其固有频率(Hz):

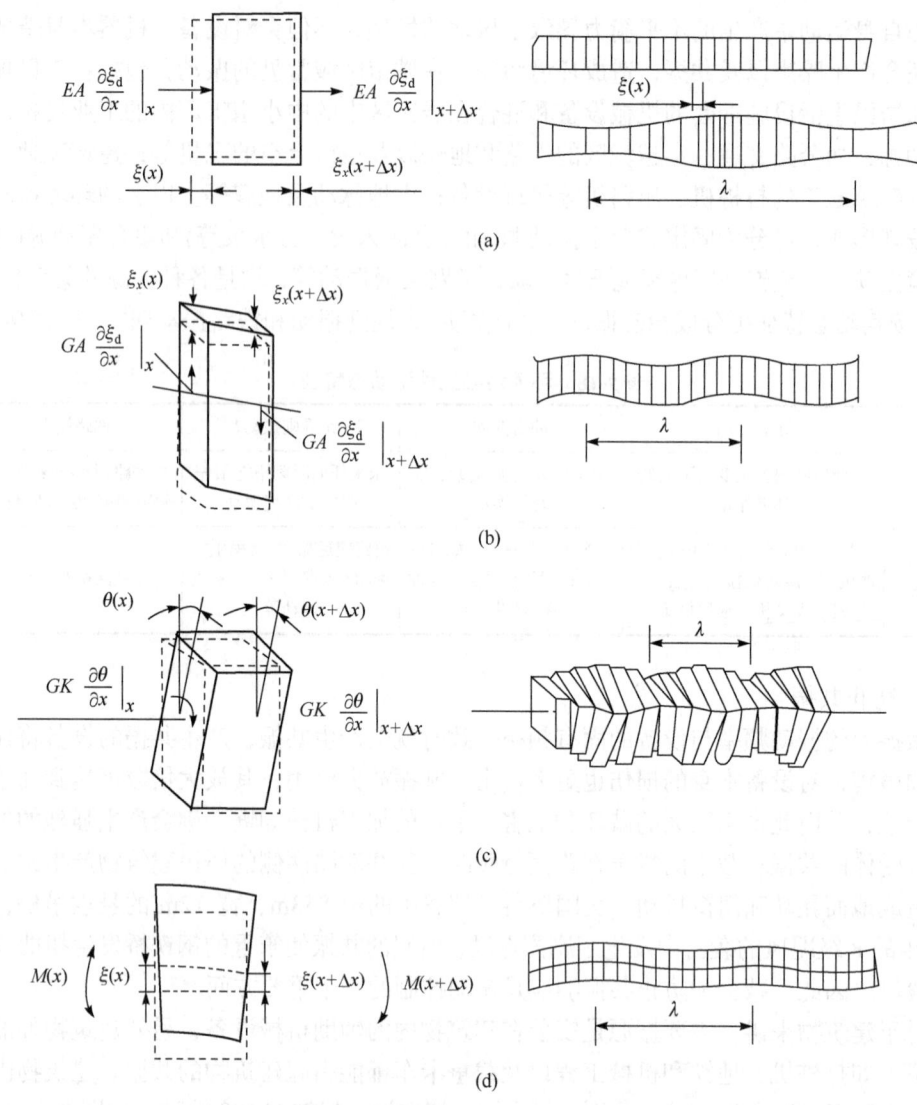

图 9-5 纵向波、切向波、扭转波、弯曲波示意图
(a)纵向波；(b)切向波；(c)扭转波；(d)弯曲波

$$f_0 = \frac{1}{2\pi}\sqrt{\frac{K}{m}} = 0.498\sqrt{\frac{K}{W}} \approx 0.5\sqrt{\frac{1}{\xi_d}} \tag{9-22}$$

式中：$\xi_d$ 为地面(楼板)的变性，可以大致确定建筑结构中大多数公共系统中地面(楼板)的共振频率。表 9-19 列出了不同跨距混凝土楼板的固有频率。

表 9-19 混凝土楼板结构固有频率

| 跨距/m | 固有频率/Hz | 跨距/m | 固有频率/Hz |
| --- | --- | --- | --- |
| 3 | 12 | 12 | 6 |
| 6 | 9 | 18 | 5 |
| 9 | 7 | | |

当机器安装在悬臂梁或简支梁不同位置时，由于梁的变形不同，固有频率也不同。当机器从梁的中心点移向支撑点时，由于梁的变性的逐渐减小，其固有频率逐步提高。

(三) 隔振设计与计算

1. 振动传递系数与隔振效率

描述和评价隔振效果最常用的是振动传递系数 $T_f$，又称为力传递率、振动传递率等。振动传递系数定义为通过隔振元件传递到基础的力的幅值 $F_{f_0}$ 与作用于系统的激振力或者总的干扰力的幅值 $F_0$ 的比值，即

$$T_f = \frac{F_{f_0}}{F_0} = \sqrt{\frac{1+(2\xi\omega/\omega_0)^2}{\left[1-(\omega/\omega_0)^2\right]^2+(2\xi\omega/\omega_0)^2}} = \sqrt{\frac{1+4\xi^2(f/f_0)^2}{\left[1-(f/f_0)^2\right]^2+4\xi^2(f/f_0)^2}} \quad (9-23)$$

当系统为单自由度无阻尼振动时，即 $\zeta=0$，式(9-23)简化为

$$T_f = \frac{F_{f_0}}{F_0} = \left|\frac{1}{1-(f/f_0)^2}\right| \quad (9-24)$$

如果以阻尼比 $\zeta=c/c_c$ 为参数，式(9-24)中振动传递系数 $T_f$ 与频率比 $f/f_0$ 的关系曲线如图 9-6 所示。由图 9-6 可知：① $f \ll f_0$ 的区域，即外力频率远低于系统固有频率，此时 $T_f$ 接近于 1，表明振动完全被传递，无减振效果；② $0<f<\sqrt{2}f_0$ 的区域，$T_f>1$，传递力大于激振力，振动被放大，隔振系统设计失败时可能出现此类情况，若增大阻尼，可使 $T_f$ 减小；③ $f \approx f_0$ 的区域，为共振状态，防振设计中须极力避免这种状态；④ $f \approx \sqrt{2}f_0$ 的区域，$T_f \approx 1$，与有无阻尼以及阻尼的大小无关，此时传递力与激振力相同，系统仍无隔振作用；⑤ $f>\sqrt{2}f_0$ 的区域，$T_f<1$，传递力小于激振力，系统才具有隔振作用，并且频率越高，$T_f$ 越小，阻尼越大，$T_f$ 越大。$\zeta=0$ 时，$T_f$ 最小，防振效果最好。这就是用弹性材料支承机械，使传递到基础的激振力减少的原理。

通常隔振设备的特性是给定的。因此，要想得到好的隔振效果，首先必须保证 $f/f_0>\sqrt{2}$，在设计隔振系统时必须充分考虑系统的固有振动特性，使设备的整体振动频率 $f_0$ 比设备干扰频率 $f$ 小得多，从而保证 $f/f_0>\sqrt{2}$，得到好的隔振效果。从理论上讲，$f/f_0$ 越大，隔振效果越好，但是在实际工程中必须兼顾系统稳定性和成本等因素，通常设计 $f/f_0$ 在 2.5~5。这是因为通常 $f$ 是给定的，要进一步提高 $f/f_0$，就只有降低 $f_0$，而设计过低的 $f$，不仅在工艺上存在困难，而且造价高。如果系统干扰频率 $f$ 比较低，系统设计时很难达到 $f/f_0>\sqrt{2}$ 的要求，则必须通过增大隔振系统阻尼的方法来抑制系统的振动响应。此外，对于旋转机械如电动机等，在这些机械的启动和停止过程中，其干扰频率是变化的，在该过程中必然会出现隔振系统频率与机械扰动频率一致的情形，为了避免系统共振，设计这些设备的隔振系统时就必须考虑采用一定的阻尼以限制共振区附近的振动。

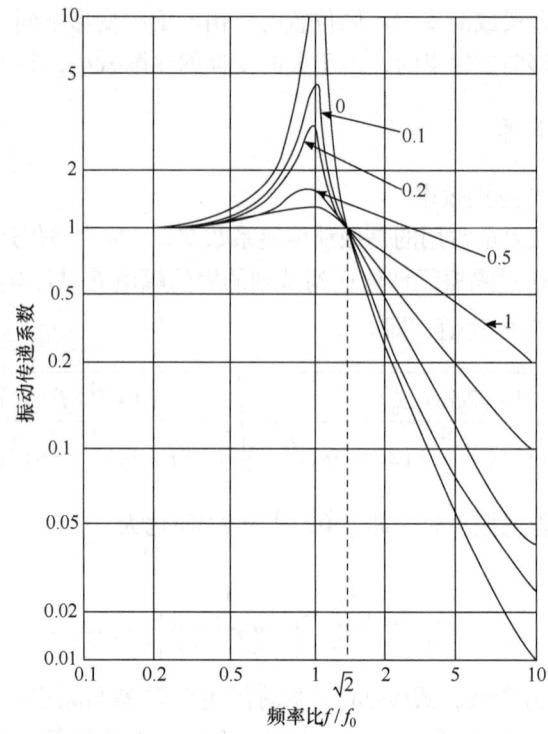

图 9-6 振动传递系数 $T_f$ 与频率比的关系

**2. 弹簧隔振器的设计与计算**

通常应用最广泛的弹簧隔振器是螺旋弹簧隔振器。因此，这里仅介绍最为常用的圆柱形螺旋弹簧隔振器。螺旋弹簧减振器的使用和设计程序如下。

(1) 首先根据机器设备的质量、可能的最低激振力频率、预期的隔振效率确定弹簧的安装数目。

(2) 根据图 9-7，由激振力频率和按设计所要求的隔振效率可查得钢弹簧的静态压缩量 $x$。

(3) 由机器设备总负荷 $W$ 和安装支点数 $N$，确定选用弹簧的劲度系数 $k$。

$$k = \frac{W}{Nx} \tag{9-25}$$

(4) 确定弹簧的有效工作圈数 $n_0$ 和弹簧条的直径 $d$：

$$n_0 = \frac{Gd^4}{8kD^3} \tag{9-26}$$

式中：$G$ 为弹簧的剪切弹性系数，对于钢弹簧，取 $8 \times 10^6$ N/cm²；$D$ 为弹簧圈平均直径，cm；$d$ 为弹簧条直径，cm，其中

$$d = 1.6\sqrt{\frac{KW_0C}{\tau}} \tag{9-27}$$

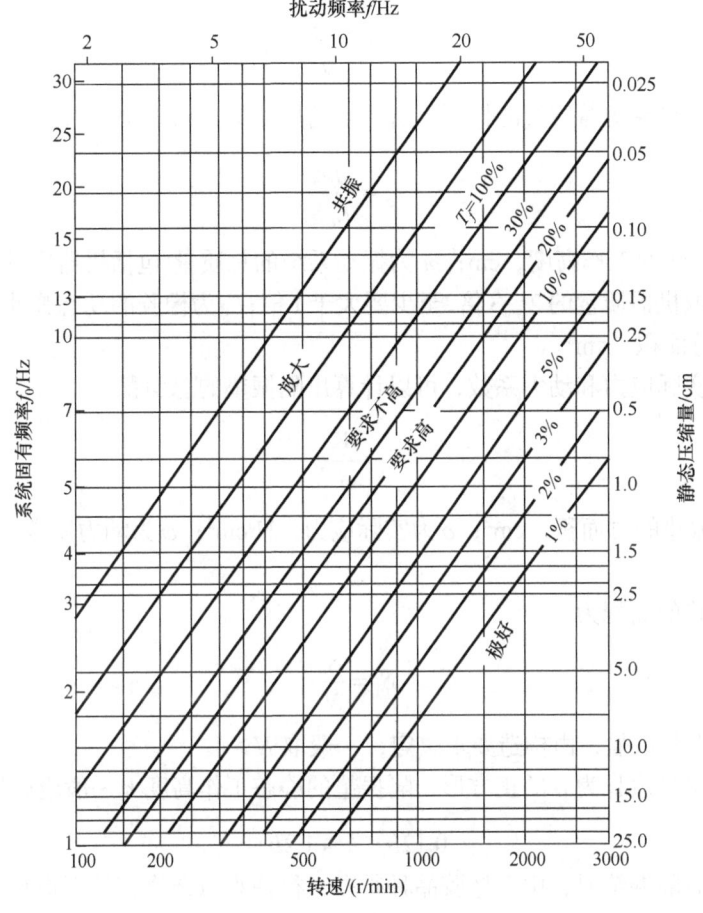

图 9-7　隔振设计选用

式中：$K$ 为系数，$K=(4C+2)/(4C-3)$；$C$ 为 $D$ 与 $d$ 的比值，即 $D/d$，一般取 4～10；$W_0$ 为一个弹簧上的荷载，N；$\tau$ 为弹簧材料的容许扭应力，对于钢弹簧，取值为 $4\times10^4\text{N/cm}^2$。

(5) 确定弹簧未受荷载时的高度 $H$ 和弹簧条的长度 $L$。

$$H = nd + (n-1)\frac{d}{4} + x \tag{9-28}$$

弹簧的全部圈数 $n$ 应包括有效工作圈数 $n_0$ 和不工作圈数 $n'$，即 $n=n_0+n'$。在 $n_0<7$ 时，可取 $n'=1.5$；在 $n_0>7$ 时，取 $n'=2.5$。一般情况下，$H$ 与 $D$ 的比值应不大于 2，即 $H/D\leqslant 2$。

弹簧条的长度为

$$L = \pi Dn \tag{9-29}$$

3. 橡胶隔振垫的设计与计算

橡胶隔振垫是应用最广泛的一种隔振材料。设计选用隔振垫时，主要是选择合适的橡胶材料、隔振垫的布置方式、几何尺寸等。

在橡胶隔振垫的设计中，隔振垫的固有频率可以用式(9-30)计算：

$$f_0 = 0.5\frac{1}{\sqrt{x_d}} \tag{9-30}$$

式中：$x_d$ 为隔振垫在机器质量的作用下所产生的压缩量，cm，有

$$x_d = \frac{hm}{E_d S} \tag{9-31}$$

其中：$h$ 为隔振垫的工作高度，cm；$m$ 为振动系统的总质量(包括机器质量和台座质量)，台座质量一般取机器质量的 2~3 倍，至少要大于 1 倍；$E_d$ 为橡胶的动态弹性模量，kg/cm²；$S$ 为隔振垫的总面积，cm²。

取合适的实际应力和动力系数，可以计算出隔振垫的总面积：

$$S = \frac{W}{\delta}\varphi \tag{9-32}$$

式中：$S$ 为隔振垫的总面积，cm²；$\delta$ 为实际应力，N/cm²；$\varphi$ 为动力系数，一般取 1.2~1.4。

每个隔振垫的面积为

$$S_1 = \frac{S}{N} \tag{9-33}$$

式中：$N$ 为隔振垫数量，由构造要求决定，一般取 $N \geqslant 4$。

如果隔振垫是边长为 $b$ 的正方形，隔振垫的静态工作高度 $h$ 一般应满足的条件为

$$0.12b < h < 1.2b \tag{9-34}$$

在设计橡胶隔振垫时，由于橡胶品种很多，往往难以选择，甚至把硬度很大的实心橡胶皮作垫层，结果适得其反，系统发生共振。这一点务必引起注意。表 9-20 为橡胶硬度和弹性模量之间的关系，其中 50°者相当于软橡皮。

表 9-20　橡胶硬度和弹性模量之间的关系

| 邵氏硬度 | 30° | 35° | 40° | 45° | 50° | 55° | 60° | 65° | 70° |
|---|---|---|---|---|---|---|---|---|---|
| $E_d$/(kg/cm²) | 14 | 20 | 90 | 40 | 50 | 60 | 71 | 84 | 100 |

在设备下安装隔振器及隔振元件，是目前工程上常见的控制物体振动的有效措施。设计时，一定要注意把物体和隔振器系统的固有频率设计得比激发频率低 60% 以上，即 $f/f_0 \geqslant 2.5$，如果再选择合适的隔振材料，能够进一步起到减少振动与冲击力的传递的作用，只要隔振器及隔振材料选择得当，隔振效率可达 85% 以上，而且不必采用大型机器。

## 第四节　环境放射性污染控制

本节主要介绍放射性污染的环境标准、测量方法和影响评价，提出放射性固废、废气、废水的治理技术。为了更好地掌握环境放射性污染的控制，学习本节时应注意不同

形态的放射性废弃物的处理。

## 一、环境放射性污染评价原理

### (一) 辐射的环境标准

第二次世界大战中，十几万人因在日本广岛、长崎遭受原子弹的袭击而死亡，辐射的巨大破坏力使人惊骇。加上核工业及和平利用原子能的迅速发展，放射性污染的潜在危害受到世界各国的普遍重视，促使一些国家开始制定有关辐射防护的法规。1988 年 3 月 11 日，国家环境保护局批准了《电离辐射防护与辐射源安全基本标准》(GB 18871—2002)。该基本标准分总则、剂量限制体系、辐射照射的控制措施、放射性废物管理、放射性物质安全运输、选址要求、辐射监测、辐射事故管理、辐射防护评价、辐射和工作人员的健康管理及名词术语的定义和解释等，规定了有关剂量的当量限值，见表 9-21。

表 9-21 个人年剂量当量限值

| 人员 | 年有效剂量 /(mSv/a) | 眼球/(mSv/a) | 其他单个器官或组织 | 一次/(mSv/a) | 一生/(mSv/a) | 孕妇/(mSv/a) | 16～18 岁青年/(mSv/a) |
|---|---|---|---|---|---|---|---|
| 职业人员 | 50 | 150 | 500 | 100 | 250 | 15 | 15 |
| 公众成员 | 1 | 50 | 50 | — | — | — | — |

### (二) 环境放射性污染的监测方法

1. 放射性监测的分类和内容

1) 放射性监测的分类

(1) 放射性监测按照监测对象可分为以下几类。

现场监测：即对放射性物质生产或应用单位内部工作区域所做的监测。

个人剂量监测：即对放射性专业工作人员或公众做内照射和外照射的剂量监测。

环境监测：即对放射性生产和应用单位外部环境，包括空气、水体、土壤、生物、固体废物等所做的监测。

(2) 放射性监测的内容。

在环境监测中，主要测定的放射性核素如下。

α 放射性核素：即 $^{239}$Pu、$^{226}$Ra、$^{222}$Rn、$^{224}$Ra、$^{210}$Po、$^{222}$Th、$^{231}$U 和 $^{235}$U。

β 放射性核素：即 $^{3}$H、$^{90}$Sr、$^{89}$Sr、$^{134}$Cs、$^{137}$Cs 和 $^{60}$Co。这些核素在环境中出现的可能性较大，其毒性也较大。

对放射性核素具体测量的内容有放射源强度、半衰期、射线种类及能量；环境和人体中放射性物质含量、放射性强度、空间照射量或电离辐射剂量。

2) 放射性监测的检测器

最常用的检测器有电离型检测器、闪烁检测器和半导体检测器。

(1) 电离型检测器。

电离型检测器是利用射线通过气体介质，使气体发生电离的原理制成的探测器。检测器包括电流电离室(图 9-8)、正比计数管和盖革计数管(GM 管，图 9-9)三种。

电流电离室测量由于电离作用而产生的电离电流(图 9-8)，适用于测量强放射性，不能用于甄别射线类型。

正比计数管在正比区(图 9-10 中 CD 段)工作，用于 α 粒子和 β 粒子计数，具有性能稳定、本底响应低等优点，用于低能 γ 射线的能谱测量和鉴定放射性核素用的 α 射线的能谱测定。

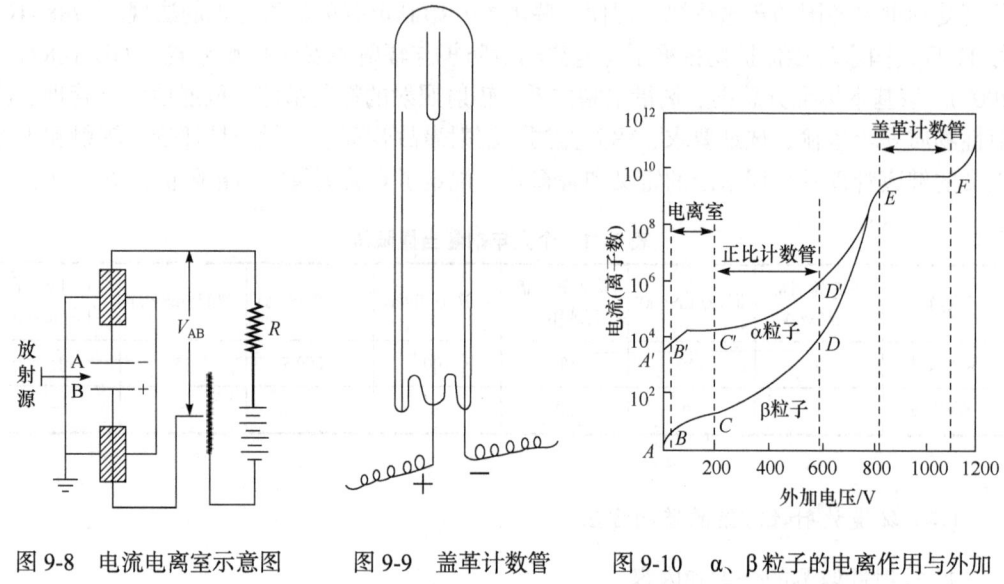

图 9-8  电流电离室示意图    图 9-9  盖革计数管    图 9-10  α、β 粒子的电离作用与外加电压的关系曲线

常见的盖革计数管是应用最广泛的放射性检测器，用于检测 β 射线和 γ 射线强度(图 9-11)。这种计数器对进入灵敏区域的粒子有效计数率接近 100%，对不同射线都给出大小相同的脉冲，但不能用于区别不同的射线。

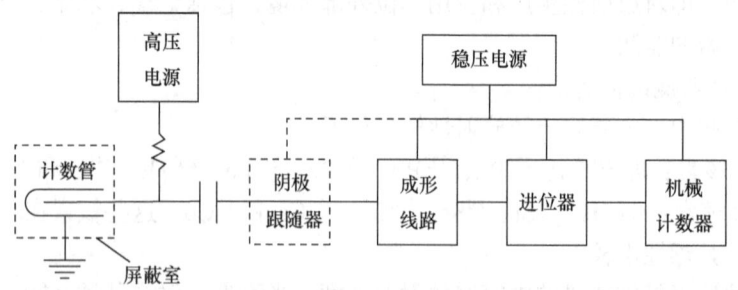

图 9-11  射线强度测量装置

(2) 闪烁检测器。

闪烁检测器是利用射线与物质作用发生闪光的仪器。它具有一个受带电粒子作用后其内部原子或分子被激发而发射光子的闪烁体。当射线照在闪光体上时，便发射出荧光光子，并且利用光导和反光材料等将大部分光子收集在光电倍增管的光阴极上。光子在

灵敏阴极上打出光电子，经过倍增放大后在阳极上产生电压脉冲，此脉冲还是很小的，需再经电子线路放大和处理后记录下来。

(3) 半导体检测器。

半导体检测器的原理是当放射性粒子射入这种元件后，产生电子空穴对，电子和空穴受外加电场的作用，分别向两极运动，并被电极所收集，从而产生脉冲电流，再经放大后，向多道分析器或计数器记录。半导体检测器可用于测量 α、β 和 γ 射线的辐射。

常用放射性检测器的特点见表 9-22。

表 9-22 常用放射性检测器的特点

| 射线种类 | 检测器 | 特点 |
| --- | --- | --- |
| α | 闪烁检测器 | 检测灵敏度低，探测面积大 |
| | 正比计数管 | 探测效率高，技术要求高 |
| | 半导体检测器 | 本底小，灵敏度高，探测面积小 |
| | 电流电离室 | 检测较大放射性活度 |
| β | 正比计数管 | 检测效率较高，装置体积较大 |
| | 盖革计数管 | 检测效率较高，装置体积较大 |
| | 闪烁检测器 | 检测效率较低，本底小 |
| | 半导体检测器 | 检测面积小，装置体积小 |
| γ | 闪烁检测器 | 检测效率高，能量分辨能力强 |
| | 半导体检测器 | 能量分辨能力强，装置体积小 |

2. 放射性样品的测定

1) 水样中总 α 放射性活度的测定

取一定体积水样，过滤除去固体物质，滤液加硫酸酸化，蒸发至干，在不超过 350℃ 温度下灰化，将灰化后的样品移入测量盘中并铺成均匀薄层，用闪烁检测器测量水样的总 α 放射性活度，其计算公式为

$$Q_\alpha = \frac{n_c - n_b}{n_s V} \tag{9-35}$$

式中：$Q_\alpha$ 为总 α 放射性活度，Bq/L；$n_c$ 为用闪烁检测器测量水样得到的计数率，计数/min；$n_b$ 为空测量盘的本底计数率，计数/min；$n_s$ 为根据标准源的活度计数率计算出的检测器的计数率，计数/(Bq·min)；$V$ 为所取水样体积，L。

2) 水样中总 β 放射性活度的测定

与总 α 放射性活度测定步骤基本相同，但检测器用低本底的盖革计数管，且以含 40K 的化合物作标准源。

3) 土壤中总 α、β 放射性活度的测定

在采样点选定的范围内，沿直线每隔一定距离采集一份土壤样品，共采集 4~5 份。采样时用取土器或小刀取 10cm×10cm，深 1cm 的表土除去土壤中的石块、草类等杂物，

在实验室内晾干或烘干，移至干净的平板上压碎，铺成 1~2cm 厚的方块，用四分法反复缩分，直到剩余 200~300g 土样，再于 500℃灼烧，待冷却后研细、过筛备用。称取适量制备好的土样放于测量盘中，铺成均匀的样品层，用相应的探测器分别测量。

4) 大气中氡的测定

$^{222}$Rn 是 $^{226}$Ra 的衰变产物，为一种放射性惰性气体。用电流电离室通过测量电离电流测定其浓度，也可用闪烁检测器记录由氡衰变时所放出的 α 粒子计算其含量。

$$A_{\text{Rn}} = \frac{K(J_{\text{c}} - J_{\text{b}})}{V} f \tag{9-36}$$

式中：$A_{\text{Rn}}$ 为空气中 $^{222}$Rn 的含量，Bq/L；$J_{\text{b}}$ 为电离室本底电离电流，格/min；$J_{\text{c}}$ 为引入 $^{222}$Rn 后的总电离电流，格/min；$V$ 为采气体积，L；$K$ 为检测仪器格值，Bq·min/格；$f$ 为换算系数，据 $^{222}$Rn 导入电离室后静置时间而定，可查表得知。

5) 大气中各种形态 $^{131}$I 的测定

碘的同位素很多，除 $^{131}$I 是天然存在的稳定性同位素外，其余均为放射性同位素。大气中的 $^{131}$I 以元素、化合物等各种化学形态和蒸气、气溶胶等不同状态存在，因此采样方法各不相同。该采样器由粒子过滤器、元素碘吸附器、次碘酸吸附器、甲基碘吸附器和炭吸附床组成。对于例行环境监测，可在低流速下连续采样一周或一周以上，然后用 γ 谱仪定量测定各种化学形态的 $^{131}$I。

6) 个人外照射剂量的测定

个人外照射剂量监测是指用救援人员佩戴的剂量计所进行的测量并对这些测量结果作出评价。这种监测的主要目的是估算明显受到照射的器官或组织所接受的剂量当量，评价是否符合有关放射性防护标准，是否须进一步采取措施。此外，还可探究人员所受剂量的趋势和场所条件，以及在特殊照射与事故照射下的有关信息。

个人外照射剂量的对象是一年内所受外照射剂量可能超过个人剂量限值的 30%的救援人员。剂量计的选择与佩带位置应当首先考虑监测目的与评价方法，如监测的辐射类型、能量、剂量当量的大小与强度及准确度要求。佩戴的位置根据需要监测的部位而定。

使用剂量计时应当佩戴在躯干表面受照射最强的部位上。当四肢特别是手部所受剂量较大时应在手指部佩戴附加的剂量计。穿着防护服工作时要用两个剂量计，一个佩戴在防护服的内侧，用来估算有效剂量当量，另一个佩戴在防护服外侧，用来估算皮肤和眼睛的剂量当量。在照射量较高事故区域内进行应急处置时，通常要求采用附加的剂量计，及早获取剂量当量的信息。简易的直读式剂量计和声光报警仪在此类操作中具有重要作用。

在个人外照射剂量监测中，常用的个人剂量计有热释光剂量计、胶片剂量计、辐射光致发光剂量计。目前，热释光剂量计应用最为广泛。

(三) 环境放射性污染的影响评价

环境质量评价按时间顺序分为回顾性评价、现状评价和预测评价。

环境质量评价是环境保护工作的一项重要内容，同时也是环境管理工作的重要手段。

只有对环境质量作出科学的评价，指出环境的发展趋势及存在的问题，才能制订有效的环境保护规划和措施。因此辐射环境质量评价在环境保护工作中具有非常重要的地位。评价辐射环境的指标归纳如下。

1. 关键居民组所接受的平均有效剂量当量

在广大群体中选择出具有某些特征的组，这一特征使得他们从某一给定的实践中受到的照射剂量高于群体中其他成员。所以，一般以关键居民组的平均有效剂量当量进行辐射环境评价，因为关键组成员接受的照射剂量作为辐射实践对公众辐射影响的上限值，安全可靠程度较高。

2. 集体剂量当量

集体剂量当量是描述某个给定的辐射实践施加给整个群体的剂量当量总和，用于评价群体可能因辐射产生的附加危害，并评价防护水平是否达到最优化。

3. 剂量当量负荷和集体剂量当量负荷

剂量当量负荷和集体剂量当量负荷用于评价放射性环境污染在将来对人群可能产生的危害。这两个量是把整个受照射群体所接受的平均剂量当量率或群体的集体当量率对全部时间进行积分求得的。两种平均剂量当量都是在规定的时间内(一般在一年内)进行某一实践造成的。假定一切有关的因素都保持恒定不变，那么，年平均剂量当量和集体剂量当量分别等于一年实践所给出的剂量当量负荷和集体剂量当量负荷。需要保持恒定的条件包括进行实践的速率、环境条件、受照射群体中的人数以及人们接触环境的方式。在某些情况下，不可能使这一实践保持足够长时间恒定不变，即年剂量当量率达不到平衡值，采用剂量当量率积分就可求出负荷量。

4. 每基本单元所用的集体剂量当量

以核动力电站为例，通常以每兆瓦年(电)所产生的集体剂量当量来比较和衡量获得一定经济利益所产生的危害。

## 二、环境放射性污染防治技术

### (一) 放射性固废的治理

1. 高浓度的放射性废物的最终处置

(1) 地下储藏。如前所述，放射性物质只能依靠它自身的衰变来自我消除。因此，把高放射性废物禁锢起来并深埋在地下，以确保辐射不会散布到环境中。为了解决废物衰变的自身放热，常需要通风或循环水冷却散热。随着储藏时间的增加，放射性因衰变而减弱。有些放射性物质的寿命不长，少则几天多则几年其放射性大大减弱，但是有的寿命却长得惊人，如寿命最长的放射性同位素 $^{239}$Pu，其半衰期超过 24000 年，因此它的储藏时间必须持续 20 万年。因此使用核裂变电厂，就意味着承诺永久储藏废物的义务。

(2) 深海投放。有的国家将放射性固体废物，如用过的过滤器、离子交换树脂、滤料污泥等用水泥或沥青固结，投到 2000m 的深海中去，作为一种永久性处置办法，人们称为"海葬"。这种深海处置办法仍有造成放射性污染的危险。

(3) 抛向太空。用火箭将固化密封好的废物送到远离"人间"的外层空间去，被认为是一种与世隔绝的"永久的"储藏办法。然而,把废物运到这么远的地方会使核电厂的电费上涨约30%,万一火箭发射失败,其带来的公害问题也不能不考虑。

2. 铀矿渣处置

对废铀矿渣目前采用的是土地堆放或回填矿井的处理方法。这种方法不能从根本上解决污染问题,但目前尚无其他更有效可行的办法。

3. 受放射性沾污器物的处置

(1) 去污。对于被放射性物质沾污的仪器、设备、器材及金属制品,用适当的清洗剂进行擦拭、清洗,可将大部分放射性物质清洗下来。清洗后的器物可以重新使用,同时减小了处理的体积。对于大表面的金属部件还可以用喷镀方法去除污染。

(2) 压缩。对松散物品采用压力机压缩的办法减小其体积,便于运输、储存及焚烧。

(3) 焚烧。对于可燃的固体废物,通过焚烧可使其体积减小到 1/10~1/100,质量减小到 1/13~1/15,同时使放射性物质聚集在灰烬中。焚烧后的灰可在密闭的金属容器中封存,也可进行固化处理。采用焚烧方式处理需要良好的废气净化系统,因而费用较高。

4. 放射性废液转化成的固体废物的处置

放射性废液浓缩产物经过固化处理而转化成的放射性固体废物,一些国家倾向于采取埋藏的办法处置,认为这样能保证安全。依照所含放射性强度的自发热情况,低水平废物可直接埋在地沟内。中等水平的则埋藏在地下垂直的混凝土管或钢管内。高水平固体废物每立方米的自发热量可达 $430\times4.18=1797.4 J/(d\cdot h)$ 以上,必须用多重屏障体系:第一层屏障是把废物转变成为一种惰性的、不溶的固化体;第二层屏障是将固化体放在稳定、不渗透的容器中;第三层屏障是选择在有利的地质条件下埋藏。

但以上都不是永久性的最终处置方法,长寿命的放射性核素的半衰期长达几十年甚至上万年,必须将它们与人类永久隔离。因此,应当用永久性的安全处置方法,以免危害人体健康。永久性的最终处置放射性废物的方法还处于研究阶段。对重要的放射性核素,如 $^{137}Cs$、$^{90}Sr$、$^{36}Kr$、$^{129}I$ 等放在反应堆中照射,使之转化成尽快衰变的短寿命核素或稳定核素,然后埋在适当的地下,如埋入岩盐矿坑或人造储藏库中。

(二) 放射性废水的治理

放射性废液的处理非常重要。现在已经发展起来很多有效的废液处理技术,如化学处理、离子交换、吸附法、膜分离法、生物处理、蒸发浓缩等。根据放射性比活度的高低、废水量的大小及水质和不同的处置方式,可选上述一种方法或几种方法联合使用,达到理想的处理效果。

放射性废液处理应遵循以下原则:处理目标技术可行、经济合理和法规许可,废液应在产生场地就地分类收集,处理方法应与处理方案相适应,尽可能实现闭路循环,尽量减少向环境排放放射性物质,在处理运行和设备维修期间应使工作人员受到的照射降低到"可合理达到的最低水平"。

目前应用于实践的中低放射性废液处理方法很多,常用化学沉淀、离子交换、吸附、蒸发的方法进行处理。

(三) 放射性废气的治理

放射性污染物在废气中存在的形态包括放射性气体、放射性气溶胶和放射性粉尘。对挥发性放射性气体可以用吸附或者稀释的方法进行治理。对于放射性气溶胶，可用除尘技术进行净化。通常，放射性污染物用高效过滤器过滤、吸附等方法处理使空气净化后经高烟囱排放，如果放射性活度在允许限值范围，可直接由烟囱排放。

## 第五节　环境电磁辐射污染控制

本节主要介绍电磁辐射的监测技术，提出控制环境电磁辐射污染控制的具体技术。为了更好地掌握环境电磁辐射污染控制，首先要从规划着手，对各种电磁辐射设备进行合理布局，其次是个体的防护。

### 一、电磁辐射的监测

(一) 电磁辐射的测量技术

为了明确一个地区主要电磁污染源的种类、数量以及设备的使用情况，建议以地区所在地政府或环保部门的名义发出调查表，由各个工厂企业与街道商店逐项填报清楚，在调查的基础上，按频率或工作时间进行场源分类。

1) 区域划分

根据射频设备的分布情况、污染源类别、设备工作频率的不同，进行区域的划分。区域划分不宜过细，一般可归纳为几类：微波设备集中污染区；甚高频设备集中污染区；高频设备集中污染区；一般污染；交通干线火花干扰区；干净区。

2) 污染测量布点方法

我国在远区场强或干扰场强的测量上，过去一般多采用梅花瓣法，即以场源为中心，在每间隔 45°的八个方位上进行不同半径距离上的定点测量。然而，对于电磁污染场强的测量，是在全额段内既有近区强场测定，又有远区弱场测定，也就是既涉及保护人体健康，防止引燃引爆的安全性监测，同时也有避免信号干扰的场强监测。电磁污染的测量应当与干扰测量有所区别，干扰测量寓于污染测量之中。

(1) 整个区域空间场强分布的测量。

将全区划分成若干个小方格子，每个小方格子各代表 0~5km×0.5km 或 1km×1km。然后每个小方格的四角作为测定点，进行 10~16 点的监测，测定速率为每个频率 1min。对于场源较少的城市，可以作大间隔的均匀布点，这时最好以功率最大的射频设备为水平零点，向东西南北划分大方格子，进行定点测量。

(2) 各类主要射频设备漏场与辐射强度测量。

以设备为零点，作间隔 45°的八个方位的测定。每个方位上测点选在 0.5m，1m，2m，5m，10m，20m，40m，…。间隔大小的确定应与测量结果的处理方法相一致。

(3) 交通干线汽车火花干扰测量。

以交通干线为零点，取一个垂直于此干线的方位，作间隔 10m 的测量。上述三方面的测量，其高度均选 3m 与 3.5m 为基准高度。测量数据取其峰值场强与均值场强。

(4) 测量数据处理、综合分析与绘制辐射图。

将场强测量数据进行处理，列出方格交叉处的场强值、场强与频率特性表、场强与信号干扰半径特性表、场强与人体作用半径特性表、场强与时间变化关系特性表(或曲线)。

在上述工作基础上绘制污染图与分类图，提出治理规划。

(5) 近场仪与远场仪配合使用。

基于上述测量方法，要求有两类仪器配合使用，即近场仪与远场仪。

(二) 电磁辐射防护标准

电磁辐射防护标准参见《电磁环境控制限值》(GB 8702—2014)。

## 二、环境电磁辐射污染控制技术

高频设备的电磁辐射防护的频率范围一般是指 0.1~300MHz，如高频炉、医用理疗机、治疗机等，其防护技术有如下几种。

(一) 屏蔽技术

屏蔽的目的是采用一定的技术手段，将电磁辐射的作用和影响限制在指定的空间之内。高频设备电磁辐射的屏蔽须采用合适的屏蔽材料，一般认为，铜、铝等金属材料宜用作屏蔽体以隔离磁场和屏蔽电场。

(二) 接地技术

高频防护接地(也称射频接地)的作用就是将在屏蔽体(或屏蔽部件)内由于感应生成的射频电流迅速导入大地，使屏蔽体(或屏蔽部件)本身不致再成为射频的二次辐射源，从而保证屏蔽作用的高效率。射频接地的技术要求有：射频接地电阻要最小；接地极一般埋设在接地井内；接地线与接地极以用铜材为好；接地极的环境条件要适当。

(三) 滤波

线路滤波的作用就是保证有用信号通过，并阻截无用信号通过。电源网络的所有引入线，在其进入屏蔽室之外必须装设滤波器。若导线分别引入屏蔽室，则要求对每根导线都必须进行单独滤波。

(四) 距离防护

适当地加大辐射源与被照体之间的距离可较大幅度地衰减电磁辐射强度，减少被照体受电磁辐射的影响。应用时，可简单地加大辐射体与被照体之间的距离，也可采用机械化或自动化作业，减少作业人员直接进入强电磁辐射区的次数或工作时间。

### (五) 个体防护

个体防护是对被高频电磁辐射人员，如在高频辐射环境内的作业人员进行防护，以保护作业人员的身体健康。常用的防护用品有防护眼镜、防护服和防护头盔等。这些防护用品一般用金属丝布、金属膜布和金属网等制作。

### (六) 其他防护措施

其他防护措施主要有：采用电磁辐射阻波抑制器，通过反作用场在一定程度上抑制无用的电磁散射；在新产品和新设备的设计制造时，尽可能使用低辐射产品；从规划着手，对各种电磁辐射设备进行合理安排和布局，特别是对射频设备集中的地段，要建立有效防护范围。

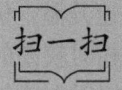 预防电磁辐射的小技巧

## 第六节　环境热污染控制

本节主要介绍温室效应和热岛效应的原理，提出热污染防治措施。为了更好地掌握环境热污染控制，学习本章时应结合生产管理，加强余热综合利用。

**一、温室效应**

### (一) 温室效应的定义

温室效应(greenhouse effect)是大气保温效应的俗称。大气能使太阳短波辐射到达地面，但地表受热后向外放出的大量长波热辐射线却被大气吸收。正是大气中的某些物质具有允许太阳短波辐射通向地表，而部分吸收地表长波辐射的特性，才使它具有与温室中玻璃相类似的"温室效应"。

### (二) 温室效应的原理

太阳辐射主要是短波辐射，而地面辐射和大气辐射则是长波辐射。大气对长波辐射的吸收力较强，对短波辐射的吸收力较弱。白天，太阳光照射到地球上，部分能量被大气吸收，部分被反射回宇宙，大约47%的能量被地球表面吸收。夜晚，地球表面以红外线的方式向宇宙散发白天吸收的热量，其中也有部分被大气吸收。大气层如同覆盖玻璃的温室一样，保存了一定的热量，使得地球不至于像没有大气层的月球一样，被太阳照射时温度急剧升高，不受太阳照射时温度急剧下降。

## 二、热岛效应

### (一) 城市热岛

城市大气热污染的主要结果是造成城市热岛。在人口稠密、工业集中的城市地区,有人类活动排放的大地热量与其他自然条件共同作用致使城区气温普遍高于周围郊区,称为城市热岛效应。

### (二) 城市大气污染的成因

城市热岛效应是城市化气候效应的主要特征之一,是人类在城市化进程中无意识地对局部气候产生的影响,也是人类活动对城市区域气候影响最典型的代表,是在人口高度密集、工业集中的城市区域,由人类活动排放的大量热量与其他自然条件因素综合作用的结果。

图 9-12 是城市热岛效应形成模式图。白天,在太阳辐射下构筑物表面迅速升温,积蓄大量热能并传递给周围大气;夜晚又向空气中辐射热量,使近地继续保持相对较高的温度,形成城市热岛。另外,由于建筑物密集,"天穹可见度"低,地面长波辐射在建筑物表面多次反射,使得向宇宙空间散失的热量大大减少,日落后降温也很缓慢。

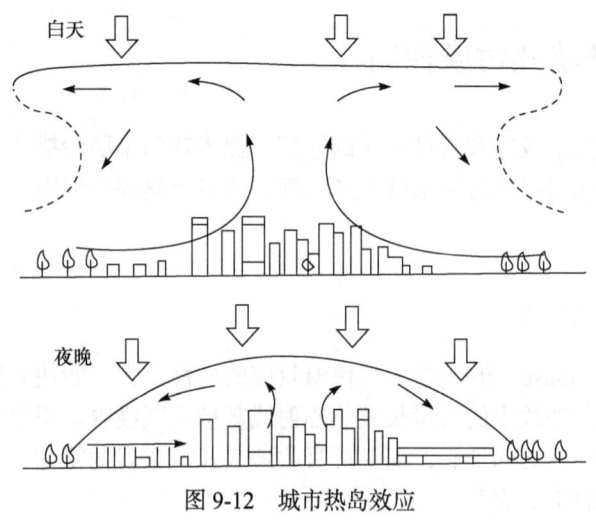

图 9-12 城市热岛效应

城市热岛效应变得越来越明显。究其原因,主要有以下几个方面。

**1. 城市下垫面(大气底部与地表的接触面)特性的影响**

随着城市化进程的发展,原来的林地、草地、农田、牧场和水塘等自然生态环境逐渐被大量的人工构筑物如混凝土、柏油地面、各种建筑墙面等所替代,使城市的下垫面的热力学、动力学改变,这些人工构筑物吸热快、传热快,而热容量小,在相同的太阳辐射条件下,它们比自然下垫面(绿地、水面等)升温快,因而其表面的温度明显高于自然下垫面。白天,在太阳的辐射下,构筑物表面很快升温,受热构筑物面把高温迅速传给大气;日落后,受热的构筑物,仍缓慢向市区空气中辐射热量,使得近地气温升高。例如,夏天,草坪温度 32℃、树冠温度 30℃的时候,水泥地面的温度可以高达 57℃,

柏油马路的温度更是高达 63℃。城市中植被面积减少，不透水面积增大，导致储水能力降低，蒸发(蒸腾)强度减小，从而蒸发消耗的潜热少，地表吸收的热量大都用于下垫面增温。同时由于城市构筑物增加，下垫面粗糙度增大，阻碍空气流通，风速减小，也不利于热量扩散。

2. 人工热源的影响

工业生产、居民生活制冷、采暖等固定热源，交通运输、人群等流动热源不断向外释放废热。城市能耗越大，热岛效应越强。日益加剧的城市大气污染的影响，城市中的机动车辆、工业生产以及大量的人群活动产生的大量的氮氧化物、二氧化碳、粉尘等物质改变了城市大气的组成，使其吸收太阳辐射和地球长波辐射的能力得到了增强，加剧了大气的温室效应，引起地表的进一步升温。

3. 建筑物的影响

高耸入云的建筑物造成近地表风速小且通风不良，使得城市的平均风速比郊区小25%，城郊之间热量交换弱，城市白天蓄热多，夜晚散热慢，也加剧了城市热岛效应。

(三) 城市热岛效应带来的影响

城市热岛效应的存在使得城区冬季缩短，霜雪减少，有时甚至出现城外降雪城内雨的现象(如上海 1996 年 1 月 17 日至 18 日)，从而可以降低城区冬季采暖能耗。另外，热岛效应会加剧城市能耗，增大其用水量，造成更多的废热排放到环境中去，进一步加剧城市热岛效应，导致恶性循环。城市热岛效应反映的是一个温差的概念，原则上来讲，一年四季热岛效应都是存在的，但是，对于居民生活和消费构成影响的主要是夏季高温天气下的热岛效应。为了降低室温及提高空气流通速度，人们普遍使用空调、电扇等电器装置，从而加大了能耗量。例如，目前美国 1/6 的电力消费用于降温目的，为此每年需要付 400 亿美元。

在夏季，城市热岛效应加剧城区高温天气，降低了工人的工作效率，且易造成中暑甚至死亡。医学研究表明，环境温度与人体的生理活动密切相关，环境温度高于 28℃时，人就有不舒适感；温度再高就易导致烦躁、中暑、精神紊乱；如果气温高于 34℃加之频繁的热浪冲击，还可引发一系列疾病，特别是使心脏、脑血管和呼吸系统疾病的发病率上升，死亡率明显增加。此外，高温还加快光化学反应速率，从而使大气中 $O_3$ 浓度上升，加剧大气污染，进一步伤害人体健康。例如，1966 年 7 月 9 日至 14 日，美国圣路易斯市气温高达 38.1～41.4℃，比热浪前后高出 5.5～7.5℃，导致城区死亡人数由原来正常情况的 35 人/天增至 152 人/天。1980 年圣路易斯市和堪萨斯市商业区死亡率分别升高 57%和 64%，而附近郊区只增加了约 10%。

城市热岛效应可能引起暴雨、云雾、飓风等异常的天气现象，即"雨岛效应"、"雾岛效应"和"城市风"。受热岛效应的影响，夏季经常发生市郊降雨而远离市区却干燥的现象。城市云雾则是由工业生产和生活排放的各种污染物形成的酸雾、油雾和光化学雾的集合体，热岛效应阻碍了这些物质向宇宙太空逸散，不仅危害生物，还会妨碍水陆交通和供电。例如，2002 年的冬天，整个太原城 100d 的冬季，其中 50d 是雾天。由于热岛效应，市区中心空气受热不断上升，周围郊区的冷空气向市区汇流补充，城乡间空气的这种对流运动称为"城市风",在夜间尤为明显。而在城市热岛中心上升的空气又在一定向度向四周郊区冷却扩散下沉以补偿郊区低空的空缺,这样就形成了一种局部环流,称为城市热岛环流。这样就使扩散到郊区的废气、烟尘等污染物重聚集到市区的上空,难于向下风扩散稀释,加剧了城市大气污染(图9-13)。

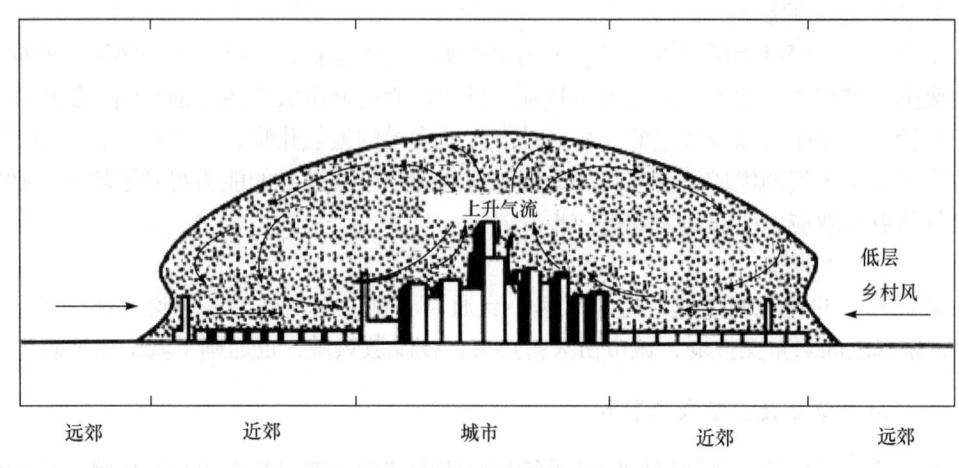

图 9-13　城市热岛环流模式和尘盖

### 三、环境热污染防治措施

#### (一) 制定排放标准,加强管理

对温室气体及废热水的排放加以限制,是防治热污染的重要措施。减少温室气体的排放可降低城市热岛效应,降低夏季的酷热程度。主要措施是:一方面控制城市人口,减少煤、油等矿物燃料的消耗量,提高利用效率和开发新能源,还可以在城市实行集中供热和连片供热。例如,在城市郊区建立大热电厂,代替千家万户的炉灶,减少众多小煤炉的废热排放;同时要采取措施提高锅炉的热效率。另一方面要加强管理,合理规划城市建筑物的高度和密度,扩大天空视度,增大地面长波辐射。

限制废热水的排放使水体增温幅度减小,使鱼类及其他生物不至于受热污染损害,减缓水体富营养化进程及泥沙淤积。排放标准的制定不仅要保护水域中鱼类不受热污染损害,还要考虑到环境保护与工程费用的统一。例如,美国联邦政府提出的排入水温标准的主要内容是:①河流,废热引起的温度升高时(对自然水温而言)不得超过 2.8℃;②天然湖泊、水库,夏天上层水温升高不得超过 1.7℃;③沿海水域,夏天升温不得超过 0.8℃,秋季和春季不得超过 2.2℃。

此外,由于气温过高,空调的使用越来越广泛。所以,对空调吹热风产生的热污染要加强管理。同时环保法规也不能滞后,要依据实际情况的发展,将防治热污染纳入环保法规的范围之内,使治理有法可依。

#### (二) 改善能量利用、提高发电效率,改善冷却方式、达到排放标准

我国目前发电站的能量利用一般约 40%(核电站为 30%),其余均以热的形式消耗掉,

排出的热量易造成热流体。因此，要采取一些高效率的新技术，如燃气轮机增温发电、磁流体直接发电等来提高发电效率，改善能源的利用状况，提高能源的有效利用率，减少废热排放。这是一项根本性措施。

大多数发电厂是以河流的表层水作为冷凝器的冷却水，然后再以一次通过的方式将热废水排出，此种冷却方式已使河流的温度达到难以承受的水平。因此，为了保证冷却水与环境的充分协调，应改善冷却方式。改善冷却方式可采取深层取水、深层放流、往储水池中放流等有效方法，还可以采取其他辅助冷却工程措施。如冷却塔，它属于封闭循环冷却系统，在运行过程中只需补充蒸发散热损失的水量，不需要向自然水域排放废热。所以，这种冷却设备对自然水域而言，称为温排水的零排放，是防止水环境热污染的一种辅助措施。其他冷却设备还有漂浮喷射冷却装置、高效喷水池等，也可将冷却设备组合运行达到冷却降温的目的，使冷却水达到排放标准。这是防热污染的最根本的方法。

(三) 加强点源余热综合利用

温排水中携带着的巨大潜在热能若不加以利用，不仅是能源的浪费，同时还会对水域生态环境产生一些不良影响。因此，无论从提高能源利用效率，保护环境和水产资源，还是增加经济效益和社会效益的角度，对温排水体热进行综合利用都有着重要意义。余热利用的范围非常广泛，目前体现出在水产养殖、农业、木业等领域的利用是最有成效的。

1. 温水养殖

美国、日本以及德国等国家利用余热开展温水养殖(简称温水养)具有许多独特的优越性。首先，温水养殖可以减少养殖过程对自然环境，特别是自然气候条件的依赖。其次，它还可驯养在寒冷地区不能生存的而品质优良的热带品种。例如，温水养殖中常见的罗非鱼，是我国北方水体自然水温条件下不能生存的一种热带鱼类，现在辽宁、吉林和黑龙江省一些地区驯养成功，并成为温水养殖的主要品种。另外，温水养殖多是高密度的工厂化精养，这不仅可减少对土地的占用，与其他方式相比，还具有投资少、收益多的优点。目前，高密度精养的单产一般可达到每年$100kg/m^2$，若能实现产、供、销三个过程不脱节而减少不必要的中间环节，则经济效益和社会效益更加突出。温水养殖要注意温度不宜过高，尽量将温度控制在适温范围内，避免冷热冲击给鱼类带来的不利影响。

2. 空间加热

以生产电能和供热为双重目的的电厂在美国、瑞典和中国等许多国家都有较大发展。其中瑞典在许多城市的市区都装备了利用电厂排水余热能的供热体系，使电厂的热效率提高很多。此外，自 2009 年起，中国城镇也兴起了利用热电厂抽气进行供暖，从而有效地利用余热。

利用电厂温排水进行动物畜舍的加温是空间加热的特例。在一些具有大陆性气候的地区，冬季幼畜常因寒冷而死亡。而美国田纳西州的橡树岭国家实验室的研究证明，利用温排水加热动物房舍是解决这个问题的可行方案。

### 3. 在农林业上应用余热

温排水作为一种低热水源，用于农林灌溉、温室种植，既能提高产量又能使这部分余热得到利用，达到经济效益、社会效益二者的统一。例如，美国的俄亥俄州，采用铺设地下管道的方法把温排水余热输送到田间土壤中，加温土壤来促进作物的生长或延长生长时间。在法国，人们还将这种方法应用于果园和林业生产中，采用温喷灌法使花、芽免受春季的低温冻害，初期急速生长增加产量。另外，温排水也可以作为温室种植蔬菜的热源，它能满足蔬菜生产的用水和温度要求，既提高蔬菜产量，又减少煤等能源的损耗，避免了环境污染，使社会效益、环境效益、经济效益相统一。

### (四) 加强环境监测

对于工矿业排放的含热废水，要及时监测。这一方面可以通过地面检测，用红外测定仪、深水温度计及半导体点温度计，在地面进行测试，并及时进行化验，防患于未然。另一方面可用现代化手段"遥感"来完成，既迅速又准确。例如，美国纽约州的一座大型发电站对它周围全部需要考虑的面积进行监测，由于采用了"遥感"作业，只用 20s 就可测量完毕。同时红外遥感能获得瞬间信息，可以对较大的水域实施瞬时监测，并将大约 3m 的区域数据加以平均，这是地面监测所不及的。

此外，还可依据水体中优势品种来判定水体的增温情况，如硅藻占优势时可推断水体的温度为 20～50℃，蓝藻占优势时为 35℃。

### (五) 增加绿化面积，减少城市热岛效应

由于大气二氧化碳浓度迅速上升，全球平均气温已经上升 0.3～0.8℃，加剧了城市热岛效应。

热岛效应虽然是城市普遍存在的，但各个城市的"热岛"强度却不尽相同。例如，有"花园城市"之称的新加坡、吉隆坡等城市热岛效应基本不存在。又如，我国的深圳和上海的浦东新区绿化布局合理，草地、花园、苗圃等星罗棋布，热岛效应也小于许多老城市。所以，提高绿地覆盖率可降低热岛效应。

植物是一个巨大的绿色工厂，它们利用光能将二氧化碳和水在叶绿体中制造成有机物，同时释放出氧气，保持着大气中氧和二氧化碳的平衡。试想，地球上如果没有植物，那么氧气将在几年内被用尽，二氧化碳将充满整个大气，一切生命包括人类都将窒息而死。

为此，一方面要尽量增加城市的绿化面积，多栽花种树，多培植草坪。这样不仅可以美化市容、净化空气、减轻污染，还可以为居民提供休息娱乐的场所，有利于丰富居民的生活，提高居民健康水平，如草坪是二氧化碳的最好消费者。有资料表明，生长良好的草坪每平方米 1h 可吸收二氧化碳 1.5g，可以把一个人呼出的二氧化碳全部吸收。可见草坪在降低温室效应、减轻城市热岛效应中起到重要作用。草坪还能起到调节温度的作用，如在南京的夏天，没有长草的土壤表面温度为 40℃，沥青路面的温度为 55℃，而草坪地表温度仅为 32℃。多铺设草坪可减少地表放热，降低城市气温。据测定，夏季的草坪能降低气温 3～3.5℃，冬季的草坪均能增温 6～6.5℃，极大地降低了城市的热岛强

度。另一方面，要做好城市的垂直绿化。建筑物的墙面、屋顶、围墙、回廊、阳台、晒台、栅栏等都是垂直绿化的好场所，如在屋顶上种植花草树木可以调节室内温度。屋顶上的绿色植物可以遮挡太阳的照射，在夏季起到隔热的作用，寒冬则保温，减少热量散出。同时，植物茂密的叶片形成松软而富有弹性的一层层屏障，阻挡、吸收了噪声，使居住在市内的人感到安静，不烦躁。另外，有数据表明，有"绿墙"的房屋的室内温度可比无"绿墙"的降低 3~4℃。

## 第七节　环境光污染控制

本节主要介绍光污染的测量方法和评价指标，提出光污染防治的几点措施。为了更好地掌握对环境中光污染的控制，学习本节时应注意选择绿色光源以及新型防护材料。

### 一、环境光污染评价原理与标准

(一) 环境光污染的测量

光环境的设计、应用和评价离不开定量的分析，这就需要借助一系列光度量来描述光源和光环境的特征。常用的光度量有光通量、照度、发光强度和光亮度。

1. 光通量

光通量是按照国际约定的人眼视觉特性评价的辐射能通量(辐射功率)，常用表示符号为 $\Phi$。光通量的单位为流明(lm)。在国际单位制和我国计量单位中，它是一个导出单位。1 lm 是发光强度为 1cd 的均匀点光源在一球面度立体角内发出的光通量。

在照明工程中，光通量是说明光源发光的基本量。例如，一只 40W 的白炽灯发射的光通量为 350 lm，一只 40W 的荧光灯发射的光通量为 2100 lm，比白炽灯多 5 倍。

2. 照度

照度也称为光照度，是受照面上接受的光通量的面密度，常用表示符号为 $E$。照度的单位为勒克斯(符号为 lx)。1 lx 等于 1 lm 的光通量均匀分布在 $1m^2$ 的表面上所产生的照度，即 1 lx=1 $lm/m^2$。勒克斯是一个较小的单位，夏季中午的日光下，地平面的照度可达 $10^5$ lx；在装有 40W 白炽灯的书写台灯下看书，桌面照度平均为 200~300 lx，月光下的照度只有几个 lx，照度可以直接相加，如房间有 4 盏灯，它们对桌面上某点的照度分别为 $E_1$、$E_2$、$E_3$、$E_4$，则该点总照度为 4 个照度值之和，即

$$E_总 = E_1 + E_2 + E_3 + E_4 \text{ (lx)} \tag{9-37}$$

3. 发光强度

点光源在确定方向的发光强度，是光源在这一方向上立体角元内发射的光通量与该立体角元之比，常用表示符号为 $I$。

$$I = \frac{d\Phi}{d\Omega} \tag{9-38}$$

式中：$\Omega$ 为立体角。如果在有限立体角 $\Omega$ 内传播的光通量 $\Phi$ 是均匀分布的，式(9-38)可写成

$$I = \frac{\Phi}{\Omega} \tag{9-39}$$

发光强度的单位是坎德拉(符号为 cd)，其数量上 1cd 等于 1 lm 每球面度。坎德拉是我国法定单位制与国际单位制的基本单位之一，其他光度量单位都是由坎德拉导出的。

发光强度常用于说明光源和照明灯具发出的光通量在空间各方向或在选定方向上的分布密度。例如，一只 40W 白炽灯泡发出 350 lm，它的平均光强为 28cd；在裸灯泡上面装一盏白色搪瓷平盘灯罩，则灯下发光强度可以高达数百坎德拉。在上述两种情况中，灯泡发出的光通量并没有变化，只是光通量更为集中了。

4. 光亮度

光源或受照物体反射的光线进入眼睛，在视网膜上成像，使我们能够识别它的形状和明暗。视觉上的明暗知觉取决于进入眼睛的光通量在视网膜物像上的密度——物像的照度。确定物体明暗要考虑两个因素，一是物体(光源或受照物)在指定方向上的发光照度，这决定了物像的大小；二是物体在该方向上的投影面积，这决定了物像的光通量密度。

根据上述的介绍，可以引入一个新的光度量，即光亮度。光亮度是一单元表面在某一方向上的光密强度，它等于该方向上的发光强度与此面元在这个方向上的投影面积之比，常用表示符号为 $L$。

需要说明的是，光亮度常常是各方向不同的，所以在谈到光亮度时必须指明方向。光亮度有时也称为亮度，它的单位是 $cd/m^2$。

太阳的亮度为 $2\times10^9 cd/m^2$，白炽灯的亮度为 $(3\sim5)\times10^6 cd/m^2$，而普通荧光灯亮度只有 $(6\sim8)\times10^3 cd/m^2$。

(二) 环境光污染的评价指标

评价光环境质量的好与坏主要是依靠人的视觉反应，但这种反应只是一种感觉，没有具体的物理指标来评定。为了使人的生理和光环境能够和谐统一，各国的研究人员进行了大量的研究，通过大量视觉功效的心理物理实验，找出了评价光环境质量的客观标准，这些研究成果也被列入照明规范、照明标准或者照明设计指南，成为光环境设计和评价的准则。

1. 照明

1) 照度标准

对于人的视觉而言，照度过大，会使物体过亮，容易引起视觉疲劳和眼睛灵敏度的下降。照度太低使人感到不舒适，昏暗的光使人看不清周围的环境，不能正确地判断自己所处的位置。根据韦伯定律，主观感觉的等量变化大体是由光量的等比变化产生的，所以在照度标准中以 1.5 左右的等比级数划分照度等级。例如，国际照明委员会(CIE)建议的照度等级为 20、30、50、75、100、150、200、300、500、750、1000、1500、2000、3000、5000 等。CIE 为不同作业和活动都推荐了照度标准，并规定了每种作业的照度范围，以便根据具体情况选择适当的数值。

2) 照度均匀度

通常采用的照明方式是对整个对象空间的均匀照明。为了避免工作面上某些局部照度水平偏低而影响工作效率，在进行设计时提出了照度均匀度的概念。照度均匀度是表示给定平面上照度分布的量，即规定平面上的最小照度和平均照度的比值。规定照度的平面(参考面)往往就是工作面，通常假定工作面是由室内墙面限定的距地面高 0.7~0.8m 的水平面。照度均匀度值不能小于 0.7，CIE 的建议标准是 0.8。在满足这个要求的同时还需要满足房间总的平均照度不能小于工作平面照度的 1/3。相邻房间的平均照度比不能超过 5。但是在一些特殊的工作中则要求有特殊的照明，如精密车床、钟表工的照明是希望光线集中的，医生外科手术则要求没有阴影。

2. 避免炫目光源的照射

炫目光源是来自工作区附近的强烈光源或者光滑表面的反射光，如许多舞台、舞厅中刺眼炫目、令人眼花缭乱的活动光源就属于"炫目光源"。它不仅对人的视觉有害，且能干扰大脑中较高级神经的功能，表现为头痛、失眠、注意力不集中等神经衰弱症状，因此炫目光源会影响人的工作效率，严重的情况下可能导致事故的发生。一般情况下当入射到人眼的光强度超过 $0.1cd/cm^2$ 时，就能引起耀目效应。而炫目光的视觉效应是产生对暗光环境的不适应，使工作区的视觉效率降低，分散注意力，如仰视太阳后，再观察周围的环境就是一片模糊的感觉。

为了提高工作效率，要防止耀目效应，尽量避免在视野中存在强度差过大的光源，调整工作区视线的角度，使炫目光源处于工作区视线的 30°以外，控制炫目光与周围环境的亮度比在 100∶1 以下，也可以通过增大工作区的照明来避免炫目光的影响。

**二、环境光污染的防治**

(一) 采用新型玻璃材料

常用凝胶法镀膜玻璃等作为建筑玻璃幕墙。凝胶法镀膜玻璃是一种新型深加工产品。凝胶镀膜处理改善了原来玻璃的光学性能，使产品具有良好的节能性、遮光性、耐腐蚀性和湿控效应，并有使反射光线变得柔和的效果且镀膜牢固。

为了避免日趋严重的城市光污染继续蔓延，我国建设部门现正针对城市玻璃幕墙的使用范围、设计和制作安装，起草法规，以进行统一有效的管理。专家认为，目前消除光污染只能以预防为主，并应严限比例审批，尽量让这些玻璃幕墙建筑远离交通路口、繁华地段和住宅区。2006 年北京市否决的玻璃幕墙设计方案就接近 30 宗。上海市建设委员会发出通知，在内环线以内的建设工程除建筑物的裙房外，禁止设计和使用幕墙玻璃，通知中说明了幕墙遭淘汰主要是为了"防止和减少建设工程幕墙玻璃的光反射对居住环境和公共环境造成不良影响及损害，保障市民的人身安全和身心健康"。具体来说，就是出于对行人安全、光污染和热岛效应的考虑。

(二) 交通工具的玻璃门窗贴用低辐射防晒膜

在汽车、火车、轮船等交通工具的玻璃门窗贴用低辐射防晒膜，低辐射防晒膜通常具有隔热、节能、防紫外线、防爆等功效。低辐射防晒膜具有阳光光谱选择性控制功能，将它贴在玻璃上，能阻隔紫外线的通过。红外线反射率可高达95%，眩光阻隔率超过78%，同时有选择地让可见光透过。

### (三) 戴强光防护镜

对于需在强光环境条件下工作的人员，可以戴强光防护镜，以减轻光污染的危害。目前有些强光防护镜采用集成电路系统，在遇到汽车夜间会车大灯产生的强烈眩光时，可驱动镜片在百分之一秒内变为浅蓝色墨镜，使司机不受汽车车灯强光、眩光的伤害，并能清晰地看清路面，会车完毕，又可在百分之一秒内恢复亮态。该镜可广泛用于工业、旅游、国防、体育和科研等防强光领域。

### (四) 高速公路防眩板

高速公路夜间行车的眩光，是引发交通事故的隐患。防眩板能有效吸收紫外线光源，防眩板可以按照设定的角度安装在公路的隔离墩上，有效地防止行驶车辆灯光带来的光晕对驾驶的影响，从而提高行驶安全性，它可以取代隔离墩上的轮廓标的作用。

### (五) 采用绿色照明光源

绿色照明是20世纪90年代初国际上对照明节能、保护环境的照明系统的形象称呼。1992年美国环境保护局(EPA)提出的"绿色照明工程"计划的具体内容是：采用高效少污染光源提高照明质量，提高劳动生产率和能源有效利用水平，达到节约能量、减少照明费用、减少火电工程建设、减少有害物质的排放，进而达到保护人类生存环境的目的。

(1) 优先选用高压钠灯和金属卤化物灯等。高强气体放电(HID)灯有高压钠灯、高压汞灯、金属卤化物灯等。高压钠灯光效率最高，寿命最长。该灯光色黄红，诱虫少，分辨率高，透雾性强，是光色和显色性要求不高的道路、矿山、港口码头等户外场所首选光源，也是最经济实惠的光源。金属卤化物灯是第三代光源中的佼佼者。不但光色好，而且光效和显色指数也较高，寿命较长，综合指标十分优越，是光色和显色指数要求较高的仪表装配车间、加工车间、印染车间等工业厂房和体育场馆的首选光源。

(2) 优先选用36W细管荧光灯。细管荧光灯是国际上公认的标准管型。生产36W细管荧光灯，一方面能节省玻璃、荧光粉等材料，降低灯管造价；另一方面效率还高于40W中管荧光灯。

(3) 用节能灯代替白炽灯。单端荧光灯又称紧凑型节能荧光灯，简称节能灯。节能灯的结构形式有H、U、D型和2H、2U、2D型等。

(4) 逐步淘汰热辐射光源。白炽灯是热辐射光源，其只有不到5%的电能用来发光，95%的电能都转化为热能浪费掉，因而光效很低(10~20lm/W)，寿命很短(1000h)。除特殊场所(防止电磁干扰，信号指示，蓄电池供电的事故照明，频繁开关等)使用外，一般应限制使用或禁止使用。据有关统计，将全国1/5的白炽灯换成高效节能灯，其节电量相当于葛洲坝水电站一年的发电量。卤钨灯和碘钨灯也是热辐射光源，光效低、寿命短，也应列入淘汰之列。

# 第九章 物理性污染控制原理

## 思 考 题

1. 某一地区白天的等效声级为 65dB(A)，夜间为 45dB(A)；另一地区白天的等效声级为 60dB(A)，夜间为 50dB(A)，哪个地区的噪声影响更大？
2. 某房间尺寸为 10m×5m×3.5m，墙壁和顶部的平均吸声系数为 0.8，地面的平均吸声系数为 0.35，求房间总的吸声量。
3. 要求某隔声罩在 2000Hz 时具有 36dB 的插入损失，罩壳材料在该频带的透声系数为 0.0002，求隔声罩内壁所需的吸声系数。
4. 物理性污染有哪些？
5. 物理性污染和化学性污染、生物性污染物相比，相似点和不同点是什么？
6. 噪声控制主要分为哪两个方面？
7. 消除环境振动危害的主要方法是什么？
8. 环境电磁辐射污染的传递途径是什么？
9. 光污染是什么？
10. 噪声的来源有哪些？
11. 噪声有哪些危害？
12. 控制噪声的途径有哪些？
13. 振动的分类有哪些？
14. 简述振动的危害。
15. 表示振动的主要参数有哪些？是如何定义的？
16. 振动控制基本方法有哪些？
17. 人工放射性污染源有哪些？
18. 环境放射性对人体有哪些危害？
19. 评价辐射的指标有哪些？
20. 放射性废水有哪些处理方法？
21. 放射性气体处理有哪些方法？
22. 电磁辐射可分为哪几类？各有何特性？
23. 电磁辐射有哪些危害？
24. 电磁辐射防治有哪些措施？
25. 引起热污染的原因有哪些？
26. 热污染会造成怎样的危害？
27. 温室效应的原理是什么？
28. 什么是热岛效应？它与哪些影响因素有关？
29. 热污染的防治措施有哪些？
30. 光污染的来源是什么？它有哪些危害？
31. 试说明光通量与照度、发光强度和光亮度之间的区别和联系。
32. 什么是炫目污染？分析其产生的原因、危害及消除措施。
33. 光污染的防治措施有哪些？

## 参 考 文 献

陈杰瑢. 2007. 物理性污染控制. 北京：高等教育出版社.
邓辉, 武占省, 曹鹏, 等.2012.《物理性污染控制》课程的教学设计与探讨. 广州化工, 40(19): 158-159.

高书霞, 王德义. 2004. 物理性污染的危害及防治方法. 物理通报, (3): 46-48.
黄勇, 王凯全. 2013. 物理性污染控制技术. 北京：中国石化出版社.
李连山, 杨建设. 2009. 环境物理性污染控制工程. 武汉：华中科技大学出版社.
李羽弘, 杨燕明, 文洪涛, 等. 2018. 船舶噪声对浅海海洋环境噪声空间相关的影响. 应用海洋学学报, 37(1): 120-128.
刘惠玲, 辛言君. 2015. 物理性污染控制工程. 北京：电子工业出版社.
任连海. 2008. 环境物理性污染控制工程. 北京：化学工业出版社.
盛连喜, 刘伟, 王振堂, 等. 1990. 热污染对陡河水库鱼类及其水环境的影响. 环境科学学报, 10(4): 453-455.
施仲齐, 曲静原, 崔永利. 1998. 核电厂对环境的放射性污染及其防治. 辐射防护, 18(4): 241-260.
石晓亮, 钱公望. 2004. 放射性污染的危害及防护措施. 工业安全与环保, 30(1): 6-9.
孙兴滨, 闫立龙, 张宝杰. 2010. 环境物理性污染控制. 2版. 北京：化学工业出版社.
唐兆民. 2017. 噪声污染的现状、危害及其治理. 生态经济, 33(1): 6-9.
王素萍. 2002. 城市环境噪声污染控制途径探讨. 噪声与振动控制, 22(2): 32-33.
王亚军. 2004. 热污染及其防治. 安全与环境学报, 4(3): 85-87.
吴飞, 王恒先, 戴秋萍. 2016. 水产品加工企业物理性污染的可能来源及预防措施. 安徽农业科学, 44(34): 52-55, 58.
吴银彪. 1999. 电磁辐射的污染与控制. 中国环保产业, (1): 22-23.
肖尧荣. 1991. 食品物理性污染的检测及防范. 食品研究与开发, (1): 33-36.
杨新兴, 李世莲, 尉鹏, 等. 2015. 环境中的放射性污染及其危害. 前沿科学, (1): 4-15.
张宝杰, 乔英杰, 赵志伟. 2003. 环境物理性污染控制. 北京：化学工业出版社.
张建楠. 2017. 城市环境噪声污染与监测技术探讨. 中国科技投资, (2): 302.
朱重德. 2004. 电磁辐射污染与防护. 上海环境科学, (2): 81-86.

# 第十章 环境工程监测原理

**本章导读**

环境工程监测(environmental engineering monitoring),即环境工程的监测,指对环境污染治理工程的监控。环境工程监测属于环境工程的一个重要保障学科,被喻为环境污染控制的"眼睛",也是环境工程管理的"耳目"和"哨兵",是环境保护的基础。近年来,随着科学技术的发展,环境工程监测从单一的环境分析发展到物理、生物、生态、遥感、卫星、地球物理监测,从间断性检测逐步过渡到自动连续监测。监测范围从一个断面发展到一个城市,一个区域,整个国家乃至全球,只要涉及环境工程的,不论是微观小环境还是宏观大环境,均离不开环境监测。环境质量及污染状况发展趋势随时可知。从信息学的角度看,环境工程监测是环境信息的捕获—传递—解析—综合的过程。只有在对监测信息进行解析、综合的基础上,才能全面、客观、准确地揭示监测数据的内涵,对环境质量及其变化做出正确的评价。

## 第一节 概述

### 一、环境工程监测目的和主要内容

(一) 环境工程监测目的

环境工程监测是环境监测学科的重要门类,进行环境工程监测的主要目的是及时准确、全面地反映环境工程前后的环境质量变化、污染源发展趋势,为环境工程管理、规划和污染防治提供依据。

(二) 环境工程监测的主要内容

狭义的环境工程监测是带有特定目的的监视性监测,是对环境工程的常规或例行监测。进行环境工程的监视性监测时,需对各环境要素的污染现状及污染物的变化趋势进行监测,评价控制措施的效果,判断环境标准实施的情况和改善环境取得的进展,积累监测数据,确定施工或受工程影响区域内环境污染状况及发展趋势。

环境工程的监视性监测主要包括:

(1) 环境质量监测(空气、水、噪声)。环境质量的监视性监测一般指定时、定点地监测环境中污染物的分布和浓度,以确定环境质量状况。

(2) 污染源监督监测。污染源的监视性监测主要针对排放浓度、污染物种类等,为控制污染源排放和环境影响评价提供依据。

广义的环境工程监测还包括环境工程,如全球性环境计划,对宏观或微观尺度上的环境质量、环境健康、生态安全影响的监测,及其内在规律的总结归纳,属于研究性监测。这种类型的监测是为研究环境质量,发展监测方法学、监测技术和监测管理而进行的探索,是高层次、高水平,技术比较复杂的一种监测。它包括:

(1) 标法研制监测:研制环境标准物质,制订和统一监测分析方法以及优化布点、采样的研究等。

(2) 污染规律研究检测:主要研究确定污染物及污染源接受体的运动过程。监测研究环境中需要注意的污染物质及它们对人、生物和其他物体的影响。

(3) 背景调查监测。

(4) 综评研究监测:参加某个环境工程、建设项目的开发与评价的综合性研究,如温室效应、臭氧层破坏、酸雨规律研究等。

这类监测需要化学分析、物理监测和生物生理检验技术及已积累的监测数据资料,运用大气化学、大气物理、水化学、水文学、气象学、生物学、流行病学、毒性学、病理学、地质、地理、生态、遥感学等多种学科知识进行分析研究、科学实验等。进行这类监测事先必须制订周密的研究计划,并联合每个部门,多个学科协作共同完成。

## 二、环境工程监测的特点

环境工程监测的特点,或称为在环境工程监测中应遵循的主要原则如下。

(1) 及时性:由于污染物排放后,随环境介质不断迁移、转化,为环境工程管理和污染的治理带来大量的新问题,因此环境监测与其他监测制度最大的区别就是对监测的及时性有着更高的要求,达到这一要求,一是从制度上需要建立一个高效能的环境监测网络,理顺环境监测的组织关系,同时建立完善的数据报告制度,有一个十分流畅的信息通道,做到纵横有序,传递自如;二是从技术上要注重实时在线的监测技术的进一步发展和应用,如新兴的物联网实时监控技术、空间信息监控技术等,目前在一些新兴工业园区已经可以做到传感器网络将监控信息实时汇总,但是全国范围内仍有大量的老旧工业园区监管不力、偷排漏排的现象时有发生。

(2) 针对性:即着重抓好环境要素和污染源监视性监测。摸清主要污染源、主要污染物污染负荷变化特征及排放规律,掌握环境质量的时空变化规律。这就要求监测人员要将监测能力和环境管理能力结合起来,努力开拓污染源监测工作,建立和完善污染源监测网络。环境监测站应具有说清环境质量现状的能力和说清污染来龙去脉的能力。

(3) 准确性:确保环境监测的准确性是环境管理的必要前提,监测准确首先是确保数据的准确性,但是更重要的是保证结论的准确。前者取决于监测技术路线的合理性,后者取决于综合技术水平的高低。在给出监测结论时要全面调查、综合分析,抓住环境问题的主要矛盾,防止重监测数据、轻调查材料,重监测结果、轻环境效益,重自然环境要素,轻社会环境要素,造成污染现状与污染史的脱节,导致提不出改善环境质量的对策。

(4) 可靠性:监测结果所获得的数据,要有可比较的标准或能做出正确的解释和判断,监测的取样不仅要有科学的采样分布,还要有科学的储存方式,以使结果可重复、可查验。

## 第二节 水污染治理工程监测

### 一、水污染治理工程监测概述

水污染治理工程监测,是监视和测定污染水体治理前后水环境中各种污染物的浓度及变化趋势,评价水质状况改善程度和治理效果的工程监测。

(一) 水污染治理工程监测的对象

水污染治理工程的监测对象按其类型包括:生活污水处理、工业废水处理和面源污染控制等类型的工程监测。

1. 生活污水处理工程

生活污水处理工程是指对居民在日常生活中排出的污废水进行处理,使之达到排放标准要求的工程,主要针对来源于居住建筑和公共建筑的污废水,如住宅、机关、学校、医院、商店、公共场所及工业企业卫生间等。

生活污水中含有大量的有机物(如蛋白质、碳水化合物、脂肪、尿素、氨氮等)和大量的病原微生物(如寄生虫卵和肠道传染病毒等)。存在于生活污水中的有机物极不稳定,容易腐化而产生恶臭。细菌和病原体以生活污水中有机物为营养而大量繁殖,可导致传染病蔓延流行。因此,生活污水在排放前,需要进行处理,主要通过分散式污水处理装置和集中的生活污水处理厂实现,均需根据《城镇污水处理厂污染物排放标准》(GB 18918—2002)的要求进行监测,处理规模较大的城镇污水处理厂还需安装在线监测设备,保证污水处理的效果稳定达标。

2. 工业废水处理工程

工业废水处理工程是指对各行业生产过程中排出的废水,如冶金废水、造纸废水、炼焦煤气废水、金属酸洗废水等进行处理,使之达到该行业或工业园区排放标准要求的工程。

工业废水中含有的污染物种类众多,且浓度较高,具有很强的环境危害性。例如,电镀和矿物加工过程的废水可能含有镉、铬、锌、汞等重金属污染物,部分可能还具有较高的酸性,因此有必要对工业废水处理后的污染物变化情况进行监测。根据工业废水处理的难易程度和废水的危害性,可以将废水中的主要污染物分为3类。

(1) 易处理、危害性小的废水,如生产过程中产生的热排水或冷却水,对其稍加处理,即可排放或回用,此类废水如无特殊情况,可仅对个别限制其回用的指标进行监测。

(2) 易生物降解无明显毒性的废水,如食醋工业产生的废水,可参照排放标准进行监测。

(3) 难生物降解又有毒性的废水，如含重金属废水，含多氯联苯和有机氯农药废水等，此类废水由于生化处理难度较高，很难完全达标，一般还需采用物化方法进行深度处理，对于这一类型的废水，在处理后要进行严格的监控，以确保达标排放，避免由于处理不达标引发的环境污染事件。

3. 面源污染控制工程

面源污染控制工程主要针对面源污染经降水(或融雪)形成的地面径流的冲刷作用下，汇入受纳水体(包括河流、湖泊、水库和海湾等)，易导致受纳水体富营养化或其他形式的污染。目前，对面源污染控制工程的监测仍主要依托受纳水体中控制断面的实际测量结果，但是流经炼油厂、制革厂、化工厂等地区的受纳水体，可能会由雨水引入含有这些工厂的污染物质，其污染程度甚至可能远远高于生活污水。因此，流经这些地区的雨水，应经适当处理后才能排入水体。

三类污废水处理控制工程并非完全泾渭分明，在排水工程中，如采用合流制排水系统，会使用同一管渠收集和输送各种污水，包括生活污水、生产废水和截留的雨水，而在分流制排水系统中，用不同管渠分别收集和输送各种废水，由于三类污废水的性质、组成、浓度、毒性等均有较大的差异，混合处理会导致污废水处理系统的稳定性和可靠性大幅恶化，也对日常监测的开展带来巨大挑战，因此目前我国正全面推进分流制排水系统。

(二) 水质监测项目和分析方法

1. 常见的水质监测项目

常见的水质监测项目包括常规理化指标、金属化合物、非金属无机化合物(无机盐)、持久性有机污染物、生物污染物等的监测。常规理化指标包括水温、色度、臭味、固体物质(悬浮固体、胶体和可溶固体)。

2. 污废水的化学性质及指标

污废水中的污染物质按化学性质可分为无机物与有机物；按存在的形态可分为悬浮状态与溶解状态。

1) 无机物化学性质及指标

(1) 酸碱度。

酸碱度用 pH 表示。pH =7 时，污废水呈中性；pH <7 时，数值越小，酸性越强；pH >7 时，数值越大，碱性越强。

当 pH 超出 6~9 的范围时，会对人、畜造成危害，并对污水的物理、化学及生物处理产生不利影响。尤其是 pH 低于 6 的酸性污水，对管渠、污废水处理构筑物及设备产生腐蚀作用。因此，pH 是污水化学性质的重要指标。

碱度指污废水中含有的能与强酸产生中和反应的物质，即 $H^+$ 的受体，主要包括：氢氧化物碱度，即 $OH^-$ 含量；碳酸盐碱度，即 $CO_3^{2-}$ 含量；重碳酸盐碱度，即 $HCO_3^-$ 含量等三种。污废水的碱度可用式(10-1)表达：

$$[碱度] = [OH^-] + [CO_3^{2-}] + [HCO_3^-] - [H^+] \qquad (10\text{-}1)$$

式中：[ ]代表浓度，mgN/L。

污水中所含碱度对于外加的酸、碱具有一定的缓冲作用，可使污水的 pH 维持在好氧菌或厌氧菌生长繁殖的范围内。例如，污泥厌氧消化处理时，要求碱度不低于 200mg/L(以 $CaCO_3$ 计，即 400mgN/L)，以便缓冲有机物分解时产生的有机酸，避免 pH 降低。

(2) 氮、磷。

氮、磷是植物的重要营养物质，也是污废水进行生物处理时微生物所必需的营养物质，主要来源于人类排泄物及某些工业废水。氮、磷是导致湖泊、水库、海湾等缓流水体富营养化的主要原因。

(a) 氮及其化合物。氮的污水化合物有四种：有机氮、氨氮、亚硝酸盐氮与硝酸盐氮。四种含氮化合物的总量称为总氮(TN，以 N 计)。有机氮很不稳定，容易在微生物的作用下，分解成其他三种：在无氧的条件下，分解为氨氮；在有氧的条件下，先分解为氨氮，再分解为亚硝酸盐氮与硝酸盐氮。因此，把含氮化合物列在无机污染物中加以论述。

(b) 凯氏氮(KN)是有机氮与氨氮之和。凯氏氮指标可以用来判断污废水在进行生物处理时，氮营养是否充足。生活污水中凯氏氮含量约为 40mg/L(其中有机氮约 15mg/L，氨氮约 25mg/L)。

氨氮在污废水中存在形式有游离氮($NH_3$)与离子状态氨盐($NH_4^+$)两种，所以氨氮等于两者之和。污废水进行生物处理时，氨氮不仅向微生物提供营养，而且对污废水的 pH 起缓冲作用。但氨氮过高时，如超过 1600mg/L(以 N 计)，对微生物的生理活动产生抑制作用。

可见总氮与凯氏氮之差值，约等于亚硝酸盐氮与硝酸盐氮。凯氏氮与氨氮之差值，约等于有机氮。

(c) 磷及其化合物。污废水中含磷化合物可分为有机磷和无机磷两类。有机磷的存在形式主要有：葡萄糖-6-磷酸、2-磷酸-甘油酸及磷肌酸等；无机磷都以磷酸盐形式存在，包括正磷酸盐($PO_4^{3-}$)、偏磷酸盐($PO_3^-$)、磷酸氢盐($HPO_4^{2-}$)、磷酸二氢盐($H_2PO_4^-$)等。

生活污水中有机磷含量约为 3mg/L，无机磷含量约为 7mg/L。

(3) 硫酸盐与硫化物。

污废水中的硫酸盐用硫酸根 $SO_4^{2-}$ 表示。生活污水的硫酸盐主要来源于人类排泄物；工业废水如洗矿、化工、制药、造纸和发酵工业废水，含有较高硫酸盐。

在排水管道内，释放出的 $H_2S$ 与管顶内壁附着的水珠接触，在嗜硫细菌的作用下形成 $H_2SO_4$。$H_2SO_4$ 浓度可高达 7%，对管壁有严重的腐蚀作用，可能造成管壁塌陷。污水生物处理的 $SO_4^{2-}$ 允许浓度为 1500mg/L。

污废水中的硫化物主要来源于工业废水(如硫化染料废水、人造纤维废水等)和生活污水。

硫化物在污废水中的存在形式有硫化氢($H_2S$)、硫氢化物($HS^-$)与硫化物($S^{2-}$)。当污水

pH 较低时(如低于 6.5)，则以 $H_2S$ 为主($H_2S$ 约占硫化物总量的 98%)；pH 较高时(如高于 9)，则以 $S^{2-}$ 为主。硫化物属于还原性物质，要消耗污水中的溶解氧，并能与重金属离子反应，生成黑色的金属硫化物沉淀。

(4) 氯化物。

生活污水中的氯化物主要来自人类排泄物，每人每日排出的氯化物为 5~9g。工业废水(如漂染工业、制革工业等)以及沿海城市采用海水作为冷却水时，都含有很高的氯化物。氯化物含量高时，对管道及设备有腐蚀作用；如灌溉农田，会引起土壤板结；氯化钠浓度超过 4000mg/L 时对生物处理的微生物有抑制作用。

(5) 非重金属无机有毒物质。

非重金属无机有毒物质主要是氰化物(CN)。

污废水的氰主要来自电镀、焦化、高炉煤气、制革、塑料、农药以及化纤等工业废水，含氰浓度为 20~80mg/L。氰化物是剧毒物质，人体摄入致死量是 0.05~0.12g。

氰化物在污水中的存在形式是无机氰(如氢氰酸 HCN、氰酸盐 $CN^-$)及有机氰化物(称为腈，如丙烯氰 $C_2H_3CN$)。

(6) 砷化物。

污废水中的砷化物主要来自化工、有色冶金、焦化、火力发电、造纸及皮革等工业废水。

砷化物在污废水中的存在形式是无机砷化物(如亚砷酸盐 $AsO_2^-$、砷酸盐 $AsO_4^{3-}$)以及有机砷。砷会在人体内积累，属于致癌物质之一。

(7) 重金属离子。

重金属指原子序数为 21~83 的金属或相对密度大于 4 的金属。污水中重金属主要有汞(Hg)、镉(Cd)、铅(Pb)、铬(Cr)、锌(Zn)、铜(Cu)、镍(Ni)等。生活污水中的重金属离子主要来源于人类排泄物；冶金、电镀、陶瓷、玻璃、氯碱、电池、制革、照相器材、造纸、塑料及颜料等工业废水都含有不同的重金属离子。

污废水的重金属难以净化去除。在污废水处理的过程中，重金属离子浓度的 60%左右被转移到污泥中，往往使污泥中的重金属含量超过我国农业部规定的《农用污泥污染物控制标准》(GB 4284—2018)。我国《污水排入城镇下水道水质标准》(GB/T 31962—2015)，对工业废水排入城市排水系统的重金属离子最高允许浓度有明确规定，超过此标准者，必须在工矿企业内进行处理。

2) 有机物化学性质及指标

生活污水所含有机物主要来源于人类排泄物及生活活动产生的废弃物、动植物残片等；主要成分是碳水化合物、蛋白质与尿素及脂肪；组成元素是碳、氢、氧、氮和少量的硫、磷、铁等。食品加工、饮料等工业废水中有机物成分与生活污水基本相同，其他工业废水所含有机物种类繁多。

(1) 碳水化合物。

污废水中的碳水化合物包括糖、淀粉、纤维素和木质素等；主要成分是碳、氢、氧；其中淀粉较为稳定，但都属于可生物降解有机物，对微生物无毒害抑制作用。

(2) 蛋白质与尿素。

蛋白质由多种氨基酸化合物结合而成，分子量可达 2 万～2000 万；主要成分是碳、氢、氧、氮，其中氮约占 16%。

蛋白质与尿素是生活污水中氮的主要来源。

(3) 脂肪和油类。

脂肪和油类是乙醇或甘油与脂肪酸形成的化合物，主要成分是碳、氢、氧。生活污水中的脂肪与油类来源于人类排泄物及餐饮业的洗涤水，包括动物油和植物油。脂肪酸甘油酯在常温时呈液态，称为油；在低温时呈固态，称为脂肪。

油脂在污水中存在的物理形态有 5 种。

漂浮油，静水时能上浮至液面，形成油膜，占油脂总量的 60%～80%；

机械分散态油，油粒直径大于 5μm，较稳定地分散在污水中，油水界面间不存在表面活性剂；

乳化油，油粒直径大于 5μm，但在油水界面间存在表面活性剂，因此更为稳定；

附着油，即附着在悬浮固体表面的油；

溶解油，包括溶解于水及油粒直径小于 5μm 的油珠。

(4) 酚。

炼油、石油化工、焦化、合成树脂、合成纤维等工业废水都含有酚。酚类是芳香烃的衍生物。根据羟基的数目可分为单元酚、二元酚与多元酚；根据能否随水蒸气一起挥发可分为挥发酚与不挥发酚。

(5) 有机酸、碱。

有机酸工业废水含有短链脂肪酸、甲酸、乙酸和乳酸。人造橡胶、合成树脂等工业废水含有机碱，包括吡啶及其同系物，都属于可生物降解有机物，但对微生物有毒害或抑制作用。

(6) 表面活性剂。

生活污水与表面活性剂制造工业废水都含有大量表面活性剂。表面活性剂有两类：一是烷基苯磺酸盐，俗称硬性洗涤剂，含有磷并产生大量泡沫，属于难降解有机物；二是烷基芳基磺酸盐，俗称软性洗涤剂，属于可生物降解有机物，泡沫量大大减少，但仍然含有磷。

(7) 有机农药。

有机农药有两大类，即有机氯农药与有机磷农药。有机氯农药(如 DDT、六六六等)毒性极大且难分解，会在自然界不断积累，造成二次污染，所以我国于 20 世纪 70 年代起已禁止生产与使用。现在普遍使用有机磷农药(含杀虫剂和除草剂)，占农药总量的 80%以上，种类有敌百虫、乐果、敌敌畏、甲基对硫磷、马拉硫磷及对硫磷等，毒性大，属于难生物降解有机物，并对微生物有毒害与抑制作用。

(8) 取代苯类化合物。

苯环上的氢被硝基、氨基取代后生成的芳香族卤化物称为取代苯类化合物。主要来源于染料工业废水、炸药工业废水(含芳香族硝基化合物，如三硝基甲苯、苦味酸等)以及电器、塑料、制药、合成橡胶等工业废水(含聚氯联苯 PCB、稠环芳烃等)，都属于难生物降解有机物，并对微生物有毒害和抑制作用。

有机物污染指标：由于有机物种类繁多，现有的分析技术难以区分并定量。但可根据上述都可被氧化这一共同特性，用氧化过程所消耗的氧量作为有机物总量的综合指标，进行定量。

(9) 生物化学需氧量或生化需氧量(biochemical oxygen demand，BOD)。

在水温 20℃条件下，由于微生物的生活活动，将有机物氧化成无机物所消耗的溶解氧量，称为生物化学需氧量。

(10) 化学需氧量(chemical oxygen demand，COD)。

COD 的测定原理是用强氧化剂(我国法定用重铬酸钾)，在酸性条件下，将有机物氧化成 $CO_2$ 与 $H_2O$ 所耗的氧量，即称为化学需氧量，用 $COD_{cr}$ 表示，一般简写为 COD。由于重铬酸钾的氧化能力极强，可较完全地氧化水中各种性质的有机物，如对直链化合物的氧化率可达 80%～90%。

(11) 总有机碳(total organic carbon，TOC)。

TOC 是目前国内外开始使用的另一个表示有机物浓度的综合指标。TOC 的测定原理是先将一定数量的水样经过酸化，用压缩空气吹脱其中的无机碳酸盐，排除干扰，然后注入含氧量已知的氧气流中，再通过以铂钢为触媒的燃烧管，在 900℃高温下燃烧把有机物所含的碳氧化成 $CO_2$，用红外气体分析仪记录 $CO_2$ 的数量并折算成含碳量，即等于 TOC 值。测定时间仅几分钟。

3. 污废水的生物性质及指标

污废水中的微生物以细菌和病毒为主。生活污水、食品工业污水、制革污水、医院污水等含有肠道病原菌(痢疾杆菌、伤寒杆菌、霍乱弧菌等)、寄生虫卵(蛔虫卵、蛲虫卵、钩虫卵等)、炭疽杆菌与病毒(脊髓灰质炎病毒、肝炎病毒、狂犬病毒、腮腺炎病毒、麻疹病毒等)，如每克粪便中含有 $10^4$～$10^5$ 个传染性肝炎病毒。因此，了解污水的生物性质有重要意义。

污废水中的寄生虫卵，有 80%以上可在沉淀池中沉淀去除。但病原菌、炭疽杆菌与病毒等，不易沉淀，在水中存活时间很长，具有传染性。

(1) 肠菌群数(大肠菌群值)与大肠菌群指数。

大肠菌群数(大肠菌群值)是每升水样中所含有的大肠菌群的数目，以个/L 计；大肠菌群指数是查出 1 个大肠菌群所需的最少水量，以毫升(mL)计。可见大肠菌群数与大肠菌群指数互为倒数。

(2) 病毒。

污水中已被检出的病毒有 100 多种。检出大肠菌群，可以表明肠道病原菌的存在，但不能表明是否存在病毒及其他病原菌(如炭疽杆菌)。因此，还需要检验病毒指标。病毒的检验方法目前主要有数量测定法与蚀斑测定法两种。

(3) 细菌总数。

细菌总数是大肠菌群数、病原菌、病毒及其他细菌数的总和，以每毫升水样中的细菌菌落总数表示。细菌总数越多，表示病原菌与病毒存在的可能性越大。因此，用大肠菌群数、病毒及细菌总数等 3 个卫生指数评价污染的严重程度就比较全面。

4. 污废水的综合毒性指标

传统水质监测通常侧重于单一污染物分析,无法检测未知的化学物质和转化产物,也无法解释化合物之间可能发生的混合效应。为了评估和预测污废水对其受纳水生态系统污染的影响,针对污废水综合毒性的评估至关重要。污废水综合毒性法采用水生生物暴露试验评估污废水综合毒性,适用于含有多种不同类型污染物的污废水,已被欧盟、美国、澳大利亚等广泛采用。污废水综合毒性监测指标包括鱼类毒性试验、藻类毒性试验、发光细菌毒性试验和鱼细胞系毒性试验等。

(1) 鱼类毒性试验。

鱼类对水环境的变化反应十分灵敏,当水体中的污染物达到一定浓度或强度时,就会引起系列中毒反应。实验用鱼必须具有一定区域代表性,便于在实验条件下饲养,且对化学物敏感。近年来,考虑到早期生命阶段实验伦理,鱼类胚胎变得流行起来。例如,斑马鱼胚胎试验已被国际标准化组织在2007年列入测定水质综合毒性的标准方法,并制定了详细的操作指南。胚胎技术是利用鱼类胚胎发育初期较高的灵敏度,通过观察经污废水染毒后的胚胎发育过程,分析评价此污废水的毒性作用方式、特效作用时间、胚胎毒性和致畸性。该技术具有成本低、易操作、同时分析多项指标的优点。

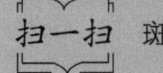 斑马鱼胚胎毒性试验

(2) 藻类毒性试验。

藻类是一种原植体植物,是水体中的初级生产力。如果某种有害的化学物质进入水体,藻类的生命活动将会受到影响,生物量也会发生改变。通过测定藻类的生物量,可评价污废水对藻类生长的作用,反映对水体中初级生产营养级的影响以及对整个水生生态系统可能的综合环境效应。确定藻类生长的指标较多,常用的测试指标有:光密度、细胞数、叶绿素含量及细胞干重,因而在设计藻类毒性试验时,必须考虑所有相关的环境因素,根据实验目的和实验条件选择测试指标。

(3) 发光细菌毒性试验。

用细菌来评价污废水毒性是基于毒性效应对细菌的某些可见特性的作用,如细胞生长、运动性、呼吸速率和生物发光、酶活性变化等。以氯化汞作为参比毒物表征污废水或可溶性化学物质的毒性,也可用 $EC_{50}$,即发光强度为最大发光强度一半时的污废水浓度或可溶性化学物质的浓度来表征。细菌用来做毒性评价有以下优点:生物机体小、种群数量大、生长繁殖快、保存简单方便、费用低、对环境变化的反应快、生长条件便利,并且同高等动物有着类似的物理化学特性和酶作用过程等。

(4) 鱼细胞系毒性试验。

鱼细胞系毒性试验方法近几年才开始使用。永生细胞系作为真正的替代模型,无需继续培养和使用鱼类标本进行常规测试。经济合作与发展组织发布的测试指南 *Fish Cell*

*Line Acute Toxicity: The RTgill-W1 cell line assay*（TG249）描述了利用24孔板培养鱼鳃细胞系进行急性毒性测试的方法。此方法利用细胞活力指标来评估细胞的毒性反应，常用的细胞活力评估指标包括细胞代谢活性、细胞膜完整性及溶酶体膜完整性，且测定结果通常以与对照组相比的细胞活力百分比表示。鱼细胞系毒性试验具有操作简便、伦理性强和结果重复性高等优点，在水质毒性评价中扮演着越来越重要的角色。

科学合理的水样采集和保存方法，是保证监测结果能够客观、正确地反映被监测对象的首要环节。水样采集的关键是取得具有代表性的水样。为了取得具有代表性的水样，在水样采集以前，应根据污水处理工艺和监测目的拟定水样采集计划，包括确定取样地点、取样时间、取样频率、水样数量和取样方法，并针对检测项目决定水样保存方法。力求做到所采集的水样在测试工作开展以前，其待测组成成分的比例与浓度不发生显著的改变。

(1) 平均污水样。

在一个或几个生产周期内，按某时间间隔分别采集数次，对于性质稳定的污染物可将数次样品混合均匀一次测定，对于不稳定的污染物可在每次采样后分别测定，然后取各次测定值的平均值，并可用连续自动采样器，取一个生产周期的水样进行分析测定。

(2) 定时污水样。

根据排放规律，在一个生产周期内每小时采样一次，找出污水量最大、污染物浓度最高、危害最大的排放高峰，每个水样分别测定。可将采集周期内的数据平均，作为一个生产周期的平均值。

(3) 混合污水样。

在排放流量不稳定的情况下，可将一个排污口不同时间采集的污水样，根据流量大小，按比例混合水样，得到平均比例混合水样。这是获得平均浓度最常采用的方法。

(4) 瞬时污水样。

当污水的组分随时间、空间发生变化时，或因为某种需要在适当的时间间隔或相应的部位采集瞬时水样，分别测定水质的变化程度或瞬时状态。

注：在污水的监测中，随污水流动的悬浮物或固体微粒，应看作污水样的一个组成部分，不应在分析前排除。油、有机物和金属离子等，可能被悬浮物吸附，有的悬浮物中就含有被测定的物质，如选矿、冶炼废水中的重金属。所以，分析前必须摇匀取样。

## 二、水样的采集

(一) 取样点

污水处理厂(站)的污水监测点位原则上设置在污水处理设施的进水口及出水口。集中式污水处理设施监测布点的一般要求包括：

(1) 国家污水综合排放标准中规定的第一类污染物，取样点位一律设在车间或车间处理设施的排放口或专门处理此类污染物设施的排放口(采矿行业的尾矿坝出水口不得视为车间排放口)。

(2) 第二类污染物取样点位一律设在排污单位的外排口。进入集中式污水处理厂和进入城市污水管网的污水取样点位应根据地方环境保护行政主管部门的要求确定。

(3) 对整体污水处理设施效率监测时，在各种进入处理设施单元污水的入口和污水处理设施的总排放口设置取样点。

(4) 对各污水处理单元效率监测时，在各种进入处理设施单元污水的入口和设施单元的排放口设置取样点。

(5) 在污水排放口和污水处理设施的进口、出口设水量监测点。

(二) 取样频率

依据中华人民共和国国家标准《城镇污水处理厂污染物排放标准》(GB 18918—2002)中的规定，城镇污水处理厂取样频率为至少每 2h 一次，取 24h 混合样，以日均值记。

而《污水综合排放标准》(GB 8978—1996)中则规定工业废水按生产周期确定监测频率。生产周期在 8h 以内的，每 2h 采样一次；生产周期大于 8h 时，每 4h 采样一次。其他污水采样，24h 不少于 2 次。最高允许排放浓度按日均值计算。

(三) 取样器具

取样器可用无色具塞硬质玻璃瓶或具塞乙烯瓶或水桶。采集深水水样时，需用专门取样器或深层采水器(如 HQM-1 型颠倒采水器和 HQM-2 型有机玻璃采水器)和自动采水器(如国产 772 型自动采水器和 783 型自动采水器)等。对水中特殊成分的分析，要求使用专用容器，溶解氧(DO)、正乙烷萃取物、亚硫酸盐、联胺($NH_2H_2N$)、细菌、生物等不宜用自动取样器，必须用专用的特殊取样器。例如，测 DO 时，用溶解氧瓶采集水样(直立式采水器)。

1. 浅水采样

可用容器直接采集，或用聚乙烯塑料长把勺收集。

2. 深层水采样

可使用专制的深层采水器采集，也可将聚乙烯筒固定在支架上，沉入要求的深度采集。

3. 自动采样

采用自动采样器或连续自动采样器采样。例如，自动分级采样式采水器，可在一个生产周期内，每隔一定时间将一定量的水样分别采集在不同的容器中；自动混合采样式采水器可定时连续地将定量水样或按流量比采集的水样汇集于一个容器内。

自动取样器可较好地进行混合样的采集，而且大部分带有冷藏功能，可保持采集水样的水质稳定。但使用自动取样器时要注意取样管是后插上的，因此应使用无污染取样管，最好用 PVC 塑料管。由于是自动取样，人们往往忽视了对自动取样器的维护保养和监护，自动取样器取样后，要及时将水样取出。使用自动取样器还应注意定时清洗取样瓶、取样管。对冬季室外安装的自动取样器还要注意防冻。

(四) 取样量

原则上根据监测项目的多少计算水样的需要量，按照需要量的 1.1～1.3 倍采集水样。

单个监测项目的采样体积应在 50～500mL，供一般物理性质、化学成分分析用的水样有 2L 即可。

如需对水质进行全分析或某些特殊测定时，则要采集 5～10L 或更多水样。

(五) 采样位置

对于污水处理厂污水取样点，国家污水综合排放标准中规定的第一类污水物，取样点位一律设在车间或车间处理设施的排放口或专门处理此类污染物设施的排放口；第二类污染物取样点位一律设在排污单位的外排口；对整个污水处理设施效率监测时，在各种进入污水处理设施污水的入口和污水处理设施的总排放口设置取样点；对各污水处理单元效率监测时，在各种进入处理设施单元污水的入口和污水处理设施的总排放口设置取样点。在污水排放口和污水处理设施的进口、出口设水量监测点。

(六) 取样方法

污水处理厂(站)采集水样的基本要求是所取得水样要具有代表性。人工取样一般 1～2h 取样 1 次，24h 水样混合后化验。在取样时，应注意"四定"：定时间、定地点、定数量、定方法。这里所说的定数量，原本应该根据污水流量的大小比例决定取水样数量，使混合水样中各时间的水样数量与当时流量成比例，但这比较困难，一般还是取一个固定数量的水样。定方法是取样勺应在污水中荡洗一下，取样勺不要刮集水槽或池壁，水样瓶也要先用污水荡洗。取样瓶必须每天清洗，每周用洗涤液洗涤。

污水处理厂(站)的水样有 24h 的混合样，也有根据构筑物运转需要而采集的瞬时水样。前者往往由污水池管理工采集，也可用连续自动的取样器采集。水样必须放在避光阴凉的地方，防止灰尘与小虫、小动物的进入，有条件的可放在冰箱内，以保持水样的原状。瞬时取样应注意该项目的化验规则，如人工取溶解氧水样时，必须先加入抑制微生物生长的药剂等。

一旦取样完毕，应立即编号送化验室及时进行分析，对化验后的数据及时、准确地进行计算与换算。化验的原始记录应书写端正、规范、清晰，装订成册、保存完好，以备查阅，并及时向有关部门公布结果。

(七) 取样的注意事项

取样时要根据取样计划小心采集水样，并使水样在进行分析以前不变质或受到污染。

采集水样时，首先应按规定的计划、地点、时间，用专用的水样瓶取样。水样灌瓶前先用所要采集的水样把取样瓶冲洗两三遍，或根据监测项目的具体要求清洗取样瓶。

对采集到的每一个水样要做好记录，记述样品编号、取样日期、地点、时间和取样人员姓名，并在每一个水样瓶上贴好标签，标明样品编号；同时应记录有关的生产与设备运行情况、污水排放规律等现场情况，并用工艺流程方框图标明取样点位置。

水样供细菌检验时，取样瓶等必须事先灭菌。采集含有余氯的水样作细菌检验时，应在水样瓶未消毒前加入硫代硫酸钠，以消除水样瓶中的余氯，加药量按 1L 水样加 4mL 1.5%的硫代硫酸钠计。

取管道出水样应在放流一定时间后采集，以保证采集的水具有正常情况的代表性；取池、塘、河水样应在不同深度、宽度取样，采集后应尽快分析或采取恒温保存、加药固化等措施将水样暂时存放好，并应注意及时进行分析。

由于被检测对象的具体条件各不相同，变化很大，不可能制订出一个固定的取样步骤和方法，检测人员应根据具体情况和考察目的而定。

### 三、水样的保存

离开水体的水样进入样品瓶后由于环境条件的改变，包括温度、压力、微生物的新陈代谢活动，物理和化学作用的影响，能引起水样组分的变化。为了尽量减少水样组分的改变，使水样具有代表性，最有效的方法是尽量缩短存放时间，尽快进行分析测定。如有特殊原因需要保存，应根据不同监测项目的要求，采取不同的保存方法。一般污水样品的保存时间不得超过 48h，严重污染的污水样品保存时间应小于 12h。

(一) 水质变化的因素

由于水样离开了水体母源，原来的各种平衡可能遭到破坏。储存在样品瓶中的水样，在以下三种作用下，待测成分可能会引起可观的变化。

1. 物理作用

易挥发成分的挥发、逸失，如 $HgCl_2$、$AsCl_3$、$NH_3$、苯系物、卤代烃的挥发损失。容器器壁及水中悬浮物对待测成分的吸附、沉淀，或者待测成分从器壁上、悬浮物上溶解出来，导致成分浓度的改变。

2. 化学作用

氧化还原作用的发生，如 $Fe^{2+}$、$S^{2-}$、$CN^-$、$I^-$、$SO_3^{2-}$、$Mn^{2+}$ 被氧化，$Cr^{6+}$ 被还原等；含余氯的水样在储存过程中，酚类、烃类、芳香烃类可能继续被氧化，而生成含氯的衍生物；水样从空气或室内吸收了 $CO_2$、$SO_2$ 及其他酸性或碱性气体，使水样 pH 发生改变，其结果可能使某些待测成分发生水解、聚合或沉淀的溶解、解吸、络合作用。

3. 生物作用

细菌等微生物和藻类活动，使待测成分发生改变。例如，硝化菌的硝化和反硝化作用，致使水样中的氨氮、亚硝酸盐氮和硝酸盐氮的转化；又如，嗜硫细菌使 $S^{2-}$ 氧化或使 $SO_4^{2-}$ 还原；微生物和藻类以氮、磷、钾、碳作为养分，不断从水样中吸收这些成分，使这些成分的浓度不断降低，另外微生物和藻类死亡又向水中释放出某些成分。

这三种作用可能单独或同时发生，使样品成分发生改变。由此可见如果样品保存不当，以后实验室分析操作无论怎样认真和仔细，测定结果都已不能代表取样时原来水体的成分和浓度，因此做好水样的保存十分重要。

(二) 水样的储存容器

1. 容器材料的选择

储存容器可能吸附样品中待测成分，也可能污染水样，因此选择容器的材质要考虑以下几点：

(1) 容器是否易被水样溶蚀而造成对待测成分的沾污，如水样易从玻璃容器中溶蚀 Si、B、Na、K、Ca、Mg、Zn 等。

(2) 水样中待测成分是否易被器壁吸附或吸收。

(3) 容器是否容易与容器发生化学反应。

常用的储存水样的容器材料有硼硅玻璃(即硬质玻璃)、石英、聚乙烯和聚四氟乙烯(即特氟隆)。杂质含量少的是石英和聚四氟乙烯，但这两种材料制成的容器价格昂贵，一般常规监测不宜使用。广泛使用的是聚乙烯和硼硅玻璃制成的容器。

聚乙烯在常温下不易被浓盐酸、磷酸、氢氟酸和浓碱腐蚀，容器不怕碰撞，便于运输和携带，但是浓硝酸、$Br_2$、$HClO_4$ 对它有缓慢的侵蚀作用。储存水样时，对大多数金属离子都很少吸附，仅对 $CrO_4$、$H_2S$、$NH_3$、$I_2$ 有吸附作用。聚乙烯塑料桶适合储存无机污染物的水样，但是塑料本身和添加剂的分解，能从器壁释放到水样中，产生有机物的污染，因此不宜储存测定有机物的水样。

2. 容器的清洗

清洗的目的是洗除容器内残留的灰尘、油污或其他污染物，防止污染采集的水样，同时可以去除器壁表面吸附待测物的活性中心。

玻璃和聚乙烯容器清洗根据监测项目的规定选择洗涤剂，一般的清洗步骤如下：

(1) 用不含磷酸盐的洗涤剂，并用软毛刷洗刷容器内外表面及盖子，注意不要在容器内壁留下划痕。

(2) 用自来水冲洗干净，然后用蒸馏水冲洗数次。

(3) 晾干，并用肉眼检查有无沾污痕迹。

(4) 储存用于监测有机污染物水样的玻璃瓶，也可用重铬酸钾洗液浸洗，然后用自来水、蒸馏水冲洗干净，晾干备用。

(三) 水样保存方法

1. 充满容器或单独取样

取样时使样品充满容器，并用塑料塞塞紧，用螺旋盖拧紧，使样品上方没有空隙，这样就减少运输过程中水样的晃动，减少 $Fe^{2+}$ 被氧化以及氰、氨和挥发性有机物的挥发损失。有时对某些特殊项目以单独定容取样保存更为可取，如悬浮物等的定容取样保存，然后将全部样品用于分析，即可防止样品的分层或吸附在瓶壁上而影响测定结果。

2. 冷藏或冷冻

水样在 4℃冷藏或将水样迅速冷冻，储存在暗处，其作用是阻止了生物活动，减小了物理挥发作用和化学反应速率，但在冷冻过程中，溶质会逐渐向中心溶液富集，最后集中于中心冻块处，产生分层作用。另外在冷冻时有可能使生物细胞破裂，使生物体中的化学成分进入水溶液。

3. 加入化学保存剂

(1) 为了抑制生物作用，往样品中加入抑制剂。

(2) 调节 pH。

(3) 加氧化剂。

(4) 加还原剂。

(四) 水样的保存条件

不同监测项目的样品保存条件只是一般条件，由于各种污水样品的成分不同，同样的保存条件下，很难保证对不同类型样品中待测物都是可行的。因此，在采样前应根据样品的性质/组成和环境条件，检验保存方法或选用的保存剂的可靠性。

**示例 10-1** 某工业区(电镀园区)位于当地镇区东南部山区，距镇区 5km，东部临海，南面为沙荒林地，至最近的村落 2km。园区所有企业自"十三五"以来排污接管，输送至园区污水处理厂统一处理后排放入海，则该污水处理设施需主要监控哪些指标？

**解** 根据电镀废水的来源和当地地表水性质，结合《电镀污染物排放标准》(GB 21900—2008)确定的水质指标主要有：pH、重金属(Ni、Cr、Cd、Ag、Pb、Hg、Cu、Zn、Fe、Al)、$NH_3/N$、COD、TN、TP、石油类、氟化物、SS 和总氰化物。

# 第三节　大气污染治理工程监测

大气污染治理工程监测，是对采用工程技术手段，治理大气污染前后排放到环境中的各种污染物的浓度及变化趋势进行监视和测定，评价大气质量改善程度和治理效果的工程监测。

## 一、大气污染治理工程监测概述

美国环境保护局对大气污染的定义为：空气中出现污染物或污染物质，以至于影响人们的身体健康和利益或对环境产生有害影响。从其对大气污染的定义可以看出，该定义强调大气污染物对大气的"影响"。存在于大气中的这些污染物质阻碍大气条件达到符合人类和其他生物健康和发展的理想状态。大气污染治理工程即为采用工程技术手段，削减、去除大气污染物，使排放气体中污染物对大气"影响"减轻甚至避免的工程，是保障空气质量的重要手段。

(一) 大气污染治理工程监测的对象和目的

大气污染治理工程监测的对象是进入大气污染治理系统前还未经净化处理的气体和经过相应处理排出大气污染治理系统的气体。

大气污染治理工程监测用于环境大气污染的治理，为制定综合的环境污染整治规划提供参考依据。结合城市的大气质量现状与发展趋势进行城市功能区的划分，并按照规划的区域科学制定各城市功能区的最大允许排放量和削减量，参与调整城市工业的布局；同时用于检查污染源排放废气中的有害物质是否符合排放标准的要求；评价净化装置的性能和运行情况及污染防治措施的效果；为空气质量管理与评价提供依据。

(二) 监测项目

依据各项国家标准，大气污染的监测项目分为必测项目和选测项目，必测项目为强制测定项目,各级监测部门可根据当地具体情况增加必测项目。表 10-1 所示为空气污染物监测和降水监测的必测项目和选测项目。

表 10-1 空气污染物监测和降水监测的必测项目和选测项目

| 类别 | 必测项目 | 按地方情况增加的必测项目 | 选测项目 |
| --- | --- | --- | --- |
| 空气污染物监测 | TSP、$SO_2$、$NO_x$、硫酸盐化速率、灰尘自然沉降量 | CO、总氧化剂、总烃、$PM_{10}$、$F_2$、HF、B[a]P、Pb、$H_2S$、光化学氧化剂 | $CS_2$、$Cl_2$、HCl、硫酸雾、HCN、$NH_3$、Hg、Be、铬酸雾、非甲烷烃、芳香烃、苯乙烯、酚、甲醛、甲基对硫磷、异氰酸甲酯、其他有毒有害有机物 |
| 降水监测 | pH、电导率 | $K^+$、$Na^+$、$Ca^{2+}$、$Mg^{2+}$、$NH_4^+$、$SO_4^{2-}$、$NO_3^-$、$Cl^-$ | |

(三) 不同大气污染治理工程装置的监测方案设置

1. 减速阻力装置的风速监测

智能压力风速风量仪是一种高稳定多功能的测量仪器,适用于气体的风速风量正压、负压和差压的测量,是各环境监测站、实验室、医药卫生、建筑空调供暖、通风、无尘室测试或标定压力的理想仪器,配上皮托管可直读测量气体流速和风量。

仪器与皮托管按图 10-1 连接,用伯努利方程可计算流体中某一点流速 $v$:

$$v = k\sqrt{\frac{2\Delta P}{\rho}} \tag{10-2}$$

式中:$v$ 为风速,m/s;$k$ 为皮托管系数;$\Delta P$ 为皮托管测得的动压,Pa;$\rho$ 为流体密度,$kg/m^3$。

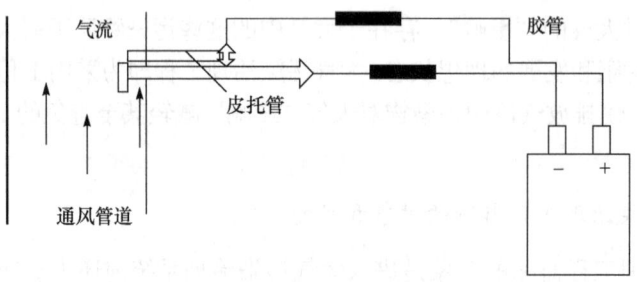

图 10-1 测量风速示意图

2. 不同沉降装置的沉降系数监测

(1) 重力沉降装置:使含尘气流中的尘粒借助重力作用自然沉降,达到净化气体的装置。这种装置具有结构简单、造价低、维护管理方便、阻力小等优点,但由于它体积大,除尘效率低,仅适于捕集大于 $50\mu m$ 的粉尘粒子,所以一般只用于多级除尘系统中的第一级除尘。细小颗粒由于沉降速度小,在沉降室内一般无法截留。为了提高沉降室的效率,有时在沉降室内安装上下交替的垂直挡板,利用惯性作用来提高收尘效率。

(2) 离心沉降装置:含尘气体由矩形进口管沿切向进入器内,在器壁的作用下做圆周运动。颗粒被惯性离心力抛至器壁，并汇集于锥形底部的集尘斗(灰斗)中。净化了的气体从中央排气管离去。旋风分离器的分离因数为 5～2500，一般可分离 5～75μm 的细小尘粒。旋风分离器构造简单，没有运动部件，操作不受温度、压力的限制，广泛应用于很多工业部门，用于除去气体中的粉尘，或从气体中回收有用粉料。

(3) 静电沉降装置：静电除尘技术广泛用于冶金、矿山、化工、制药、发电、冶炼等行业，其原理是含尘气体经过高压静电场时被电分离，尘粒与负离子结合带上负电后，趋向阳极表面放电而沉积。在冶金、化学等工业中用以净化气体或回收有用尘粒。其利用静电场使气体电离从而使尘粒带电吸附到电极上。在强电场中空气分子被电离为正离子和电子，电子奔向正极过程中遇到尘粒，使尘粒带负电吸附到正极被收集。

(4) 惯性沉降装置：气流中树立静止的或缓慢运动的障碍物，作为靶子。气流中的小颗粒随着气流一起绕过靶；小颗粒和距停滞流线较远的大颗粒，能避开靶；距停滞流线较近的大颗粒，因其惯性较大而脱离流线，保持自身原来运动方向而与靶碰撞，继而被捕集。

3. 不同颗粒捕集装置的除尘效率监测

除尘效率又称"分离效率"，是表示除尘器除尘效果的技术指标，可以总除尘效率或分级除尘效率表示。总除尘效率指同时间内除尘器捕集的粉尘量与进入粉尘量的百分比，是反映装置除尘程度的平均值。分级除尘效率指除尘器对某一粒径 $d_p$ 或粒径范围 $d_p$ 内粉尘的除尘效率，表示除尘效率随粒径的变化。根据分级除尘效率和粉尘粒度分布可计算总除尘效率；根据实验测得的总除尘效率和分析出的除尘器入口和出口的粉尘粒径分布，可计算分级除尘效率。

(1) 机械除尘器：机械除尘器通常指利用质量力(重力、惯性力和离心力等)的作用使颗粒物与气流分离的装置，包括重力沉降室、惯性除尘器和旋风除尘器等。特点是结构简单，设备费和运行费均较低，但除尘效率不高。按除尘粒的不同可设计为重力尘降室、惯性除尘器和旋风除尘器。适用于含尘浓度高和颗粒力度较大的气流。广泛用于除尘要求不高的场合或用作高效除尘装置的前置预除尘器。

(2) 电除尘器：含尘气体在通过高压电场进行分离的过程中，使尘粒荷电，并在电场力的作用下使尘粒沉积在集尘极上，将尘粒从含尘气体中分离出来的一种除尘设备。静电除尘效率高；可以净化较大气量；能够除去的粒子粒径范围较宽；可净化温度较高含尘烟气；结构简单，气流速度低，压力损失小；能量消耗比其他类型除尘器低；电除尘器可以实现微机控制，远距离操作。

(3) 湿式除尘器：使含尘气体与液体(一般为水)密切接触，利用水滴和尘粒的惯性碰撞及其他作用捕集尘粒或使粒径增大的装置。可以有效去除直径为 0.01～20μm 的液态或固态粒子，也能脱除气态污染物。低能湿式除尘器的压力损失为 0.2～1.5kPa，对 10μm 以上粉尘的净化效率可达 90%～95%，包括喷雾塔和旋风洗涤器。而高能湿式除尘器的压力损失为 2.5～9.0kPa，净化效率可达 99.5%以上，如文丘里洗涤器。

(4) 过滤除尘效率：含尘气体通过滤料的空隙时，粉尘被捕集于滤料上，透过滤料的清洁气体由排出口排出。沉积在滤料上的粉尘，可在机械振动的作用下从滤料表面脱落，落入灰斗中。常用的滤料由棉、毛、人造纤维等加工而成，滤料本身网孔较大，孔径一般为 0~50μm，表面起绒的滤料为 5~10μm，因而新鲜滤料的除尘效率较低。颗粒因截留、惯性碰撞、静电和扩散等作用，逐渐在滤料表面形成粉尘层，常称为"粉尘初层"。初层形成后，提高了除尘效率。而随着粉尘在滤料上积聚，滤料两侧的压力差增大，会把已附在滤料上的细小粉尘挤压过去，使除尘效率下降。除尘压力过高，还会使除尘系统的处理气体量显著下降，因此除尘器阻力达到一定数值后，要及时清灰，清灰不应破坏粉尘初层。

#### 4. 不同吸收、吸附装置的吸收、吸附效率监测

吸收法净化大气污染物是根据气体混合物中各组分在液体溶剂中物理溶解度或化学反应活性不同而将混合物分离的一种方法。其优点是效率高、设备简单及一次性投资费用相对较低；但需要对吸收后的液体进行后续处理且设备易受腐蚀。

吸收法包括物理吸收和化学吸收。物理吸收是指借助不同组分气体在所选溶剂的溶解性差异而分离；化学吸收是指伴随着明显的化学反应的吸收过程，吸收过程的推动力大而阻力小，吸收效率高于物理吸收，可以处理低浓度气态污染物。由于实际工程中废气处理具有废气量大、污染物浓度低、气体成分复杂和排放标准高等特点，大多采用化学吸收法。

工程上常用的吸收设备按气液接触形态可分为：气体以气泡形态分散在液相中的鼓泡反应器、搅拌鼓泡反应器和板式反应器；液体以液滴状分散在气相中的喷雾、喷射和文丘里反应器，主要用于含尘气流的除尘，某些特定场合也可用于气态污染物的去除；液体以膜状运动与气相接触的填料反应器和降膜反应器。工程中常用填料塔，其次为板式塔，此外还有喷淋塔和文丘里吸收器等。

吸收塔的吸收效率可根据吸收的污染气体的量和所用的吸收剂的比值表示：

$$\eta = \frac{m}{V} \tag{10-3}$$

式中：$\eta$ 为吸收效率；$m$ 为吸收的污染物的量，kg；$V$ 为吸收剂的用量，m³。

吸附法净化大气污染物是利用多孔性固体物质能够选择性吸附废气中的一种或者多种有害组分的特点实现废气净化。

吸附法适用于浓度低、毒性大的气体的净化，尤其对有机污染气体有较高的净化效率，并可以回收有用组分，但处理气体的体积不宜过大，当处理气体量小的时候用吸附法灵活方便。另外吸附法设备简单，易于实现自动化控制，但设备体积大，吸附剂容量往往有限，需要频繁再生。目前吸附法广泛运用于有机化工、石油化工等部门的废气净化。常用的吸附剂有活性炭、活性氧化铝、硅胶、沸石分子筛和吸附树脂。

吸附法按吸附剂在吸附器内的工作状态可以分为固定床、流化床和移动床三类。穿床速度低于吸附剂的悬浮速度，颗粒处于静止状态，属于固定床范围；穿床速度大致等于吸附剂的悬浮速度，颗粒处于激烈的上下翻腾状态，属于流化床范围；穿床速度远远大于吸附剂的悬浮速度，颗粒浮起后不再返回原来位置而是被输送走，属于移动床范围。

吸附法的吸附效率可根据被吸附的污染气体的量和所用的吸附剂的比值表示：

$$\eta = \frac{m}{M} \tag{10-4}$$

式中：$\eta$ 为吸附效率；$m$ 为被吸附的污染物的量，kg；$M$ 为吸附剂的用量，kg。

(四) 集中污染源综合大气污染治理工程的监测方案设置

正确地选择集中污染源采样位置和确定采样点的数目对采集有代表性的并符合测定要求的样品是非常重要的。采样位置应取气流平稳的管段。原则上避免弯头部分和断面形状急剧变化的部分，与其距离至少是烟道直径的 1.5 倍，同时要求烟道中气流速度在 5m/s 以上。而采样孔和采样点的位置主要根据烟道的大小及断面的形状而定。下面说明不同形状烟道采样点的布置。

1. 采样点布置

1) 圆形烟道

将烟道的断面划分为适当数目的等面积同心圆环，如图 10-2 所示，各采样点均在等面积的中心线上，所分的等面积圆环数由烟道的直径大小而定。

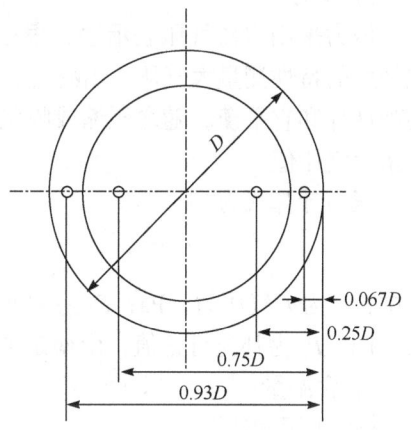

图 10-2　圆形烟道

2) 矩形烟道

将烟道断面分为等面积的矩形小块，如图 10-3 所示。各块中心即采样点。不同面积矩形烟道等面积分块数按表 10-2 选取。

表 10-2　矩形烟道的分块和测点数

| 烟道断面面积/m² | 等面积分块数 | 测点数 |
| --- | --- | --- |
| <1 | 2×2 | 4 |
| 1～4 | 3×3 | 9 |
| 4～9 | 4×3 | 12 |

3) 拱形烟道

分别按圆形烟道和矩形烟道采样点布置原则，如图 10-4 所示。

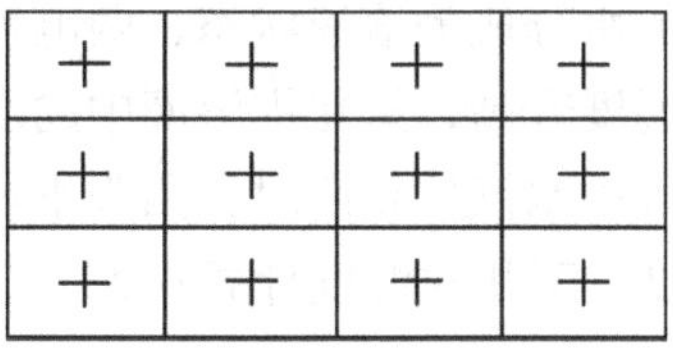

图 10-3　矩形烟道

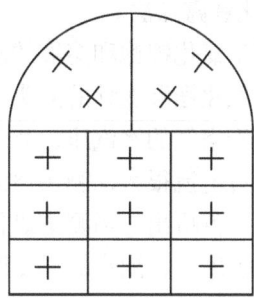

图 10-4　拱形烟道

### 2. 大气监测基本状态参数

大气监测基本状态参数包括温度、压力、含湿量、烟尘浓度和烟气黑度。

#### 1) 温度

温度监测有两种方法：玻璃液体温度计法；数显式温度计法。

#### 2) 压力

压力采用空盒气压表示法，根据金属空盒(盒内近于真空)随气压高低的变化而压缩或膨胀的特性测量大气压。由感应、传递和指示三部分组成。近于真空的弹性金属空盒用弹性片和它平衡。随之压缩或膨胀，通过传递放大，把伸张运动传给指针，就可以直接指示气压值。

压力计算式为

$$P = P_1 + P_2 + P_3 \tag{10-5}$$

式中：$P$ 为大气压力，Pa；$P_1$ 为刻度订正值，由仪器说明书中给出，Pa；$P_2$ 为温度修正值，Pa；$P_3$ 为补充订正值，由检定证书中给出，Pa。

#### 3) 含湿量

(1) 干湿球法。

将两支完全相同的水银温度计都装入金属套管中，水银温度计球部有双重辐射防护套。套装顶部装有一个用发条或电驱动的风扇，风扇启动后抽吸空气均匀地通过套管，使球部处于 ≥2.5m/s 的气流中(电动可达 3m/s)，测定干湿球温度计的温度，然后根据干湿球温度计的温差，计算出空气的相对湿度。其相对湿度计算式为

$$F = \frac{P_e}{P_E} \times 100\% \tag{10-6}$$

式中：$F$ 为相对湿度，%；$P_e$ 为空气中的水汽压，Pa；$P_E$ 为干球温度下的饱和水汽压，查表得出，Pa。

水汽压 $P_e$ 的计算式为

$$P_e = P_B - AP(t - t') \tag{10-7}$$

式中：$P_B$ 为湿球温度下的饱和水汽压，Pa；$A$ 为温度计系数，与湿球温度计头部风速有关，通常取 0.000677℃$^{-1}$；$P$ 为测定时大气压力，Pa；$t$ 为湿球温度，℃；$t'$ 为干球温度，℃；

(2) 氯化锂露点法。

通过测量氯化锂饱和溶液的水汽压与环境空气水汽压平衡时的温度，来确定空气的相对湿度。氯化锂湿度计的测头在通电前其温度与周围空气的温度相同，测头上氯化锂的水汽压低于空气的水汽压，此时氯化锂吸收空气的水分成为溶液状态，两电极间的电阻很小，通过电流很大，测头逐渐加热。随着测头温度升高，氯化锂溶液中的水气压也逐渐升高，水汽析出。当测头氯化锂的水汽压与空气中水汽压相同时，测头不再加热并维持在一定温度上，测头的温度即是空气的露点温度。其相对湿度计算式为

$$F = \frac{P_h}{P_i} \times 100\% \tag{10-8}$$

式中：$F$ 为相对湿度，%；$P_h$ 为露点温度时的饱和水汽压，查表得出，Pa；$P_i$ 为空气温度时的饱和水汽压，查表得出，Pa。

(3) 电阻电容法。

利用湿敏元件的电阻值或电容值随环境湿度的变化而按一定规律变化的特性进行湿度的测量。

4) 烟尘浓度

对污染源排放的烟气颗粒浓度的测定，一般采用从烟道中抽取一定量的含尘烟气，由滤筒收集烟气中颗粒后，根据收集尘粒的质量和抽取烟气的体积求出烟气中尘粒浓度。为取得有代表性的样品，必须进行等动力采样，即尘粒进入采样嘴的速度等于该点的气流速度，因而要预测烟气流速再换算成实际控制的采样流量。如图 10-5 所示，采样头与气流平行，而且采样速度与烟气流速相同，即采样头内外的流场完全一致，因此随气流运动的颗粒没有受到任何干扰，仍按原来的方向和速度进入采样头。

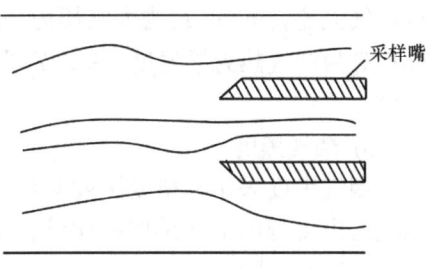

图 10-5 等动力采样

下面介绍非等动力采样的情形。其中图 10-6(a)中采样头与气流有一交角 $\theta$，进入采样头的烟气虽保持原来速度，但方向发生了变化，其中的颗粒物由于惯性，将可能不随烟气进入采样头；图 10-6(b)中采样头虽然与烟气流线平行，但抽气速度超过烟气流速，由于惯性作用，采样体积中的颗粒物不会全部进入采样头；图 10-6(c)内气速低于烟气流速，导致样品体积之外的颗粒进入采样头，由此可见，采用等动力采样对于采集有代表性的样品是非常重要的。

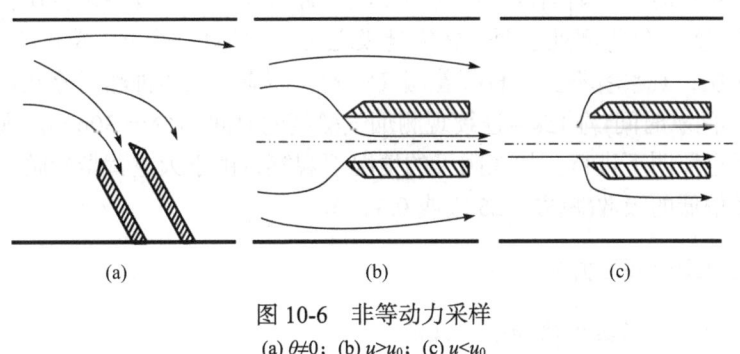

图 10-6 非等动力采样
(a) $\theta \neq 0$；(b) $u > u_0$；(c) $u < u_0$

另外，在水平烟道中，由于存在重力沉降作用，较大的尘粒有偏离烟气流线向下运动的趋势，而在垂直烟道中尘粒分布较均匀，因此应优先选择在垂直管段上取样。

根据滤筒在采样前后的质量差以及采集的总气量，可以算出烟气的含尘浓度。应当注意的是，需要将采样体积换算成环境温度和压力下的体积。其计算式为

$$V_t = V_0 \frac{273 + t_\tau}{273 + t} \frac{P_a}{P_\tau} \tag{10-9}$$

式中：$V_t$ 为环境条件下的采样体积，L；$V_0$ 为现场采样体积，L；$t_\tau$ 为测烟仪温度表的读数，℃；$t$ 为环境温度，℃；$P_a$ 为大气压力，Pa；$P_\tau$ 为测烟仪压力表读数，Pa。

由于烟尘取样需要等动力采样，因此需要根据采样点的烟气流速和采样嘴的直径计算采样控制流量。若干烟气组分与干空气近似：

$$Q_r = 0.080 d^2 v_s \left(\frac{P_a + P_s}{T_s}\right)\left(\frac{T_\tau}{P_a + P_\tau}\right)^{0.5}(1 - \chi_{sw}) \tag{10-10}$$

式中：$Q_r$ 为等动力采样时抽气泵流量计读数，L/min；$d$ 为采样嘴直径，mm；$v_s$ 为采样点烟气流速，m/s；$P_a$ 为大气压力，Pa；$P_s$ 为烟气静压，Pa；$P_\tau$ 为测烟仪压力表读数，Pa；$T_s$ 为烟气热力学温度，K；$T_\tau$ 为测烟仪温度表读数，K；$\chi_{sw}$ 为烟气中水汽的体积分数。

5) 烟气黑度

烟气黑度采用林格曼黑度测量法，即将林格曼烟气黑度图放在适当的位置上，将烟气的黑度与图上的黑度相比较，由具有资质的观察者用目视观察来测定固定污染源排放烟气的黑度。

标准的林格曼烟气黑度图由 5 张不同黑度的图片组成，可以通过在白色背景上确定宽度的黑色线条和间隔的矩形网格来准确印制。除全白与全黑分别代表林格曼黑度 0 级和 5 级外，其余 4 个级别是根据黑色条格占整块面积的百分数来确定的。

观察烟气的部位应选择在烟气黑度最大的地方，该部位应没有冷凝水蒸气存在。当烟囱出口处的烟气中有可见的冷凝水汽存在时，应选择在离开烟囱口一段距离，看不到水汽的部位观察。而观察含有水蒸气的烟气，当烟气中的水蒸气在离开烟囱出口的一段距离后，冷凝并且变为可见，这时应选择在烟囱口附近水蒸气尚未形成可见的冷凝水汽的部位观察。观察时，将烟囱排出烟气的黑度与林格曼烟气黑度图进行比较，记下烟气的林格曼级数。如烟气黑度处于两个林格曼级之间，可估计一个 0.5 或 0.25 林格曼级数。每分钟观测 4 次，观察者不宜一直盯着烟气观测，而应看几秒钟然后停几秒钟，每次观测(包括观看和间歇时间)约 15s，连续观测烟气黑度的时间不少于 30min。观察烟气宜在比较均匀的天空照明下进行。如在阴天的情况下观察，由于天空背景较暗，在读数时应根据经验取稍偏低的级数(减去 0.25 级或 0.5 级)。

## 二、大气样品处理过程及方法

### (一) 大气样品的采集方法和采样仪器

#### 1. 直接采样法

适用于大气中被测组分浓度较高或监测方法灵敏度高的情况，这时不必浓缩，只需用仪器直接采集少量样品进行分析测定即可。此法测得的结果为瞬时浓度或短时间内的平均浓度。常用采样方法有：玻璃注射器采样、塑料袋采样、采气管采样、真空瓶采样。

1) 玻璃注射器采样

常用 100mL 注射器采集样品，如图 10-7 所示。采样时，先用现场气体抽洗 2～3 次，然后抽取 100mL，密封进气口，带回实验室分析。样品存放时间不宜长，一般当天分析完。气相色谱分析法常采用此法取样。取样后，应将注射器进气口朝下，垂直放置，以使注射器内压略大于外压。

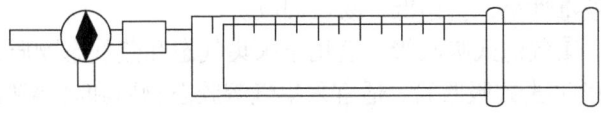

图 10-7　玻璃注射器采样

2) 塑料袋采样

应选不吸附、不渗漏，也不与样气中污染组分发生化学反应的塑料袋，如聚四氟乙烯袋、聚乙烯袋、聚氯乙烯袋和聚酯袋等，还有用金属薄膜作衬里(如衬银、衬铝)的塑料袋。采样时，先用二联橡皮球打进现场气体冲洗 2～3 次，再充满样气，夹封进气口，带回实验室尽快分析。袋式采样器如图 10-8 所示。

3) 采气管采样

采气管容积一般为 100～500mL。采样时，打开两端旋塞，用二联球或抽气泵接在管的一端，迅速抽进比采气管容积大 6～10 倍的欲采气体，使采气管中原有气体被完全置换出，关上旋塞，采气管体积即为采气体积。

4) 真空瓶采样

真空瓶是一种具有活塞的耐压玻璃瓶，容积一般为 500～1000mL (图 10-9)。采样前，先用抽真空装置把采气瓶内气体抽走，使瓶内真空度达到 1.33kPa 后，便可打开旋塞采样，采完即关闭旋塞，则采样体积即为真空瓶体积。

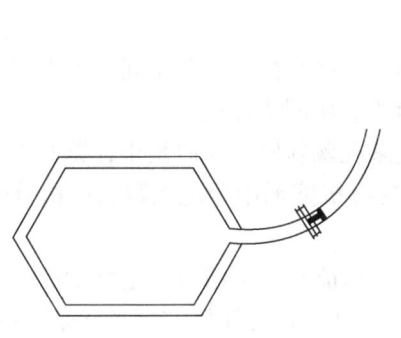

图 10-8　袋式采样器

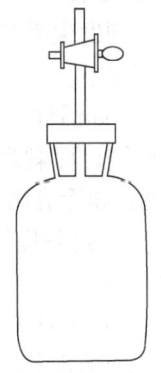

图 10-9　真空采气瓶

2. 富集浓缩采样法

适用于大气中污染物质浓度较低(ppm～ppb[①])的情况，直接采样不能满足分析测定要求。采样时间一般较长，测得结果可代表采样时段的平均浓度，更能反映大气污染的真实情况。具体可分为：溶液吸收法、填充柱阻留法、低温冷凝法、自然积集法等。

---

① ppm 为 $10^{-6}$；ppb 为 $10^{-9}$。

1) 溶液吸收法

吸收液可以为水、水溶液和有机溶剂。涉及吸收类型包括物理吸收(气体分子溶解)和化学吸收(气体与吸收液反应)。吸收液选择原则：反应快，溶解度大；稳定；吸收后有利于分析；吸收液毒性小，价格低，易于回收。

常用吸收管有：①气泡式吸收管，适用于采集气态和蒸气态物质，不宜采气溶胶态物质[图 10-10(a)]；②冲击式吸收管，适宜采集气溶胶态物质和易溶解的气体样品，而不适用于气态和蒸气态物质的采集，管内有一尖嘴玻璃管作冲击器[图 10-10(b)]；③多孔筛板吸收管(瓶)，内管出气口熔接一块多孔砂芯玻板，当气体通过多孔玻板时，一方面被分散成很小的气泡，增大了与吸收液的接触面积，另一方面被弯曲的孔道所阻留，然后被吸收液吸收，其既适用于采集气态和蒸气态物质，也适于气溶胶态物质[图 10-10(c)]。

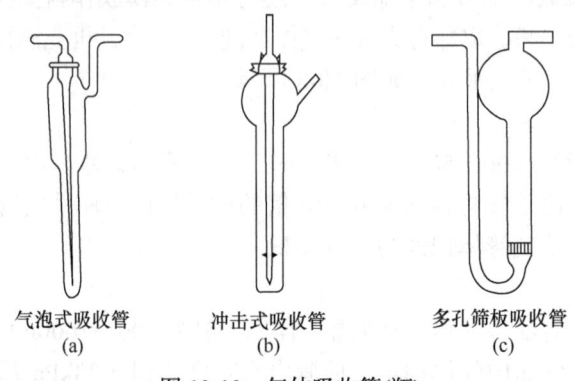

气泡式吸收管　　冲击式吸收管　　多孔筛板吸收管
　　(a)　　　　　　　(b)　　　　　　　(c)

图 10-10　气体吸收管(瓶)

2) 填充柱阻留法

气体与填充剂发生吸附、溶解、化学反应等作用。

填充剂类型如下。

(1) 吸附型，如活性炭、硅胶、分子筛、高分子多孔微球，分子间引力引起的物理吸附，吸附力较弱，而剩余价键力引起的化学吸附，吸附力较强。

(2) 分配型，如涂有高沸点有机溶剂的惰性多孔颗粒物，如硅藻土，类似于气相色谱中的固定相，当被采集气样通过填充柱时，在有机溶剂中分配系数大的组分保留在填充剂上而被富集。

(3) 反应型，如惰性多孔颗粒物、纤维状物表面能与被测组分发生化学反应。气样通过填充柱时，被测组分在填充剂表面因发生化学反应而被阻留。采样量和采集速度大，富集物稳定，对气态、蒸气态和气溶胶态物质有较高的富集效率。

3) 低温冷凝法

当大气中某些沸点比较低的气态污染物质，通过低温填充柱时，因冷凝而凝结在采样管底部，从而达到富集的目的，如苯乙烯、三氯乙醛等。该方法效果好，采样量大，利于组分稳定，但空气中的水蒸气、二氧化碳、氧会干扰测定。

4) 自然积集法

采集大气中自然降落于地面的颗粒物，分为湿法和干法。湿法在圆筒形玻璃缸中加入一定量的水；干法则不加水，用标准集尘器，利于尘自然降落其中。

3. 采样仪器

采样仪器的一般组成包括收集器、流量计和动力装置(图 10-11)。收集器用于捕集大气中欲测物质，如气体吸收管、填充柱、滤料采样夹、低温冷凝采样管；流量计用于测量气体流量，如孔口流量计、转子流量计等；采样动力常用电动抽气泵。

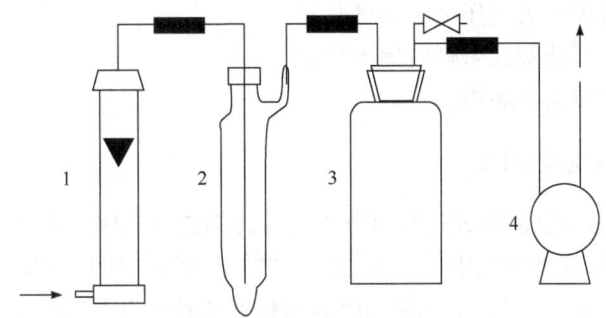

图 10-11　采样仪器组成
1：流量计；2：收集器；3：缓冲瓶；4：抽气泵

此外针对特定的污染物的特点，有相应的专用采样装置，由收集器、流量计、抽气泵及气样预处理、流量调节、自动定时控制等部件组装在一起。大气采样器用于气态和蒸气态物质的采样；而颗粒物采样器用于收集测量 TSP、IP 数据。

4. 采样效率

1) 采集气态和蒸气态污染物质效率的评价方法

绝对比较法，用标准气测定采样效率，采样效率 $K$ 为

$$K = \frac{C_1}{C_0} \times 100\% \tag{10-11}$$

相对比较法：配制一定浓度范围的待测气体，串联 2～3 个采样管采集所配制的样品，采样效率 $K$ 为

$$K = \frac{C_1}{C_1 + C_2 + C_3} \times 100\% \tag{10-12}$$

$K$ 应大于 90%，若 $K$ 小于 90%，应串 3 个管使用。

2) 采集颗粒物效率的评价方法

采集颗粒数效率：即所采集到的颗粒物粒数占总颗粒数的百分数。

质量采样效率：即所采集到的颗粒物质量占颗粒物总质量的百分数。

由于小颗粒物的数量总是占大部分，而按质量计算却只占很小部分，所以质量采样效率总是大于颗粒数采样效率。由于微米以下颗粒对人体健康影响较大，颗粒采样效率有着重要作用；在大气监测评价中，评价采集颗粒物方法的采样效率多用质量采样效率表示。

5. 采样记录

采样记录与实验室记录同等重要，在实际工作中，若对采样记录不重视，不认真填

写采样记录，会导致由于采样记录不全而使一大批监测数据无法统计而作废。记录内容包括：

(1) 样品被测污染物的名称及编号。
(2) 采样地点和采样时间。
(3) 采样流量、采样体积。
(4) 采样时的温度、大气压力和天气状况。
(5) 采样仪器、吸收液及采样时周围情况。
(6) 采样者、审核者姓名等。

(二) 空气中污染物的测定

根据空气中的污染物的形成过程可分为一次污染物和二次污染物。一次污染物是指直接从各种污染源排放到大气中的有害物质。例如，$SO_2$、$NO_x$、CO、碳氢化合物、颗粒性物质等。"十二五"以来，细颗粒物($PM_{2.5}$)和重金属成为大气监控的重点。二次污染物是指一次污染物在大气中相互作用或它们与大气中正常组分发生反应所产生的新污染物，如硫酸盐、硝酸盐、臭氧、醛类、过氧乙酰硝酸酯(PAN)等。

根据污染物存在状态可分为分子状态污染物和粒子状态污染物。分子状态污染物是指常温常压下以气体或蒸气形式分散在大气中的污染物质，如 $SO_2$、$NO_2$、硝酸盐、$C_1 \sim C_5$ 化合物、酮、CO、$CO_2$、HF、HCl 等。粒子状态污染物(或是颗粒物)是指分散在大气中的微小液体和固体颗粒，粒径在 100μm 以内，是一个复杂的非均匀体系。粒径大于 10μm 的颗粒物能够较快沉降到地面上，称为降尘；粒径小于 10μm 的颗粒物可长期漂浮在大气中，称为飘尘，包括烟(0.01~1μm)、雾(<10μm)、灰尘等形式。

污染物的监测项目包括必测项目和选测项目。针对连续采样实验室，必测项目包括 $SO_2$、$NO_x$、TSP、硫酸盐化速率、灰尘自然降尘量；选测项目为 CO、飘尘、光化学氧化剂、氟化物、铅、汞、苯并[a]芘、总烃及非甲烷烃。对自动监测系统而言，必测项目为 $SO_2$、$NO_x$、TSP 或 $PM_{10}$、CO；选测项目为 $O_3$、总烃。

(三) 气态和蒸气态污染物质的测定

1. 二氧化硫($SO_2$)

二氧化硫测定主要用甲醛吸收-副玫瑰苯胺分光光度法(HJ 482—2009)。其原理为二氧化硫被甲醇缓冲溶液吸收后，生成稳定的羟甲基磺酸加成化合物，在样品溶液中加入氢氧化钠使加成化合物分解，释放出的二氧化硫与副玫瑰苯胺、甲醛作用，生成紫红色化合物，用分光光度计在波长 577nm 处测量吸光度。

2. 二氧化氮($NO_2$)

二氧化氮测定主要用盐酸萘乙二胺分光光度法(HJ 479—2009)。其原理为空气中的二氧化氮，与串联的第一支吸收瓶中的吸收液反应生成粉红色偶氮染料。空气中的一氧化氮不与吸收液反应，通过酸性高锰酸钾溶液氧化管被氧化为二氧化氮后，与串联的第二支吸收瓶中的吸收液反应生成粉红色偶氮染料。于波长 540nm 处分别测定第一支和第二支吸收瓶中样品的吸光度。

3. 一氧化碳(CO)

一氧化碳的测定方法为非分散红外法(GB/T 9801—1988)。其原理为：空气样品进入仪器，在前吸收室吸收 4.67μm 谱线中心的红外辐射能量，在后吸收室吸收其他辐射的能量。两室因吸收能量不同，破坏了原吸收室内气体受热产生相同振幅的压力脉冲，变化后的压力脉冲通过毛细管加在差动式薄膜微音器上，被转化为电容量的变化，通过放大器再转变为与浓度成比例的直流测量值。

4. 光化学氧化剂

光化学氧化剂指大气中除氧以外显示有氧化性质的全部污染物。通常指能氧化碘化钾为碘的物质，主要是大气光化学反应的产物。包括臭氧($O_3$)、二氧化氮($NO_2$)、过氧酰基硝酸酯(PAN)、过氧化氢($H_2O_2$)及过氧自由基(如过氧烷基 $RO_2$)等。由于一般情况下，$O_3$ 占光化学氧化剂总量的 90%以上，所以常以 $O_3$ 浓度计作总氧化剂的含量。

5. 臭氧($O_3$)

臭氧的测定有靛蓝二磺酸钠分光光度法(HJ 504—2009)和紫外光度法(HJ 590—2010)。靛蓝二磺酸钠分光光度法原理为空气中的臭氧在磷酸盐缓冲溶液存在下，与吸收液中蓝色的靛蓝二磺酸钠等物质的量反应，褪色生成靛红二磺酸钠，在 610nm 处测量吸光度，根据蓝色褪减的程度定量空气中臭氧的浓度。

6. 氟化物

空气中的气态氟及含氟烟尘经碱性浸制的滤料而采集被吸收，于盐酸中溶解制成样品溶液。由氟化镧单晶片制成的离子选择性电极，于溶液中其电极电势与氟离子活度的对数呈线性关系。通过标准系列法，由所测得的电极电势值得到样液中的氟离子含量。

7. 总烃及非甲烷烃

用双柱双氢火焰离子化检测器气相色谱仪，注射器直接进样，分别测定样品中的总烃和甲烷含量，以两者之差得非甲烷总烃含量。同时以除烃空气求氧的空白值，以扣除总烃色谱峰中的氧峰干扰。

8. 挥发性有机物(VOCs)

空气中挥发性有机物采用吸附管采样-热脱附/气相色谱-质谱法(HJ 644—2013)。采用固体吸附剂富集环境空气中挥发性有机物，将吸附管置于热脱附仪中经气相色谱分离后，用质谱进行检测。通过与待测目标物标准质谱图相比较和保留时间进行定性，外标法或内标法定量。

9. 甲醛

甲醛的测定运用乙酰丙酮分光光度法(HJ 601—2011)。甲醛气体经水吸收后，在 pH=6 的乙酸-乙酸铵缓冲溶液中，与乙酰丙酮作用，在沸水浴条件下，迅速生成稳定的黄色化合物，在波长 413nm 处测定。

(四) 颗粒物的测定

1. 总悬浮颗粒物(TSP)

总悬浮颗粒物的测定采用重量法(GB/T 15432—1995)。待测空气通过具有一定切割特性的采样器，以恒速抽取定量体积的空气，空气中粒径小于 100μm 的悬浮颗粒物，被截留在已恒量的滤膜上。根据采样前后滤膜质量之差及采样体积，计算总悬浮颗粒物的浓度。滤膜经处理后，进行组分分析。

2. 可吸入颗粒物($PM_{10}$)

$PM_{10}$ 是指悬浮在空气中，空气动力学直径小于等于 $10\mu m$ 的颗粒物。

$PM_{10}$ 的测定主要用重量法(HJ 618—2011)。即将空气通过具有一定切割特性的采样器，以恒速抽取定量体积空气，使 $PM_{10}$ 被截留在已知质量的滤膜上，根据采样前后滤膜的质量差和采样体积，计算出 $PM_{10}$ 浓度。

3. 细颗粒物($PM_{2.5}$)

$PM_{2.5}$ 指环境空气中空气动力学直径小于等于 $2.5\mu m$ 的颗粒物。

目前测量 $PM_{2.5}$ 的方法有重量法、β 射线吸收法和微量振荡天平法。

重量法就是将 $PM_{2.5}$ 直接截留到滤膜上，然后用天平称量。因为滤膜并不能把所有的 $PM_{2.5}$ 都收集到，一些极细小的颗粒还是能穿过滤膜，所以只要滤膜对于 $0.3\mu m$ 以上的颗粒有大于99%的截留效率，就算是合格的。损失部分极细小的颗粒物对结果影响并不大，因为那部分颗粒对 $PM_{2.5}$ 的质量贡献很小。重量法是最直接、最可靠的方法，是验证其他方法是否准确的标杆。然而重量法需人工称量，程序烦琐费时，自动化程度低，不适合进行远距离监测。

β 射线吸收法是将 $PM_{2.5}$ 收集到滤纸上，然后照射一束 β 射线，射线穿过滤纸和颗粒物时由于被散射而衰减，衰减的程度和 $PM_{2.5}$ 的质量成正比。根据射线的衰减就可以计算出 $PM_{2.5}$ 的质量。β 射线吸收自动监测仪适用范围较广，在 24h 空气质量连续自动监测中应用广泛。在污染较重或地理位置重要的地方，测量时可每小时自动得出一个监测数据，实时反映空气中 $PM_{2.5}$ 浓度的变化情况，并可进行数据传输，有利于远程监测和自动控制，为环保部门进行空气质量评估和政府决策提供准确、可靠的数据依据，并极大减少了人工工作量，但其缺点是相对成本较高。

微量振荡天平法采用一头粗一头细的空心玻璃管，粗头固定，细头装有滤芯。空气从粗头进，细头出，$PM_{2.5}$ 就被截留在滤芯上。在电场的作用下，细头以一定频率振荡，该频率和细头质量的平方根成反比。于是，根据振荡频率的变化，就可以算出收集到的 $PM_{2.5}$ 的质量。微量振荡天平法的 $PM_{2.5}$ 监测仪外形类似微波炉，上面则是一个电子显示屏，所监测的六项指标实时数据在屏幕上跳跃。与 β 射线吸收法一样，振荡天平监测法能实时捕抓空气中的 $PM_{2.5}$ 微粒，监测数据按 0.5h、1h、8h、12h、24h 的目录在显示屏上显示，而且监测设备 24h 连续自动监测、自动储存传输数据。

4. 降尘

降尘的测量采用重量法(GB/T 15265—1994)。空气中可沉降的颗粒物，沉降在装有乙二醇水溶液作收集液的集尘缸内，经蒸发、干燥、称量后，计算降尘量。

5. 空气污染指数(AQI)

首先对照 AQI 的分级浓度限值参照表 10-3 中各项污染物的分级浓度限值，以细颗粒物($PM_{2.5}$)、可吸入颗粒物($PM_{10}$)、二氧化硫($SO_2$)、二氧化氮($NO_2$)、臭氧($O_3$)、一氧化碳(CO)等各项污染物的实测浓度值(其中 $PM_{2.5}$、$PM_{10}$ 为 24h 平均浓度)分别计算得出空气质量分指数(IAQI)；

$$\text{IAQI}_P = \frac{\text{IAQI}_{\text{Hi}} - \text{IAQI}_{\text{Lo}}}{\text{BP}_{\text{Hi}} - \text{BP}_{\text{Lo}}}(C_P - \text{BP}_{\text{Lo}}) + \text{IAQI}_{\text{Lo}} \tag{10-13}$$

式中：$\text{IAQI}_P$ 为污染物项目 P 的空气质量分指数；$C_P$ 为污染物项目 P 的质量浓度值；$\text{BP}_{\text{Hi}}$ 为相应地区的空气质量分指数及对应的污染物项目浓度指数表中与 $C_P$ 相近的污染物浓度限值的高位值；$\text{BP}_{\text{Lo}}$ 为相应地区的空气质量分指数及对应的污染物项目浓度指数表中与 $C_P$ 相近的污染物浓度限值的低位值；$\text{IAQI}_{\text{Hi}}$ 为相应地区的空气质量分指数及对应的污染物项目浓度指数表中与 $\text{BP}_{\text{Hi}}$ 对应的空气质量分指数；$\text{IAQI}_{\text{Lo}}$ 为相应地区的空气质量分指数及对应的污染物项目浓度指数表中与 $\text{BP}_{\text{Lo}}$ 对应的空气质量分指数。

表 10-3　空气污染指数分级浓度限值

| AQI | 污染物浓度/(mg/m³) | | | | | | | |
|---|---|---|---|---|---|---|---|---|
| | $SO_2$(日均) | $NO_2$(日均) | $PM_{10}$(日均) | TSP(日均) | $SO_2$(时均) | $NO_2$(时均) | CO(时均) | $O_3$(时均) |
| 50 | 0.050 | 0.080 | 0.050 | 0.120 | 0.25 | 0.12 | 5 | 0.120 |
| 100 | 0.150 | 0.120 | 0.150 | 0.300 | 0.50 | 0.24 | 10 | 0.200 |
| 200 | 0.800 | 0.280 | 0.250 | 0.500 | 1.60 | 1.13 | 60 | 0.400 |
| 300 | 1.600 | 0.565 | 0.420 | 0.625 | 2.40 | 2.26 | 90 | 0.800 |
| 400 | 2.100 | 0.750 | 0.500 | 0.875 | 3.20 | 3.00 | 120 | 1.000 |
| 500 | 2.620 | 0.940 | 0.600 | 1.000 | 4.00 | 3.75 | 150 | 1.200 |

然后从各项污染物的 IAQI 中选择最大值确定为 AQI，当 AQI 大于 50 时将 IAQI 最大的污染物确定为首要污染物：

$$\text{AQI} = \max\{\text{IAQI}_1, \text{IAQI}_2, \text{IAQI}_3, \cdots, \text{IAQI}_n\}$$

式中：$\text{IAQI}_i$ 为空气质量分指数；$n$ 为污染物项目。

接着对照表 10-4 中 AQI 分级标准，确定空气质量级别、类别及表示颜色、健康影响与建议采取的措施。

表 10-4　空气污染指数范围及相应的空气质量级别

| 污染指数 | 质量级别 | 质量描述 | 对健康的影响 | 对应空气质量的适用范围 |
|---|---|---|---|---|
| 0~50 | Ⅰ | 优 | 可正常活动 | 自然保护区、风景名胜区和其他需要特殊保护的地方 |
| 51~100 | Ⅱ | 良 | 可正常活动 | 为城镇规划中确定的居住区、商业交通居民混合区、文化区、一般工业区和农村 |
| 101~200 | Ⅲ | 轻度污染 | 长期接触，易感人群症状有轻度加剧，健康人群出现刺激症状 | 特定工业区 |
| 201~300 | Ⅳ | 中度污染 | 一定时间接触后，心脏病和肺病患者症状显著加剧，运动耐受力降低，健康人群普遍出现症状 | |
| >300 | Ⅴ | 重度污染 | 健康人出现明显强烈症状，降低运动耐受力，提前出现某些疾病 | |

简言之，AQI 就是各项污染物的 IAQI 中的最大值，当 AQI 大于 50 时对应的污染物即为首要污染物。IAQI 大于 100 的污染物为超标污染物。

## 第四节 土壤和固体废物治理工程监测

### 一、土壤治理工程监测方案的制订

#### (一) 土壤样品的采集

土壤样品的采集和处理是土壤监测工作的一个重要环节，采集有代表性的样品，是使测定结果如实反映其所代表的区域或地块客观情况的先决条件。

1. 采样点的布设

采样前要进行现场勘查和有关资料的收集，根据土壤类型、肥力等级和地形等因素将采样范围划分为若干个采样单元，每个采样单元的土壤要尽可能均匀一致。

具体的布点要求和适用条件见表 10-5。

表 10-5 不同条件下布点要求和适用条件

| 内容 | 布点数 | 适用条件 |
| --- | --- | --- |
| 区域环境背景土壤采样 | 选择网距、网格布点，区域内的网格结点数即为土壤采样点数量 | |
| 城市土壤采样 | 以网距 2000m 的网格布设为主，功能区布点为辅，每个网格设一个采样点 | |
| 农田土壤采样 | 根据调查目的、调查精度和调查区域环境状况等因素确定，可设土壤单元 3~7 个，每个单元以 200m×200m 为宜 | |
| 建设项目土壤环境评价监测 | 每公顷占地不少于 5 个采样点 | |
| | 不少于 3 个柱状采样点 | 大中型建设项目 |
| | 不少于 5 个柱状采样点 | 特大型建设项目或对土壤环境影响敏感的建设项目 |
| 污染事故监测土壤采样 | 打扫后采集表层 5cm 土样，采样点数不少于 3 个 | 固体污染物抛洒污染型 |
| | 分层采样，事故发生点处的样品布点较密，采样深度较深，离事故发生点相对远处样品点较稀疏，采样深度较浅，采样点不少于 5 个 | 液体倾翻污染型，污染液体向低洼区流动同时向土壤深层渗透并伴随两侧横向扩散的污染 |
| | 以放射性同心圆方式布点，采样点不少于 5 个，爆炸中心采分层样，周围采表层土(0~20cm) | 爆炸型污染 |
| | 检测同时设定 2~3 个背景对照点 | |

采样时应沿着一定的路线，按照"随机、等量和多点混合"的原则进行采样。即每一个采样点都是任意决定的，使采样单元内的所有点都有同等机会被采到，每一点采集土样深度和采样量要一致，最后把一个采样单元内各点所采土样均匀混合构成一个混合样品，以提高样品的代表性。

布点方法有对角线布点法、梅花形布点法、棋盘式布点法和蛇形(S形)布点法。

(1) 对角线布点法：适用于面积小、地势平坦的污水灌溉或受污染河水灌溉的单元。布点方法是由单元进水口对角线引一斜线，将此对角线三等分，在每等分的中间设一采样点。根据调查目的、单元面积和地形条件可多划分几个等分段，适当增加采样点。

(2) 梅花形布点法：适用于面积较小、地势平坦、土壤均匀的单元，中心点设在两对角线相交处，一般设5～10个采样点。

(3) 棋盘式布点法：适用于面积中等、地势平坦、地形完整开阔但土壤较不均匀的单元，一般设置10个以上采样点。该方法同样适用于受固体废物污染的土壤，因为固体废物分布不均匀，应设置20个以上采样点。

(4) 蛇形布点法：适用于面积较大，地势不很平坦，土壤不够均匀的单元，布设的采样点数目较多。

对于分层取样，在取样点挖掘 1m×1.5m 左右的长方形土壤剖面坑，较窄的一面向阳作为剖面观察面。挖出的土应放在土坑两侧，而不放在观察面的上方。土坑的深度根据具体情况确定，一般要求达到母质层或地下水位。根据剖面的土壤颜色、结构、质地、松紧度、湿度及植物根系分布等划分土层，仔细观察并描述记载。从下而上逐层采集样品，一般采集各层最典型的中部位置的土壤，以克服层次之间的过渡现象，保证样品的代表性。每个土样质量1kg左右。

2. 采样器具

根据不同的土壤样品和目的应选择相应的采样工具进行采样。

(1) 地表层土样：铁锹、铁铲、竹片直接取样。铁锹和铁铲所取样品可进行有机污染物分析，或者用竹片或竹刀去除与金属采样器接触的部分土样再取其余土样；而竹片所取样适用于分析其中金属类污染物质的分析。

(2) 分层取样：手工操作和机械操作土钻，进入一定深度的土壤，将土柱提上，按需要切割采样，或铁锹、铁铲等挖一剖面再分层取样。

3. 样品保存

将所采集的样品分别放入样品袋，内外均有标签标注采集地点、剖面号、层次、土层深度、采样日期和采样人等信息。

(1) 新鲜样品的处理与储存：新鲜样品一般不宜储存，如需暂时储存时，可将其装入塑料袋并封口放入冰箱冷藏室或进行速冻固定。

某些土壤成分如低价铁、铵态氮、硝态氮等在风干过程中会发生显著变化，必须用新鲜样品进行分析。为了能真实地反映土壤自然状态下的某些理化性状，新鲜样品要及时送回室内进行处理和分析。先用粗玻璃棒或塑料棒将样品弄碎混匀后迅速称样测定。

(2) 风干样品的处理与储存：从野外取回样品及时放在样品盘上，摊成薄薄的一层，置于干净整洁的室内通风处自然风干，严禁暴晒，并注意防止酸性或碱性的气体或颗粒物的污染。风干样品过程中需要经常翻动土块，同时将大块土捏碎以加速风干过程，还要注意剔除土壤以外的侵入体。

风干后的土样按照不同的分析要求研磨过筛，充分混匀后，放入样品瓶中备用。瓶内外各具标签一张，写明与前述塑料袋标签相同信息。制备好的样品要妥为储存，避免日晒、高温、潮湿,并避免酸碱气体的污染。全部分析工作结束并核实无误后,可放入广口瓶并蜡封好瓶口。

(二) 土壤样品的预处理

不同分析项目和涉及仪器对样品有相应的要求,为了获得准确的实验结果,样品的预处理步骤及相应测量物质的提取方法十分关键,下面简单介绍不同的分析目的对土壤样品的预处理要求以及针对不同测量项目的提取方法。

1. 一般化学分析试样的预处理

将前述方法风干后的样品平铺在制样板上,用木棍或塑料棍碾压,并将植物残体、石块等剔除干净。压碎的土样要全部通过 2mm 孔径筛。未过筛的土粒需重新碾压过筛,直至全部通过 2mm 孔径筛为止。过筛的土样可供 pH、盐分、交换性能及有效养分等项目的测定。

用四分法取出一部分过 2mm 筛土样继续研磨使之通过 0.25mm 孔径筛,可供有机质、腐殖质组成、总氮等项目的测定。用四分法取出一部分过 0.25mm 孔径筛的土样继续用玛瑙研钵磨细并使之通过 0.149mm 孔径筛,供矿质全量分析等项目的测定。

2. 微量元素分析试样的预处理

用于微量元素分析的土样处理方法与一般化学分析样品相同,但在全程即采样、风干、研磨、过筛、运输、储存等环节都要特别注意,不要接触可能导致污染的金属器具以防止污染,如采样、制样使用木、竹或塑料工具,过筛使用尼龙网筛等。通过 2mm 孔径尼龙筛的样品可用于测定土壤中有效态微量元素。用四分法或多点取样法取一部分通过 2mm 孔径筛的样品,用玛瑙研钵进一步磨细,使之全部通过 0.149mm 孔径尼龙筛,用于测定土壤全量微量元素。处理好的样品应在塑料瓶中保存备用。

预处理后的样品还需经过相应的消解和提取方法才能获得能被检测的溶液状态,常用的提取方法有普通消解法、高压密闭消解法、微波消解法和碱式消解法。

1) 普通消解法

称取 0.2~0.3g 土壤样品,放于三角瓶中,加入 5mL 水润湿,然后滴加王水 10mL 在电热板上加热微沸至有机物剧烈反应后,加入 0.1mol/L 高氯酸 2mL,升高加热温度加热至冒出白色烟雾,土壤呈淡黄色或白色,冷却至室温,加入去离子水,小火去除高氯酸后,再使用 1%的硝酸温热溶解,溶解后用 1%硝酸滴定至 100mL 容量瓶中,样品制作完毕后,立即转移至聚乙烯瓶中备用。

该法对实验室要求较低,被普遍采用。该法对土壤样品的数量限制小且操作简单,便于实验过程监测和补充实验试剂,并且造价低。但加热板消解样品较慢,消解过程无法避免杂质的引进,加热过程中易挥发的待测元素容易损失引起误差,且高氯酸处理有机物含量较高的样品时易发生爆炸。

2) 高压密闭消解法

称取 0.2~0.3g 土壤样品放入聚四氟乙烯烧杯中,加入浓度为 0.1mol/L 的高氯酸、氢氟酸各 2mL,硝酸 3mL,静置 24h 后,将烧杯放入不锈钢套子中,扭紧盖子,放入烘箱中,调节温度至 430K,恒温 2h 后取出不锈钢套,冷却后取下不锈钢盖,取出烧杯后置于电热板上加热,待加热至产生浓烈白烟,烧杯内的溶液呈可滚动珠状,加入稀硝酸溶解,滴定至 100mL 容量瓶中,样品制作完毕后,立即转移至聚乙烯瓶中备用。

高压密闭消解法中样品在外套保护下,酸不会因为温度过高而挥发损失,所以不需要添加试剂,而且对于挥发性的待测物质,密封套管可减小实验误差,受到外界环境因素的影响也较小。但在高压下消解样品对样品质量要求较高,一般土壤样品不能超过 0.5g,装配、消解和清洗过程较为耗时,实验仪器也较昂贵,实验过程不便随时监测,温度控制不准确易发生危险。

3) 微波消解法

称取样品 0.5g 置于分析特氟隆消解罐中,加入 0.1mol/L 硝酸 10mL,把可能粘在罐内壁的样品洗到罐底,加酸到气泡消失为止(罐内有易氧化组分),然后在消解罐上放一块安全膜,盖上罐盖。将罐子放于微波炉内转动架上,将样品量最多的罐子作为控制罐,安装压力和温度的控制附件。制备一个空白样罐,选择分析微波消解系统,微波消解在 75℃下消解 1min,在 175℃下消解 4.5min。加热结束后,取出消解罐冷却至室温,在通风橱打开消解罐,并将样品转入 100mL 容量瓶中,用纯水洗涤消解罐内壁和安全膜并转入容量瓶,定容至刻度后转移备用。

微波消解的快速加热和密闭容器使溶解和萃取过程更容易进行,与常规方法相比其消解速度大大提高。由于微波消解样品的一系列优点,其目前已开始在环境监测分析领域逐步推广应用,特别是对金属元素的分析,更显独特优势,对非金属元素的研究主要集中在硫、氮、磷。

4) 碱式消解法

称取 0.2g 土壤样品置于溶解瓶内,加入 pH 不小于 11.5 的碱式消解液 50mL、0.4g 氯化镁和 0.5mL 磷酸缓冲溶液,充分摇匀,将烧杯置于 100℃水浴加热 1h 并振荡,待冷却至室温后过滤收集滤液和洗涤液于锥形瓶中,反复过滤数次至无絮状沉淀出现。用 50% 硝酸调节 pH 至 7.0,再用 10%硫酸调节 pH 至 2.0,将消解液定容至 100mL 容量瓶,转移待测。

碱式消解法在消解过程中避免了酸的使用,减少了酸的泄漏导致空气污染和实验人员身体健康伤害的风险。

(三) 土壤污染物的测定

1. 常规理化指标

土壤常规理化指标包括土壤水分、温度、坚实度、密度、pH 和阳离子交换量。

1) 土壤水分

风干土样水分的测定:取小型铝盒在 105℃恒温箱中烘烤约 2h,移入干燥器内冷却至室温,称量,准确至 0.001g。用角匙将风干土样拌匀,舀取约 5g,均匀平铺在铝盒中,盖好,称量,准确至 0.001g。将铝盒盖揭开,放在盒底下,置于已预热至(105 ± 2)℃的烘箱中烘烤 6h。取出,盖好,移入干燥器内冷却至室温(约 20min),立即称量。风干土样水分的测定应做两份平行测定。

新鲜土样水分的测定:将盛有新鲜土样的大型铝盒在分析天平上称量,准确至 0.01g。

揭开盒盖，放在盒底下，置于已预热至(105±2)℃的烘箱中烘烤12h。取出，盖好，移入干燥器内冷却至室温(约30min)，立即称量。新鲜土样水分的测定应做三份平行测定。

计算公式：

$$\text{水分分析基} = \frac{m_1 - m_2}{m_1 - m_0} \times 100\% \tag{10-14}$$

$$\text{水分干基} = \frac{m_1 - m_2}{m_2 - m_0} \times 100\% \tag{10-15}$$

式中：$m_0$ 为烘干空铝盒质量，g；$m_1$ 为烘干前铝盒和土样质量，g；$m_2$ 为烘干后铝盒和土样质量，g。

2) 土壤温度

土壤表层温度(5cm、10cm、15cm、20cm)可用曲管地温计测量，土壤深层温度(40cm、80cm、160cm、320cm)则用直管地温计测量，如临时性调查土壤温度(0～30cm)时，可用轻便插入式地温计测量。

3) 土壤坚实度

当硬度计(土壤坚实度计)的探头被压入土中时，与探头所受到的阻力成正比的弹簧也相应被压缩，探头也随之相应地被压入硬度计内，压入探头所需的压力与土壤硬度呈正比关系。

4) 土粒密度

土粒密度是土壤固体部分的质量与同体积水(4℃)的质量的比值，测定土粒密度通常用密度瓶法，借用排水称量法的原理，可测得同体积的水的质量，再测出土壤吸湿水的含量，以烘干土质量(105℃)除以体积，即得土粒密度，前后两次称量温度须一致以消除温度对密度的影响。含可溶性盐或活性胶体较多的土壤，要用非极性液体代替水，试样需预先烘至恒定质量，用真空抽气代替煮沸以排除土壤中的空气。

$$\rho = \frac{m}{m + m_1' - m_2'} \tag{10-16}$$

式中：$\rho$ 为土粒密度，g/g；$m$ 为烘干土壤质量，g；$m_1'$ 为加满非极性液体的密度瓶质量，g；$m_2'$ 为加有非极性液体和土样的密度瓶质量，g。

5) 土壤pH

用于浸提的水或盐溶液(酸性土壤为氯化钾 1mol/L，中性和碱性土壤采用氯化钙 0.01mol/L )与土之比为2.5∶1，盐土用5∶1，枯枝落叶层及泥炭层用10∶1。加水或盐溶液后经充分搅拌，平衡30min，将pH玻璃电极和甘汞电极插入浸出液中，用pH计测定。也可用毫伏计测定其电动势，再换算成pH。

6) 土壤阳离子交换量

用1mol/L乙酸铵溶液(pH 7.0)反复处理土壤，使土壤成为$NH_4^+$饱和土，用95%乙醇洗去多余的乙酸铵后，用水将土壤洗入凯氏瓶中，加固体氧化镁蒸馏。蒸馏出的氨用硼酸溶液吸收，然后用盐酸标准溶液测定。根据$NH_4^+$的量计算土壤阳离子交换量。

$$阳离子交换量(mmol/kg) = \frac{c \times (V - V_0)}{m_1(1 - K_2)} \tag{10-17}$$

式中：$c$ 为盐酸标准溶液的浓度，mol/L；$V$ 为盐酸标准溶液的用量，mL；$V_0$ 为空白实验盐酸标准溶液的用量，mL；$m_1$ 为风干土样质量，g；$K_2$ 为将风干土换算成烘干土的水分换算系数。

**示例 10-2** 已知风干土样质量为 1.2456g，烘干后 0.9785g，用 0.1000mol/L 的盐酸标准溶液滴定空白消耗体积为 5.00mL，滴定样品溶液消耗体积为 23.36mL，求该土壤阳离子交换量。

**解** 风干土换算成烘干土的水分换算系数：

$$K_2 = \frac{1.2456 - 0.9785}{1.2456} = 0.2144$$

$$阳离子交换量 = \frac{0.1000 \times (23.36 - 5.00)}{1.2456 \times (1 - 0.2144)} = 1.88 \text{mmol/kg}$$

**2. 重金属化合物**

随着工业的快速发展，重金属带来的土壤污染问题日益严重。基于此，针对土壤重金属的来源与危害，对近年来广泛使用的土壤样品，常用的重金属含量测定方法主要有：分光光度法、原子吸收光谱法、原子荧光光谱法、电感耦合等离子体质谱法和电感耦合等离子体原子发射光谱法。以下介绍部分典型重金属的测定方法。

1) 铅、镉的测定

铅、镉的测定可采用石墨炉原子吸收法，该技术主要是利用外层电子与物质产生作用，由此产生波长在紫外和可见光之间的共振辐射，根据辐射强度与待分析元素含量的关系进行分析测定的分析方法。原子吸收法在重金属检测方面有着多种应用，它主要有分析方法的检出限低、受到的干扰较少、测试时间短、分析结果准确、应用领域广泛等优点。

采用盐酸-硝酸-氢氟酸-高氯酸全消解的方法，彻底破坏土壤的矿物晶格，使试样中的待测元素全部进入试液。然后，将试液注入石墨炉中，经过预先设定的干燥、灰化、原子化等升温程序使共存基体成分蒸发除去，同时在原子化阶段的高温下铅、镉化合物解离为基态原子蒸气，并对空心阴极灯发射的特征谱线产生选择性吸收。在选择的最佳测定条件下，通过背景扣除，测定试液中铅、镉的吸光度。

2) 砷的测定

砷的测定可采用二乙基二硫代氨基甲酸银分光光度法或硼氢化钾-硝酸银分光光度法。分光光度法是依据朗伯-比尔定律，在一定的波长下，一定浓度的样品溶液的吸光度值与其含量成正比。分光光度计工作原理较为简单，紫外-可见分光光度法价格相对便宜，使用方便，操作简单，深受广大企业和科研院所的欢迎。

二乙基二硫代氨基甲酸银分光光度法首先通过化学氧化分解试样中以各种形式存在的砷，使之转化为可溶态砷离子进入溶液。锌与酸作用，产生新生态氢。在碘化钾和氯化亚锡存在下，使五价砷还原为三价砷，三价砷被新生态氢还原为气态砷化氢(胂)。二乙基二硫代氨基甲酸银分光光度法用二乙基二硫代氨基甲酸银-三乙醇胺的三氯化钾溶液吸收砷化氢，生成红色胶体银，在波长 510nm 处测定吸收液的吸光度。硼氢化钾-硝酸银分光光度法则用硝酸-硝酸银-聚乙烯醇-乙醇溶液为吸收液，银离子被砷化氢还原成单质银，使溶液呈黄色，在波长 400nm 处测量吸光度。

3) 汞的测定

汞的测定采用冷原子吸收分光光度法，因为汞原子对波长为 253.7nm 的紫外光具有强烈吸收作用，汞蒸气浓度与吸光度成正比，通过氧化分解试样中以各种形式存在的汞，使之转化为可溶态汞离子进入溶液，用盐酸羟胺还原过剩的氧化剂，用氯化亚锡将汞离子还原成汞原子，用净化空气作载气将汞原子载入冷原子吸收测汞仪的吸收池进行测定。

4) 铬、铜、锌、镍的测定

铬的测定采用火焰原子吸收分光光度法。首先采用盐酸-硝酸-氢氟酸-高氯酸全分解的方式，破坏土壤矿物晶格，使试样中的待测元素全部进入试液，并且在消解过程中，所有的铬都被氧化成 $Cr_2O_7^{2-}$。然后将消解液喷入富燃性空气-乙炔火焰中。在火焰的高温下，形成铬、铜、锌和镍的基态原子，并分别对铬、铜、锌和镍在空心阴极灯发射的特征谱线 357.9nm、324.8nm、213.8nm 和 232.0nm 处产生选择性吸收。在选择的最佳测定条件下，测定各自的吸光度。

3. 非金属无机化合物

土壤中的非金属无机化合物的监测包括全磷、全硫、全氮、有效硼等指标的测定。

1) 全磷的测定

全磷的测定采用分光光度法。样品在银坩埚中用氢氧化钠高温熔融是分解全磷(或全钾)比较安全和简便的方法，样品经强碱熔融分解后，其中的不溶性磷酸盐转变成可溶性磷酸盐，待测液供测定全磷(或全钾)用。待测液在一定酸度和三价锑离子存在下，其中的磷酸与钼酸铵形成锑磷钼杂合多酸，被抗坏血酸还原为磷钼蓝，使显色速度加快，用分光光度法测定磷含量。

2) 全硫的测定

全硫的测定采用燃烧碘量法和 EDTA 间接滴定法。燃烧碘量法是将土样在 1250℃ 的管式高温电炉通入空气进行燃烧，形成二氧化硫，以稀盐酸溶液吸收生成亚硫酸，用标准碘酸钾溶液滴定。滴定终点是生成的碘分子($I_2$)与指示剂淀粉形成蓝色吸附物质，从而计算得全硫含量。

3) 全氮的测定

全氮的测定采用半微量凯氏法：样品在加速剂的参与下，用浓硫酸消煮时，各种含氮有机化合物，经过复杂的高温分解反应，转化为铵态氮。碱化后蒸馏出来的氨用硼酸吸收，以酸标准溶液滴定，求出土壤全氮含量(不包括全部硝态氮)。对于包括硝态和亚硝态氮的全氮测定则在样品消煮前先用高锰酸钾将样品中的亚硝态氮氧化为硝态氮后，再用还原铁粉使全部硝态氮还原为铵态氮。

4) 有效硼的测定

土样经沸水浸提 5min 后，浸出液中的硼用甲亚胺比色法测定。甲亚胺比色法测硼是在弱酸性水溶液中生成黄色络合物(测定浓度范围在 0～10mg/10mL 符合朗伯-比尔定律，灵敏度为 0.0013mg/cm²），一般显色 1h 后比色，显色稳定时间长达 3h。此法操作简便、结果稳定并适用于自动化分析。

5) 碳酸盐的测定

借助土壤样品与盐酸反应产生二氧化碳气体的原理，由产气体积换算为碳酸钙的质量即为土壤所含碳酸盐相当于碳酸钙的质量。

4. 有机污染物

1) 土壤有机质的测定及碳氮比的计算

土壤有机质测定利用油浴加热消煮的重铬酸钾氧化-外加热法以加速有机质的氧化，使土壤有机质中的碳氧化为二氧化碳，而重铬酸离子被还原为三价铬离子，剩余的重铬酸钾用二价铁的标准溶液滴定，根据有机碳被氧化前后重铬酸离子数量的变化，就可以算出有机碳或有机质的含量。本法采用氧化校正系数 1.1 来计算有机质含量。

$$W_{oc} = \frac{\frac{0.8000 \times 5.0}{V_0} \times (V_0 - V) \times 0.003 \times 1.1}{m_1 \times K_2} \times 1000 \tag{10-18}$$

$$W_{om} = W_{oc} \times 1.724 \tag{10-19}$$

式中：$W_{oc}$ 为有机碳含量，g/kg；$W_{om}$ 为有机质含量，g/kg；0.8000 为重铬酸钾标准溶液的浓度，mol/L；5.0 为重铬酸钾标准溶液的体积，mL；$V_0$ 为空白标定用去硫酸亚铁溶液的体积，mL；$V$ 为滴定土样用去硫酸亚铁溶液的体积，mL；0.003 为 1/4 碳原子的摩尔质量，g/mmol；1.1 为氧化校正系数；1.724 为将有机碳换算成有机质的系数；$m_1$ 为风干土样质量，g；$K_2$ 为将风干土换算到烘干的水分换算系数。

土壤有机质碳氮比的计算：

$$碳氮比 = \frac{土壤有机碳(g/kg)}{土壤全氮(g/kg)} \tag{10-20}$$

2) 土壤腐殖质组成测定

土壤腐殖质由胡敏酸、富里酸和存在于残渣中的胡敏素组成。用 0.1mol/L 焦磷酸钠和 0.1mol/L 氢氧化钠混合溶液提取土壤腐殖酸的方法，用重铬酸钾氧化-外加热法测定。土壤在焦磷酸钠-氢氧化钠($Na_4P_2O_7$-NaOH)混合溶液的强碱和络合剂的双重作用下，能将土壤中游离态和络合态的腐殖酸，形成易溶于碱的腐殖酸钠盐，从而比较完全地将腐殖酸溶解出来，可省去脱钙手续，从溶液中直接测定腐殖质总碳量，并从腐殖酸中分离富里酸后测定胡敏酸碳量，以两项的差值求得富里酸碳量，其残渣中的碳总称为胡敏素碳量，其量按腐殖质全碳量与腐殖酸碳量的差值求得。

3) 有机氯农药六六六和滴滴涕的测定

有机氯农药结构较稳定，生物体内酶难于降解，所以积存在动、植物体内的有机氯农药分子消失缓慢。由于这一特性，它通过生物富集和食物链的作用，环境中的残留农药会进一步得到浓集和扩散。通过食物链进入人体的有机氯农药能在肝、肾、心脏等组织中蓄积，特别是这类农药脂溶性大，所以在体内脂肪中的积储更突出。蓄积的残留农药也能通过母乳排出，或转入卵蛋等组织，影响后代。中国于 20 世纪 60 年代已开始禁止将DDT、六六六用于蔬菜、茶叶、烟草等作物上。但环境中仍有残留，所以应予以重视并监测。

土壤样品中的六六六和滴滴涕农药残留分析采用液相色谱法检测。经有机溶剂提取、经液-液分配及浓硫酸净化或柱层析净化除去干扰物质，用电子捕获检测器(ECD)监测，根据色谱峰的保留时间定性，外标法定量。

## 二、固体废物治理工程中的环境监测

固体废物是指在生产生活和其他人类活动过程中产生的、废弃的固体和半固体的总称。固体废物可分为有毒和无毒的两大类。有毒有害固体废物是指具有毒性、易燃性、腐蚀性、反应性、放射性和传染性的固体、半固体废物，即危险废物。无害的固体废物即通常所指的一般固体废物。由于危险废物具有传染性、放射性等，可能污染一般固体废物，因此除部分可通过稀释降低危害的，可以与一般固体废物混合处理外，其他均需单独处理。

(一) 固体废物的治理工程技术类型和潜在排放污染物

针对固体废物的治理工程所选用的技术类型，及其针对的固体废物类型，在环境标准《固体废物处理处置工程技术导则》(HJ 2035—2013)中已有详细规定，主要分为三类：

1. 生物处理

生物处理适宜处理有机固体废物，如畜禽粪便、污泥等，主要包括好氧堆肥和厌氧消化两种技术类型。其中，常用的好氧堆肥方法主要包括露天条垛型堆肥法、静态强制通风型堆肥法和动态密闭型堆肥法；厌氧消化技术按厌氧消化温度分为常温消化、中温消化和高温消化，按消化固体废物的浓度可分为低固体厌氧消化和高固体厌氧消化。

2. 热处理

热处理技术适宜处理含可燃、有机成分较多、热值较高的固体废物，如城市生活垃圾、农林废物等，主要包括焚烧和热解两种技术类型。焚烧法将一般固体废物在专用设备中高温燃烧，使可燃废物转变为二氧化碳和水等简单无机物，同时彻底杀灭各种病原体。热解法为在无氧或缺氧条件下加热固体废物使其分解，转化为气体燃料、燃油等可储存、易运输的能源，或回收资源性产物(如化工原料)的技术措施。由于热解在无氧或缺氧条件下进行，其排气量小于焚烧法。焚烧法在处置过程中主要产生渗滤液、臭气、残渣、飞灰等次生污染物；热解法除了渗滤液、臭气、残渣这些固废处理中的常见次生污染物，还会产生炭黑和废水等，此外热解法产生的燃油和燃气，如果收集不当，也会引发二次污染。

3. 填埋处置

生活垃圾或是经处理后符合《生活垃圾填埋场污染控制标准》(GB 16889—2008)相关规定的固体废物可以进行填埋处置。填埋处置过程中会产生的二次污染主要来自臭气、渗滤液。

(二) 固体废物样品的采集和制备

固体废物治理工程中的环境监测，首先需针对固体废物本身进行，以满足工程设计阶段的调研需要，其次，还需要针对治理工程实施中易产生的二次污染物进行监测。由于二次污染物主要是大气或水污染物，可依据标准规定，参照第二、三节的内容进行监测。对固体废物本身的监测，可以参照以下内容，准备采样工具，执行采样程序，制备样品，进行检测。

1. 采样工具

常用的采样工具包括：尖头钢锹、钢尖镐(腰斧)、采样铲(采样器)、具盖采样桶或内衬塑料的采样袋。

2. 采样程序

(1) 根据表 10-6 和固体废物批量大小确定应采的份样(由一批废物中的一个点或一个部位，按规定量取出的样品)个数。

表 10-6　批量大小与最小份样数

| 批量大小<br>(单位：液体×$10^3$L，固体 t) | 最少份样数 |
| --- | --- |
| <5 | 5 |
| 5～50 | 10 |
| 50～100 | 15 |
| 100～500 | 20 |
| 500～1000 | 25 |
| 1000～5000 | 30 |
| >5000 | 35 |

(2) 根据表 10-7 和固体废物的最大粒度(95%以上能通过的最小筛孔尺寸)确定份样量。

表 10-7　份样量和采样铲容量

| 最大粒度/mm | 最小份样质量/kg | 采样铲容量/mL |
| --- | --- | --- |
| <10 | 0.5 | 125 |
| 10～20 | 1 | 300 |
| 20～40 | 2 | 800 |
| 40～50 | 3 | 1700 |
| 50～100 | 5 | 7000 |
| 100～150 | 15 | 16000 |
| >150 | 30 | |

(3) 根据采样方法，分为现场采样、运输车及容器采样及废渣堆采样。按各采样方

法要求随机采集份样,组成总样,并认真填写采样记录表。

现场采样:在生产现场采样,首先确定样品的批量,然后按下式计算出采样间隔,进行流动间隔采样。

$$采样间隔 \leqslant 批量(t) / 规定的份样数$$

运输车及容器采样:在运输一批固废时,当车数不多于该批固废规定的份样数时,每车应采份样数按下式计算。

$$每车应采份样数(小数应进一位整数) = 规定份样数/车数$$

在车中采样点应均匀分布在车厢对角线上,端点距车角应大于 0.5m,且表层去掉 30cm。如图 10-12 所示。

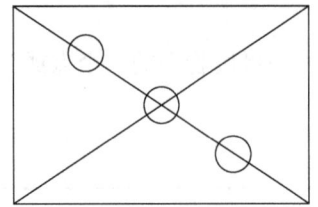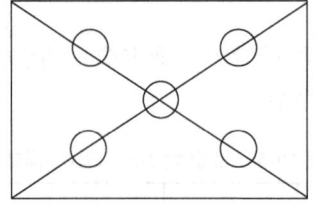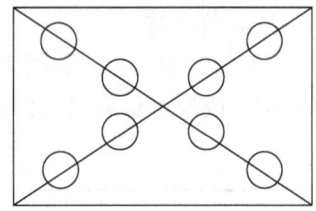

图 10-12　车厢中的采样布点

当车数多于规定份样数时,按表 10-8 选出所需的采样车数,然后从所选车中各随机采集一个份样。

表 10-8　所需最小的采样车数表

| 车数(容器数) | 所需最小的采样车数 |
|---|---|
| <10 | 5 |
| 10~25 | 10 |
| 25~50 | 20 |
| 50~100 | 30 |
| >100 | 50 |

对于一批若干容器盛装的固废,按上表选取最少容器数并且每个容器中均随机采两个样品。

废渣堆采样:在渣堆侧距堆底 0.5m 处画第一条横线,然后每隔 0.5m 画一条横线,再每隔 2m 画一条横线的垂线,其交点作为采样点,按照采样份数确定采样点数,在每点上从 0.5m 到 1.0m 深处各随机采样一份。

3. 样品的制备

1) 制备工具

制备工具包括粉碎机(破碎机)、药碾、钢锤、标准套筛、十字分样板、机械缩分器等。

2) 制备要求

首先在制样全过程中,应防止药品产生任何化学变化和污染以产生误差;若制样过程可能对样品的性质产生显著影响,则应尽量保持原来状态;湿样品应在室温下自然干燥,使其达到适于破碎、筛分、缩分的程度再进行下一步;制备的样品应过 5mm 筛后装瓶备用。

3) 制备程序

制备通常分为粉碎和缩分。

(1) 粉碎:用机械或人工方法把全部样品逐级破碎,通过 5mm 筛孔。注意粉碎过程中,不可随意丢弃难于破碎的粗粒。

(2) 缩分:将样品于清洁、平整不吸水的板面上堆成圆锥形,每铲物料自圆锥顶端落下,使均匀地沿锥尖散落,不可使圆锥中心错位。反复转堆,至少三周,使其充分混合。然后将圆锥顶端轻轻压平,摊开物料后,用十字板自上压下,分成四等份,取两个对角的等份,重复操作数次,直至不少于 1kg 试样为止。

(三) 固体废物有害特性的监测

由上可知,渗滤液和臭气等大气污染物,是固体废物处理处置中普遍产生的次生污染,在固体废物处理处置工程中需对这两类污染配套治理工程,无渗滤液处理配套设施的需设置渗滤液集液井,并进行环境监测。

1. 对固体废物处理工程渗滤液的监测方法

对渗滤液的监测应在工程附属的污废水处理装置或工程的入、排水口处或集液井进行,每日监测 pH、化学需氧量、总氮和氨氮,并每季度监测色度、悬浮物、$BOD_5$、氟化物、硫化物、氰化物、可吸附有机卤素、总有机碳、石油类和动植物油类、粪大肠菌群,以及重金属砷、镉、锌、汞、铅、总铬和六价铬。

此外,还需对固体废物储存或处置场地的地表和地下水水质变化情况进行监测,对地下水和地表水的监测均需测定水质指标 pH、总硬度、溶解性总固体、高锰酸盐指数、氨氮、硝酸盐、亚硝酸盐、硫酸盐、氯化物、挥发性酚类、氰化物、砷、汞、六价铬、铅、氟、镉、铁、锰、铜、锌、粪大肠菌群。

生活垃圾填埋场管理机构对排水井的水质监测频率应不少于每周一次,对污染扩散井和污染监视井的水质监测频率应不少于每两周一次,对本底井的水质监测频率应不少于每个月一次;对地表水水质应每季度监视一次,雨季每次暴雨后及时采样监测。

具体方法分为以下五种:

1) 监测井法

监测井法是各类固体废物填埋场普遍采用的渗滤液监测方法,该方法技术简单、要求较低,但是不能及时发现渗漏,不能判断渗漏点,也很难估测渗滤液的羽流几何形态。该方法为《生活垃圾卫生填埋场环境监测技术要求》(GB/T 18772—2017)中规定的监测方法,应用该方法监测生活垃圾填埋场时,需设置:

(1) 本底井一眼于填埋场地下水流向上游,距填埋场主体边界 30~50m 处。

(2) 排水井一眼,宜设在填埋场地下水主管出口处。

(3) 污染扩散井两眼,分别设在垂直填埋场地下水走向的两侧,距填堆体边界 30~50m 处。

(4) 污染监视井两眼，分别设在填埋场地下水流向下游，距填埋堆体边界 30m 处一眼、50m 处一眼。

(5) 当监视井的位置超出了填埋场的边界时，应将点位调回填埋场边界之内。

如果在边界范围内无法打出有地下水的监测井，需以靠近填埋场最近的水井为监测井。监测频率为每季度一次，且在雨季每次暴雨后，补充监测。

2) 示踪剂法

示踪剂法是将化学示踪剂注入正在运营中的或是已经封场的填埋场内，然后在填埋场外围设置探头，检测示踪剂，从而判断渗漏发生的技术。该技术适用于各种固体废物处理处置，但是该方法也不能判断渗漏点的位置，另外缺少成熟的自动化和分析采集样品的技术。

3) 扩散管法

通过在固体废物储存、填埋的场所下预埋可以透过气体的管路系统，测定渗透液蒸气，进行渗透液监测的方法。优点是自动化程度高，不足在于，对不产生蒸气的渗透液效果不佳。

4) 电极格栅法

与扩散管法类似，通过在固体废物储存、填埋的场所下预埋的网状电传感器格栅，根据渗滤液电传导性较土壤和水更高，通过区域电压变化，可以判断渗漏点的位置、大小和数量。该方法自动化程度很高，但是成本较高，不适于老填埋场的补充建设，也不适合大面积场地的监测，因此更适用于生物处理和热处理的固体废物前期接收、鉴别时的储存场地监控。

5) 地球物理法

由于被渗滤液污染后地下水及其周围的土壤等介质会发生物理化学性质的变化，借助地球物理仪器，可以基于长期测定的结果，分析和研究物理场变化的规律，结合地质、水文资料，可以模拟、推断渗滤液污染的发生和分布，此即地球物理法。地球物理法其实是多种方法的统称，包括电阻率法、探地雷达法、激发极化法、自然电位法等，其中电阻率法是最为常用的。地球物理法可以确定渗滤液的污染发生并找到源头，且无需建设广泛覆盖的电极格栅，因此具有很大的潜力，但是该方法需要在固体废物储存场或填埋场建设前，收集足够的地球物理背景信息，且需对该位点的基础地质、水文资料做详细的调研，要求调研周期较长。

2. 大气污染物的监测

固体废物处理处置设施或工程，应根据具体情况适时进行场界恶臭等大气污染物监测。具体又分为安全性监测和成分监测，安全性监测需每天进行，需监测空气中甲烷体积分数。成分监测采样频次为每月一次，检测臭气浓度、甲烷、总悬浮颗粒物、氨、氮氧化物及硫化氢、甲硫醇、甲硫醚、二甲二硫和二氧化硫等硫化物。

1) 填埋气体安全性监测

其采样点应设置在以下地点：

(1) 填埋工作面上 2m 以下高度范围内，根据工作面大小设置 1~3 点，点间距宜为 25~30m；

(2) 填埋气体导气管排放口；

(3) 场内填埋气体易于聚集的建(构)筑物内顶部。

2) 填埋气体成分监测

当采用开放式填埋气体导排管时，应在导排管内下方距管口 0.5m 处设置采样点，采气期间，应尽量避免管口外环境空气进入采集的样品中；当采用密闭式填埋气体收集管时，应在填埋气集中收集系统末端布设采样孔。采集使用的容器和气体量应符合相应检测方法的要求。

具体的监测点布置宜按照几何图形布点法进行：

(1) 网格布点法。这种布点法是将监测区域地面划分成若干均匀网状方格，采样点设在两条直线的交点处或方格中心(图 10-13)。每个方格为正方形，可从地图上均匀描绘，方格实地面积视所测区域大小、污染源强度、人口分布、监测目的和监测力量而定，一般是 $1 \sim 9 km^2$ 布一个点。若主导风向明确，下风向设点应多一些，一般约占采样点总数的 60%。这种布点方法适用于有多个污染源，且污染源分布比较均匀的情况。

(2) 同心圆布点法。此种布点方法主要用于多个污染源构成的污染群，或污染集中的地区。布点是以污染源为中心画出同心圆，半径视具体情况而定，再从同心圆画 45°夹角的射线若干，放射线与同心圆圆周的交点即采样点(图 10-14)。

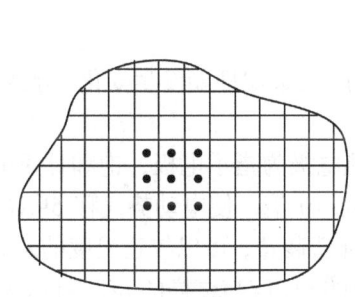

图 10-13 网格布点法

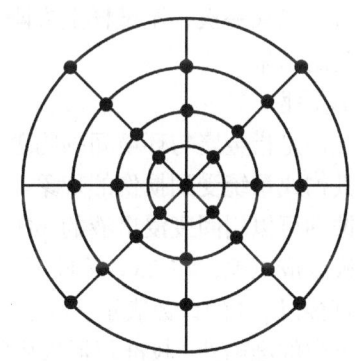

图 10-14 同心圆布点法

(3) 扇形布点法：此种方法适用于主导风向明显的地区，或孤立的高架点源。以点源为顶点，主导风向为轴线，在下风向地面上划出一个扇形区域作为布点范围(图 10-15)。扇形角度一般为 45°～90°。采样点设在距点源不同距离的若干弧线上，相邻两点与顶点连线的夹角一般取 10°～20°。

以上几种采样布点方法，可以单独使用，也可以综合使用，目的就是有代表性地反映污染物浓度，为大气监测提供可靠的样品。在实际工作中因地制宜，使采样点布置完善合理，往往采用一种方法为主，其余方法为辅的策略。

3. 危险废物的特殊监测

除一般固体废物外，针对有毒有害的危险废

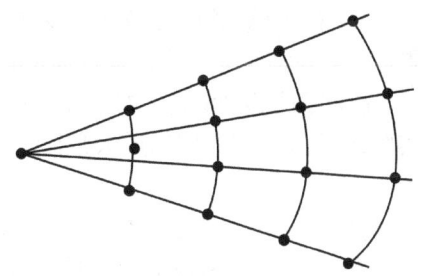

图 10-15 扇形布点法

物，还应增加急性毒性、易燃性、腐蚀性、反应性和浸出毒性的监测。

1) 急性毒性

急性毒性是指机体(人或实验动物)一次(或 24h 内多次)接触外来化合物之后所引起的中毒效应，甚至引起死亡。

(1) 浸出液制备：将 100g 样品常温浸于 100mL 水中 24h 以制备浸出液。

(2) 白鼠试毒：以小鼠不超过 0.4mL/20g(体重)、大鼠不超过 1.0mL/100g(体重)的灌胃量用浸出液对 10 只小鼠(或大鼠)灌胃。

(3) 结果判定：对灌胃后的小鼠(或大鼠)进行中毒症状的观察，记录 48h 内实验动物的死亡数，根据实验结果，对该废物的综合毒性作出初步评价，如出现半数以上的小鼠(或大鼠)死亡，则可判定该废物是具有急性毒性的危险废物。

2) 易燃性

鉴别易燃性需测定闪点，闪点是指在规定条件下，试样被加热到它的蒸气与空气混合气接触火焰时，能产生闪燃的最低温度。闪点较低的液态状废物和燃烧剧烈而持续的非液态状废物，由于摩擦、吸湿、点燃等自发的化学变化会发热、着火，或可能由于它的燃烧引起对人体或环境的危害。闪点有开杯和闭杯两种值，一般手册中的开杯值用℃标注，未标注的是闭杯值。其测定步骤是按标准要求加热试样至一定温度，停止搅拌，每升高 1℃点火一次，至试样上方刚出现蓝色火焰时，立即读出温度计上的温度值，该值即为测定结果。

3) 腐蚀性

腐蚀性是指金属与环境间的物理和化学相互作用，使金属性能发生变化，导致金属、环境及其构成系统受到损伤的现象。

腐蚀性可以用固废浸出液的 pH 来表示。用玻璃电极为指示电极，饱和甘汞电极为参比电极组成电池，在 25℃条件下，氢离子活度变化 10 倍，使电动势偏移 59.16mV，仪器上直接以 pH 的计数表示，许多 pH 计上有温度补偿装置，可以校正温度的差异，为了提高测定的准确性，校准仪器选用的标准缓冲溶液的 pH 应与试样的 pH 接近。用玻璃电极 pH 计测定固废的浸出液 pH，若其值小于等于 2 或大于等于 12.5 则认为这种固废具腐蚀性。

4) 反应性

反应性是指在常温、常压下不稳定或在外界条件发生变化时发生剧烈变化，以致产生爆炸或放出有毒有害气体。

(1) 撞击感度测定：如果在六次实验中至少出现一次"爆炸"的最低撞击能是 2J 或更低，实验结果为"+"，即物质太危险，不能以其进行实验的形式运输，反之则为"−"。

(2) 摩擦感度测定：如果在六次实验中出现一次"爆炸"的最低摩擦荷重小于 80N，实验结果为"+"，即物质太危险，不能以其进行实验的形式运输。否则，实验结果即为"−"。

(3) 火焰感度测定：在火焰(或火花、火星)作用下，火炸药发生燃烧、爆炸的难易程度，是热感度的一种标志。以导火索或黑火药药柱燃烧产生的火星或火焰，作用位于不同距离的火炸药试样上，观察其是否被引燃，采用 50%发火率的距离或上下限(100%发火的最大距离为上限，100%不发火的最小距离为下限)表示火焰感度。

5) 浸出毒性

浸出毒性是指固体废物受到水的冲淋、浸泡，其中有害成分将会转移到水相而污染地面水、地下水，导致二次污染。对于固废浸出液，我国规定的分析项目有：汞、镉、砷、铬、铜、锌、镍、锑、铍、氟化物、氰化物、硫化物、硝基苯类化合物。取 100g 样品于 2L 具盖广口聚乙烯瓶，加 1L 水，pH 为 5.8～6.3。室温下振荡 8h，静止 16h，以 (110±10)次/min 的振频、40mm 振幅振荡，浸出液通过 0.45μm 滤膜过滤，测定滤液中污染物浓度。

浸出液按各分析项目要求进行保护，于合适条件下储存备用。每种样品做两个平行浸出实验，每瓶浸出液对欲测项目平行测定两次，取算术平均值报告结果。

在实验报告中，应该包括被测样品的名称、来源、采样时间、样品粒度级配情况、实验过程的异常情况、浸出液的 pH、颜色、乳化和相分层情况；实验过程的环境温度及其波动范围、条件改变及其原因。

## 第五节　物理性污染监测

在环境工程中，还不可避免地会产生噪声、振动等物理性污染，在涉及水、大气、固体废物等治理工程的国家标准中对此类污染也有限值要求，因此在工程现场也需要加以监测；同时，针对放射性污染源的环境工程还会涉及放射性污染的控制和监测。

### 一、噪声污染监测

(一) 噪声监测

1. 噪声测量仪器

噪声测量仪器主要分为两大类，分别是声级计和频谱分析仪。

1) 声级计

声级计按用途可分为一般声级计、脉冲声级计和积分声级计(噪声暴露计或噪声剂量计)。按准确度可分为四种类型，即 0 型、1 型、2 型和 3 型。0 型声级计的准确度是±0.4dB，是实验室标准声级计；1 型声级计的准确度是±0.7dB，一般在实验室或声学条件可以严格控制的现场使用；2 型声级计的准确度是±1dB，适用于一般现场噪声测量；3 型声级计的准确度是±1.5dB，一般用于现场噪声的普查。实际运用时根据要求选择。

声级计由传声器、电压放大器(或衰减器)、频率计权网络(或滤波器)、有效值检波器和指示器等组成。传声器是一种换能器，它把所测的噪声信号变成电信号。电压放大器或衰减器对由传声器传来的电信号进行适当的放大或衰减，信号经过频率计权网络(或滤波器)和有效值检波器进入指示器显示出数据。声级计给出的数据就是所测的噪声在一定条件下的声级值。

声级计一般都具有 A、B、C 的频率计权特性和"S"(慢)、"F"(快)的时间特性。有的声级计还有"I"(脉冲)的时间特性。有的还有 D 频率计权特性，它是为了测量飞机噪声而设置的，测的声级称为 D 声级。A、B、C、D 的频率计权特性是模拟人的听觉特性，并通过由电阻和电容组成、具有特定频响特性的滤波器的计权网络标准化。

2) 频谱分析仪

频谱分析仪是工程上常用的一种分析器，其各常用频带的中心频率为 31.5Hz、63Hz、125Hz、250Hz、500Hz、1000Hz、2000Hz、4000Hz、8000Hz 等。一般是由带通滤波器和声级计组成。滤波器的通带宽度决定频谱分析仪的类型。常用的频谱分析仪有倍频带分析仪、窄带分析仪和恒定带宽分析仪。

对噪声信号进行频谱分析可以获得更多有用信息，如求得动态信号中的各个频率成分和频率分布范围，求出各个频率成分的幅值分布和能量分布，从而得到主要幅度和能量分布的频率值。

2. 噪声测量时的环境要求

1) 天气条件

天气条件应代表测量噪声暴露时的状况。测量时一般应选在无雨雪和雷电时(特殊情况除外)，道路或轨道表面应干燥，地面没有冰雪覆盖，而且应当既没有冻结也没有过多的积水，除非要专门研究这种条件。

测量时候的声压级会随着天气条件而变化，对于软地面来说，当下式成立时，这种变化不大：

$$\frac{h_s + h_r}{r} \geq 0.1 \tag{10-21}$$

式中：$h_s$ 为声源高度；$h_r$ 为接收者高度；$r$ 为声源与接收者间的距离。

如果地面是硬表面，可允许声源与接收者间较大的测量距离。声源上风方向的测量不确定度较大时通常不适合做短期环境噪声的测量。

2) 风速条件

室外测量时声级计应加风罩以避免风噪声干扰，同时也可保持传声器清洁。四级(蒲福风级中的风速在 5.5~7.9m/s 的风，又称和风)及以上的大风应停止测量。

3. 测量方法

实际噪声测量过程中为了选择合适的观察和测量时间段，就可能需要在相对长的时间周期内进行调查测量。

1) 测量时间间隔选择

不同城市和不同监测项目有不同的采样频次，具体如表 10-9 所示。

表 10-9 环境噪声监测项目与频次

| 监测项目 | 113 个重点城市 | 其他城市 | 备注 |
| --- | --- | --- | --- |
| 城市功能区噪声 | 每月一次 | 每季一次 | 在线连续监测 |
| 城市道路交通噪声 | 每年四次 | 每年两次 | |
| 城市区域环境噪声 | 每年两次 | 每年一次 | 春、秋季为宜 |

选定的测量时间段要覆盖噪声发射及传播的所有重要变化。如果噪声呈现周期性，

测量时间段至少应包含三个整周期，若在一个周期内不能进行连续测量，则至少要选择能够代表该周期一部分的测量时间段，这样联合起来就能够代表整个周期。当测量单一事件噪声时(如飞机在飞跃期间噪声的突然变化)，选择的测量时间段应保证能够进行单一事件暴露声级 $L_E$ 的测定。

2) 测量点位选择

在某个区域选择的网格点密度取决于相关研究要求的空间分辨率和噪声声压级的空间变化。这种变化在声源和大型障碍物附近最强烈，因此网格点密度在这些地方应更高。通常在两个相邻网格点间的声压级差不应大于 5dB，如声级差明显较大，应在中间加网格点。

运用具有自动采样功能的环境噪声自动监测仪器、积分声级计、噪声数据采集器等设备，按网格布点法进行区域环境噪声监测，按路段布点法进行道路交通噪声监测，按分期定点连续监测法进行功能区噪声监测。在大型国际空港建立航空噪声自动监控系统，在穿越大型城市的铁路枢纽站、场建立铁路噪声自动监测系统。在全国建成功能完善的城市环境噪声监测网络和重点交通源的自动监测网络系统。

(1) 城市功能区噪声：自动监测。用能量平均法计算每小时、昼间、夜间等效声级和昼夜平均等效声级。

(2) 城市道路交通噪声：人工采样，数据自动处理。用长度加权法计算每条道路及全市道路交通平均等效声级。

(3) 城市区域环境噪声：人工采样，数据自动处理。用面积加权法计算某区域或全市区域环境噪声平均等效声级。

(二) 振动监测

1. 环境振动测量仪器

环境振动仪器一般由拾振器、放大器和衰减器、频率计权、检波-平均、指示器等部分组成。拾振器用来将振动信号变换成与振动加速度成正比的电信号；放大器和衰减器用来将微弱的电信号进行放大，而当输入电信号较大(高振级)时又要将其进行衰减以扩大测量范围，通常测量范围为 60~140dB；频率计权网络用以测量全身垂向 $Z$ 振级，但仪器中往往也包含有水平频率计权网络以测量全身水平 $X$-$Y$ 振级，使用平直频率响应测量振动加速度级；频率限止电路使振级测量的频率范围限制在 1~80Hz，其余信号均被衰减以保证测量结果不受其他频率信号的干扰和影响；检波-平均用来对放大后的交流信号进行检波；指示器用来指示被测环境振级值(dB)。

2. 监测布点

区域敏感点环境振动监测主要包括稳态振动、冲击振动、无规振动和混合振动，测点设在各类区域建筑物室外 0.5m 以内振动敏感处，必要时测点置于建筑物室内地面中央。

厂界、施工厂界和交通振动引起的区域敏感点环境振动监测，测点设在影响区域敏感点的建筑物室外 0.5m 以内，必要时测点置于建筑物室内地面中央。

铁路、城市轨道交通等交通干线两侧区域敏感点环境振动监测，测点设置在交通干线两侧距轨道外轨 30m 以外的居民住宅外 0.5m 以内，必要时测点置于建筑物室内地面中央；对于 2h 内列车次数不足十次的，敏感点环境振动测点设在距离轨道外轨最近的居民住宅外 0.5m 以内，必要时测点置于建筑物室内地面中央。

3. 测量条件

测量时应满足以下条件：

(1) 测量过程中振动源应当处于正常工作状态。

(2) 拾振器应确保平稳地安放在平坦、坚实的地面上，避免置于如地毯、草地、砂地或雪地等松软的地面上。拾振器的灵敏度主轴方向应保持铅垂方向。

(3) 测量应在无雨雪、无雷电的天气环境下进行。

(4) 测量过程中应避免足以影响环境振动测量值的其他环境因素，如剧烈的温度梯度变化、强电磁场、强风、地震或其他非振动源引起的干扰。

(5) 测量过程中保证仪器电压稳定。

4. 测量时间及频次

区域环境振动监测分为昼间和夜间两个时段。昼间指一天内 6:00 至 22:00 之间的时段，夜间是指第一天 22:00 至次日 6:00 之间的时段，不同地方政府可按需要调整这一划分规定，因地制宜。

24h 监测时，在规定的测量时间内，每 1h 取一段时间，在此时间内每次每个测点测量不小于 10min 的铅垂向 $Z$ 振级($VL_z$)。测量时段可以任意选择，但两次监测的时间间隔应为 1h。

以 1 次测量结果表示该区域某时段的振动，应根据实际情况，选择恰当的时间，要求在该时间内所得测量结果 $VL_z$ 值与整个时段的平均 $VL_z$ 值的偏差最小。在此时间内每个测点测量不小于 10min 的铅垂向 $Z$ 振级($VL_z$)。

以测量数据的等效连续铅垂向 $Z$ 振级($VL_{zeq}$)作为评价值，代表该小时的振动分布情况。

## 二、放射性污染监测

辐射环境监测即在辐射源所在场所的边界以外环境中进行辐射监测。

辐射环境监测的目的是累积环境辐射水平数据；总结环境辐射水平变化规律；判断环境中放射性污染及其来源；报告辐射环境质量状况。其对象具体包括：①陆地 $\gamma$ 辐射剂量；②空气中微粒态固体或液体中的放射性核素浓度，自然降落于地面上的尘埃、降水(雨、雪)中的放射性核素含量，氚化水蒸气中氚的浓度；③江、河、湖泊、水库、地下水、自来水、井水、其他饮用水和海水中的放射性核素浓度；④江、河、湖泊、水库及近海沉积物中放射性核素含量；⑤土壤中放射性核素含量；⑥陆生生物和水生生物中的放射性核素含量。

(一) 样品的采集与预处理

样品的采集应遵从如下原则：

(1) 从采样点的布设到样品分析前的全过程都必须在严格的质控措施下进行。

(2) 采集代表性样品与选用分析方法同等重要，必须予以足够的重视。

(3) 根据监测的目的和现场具体情况确定监测项目、采样容器、设备、方法、方案、采样点的布置和采样量。采样量除保证分析测定用量外，应留有足够余量以备复查。

(4) 采样器使用前必须符合国家技术标准的规定，使用前须经检验，保证采样器和样品容器的清洁，防止交叉污染。

1. 空气样品的采集

使用空气采样器采集气溶胶样品，采样器一般由滤膜(纸)夹具、流量调节装置和抽气泵等三部分组成。应根据监测工作的实际需要，确定采样流量，选择表面收集特性和过滤效率较好的过滤材料。确认采样器性能良好后方可进行采样。

采用不锈钢盘(接受面积 $0.25m^2$，盘深 30cm)采集沉降物：其中湿法采样是将蒸馏水注入采样盘使水深保持在 1~2cm，收集样品时，将采样盘中采集的沉降物和水一并收入塑料或玻璃容器中封存；干法采样是在采样盘内表面底部涂一层薄硅油(或甘油)，用以黏结沉降物。

采用降水采集装备采集降水，储水瓶每日定时更换，采集好的样品充分搅拌后量出总量。采集的雪样要移至室外自然融化。

2. 水样的采集

用自动采水器或塑料桶采集地表水、饮用水、地下水和海水，但分析 $^3H$ 的样品不可用塑料桶采集。底泥用专用采泥器采集，浅水处可用塑料勺直接采集，采集的底泥置于塑料广口瓶中，或装在食品袋内再置于同样大小的布袋中。

3. 土壤的采集

用土壤采集器或采样铲采集土壤样品，在相对开阔的未耕区采取垂直深 10cm 的表层土，一般在 10m×10m 范围内采用梅花形布点或根据地形采用蛇形布点进行采样。现场混合除去杂物后，取 2~3kg 样品装在双层塑料袋内密封，再置于同样大小的布袋中保存。

4. 生物样品的采集

直接采集或购买确知捕捞点的生物体。

样品运输前认真填写送样单，并附上采样现场记录，对照送样单和样品卡认真清点样品，检查样品包装是否符合要求，运输中的样品要有专人负责，以防破损和洒漏，发现问题及时采取措施，确保安全送至实验室。

对样品的预处理包括：①水样运到实验室后，对要求分析的澄清水样通过过滤或静置使悬浮物下沉后，取上清液。②土壤及底泥样品运至实验室，立即去除砂石、杂草等异物，称量。置于搪瓷盘中摊开晾干，碾碎过 120 目筛，105℃恒温干燥至恒量，计算样品失水量，于已编号的广口瓶中密封保存、备用。③生物样品中的谷类蔬菜类取可食用部分用水冲洗，晾干或擦干表面洗涤水，称鲜重；鱼类用水洗净擦干去鳞去内脏称量；贝类在原水内浸泡使其吐出泥沙取可食部分称量；藻类洗净根部，晒干表面水，取可食部分称量。把叶菜、根菜、果实、鱼肉和贝肉等切成碎片放入搪瓷盘内摊开于 105℃烘至恒量，计算样品失水量，密封保存。对于牛羊奶定量移入蒸发皿，缓慢加热蒸发至干。④气溶胶样品根据滤膜大小、材质，结合待测项目要求选择合理的处理方式，一般能用于直接测量可不必经预处理；对于纤维素滤膜可结合待测项目要求选择合适的温度进行炭化、灰化处理；对于玻璃纤维滤膜可结合待测项目要求选择合适的溶剂进行提取处理。⑤沉降物用干洁的镊子除去异物，并用去离子水将附着在异物上的细小尘埃冲洗下来，合并冲洗液于样品中，弃去异物。将样品溶液与尘粒全部定量转入500mL烧杯中在电热板上蒸发浓缩至50mL再转入已于105℃烘至恒量的瓷坩埚中，在电热板上加热蒸发至干，于105℃烘至恒量。

**(二) 放射性检测方法**

在选择测量分析方法时，凡是有国家标准的一律使用国家标准，没有国家标准的优先使用行业标准，选用其他方法需报国家环境保护总局批准，具体监测项目、对象及其所用方法如表10-10所示。

表10-10 辐射环境监测标准分析方法

| 序号 | 监测项目 | 监测对象 | 标准编号 | 标准名称 |
|---|---|---|---|---|
| 1 | γ辐射空气吸收剂量率 | 地表 | GB/T 14583—1993 | 环境地表γ辐射剂量率测定规范 |
| 2 | 表面污染 | 污染表面 | GB/T 14056.1—2008 | 表面污染测定 第1部分：β发射体($E\beta max>0.15$ MeV)和α发射体 |
| | | | GB/T 14056.2—2011 | 表面污染测定 第2部分：氚表面污染 |
| 3 | 氡 | 空气 | GB/T 14582—1993 | 环境空气中氡的标准测量方法 |
| 4 | 氚 | 水 | GB/T 12375—1990 | 水中氚的分析方法 |
| 5 | 钾-40 | 水 | GB/T 11338—1989 | 水中钾-40的分析方法 |
| 6 | 钴-60 | 水 | GB/T 15221—1994 | 水中钴-60的分析方法 |
| 7 | 镍-63 | 水 | GB/T 14502—1993 | 水中镍-63的分析方法 |
| 8 | 锶-90 | 水 | GB/T 6764—1986 | 水中锶-90放射化学分析方法发烟硝酸沉淀法 |
| | | | GB/T 6765—1986 | 水中锶-90放射化学分析方法离子交换法 |
| | | | GB/T 6766—1986 | 水中锶-90放射化学分析方法二-(2-乙基己基)磷酸萃取色层法 |
| | | 生物 | GB/T 11222.1—1989 | 生物样品灰中锶-90的放射化学分析方法 二-(2-乙基己基)磷酸酯萃取色层法 |
| 9 | 碘-131 | 空气 | GB/T 14584—1993 | 空气中碘-131的取样与测定 |
| | | 水 | GB/T 13272—1991 | 水中碘-131的分析方法 |
| | | 生物 | GB/T 13273—1991 | 植物、动物甲状腺中碘-131的分析方法 |
| | | 牛奶 | GB/T 14674—1993 | 牛奶中碘-131的分析方法 |
| 10 | 铯-137 | 水 | GB/T 6767—1986 | 水中铯-137放射化学分析方法 |
| | | 生物 | GB/T 11221—1989 | 生物样品灰分中铯-137的放射化学分析方法 |

续表

| 序号 | 监测项目 | 监测对象 | 标准编号 | 标准名称 |
|---|---|---|---|---|
| 11 | 钋-210 | 水 | GB/T 12376—1990 | 水中钋-210 的分析方法 电镀制样法 |
| 12 | 铀 | 水 | GB/T 6768—1986 | 水中微量铀分析方法 |
| | | 土壤 | HJ 840—2017 | 环境样品中微量铀的分析方法 |
| | | 生物 | GB/T 11223.1—1989 | 生物样品灰中铀的测定 固体荧光法 |
| | | | GB/T 12378.2—1989 | 生物样品灰中铀的测定 激光液体荧光法 |
| | | 空气 | GB/T 12377—1990 | 空气中微量铀的分析方法 激光荧光法 |
| | | | GB/T 12378—1990 | 空气中微量铀的分析方法 TBP 萃取荧光法 |
| 13 | 钍 | 水 | GB/T 11224—1989 | 水中钍的分析方法 |
| 14 | 镭-226 | 水 | GB/T 11214—1989 | 水中镭-226 的分析测定 |
| 15 | 钚 | 水 | GB/T 11219—1989 | 水中钚的分析方法 |
| | | 土壤 | GB/T 11219.1—1989 | 土壤中钚的测定 萃取色层法 |
| | | | GB/T 11219.2—1989 | 土壤中钚的测定 离子交换法 |
| 16 | γ 核素 | 土壤 | GB/T 11743—2013 | 土壤中放射性核素的 γ 能谱分析方法 |
| | | 生物 | GB/T 16145—1995 | 生物样品中放射性核素的 γ 能谱分析方法 |

## 第六节 环境监测管理和实验室质量保证

环境监测对象成分复杂，时间、空间量级上分布广泛，且随机多变，不易准确测量。特别是在区域性、国际大规模的环境调查中，常需要在同一时间内，由许多实验室同时参加、同步测定。这就要求各个实验室从采样到结果所提供的数据有规定的准确性和可比性，以便作出正确的结论。如果没有一个科学的环境监测质量保证程序，由于人员的技术水平、仪器设备、地域等差异，难免出现调查资料互相矛盾、数据不能利用的现象，造成大量人力、物力和财力的浪费。

### 一、环境监测管理

#### (一) 环境监测管理的内容

环境监测质量保证是环境监测中十分重要的技术工作和管理工作。质量保证和质量控制，是一种保证监测数据准确可靠的方法，也是科学管理实验室和监测系统的有效措施，它可以保证数据质量，使环境监测建立在可靠的基础之上。环境监测质量保证是整个监测过程的全面质量管理，包括制订计划；根据需要和可能确定监测指标及数据的质量要求；规定相应的分析监测系统。其内容包括采样、样品预处理、储存、运输、实验室供应，仪器设备、器皿的选择和校准，试剂、溶剂和基准物质的选用，统一测量方法，质量控制程序，数据的记录和整理，各类人员的要求和技术培训，实验室的清洁度和安全，以及编写有关的文件、指南和手册等。

环境监测质量控制是环境监测质量保证的一个部分，它包括实验室内部质量控制和外部质量控制两个部分。实验室内部质量控制，是实验室自我控制质量的常规程序，它能反映分析质量稳定性如何，以便及时发现分析中异常情况，随时采取相应的校正措施。其内容包括空白实验、校准曲线核查、仪器设备的定期标定、平行样分析、加标样分析、密码样品分析和编制质量控制图等；外部质量控制通常是由常规监测以外的中心监测站或其他有经验人员来执行，以便对数据质量进行独立评价，各实验室可以从中发现所存在的系统误差等问题，以便及时校正、提高监测质量。常用的方法有分析标准样品以进行实验室之间的评价和分析测量系统的现场评价等。

(二) 环境监测管理原则

环境监测质量管理的三大主要原则是：实用性原则、经济性原则、代表性原则。

(1) 实用性原则：监测只是手段而非目的；监测数据以实用为主，数据量并非越多越好，质量的优劣更重要；监测技术需要精准、实用、可靠而非单方面先进。

(2) 经济性原则：在满足短期和长期监测要求的前提下，遵循费用-效益分析原则，确定技术路线和采用装备。

(3) 代表性原则：需要保障监测样品的时间、空间尺度的代表性。

(三) 环境监测的质量保证

环境监测的质量保证是指依据实用性原则，对监测全过程进行技术上、管理上的全面监督，以保证监测数据的准确可靠。

环境监测的质量保证的意义在于：从采样到结果所提供的数据有规定的准确度和可比性，以便得出正确的结论。

(四) 实验室认可和计量认证/审查认可

我国的实验室认可体系主要分为三种：实验室认可、计量认证和审查认可。

(1) 实验室认可：实验室认可是指实验室认可机构对实验室有能力进行规定类型的检测和(或)校准所给予的一种正式承认。国家实验室认可是指由政府授权或法律规定的一个权威机构(中国合格评定国家认可委员会，CNAS)，对检测/校准实验室和检查机构有能力完成特定任务作出正式承认的程序，是对检测/校准实验室进行类似于应用在生产和服务的 ISO9001 认证的一种评审，但要求更为严格，属于自愿性认证体系，它由中国实验室国家认可委员会组织进行。通过认可的实验室出具的检测报告可以加盖 CNAS 的印章，所出具的数据国际互认。

(2) 计量认证：为规范质检机构和依照其他法律法规设立的专业检验机构的工作行为，提高检验工作质量，国家计量局于 1987 年发布的《中华人民共和国计量法实施细则》中对检验机构的考核称为计量认证。中国计量认证简称"CMA"，是根据《中华人民共和国计量法》的规定，由省级以上人民政府计量行政部门对检测机构的检测能力及可靠性进行的一种全面的认证及评价。这种认证对象是所有对社会出具公正数据的产品质量监督检验机构及其他各类实验室，如各种产品质量监督检验站、环境检测站、疾病预防控制中心等。

(3) 审查认可：为了有效地对检验机构的工作范围、工作能力、工作质量进行监控和界定，规范检验市场秩序，提出对检验机构进行审查认可的要求，1990年发布的《中华人民共和国标准化法实施条例》中以法规的形式明确了对设立检验机构的规划、审查条款，并将规划、审查工作称为"审查认可(验收)"。

(五) 监测实验室基础实验条件要求

1. 实验用水
(1) 蒸馏水。
(2) 去离子水：用阳离子交换树脂和阴离子交换树脂以一定形式组合进行水处理而得到。
(3) 特殊要求的纯水。

2. 试剂
$10^{-3}$mol/L 溶液可储存一个月以上，$10^{-4}$mol/L 溶液只能储存一周，而 $10^{-5}$mol/L 溶液需要当日配制。

| 一级品 | 保证试剂、优级纯 | 绿色 | R |
| 二级品 | 分析试剂、分析纯 | 绿色 | R |
| 三级品 | 化学纯 | 蓝色 | P |

3. 实验室的环境条件
空气清洁度是根据悬浮固体颗粒物的大小和数量多少分类的。

## 二、实验室质量保证

(一) 数据处理

(1) 修约规则：四舍六入五考虑，五后非零则进一，五后皆零视奇偶，五前为偶应舍去，五前为奇则进一。

(2) 误差：由于被测量的数据形式通常不能以有限位数表示，同时由于认识能力的不足和科学技术水平的限制，测量值与真实值不一致，这种矛盾在数值上的表现即为误差。

(二) 数据质量保证

(1) 准确度：一个特定的分析程序所获得的分析结果(单次测量值和重复测量值的平均值)与假定或公认的真值之间符合程度的量度。

(2) 精密度：用一特定的分析程序在受控条件下重复分析均一样品所得测量值一致

程度。它反映分析方法或测量系统所存在随机误差的大小。

(3) 平行性：在同一实验室中，当分析人员、分析设备和分析时间都相同时，用同一分析方法对同一样品进行双份或多份平行样品测量结果之间的符合程度。

(4) 重复性：在同一实验室中，当分析人员、分析设备和分析时间三因素中至少有一项不相同时，用同一分析方法对同一样品进行的两次或两次以上独立测量结果之间的符合程度。

(5) 再现性：在不同实验室(分析人员、分析设备甚至分析时间都不相同)，用同一分析方法对同一样品进行多次测量结果之间的符合程度。

(6) 灵敏度：该方法对单位浓度或单位含量的待测物质的变化所引起的相应量变化的程度。

(7) 特征浓度：以浓度表示的"1%吸收灵敏度"。

(8) 特征量：以绝对量表示的"1%吸收灵敏度"。

(9) 空白实验：用蒸馏水代替样品的测量。

(10) 校准曲线：描述待测物质的浓度或含量与相应的测量仪器的响应量或其他指示量之间定量关系的曲线。

(11) 检出限：分光光度法中规定已扣除空白值后，吸光度为 0.01 相对应的浓度为检出限。

(12) 比较实验：对同一样品采用不同的分析方法进行测定，比较结果的符合程度来估计测定的准确度。

### (三) 标准分析方法

**标准分析方法**：权威机构对某项分析所做的统一规定的技术准则和各方面共同遵守的技术依据，它必须满足以下条件。

(1) 按照规定的程序编制。

(2) 按照规定的格式编写。

(3) 方法的成熟性得到认定。通过协作实验，确定了方法的误差范围。

(4) 由权威机构审批和发布。

**协作实验**：为了一个特定的目的和按照预定的程序所进行的合作研究活动。

**环境计量**：定量描述环境中有害物质或物理量在不同介质中的分布及浓度的一种计量系统。

**基体效应**：由于基体组成不同，因物理、化学性质差异而给实际测定带来的误差。

**标准物质**：具有一种或数种已被充分确定的性质，这些性质可以用于校准仪器或验证测量方法。

## 思 考 题

1. 请简述针对水体、大气、土壤和固体的采样原则和方法上的异同。
2. 据 2016 年人口普查统计，南京市人口数量为 827 万，建成区面积 1125.78 $km^2$，请为南京市空气质量评价点的布设提供方案,包括布点数量、布点方式、采样频率和采样时间。

3. 某日测得 $SO_2$ 日均浓度为 $0.96mg/m^3$,$NO_2$ 日均浓度为 $0.20mg/m^3$,$PM_{10}$ 日均浓度为 $0.31mg/m^3$,CO 时均浓度为 $23mg/m^3$,$O_3$ 时均浓度为 $0.56mg/m^3$,该日空气质量指数(AQI)是多少?首要污染物是什么?

4. 一批 800t 的固体废物,其最大粒度为 73mm,采用 80 辆运输车进行运输,请制订采样方案。

5. 简要说明生活垃圾和危险固废处置的差异。

6. 阐述垃圾分类的意义及对于推行垃圾分类的可行性方案。

## 参 考 文 献

陈珂, 孔海燕, 张兰真, 等. 2018. 环境噪声监测与评价研究. 中国高新区, (3): 52.

但德忠. 2005. 我国环境监测技术的现状与发展. 中国测试, 31(5): 1-5.

彭刚华, 梁富生, 夏新. 2006. 环境监测质量管理现状及发展对策初探. 中国环境监测, 22(2): 46-49.

齐文启, 孙宗华, 边归国. 2004. 环境监测新技术. 北京: 化学工业出版社.

王瑞谋, 曾庆宇. 2017. 环境空气监测布点方法及优化研究. 大科技, (20): 318-319.

Davis M L, Cornwell D A. 2010. 环境工程导论. 4 版. 王建龙, 译. 北京: 清华大学出版社.

Shannon M A, Bohn P W, Elimelech M, et al. 2008. Science and technology for water purification in the coming decades. Nature, (452): 301-310.

# 第十一章 环境工程智能化概述

**本章导读**

本章主要介绍环境工程智能化在环境监测和水处理领域的应用以及基于物联网的智慧环保的概念、原理和应用实例。本章内容包括：环境质量智能监控和应急处置；水处理系统在线监测与工艺优化；基于物联网的智慧环保。本章的目的是使读者初步了解环境工程智能化和智慧环保的理念、环境质量监测的技术和方法、环境工程智能化的实施方式以及环境工程智能化发展现状和未来的发展趋势。学习本章应注意从宏观上把握环境工程智能化和智慧环保的概念及架构，了解环境工程智能化和智慧环保系统及与之相关的环境技术、计算机技术和物联网技术的原理和特点。

## 第一节 环境质量智能监控和应急处置

### 一、污染物监测系统

对污染物进行检测是控制污染、提高环境质量最基础的环节。对环境中的污染物进行准确的监测，才能及时发现问题，并找到合适的解决方法，避免环境污染事故的发生。

(一) 水环境质量监测

我国的水环境监测网络已经覆盖大部分大江、大河和湖泊，监测手段也已经比较完善。水环境监测网络以辐射的形式展开，其中以水环境监测中心为核心，监测站点为节点，构成了覆盖全国水资源的监测网络，它们组织在一起形成了国家级、省级、地级、县级监测框架，实现了对我国水环境质量的长期系统监测。水环境监测以流域为单元，动态实时监测为主要形式，并以实验室分析为基础，采取定点采样和移动采样的方式，常规与应急监测相结合，形成了系统性的检测机制。

但值得注意的是，目前我国的水环境质量监测仍存在一些问题，如监测项目太少，部分地区监测网络不够完善，数据可靠性偏低以及自动化和智能化水平有待提高等。针对这些问题，科研和工程技术人员需要积极研发先进的监测仪器设备，进行自动化和智能化升级，拓展监测网络的覆盖面，并且加强管理，从而提升我国水环境质量监测的水平。

(二) 大气环境质量监测

近年来，我国空气污染事件给人民生活和生态环境带来了严重的危害，大气污染问题也引起了广泛关注。建立完善的污染物监测网络，开展相关的大气环境质量监测工作是进行进一步研究、分析、解决我国大气环境污染问题的基础。

我国对大气环境质量监测非常重视。2000 年，我国开始对 47 个城市实行环境空气质量日报和预报，截至 2008 年，全国已有 180 个地级城市顺利实现空气质量日报，经由各种媒体向社会发布。《环境空气质量标准》(GB 3095—2012)自 2016 年 1 月 1 日起在全国实施，目前全国已有 496 个国控空气质量监测点位按该空气质量新标准监测并发布信息，在应对重污染天气、保护公众身体健康等方面发挥了重要作用，受到了社会各界的肯定和好评。

虽然我国的大气环境监测能力在最近几年取得了相当迅猛的发展，但是仍然存在一些问题，如监测质量不高，监测网络不健全，在相关质量控制和质量管理的层面之中存在较大的缺陷等。今后应当重点提高监测技术水平、发展大气环境监测质量管理体系和制度，以保证相关监测工作可以全面实现制度化、科学化、标准化以及定量化。

(三) 环境噪声监测

随着工业的发展、城市化进程的加速以及机动车数量的快速增加，噪声污染问题也越来越突出。近年来，随着人们的环保意识的增强，环境噪声污染也成为人们关注的重点问题之一。与水和大气相比，噪声监测的技术及指标体系相对简单，主要难点在于结果的分析评价及质量控制。

我国的环境噪声监测主要存在以下问题：①环境噪声监测设备仪器相对落后；②环境噪声监测点设置不合理；③数据的搜集和分析过程不够合理和规范。这要求相关人员在今后的工作中要积极开发高效、高水准的噪声监测设备，同时引导监测人员端正工作态度，激发工作人员工作积极性，提高环境噪声监测工作的质量和有效性。

## 二、信息采集和传输系统

(一) 环境监测信息的采集

持续采集水环境、大气环境和环境噪声数据是实现环境质量智能监控和处置的必要前提。在整个监测系统中，信息采集部分至关重要，通过数据采集，可以实现环境质量的实时分析和智能预警。数据采集系统的性能直接决定了系统运行的准确性和稳定性。稳定、准确的信息采集系统能够持续地将不同监测点的污染状态进行采集，通过传输系统存储在数据库中，从而实现对被监测点的实时状态进行展示，对历史状态进行系统分析。

在环境信息采集系统中，除环境参数采集终端外，定位系统和电子地图也是重要的组成部分。该部分除提供定位和普通的地图功能外，还提供与各种检测监控点集成的能力,可以利用该功能将数据采集终端放置在需要监测的区域上,实现对该区域内各种参数的实时数据采集和测量。另外,采集系统还可以与一些地图服务商的应用程序接口(API)进行连接,基于 API 开发的环境信息采集系统不需要用户单独购买地理信息系统(GIS)相关基础软件,也不需要用户维护地理信息系统服务器,这可以降低开发和维护的成本。此外,电子地图还可以将动态或静态地理信息和监测数据融合,极大地方便了管理者的操作和管理,提高了系统的智能化程度。

(二)环境监测数据的传输

数据采集完成后,多种接入方式可以支持环境监测和信息采集系统通过有线或无线方式上传数据至服务器,一般采用客户机/服务器(C/S)模式,监测系统中的软件与平台服务器程序直接相连。该模式利于系统的安全性,具有较强的数据处理能力。数据分析应用系统采用浏览器/服务器(B/S) 模式。B/S 模式由浏览器(客户端)、Web 服务器和数据库服务器组成,用户通过浏览器访问平台数据,不需安装其他软件。B/S 模式中,数据应用系统大部分核心功能在服务器端实现,少量业务逻辑在浏览器实现,由于管理集中,系统的开发、维护和使用都比较简便。

为贯彻《中华人民共和国环境保护法》、《中华人民共和国大气污染防治法》、《中华人民共和国水污染防治法》和《中华人民共和国环境噪声污染防治法》,规范和指导环境监测信息传输工作,生态环境部发布了《环境监测信息传输技术规定》,其规定了环境监测信息的传输模式、传输流程,传输的数据格式和代码定义。

## 三、用于存储环境信息的云数据中心

(一)云数据中心的体系和功能

随着"云计算"等概念的提出,新一代信息技术正在为环境领域展开新的篇章,在环境管理中的深入应用也已经是时代所需。而且,环境管理信息化离不开数据共享服务。数据共享服务包括环境空间数据共享服务平台和云计算环境数据中心两个部分,可为各级环保系统提供数据服务。其中,环境空间数据服务共享平台负责对空间数据的存储管理,包括所有的地图数据、图层数据、遥感数据等,对外提供 GIS 服务以及基本的空间分析能力;云计算环境数据中心负责存储所有的环保业务数据,包括污染源数据、环境质量数据、应急管理数据、生态环境数据、环境元数据等,对外提供环境数据服务。

借助云计算技术,建设低耗能、高效率的数据中心,实现传统数据中心的云化,这是未来智慧环保的一个发展方向。基于大数据、云计算等技术建立的环境云数据中心是智慧环保核心。由于传统数据中心基于"烟囱式"的构建部署方式,业务系统独立规划、独立建设,各个业务系统形成一个个的"信息孤岛",横向信息沟通复杂,导致其效率低、运行复杂,且不利于管理维护,资源利用率低下,通常只有 10%~20%。随着环境信息量的超速增长,传统数据中心已不能满足如今全方位的需求。

而以"云计算"构建的数据中心是所有环保信息化业务应用的基础,包括计算资源中心和数据资源中心两个部分,计算资源中心采用虚拟化技术建设,通过建立环保行业云以基础设施即服务(IaaS)的方式为智慧环保各系统提供虚拟化计算资源,从而实现计算资源的合理利用分配及调度,降低各子系统的建设和维护成本,很好地解决了下级部门信息化能力不足的问题;数据资源中心集成整合各类环境数据,包括污染源在线监控、工况监测、水环境质量、空气环境质量、噪声自动监测、总量控制、应急管理、办公自动化等环境管理数据。针对各种业务应用系统,划分不同的数据存储区域形成元数据库,形成污染源一源一档、环境质量一点一档、应急、政务、信息分类与标准代码等基础数据库,并根据环保业务管理需求,形成环境质量、污染源等主题数据库,各系统数据是相对独立非全局化的数据,数据资源中心把所必需的各业务系统数据信息按标准化规则经过清洗、过滤、加工后统一汇集并建立业务逻辑关系,从而形成标准化的全局数据,数据统一存储、共享,以平台即服务(PaaS)的方式提供云服务,作为所有子系统的公共资源。

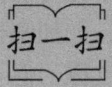 "云计算"在环境监测中的应用

### (二) 环境云平台和环境云数据交换与共享平台

就"智慧环保"本身而言,如果仅仅是借助物联网技术,把各种环境监控对象中的传感器和监测设备连接起来组成环保物联网,而不能将监测设备生成的海量数据有效地利用起来,则很难实现真正意义上的人类社会与环境系统的整合,也难以更加精细和动态的方式实现环境管理和决策的"智慧"。另外,各级地市产业结构的不同,不可避免地产生了环境管理的个性化差异,这也间接造成了"重复性建设"和"信息共享难"等问题。

近年来,随着信息技术的发展以及环境信息化建设的实践,"云"技术的应用越来越广泛,面向各级环境管理部门的环境云平台建设思路逐渐清晰,将云技术及其他先进信息技术充分融入环境综合管理应用中去,可以有效解决上述智慧环保工作中的问题。

环境云平台通常是由公有云和私有云共同组成的混合云应用。公有云一般由第三方云服务提供商拥有和运营,公有云的资源和服务通过互联网提供。私有云一般是由专供一个地域、企业或组织使用的云计算资源构成。

以福建省的环境云平台为例,环境管理公有云实现统一的环境管理规范,满足数据的互联互通、业务的多级协同及科学决策的要求。符合国家级和福建省省级管理要求的各类环保业务、算法、知识等应用统一集中部署。而各级地市不需要再单独架设硬件、网络,安装系统软件以及应用系统软件等。环境管理公有云可以大大提升硬件的利用率,解决海量环境管理数据的存储及规范化问题,并且大幅度提升环保管理工作中人与人之间的沟通效率。

环境管理私有云的组成类似于公有云,但云基础设施与软硬件资源搭建在本单位的

防火墙内,以实现为本级或上、下级单位提供信息化的服务。公有云和私有云各自独立而又相互结合的应用模式,不仅能够全面地满足各级环境主管部门的管理需要,同时也分别对通用及个性化的环境管理数据形成了有效的积累,通过数据交换即可与互联网和其他网络共享数据,进而形成云服务,对社会实现政务公开、公众参与等,对其他部门满足数据上报、监督管理等的要求。

### (三) 云数据中心的权限及安全问题

随着云计算的大量应用,云数据中心的安全问题也日益突出。云计算特有的数据和服务外包、虚拟化、多租户和跨域共享等特点,带来了前所未有的安全挑战。由于云计算环境下的数据对网络和服务器的依赖,因此隐私问题,尤其是服务器端隐私的问题,比网络环境下更加突出。用户对云计算的安全性和隐私保密性存在质疑,数据无法安全方便地转移到云计算环境等一系列问题,都是云计算中心必须面对和解决的安全课题。实际上,对于云计算的安全保护,通过单一的手段是远远不够的,需要有一个完备的体系,涉及多个层面,需要从法律、技术和监管三个层面进行。传统安全技术,如加密机制、安全认证机制、访问控制策略通过集成创新,可以为隐私安全提供一定支撑,但不能完全解决云计算的隐私安全问题。需要进一步研究多层次的隐私安全体系(模型)、全同态加密算法、动态服务授权协议、虚拟机隔离与病毒防护策略等,为云计算隐私保护提供全方位的技术支持。

### 四、数据库系统

环境数据库系统的基本组成见图11-1。

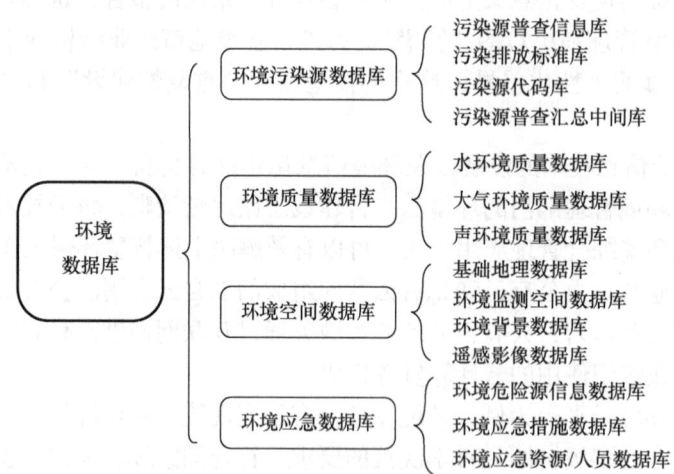

图 11-1 环境数据库系统的基本组成

### (一) 环境污染源数据库

环境污染源数据库建设内容主要包括污染源普查信息库、污染源代码库、污染物排放标准库、污染源普查汇总中间库。

1. 污染源普查信息库

污染源普查信息库包括基本登记信息及其他相关情况，企业经济规模、主要产品、登记注册类型、行业代码、所有制、生产产品情况(企业主要产品的种类、产量等)，原辅材料消耗情况；能源(煤、油、电、气等)结构和消耗量，燃料含硫量，主要有毒有害原辅材料消耗量等；水的使用和消耗量，排污口情况、排水去向等；产生污染的设施情况，包括排放大气污染物的锅炉、窑炉等设施，产生废水、固体废物的设施，以及这些设施的种类、数量和规模；各类污染治理设施建设、运行及投入情况等；各类污染物产生、治理、排放、综合利用情况；污染物排放监测情况，包括监测点位、时间、频次，污染物种类和排放浓度、排放量等。

2. 污染源代码库

污染源代码库包括行政区代码、河流代码、行业代码、产品代码、设施分类代码、污染治理工艺/方法代码、污染物代码、危险废物代码等，污染源普查中使用的有关分类、代码及相应的标准。用以规范数据的录入，便于汇总、分类统计和查询等。

3. 污染排放标准库

污染排放标准库包括国家颁布的综合和行业性废水、废气等各类排放标准，标准库的建设应具有较强的扩展性，以排放标准中的影响要素作为条件定制数据库结构，以灵活适应各类标准的适用。实行标准库多级离散化管理。预定制现行有效的国家颁布的综合和行业性废水、废气等各类排放标准库。

4. 污染源普查汇总中间库

污染源普查汇总中间库包括对各类普查对象的普查信息，如普查最基本区域单元汇总信息、分类信息，以及区域的污染源总数量、污染物排放总量、设施总量等。从各区县汇总中间数据库逐级汇总、生成地市、省、全国汇总中间数据库。

(二) 环境质量数据库

环境质量数据库包括水环境质量数据库、大气环境质量数据库和声环境质量数据库。由于监测技术路线、布点、监测方案、时间频次、评价指标与测定方法等存在差异，环境质量数据库目前尚没有确定一个完备的体系。

水环境监测数据的主要水质参数包括无机污染物、重金属离子、微生物及营养物等。监测项目主要包括地表水监测、饮用水源监测、海水监测等。监测系统包括水质在线分析、无人机航空遥感监测、卫星遥感监测、生物毒性综合测试等。

大气环境数据监测主要包括空气质量自动监测系统和降尘监测。其中，空气质量自动监测系统主要包含中心计算机室、质量保证实验室、系统支持实验室、监测子站等。整个监测系统以空气质量监测自动分析仪为核心，运用计算机应用技术、自动控制技术、通信网络技术、传感技术以及自动测量技术，同时借助相关分析软件对城市大气进行实时自动监测。

声环境质量监测主要是对区域噪声进行监测。基于物联网的噪声监测系统实现了噪声的实时监测，系统由监控终端、区域中心节点和管理中心组成。监控终端集成了微处理器模块、噪声传感器模块、GPS 模块、无线通信模块等。噪声传感器模块和 GPS 模块用来获取噪声数据信息和噪声源的位置信息并通过无线传输网络将这些信息上传至区域中心节点。区域中心节点用来接收监控终端的数据并上传至服务器。监控管理中心负责噪声数据的发布和绘制噪声地图。系统可实时准确测量和传输数据，为噪声治理提供依据。

(三) 环境空间数据库

环境空间数据库具有海量数据、多数据源、多比例尺、数据格式复杂等特点。主要数据库建设如下。

(1) 基础地理数据库。

基础地形图数据内容涵盖了境界(国界、省界、市界和县界)、水系(河流、湖泊水库、沟渠、运河)、居民点(城市、乡镇、村庄)、交通道路(公路、铁路)等类型，主要有两个作用：一是作为环境监测信息表征与展示的基本背景，了解监测区域或环境事故区域的基本情况；二是作为空间分析的基础，利用 GIS、空间统计等技术，将环境监测属性数据与基础地理数据相结合，应用于环境质量分析与评价、环境污染事故处置等方面。

(2) 环境监测空间数据库。

数据内容包括全国地表水环境国控监测断面，饮用水源地国控监测断面，全国重点城市空气监测点位分布数据，环境空气质量功能区分布数据，全国两控区范围，全国重点污染源分布数据，国家级自然保护区分布数据，近岸海域监测点位分布数据等。

(3) 环境背景数据库。

环境背景数据包括土地利用和土地覆被数据，土壤侵蚀数据，降水量、积温等气象数据，全国土壤数据等。

(4) 遥感影像数据库。

数据内容主要包括覆盖全国的多时相的美国 Landsat 卫星影像及中国资源卫星数据，部分地区与城市的法国 SPOT 卫星数据、美国快鸟和 IKONOS 卫星影像以及航摄影像。

(四) 环境应急数据库

环境突发事件应急数据库具体包括以下信息。

(1) 危险源信息：包括企业名称、企业地理位置、危险源种类、名称、位置、数量等。

(2) 相关危险品信息。

(3) 告警与预警信息：包括告警与预警事件的名称、类别、时间、紧急度、事件发生空间位置、事件影响的空间范围等。

(4) 环境污染事件信息：环境污染事件的名称、类别、性质、演变历史(包括污染影响的空间范围的演变史)。

(5) 处置措施信息：措施的名称、类别、时间、地点、结果等。

(6) 河流与气象信息：流速、流量、流向、水温、降水、风力、风向、气温、时间、地点等。

(7) 应急人员信息：包括指挥人员、专家、环境监测人员、辅助人员等的姓名、性别、工作单位、职务、职称、居住地点、联系方式等。

(8) 应急物资信息：类别、数量、存放地点等。

**五、智能预警和应急处置系统**

(一) 环境突发事件预警技术

系统通过采集环境质量、污染源、固体废弃物、核与辐射、危险化学品等基础数据，组成基础数据库，对基础数据进行综合分析，得到环境质量、污染源的现状、规律和变化趋势，并对相关的环境质量指标进行评价。系统实现对重点区域污染状况的综合分析，得到相应地区断面区间的污染物总量或污染负荷、污染类型以及污染企业行业分布等信息，输出相应的平面分布图或轴线变化图等，同时根据历史数据变化范围，设定相关指标的报警浓度限值，为环境预警提供决策支持。早期预警的信息，通过各种通信手段、各种方式实行报警，使得能够及早查明原因，为及早预防和处置突发环境事件提供技术支持。

(二) 环境突发事件的处理

系统以突发环境应急事件处置流程为向导，为应急事件接报、准备、指挥、救援、处置、善后、分析提供平台，通过事故的扩散模拟，为突发环境事件的应急处置提供决策辅助。对于某些无法在第一时间内确定事故源的环境事件，系统根据事故发生的症状、现场监测数据的特征，结合事故发生时的气象水文条件，自动划定涉嫌的风险源范围，并对涉嫌风险源进行事故扩散模拟，通过事故追踪分析，帮助应急指挥人员确定事故来源；通过对事故善后处置办法的选择、优化，提出事故善后处置的建议，系统对应急处置的所有数据、视频和语音信息，自动形成事件案例，为以后的事件处置分析、类似事件的处置提供真实生动的借鉴。

## 第二节 水处理系统在线监测与工艺优化

**一、水处理系统在线监测**

(一) 在线监测指标及原理

1. COD 在线监测

COD 在线监测仪表测量原理主要有两类：第一类，氧化剂和水样反应电化学法是将工作电极通电，这样在样剂中就会产生羟基，再将其作为氧化剂。在羟基不断消耗和产生的过程中，电极系统中一直存在电流，因为电位是恒定的，所以电流和耗氧物浓度与羟基消耗量有着密切关系，通过计算，就可以准确获得消耗氧的质量浓度。第二类，光学法。以紫外线法为例，如果在水质监测中光吸收系数和高锰酸钾或者化学需氧量指数存在相关性，那么就可以将紫外线仪光吸收系数转换为高锰酸钾系数或者是化学需氧量。光源发出的光在通过采样板或者是吸收池时，光电系统接受透过水样的辐射光照后会产生电信号，然后对数据进行折算得到 COD 值。

2. 氨氮在线监测

氨氮的在线分析方法主要有滴定法、电极法和比色法。滴定法是基于实验室中测定氨氮的蒸馏-中和滴定法(HJ 537—2009)。电极法分为氨气敏电极法和铵离子选择电极法。氨气敏电极法的选择性和抗干扰性能好，在水质自动监测中使用比较广泛；铵离子选择电极法仪器使用、维护简单，电极性能稳定，在监测中也有应用，但抗干扰性能差，较适于污染源排水中氨氮的测定。比色法主要是基于实验室中水杨酸分光光度法(HJ 536—2009)和纳氏试剂分光度法(HJ 535—2009)。

3. 污泥浓度在线监测

污泥浓度计是为测量市政污水或工业废水处理过程中悬浮物浓度而设计的在线分析仪表。无论是评估活性污泥和整个生物处理过程、分析净化处理后排放的废水，还是检测不同阶段的污泥浓度，污泥浓度计都能给出连续、准确的测量结果。

传感器上发射器发送的红外光在传输过程中经过被测物的吸收、反射和散射后仅有一小部分光线能照射到检测器上，透射光的透射率与被测污水的浓度有一定的关系，因此通过测量透射光的透射率就可以计算出污水的浓度。

4. pH 在线监测

pH 是污水处理反应器运行的重要指标，绝大多数污水处理反应器都配有 pH 在线监测系统。pH 在线监测仪的原理是：采用两个电极，一个是玻璃电极，一个是参比电极，其中玻璃电极电势随溶液中的氢离子浓度的改变而改变，两个电极组成的复合电极在水中构成一个原电池，可以检测水中的氢离子强度，通过仪器自带的曲线转换为 pH。

5. 溶解氧在线监测

测定溶解氧有两种方式：极谱电极法和原电池法。极谱式电极一般由金或铂金作阴极；银-氯化银(或汞-氯化亚汞)作阳极。电解液为氯化钾溶液。阴极外表面覆盖一层透氧薄膜。薄膜可采用聚四氟乙烯、聚氯乙烯、聚乙烯、硅橡胶等材料。极谱式电极需从外部输入电压对电极进行极化，一般需要外加 0.6~0.8V 的极化电压。当溶解氧透过薄膜到达铂金阴极表面，在电极上发生氧化还原反应，反应产生的扩散电流值与溶解氧浓度成正比，通过测定电流即可得到溶解氧浓度值。

原电池法溶解氧分析仪传感部分由铂金电极(阴极)和银电极(阳极)及氯化钾或氢氧化钾电解液组成，氧通过膜扩散进入电解液与铂金电极和银电极构成测量回路。根据法拉第定律，流过溶解氧分析仪电极的电流和氧分压成正比，在温度不变的情况下电流和氧浓度之间呈线性关系。

6. 水流量在线检测

水流量是水处理工程及其他环保领域中的一个重要指标，准确检测流量是保证水处理构筑物稳定运行的重要基础。水流量的检测方法有很多，如堰法、槽法、容积法、浮标法、流速仪法、浮标法等。在实际检测过程中应根据水路形状和大小以及测量精度等方面的要求灵活选取。

## (二) 数据采集及分析

传统的环境监测通常是将检测结果和数值保存在水质检测仪中，检测完毕之后再连接计算机进行数据导入和分析，而基于云技术的环境监测技术通常可在极短的时间内将采集的数据上传客户端或者云平台，与传统监测方法相比，数据的及时性大大提高，简化了程序，节约了时间。

此外，基于云技术的环境监测技术还可灵活设置监测时间，实时自动生成数据图表，供用户直观了解环境数据变化情况。通过系统云平台，用户还可设置环境参数的阈值或警戒值，一旦传感器监测到环境参数超过安全阈值，系统将发送报警信息通知用户，以便及时处理，确保环境质量安全。

## 二、水处理系统优化运行技术

### (一) 水处理工程自动化控制系统

根据水处理工艺的控制要求，水处理工程自动化控制系统分为中央控制和现场控制。现场各种数据通过可编程逻辑控制系统进行数据采集，并通过主干通信网络传送到中央控制室的监控计算机进行集中监控和管理。

为提高稳定性、安全性和实时性，并使系统控制方便，整个处理厂采用集中管理分散控制的策略，全厂在控制点设置控制站和远程从站。远程从站分别设在点位比较集中，但是控制点数不多且与主站连锁关系密切的控制场合，主从站之间采用通信的方式进行数据传输。这种数据传输方式既减少了外部接线长度，又提高了数据传输的稳定性。在主站设有触摸屏，可以实现在现场对主站以及从站设备的控制。

### (二) 水处理工程优化控制方法

基于在线监测技术和自动化控制系统，可以对水处理过程进行优化控制。通过优化控制，可以节省曝气量、提高氨氮的去除效率、有效控制污泥膨胀等。

在污水生物处理过程中，曝气所消耗的电能通常占总能耗的 40%～50%，污水处理中的硝化过程的效率与反应器中溶解氧的浓度直接相关，通常曝气量越大溶解氧浓度越高，硝化进行得越快。但另一方面，曝气量过大会显著增加电能消耗，过大的曝气量也不利于反硝化的进行，从而影响总氮的去除。因此，在保证出水水质达标的前提下，对曝气量进行优化，可以大大节省电能的消耗，从而降低污水处理的成本。

污水处理过程中曝气量的优化控制系统常分为两个部分：第一是生物处理模型的设计建模，即通过对某一特定污水处理厂的历史运行数据(如进水、$BOD_5$、COD、SS、TP、TN 等)或在线运行数据进行汇总统计和分析处理，确定该污水厂生物处理过程的一些特征参数和补偿参数。再通过仿真检验这些特征参数的有效性。通过这个过程，基本可以获得该污水处理厂的水平衡(包含污水负荷)、泥(底物)平衡、气(曝气)平衡过程的稳态值及其扰动特征，同时需要考虑一些额外的环境影响因素，如温度、pH、固体悬浮物浓度等。第二是在线实时控制过程，即通过建模过程中获得的特征参数和补偿参数，经模型计算得出当前需要的曝气量，按该气量进行精确控制。在控制中需要 3 种类型的数据：

经过对历史数据统计分析后获得的特征参数、由各种扰动带来的补偿参数和在线数据，如冬天和夏天温度不同造成氧消耗特征明显不同，池底沉淀物浓度变化也会对氧消耗带来很大影响。在线数据又分为前置数据和目标数据，前置数据是对一些可能会造成扰动的输入进行提前测量，如水量变化、pH 等水质变化，当获得这些在线数据后会提前进行抑制操作，而不是等到 DO 值发生变化后再进行调节；目标数据是 DO 值，系统会对 DO 值进行跟踪以确定控制结果。

黄银荣等提出了一种基于动态调整方式的溶解氧控制方法，根据不同的进水水质，利用在线软测量模型预测的出水参数值作为反馈信号，动态寻找与进水水质相对应的优化 DO 设定值，然后利用神经网络逆控制器跟踪 DO 设定值。从而实现对曝气量的优化控制，在保证出水水质指标稳定的约束条件下，获得最佳曝气量，从而减少电能消耗，使运行费用最少。

脱氮除磷是污水生物处理的重要环节，基于在线监测数据对反应器的运行进行优化控制，可以大大提高反应器对氮和磷的去除效率。李军等研究了 SBR 中脱氮除磷的控制系统，根据 DO、ORP 和 pH 变化的一些特征点来判断和控制 SBR 中污水脱氮除磷过程的各个步骤。控制系统可以全自动运行来完成污水的脱氮除磷。整个处理过程的 DO、ORP、pH、温度、液位等在线检测值均收集在计算机数据库内并借助相关软件用于判断和控制。反应基本在恒温下进行，液位控制进出水位。它们的过程曲线均能显示在计算机屏幕上。数据可通过编制的控制软件进行分析和决策，控制结果由继电器传给相应的泵、阀门和电机。经过优化，该系统的 TN 平均去除率可达 96%，TP 平均去除率可达 90%。系统根据污水处理的机理实现各步骤的控制，可以适应原水水质变化和避免其他控制参数滞后的问题，使系统处理效果更稳定。

污泥膨胀是生化处理系统较为严重的异常现象之一，它直接影响出水水质，并危害整个生物处理反应器系统的运行。污泥膨胀的影响因素主要有溶解氧、温度、pH、污泥负荷、水质成分等。因此，可以根据实时的在线监测数据对污泥膨胀进行预测，研究人员提出了各种方法对污泥膨胀进行预测。郭晓燕等提出了一种基于 PSO-RBF 神经网络的污泥膨胀软测量系统，可以很好地预测 SVI 值，能在较短的时间内实现较高的预测精度。耿亚楠等提出了基于递归神经网络的污泥膨胀智能预测方法并且设计开发了一种污泥膨胀智能预测平台。利用实时在线监测及数据库技术和基于递归神经网络的污泥膨胀智能预测模型，该平台操作具有简便性和可视性，使污泥膨胀的智能预测更为方便、直观。

### 三、水处理系统监测和控制技术的发展趋势

随着计算机技术和物联网技术的发展以及在线监测技术的进步，水处理工程智能化程度将进一步提高。水处理工程智能化的发展趋势主要包括以下几个方面。

#### (一) 在线监测技术

目前主要的污水生物处理设备的在线监测主要包括温度、溶解氧、pH、COD、氨氮等常规指标。近年来，随着分子生物学技术(测序技术及生物芯片技术等)的发展，有望实现对生物处理设备中微生物的群落结构和功能进行实时或准实时监测，这将有利于准

确了解微生物的性能和营养状态，并能够及时预测污泥膨胀或发泡等异常现象的发生。另外，随着在线仪器制造技术的进步，常规指标更加全面，准确度和稳定性也将进一步提高。

### (二) 远程控制技术

在水厂控制中心通过互联网实现监控界面及监控数据的网络发布是水处理智能化的另一个发展趋势。技术人员可以在任何地方通过互联网实时获取水厂的运行数据，并对水厂的设备进行远程控制。通过 PLC 编程软件实现远程登录也是未来的一个发展趋势，技术人员可以在任何能够登录互联网的地方修改 PLC 的程序，进行远程调试。远程控制技术的实现将为水厂提供方便，实现在紧急情况下的快速诊断和故障排除。另外，远程控制技术的实现也将减少操作人员与污水和污水处理设备近距离接触的时间，有利于操作人员的健康和人身安全。

### (三) 智能化技术

基于在线监测技术和远程控制技术的提高以及物联网技术的发展，将来水处理系统的智能化水平将进一步提高。在线监测设备将实时数据传回水厂控制系统之后，服务器可对数据进行分析，并且结合专家系统和相关数据库对系统的运行状态进行判断，自动根据预先设定的条件对污水处理设备的运行参数进行调整，全程无需人工干预。智能化水平的提高一方面可以降低成本、减少能耗(如减少曝气量和药剂的消耗量等)，并且保证出水水质；另一方面，当水厂的运行发生故障或出现异常时，可以在第一时间进行自动处置和预警。

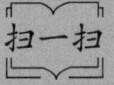  机器学习模型在污水处理系统中控制曝气的应用
机器学习在污水处理领域的应用

## 第三节　基于物联网的智慧环保

### 一、智慧环保概述

#### (一) 智慧环保的概念

"智慧环保"是物联网技术与环境信息化相结合的产物，是物联网技术在环境保护这一特定领域的应用。与传统的物联网相比，"智慧环保"的物联网技术有更透彻的感知、更全面的互通联系、更深入的智能化、更智慧的决策支持。物联网开启创新环保工作的新模式，全面提高环境监管的工作效能。

"智慧环保"借助物联网技术把传感器和装备嵌入各种环境监控对象(物体)中，通过

超级计算机和云计算将环保领域物联网整合起来,实现人类社会与环境业务系统的整合,以更加精细和动态的方式实现环境管理和决策的"智慧"。

基于"数字环保"平台和物联网技术在环保领域的深入发展,构建环保领域覆盖全国的物联网系统,是实现由"数字环保"向"智慧环保"转化的第一步。建立环境物联监测网络,实时采集污染源数据、水环境质量数据、空气环境质量数据、噪声数据等环境信息,对重点地区、重点企业实施智能化远程监测,对各种环境信息进行智能分析,将为"智慧环保"的全面推进奠定良好基础。

(二) 智慧环保的架构

关于智慧环保的架构,不同的学者有不同的见解。蔡煜星等认为"智慧环保"的总体架构包括感知层、传输层、平台层和服务层四个层次,为环境监管及执法、环境治理决策、公众监督提供信息化保障和支撑。李婷睿在基于海绵城市理念的智慧水务研究过程中提出,智慧水务由感知层、传输层、数据层、业务层和智能分析层构成。而刘旭东提出"智慧环保"应包括支撑平台、感知系统、保障系统、应用系统。虽然不同学者提出的具体框架略有差异,但是明显可以看出这些框架有很多的相似性和共同点,在智慧环保具体的建设实施过程中,应根据实际情况,因地制宜,选择合适的框架结构。图11-2给出了一种较为通用的智慧环保系统框架。

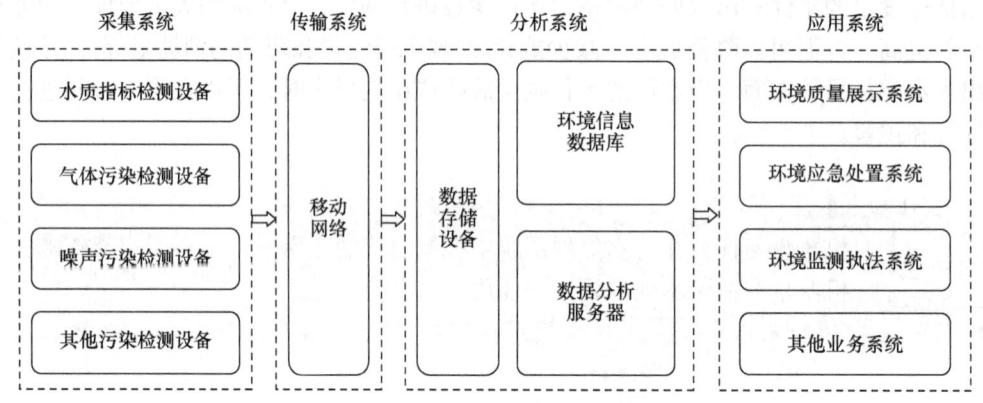

图11-2 智慧环保系统框架示意图

(三) 智慧环保的特点和价值

当前,世界各国应用物联网技术开展环保事业的成功案例层出不穷,为环境治理、生态环境建设作出了必要贡献。通过对污染源的密切检测管控,环保信息传输,应用交换、流程标准的规范创建,构成了有效的对象关系体系模型,进而为减排评估以及环境管控提供了必要的决策信息参考。一些地市区域还应用感知技术发展智慧环保,将物联网以及全球定位现代化技术手段引入排污系统中,创建了现代化排污控制监督体系,全面强化了环境监管综合效能。

近年来,随着环保物联网技术的不断推广,我国出现许多"智慧环保"物联网技术的应用案例,如在江苏无锡,太湖水的检测工程建设成功应用了"智慧环保"的物联网技术。山西省为提高污染监控管理，成功应用物联网技术建立污染自动监控管理系统，极大地提高了污染监控系统的有效性。还有南水北调中线工程水源地及沿线水质监测预警关键技术研究与示范工程，以及湖南"智慧湘潭"工程等。目前物联网技术理念已逐步变为我国优化污染治理、节能减排的科学方式。伴随环保工作的快速发展，物联网系统还将更为广阔地用在环境状况评估、管理监测、物种研究、气象报告、地理信息分析、辐射监测管理等范畴领域中。

刘锐等提出"智慧环保"的价值主要体现在：①提高工作效率；②促进环保工作规范化、标准化与自动化；③促进数据资源共享、系统整合，避免重复建设与"信息孤岛"，实现环境信息资源的管理与高效应用；④有利于实现"环境质量及其变化说得清、污染源排放情况说得清、环境风险说得清"，提高环境监管与应急防范能力；⑤提高环境保护综合决策与服务能力。

## 二、智慧环保的应用

### (一) 山西"污染自动管理监控系统"

山西省以物联网的发展为契机，成功将物联网技术应用于环保领域，实现了创新的污染源自动监控系统，其成为现阶段巩固治污减排成果的有效手段。

从 2007 年起，山西省严格按照国家污染减排"三大体系"能力建设的有关规定和要求，先后投资 6.885 亿元，历时 3 年，全面建成了山西省重点污染源自动监控系统。在建设重点污染源排污口主要污染物自动监控设施的同时，应用物联网技术，同步建成环保治理设施过程监控设施。

2011~2015 年，山西省投资约 23 亿元，实施环保物联网应用示范项目，以逐步解决目前环保物联网体系中存在的"小"、"少"、"短"、"散"、"浅"和"缺"等问题，资金渠道由政府和社会共同投资解决。该项目对环境质量、污染源、风险源等三类重点环保监测对象进行感知，通过视频、红外、遥感等多种技术手段实施传输，通过高性能计算、海量数据挖掘、智能分析等技术，对数据进行有效处理并实现对环保一体化智能处理，为生态环境管理和环境风险防范提供有效的技术支撑，构建统一的环保物联网体系。山西省重点污染源自动监控系统在应用方面已发挥了巨大功能。通过对环保治理设施的过程监控，有效促使企业环保治理设施正常投运，杜绝了企业偷排超排行为。自动监控系统真正发挥了"紧箍咒"的作用，对巩固污染减排中工程减排成果、改善区域环境质量意义重大。

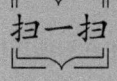 基于物联网的水质在线监测系统

### (二) 无锡"太湖水质监测系统"

太湖流域的蓝藻暴发，出现供水危机，水生植物分布的区域和总量下降，湖泊的生

态价值下跌等现象，正是我国流域水环境的一个缩影，直接影响全流域的经济发展，已引起各级地方政府的关注。

无锡"太湖水质监测系统"是在无锡水利局信息中心现有先进指挥控制平台的基础上建立的。根据规划，江苏省太湖流域水环境信息共享平台一期工程的集成内容，以江苏省生态环境厅原有的涉及太湖信息系统为主，包括断面水质监测、太湖水体监测、水质自动站监测、重点污染源自动监控、污染源普查、蓝藻水华监测预警、排污权交易、入湖河流规划管理等系统，以及水利部门的"引江济太"调水通道监测、水位与降雨量监测、气象部门的气象监测等系统。

无锡"太湖水质监测系统"有三类监测点类型。

第一类是应急预警监测点，通过饮水安全、引调水质量和蓝藻水华影响来反映太湖水质情况的相关信息。第二类是污染状态监控点，包括重点污染源监控、入湖污染物监控以及面源污染监控，其监测可采用遥感和实地核测方法。第三类是中长期观测点，通过鱼类种群观察、水生植被观察以及生态修复观察，应以相关区域水质改善、太湖湖体水质和生态系统的整体变化作为最终评价的科学依据。

无锡"太湖水质监测系统"应用的主要监测技术包括生物预警技术、遥感技术、在线实时监测技术和生物监测技术。在获取水环境生态系统各类监测数据后，采用生态系统健康综合指数、综合分级指数、指数叠加评价、欧氏距离评价法和模糊综合评价法等方法进行水质评价，将各类评价结果组合提升，全面支撑流域的环境管理。

### 三、智慧环保的发展趋势

近年来，我国智慧环保取得了长足发展，在环保监管业务集成系统、环境数据中心、环境地理信息系统、模型分析、移动执法、公众服务等方面为环境监督管理工作提供了有效支撑，但是仍然存在一些问题，例如：检测指标不完善，网络覆盖范围有限、系统缺乏统一的标准、智能化程度不高等。未来，应针对这些问题，在目前的基础上，逐步建立更大范围的统一的环境智能感知体系，对生态环境系统进行全面感知和全过程监控，有效整合各种信息资源，加强环境智能化监控、监测、监察和信息发布，构建环境质量智能评价决策体系，提高环境的智能化分析、监测和预警水平，为全面提升环境质量奠定基础。

## 思 考 题

1. 通过哪些措施或手段可以进一步提升我国智慧环保的"智慧"水平？
2. 人工智能(artificial intelligence)技术是近年来计算机领域的研究热点，试分析该技术在智能环保领域可能有哪些应用。
3. 随着环境检测技术和智慧环保的发展，检测点和检查频率会越来越多，产生的数据量也会越来越多，这可能导致哪些问题？应如何应对？
4. 针对污水处理系统，目前能够实现的实时监测指标有哪些？
5. 目前的环境质量智能监控和应急处置系统还有哪些方面需要进一步完善和改进？

## 参 考 文 献

蔡煜星, 吴一凡, 周智勇. 2016. 基于五大能力平台的智慧环保创新模式. 智能建筑, (1): 54-57.
陈琥. 2016. COD 在线监测仪表在水处理工程中的设计与应用. 科技创新与应用, (8): 53.
邓光南. 2009. 在线 pH 分析仪在电厂水处理中的应用与研究. 工业水处理, 29(2): 68-70.
范宇航, 尹琦明, 莫荣旭, 等. 2010. 南宁市污染源普查数据综合平台的研究与设计. 中国环境科学学会 2010 年学术年会.
冯云波, 于洋. 2010. 氨氮在线监测系统的比对监测. 广州化工, 38(4): 161-162.
高妮. 2015. "智慧环保"的发展探究. 科学大众, (9): 175.
耿亚楠. 2015. 基于递归神经网络的污泥膨胀智能预测方法研究. 北京: 北京工业大学.
郭金鑫. 2015. 环境噪声监测中的若干问题及解决建议. 绿色科技, (5): 203-204.
郭晓燕, 郭民, 韩红桂. 2014. 基于改进型 PSO-BP 神经网络的 SVI 软测量. 控制工程, 21(6): 873-877.
何春银. 2009. 江苏省太湖流域水环境信息共享平台集成关键技术及其应用. 环境监测管理与技术, 21(6): 58-61.
黄银蓉, 张绍德. 2011. 污水处理曝气池溶解氧智能优化控制系统. 信息与控制, 40(3): 393-400.
黄征宇. 2011. 山西: "智慧环保"先行者. 中国信息化, (17): 24-25.
贾洪泉. 2015. 大气环境监测质量管理现状及展望. 资源节约与环保, (1): 114.
柯瑞荣, 李少恒. 2013. 云平台助力智慧环保. 中国环境管理, 5(4): 22-25.
黎如昊, 黄云生. 2016. 广东省地表水自动监测系统数据传输协议的设计及应用. 环境监控与预警, 8(2): 59-62.
李建勇, 王建华, 范岳峰, 等. 2007. 曝气流量控制系统用于污水处理厂的节能降耗. 中国给水排水, 23(12): 80-84.
李军, 彭永臻, 顾国维, 等. 2006. 城市污水脱氮除磷 SBR 在线控制系统研究. 给水排水, 32(9): 90-93.
李淇祥. 2015. 关于提高大气环境监测质量的措施分析. 中国高新技术企业, (21): 98-99.
李茜. 2011. 基于和利时 LK 大型 PLC 的污水厂监控系统设计与实现. 西安: 西安电子科技大学.
李振, 杜斌, 彭林, 等. 2012. 山西省污染源自动监控系统的设计与实现. 中国环境监测, 28(3): 130-135.
林前程. 2016. 江苏省太湖流域水环境信息共享平台应急处置管理系统的建设与应用. 中国科技博览, (3): 362.
刘锐, 詹志明, 谢涛, 等. 2012. 我国"智慧环保"的体系建设. 环境保护与循环经济, (10): 9-14.
刘向举, 李敬兆, 刘丽娜. 2014. 基于物联网的环境噪声监测系统研究. 传感器与微系统, 33(9): 48-51.
刘旭东. 2014. "智慧环保"物联网建设总体框架研究. 淮北职业技术学院学报, 13(1): 122-123.
刘云朋, 袁其帅. 2015. 云数据中心的构建与实现. 科技通报, (3): 156-160.
刘振芳. 2013. 溶解氧分析仪在水质分析中的应用. 科技与企业, (8): 278.
马礼. 2013. 由数字环保到智慧环保研究. 世界家苑, (3): 193.
曲国利, 钟行国, 李兴乐. 2016. 基于云计算和物联网的智慧环保信息化综合应用. 中国科技信息, (12): 57-59.
申文明, 王桥, 王文杰, 等. 2007. 国家级环境监测空间数据平台设计与实现. 中国环境监测, 23(5): 44-47.
石连东, 张开尔. 2010. 水处理自动控制系统的应用现状及发展前景. 中国给水排水, 26(22): 105-109.
唐春兰. 2014. 一种基于分布式入侵检测技术的云平台安全策略研究. 科技视界, (25): 70.
汪志国, 刘廷良, 加尔肯. 2005. 水质氨氮在线监测仪发展现状. 干旱环境监测, 19(1): 41-44.
王宏宽. 2016. 包头市非国控污染源在线监控系统的设计与实现. 科技创新导报, 13(23): 99.
王小丽. 2014. 我国大气监测发展的研究. 资源节约与环保, (7): 87, 91.
王永强. 2015. 浅谈建设项目竣工环保验收中风险防范与安全管理检查. 环境, (z1): 4.
魏兴. 2015. 我国水环境监测存在的问题及对策. 城市建设理论研究: 电子版, 5(13): 3279-3280.
吴义波. 2013. 浅析环境应急管理信息系统设计. 中国新技术新产品, (8): 30-31.

邢帆. 2014. 智慧湘潭的进阶. 中国信息化, (12): 20-21.
徐敏, 孙海林. 2011. 从"数字环保"到"智慧环保". 环境监测管理与技术, 23(4): 5-7.
徐绕山, 邓巍. 2018. 云计算系统网络安全管理与技术防护. 信息化研究, 44(2): 1-8.
杨继明. 2010. 浅谈溶解氧在线监测仪器影响因素及维护方法. 黑龙江环境通报, 34(2): 57-58.
杨学军, 周聿泓. 2015. 基于智慧化的数字环保一体化平台建设与研究——以深圳为例. 环境, (S1): 10-12.
殷振华, 陆天堂, 钱宇宁, 等. 2012. 环境预警与应急处置系统分析与设计. 科技创新导报, (36): 36-37.
于小飞, 罗梓超, 范漪萍. 2016. 基于智慧城市框架下的智慧环保——以北京智慧城市建设为例. 城市管理与科技, 18(3): 28-30.
张昂然. 2016. 物联网技术在智慧环保系统中的应用. 科研, (6): 00205.
张宁红. 2008. 太湖流域生态安全监测体系的构建. 环境监测管理与技术, 20(3): 1-5.
张新权. 2013. 智慧环保体系建设及以湘潭市为例的实证研究. 湘潭: 湘潭大学.
张巍, 冯涛, 朱锐. 2012. 智慧环保物联网监控应用与系统集成研究. 北方环境, 27(5): 194-197.
赵起越, 赵红帅, 王小菊, 等. 2015. 环境保护监测中水流量的测定方法. 计量技术, (6): 47-49, 57.
周雪. 2013. 污水处理系统污泥浓度在线监测与控制. 保定: 华北电力大学.
庄立君. 2017. 基于云计算和物联网的智慧环保信息化综合应用. 数字化用户, (14): 49.